纺织服装高等教育"十四五"部委级规划教材

NOVEL FIBER MATERIALS

新型纤维材料学

◎ 何建新　主编

◎ 周伟涛　邵伟力　刘凡　李想　副主编

东华大学出版社

·上海·

内 容 提 要

本书首先介绍新型纤维材料的定义、发展历史、分类、应用领域、发展特点和趋势及纤维材料学的相关基础知识,然后围绕新型纤维的制备、化学组成及形态结构、特性及应用领域,聚焦生物质纤维、新型聚酯纤维、新型聚酰胺纤维、新型聚烯烃类纤维、生物降解合成纤维、高性能合成纤维、服用功能性纤维、产业用功能性纤维、差别化纤维、无机纤维新材料及静电纺纳米纤维共十一大类新型纤维,重点阐述各类纤维的成型方法、纵横截面形貌、结构与性能的关系、应用前景及存在的问题。通过本书的学习,提升学生的纤维科学理论基础知识水平,培养学生在新型纤维材料设计、制备、结构性能优化等方面的知识运用和创新能力;在拓宽学生知识面的同时,使他们进一步深刻理解新型纤维材料的加工原理、结构、性能、应用开发和相关产业链结构。

本书可作为高等院校纺织工程、轻化工程、非织造材料科学与工程、服装工程和其他相关专业的教材,也可供纺织、化纤、印染、材料和其他相关行业从事研究、生产、管理和产品开发的技术人员参考。

图书在版编目(CIP)数据

新型纤维材料学 / 何建新主编. —上海:东华大学出版社,2024.1

ISBN 978 - 7 - 5669 - 2306 - 6

Ⅰ.①新… Ⅱ.①何… Ⅲ.①纺织纤维-研究 Ⅳ.①TS102

中国国家版本馆 CIP 数据核字(2023)第 233029 号

责任编辑 张 静
封面设计 魏依东

出　　　　版:东华大学出版社(地址:上海市延安西路 1882 号 邮政编码:200051)
本 社 网 址:http://dhupress.dhu.edu.cn
天猫旗舰店:http://dhdx.tmall.com
营 销 中 心:021-62193056　62373056　62379558
印　　　　刷:上海颛辉印刷厂有限公司
开　　　　本:787 mm×1092 mm　1/16
印　　　　张:25
字　　　　数:624 千字
版　　　　次:2024 年 1 月第 1 版
印　　　　次:2024 年 1 月第 1 次印刷
书　　　　号:ISBN 978 - 7 - 5669 - 2306 - 6
定　　　　价:99.00 元

前　　言

进入新时代,世界科学技术的进步推动了纺织新材料及技术的迅猛发展,纺织品已不仅仅应用在纺织服装领域,在航天航空、医疗卫生、能源环境、智能健康、农业、建筑、电子信息、化工及汽车工业等诸多领域都有广泛的应用,而传统常规的纤维材料已不能满足这些行业对纺织品的要求,因此新型纤维材料变得越来越普遍、越来越重要。

本书是为了适应纺织技术的发展,培养具有扎实专业基础的纺织工程专业技术人才,在大量调研的基础上编写而成的。本教材的特色包括:

(1)内容系统、广泛、全面,分类科学;

(2)从纺织专业背景出发,浅显易懂,可读性强;

(3)章节衔接紧密,兼顾实用性与前瞻性;

(4)结合新型纤维材料的种类,阐述其制备方法、纤维纵横截面形貌、结构与性能关系及应用前景等。

本书由中原工学院何建新担任主编;中原工学院周伟涛、邵伟力,河南工程学院刘凡及中原工学院李想担任副主编。全书编写分工如下:

第一章由邵伟力编写;第二章由何建新、邵伟力合编;第三章第一、二、四、五节由周伟涛、中原工学院杜姗合编,第三节由李想编写,第六节由中原工学院韩鹏举编写;第四、五、六章由韩鹏举编写;第七章由上海工程技术大学欧康康编写;第八章由中原工学院楚艳艳编写;第九章由中原工学院齐琨编写;第十、十一章由刘凡、邵伟力合编;第十二章由周伟涛、杜姗合编;第十六章由刘凡、何建新合编。全书由何建新和周伟涛修改、整理、定稿。

由于编者水平有限,书中难免存在缺点和不足。敬请读者批评指正。

编者

2023 年 8 月

目　　录

第一章 绪 论

新型纤维主要指纤维的性能、形状或者其他方面区别于传统纤维，并且为了适应生活、生产的需要，在某些方面得到特殊改善的纤维。当传统纤维不能满足于人们在某些方面的需求时，新型纤维在解决了传统纤维的问题与缺陷的条件下应运而生。新型纤维的发展与应用，反映了人们对纺织材料要求的不断提高。与此同时，新型纤维的开发，也反映了纤维材料在今后的发展趋势与方向。不仅仅是纺织领域，在航天航空、医疗保健、环保治理、农业技术、产业用和人们的日常生活等许多领域，新型纤维材料都已成为一种愈来愈普遍的重要材料。

第一节 纤维的发展历史及现状

材料是人类生活和生产的物质基础，材料的开发和应用是衡量社会文明的一种尺度。纤维是重要的高分子材料，不仅在服饰方面，在装饰、产业用纺织品方面也有十分广泛的应用。随着科学技术的发展与进步，新型纤维的品种也不断出现，特别是随着新能源、海洋、航空航天、通讯信息、生物医学、军工等高科技产业的迅速发展，对纤维材料性能的要求越来越高，从而促进了新型纤维材料的开发与研究。

一、纤维发展历史

最初，人类主要将纤维应用于服装和服饰。纤维的发展历史最早可以追溯到5000年以前的天然纤维，如起源于我国的蚕丝和印度的棉。蚕丝是一种天然高分子材料，在我国有着悠久的历史，于11世纪传到波斯、埃及和阿拉伯地区，并于1470年传到意大利的威尼斯，从而进入欧洲。专家们根据考古学的发现推测，在距今5000～6000年的新石器时期的中期，中国便开始了养蚕、取丝、织绸；到商代，丝绸生产已经初具规模，具有较高的工艺水平，有了复杂的织机和织造手艺。

黏胶纤维是人造纤维素纤维中最早的品种，早在1883年，英国科学家约瑟夫·斯旺发现把硝醋酸和醋酸纤维素混合，然后把混合物从一系列微小孔眼中挤压出来，就能制造出纤维。与此同时，法国的坎特·希拉勒·德·查东内特也通过孔眼挤出硝酸纤维素，制造出一种连续的细丝。查东内特称之为"人造丝"。将硝酸纤维素浸透后置于酒精和醚中溶解，可形成一种叫作胶棉的物质，它可挤压成人造丝。1905年，英国建成第一个黏胶纤维生产工厂。"人造纤维"其实还包括"合成纤维"，目前不适宜用来表示黏胶纤维。黏胶纤维现归类于再生纤维。

20世纪30年代末，德国首先研制出锦纶6(PA6)纤维，并于1944年实现批量化生产，锦纶后来在苏联、日本、欧洲以及发明锦纶66(PA66)纤维的美国等也得到较快的发展。锦纶的合成奠定了合成纤维工业的基础，它的出现使纺织面貌焕然一新，用锦纶织成的丝袜既透明又耐穿。1939年10月24日，杜邦公司在其总部所在地公开销售锦纶丝长袜时引起轰动，到

1940 年 5 月,锦纶的纺织品销售已经遍及美国各地。

1949 年和 1953 年,聚酯(PET)纤维相继在英国和美国问世。从 1972 年开始,PET 纤维的产量已经超过锦纶纤维而跃居成为合成纤维的第一大品种。

20 世纪 40 年代初期,美国和德国科学家几乎同时发现了聚丙烯腈(PAN)的良溶剂即二甲基甲酸胺,美国杜邦公司在 1950 年开始生产 PAN 纤维。德国、英国、法国、日本等国也先后实现了 PAN 的工业化生产。

20 世纪 50 年代后期化学工作者合成出全同立构聚丙烯(PP),同时采用熔融纺丝技术制成 PP 纤维,并使之发展成为合成纤维的第四大品种。

20 世纪 60～70 年代,纤维工业化已基本完善。涤纶、锦纶、丙纶、腈纶和维纶已经成为合成纤维五大纶,得到了越来越广泛的应用,后来开发的氨纶也日益得到人们的青睐。

近年来,高性能纤维的应用不断拓宽,同时功能性纤维的研究蓬勃开展,纤维材料在国防军工、航天航空、农林渔牧、医疗卫生、建筑水利、体育运动、交通运输和其他领域也得到了广泛应用。

二、纤维发展现状

20 世纪以来,随着化学纤维的不断出现和发展,出现了许多新型纤维材料。这些纤维的性能不仅能满足服用、装饰用需求,而且在产业用等方面也能发挥重要作用。

在产业用方面,纺织纤维最早主要是应用于制作渔线、渔网、绳索等。随着汽车工业的兴起,轮胎帘子线的需求强烈地刺激了人造纤维,特别是合成纤维的发展。其中纤维材料领域较早的研究课题集中在:提高纤维的耐硫化耐热性温度,改进纤维与橡胶的黏结性,等等。纤维应用于增强汽车轮胎的帘子线,1900～1935 年为棉纤维,1935～1955 年以黏胶纤维为主,而后逐渐发展为以锦纶纤维、聚酯纤维和钢丝为主的格局。在技术纺织品领域,同样存在类似的转变过程,即由天然纤维向再生纤维转变,进而转变为合成纤维。

随着普通纤维材料在航空航天、产业、军事等方面的应用逐渐扩大,越来越多的新型纤维应运而生。通常,新型纤维是具有普通纤维所不具有的性能特点,如高强度、高模量、耐高温、耐气候、耐化学试剂等高物性。芳香族聚酯纤维、芳香族聚酰胺纤维、芳香族杂环类纤维、高强高模聚烯烃纤维、碳纤维等,都属于高性能纤维的范畴。新型纤维在功能性方面也具有普通纤维没有的特性,如光导功能、光致变色功能、导湿功能、导电功能、光热转化功能、保温功能、吸湿功能、消臭功能、杀菌功能、物质分类功能、吸附交换功能、生物相容功能等。这些新型纤维在服用纺织品的手感、质感和成品外观等方面具有特殊贡献。

第二节　新型纤维的分类和应用

一、分类

新型纤维材料的分类方法众多,常被分为高性能纤维、高功能纤维和高感性纤维三大类。

高性能纤维是指对力、热、光、电等物理作用和酸、碱、氧化剂等化学作用有超常抵抗能力的一类纤维,如高强度、高模量、耐高温、阻燃、耐腐蚀、防电子束辐射、防射线辐射等。高性能纤维通常用于尖端复合材料、产业用纺织品、特种防护用纺织品等领域,如芳纶 1414 导弹壳体复合材料、芳纶1313高温烟尘过滤材料,以及用于防弹衣、防弹头盔的芳香族聚酰胺、芳香族聚酯纤维、超高相对分子质量聚乙烯纤维。

高功能纤维是对外部物理、化学作用,具有特定响应能力,能实现一定功能的一类纤维。这种响应能力虽然没有达到像传感器那样的准确性和响应程度,但已能够实现一定的功能,如光导功能、光致变色功能、导湿功能、导电功能、光热转化功能、保温功能、吸湿功能、消臭功能、杀菌功能、物质分类功能、吸附交换功能、生物相容功能等。高功能纤维通常用于医疗保健(人工器官用纤维、医用缝纫线、止血纤维、抗菌防臭纤维)、功能性服装(保温、隔热、透湿、抗静电、变色迷彩)等。

高感性纤维是在高功能纤维中,在服用纺织品的手感、质感和成品外观方面有特殊贡献,使最终产品在服用性能方面,或有独特风格,或优于天然纤维,或实现了特殊服用功能的一类纤维,是"新合纤"、"新新合纤"、"超仿真纤维"、"超天然纤维",以及后续各种新型服用纤维的总称,也被人们称作新感觉纤维。

本书根据新型纤维的性能特点及应用,将其分为新型生物质纤维、新型聚酯纤维、新型聚酰胺纤维、新型聚烯烃类纤维、生物降解合成纤维、高性能合成纤维、服用功能性纤维、产业用功能性纤维、差别化纤维、无机纤维新材料及静电纺纳米纤维等。

1. 新型生物质纤维

根据原料来源和生产过程,生物质纤维分为生物质原生纤维、生物基再生纤维及生物质合成纤维三大类。生物质原生纤维主要包括天然彩色棉纤维、木棉纤维、大麻纤维、罗布麻纤维、菠萝叶纤维、香蕉纤维、竹原纤维、细菌纤维素纤维、胶原纤维、羽绒纤维、改良蚕丝纤维及蜘蛛丝纤维;生物基再生纤维主要包括新型再生纤维素纤维(溶剂法再生纤维素纤维、新型黏胶纤维和纤维素衍生物)和再生蚕丝蛋白质纤维;生物质合成纤维主要包括蛋白改性纤维(蚕丝蛋白改性纤维、络蛋白改性纤维、羊毛角蛋白改性纤维、蚕蛹蛋白改性纤维及胶原蛋白改性纤维)、甲壳素与壳聚糖纤维及海藻纤维。

2. 新型聚酯纤维

包括聚对苯二甲酸丙二醇酯(PTT)纤维、聚对苯二甲酸丁二酯(PBT)纤维、聚萘二甲酸乙二醇酯(PEN)及高相对分子质量PET纤维。

3. 新型聚酰胺类纤维

包括尼龙46、尼龙11、尼龙610及半芳香族聚酰胺纤维等。

4. 新型聚烯烃类纤维

包括氟化纤维(PTFE、PVF、PVDF、FEP)、水溶性聚乙烯醇纤维及聚烯烃类弹性纤维等。

5. 生物降解合成纤维

包括聚3-羟基丁酸酯纤维、聚(3-羟基丁酸酯-CO-3-羟基戊酸酯)纤维、聚羟基乙酸酯纤维、聚乳酸纤维、聚己内酯纤维、聚丁二酸丁二醇酯纤维及聚(己二酸丁二醇酯-对苯二甲酸丁二醇酯)纤维。

6. 高性能合成纤维

包括芳纶纤维、聚芳酯纤维、聚芳杂环类纤维、聚酰亚胺纤维、超高性能聚乙烯纤维、酚醛纤维、聚醚醚酮纤维、聚苯硫醚纤维及聚四氟乙烯纤维。

7. 服用功能性纤维

包括抗静电纤维、防紫外线纤维、阻燃纤维、抗菌防臭纤维、保暖纤维、凉感纤维、防辐射纤维、负离子纤维、智能纤维、护肤功能纤维及高吸水纤维等。

8. 产业用功能性纤维

包括导电纤维、光导纤维、吸附分离功能纤维及医疗功能纤维等。

9. 差别化纤维

包括超细纤维、仿生纤维、异性纤维等。

10. 无机纤维

包括碳纤维、碳纳米管轻质导电纤维、玻璃纤维、玄武岩纤维、陶瓷纤维（氧化铝纤维、硅酸铝纤维、氧化硅纤维）、金属纤维及固废基无机纤维。

11. 纳米纤维

二、应用领域

1. 服用纺织品

随着人们生活水平的提高，科技与经济文化的发展，人们对纺织品服用性能的要求越来越高，天然纤维与普通化学纤维已远不能满足人们需要。开发新型纤维材料，已经引起国内外纺织界的高度重视。

纺织面料发展很大程度依赖纺织纤维的进步。各国为开发新型纤维材料进行了多方面的努力，且部分研究成果已产业化，而且已取得一定的经济效益。进入 21 世纪，为了弥补天然纤维本身的缺陷，涌现许多天然纤维的绿色分支，如彩色动物毛、彩色棉等；将蟹、虾壳经盐酸分解碳酸盐，以氢氧化钠溶液脱蛋白质和脂肪，然后经过脱色处理得到甲壳素，由此生成壳聚糖纤维，再经湿纺工艺制成牛奶纤维；同时，再生纤维中出现了竹纤维、天丝等，合成纤维中出现了高性能的芳纶、碳纤维、高强高模聚乙烯纤维。利用这些新型纤维，开发了许多功能性织物，如消臭织物、抗菌织物、药物织物、远红外织物、防紫外织物、香味织物、电热织物、磁性织物等。因此，新型纤维材料在服用纺织品中展示了越来越重要的作用。

2. 产业用纺织品

产业用纺织品是我国纺织经济新的增长点。近年来，新型纤维材料在产业用纺织品中得到广泛应用，提升了传统产业用纺织品档次，开发出许多新产品，在一定程度上很好地适应了高新技术产业发展需要。表 1-1 所示是新型纤维的产业应用领域和主要用途。代表性应用主要包括：膜结构纺织品，表面树脂涂层高性能纤维织物；袋式过滤纺织品，主要采用耐高温纤维为原料，如聚苯硫醚纤维、间位芳纶纤维和玻璃纤维等；农用产业纺织品；安全防护用纺织品；医疗卫生用纺织品；等等。

表 1-1　新型纤维应用领域及主要用途

应用领域	主要用途
建筑、土木	土工布、堤坝防护、防水排水、增强修补材料、膜结构材料等
工业	过滤布、涂层布、绳带、传送带、造纸毛毯、工业用毡、篷帆布、绝缘材料等
农林渔业	育秧布、果实防护袋、草皮基材、森林育成、滴灌管、渔网、养殖器具等
交通运输	装饰布、内衬料、地毯、消音隔热材料、行李箱、内饰板材、帘子线等
防护	消防服、耐高温工作服、石化工作服、无尘服、特种防护服等

应用领域	主要用途
医疗卫生	手术纺织品、纱布、纸尿裤、医用工作服、人工器官材料、保健纺织品等
包装	外包装材料、防震、填充材料等
国防军工	军服、防弹布、装备罩布、隐形材料、降落伞等
其他	家具用布、帷幕、体育用纺织品、邮用布袋等

第三节 新型纤维发展特点及趋势

随着城市化速度加快和工业快速发展,天然纤维和普通化学纤维已无法满足人们对纺织产品质量和数量的要求,新型纤维工业化生产使纤维的数量和产量迅速增加,对丰富和美化人们生活,以及支持其他产业发展,起到了越来越重要的作用。

一、新型纤维发展特点

随着科技发展,新型纤维研发与应用越来越广泛,其发展特点主要体现在加工过程绿色化、高性能化、多功能化及品种多样化四个方面。

1. 加工过程绿色化

纺织行业坚持可持续发展战略,履行环境责任导向,以绿色制造为重点,以标准制度建设为保障,加快构建绿色低碳发展体系,推进纤维制造产业链高效、清洁、协同发展,为国内外消费市场提供更多优质绿色纺织产品,并引导绿色消费。主要集中在推进绿色纤维制备及应用,攻关生物基纤维重点原料和关键制备技术,提升重点品种规模化制备技术,扩大原液着色化纤应用及研发可降解纤维材料等。

2. 高性能化及多功能化

"十三五"末,我国高性能纤维总产能占世界的比重超过三分之一,产业用行业纤维加工量达 1910 万 t,较 2015 年增长 40% 以上,有效地满足了多元化、多层级、多领域的市场需求。随着新一轮科技革命的深入发展,材料科技占据前沿位置,以高性能、多功能、轻量化、柔性化为特征的纤维新材料,为纺织行业价值提升提供了重要途径。目前,我国正在加快突破碳纤维、对位芳纶、聚酰亚胺纤维等高性能纤维及其复合材料领域的尖端技术空白,推进生物基纤维和原料关键技术研发及其终端产品应用,以及主导差别化、多功能纤维材料的研发创新。

3. 品种多样化

整体来看,至 2020 年末我国全面建成小康社会之际,纺织行业基本实现了《2020 建设纺织强国纲要》的相关目标,我国纺织工业绝大部分指标已达到甚至领先于世界先进水平,建立起全世界最为完备的现代纺织制造产业体系,生产制造能力与国际贸易规模长期居于世界首位,成为我国制造业进入强国阵列的第一梯队。科技创新从"跟跑、并跑"进入"并跑、领跑"并存阶段。

为满足国际国内多元化、多层次的消费需求,各种新型纤维材料不断被设计和研发。目前,我国正致力于新型生物质纤维、新型聚酯纤维、新型聚酰胺类纤维、新型聚烯烃类纤维、生物降解合成纤维、高性能合成纤维、服用功能性纤维、产业用功能性纤维、差别化纤维、无机纤维、静电纺纳米纤维的关键技术研发及应用。

二、新型纤维发展趋势

纵观人类文明发展史,人类在衣着方面一直追求更高、更好。直至当代,随着人类生活水平的提高和科技发展,纺织行业发展达到一个崭新的高度。在纺织原料方面,新型纤维材料更是推陈翻新,不再拘泥于普通的棉、毛、丝、麻。随着高分子科学的发展,开发了各种高功能、高性能的新纺织材料。各种新型纤维材料已经应用到海洋、通讯信息、航空等高新产业。如今,世界各国均把发展新材料作为推动技术进步、发展经济的重要途径,各种新型纤维被作为当今高技术领域的重要材料,成为 21 世纪经济发展的一大支柱。

生态化新型纤维材料符合 21 世纪绿色环保型时代的要求。新世纪的新型纤维是材料工程、信息工程、生物工程等新型科学和传统科学综合研究的结果,因此其发展具有环保型、舒适型、天然型和功能型四项原则(表 1-2)。

表 1-2　新型纤维材料的发展原则

发展原则	具体要求
环保型原则	随着科技进步和生活水平提高,以及环保意识和自我保护意识的增强,人们越来越重视纺织纤维的生产过程清洁化、消费使用过程中的健康化,以及使用后的可自行降解化
舒适型原则	在服用方面,消费者对服装除了外在风格的要求以外,更加重视材料的舒适度、保健性和功能性
天然型原则	由于天然纤维的性能良好,人们越来越倾向于使用天然纤维,但天然纤维产量有限,故要将化学纤维天然化
功能型原则	涉及高水平的科学技术和边缘科学,如工业、军事、医疗、宇航等领域需要的纤维,其技术指标应大大高于常规纤维,又称为高技术纤维

第二章 纤维的结构与性能指标

第一节 纤维结构基础

一、高分子的基本概念

1. 结构单元和聚合度

高分子化合物是由许多结构单元相同的小分子化合物,通过化学键连接而成的。高分子链中的重复单元,也叫作结构单元或链节。

重复单元的数量,称为聚合度,用 DP 表示。一个高分子化合物的相对分子质量 M 可用下式表示:

$$M = DP \times M_0 \tag{2-1}$$

上式中,M_0 为单体的相对分子质量。高分子化合物的相对分子质量为聚合度的整数倍。

2. 单体和单体单元

形成聚合物的小分子,称为单体;单体在高分子化合物中的存在形式,称为单体单元。

3. 均聚物和共聚物

由一种单体聚合而成的聚合物,称为均聚物;由两种或两种以上单体聚合而成的聚合物,称为共聚物。

4. 聚合反应

由小分子单体通过化学方法得到高分子的过程,称为聚合反应。通过单体分子中某些官能团之间的缩合,聚合成高分子的反应,称为缩聚反应。烯类单体通过加成,聚合成高分子的反应,称为加聚反应。

5. 相对分子质量与相对分子质量分布

以数量为统计权重的数均相对分子质量,定义如下:

$$\overline{M}_n = \frac{w}{n} = \frac{\sum\limits_i n_i M_i}{\sum\limits_i n_i} = \sum_i N_i M_i \tag{2-2}$$

以质量为统计权重的质均相对分子质量,定义如下:

$$\overline{M}_w = \frac{\sum\limits_i n_i M_i^2}{\sum\limits_i n_i M_i} = \frac{\sum\limits_i w_i M_i}{\sum\limits_i w_i} = \sum_i W_i M_i \tag{2-3}$$

以 z 值为统计权重的 z 均相对分子质量，z_i 定义为 w_iM_i，则 z 均相对分子质量的定义如下：

$$\overline{M}_z = \frac{\sum_i z_iM_i}{\sum_i z_i} = \frac{\sum_i w_iM_i^2}{\sum_i w_iM_i} = \frac{\sum_i n_iM_i^3}{\sum_i n_iM_i^2} \tag{2-4}$$

用黏度法测得稀溶液的平均相对分子质量为黏均相对分子质量，定义如下：

$$\overline{M}_v = \left(\sum_i W_iM_i^a\right)^{1/a} \tag{2-5}$$

上式中的 a 指 $[\eta]=KM^a$ 中的指数。

分子质量分布是指聚合物试样中各个级分的含量和相对分子质量的关系。相对分子质量分布指数的定义如下：

$$D = \frac{\overline{M}_w}{\overline{M}_n} \tag{2-6}$$

D 值越大，表示分子质量分布越宽。天然高分子的 D 值可达1，完全均一；合成高分子的 D 值一般为 $1.5\sim50$。

二、高分子的结构层次

表2-1　高分子的结构层次

名称		内容	备注
链结构	一级结构（近程结构）	结构单元的化学组成 键接方式 构型(旋光异构、几何异构) 几何形状(线形、支化、网状等) 共聚物的结构	指单个大分子与基本结构单元有关的结构
	二级结构（远程结构）	构象(高分子链的形状) 相对分子质量及其分布	指由若干重复单元组成的链段的排列形状
三级结构(聚集态结构、聚态结构、超分子结构)		晶态 非晶态 取向态 液晶态 织态	指在单个大分子二级结构的基础上，许多这样的大分子聚集在一起而成的聚合物材料的结构

三、高分子链的近程结构

1. 高分子链的化学结构

可分为以下四类：

(1) 碳链高分子，主链上全是碳，以共价键相连。

(2) 杂链高分子，主链上除了碳，还有氧、氮、硫等杂原子。

（3）元素有机高分子，主链上没有碳。

（4）梯形和螺旋形高分子。

2. 链接方式

指结构单元在高分子链上的连接方式（主要对加聚产物而言，缩聚产物的链接方式一般是明确的）。单烯类的键接方式有头-尾键接和聚 α-烯烃头-头（或称尾-尾）键接两类。

3. 构型

构型是分子中由化学键固定的几何排列。这种排列是稳定的。要改变构型，必须经过化学键的断裂和重组。单链内旋转不能改变构型。构型主要有旋光异构和几何异构两种。

聚 α-烯烃的结构单元存在不对称碳原子，每个链节都有 D 和 L 两种旋光异构体，它们在高分子链中有三种键接方式，即三种旋光异构体：全同立构，间同立构，无规立构。

全同立构和间同立构高聚物合称"等规高聚物"，等规异构体所占的百分数称为等规度。由于内消旋和外消旋作用，等规高聚物没有旋光性，等规度越高，越易结晶，也具有较高的强度。

4. 共聚物的结构

共聚的目的是改善高分子材料的性能，因而共聚物常有几种均聚物的优点。

四、高分子链的远程结构

1. 内旋转

指高分子在运动时 C—C 单键绕轴旋转（图 2-1）。

2. 构象

由于单键能内旋转，高分子链在空间中会存在数不胜数的不同形态，称为构象。高分子链有五种构象，即无规线团、伸直链、折叠链、锯齿链和螺旋链。

3. 高分子链的柔顺性

高分子链能改变其构象的性质。影响高分子链柔顺性的主要因素如下：

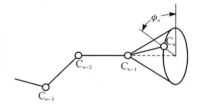

图 2-1　单键能内旋转

（1）主链结构：主链上的杂原子使柔性增大，原因是键长和键角增大，以及杂原子上无取代基或少取代基。主链上的芳环使柔性下降，因为芳环不能旋转，减少了会旋转的单键数目。共轭双键使柔性大大下降，因为共轭 π 电子云没有轴对称性，不能旋转。孤立双键使柔性大为增加，因为相邻的单键键角较大（120°），且双键上的取代基较少（只有 1 个）。

归纳以上结论，主链柔性的顺序一般有如下规律：

$$—O— > —S— > —N— > —C≡C—C— >\quad C=C—C— >\quad —C—O— >$$

$$—CH_2— > —C— > \bigcirc > —C=C—C=C—$$

（2）侧基：侧基的极性越大，柔性越小，因为极性增加了分子间的作用力；极性侧基的比例越大，起的作用也越大。

侧基不对称取代时，由于空间阻碍，柔性较差；侧基对称取代时，极性相互抵消，而且推开了其他分子,使分子间距离增加,旋转反而更容易,柔性较好。

一般来说,侧基体积较大,内旋转空间阻碍大,柔性下降;但柔性侧基随着侧基增长,柔性增加。

五、聚集态结构

指具有一定构象的大分子链,通过分子链间的作用力,相互排列、堆砌而成的结构。聚集态可分为晶态、非晶态、取向态、液晶态等。

1. 大分子间作用力(次价键力)

纤维大分子间的作用力与大分子链间的相对位置、链的形状、大分子排列密度及链的柔曲性等有关。这种作用力使纤维中的大分子形成一种较稳定的相对位置,或较牢固的结合,使纤维具有一定的物理机械性质。纤维大分子的次价键力包括范德华力、氢键、盐式键、化学键,产生的原因和特点如表 2-2 所示。

表 2-2 大分子的次价键力及其产生原因和特点

名称		产生原因	特点
范德华力	定向力	产生于极性分子之间,是由它们三向的永久偶极矩作用产生的	作用能量为 3～5 kcal/mol,与温度有关
	诱导力	由相邻分子间的诱导电动势产生的,产生于极性分子与非极性分子之间	作用能量为 1.5～3 kcal/mol,与温度有关
	色散力	由相邻原子上的电子云旋转引起瞬时的偶极矩而产生的。产生于一切非极性分子中	作用能量为 0.2～2 kcal/mol,与温度无关
氢键		大分子侧基(或部分主链上)极性基团之间的静电吸引力(如—NH、—COOH、—OH、—CONH 等)	作用能量为 1.3～10.2 kcal/mol,距离为 2.3～3.2 A,与温度有关
盐式键		在部分大分子侧基上,某些成对基团之间接近时,产生能级跃迁的原子转移,从而基团间形成相互结合的化学键	化学键中作用力较弱的一种,作用能量为 30～50 kcal/mol
化学键		少数纤维的大分子之间存在这种桥式侧基。化学键主要包括共价键、离子键和金属键	作用能量为 50～200 kcal/mol

四种结合力的能量:

化学键＞盐式键＞氢键＞范德华力

四种结合力的作用距离:

化学键＜盐式键＜氢键＜范德华力

(1)范德华力:存在于一切分子之间的一种吸引力。包括定向力、诱导力、色散力。作用范围小于 1 nm,作用能比化学键小 1～2 个数量级。

(2)氢键:极性很强的 X—H 键上的氢原子,与另一个键上电负性很大的原子 Y 上的孤对电子相互吸引而形成的一种键(X—H…Y),是发生在分子极性基团之间。键能与范德华力的数量级相同。

纺织纤维中常见的氢键：

$$O-H\cdots\cdots O-H \qquad\qquad N-H\cdots\cdots O-H$$
$$N-H\cdots\cdots N-H \qquad\qquad C-H\cdots\cdots N-H$$

（3）盐式键：存在于部分纤维大分子间。如羊毛、蚕丝大分子侧基上的羧基（—COOH）和氨基（—NH_2）可形成盐式键—$COO^-\cdots^+H_3N$—。盐式键的键能大于氢键，小于化学键。

（4）化学键：网状构造的大分子可由化学键构成交联。部分纤维，如羊毛和蚕丝的桥式侧基中存在二硫键（—S—S—）和酯键（—C—O—），纤维大分子主要通过范德华力和氢键聚集在一起。分子间力的大小取决于：①单基化学组成（原子团多少、极性集团数目、极性强弱）；②聚合度；③分子间距离。

2. 结晶结构

（1）结晶形态：结晶形态主要有球晶、单晶、伸直链晶片、纤维状晶、串晶、树枝晶等。球晶是其中最常见的一种形态。各种结晶形态的形成条件列于表2-3中，照片示于图2-2中。

表 2-3 高分子主要结晶形态的形状、结构和形成条件

名称	形状和结构	形成条件
球晶	球形或截顶的球晶。由晶片从中心往外辐射生长组成	从熔体冷却或从＞0.1％溶液结晶
单晶（又称折叠链片晶）	厚10～50 nm的薄板状晶体，有菱形、平行四边形、长方形、六角形等形状。分子呈折叠链构象，分子垂直于片晶表面	长时间结晶，从0.01％溶液得单层片晶，从0.1％溶液得多层片晶
伸直链片晶	厚度与分子链长度相当的片状晶体，分子呈伸直链构象	高温和高压（通常需几千大气压以上）
纤维状晶	"纤维"中分子完全伸展，总长度大大超过分子链平均长度	受剪切应力（如搅拌），应力还不足以形成伸直链片晶时
串晶	以纤维状晶作为脊纤维，上面附加生长许多折叠链片晶而成	受剪切应力（如搅拌），后又停止剪切应力时

以上结晶形态都是由三种基本结构单元组成的，即无规线团的非晶结构、折叠链晶片和伸直链晶体。结晶形态中都含有非晶部分，因为高分子结晶都不可能达到100％结晶。

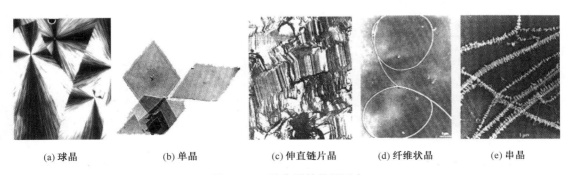

(a) 球晶   (b) 单晶   (c) 伸直链片晶   (d) 纤维状晶   (e) 串晶

图 2-2 五种典型的结晶形态

（2）结晶度：高分子结晶总是不完全的，因而结晶高分子实际上只是半结晶聚合物。用结晶度来描述这种状态，其定义如下：

$$X_c^w = \frac{W_c}{W_c + W_a} = \frac{\rho_c(\rho - \rho_a)}{\rho(\rho_c - \rho_a)} \tag{2-7}$$

或

$$X_c^v = \frac{V_c}{V_c + V_a} = \frac{\rho - \rho_a}{\rho_c - \rho_a} \tag{2-8}$$

式中：X_c^w 和 X_c^v 分别是质量结晶度和体积结晶度。

结晶度常用密度法测定，式中 ρ、ρ_a、ρ_c 分别为试样、非晶部分和结晶部分的密度。结晶度和结晶尺寸均对高聚物的性能有着重要的影响：

① 力学性能：结晶使塑料变脆（冲击强度下降），但使橡胶的抗张强度提高。

② 光学性能：结晶使高聚物不透明，因为晶区与非晶区的界面会发生光散射。减小球晶尺寸到一定程度，不仅提高了强度（减小了晶间缺陷），而且提高了透明性（当尺寸小于光的波长时不会产生散射）。

③ 热性能：结晶使塑料的使用温度从 T_g 提高到 T_m。

④ 耐溶剂性、渗透性等得到提高，因为结晶分子排列紧密。淬火或添加成核剂能减小球晶尺寸，而退火用于增加结晶度，提高结晶完善程度和消除内应力。

3. 取向结构

（1）取向的定义：线性高分子充分伸展时，长度与宽度相差极大（几百、几千、几万倍）。这种结构上悬殊的不对称性，使它们在某些情况下很容易沿某个特定方向占优势平行排列。这种现象就称为取向。

（2）取向态和结晶态的异同：

① 相同点：都与高分子有序性相关。

② 相异点：取向态是一维或二维有序，结晶态是三维有序。

（3）取向单元：表 2-4。

表 2-4　取向单元

非晶高聚物	分子链作为单元：分子链沿外力方向平行排列，但链段未必取向（黏流态时）
	链段：链段取向，分子链可能仍然杂乱无章（高弹态）
结晶高聚物	晶片，晶粒，晶带（晶区）
	分子链，链段（非晶区）

（4）取向机理：取向过程是分子在外力作用下的有序化过程。外力除去后，分子热运动使分子趋向于无序化，称为解取向过程。

① 高分子有两种单元：链段和整链。所以高聚物取向有链段取向和分子链取向。

② 取向的过程是在外力作用下运动单元运动的过程。必须克服高聚物内部的黏滞阻力，因而完成取向过程需要一定的时间。

③ 链段阻力：链段受到的阻力比分子链受到的阻力小，所以外力作用时，首先是链段发生取向，然后是整根分子链发生取向。在高弹态下，一般只发生链段的取向，只有在黏流态时才

发生大分子链的取向。

④ 取向过程：取向过程是热力学不平衡态(有序化不是自发的)，解取向过程是热力学平衡态(无序化是自发的)。在高弹态下，拉伸可使链段取向；外力去除后，链段自发解取向，恢复原状。在黏流态下，外力可使分子链取向；外力去除后，分子链就自发解取向。

⑤ 取向状态：为了维持取向状态，获得取向材料，必须在取向后迅速使温度降低到玻璃化温度以下，使分子和链段"冻结"起来。这种"冻结"仍然是热力学非平衡态，只有相对稳定性，时间长了，温度升高或被溶剂溶胀时，仍然有发生自发的解取向性。

⑥ 取向速度：取向快，解取向也快，所以链段解取向比分子链解取向先发生。

⑦ 取向结果：各向异性。

(5) 取向方式：

① 单轴取向：材料仅沿一个方向拉伸，长度增加，厚度和宽度减小，高分子链或链段倾向于沿拉伸方向排列，在取向方向上，原子间以化学键相连。

② 双轴取向：

a. 取向度(取向的程度)

取向函数的定义如下：

$$f = \frac{1}{2}(3\overline{\cos^2\theta} - 1) \tag{2-9}$$

b. 测定取向度的方法

Ⅰ 热传导法——测定的是晶区中的小结构单元的取向。

Ⅱ 双折射法——测定的是晶区与非晶区中链段的取向。

双折射的定义如下：

$$\Delta n = n_{//} + n_{\perp} \tag{2-10}$$

式中：$n_{//}$ 和 $n_{\perp}$ 分别为平行于和垂直于取向方向的折射率。

双折射取向因子的定义如下：

$$f_B = \Delta n / \Delta n_{max} \tag{2-11}$$

对于无规取向，$\Delta n = 0$，$f_B = 0$；对于完全取向，$\Delta n = \Delta n_{max}$，$f_B = 1$。

Ⅲ X射线衍射法——测定的是晶区中晶胞的取向。

Ⅴ 声速法——测定的是晶区与非晶区中分子的取向。

$$f = 1 - \left(\frac{C_0}{C}\right)^2 \tag{2-12}$$

式中：C_0 为未取向样品的声速。

Ⅵ 其他——红外二向色性、SALS、偏振荧光法等。

注意：

ⅰ 不同方法所反映的取向单元不同，难以进行比较。

ⅱ 取向与结晶不同，取向仅是一维或二维的有序化。

纤维的取向度大，大分子可能承受的轴向拉力也大，拉伸强度较大，伸长较小，模量较高，光泽较好，各向异性明显。

（6）取向研究的应用

① 纺丝时取向度的变化：纺丝时，拉伸使纤维取向度提高，虽然抗张强度提高，但是由于取向过度，分子排列过于规整，分子间作用力太大，分子的弹性却太小，纤维变得僵、硬、脆。为了获得一定强度和一定弹性的纤维，可以在成型加工时利用分子链取向和链段取向速度的不同，用慢的取向过程使整个分子链获得良好的取向，以达到高强度，然后再用快的取向过程使链段解取向，使之具有弹性。

② 工艺：纤维在较高温度下（黏流态）牵伸，因高聚物具有强的流动性，可以获得整链取向，冷却成型后，在很短时间内用热空气和水蒸气很快吹塑，使链段解取向收缩（这一过程叫作"热处理"）以获取弹性。未经热处理的纤维在受热时会变形。

六、形态结构

纤维的形态结构，是指纤维在光学显微镜或电子显微镜乃至原子力显微镜（AFM）下能被直接观察到的结构。诸如纤维的外观形貌、表面结构、断面结构、细胞构成和多重原纤结构，以及存在于纤维中的各种裂隙与孔洞等。

一般形态结构分为表观形态、表面结构和微细结构三类。表观形态主要讨论纤维外观的宏观形状与尺寸，包括纤维的长度、粗细、截面形状和卷曲或扭转等。表面结构主要涉及纤维表面的形态及表层的结构，是微观形态与尺度的问题。微细结构是指纤维内部的有序区（结晶或取向排列区）和无序区（无定形或非结晶区）的形态、尺寸和相互间的排列与组合，以及细胞构成与结合方式。

形态结构与纤维性质密切相关，如抱合力、可纺性、摩擦性能、黏合性、光泽、手感、保暖性、吸湿性等。

第二节　纤维形态表征及性能指标

一、纤维长度及其分布

1. 纤维长度

一般指伸直长度，即纤维伸直而未伸长时两端的距离。另有自然长度，即纤维在自然伸展状态下的长度。

天然纤维的长度：随动物、植物的种类、品系和生长条件而不同。

棉、麻、毛为短纤维，纤维长度一般 25～250 mm；长度差异很大。

蚕丝为长丝，一个茧子上的茧丝长度可达数百米至上千米。

（1）天然纤维：棉纤维：25～45 mm；亚麻单纤维：15～20 mm；亚麻工艺纤维：500～750 mm；黄麻单纤维：2～4 mm；黄麻工艺纤维：2000～3000 mm；大麻单纤维：10～15 mm；大麻工艺纤维：700～1500 mm；细毛、半细毛：50～100 mm；粗毛、半粗毛：50～200 mm。

（2）化学纤维：

长丝：可无限长。

短纤维：等长或不等长，长度离散性小，但超长纤维和倍长纤维对纺纱工艺的危害较大。

棉型化纤:30～40 mm,用棉纺设备纺纱。毛型化纤:70～150 mm,用毛纺设备纺纱。中长纤维:51～65 mm,用棉纺或化纤专纺设备纺纱,仿毛织物。

2. 纤维长度的指标

包括主体长度、平均长度、品质长度、短绒率等。

(1) 主体长度:纤维中含量最多的纤维的长度。根数主体长度:纤维中根数最多的一部分纤维的长度;质量主体长度:纤维中质量最大的一部分纤维的长度。

(2) 平均长度:纤维长度的平均值。

① 根数平均长度 L:各根纤维长度之和的平均数。

$$L = \frac{\sum L_i N_i}{\sum N_i} \tag{2-13}$$

式中:L_i 为各组纤维的长度;N_i 为各组纤维的根数。

② 质量加权平均长度 L_g:各组长度的质量加权平均数。

$$L_g = \frac{\sum L_i g_i}{\sum g_i} \tag{2-14}$$

式中:L_i 为各组纤维代表长度;g_i 为各组纤维的质量。

(3) 品质长度(右半部平均长度):比主体长度长的那部分纤维的平均长度(是棉纺工艺中决定罗拉隔距的重要参数)。

(4) 短绒率:长度在某一界限以下的纤维所占的百分率(表示长度整齐度的指标)。

界限:细绒棉 16 mm;长绒棉 20 mm;毛 30 mm,苎麻 40 mm。

二、纤维细度指标

1. 线密度 N_{tex}

N_{tex} 的定义:公定回潮率下 1000 m 长的纤维具有的质量克数,其单位为特克斯(tex),为国际标准单位。

生产中还常用分特克斯(dtex),其定义:公定回潮率下 10 000 m 长的纤维具有的质量克数。1 tex＝10 dtex。同品种纤维,N_{tex} 越大,纤维越粗。

2. 纤度 N_{den}

N_{den} 的定义:公定回潮率下 9000 m 长的纤维具有的质量克数,其单位为旦尼尔(den)。同品种纤维,N_{den} 越大,纤维越粗。

3. 公制支数 N_m

N_m 的定义:公定回潮率下单位质量(g)的纤维具有的长度(m),其单位为公支。

同品种纤维,N_m 越大,纤维越细。

以上细度指标的换算关系如下:

$$N_{tex} \times N_m = 1000$$
$$N_{den} \times N_m = 9000$$
$$N_{den} = 9 N_{tex}$$

4. 英制支数 N_e

N_e 的定义:公定回潮率 9.89% 时质量为 1 lb 的棉纱线具有的长度的 840 yd 的倍数,其单位为英支$(^S)$。

三、纤维卷曲

沿纤维纵向形成的规则和不规则的弯曲,与纤维的可纺性、成纱品质的关系密切,对织物的柔软性、蓬松性、弹性、冷暖感等影响很大。

1. 卷曲数

指单位长度的纤维包含的卷曲个数,是反映卷曲多少的指标(图 2-3)。

2. 卷曲率

指纤维单位伸直长度内卷曲伸直长度所占的百分率(或表示卷曲后纤维的缩短程度,图 2-4)。

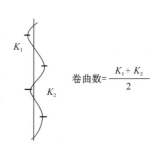

$$卷曲数 = \frac{K_1 + K_2}{2}$$

图 2-3 卷曲数

$$卷曲率(\%) = \frac{L_1 - L_2}{L_1} \times 100 \qquad (2\text{-}15)$$

卷曲率的大小与卷曲数和卷曲的波幅形态有关。一般短纤维的卷曲率以 $10\% \sim 15\%$ 为宜。

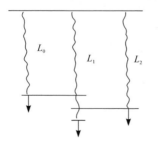

L_0 —— 纤维加轻负荷后的长度(mm)

L_1 —— 纤维加重负荷后的长度(mm)

L_2 —— 纤维去除重负荷一定时间后再加轻负荷后的长度(mm)

图 2-4 卷曲率

3. 卷曲弹性率

指纤维经加载并卸载后卷曲的残留长度对伸直长度的百分率。

$$卷曲弹性率(\%) = \frac{L_1 - L_2}{L_1 - L_0} \times 100 \qquad (2\text{-}16)$$

反映卷曲牢度的指标。数值越大,表示卷曲容易恢复,卷曲弹性越好,卷曲耐久牢度越好。一般短纤维约为 10%。

四、纤维吸湿性能指标

1. 回潮率与含水率

回潮率 W:纺织材料中所含水分质量对纺织材料干重的百分比。

含水率 M:纺织材料中所含水分质量对纺织材料湿重的百分比。

$$回潮率\ W(\%) = \frac{G_a - G_0}{G_0} \times 100 \tag{2-17}$$

$$含水率\ M(\%) = \frac{G_a - G_0}{G_a} \times 100 \tag{2-18}$$

式中：G_a 纺织材料湿重；G_0 纺织材料干重。目前基本上采用回潮率。

2. 标准回潮率

纺织材料在标准大气条件下，从吸湿达到平衡时测得的平衡回潮率。通常在标准大气条件下调湿 24 h 以上，合成纤维调湿 4 h 以上。

3. 公定回潮率

贸易上为了计重和核价的需要，由国家统一规定的各种纺织材料的回潮率。以标准回潮率为依据，但不等于标准回潮率。

五、纤维拉伸性能指标

1. 断裂强力（绝对强力）

定义：纤维能够承受的最大拉伸外力。单位：牛顿（N）；厘牛（cN）。对不同粗细的纤维，强力没有可比性。

2. 相对强度

相对强度是用来比较不同粗细纤维的拉伸断裂性质的指标。根据采用线密度指标不同，相对强度指标有以下几种：

（1）断裂强度（比强度）。定义：每特（或每旦）纤维能承受的最大拉力。单位：N/tex（cN/dtex）；N/den（cN/den）。其计算式如下：

$$P_{\text{tex}} = P/N_{\text{tex}}; \quad P_{\text{den}} = P/N_{\text{den}} \tag{2-19}$$

式中：P_{tex} 为特克斯制断裂强度（N/tex；cN/dtex）；P_{den} 为旦尼尔制断裂强度（N/den；cN/den）；P 为纤维的强力（N；cN）；N_{tex} 为纤维的线密度（tex；dtex）；N_{den} 为纤维的纤度（den）。

（2）断裂应力（强度极限）。定义：纤维单位截面上能承受的最大拉力。单位：N/m²（Pa）；N/mm²（MPa）。其计算式如下：

$$\sigma = \frac{P}{S} \tag{2-20}$$

式中：σ 为纤维的断裂应力（MPa）；P 为纤维的强力（N）；S 为纤维的截面积（mm²）。

（3）断裂长度。定义：纤维的自身质量与其断裂强力相等时的长度。即一定长度的纤维，其质量可将自身拉断，该长度为断裂长度。其计算式如下：

$$L_{\text{R}} = (P/g) \times N_{\text{m}} \tag{2-21}$$

式中：L_{R} 为纤维的断裂长度（km）；P 为纤维的强力（N）；g 为重力加速度（等于 9.8 m/s²）；N_{m} 为纤维的公制支数（公支）。

纤维强度三个指标之间的换算式如下：

$$\sigma = \gamma \times P_{\text{tex}} = 9 \times \gamma \times P_{\text{den}} \tag{2-22}$$

$$P_{\text{tex}} = 9 \times P_{\text{den}} \tag{2-23}$$

$$L_R = P_{\text{tex}} = 9 \times P_{\text{den}} \tag{2-24}$$

式中:σ 为纤维的断裂应力(N/mm^2);γ 为纤维的密度(g/cm^3);P_{tex} 为纤维的特克斯制断裂强度(N/tex);P_{den} 为纤维的旦尼尔制断裂强度(N/den);g 为重力加速度(等于 9.8 m/s^2);L_R 为纤维的断裂长度(km)。

可以看出,相同的断裂长度和断裂强度,其断裂应力随纤维密度不同而异,只有当纤维密度相同时,断裂长度和断裂强度才具有可比性。

(4) 断裂伸长率。定义:纤维拉伸至断裂时的伸长率。它表示纤维承受拉伸变形的能力。其计算式如下:

$$\varepsilon = \frac{(L - L_o)}{L_o} \tag{2-25}$$

式中:L_o 为纤维加预张力伸直后的长度(mm);L 为纤维断裂时的长度(mm)。

3. 拉伸曲线的基本性质

纺织纤维在拉伸外力作用下产生的应力应变关系称为拉伸性质。

(1) 拉伸曲线定义。负荷-伸长曲线:纤维拉伸过程中负荷和伸长的关系曲线(图2-5);应力-应变曲线:纤维拉伸过程中应力和应变的关系曲线。

图 2-5 中:$O' \to O$:表示拉伸初期未能伸直的纤维由卷曲逐渐伸直;$O \to M$(虎克区):分子链键长和键角的变化,外力去除变形可回复;类似弹簧;$Q \to S$(屈服区):大分子间产生相对滑移,在新的位置上重建连接键。变形显著且不易回复,模量相应也逐渐变小;$S \to A$(增强区):错位滑移的大分子基本伸直平行,互相靠拢,使大分子间的横向结合力有所增加,形成新的结合键。曲线斜率增大直至断裂。Q:屈服点;A:断裂点。

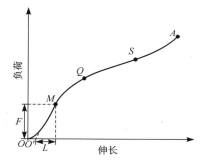

图 2-5 一般纤维负荷-伸长曲线

(2) 初始模量。定义:纤维负荷-伸长曲线上起始一段直线部分的斜率。其大小表示纤维在小负荷作用下变形的难易程度,它反映了纤维的刚性。E 越大表示纤维在小负荷作用下不易变形,刚性较好,其制品比较挺括;E 越小表示纤维在小负荷作用下容易变形,刚性较差,其制品比较柔软。

(3) 屈服应力与屈服应变。屈服点:曲线由伸长较小部分转向伸长较大部分的转折点。

屈服应力:屈服点处对应的应力。

屈服应变:屈服点处对应的应变。

屈服点以下的变形:可回复的弹性变形。

(4) 断裂功、断裂比功和功系数。

① 断裂功 W:拉断纤维过程中外力所做的功,或纤维受拉伸作用至断裂时吸收的能量。W 是强力和伸长的综合指标,用来有效评价纤维的坚牢度与耐用性能。W 值大,说明纤维的韧性好,耐疲劳性能强,能承受较大的冲击。在负荷-伸长曲线上,断裂功就是曲线下方包含的面积。

$$W = \int_0^{L_a} P\,\mathrm{d}L \tag{2-26}$$

② 断裂比功 W_a：拉断单位细度、单位长度纤维过程中外力所做的功。

$$W_a = W/(N_{tex} \times L_0) \tag{2-27}$$

纤维密度相同时，W_a 对不同粗细和不同试样长度的纤维材料具有可比性。

③ 功系数 W_e：外力实际做功（即断裂功 W，相当于拉伸曲线下的面积）与假定功（即断裂强力×断裂伸长）之比。其计算式如下：

$$W_e = W/(P_a \times \Delta L) \tag{2-28}$$

W_e 值越大，表明材料抵抗拉伸作用的能力越强。各种纤维的功系数大致在 $0.36\sim0.65$。

4. 纤维的拉伸变形与弹性

（1）纤维拉伸变形的组成。纤维变形包括可回复的弹性变形（急弹性变形＋缓弹性变形）和不可回复的塑性变形。

急弹性变形：加（或去除）外力后能迅速变形。

缓弹性变形：加（或去除）外力后需经一定时间才能逐渐产生（或消失）的变形。

塑性变形：纤维材料受力时产生变形，去除外力后，不能回复的变形。

（2）纤维的弹性。

① 定义：纤维变形的回复能力。

② 常用指标：弹性回复率 R_e（或称回弹率）。其定义式如下：

$$R_e = \frac{L_1 - L_2}{L_1 - L_0} \tag{2-29}$$

式中：L_0 为纤维加预加张力后伸直但不伸长时的长度（mm）；L_1 为纤维加负荷后伸长的长度（mm）；L_2 为纤维去负荷再加预张力后的长度（mm）。

还可用弹性功回复率或功回复系数 e_w 表示纤维弹性：

$$e_w = \frac{W_e}{W} \times 100\% = \frac{A_{cbe}}{A_{oabe}} \times 100\% \tag{2-30}$$

其中：W_e 为弹性回复功，对应 c、b、e 围成的面积 A_{cbe}；W 为拉伸伸长的总功，对应 o、a、b、e 围成的面积 A_{oabe}。

③ 影响纤维弹性的因素：

a. 纤维的结构：分子链的柔曲性、分子间力的大小。

b. 相对湿度。

c. 测试条件。

纤维弹性是织物获得良好的尺寸稳定性与抗皱性的主要因素。

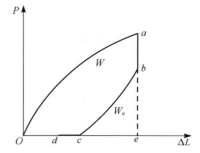

图 2-6 CRE 等速伸长拉伸曲线

ec—急弹性变形；
cd—缓弹性变形；
do—塑性变形；

六、纤维流变性质（或黏弹性质）

定义：纤维在外力作用下，应力、应变随时间而变化的性质，包括蠕变和应力松弛。

1. 蠕变

（1）定义：一定温度下，纺织材料在一定外力作用下，其变形随时间而变化的现象。

（2）产生原因：随着外力作用时间的延长，大分子间的结合力被不断克服，大分子逐渐沿着外力方向伸展排列，或产生相互滑移而导致伸长增加，增加的伸长基本上都是缓弹性和塑性变形。

2. 应力松弛（变形一定，$F-t$ 关系）

（1）定义：在一定温度下，拉伸变形保持一定，纺织材料内的应力随时间的延续而逐渐减小的现象，称为应力松弛。

（2）产生原因：由于纤维发生变形时具有内应力，大分子逐渐重新排列，在此过程中，部分大分子链段发生相对滑移，并逐渐达到新的平衡，形成新的结合点，从而使内应力逐渐减小。

3. 影响纤维流变性质的因素

（1）纤维结构：相对分子质量增加，分子链的极性、交联和结晶增加，蠕变松弛减少。

（2）外界条件：如温度、湿度增加，蠕变、松弛也增加。

七、纤维疲劳特性

1. 定义

纺织材料在较小外力、长时间反复作用下，塑性变形不断积累，当积累的塑性变形值达到断裂伸长时，材料最后出现整体破坏的现象。

疲劳破坏包括分子滑移、分子断裂、裂缝的产生与扩散、应力集中。

疲劳形式有蠕变、重复伸长、重复压缩、重复弯曲及重复扭曲。

2. 指标和测定方法

纤维在一定条件下拉伸至断裂时所经历的循环次数（耐久度或坚牢度）；经过一定负荷、一定次数的反复作用，测其剩余伸长的大小。

3. 纤维结构和性能与疲劳的关系

纤维相对分子质量增加，结晶度提高，耐疲劳性好；取向度增加，耐疲劳性差。屈服强度高，屈服伸长大，断裂功大，耐疲劳性好。

八、纤维弯曲、扭转与压缩特性

1. 纤维的弯曲

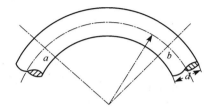

图 2-7　纤维的弯曲

纤维弯曲时受力情况（图 2-7）：外侧——受拉，伸长；内侧——受压，压缩。

纤维抗弯刚度 R_f：纤维抵抗其形状发生弯曲变形的能力。其计算式如下：

$$R_f = \pi E r^2 \eta_f / 4 \qquad\qquad (2-31)$$

式中:r 为实际截面积折算成正圆形时的半径(mm);E 为纤维的弯曲弹性模量($\mathrm{cN/cm^2}$);η_f 为截面性状系数(它等于实际的惯性矩与正圆形截面惯性矩之比)。

R_f 大,纤维不易弯曲,不易成圈编织,耐磨性差,特别是曲磨,其织物较挺爽,有身骨;R_f 小,纤维易产生弯曲,易于成圈编织,其织物较软糯。

2. 纤维的扭转

抗扭刚度 R_t:纤维抵抗扭转变形的能力(图 2-8)。

$$R_t = E_t \times I_p \qquad\qquad (2-32)$$

式中:E_t 为剪切弹性模量;I_p 为截面极惯性矩。

R_t 大,加捻时阻力较大,易遭到破坏或产生塑性变形,且有较强的退捻趋势。

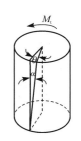

图 2-8　纤维的扭转

3. 纤维的压缩

纤维集合体的压缩变形以材料层体积或高度的变化来表示。

压缩变形的绝对值:

$$b = V_0 - V_k (\mathrm{cm^3}) \qquad\qquad (2-33)$$

压缩变形的相对值:

$$\varepsilon = \frac{(V_0 - V_k)}{V_0} \qquad\qquad (2-34)$$

$$\varepsilon = 1 - \frac{h_k}{h_0} \qquad\qquad (2-35)$$

式中:V_0 为试样压缩前的原始体积($\mathrm{cm^3}$);V_k 为试样达到规定压力时的体积($\mathrm{cm^3}$);h_0 为试样压缩前的原始高度(cm);h_k 为试样的最终高度(cm)。

九、纤维的导热与保温

1. 导热系数

定义:材料厚度为 1 m,两表面之间温差为 1 ℃,每小时通过 1 $\mathrm{m^2}$ 材料传导的热量。单位:W/(m·℃)。

2. 绝热率

$$T = [(Q_1 - Q_2)/Q_1] \times 100\% \qquad\qquad (2-36)$$

式中:Q_1 为包覆试样前保持热体恒温所需热量;Q_2 为包覆试样后保持热体恒温所需热量。

3. 克罗值

在室温 21 ℃、相对湿度小于 50%、气流为 10 cm/s(无风)的条件下,一个人静坐不动,能保持舒适状态,此时所穿衣服的热阻为 1 克罗值。克罗值越大,则隔热保暖性越好。

4. 比热

定义:质量为 1 g 的纺织材料温度变化 1 ℃所吸收(放出)的热量,单位为 J/(g·℃)。

十、纤维热力学性能

1. 热机械曲线的定义

若对某一纤维施加一恒定外力,观察其在等速升温过程中发生的形变与温度的关系,便得到该纤维的温度-形变曲线(或称热机械曲线)。纤维典型的热机械曲线如图 2-9 所示,存在两个斜率突变区,这两个突变区把热机械曲线分为三个区域,分别对应三种不同的力学状态。

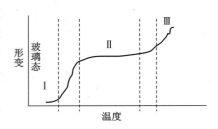

图 2-9 纤维的热机械曲线

在区域 I,温度低,纤维在外力作用下的形变小,具有虎克弹性行为,形变在瞬间完成,当外力除去后,形变又立即恢复,表现为质硬而脆,这种力学状态与无机玻璃相似,称为玻璃态。

随着温度升高,形变逐渐增大,当温度升高到某一程度时,形变发生突变,进入区域 II。这时,即使在较小的外力作用下,也能迅速产生很大的形变,并且当外力除去后,形变又可逐渐回复。这种受力能产生很大的形变,除去外力后能回复原状的性能,称为高弹性,相应的力学状态称为高弹态。

当温度升到足够高时,聚合物完全变为黏性流体,其形变不可逆,这种力学状态称为黏流态(区域 III)。

玻璃态、高弹态和黏流态称为聚合物的力学三态。

2. 热力学性能曲线的特点

(1) 四个温度。

① 玻璃化温度 T_g:非晶态高聚物大分子链段开始运动的最低温度或由玻璃态向高弹态转变的温度。

② 粘流温度 T_f:非晶态高聚物大分子链相互滑动的温度,或由高弹态向黏流态转变的温度。

③ 熔点温度 T_m:高聚物结晶全部熔化时的温度,或晶态高聚物大分子链相互滑动的温度。

高聚物的 T_m > 低分子的 T_m。

④ 分解点温度 T_d:高聚物大分子主链产生断裂的温度。

(2) 两个转变区:玻璃化转变区,黏弹态转变区。

(3) 三种力学状态。

玻璃态:分子链段运动被冻结,显现脆性。

高弹态:分子链段运动加剧,出现高弹变形。

黏流态:大分子开始变形。

十一、纤维耐热性与热稳定性

一般规律:温度升高,断裂强力下降,断裂伸长率增大,初始模量减小,纤维变得柔软。

耐热性——纤维耐短时间高温的性能。

热稳定性——纤维耐长时间高温的性能。

十二、纤维热膨胀与热收缩

1. 热膨胀

一部分纤维在加热的情况下有轻微的膨胀现象。原因是纤维分子受热后发生较强的热振动,从而获得更多的空间。

2. 热收缩

(1) 定义。合成纤维受热后发生不可逆的收缩现象,称之为热收缩。

(2) 指标。热收缩率——加热后纤维缩短的长度占原来长度的百分率。根据介质不同,有以下三种热收缩率:

① 沸水收缩率:将纤维放在 100 ℃沸水中处理 30 min,晾干后的收缩率。

② 热空气收缩率:用 180 ℃、190 ℃、210 ℃热空气为介质处理纤维一定时间(如 15 min)后的收缩率。

③ 饱和蒸汽收缩率:用 125～130 ℃饱和蒸汽为介质处理纤维一定时间(如 3 min)后的收缩率。

(3) 产生原因。纺丝成型过程中,受到较大的抽伸作用,纤维残留一定的内应力。

(4) 影响因素。

温度——升高,热收缩率增大;

介质——水、空气、蒸汽;原来的热处理条件。

十三、纤维燃烧性能

1. 指标

(1) 可燃性指标(表示纤维容不容易燃烧):点燃温度;发火点,点燃温度或发火点越低,纤维越容易燃烧。

(2) 耐燃性指标(表示纤维经不经得起燃烧):极限氧指数(Limit Oxygen Index,LOI),指纤维点燃后,在氧、氮大气里维持燃烧所需要的最低含氧量体积百分数。

十四、纤维熔孔性

1. 定义

当纤维及其制品上为热体所溅时被熔成孔洞的性能。抗熔性:抵抗熔孔现象的性能。

2. 合成纤维易产生熔孔现象的原因

涤纶、锦纶熔融所需的热量较少;涤纶、锦纶的导热系数比棉、黏胶纤维、羊毛的大。

3. 改善织物抗熔性的方法

合纤与天然纤维混纺;制造包芯纱(芯用锦纶、涤纶,外层用棉)。

十五、纤维双折射

1. 定义

平行偏振光沿非光轴方向投射到纤维上时,除了在界面上产生反射光外,进入纤维的光线被分解成两条折射光,称之为纤维的双折射。其中一条为寻常光(简称 o 光),遵守折射定律,振动面$\perp$光轴,$n_\perp$;另一条为非寻常光(简称 e 光),不遵守折射定律,振动面 $\parallel$ 光轴,$n_\parallel$。

2. 纤维的双折射现象

传播速度较慢的光,称慢光,又称 e 光,该方向的折射率较大;传播速度较快的光,称快光,又称 o 光,该方向的折射率较小;双折射率 $\Delta n = n_\parallel - n_\perp$;$\Delta n > 0$ 为正晶体;$\Delta n < 0$ 为负晶体;$\Delta n = 0$ 为零晶体;大多数纤维为正晶体。

十六、纤维耐光性

定义:纺织材料抵抗光照(UV)的能力。

纤维经长期光照,会发生不同程度的裂解,使大分子断裂,相对分子质量下降,强度下降。TiO_2 的存在会加速裂解。

耐光性大致顺序:腈纶>羊毛>麻>棉>黏胶纤维>涤纶>锦纶>蚕丝。

氰基(—CN):能吸收紫外光,有效地保护主链。

羰基(—CO—):对光敏感,产生热振动,易使大分子裂解。

十七、纤维电学性质

纤维电学性质与纺织加工及使用有关,并可通过纤维电学性质间接测量纤维的其他性质(如回潮率、纱线条干)。主要包括纤维的介电性质、导电性、静电现象。

1. 纤维的导电性能

(1)纤维的比电阻。

① 体积比电阻(ρ_v,$\Omega \cdot cm$):纤维通过长 1 cm、截面积为 1 cm^2 材料时的电阻值。

② 表面比电阻(ρ_s,Ω):电流通过长、宽都为 1 cm 材料时的电阻值。

③ 质量比电阻(ρ_m,$\Omega \cdot g/cm^2$):电流通过长 1 cm、质量为 1 g 材料时的电阻值。ρ_m 易测,应用较多。

$$\rho_m = \rho_v \cdot \gamma \tag{2-37}$$

(2)影响纤维比电阻的因素。

① 回潮率:回潮率增加,ρ_m 降低。

② 温度:温度增加,ρ 减少,导电性能增加。

③ 纤维上的附着物:油剂、棉蜡、油脂的存在,ρ 下降。

2. 纤维的介电性质

纤维的导电能力只有导体的 $10^{-10} \sim 10^{-14}$,是一种电绝缘材料(电介质)。

(1)纤维的介电常数 ε。

① 定义:在电场中,由于介质极化而引起相反电场,将使电容器的电容变化,其变化的倍数称为介电常数。它是材料的本体常数,其定义式如下:

$$\varepsilon = \frac{C_材}{C_0} \tag{2-38}$$

式中:$C_材$为以某种纤维材料为介质时电容器的电容量;C_0 为以真空为介质时电容器的电容量。

② 影响 ε 大小的因素：

a. 内因，电介质的密度：密度愈大，ε 越大；极化率：纤维分子极化程度越高，ε 越大；纤维相对分子质量：相对分子质量下降，ε 增大。

b. 外因，温度：温度增加，ε 增加。频率：先上升再下降。回潮率：回潮率增加，ε 增加。

3. 纤维的静电性能指标

(1) 静电现象及产生原因。纤维在加工中要受到各种机件的作用，由于纤维与机械以及纤维与纤维间的摩擦，必会聚集起许多电荷从而产生静电（图 2-10）。纤维为电的不良导体。

(2) 静电的危害与应用。

危害：黏结和分散、吸附飞花与尘埃、放电等。

应用：静电植绒、静电吸尘、粉末塑料的静电喷涂等。

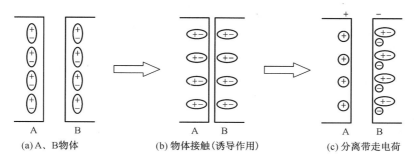

(a) A、B物体　　　　　(b) 物体接触（诱导作用）　　　　　(c) 分离带走电荷

图 2-10　纤维的静电现象

(3) 衡量静电的有关指标。

① 静电量/单位面积；静电压（kV）；比电阻。

② 半衰期：纺织材料上的静电衰减到原始值一半时所需的时间。

十八、纤维摩擦、抱合和切向阻力

1. 抱合力 F_1

定义：纤维间在法向压力为零时，做相对滑动时产生的切向阻力。（因为纤维具有卷曲、转曲、鳞片、表面粗糙凹凸不平，且细长柔软，纤维必须具有一定的抱合力，棉卷、棉条才具有一定强力，纺纱工艺才能顺利进行。）

2. 摩擦力 F_2

定义：纤维之间或纤维与机件之间，在一定正压力作用下，做相对滑动时产生的阻力。

切向阻力 F ＝抱合力 F_1 ＋摩擦力 F_2；$\mu N = F_1 + fN$；切向阻抗系数 $\mu = F_1/N + f$。

3. 纤维摩擦抱合性质的指标与测试

(1) 抱合力的指标与测定。

① 抱合系数 h（cN/cm）：单位长度纤维上的抱合力。

测试方法：从没有法向压力的纤维条中夹取一根纤维，测定取出这根纤维所需的力 F_1（cN，即抱合力），并计算 F_1 与纤维长度 l（cm）的比值。

$$h = F_1/l \qquad (2-39)$$

② 抱合长度 L_h(m)：

方法：将纤维制成一定规格的没有法向压力的纤维条，在强力仪上以大于纤维长度的适当上下夹持距离将纤维条拉伸至断裂，测得它的强力和纤维条的线密度(tex)。

$$L_h = F_1 / N_{tex} \qquad\qquad\qquad (式 2-40)$$

式中：F_1 为纤维条的强力(N)；N_{tex} 为纤维条的线密度(tex)。

影响纤维抱合力的因素：纤维的几何形态(表面结构、纤维长度、卷曲度)；排列形状；纤维弹性；表面油剂；温湿度；纤维卷曲或转曲多、细长而较柔软——抱合力较大。

第三章　生物质纤维

在当今"绿色可持续发展"的战略背景下,纺织科技工作者在孜孜不倦地研究和发展各种可再生、无污染、可降解的绿色纤维,包括从自然界可直接获得的无污染的天然纤维,以及由此启发,结合现代高分子化学理论及纺丝方法,以自然界存在的高分子材料为原料开发的绿色化学纤维。这些纤维在各大产业领域大放异彩,给纤维加工—纺织品使用的整个过程带来绿色和健康。本章将阐述近年来各种生物质纤维的研究发展现状及未来发展方向,特别是各种生物质纤维的结构、性能、制备工艺及应用领域,期望对生物质纤维的设计开发产生一定的启迪和帮助。

第一节　生物质纤维的分类

生物质是指动植物和微生物中存在或者代谢产生的各种有机体,比如糖类、纤维素,以及一些酸、醇、酯等有机物。生物质纤维是指由这些生物质及其衍生物组成的纤维,根据原料来源和生产过程,基本可分为生物质原生纤维、生物基再生纤维及生物基合成纤维三大类(图 3-1)。

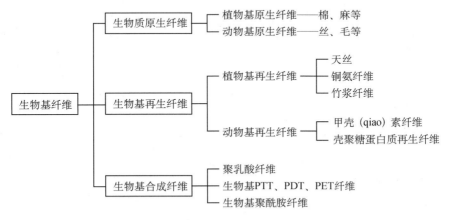

图 3-1　生物质纤维的分类

生物质原生纤维是利用自然界中的天然动植物纤维经物理方法处理加工而成的纤维,常被称为天然纤维。以棉、毛、麻、丝为代表的生物质原生纤维是我国的传统优势品种。目前,在常规天然纤维——棉纤维被不断开发出新产品的同时,有越来越多的天然植物纤维被开发出来并得到利用,如麻类纤维、菠萝纤维、棉秆皮纤维、香蕉纤维、椰壳纤维等。生物质原生纤维的历史悠久,而生物质再生纤维与生物质合成纤维的历史较短。

科技工作者从棉、毛、麻、丝纤维得到启发,结合现代高分子化学理论及纺丝技术,利用生物体内存在或者代谢产生的一些高分子物质,研究开发出性能优良的生物基再生纤维和生物基合成纤维。这些纤维可媲美天然纤维,具有来源广泛及无污染和可降解的特性,可满足不同领域的需求。比如从自然界存在的产量高、再生速度快的植物(秸秆、树皮等)中提取纤维素,经特殊处理赋予其良好的纺丝加工性能,生产出高性能再生纤维素纤维,其具有良好的吸湿性和舒适性,已被广泛应用于服装和家纺领域;又如利用生物质原料(糖、淀粉及纤维素)经生物发酵生产出乳酸,再通过聚合制得聚乳酸纤维,其具有非常好的可降解性、生物相容性及抗菌性,广泛用于医疗卫生领域;又如从海洋藻类中提取绿色、天然高分子材料——海藻多糖,并以此为原料通过湿法纺丝制备的海藻纤维,表现出优异的阻燃性和服用性能,可以应用于纺织、服装、医疗卫生等领域,是一种具有很高附加值的功能纤维材料。

这些绿色环保且具有特殊性能的生物质纤维,一定会实现产业化,并在不远的将来得到更广泛的应用,给人类带来绿色与健康。

第二节　生物质原生纤维

随着环保意识的增强,消费者越来越重视绿色环保的生活质量,不仅要求产品绿色,而且对生产过程中使用的工艺是否环保有更严格的要求。从消费者的角度来看,返璞归真这一潮流的涌现和环保观念的普及,使人们越来越趋向于购买天然纤维制成的服饰。此外,目前全球石油资源短缺,森林资源过度消耗,由各种化学纤维造成的巨大而难以降解的白色垃圾对环境造成严重污染,这些都对人类生存环境产生了严重威胁。天然纤维具有自然降解的优点,因此有利于地球环境的保护,符合可持续发展战略的要求。开发新型天然纤维,不仅能够丰富纺织品种类,而且能够带来一定的社会和经济效益。本书重点介绍天然彩色棉纤维、木棉纤维、大麻纤维、罗布麻纤维、菠萝叶纤维、香蕉纤维、竹原纤维、细菌纤维素纤维、胶原纤维、羽绒纤维、改良蚕丝纤维及蜘蛛丝纤维。

一、天然彩色棉纤维

天然彩色棉又称之为彩棉,是自然生长、带有颜色的棉花。相对于白棉纤维,彩棉是一种由色素基因控制的变异类型,是纤维细胞形成与发育过程中色素沉积的结果。彩棉具有天然柔和色泽,无需进行染色加工,其纺织加工过程短且采用无污染工艺,实现了纺纱、织布、后加工、成衣"无过程污染"。彩棉纺织品被誉为"人类第二健康肌肤"。彩色棉纺织品的原料可以再生,废弃物可以通过再生得到再利用,也可以通过堆埋进行自然降解。彩色棉和白棉相比,抗虫性明显,耐旱性也很好,特别适合旱地种植。

（一）彩棉的分类

彩色棉按棉种可分为有色陆地棉、亚洲棉、海岛棉、非洲棉,其中以陆地棉的数量为最多,亚洲棉次之,海岛棉和非洲棉最少;按纤维颜色可分为棕棉和绿棉,各类中又有深浅不同的多个品种,我国主要有浅棕色、棕色、淡绿色和绿色。

（二）彩棉的化学组成

1. 基本化学组成

彩棉纤维主要由纤维素、果胶、蜡质、水分、木质素和木糖醇等组成。与白棉相比，彩棉中的纤维素含量低，而且含有酸不溶木素及木聚糖。不同色泽彩棉的成分构成差异较大。白棉与彩棉的化学组成见表3-1。

表3-1 彩棉和普通棉纤维的化学组成比较

化学组成（%）	白棉	棕棉	浅绿棉	深绿棉
水分	7.8	6.90	5.96	5.18
热水抽提物	1.88	2.54	1.78	1.52
苯醇抽提物	1.30	0.98	1.96	2.25
酸不溶木素	—	4.38	8.40	9.34
木聚糖	—	2.10	2.05	1.84
纤维素	97	93.44	92.20	89.80
脂肪、腊质	0.60	3.19	4.39	5.04
果胶	1.2	0.43	0.40	0.51
蛋白质	1.34	2.35	2.18	2.90

2. 色素组成

不同色泽的彩棉所含色素及稳定性存在较大差异。棕棉的色素比较稳定，通常认为其色素中含有棉黄素、槲皮素及黄柏素等黄酮类物质（图3-2）。绿棉的色素不稳定，色素的组成比棕棉复杂，结构分析比较困难。总体来说，绿棉的色素结构分为无色和有色两个部分，存在于蜡质中。

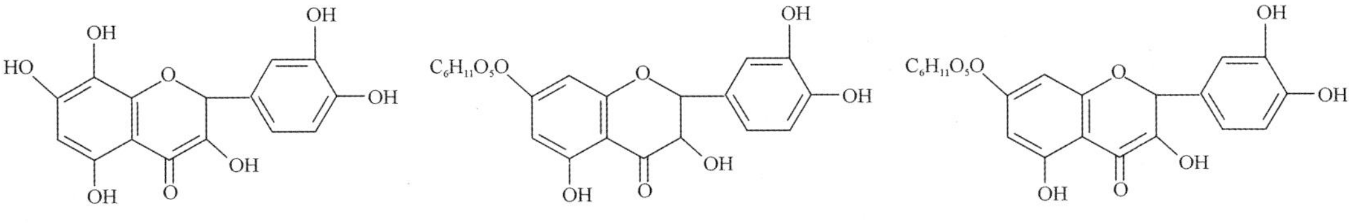

棉黄素　　　　　槲皮素-7-葡萄糖苷　　　　　黄柏素

图3-2 棕棉色素结构

（三）彩棉的结构

1. 纤维形貌

彩棉与白棉纤维的形态特征参数见表3-2，形貌见图3-3，为细长不规则转曲的带状。彩棉中，棕棉纤维比较细，更接近白棉；而绿棉较宽，更为扁平。两种绿棉的卷曲度最高，其次为综棉和白棉。如表3-2所示，三种彩棉的长度比较接近，棕棉为28 mm，而绿棉为25～26 mm，大大低于白棉（36 mm）。

白棉纤维表面有明显的微纤构造,纤维素微纤的取向角为 20°～25°[图 3-3(a)]。这种微纤结构在棕棉纤维的表面仍然能够观察到,不过微纤显得较宽[图 3-3(b)]。木质素和半纤维素等非纤维素的含量对纤维的表面形貌有影响,浅绿棉只有小量的微纤显露在表面[图 3-3(d)]。这几种棉纤维的横截面也有显著差异(图 3-3)。白棉纤维最为丰满,胞壁厚而胞腔小;其次为棕棉。相比较而言,绿棉的胞腔较大而胞壁薄,浅绿棉的胞宽壁厚比为 2.8,而深绿棉达 3.0,明显高于白棉的 2.1 和棕棉的 2.4,相应地,纤维表面有凹陷[图 3-3(d)]。

表 3-2　几种棉纤维的形态特征参数

棉纤维种类	线密度(dtex)	平均长度(mm)	卷曲数(个/cm)	胞宽壁厚比
长绒棉	1.50	36	17	2.1
深绿棉	1.30	25	26	3.0
浅绿棉	1.39	26	24	2.8
棕棉	1.66	28	22	2.4

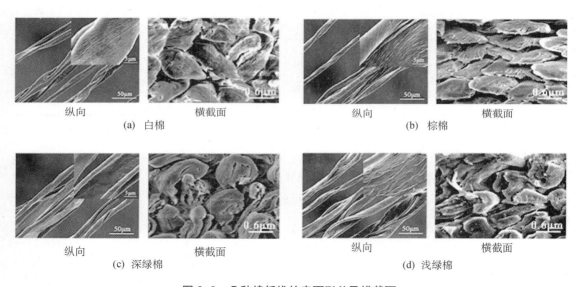

纵向　　　　横截面　　　　　　　　纵向　　　　横截面
(a) 白棉　　　　　　　　　　　　　(b) 棕棉

纵向　　　　横截面　　　　　　　　纵向　　　　横截面
(c) 深绿棉　　　　　　　　　　　　(d) 浅绿棉

图 3-3　几种棉纤维的表面形貌及横截面

彩棉纤维的结构和白棉相似,由外向内依次为初生胞壁、次生胞壁和胞腔。铢酸染色后,彩棉纤维呈现同轴嗜铢现象(图 3-4),透明区为纤维素,深色区域为木脂素。不过棕棉的嗜铢带出现在靠近胞腔的部位,而绿棉的次生胞壁由无染色层和交替出现的同轴嗜铢层组成。

2. 结晶结构

彩棉和白棉纤维的结晶结构见表 3-3。白棉的结晶度最大。很显然,木质素、半纤维素和蜡质等无定形成分导致彩棉的结晶度降低。天然彩棉中,棕棉的结晶度高于两种绿棉。彩棉的 101 晶面的晶粒尺寸和白棉几乎相同,但是 $10\bar{1}$ 和 021 晶面的晶粒尺寸比白棉低。不过,棕棉纤维的 002 晶面的晶粒尺寸高于白棉纤维,而深绿棉和白棉相近,只有浅绿棉的 002 晶面的晶粒尺寸明显小于白棉纤维。两种绿棉中,浅绿棉的结晶度和晶粒尺寸均低于深绿棉,特别是

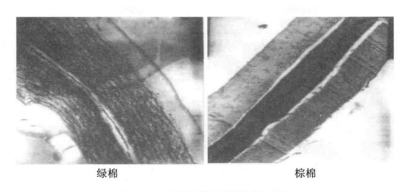

绿棉   棕棉

图 3-4　彩棉纤维的同轴嗜铈现象

$10\bar{1}$、021 和 002 晶面的晶粒尺寸,深绿棉明显大于浅绿棉,尽管浅绿棉的纤维素含量略高于深绿棉 2.4%(表 3-1)。浅绿棉中有更高含量的软木酯,这种特殊成分能够导致纤维素中 O_6—$H\cdots O_{bridge}$ 键缺失,因而看起来对纤维素晶粒的形成有显著影响。纤维取向度的计算结果表明,棕棉的晶粒取向度和白棉相同,但两种绿棉的取向度低于白棉,特别是浅绿棉(表 3-3)。

表 3-3　几种棉纤维的结晶度、晶粒尺寸和取向度

品种	结晶度(%)	晶粒尺寸				取向度(%)
		101 晶面	$10\bar{1}$ 晶面	021 晶面	002 晶面	
白棉	81.81	3.82	4.75	4.85	4.86	83.4
棕棉	80.54	3.83	4.32	3.01	4.98	83.5
深绿棉	77.14	3.83	4.48	3.03	4.81	78.9
浅绿棉	74.14	3.80	4.05	2.89	4.51	76.8

(四)热学性能

　　几种棉纤维的热降解性能见表 3-4。通常,起始降解温度(T_i)是表征纤维热稳定性能最重要的特征温度。以它来衡量五种纤维的热稳定性,发现深绿棉的热学性能最稳定,其起始降解温度比普通白棉高 30 ℃,而浅绿棉、棕棉和白棉比较接近。较多的结晶结构有利于改善纤维素的热稳定性。正如前文分析,深绿棉比浅绿棉有更高的结晶度和晶粒尺寸。此外,在半纤维素、纤维素和木质素三种植物材料的主要成分中,半纤维素的热分解温度最低,而木质素的热稳定性能最好,因而较高的木质素含量也是深绿棉热分解温度较高的一个原因。与 T_i 一样,其他热学性能特征指标,如最大降解速率温度(T_p)、终止降解温度(T_e)和降解到 50% 的温度($T_{1/2}$),也显示了相同的规律。

表 3-4　几种棉纤维的热降解性能

品种	T_i (℃)	T_p (℃)	$T_{1/2}$ (℃)	T_e (℃)	降解速率 (%/min)	$T_p - T_i$ (℃)	$T_e - T_i$ (℃)
白棉	306.2	343.7	344.0	358.0	11.4	37.5	51.8
棕棉	308.7	341.4	341.4	355.5	13.0	32.7	46.8

续 表

品种	T_i (℃)	T_p (℃)	$T_{1/2}$ (℃)	T_e (℃)	降解速率 (%/min)	T_p-T_i (℃)	T_e-T_i (℃)
深绿棉	336.6	356.1	357.1	375.6	15.5	19.5	39.0
浅绿棉	308.5	343.1	342.1	356.1	13.2	34.6	47.6

考察(T_p-T_i)和(T_e-T_i)，对这几种纤维来说，这两种温度差的大小顺序是一致的，即白棉＞浅绿棉＞棕棉＞深绿棉。无论是起始温度到最大降解速率温度的温度跨距还是整个降解的温度区间，深绿棉都是最小的。这说明尽管深绿棉的热降解温度最高，但是开始热降解后，深绿棉在一个很短的时间内便达到最大降解速率并在很短的时间内降解完毕。

（五）物理性能

彩棉纤维的细度偏小，长度偏短，强度偏低，马克隆值、成熟度系数、短绒率也都低于白棉（表3-5）。

表3-5 几种棉纤维的物理性能

品种	2.5%跨距长度 （mm）	强度 （cN/tex）	马克隆值	整齐度 （%）	短绒率 （%）
白棉（细绒棉）	28～31	19～23	3.7～5	49～52	11～13
棕棉	28	20	3.6	48	20～25
绿棉	27～28	13～16	2.5～2.8	45	20～30

二、木棉纤维

木棉纤维是锦葵目木棉科内几种植物的果实纤维，附着于木棉蒴果壳体内壁，由内壁细胞发育、生长而成，属单细胞纤维。木棉纤维在蒴果壳体内壁的附着力小，分离容易。木棉纤维的初步加工比较方便，不需要像棉花那样须经过轧棉加工，只要手工将木棉种子剔出或装入箩筐中筛动，木棉种子即自行沉底，所获得的木棉纤维可以直接用作填充料或纺纱。目前应用的木棉纤维主要指木棉属的木棉种、长果木棉种和吉贝属的吉贝种这三种植物果实内的棉毛。木棉纤维有白、黄和黄棕色三种颜色。一株成年期的木棉树可产5～8 kg的木棉纤维。

木棉纤维具有绿色生态、中空超轻、保暖性好、天然抗菌、吸湿导湿等许多天然特性，不仅已广泛用作枕头、被子、羽绒等的填充料，还直接用于混纺纱。

（一）化学组成

木棉的化学组成见表3-6。

表 3-6 木棉和棉纤维的化学组成比较

纤维名称	纤维素（%）	木质素（%）	木聚糖（%）	抽提物（%）		蜡质（%）	果胶（%）	蛋白质（%）	水分（%）
				热水	苯醇				
棉	97	—	—	1.88	1.30	0.60	1.2	1.34	7.8
木棉	64.20	16.4	21.9	1.90	1.80	0.8	0.41	—	7.4

（二）纤维形貌

木棉纤维呈现的是光滑的圆柱形（图 3-5），几乎没有什么转曲。如表 3-7 所示，棉纤维的长度平均达 36 mm，而木棉纤维仅有 15 mm，因而很难用于纺纱。

 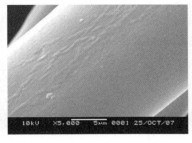 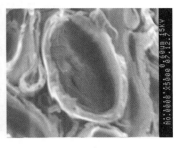

（a）纵向形态　　　　　　　　　　　　　　　　　　（b）横截面

图 3-5 木棉纤维的纵向形态和横截面结构

表 3-7 木棉和棉纤维的形态特征参数

纤维名称	线密度（dtex）	平均长度（mm）	卷曲数（个/cm）	胞宽壁厚比
棉	1.50	36	17	2.1
木棉	0.77	15	4	20

显然木质素和半纤维素等非纤维素的含量对木棉纤维的表面形貌有影响，因为在其表面没有观察到纤维素的微纤结构。这两种棉纤维的横截面也有显著差异，最为明显的是木棉纤维的胞壁很薄，平均仅有 $0.75\ \mu m$，而胞腔直径达 $15\ \mu m$，中空的程度达 90%，而胞宽壁厚的比值达 20，因而木棉纤维比水轻，平均密度仅为 $0.30\ g/cm^3$，与棉纤维相比（密度 $1.54\ g/cm^3$），木棉纤维的密度约为棉的 1/5。木棉纤维尽管纺纱困难，但作为保暖絮料具有优势。相比较而言，棉纤维是相当丰满的，胞壁厚而胞腔小，胞宽壁厚的比值只有 2.1。

（三）聚集态结构

木棉纤维的结晶度仅为 48.5%，明显小于棉纤维。很显然，木质素、半纤维素和蜡质等无定形成分导致了木棉的结晶度降低。与结晶度一样，木棉纤维主要晶面的晶粒尺寸也明显小于棉纤维，但木棉纤维晶粒沿纤维轴的取向度大于棉纤维（表 3-8）。

表 3-8　木棉和棉纤维的结晶度、晶粒尺寸和取向度

纤维名称	结晶度（%）	晶粒尺寸(nm)				取向度（%）
		101	10$\overline{1}$	021	002	
白棉	73.33	3.82	4.75	4.85	4.86	66.1
木棉	48.50	3.66	3.25	2.79	3.96	73.8

（四）热学性能

棉纤维和木棉纤维的 DTG 曲线如图 3-6 所示。木棉纤维在 280 ℃时有一个较大的肩峰,很显然这一波峰主要归结为木棉中含量丰富的半纤维素的降解。两种纤维的热降解性能如表 3-9 所示。木棉的热降解温度 T_i 比棉纤维低 13 ℃。其他特征指标如最大降解速率温度 T_p 和降解到 50%的温度 $T_{1/2}$ 也显示了相同的规律。显然,木棉的结晶度较低和其半纤维素含量过高是木棉热稳定性较差的主要原因。

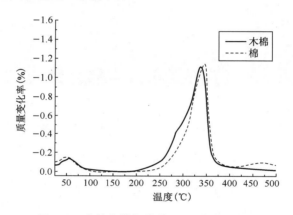

图 3-6　木棉和棉纤维的 DTG 曲线的比较

表 3-9　木棉和棉纤维的热降解性能

纤维名称	T_i(℃)	T_p(℃)	$T_{1/2}$(℃)	T_e(℃)
棉	306.2	343.7	344.0	358.0
木棉	293.3	338.4	332.3	358.1

（五）其他性能

木棉纤维外壁光滑,光泽好。木棉纤维的薄壁大中空结构和细胞未破裂时的气囊结构,使纤维具有较高的抗扭刚度和抗压性能;而表面较多的蜡质,使纤维光滑、不吸水、不易缠结且具有一定的防虫效果。纤维在水中可承受相当于自身 20～36 倍的负荷而不下沉。因长度较短、强度低、抱合力差、缺乏弹性,故木棉纤维难以单独纺纱,但可以与棉纤维混纺。木棉纤维的基本理化性能见表 3-10。

表 3-10 木棉纤维的理化性质

指标	性能	指标	性能
线密度(dtex)	0.3～1.0	直径(μm)	15～35
长度(mm)	10～35	密度(g/cm³)	0.29～0.38
回潮率(%)	10.0～10.8	断裂长度(km)	8～13
断裂伸长率(%)	1.5～3.0	相对扭转刚度(cN·cm²/tex²)	71.5×10^{-4}
色泽	白、黄、黄棕	光学性能	平均折射率为 1.717 61
热性质	296.6 ℃开始分解,354.4 ℃停止分解	耐酸性	完全溶于 30 ℃下 70%硫酸
耐碱性	好	染色性能	可使用直接染料进行染色

（六）木棉纤维的应用

1. 被褥、枕头和靠垫的填充料

木棉纤维具有薄壁、大中空的特点,且纤维两端封闭,因此其纤维集合体内可以形成大量静止空气,具有良好的保暖性能。此外,木棉纤维作为填充料还具有轻质和抗菌性能良好的优点。但是,由于木棉纤维的抱合力差,因此纤维集合体的强度低;又由于木棉纤维细而柔软,因此絮料的压缩回弹性差,在长时间的使用过程中,保暖性能下降很快。

2. 救生衣等水上救生用品

木棉的浮力效果最佳,木棉纤维块体在水中可承受相当于自身 20～36 倍的负荷而不下沉。由于木棉救生衣具有轻质的特点,便于时常穿着,因此受到欢迎。在实际穿用过程中,相比 PVC 和 PE 等泡沫塑料填充的救生衣,木棉救生衣不存在老化的问题。

3. 吸油材料

目前已经商品化的吸油材料主要有木棉纤维、聚丙烯无纺布和凝胶化剂,其中木棉纤维是最早使用的吸油材料,所占市场份额最大,约占天然系吸油材料销售量的 80%。它具有很高的吸油性,可吸收约 30 倍于自重的油,是聚丙烯纤维的 3 倍,对植物油、矿物油,无论是水上浮油还是空气中的油分,都能吸收。

4. 隔热和吸声材料

木棉纤维特有的薄壁、大中空结构,使其具有热含量大、导热系数低、吸引效率高等特征,可用作房屋的隔热层和吸声层填料,比单独的毛纤维隔热材料有更好的吸热性和热滞留性。

三、大麻纤维

大麻又名汉麻、线麻、火麻、寒麻等,为大麻科大麻属的一年生草本植物,英文名为 hemp 或 true hemp 或 common hemp,雌雄异株,雄株俗称花麻,雌株俗称予麻(图 3-7),原产于亚洲中部,是世界上最古老的纤维经济作物之一。

据有关资料统计,大麻品种达 150 多个,按照用途,一般可分为纤维用、油用和药用三大

图 3-7　大麻植物

类;按照成熟期分,可分为早熟和晚熟品种。我国的大麻品种主要有线麻和魁麻两大类,其中线麻为早熟品种,品质优良,纤维素含量较高;魁麻为晚熟品种,纤维粗硬,含胶量较高。

大麻纤维是天然纤维中韧度最高、可自然分解的环保纤维,在我国已有 5000 年的应用历史。但从传统意义上讲,大麻一直被当作一种能用来制造绳索的纤维,直到最近改善大麻纤维细度的工艺得到了发展,大麻的服用舒适性才真正被发掘出来。我国是世界上最大的大麻纤维生产国,特别是随着世界衣着纤维天然化、多样化潮流的兴起,以及纺织品的“绿色革命”,大麻纤维织物倍受人们的偏爱。特别是 21 世纪以来,纺织行业中出现了许多具有优越性能的新型纤维,一方面,化学纤维在不断追求更加优良的天然纤维的舒适感;另一方面,为使天然纤维的性能在更多的领域中发挥出来,天然纤维的改性已成为潮流。大麻纤维便是其中之一,正在由表面粗糙的纤维向科技含量高的舒适性纤维转化。如今,随着社会的迅速发展,人们生活方式和生活观念也在悄悄地发生着变化,人们更加崇尚自然,崇尚返璞归真,大麻纤维这种古老的纺织原料作为服装面料以其特有的优异性能赢得了人们的青睐。

（一）大麻纤维的特点、成分及制取

1. 大麻纤维的特点

大麻是一种天然的一年生草本植物,其纤维具有强力高、伸长小、刚度大、吸湿放湿快、吸汗、透气、凉爽、柔软等特点,因此可作为服装纺纱原料。由于大麻的单纤维长度只有 20 mm 左右,纺纱时只能利用其束纤维,即多根纤维黏结起来的长纤维。大麻纤维是各种麻纤维中最细软的一种,细度仅为苎麻的三分之一,与棉纤维相当,大麻纤维顶端呈钝圆形,没有苎麻、亚麻那样尖锐的顶端。因此,用大麻纤维制成的纺织品手感柔软滑爽,对皮肤无刺痒感。

大麻纤维具有许多优异的性能,其特性如下:

（1）优异的吸湿透气性能。大麻纤维含有大量的极性亲水基团,纤维的吸湿性非常好。由于巨原纤纵向分裂而呈现许多裂缝和孔洞,并且通过毛细管道与中腔连通,此种结构使大麻纤维具有优异的吸湿透气性能。经国家纺织品质量监督检验测试中心测试,大麻帆布在一定温、湿度空气中的吸湿速率为 7.431 mg/min,散湿速率为 12.6 mg/min,远高于其他纺织品。与棉织物相比,穿着大麻服装可使人体感觉温度低 5 ℃左右。

（2）天然的抗菌保健功能。大麻纤维及其制品还具有很好的抗霉抑菌功能。大麻作物在种植和生长过程中几乎不施用任何化学农药,大麻纤维中还含有十多种对人体健康十分有益的化学物质和微量元素,如 Ag、Cu、Zn、Cr 等多种抑菌性金属元素,具有抗菌作用。

在正常情况下,大麻纤维细胞的中腔较大,富含氧气量较多,使厌氧菌无法生存。按美国 AATCC90—1982 定性和抑菌法的测试结果:纯大麻布对金黄色葡萄球菌、绿脓杆菌、大肠杆菌、白色念珠菌都有不同程度的抑菌效果,其中抑大肠杆菌效果最好,说明大麻纤维及其制品具有防菌、防霉、防臭、防腐的功能。

（3）良好的柔软舒适感。大麻平均纤维细度达到 2800 公支,远远超过亚麻与苎麻。大麻纤维单纤维(细胞)中段线密度为 2.4～2.8 dtex(宽 12～25 mm,壁厚 3～6 mm),且截面形状呈近椭圆形,抗弯刚度较低。因此,大麻纺织品能够避免其他麻制品的粗硬感和刺痒感,比较柔软适体。

(4)卓越的抗紫外辐射功能。大麻纤维的横截面很复杂,有三角形、四边形、五边形、六边形、扁圆形、腰圆形等,中腔形状与外截面形状不一;从大麻纤维的分子结构分析,其分子结构中有螺旋线纹,多棱状,较松散。当光线照射到纤维上时,一部分形成多层折射被吸收,大部分形成漫反射,使大麻织物看上去光泽柔和,同时,大麻韧皮层中残存的木质素也具有对紫外线的吸收功能。中国科学院物理研究所研究表明,普通大麻织物,无需特殊整理,即可屏蔽 95%以上的紫外线,大麻帆布能 100%阻挡紫外线的辐射。据 UPF 测试系统检测,大麻紫外线保护因数高达 53,具有极好的紫外线防护功能。

(5)优良的抗静电性能。通常情况下,由于大麻纤维的吸湿性能很好,暴露在空气中的大麻纺织品,一般含水率达 10%～12%,当空气中的相对湿度达 95%,大麻的含水率可达 30%,手感并不觉得潮湿,故大麻纺织品能避免静电聚积给人体造成的危害,比如皮肤过敏、皮疹、针刺感等,同时也会避免因静电引起的起球和吸附灰尘。据检验,大麻与棉、丝、化纤等纤维相比,在空气中摩擦产生的静电为最低,其抗静电能力比棉纤维高 30%左右,是良好的绝缘材料。

(6)突出的耐热、耐晒、耐腐蚀性能。大麻纤维中的纤维素、半纤维素、木质素的分解温度为 300～400 ℃。纤维在 200 ℃下受热时间小于 30 min,强力可以保持 80%以上。大麻精干麻纤维在 300 ℃高温时基本不失重,且不改变颜色,说明大麻纤维具有极佳的耐热、耐晒性能,耐日晒牢度高,且耐海水腐蚀性能好,坚牢耐用,因此大麻纺织品特别适宜做防晒服装和各种特殊需要的工作服,也可做太阳伞、露营帐篷、渔网、绳索、汽车座垫和室内装饰面料等。

(7)独特的消声吸波、吸附异味及有毒气体性能。由于大麻纤维的复杂横截面和纵向结构及其特殊的物化性能,大麻纤维具有优良的消声和吸波性能。经权威部门认证,大麻织物对甲醛、苯、多环芳烃、挥发性有机物和醛类化合物有很强的吸附作用。由此可见,以大麻作为家纺原料,如大麻地毯、大麻墙布等,真正意义上具有吸异味的功效,可称名符其实的家庭健康卫士,为清新生活提供可靠保障。

(8)绿色环保,真正的有机麻。大麻生长过程中极少生病虫伤害,无需化肥与农药。经过几年的种植实践表明,大麻种植无论从抗灾害能力、环保作用、轮茬效应以及农民收入等各个方面,都具备其他农作物不可比拟的优势。大麻纤维中还富含有多种微量元素,经高频等离子发射光谱仪分析测定,大麻纤维还含有十多种对人体健康有益的微量元素。从日常生活经验看,大麻作物在种植和生长过程中不施用任何化学农药即可免遭病虫害,用大麻布包肉可使保鲜期增加一倍,穿用大麻布做的鞋不长脚气并可有效避免脚臭,纸币和卷烟纸的首选用料是大麻纤维,最好的香肠绳是大麻绳等。

2. 大麻纤维的成分

大麻纤维的主要成分有纤维素、半纤维素、果胶、木质素、灰分和蜡质等,详细的成分含量及结构特点见表 3-11。大麻纤维中的纤维素含量很高,但木质素含量也很高,这会影响纤维的手感。

表 3-11　大麻纤维成分及结构

成分	含量(%)	结构特点
纤维素	85.4	重复单元为双糖
半纤维素	17.84	包括葡萄糖、木糖、甘露糖、阿拉伯糖和半乳糖等
果胶	7.31	天然高分子化合物,细胞间质
木质素	10.4	一类由苯丙烷单元通过醚键和碳—碳键连接的复杂的无定形高聚物
灰分	0.9	金属的磷酸盐和硅酸盐
蜡质	1.3	高级一元醇和高级饱和脂肪酸所组成的脂及游离的高级脂肪酸、高级醇及烃类高级一元醇和高级饱和脂肪酸所组成的脂

半纤维素是构成初生壁的主要成分,包括葡萄糖、木糖、甘露糖、阿拉伯糖和半乳糖等。半纤维素的组成单糖中,对碱的稳定性影响最大的是葡萄甘露聚糖半纤维素,因此在脱胶过程中最难除去。果胶是一类天然高分子化合物,它存在于所有的高等植物中,是植物细胞间质的重要成分。木质素主要位于纤维素纤维之间,起抗压作用,它是一类由苯丙烷单元通过醚键和碳—碳键连接的复杂的无定形高聚物。蜡质的主要成分是高级一元醇和高级饱和脂肪酸组成的脂及游离的高级脂肪酸、高级醇和烃类。上述物质中的脂肪酸脂类在碱溶液中容易皂化。脂肪蜡质分布在纤维表面,在植物生长过程中有防止水分剧烈蒸发和浸入的作用。脂肪蜡质可以赋予纤维光泽、柔软度及松散性,对提高纤维的可纺性有利,但脂肪蜡质对后期的染整加工不利,因此在染整加工前需要除去。

3. 大麻纤维的制取

大麻纤维由于单纤维太短,不能直接用于纺纱,一般采用工艺纤维进行纺纱。另外,大麻的茎部较发达,可先进行剥皮,再进行脱胶处理。目前大麻纤维的脱胶方法主要有以下几种:

(1)水沤法。沤麻加工是一个微生物发酵过程,在水浸发酵中起主要作用的是细菌,以芽孢杆菌最为活跃,霉菌次之。沤麻又称为脱胶。天然水微生物脱胶法分为三个阶段。①物理阶段:大麻韧皮组织膨胀,一些可溶性物质溶解出来;②生化作用阶段:微生物开始繁殖并进入大麻体内,微生物的作用逐渐从好氧转化为厌氧,进入大麻内部;③机械后整理阶段:对大麻进行敲打漂洗,使纤维松散分离。

(2)化学脱胶法。化学脱胶法是我国目前大麻脱胶工业生产中使用的主要方法,利用原麻中的果胶质和纤维素成分对无机酸、碱、氧化剂作用的稳定性不同,通过碱液煮炼、水洗等化学、物理机械手段去除原麻中的果胶质成分,保留纤维素,以达到工业上对大麻脱胶质量的要求。化学脱胶根据原麻品质和纺纱工艺的不同分别在常温常压或高温高压下进行。常温常压煮炼,脱胶速度慢,胶质去除较少,精干麻纤维分离度较差,但纤维制成率较高,制成的工艺纤维长度较长。高温高压煮炼,脱胶速度快,胶质去除多,精干麻品质较好,但是纤维制成率较低,制成的工艺纤维长度较短。

常用的化学脱胶工艺过程有一煮法、二煮法、二煮一炼法、二煮一漂法、二煮一漂一炼法。

(3)物理脱胶法。近几年,一些能使纤维分离、无污染的物理方法被用于大麻脱胶,如超声波、蒸汽爆破(即闪爆)、旋辊式机械脱胶等方法。

（二）大麻纤维的形态结构

1. 大麻纤维形态

大麻纤维横截面为不规则三角形、六边形、扁圆形、腰圆形等,如图3-8(a)所示,中腔与外形不一。大麻纤维中心的细长空腔与纤维表面纵向分布的许多裂纹和小孔洞相通,如图3-8(b)所示,形成优异的毛细效应,故排汗吸湿性好。

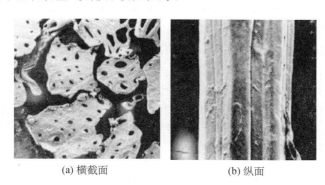

(a) 横截面　　　　　　　　　　　(b) 纵面

图3-8　大麻纤维的形态结构

2. 大麻纤维结构

大麻中纤维素大分子的基环以β型无水 D-葡萄糖基 1,4 苷键互相结合。长链分子间的规整排列构成结晶微胞,而伸出的无规则排列的分子成为缨状须丛,符合缨状微胞模型。纤维素的分子通过若干个微胞,在微胞之间为非结晶区,或称之为无定形区。通过这些连续的分子网络将微胞结合在一起。维素在长度方向上具有连续的结构,其大分子中存在着结晶区和无定形区,大分子的一部分长度可能处于结晶区,另一部分则可能处于无定形区。纤维素的许多性质与结晶区和无定形区的比例有关,如麻纤维的强度、断裂比功等,因此,结晶区和无定形区是影响纤维物理力学性能的主要结构因素。

（三）大麻纤维的物理化学性能

1. 物理性能

大麻单纤维的长度短,长度离散性较大,所以采用束纤维纺纱。麻类纤维的线密度及力学性能对比见表3-12。从此表可以看出,大麻纤维较细(其线密度达 2.55 dtex),断裂强度较高(4.0 cN/dtex 左右),通常高于亚麻(2.47 cN/dtex)而低于苎麻(6.72 cN/dtex)。

表3-12　麻类纤维的细度及力学性能对比

纤维种类	线密度(dtex)	断裂强度(cN/dtex)	断裂伸长率(%)	模量(cN/dtex)
大麻(精干麻)	2.55	3.86	2.25	171.52
亚麻(精干麻)	3.03	2.47	2.39	94.99
苎麻(单纤维)	1.10	6.72	3.76	172.70

大麻的柔软度和脱胶程度有关系,如脱胶不足,纤维粗硬,并带有硬皮,则柔软度差。如脱胶过度,柔软度虽高,但纤维强力减小,不利于生产。纤维的柔软度和纤维的回潮率、成熟度、胶质含量等有关。此外,大麻纤维由于木质素含量较低,手感较柔软。

大麻是不良导体,其抗电击穿能力比棉纤维高 30％～90％,是良好绝缘材料。由于大麻纤维的吸湿性能特别好,暴露在空气中的大麻纤维产品一般含水率达 12％左右,在空气相对湿度达 95％时含水率可达 30％,手感却不显潮湿,因此能轻易避免静电积聚及摩擦引起的放电和起球现象。另外,大麻纤维的耐热性能高,能在 370 ℃下而不变色,适合制作各类面料。

2. 化学性能

大麻中的纤维素尽管有大量的羟基,但不溶于水和一般有机溶剂。在酸溶液中或高温水作用下,可发生水解反应,生成具有还原性的葡萄糖。在高温下,纤维素可借水的作用进行水解,而不需要酸的存在。但这种情况下甙键断裂的速度很小。因为酸是一种催化剂,它能降低甙键的活化能,从而加速水解,尤其是无机酸。由于结构不均一及弱连接存在,纤维素在不同的水解阶段,水解速度不均一。水解后,纤维素聚合度下降,相对分子质量下降。强度、延伸性降低,耐疲劳性恶化,碱溶性提高。另外,纤维素能被氧化剂氧化,但由于两种羟基不同,反应历程和产物也不同。稀碱稳定,浓碱可生成碱纤维素。

（四）大麻纤维的主要用途

国内大麻纺纱技术开发至今已形成干法纺纱和湿法纺纱两条工艺路线。干法纺纱类似于苎麻纺纱的工艺路线,纺纱全过程在干态中完成,采用含胶率较低的精干麻,适宜纺制 41.6 tex 以上的纯麻纱。目前,干法纺纱普遍采用大麻与其他可纺性较好的涤、毛、丝、棉、黏胶、天丝等纤维混纺,既可以提高成纱支数,又可发挥不同纤维各自的特点。湿法纺纱则借鉴亚麻湿法纺纱工艺,麻的含胶率较高,制成粗纱后,须经粗纱的练漂,在完全湿润的状态下进行细纱加工,可以纺出 62.5 tex 以下的纯麻纱。在干法纺纱、湿法纺纱的基础上,根据"工艺纤维"的长度,大麻纺纱又有长麻纺和短麻纺两条工艺。

英国曾在实验室试纺,但只能纺出 91～166.7 tex 的纯大麻纱。我国已能规模化生产41.6 tex 纯大麻纱。德国、加拿大等国对大麻的研究,目前都注重纤维品种和性能上,很少见到有关成纱及织物的研究报道。匈牙利一家 100 多年的大麻纺织厂,其主要产品是大麻纱、线、绳,60％为纯麻产品,400 tex 以上为短麻纱,200 tex 为长麻纱。

麻纤维也可与其他产品进行复合,发挥大麻纤维的特性,开发医疗卫生、过滤材料、妇女卫生巾、口罩、手术衣、抹布、湿餐巾及高性能复合材料等。

（五）存在问题和前景展望

大麻纤维是未来非常有前途的纤维素纤维之一。大麻纤维的形态与化学组分使大麻纤维及大麻纺织品具有良好的抗菌抑菌、吸湿透气、屏蔽辐射、润肤爽身等天然保健功能,是真正的"绿色产品",可开发多种环保型的纺织品。要获得舒适性好、手感柔软的大麻纺织品,必须首先得到可纺性好的大麻纤维。因此,对大麻进行脱胶处理成为必要且关键的环节。我国目前的大麻纺织企业大多数采用化学脱胶工艺,但传统的化学脱胶方法本身存在许多问题,如处理时间长、能耗高、环境污染严重等。此外,生物酶法脱胶也有广阔的前景,但目前我国生物酶制剂在麻纺织业的应用尚未形成规模,生物酶制剂的功能也不完善,且脱胶酶的活性不高,所以该项技术还不是很成熟。

大麻纤维具有很多优良的特性,但在非织造布领域的使用还相当少,因此可开发的空间相当大。

四、罗布麻纤维

罗布麻,又名野麻、泽漆麻,为夹竹桃科茶叶花属作物,属多年生野生草本韧皮纤维植物[图 3-9(a)],20 世纪 50 年代由于在新疆罗布泊发现而得此名。罗布麻具有很强的适应能力,它在中国的分布很广,在全国各地都有广泛分布,甚至东北和沙漠地区都有野生罗布麻。罗布麻纤维很早就被我国古代人民使用。

  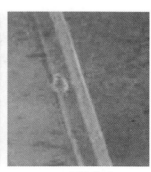

(a) 罗布麻植物　　　　　　　(b) 纤维横截面　　　　　　　(c) 纤维纵面

图 3-9　罗布麻植物及纤维形态结构

（一）罗布麻纤维的特点、成分及制取

1. 罗布麻纤维的特点

罗布麻纤维具有麻类纤维的特性,吸湿、透气性好,光泽、手感也好,被誉为"野生纤维之王"。

2. 罗布麻纤维的成分

罗布麻韧皮中的成分和其他麻类纤维相同,也含有纤维素、半纤维素、果胶、木质素等物质,纤维中各种成分的含量因提取纤维的方法不同而有差异,但罗布麻纤维的木质素含量比红麻、荷麻都低的多,因此,纤维的手感较柔软。

3. 罗布麻纤维的制取

由于罗布麻韧皮不具备可纺性,因此,也要进行脱胶,得到罗布麻纤维。罗布麻传统的方法也是水沤法,目前采用的方法是和苎麻、亚麻相似的化学脱胶法、微生物脱胶法、生物酶脱胶法、生物化学联合脱胶法等。参考前面其他麻类的脱胶,在此不再赘述。

（二）罗布麻纤维的形态

罗布麻纤维的形态同其他麻类纤维相似,其形态结构如图 3-9(b)和(c)所示,横截面为不规则的多边形,内有空腔,纤维纵向有竖纹和横节。这是麻类纤维的特性。

（三）罗布麻纤维的物理化学性能

1. 物理性能

罗布麻纤维的长度为 20 mm 左右,纤维细度因脱胶程度而异(一般为 0.4 tex 左右),断裂强度约为 6 cN/dtex,断裂伸长率约为 4%。罗布麻纤维比黄麻、红麻要柔软些。

2. 化学性能

罗布麻纤维的化学性能和其他天然纤维素纤维相似。

（四）罗布麻纤维的主要用途

罗布麻纤维对金黄色葡萄球菌、白色念珠菌等具有良好的抑菌性，而且具有抗紫外线性能，可与棉、涤纶等进行混纺或交织，面料不仅具有麻类面料吸湿性、散湿性好的特点，而且抑菌防臭。在加工罗布麻纤维的过程中产生的落麻，可以做填充物，用于家用纺织品（如枕芯）等。此外，罗布麻可入药，有清热降火等作用。因此，罗布麻含量较高的面料具有保健功能，能够起到降血压、降血脂等作用。

（五）存在问题和前景展望

罗布麻产品开发的首要问题也是如何脱胶，来提高其可纺性，因此，高效的脱胶是今后发展的重点。只有这样，才能提高其商品价值。罗布麻有丰富的资源，生命力旺盛，环境适应力强，它不仅可以用来做纺织服装原料，还可以用来治理环境、风沙，因此，罗布麻纤维的研究具有很大的意义和发展前景。目前对罗布麻纤维的研究还不够深入，它的很多性能，如抗菌性、远红外等，还有待研究。

五、菠萝叶纤维

菠萝，又称凤梨，是世界著名的热带水果，广泛种植在中国的海南、广东、广西、云南、福建和台湾六省，种植面积保持在 70 000 公顷左右。种植菠萝是当地农民的重要收入来源。菠萝果实收获后，菠萝叶被废弃，造成环境污染和资源浪费。事实上，菠萝叶可用来提取纤维，即菠萝叶纤维（图 3-10）。

菠萝叶纤维属叶脉纤维，由许多纤维束紧密结合而成，菠萝叶纤维内部多孔中空结构，吸放湿性和热传导性好、凉爽光滑、光泽特殊、风格独特，是一种优异的新型天然保健纺织材料，适合制作贴身服装面料。人类利用菠萝叶纤维已有较长历史。我国南方曾利用菠萝叶纤维纺纱、织布、制衣；菲律宾也是较早将菠萝叶纤维用于服装、家具布及工业领域的国家，将菠萝叶纤维与绢丝混纺，织造成较高级的布料，并制作成在社交场合穿的礼服"巴龙"。目前，日本也致力于菠萝叶纤维的研究开发及利用。

(a) 植物　　　　　　　　(b) 纤维

图 3-10　菠萝叶植物及纤维

（一）菠萝叶纤维的特点、成分及制取

1. 菠萝叶纤维的特点

菠萝叶纤维表面比较粗糙，纤维纵向有缝隙和孔洞，横向有枝节，无天然转曲。单纤维细胞呈圆筒形,两端尖,表面光滑,有中腔,呈线状。横截面呈卵圆形至多角形,每个纤维束由 10～20 根单纤维组成。单纤维细胞长 2～10 mm,宽 1～26 μm,长径比为 450。菠萝叶纤维经过深加工处理后,其强度比棉花高,外观洁白,柔软爽滑,手感似蚕丝。菠萝叶纤维较柔软,强度大而伸长小,其可纺性能和成纱质量可能介于亚麻与黄麻之间。

2. 菠萝叶纤维的成分

和其他韧皮纤维相同,菠萝叶纤维的成分可分为纤维素和非纤维素两部分。非纤维素统称为胶质,包括半纤维素、木质素、果胶、水溶物、脂腊质及灰分等。胶质黏结所有的纤维,使纤维素硬化且难以分离。要使菠萝叶纤维满足纺织的要求,必须先对其进行脱胶处理,而脱胶效果直接影响成纱质量。菠萝叶纤维在结构和化学成分上的特点,增加了其脱胶难度。

菠萝叶纤维的化学成分与品种、生长地区、收获时间、提取方式等诸多因素有关。将菠萝叶纤维的化学成分与苎麻、亚麻、黄麻和大麻对比,可见菠萝叶纤维的木质素高于苎麻、亚麻和大麻,而略低于黄麻,这说明菠萝叶纤维的柔软度和可纺性优于黄麻而次于大麻、苎麻和亚麻。半纤维素和果胶的含量也较高,使得菠萝叶纤维具有吸湿、放湿快的优点,而脂蜡质的含量较高则使菠萝叶纤维的光泽较好。

3. 菠萝叶纤维的制取

菠萝叶纤维是用新鲜的菠萝叶片,采用化学、生物或机械等方法提取的,主要方法有以下几种:

(1)水浸法。将菠萝叶片浸泡在 30 ℃左右的流水或封闭式发酵池中,经 7～10 天,使其自然发酵,再经人工刮取、清洗、干燥,制得原纤维。

(2)机械提取法。菠萝叶片中,纤维为韧性物质,而木质素等胶质相对纤维而言为脆性物质,所以通过对菠萝叶纤维的碾压拉伸,菠萝叶纤维中的胶质会发生破碎或者与纤维脱粘,继而从菠萝叶纤维上脱离下来,达到脱胶的目的。采用机械对纤维和叶渣进行分离,经清洗、干燥后获得原纤维。大型连续刮麻机由五级排麻机、两级刮麻机、纤维洗涤机、纤维压水机和烘干机等组成,生产效率高,适合工厂化集中加工生产菠萝叶纤维。机械提取纤维的工艺流程为菠萝叶片(鲜叶片)→刮青→水洗→晒干→晾麻。

(3)化学脱胶。由于菠萝叶纤维的单纤维长度很短,因此只能采用半脱胶工艺,残胶可以将很短的单纤维粘连成长纤维,以满足纺织工艺的要求。化学脱胶的主要工艺流程为浸酸→煮练→水洗→浸碱→酸洗→水洗→漂白→给油→脱水→烘干。

(4)生物脱胶。生物脱胶是微生物的生长繁殖或生物酶的降解作用去除纤维中的非纤维素物质,从而达到提取纤维的目的。生物脱胶的主要工艺流程为菌种制备→接种→生物脱胶→漂洗→脱水。

(5)超声波脱胶。超声波主要是沉淀与附聚、乳化与分散作用,用其在液体中对固体的分散作用.其分散作用主要是液体中存在的微气泡(空化核)在声场的作用下发生振动,当声压达到一定值时,气泡将迅速增长,然后突然闭合。当气泡闭合时产生冲击波,在其周围产生上千个大气压的压力,从而破坏被作用物的组织,达到分散目的。超声波这种"爆炸型"剥离技术,首先使纤维外层的胶质层产生裂缝,在微气泡的连续作用下形成胶质团,并使其剥落进入水中。当微气泡在超声波的作用下膨胀破裂时产生巨大的压力和拉伸力从而粉碎和破坏胶质团,使其成为极小的胶质粒,最后达到纤维与胶质分离的目的。

(6)闪爆脱胶。闪爆脱胶是利用高温高压热汽和高温液态水两种介质,共同作用于原麻聚合体,瞬间完成绝热膨胀过程,对外做功。在该过程中,膨胀汽体以冲击波的形式作用于菠萝叶韧皮上,使原麻聚合体中纤维素分子链(同时还有木质素分子链、半纤维素分子链及果胶质分子链)在软化条件下产生剪切力变形运动,由于原麻聚合体变形速度比冲击波要小得多,使之产生多次剪切,最后使纤维分离。同时,在高温高压的热作用下,菠萝叶韧皮中的水分子及各组分吸收了高热能量,使半纤维素降解成可溶性糖,木质素发生软化和部分降解,从而与纤维的连接强度降低,为闪爆过程提供了选择性的机械分离。

此外,还有研究超临界二氧化碳流体和冷冻辐射等辅助手段脱胶。

(二)菠萝叶纤维的形态结构

1. 菠萝叶纤维的形态

菠萝叶纤维外观与普通麻纤维类似。菠萝叶纤维由许多纤维束紧密结合而成,每根纤维束又由 10~20 根单纤维细胞集合组成。菠萝叶纤维纵向较平直,表面比较粗糙,有缝隙和孔洞;横向有枝节,无天然扭曲[图 3-11(a)]。纤维截面呈卵圆形至多边形,内有胞腔[图 3-11(b)]。菠萝叶单纤维很短,长度一般为 3~8 mm,宽度为 7~18 μm;工艺纤维长度为 10~90 mm,线密度为 2.5~4.0 tex。如果将细胞间层胶质全部脱除(即全脱胶),必然会产生短绒,从而失去可纺性,因此在脱胶加工中采用半脱胶工艺,既能去除部分胶质以改善纤维的可纺性,又能保留一定量的胶质而将很短的单纤维粘连成满足纺纱工艺要求的长纤维,即工艺纤维。

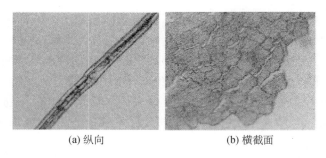

(a) 纵向   (b) 横截面

图 3-11   菠萝叶纤维的形态结构

2. 菠萝叶纤维的结构

纤维细胞壁的次生壁具有少许木质化的薄外层和厚内层,外层微纤维与纤维轴的交角为 60°,内层为 20°。在内层的表面还覆盖着一层很薄的无定形物质。胞腔较大,胞间层是高度木质化的。

从表 3-13 可知,菠萝叶纤维的结晶度是 0.727,取向因子是 0.972,双折射率是 0.058,表明菠萝叶纤维的结晶度、取向因子均较亚麻、黄麻纤维高,说明其纤维中无定形区较小,大分子排列整齐密实,这也是其密度比亚麻、黄麻高的原因之一,同时,较高的结晶度和取向度致使菠萝叶纤维的强度和刚度大而伸长小,说明菠萝叶纤维具有较高的强度与刚度,可以进行机械加工。

表 3-13   菠萝叶纤维的微细结构

纤维种类	结晶度	取向因子	双折射率
菠萝叶纤维	0.727	0.972	0.058

续　表

纤维种类	结晶度	取向因子	双折射率
亚麻纤维	0.662	0.934	0.066
黄麻纤维	0.621	0.906	0.044

（三）菠萝叶纤维的性能

1. 力学性能

菠萝叶纤维的断裂强力大约在 39.6 cN，断裂伸长率大约在 3.93%。表 3-14 比较了菠萝叶纤维与其他麻纤维的力学性能。由此表可见，菠萝叶纤维的断裂强度较黄麻纤维高，但低于苎麻和亚麻纤维，断裂伸长率较黄麻纤维大，但低于苎麻和亚麻纤维，这与其化学成分和结构基本吻合。菠萝叶纤维的断裂伸长率介于苎麻和黄麻之间，一般而言，其纤维的可纺性及成纱质量也介于两者之间，即优于黄麻而次于苎麻。

表 3-14　菠萝叶纤维与其他麻纤维的力学性能比较

纤维种类	断裂强度（cN/tex）	断裂伸长率（%）	柔软度（捻/20 cm）
菠萝叶纤维	30.56	3.42	185
苎麻纤维	67.3	3.77	—
亚麻纤维	47.97	3.96	—
黄麻纤维	26.01	3.14	85

2. 吸湿性能

菠萝叶纤维的回潮率为 11.45% 左右，具有良好的吸湿性，这归因于其内部结构的空腔。

3. 抗菌和吸附性能

经国家权威检测机构检验证明，菠萝叶纤维具有天然杀菌、抑菌功能，以及有效驱除螨虫、去除异味等性能。

（四）菠萝叶纤维的主要用途

1. 服用纺织品

菠萝叶纤维作为新型天然纤维，其开发利用已引起世界纺织业的极大关注，尤其在大众环保和绿色消费意识抬头的今天，日益获得崇尚自然的消费者喜爱。日本、菲律宾、印度和台湾都在积极开发菠萝叶纤维产品。由其制作的服饰和纺织品在欧美、日本等地颇受欢迎，且售价昂贵。如在菲律宾，菠萝叶纤维属于有特色的上好纤维，用于制作高级的男士民族衬衣。菲律宾还开发出一种由蚕丝和菠萝叶纤维各占 50% 的织物，用其制作时装，很受欢迎。我国也进行菠萝叶纤维的开发，制取菠萝叶粗纤维的自动刮麻机研究已获得成功，这种设备能提取符合纺织要求的菠萝叶纤维原料。菠萝叶纤维的纺纱工艺也得到不少研究，将其与天然纤维或合成纤维混纺，加工而成的织物吸汗透气，挺括不起皱，易染色，适宜制作各种中高档的西服、衬衫、裙袍、领带和各种装饰织物。

2. 产业用纺织品

用菠萝叶纤维可生产针刺非织造土工布，用于水库、河坝等的加固防护。使用方法是将土工布铺在堤坝上,然后在上面播撒植物种子,种子穿过土工布扎根于土壤中。这些根将对土壤起黏结作用,即使土工布腐烂,堤坝的坚固性也不会被破坏。

（五）存在问题和前景展望

目前我国菠萝叶纤维脱胶应用的较成熟技术是化学脱胶,但化学脱胶也存在着自身的缺点,在脱胶过程中化学试剂对纤维产生了一定的损伤,而且脱胶的工序多、时间长、消耗大,并不符合优质高效的时代要求.所以菠萝叶纤维行业要紧跟时代发展的脚步,寻求优质高效、低能耗、少污染的脱胶方法。这才能与 21 世纪推崇的"生存、环保、发展"的时代主题相符。

尽管对菠萝叶纤维已经有了不少研究,但就目前为止它仍属于一种比较新的纺织材料。一系列研究成果表明,菠萝叶纤维的特性及相应的应用开发符合现代人的生活、生理和心理要求,具有广阔的发展空间。近年来,菠萝叶纤维的纺织产品相继投放市场,经过众多消费者的使用反馈说明,菠萝叶纤维纺织产品穿着柔软舒适,吸湿快干,透气干爽。特别是利用菠萝叶纤维制作的袜子,还具有天然防臭、防治脚气的奇特功效,可连续穿着几天,也不会有臭味;止痒,治水泡,明显减少脱皮,深受消费者欢迎。总体来看,菠萝叶纤维的纺纱、织造、染色和后整理技术已比较成熟,开发的产品在品质、外观上均达到同类商品的水平。

就我国目前水平而言,菠萝叶纤维还未形成产业化,某些纤维性能有待改善,如浸水后纤维变硬问题;其纺纱支数也有待进一步提高。由此可见,菠萝叶纤维的市场需要进一步的发掘与开拓。只有形成了产业化规模,成本才能降低;只有产品服用性能不断改进,产品的品种才能丰富和扩大,满足人们消费多样化的需求。菠萝叶纤维和香蕉茎秆纤维织品所蕴涵的高品质、舒适性和绿色生态特征符合消费升级方向,有着"绿色产品"和天然保健功能菠萝叶纤维产品具有良好的市场需求前景。

六、香蕉纤维

香蕉的茎秆通常被丢弃在田间,仅我国每年就有超过 200 万吨的香蕉茎秆被丢弃,造成资源的极大浪费。目前世界上的香蕉纤维尚未得到大规模开发利用,全球约有 129 个国家种植香蕉,香蕉茎皮每年废弃量巨大。日本在香蕉纤维的研究开发上走在前列,已有公司成功实现香蕉纤维的产业化生产。印度等具有丰富香蕉资源的东南亚国家进行了大量的研究,我国在该纤维的提取和产品开发上也有一定进展。香蕉纤维具有质量轻、有光泽、吸水性高、抗菌且环保的特点。

（一）香蕉纤维的特点、成分及制取

1. 香蕉纤维的特点

香蕉纤维又称为香蕉茎纤维或香蕉叶纤维。香蕉茎纤维蕴藏于香蕉树的韧皮内,属韧皮类纤维;香蕉叶纤维则蕴藏于香蕉树的树叶中,属叶纤维。目前研究较多的是香蕉茎纤维。香蕉纤维是一种新型天然植物纤维,其主要成分纤维素的含量达 60%～65%,单纤维长度为 80～200 mm,断裂伸长率约 3%,力学性能与麻相似,具有一般麻类纤维的优缺点,如强度高、伸长小、回潮率大、吸湿排湿快、纤维粗硬、初始模量高等。

2. 香蕉纤维的成分

香蕉纤维的主要成分为纤维素(58.5%～76.1%)、半纤维素、果胶、木质素、灰分、脂蜡质等。香蕉纤维中的纤维素含量低于亚麻、黄麻，而半纤维素(28.5%)和木质素(4.8%~6.1%)的含量较高，因此其光泽、柔软性、弹性、可纺性等均比亚麻、黄麻差。

3. 香蕉纤维的制取

香蕉纤维由于单纤维长度太短，不能直接用于纺纱，因此香蕉纤维的脱胶必须采用与亚麻、黄麻相近的半脱胶方式，即保留一部分胶质，将单纤维黏连成具有一定长度的纤维束，即工艺纤维，并进行纺纱。香蕉纤维由于其工艺纤维较粗，一般只能用于纺中低档纱。对香蕉工艺纤维再进行脱胶处理，可以降低纤维长度，提高纤维细度。

目前，香蕉纤维的提取方法主要有机械法、化学法、生物法、生物化学联合法、闪爆法等。

(二) 香蕉纤维的形态结构

1. 香蕉纤维的形态

香蕉纤维的形态结构如图3-12所示，其截面形态呈不规则的腰圆形，有空腔；纵向形态类似麻类纤维，有条纹，无转曲，但是裂纹没有麻类纤维多。纤维的形态会对纤维的其他性能产生影响。香蕉纤维的单纤维长度较短，大约只有25 mm，不能直接用于纺纱。因此，香蕉纤维只能采用工艺纤维进行纺纱。

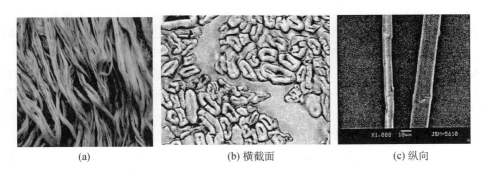

(a)　　　　　　　　　(b) 横截面　　　　　　　　　(c) 纵向

图 3-12　香蕉纤维的形态结构

2. 香蕉纤维的结构

香蕉纤维的结晶度(44.25%)和取向度均低于亚麻，说明其纤维大分子排列不如亚麻整齐有规律，这导致其力学、光学等物理性能方面的差异，如强度低、变形大、易于吸湿、易于染色等。

(三) 香蕉纤维的性能

1. 力学性能

香蕉纤维的力学性能受到脱胶程度的影响，其工艺纤维的断裂强度可达50.75 cN/tex，断裂伸长率仅3.18%，表现出明显的刚而强的特性。香蕉纤维具有一般麻类纤维的优点，如伸长小、吸湿放湿快、纤维粗硬、初始模量高、弹性差、服用卫生性能良好。

2. 化学性能

香蕉纤维不耐酸，也不耐碱，其化学性质与传统的纤维素纤维有很多相似之处，但是香蕉纤维中有一定的蛋白质，所以又可表现出蛋白质纤维的一些特性。香蕉纤维具有抗碱、酚、甲酸、氯仿、丙酮和石油醚的能力，可溶于热的浓硫酸。香蕉纤维的抗酸、抗碱性能介于棉纤维和羊毛纤维之间，也就是说其抗酸性能优于棉纤维，而抗碱性能不如棉纤维；其抗碱性能优于毛纤维,而抗酸性能不如毛纤维。这主要是由香蕉纤维的化学组成决定的。

（四）香蕉纤维的主要用途

香蕉纤维最早不是用于纺织、服装,而是用于造纸和包装袋。目前,人们对香蕉纤维在纺织领域的开发应用还在研究中。香蕉纤维最初主要通过手工剥、削制成手工艺品和装饰品,它在纺织领域的应用还很有限。

服装设计师谢卡尔经过漂洗、提炼和脱胶等工序,把香蕉纤维一根根提取出来,再经过染色,用于织布。与棉相比,香蕉纤维不仅光泽好,而且具有很高的吸水性,用它织成的纱丽穿着舒适、美观耐用。用香蕉纤维做纬纱,棉做经纱,设计织造了用于生产夹克、短上衣、育克衫等服装的面料,服装的独特性得到专家的高度评价。香蕉纤维服装配上衬里后,很适合做上衣。纤维的染色也很均匀,多色的服装看上去很漂亮,有很大的吸引力。

在国内,由江西东亚芭纤股份有限公司与东华大学联合攻关,在香蕉纤维的制取上取得了突破,采用全新的生物酶—氧化脱胶处理工艺,获得了 2000 公支、30 mm 左右长的香蕉纤维,并可在棉纺设备上进行纺纱加工,可以纺成 100% 香蕉纤维细支纱。这项技术已达到国际先进水平。纺纱工艺上,采用牵切的方法,使纤维长度更适合纺纱加工的要求。

苏州市圣竹家用纺织品有限公司生产的香蕉纤维,其束纤维平均断裂强度为 3.93 cN/dtex,纤维平均细度达 2386 公支。利用该纤维,该公司先后开发了细度为 36 公支、48 公支、60 公支的香蕉纤维纯纺纱线,并将其中的 48 公支纱织成了轻薄休闲面料。

与棉和化纤相比,香蕉纤维不仅光泽好,而且具有很高的吸水性,同时,它是一种植物生态纤维,对人体的刺激小,也不会对环境造成负面影响,因此越来越多的人开始研究将其应用于纺织、服装领域。

（五）存在问题和前景展望

目前,国内香蕉纤维的开发虽然有了很大的突破,但制取的纤维细度还有待提高。另外,由于香蕉纤维手感较硬挺,要改善其手感,开发利用可能还会存在较大的成本问题。但香蕉纤维产品绿色、环保、抗菌等特点符合人们的消费理念,同时对改善天然纤维原料的短缺以及促进农业经济的发展都具有重要的意义。香蕉纤维同麻纤维一样可以与棉、毛、麻、绢、化学纤维进行混纺生产多品种纱线,香蕉纤维/棉混纺纱织物具有麻棉产品的风格,可以机织,也可以针织。

虽然香蕉纤维在纺织上的开发利用还处于初级阶段,很多工艺也需要纺织科技工作者进一步研究、优化,但是随着人们对生态和环境问题关注程度的加深,"绿色环保产品"、"生态纺织品"等概念也大举进入国际纺织品与服装贸易领域,各国对生态环保原料的开发更加注重。香蕉纤维作为一种废物利用的新型生态环保原料,在纺织领域应用有待进一步的开发,制取工艺仍将是研究重点,开发出适合服用和家用的香蕉纤维纺织品。香蕉纤维将会以其绿色标志的产品博得消费者青睐,也将推动社会经济的发展。

七、竹原纤维

纤维素是自然界最丰富的天然高分子,不过,能用作纺织纤维的仍只有棉纤维和一些韧皮纤维(如苎麻、亚麻)。如今,这些传统的天然纤维已不能满足人们日益增长的需求。因此,对新型的天然植物纤维资源的开发越来越被人们所重视。在天然纤维植物中,竹子速生丰产,具有低成本、可再生、并可大量利用的优点，以竹子为原料开发纤维可节约部分制取化学纤维所需的自然资源，保护生态环境，在东亚国家，竹浆黏胶纤维已经工业化。近年来有一些文献报道了纺织用天然竹纤维的性能，其制备方法、结构与化学组成介绍如下：

（一）竹原纤维制备

将毛竹去除竹节和竹青，剖切成宽 2 cm 的竹片，在 150 ℃下烘烤 0.5 h，利用外力拉伸竹片获得粗竹纤维。粗竹纤维在 60 ℃水中浸泡 24 h，凉干后反复碾压进一步去除杂质并分离竹纤维，进入蒸煮工艺。蒸煮在 RY-1261 高温染样机上进行，30 ℃开始升温，以 2 ℃/min 的升温速度升温至 120 ℃后，保温 1 h。碱处理后水洗，醋酸中和，再充分水洗。

（二）竹材的结构与化学组成

毛竹中纤维素的含量低于苎麻、亚麻，仅为 52%～57%，但高于玉米秆（38%～40%）、麦秆（34.8%）；而木质素和半纤维素的含量高，分别高达 22.62% 和 23.71%，远高于苎麻纤维。不过，其果胶和灰分的含量比这两种韧皮纤维少。

竹材的组织如图 3-13（a）所示。表皮组织是竹子的壳层，基本组织系统主要由这些薄壁细胞构成。维管束是竹材的主体部分，包括纤维鞘、韧皮部、导管和一些滤管，木质素和半纤维素分布在每个维管束中，纤维鞘由许多直径为 10～20 μm、属于厚壁组织的单纤维组成。毛竹的横截面如图 3-13（b）所示，放大后的维管束如图 3-13（c）所示，维管束中的竹纤维能够清晰地观察到，这些竹纤维占竹材细胞的 50% 左右，对黏合的木质素和半纤维素进行适当的去除，能够提取合适的纺织纤维。

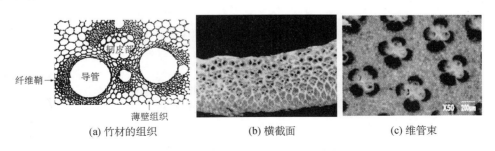

(a) 竹材的组织　　　(b) 横截面　　　(c) 维管束

图 3-13　竹材的组织及毛竹的结构

（三）竹纤维的形态

提取的毛竹单纤维的光学显微镜照片如图 3-14 所示，竹纤维在长度方向呈圆柱形，尺寸比较均匀，没有棉纤维的天然扭曲和带状结构，但有麻纤维的横向节纹，竹纤维表面的这些节点能从图 3-15 所示的扫描电子显微镜（SEM）照片中更清楚地看出。竹纤维的表面有凹槽，末端呈圆锥形。纤维横截面有中腔，胞壁厚且均匀。

竹纤维的宽度接近亚麻和棉纤维，小于苎麻，但是其长度仅为 2.54 mm，尽管高于同为木质材料的玉米秆（0.8 mm）和麦秆（0.92 mm），但远小于亚麻和苎麻（其长度分别为 35.7 mm 和 78.9 mm）。短的单纤维使获得长而细的纺织用纤维变得困难。要获得长而细的纤维，许多单纤维细胞必须通过黏结物质（如木质素和果胶）联结在一起。但是大量木质素的存在会影响纤维的结构与性能，木质素含量过高会使纤维变得粗糙、刚硬。

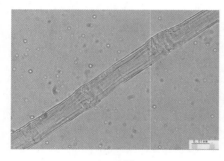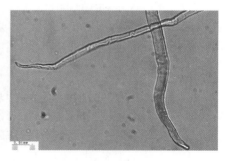

（a）中段　　　　　　　　　　　　　　　（b）梢部

图 3-14　竹纤维的光学显微镜照片（放大 500 倍）

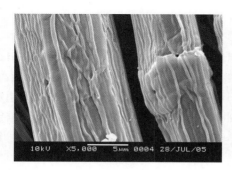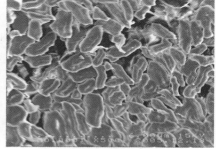

（a）纵向（放大 5000 倍）　　　　　　　　（b）横截面（放大 500 倍）

图 3-15　竹纤维的扫描电子显微镜照片

（四）竹纤维的微纤结构

毛竹纤维的微观结构如图 3-16 所示。竹纤维的横断面也是由许多同心层组成的，大体可分为初生层（P）、次生层（O～L_4，其中 O 为次生外层）和中腔三个部分。但是竹纤维的次生层比棉纤维和苎麻复杂得多。棉纤维的次生层主要分为三层，微纤与纤维轴均呈螺旋形排列，取向角较大，在 $25°～30°$；苎麻的次生层也呈螺旋形排列，倾斜角小于棉纤维，大致在 $8°～10°$。

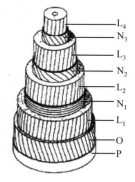

毛竹纤维次生胞壁的外层是比较薄，呈螺旋形排列，微纤的取向角在 $2°～10°$。内层由宽层（$L_1～L_4$）与窄层（$N_1～N_3$）交替组合而成。宽层木质素密度较低，倾斜角比较小；两个宽层之间的窄层，木质素密度较高，倾斜角较大，特别是 N_1 层，微纤的取向偏离纤维轴向而更接近横向。

图 3-16　竹纤维的结构

利用环氧树脂将竹纤维包埋后进行环切，也能观察到竹纤维的同心层结构，如图 3-17 所示，图中的三层结构可能对应 $P～N_1$、$L_2～N_2$、$L_3～L_4$。因为窄层很薄，它可能贴着宽层，很难分离。内层 L_4 和 L_3 可能因受压而重叠，很难分辨。利用硝酸处理后，对表面的木质素和半纤维素进行充分的去除，能够观察到次生外层的结构，如图 3-17（b）所示，其微纤的取向角很小，与纤维轴近乎平行排列。

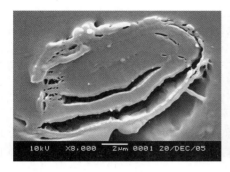 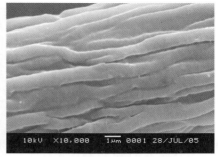

(a) 同心层结构（放大 8000 倍）   (b) 表面微纤排列（放大 10 000 倍）

图 3-17 竹纤维的同心层结构与表面微纤排列

（五）竹纤维的结晶结构

竹纤维和其他三种天然纤维素纤维的 X 射线衍射曲线如图 3-18 所示，显示的均是典型的结晶的纤维素 I 的 X 衍射曲线，2θ 分别为 14.60°、16.25°、22.47°、33.85°，分别对应 101、10$\bar{1}$、002、040 晶面的衍射峰。显然，竹纤维和苎麻具有更高的分辨率，002 晶面的衍射峰更为尖锐。结晶度的计算结果也表明，竹纤维的结晶度与苎麻很接近，要高于亚麻和棉纤维。

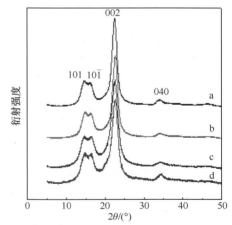

图 3-18 竹纤维和其他三种天然纤维素纤维的 X 射线衍射曲线

a—竹纤维 b—苎麻纤维 c—亚麻纤维 d—棉纤维

竹纤维具有较高的微晶取向度，仅次于苎麻纤维，不过其取向度值和苎麻、亚麻的差异很小，但远大于棉纤维的微晶取向度。利用谢洛公式计算的 002 衍射峰的晶粒尺寸。仔细观察发现，对于四种纤维样品，晶粒取向度的大小顺序与结晶度一致，但它们的晶粒尺寸与结晶度并没有关联。竹纤维的晶粒尺寸为 7.06 nm，大于其他三种纤维。棉纤维、苎麻和亚麻的晶粒尺寸已经被一些研究者计算出来。Gumuskaya 等报道了棉纤维的晶粒尺寸为 6.1 nm，而 N. A. Yakunin 报道其晶粒尺寸为 6.4 nm。B. Forcher 计算了亚麻纤维的晶粒尺寸，其结果为 5.7 nm。Lei-Cui Tang 等报道了苎麻纤维的晶粒尺寸为 6.6 nm。这里的计算结果与这些作者的报道很接近（表 3-15）。

表 3-15 竹纤维和其他三种天然纤维素纤维的结晶度和晶区取向度的比较

纤维种类	结晶度（%）	结晶指数（%）	取向度	晶粒尺寸（mm）	d_1	d_2	z	晶型
竹纤维	68.26	87.79	0.960	7.1	0.606 36	0.544 95	13.98	I_β
苎麻	68.98	88.86	0.961	6.8	0.595 68	0.545 98	32.99	I_β

续　表

纤维种类	结晶度（%）	结晶指数（%）	取向度	晶粒尺寸（mm）	d_1	d_2	z	晶型
亚麻	64.15	80.82	0.953	5.4	0.605 41	0.538 75	9.99	I_β
棉纤维	59.58	79.90	0.834	6.3	0.601 32	0.540 04	18.08	I_β

Wadah 和 Okano 将 z-方程用于区别天然纤维素的结晶结构（是单斜晶胞还是三斜晶胞）。该方程利用 X 射线衍射得到的 d-space 来区别纤维素 I_α 和 I_β。该方程为 $z = 1693d_1 - 902d_2 - 549$，$z > 0$ 表示 I_α 型（I_α-rich），$z < 0$ 表示 I_β 型（I_β-rich）。结果显示竹纤维与棉纤维、两种韧皮纤维苎麻、亚麻的晶型相同，均为 I_β 占主体。

八、细菌纤维素纤维

（一）细菌纤维素纤维的特点、成分及制取

细菌纤维素是由一定的微生物（主要为细菌，如木醋杆菌）产生的细胞外纤维素，最早由英国科学家 Brown 在 1886 年发现。为了与植物来源的纤维素相区别，将其称为细菌纤维素或微生物纤维素。细菌纤维素纤维是由细菌纤维素制取的一种新型纤维。

1. 细菌纤维素纤维的特点

与植物纤维素纤维相比，细菌纤维素纤维表面有沟槽，有少量微孔，具有吸湿、透气、易染色等性能，而且具有较高的生物适应性和良好的生物可降解性。

2. 细菌纤维素纤维的成分

细菌纤维素纤维在化学组成和结构上和植物纤维素没有明显区别，也是由很多 β-D-吡喃葡萄糖通过 β-1,4 糖苷键连接而形成的一种大分子直链聚合物，以纯的纤维素形式存在，但不含半纤维素、果胶、木质素等胶质成分。

3. 细菌纤维素纤维的制取

目前，细菌纤维素纤维的生成有静置和动态两种方式。静置方式即为静置培养，所得纤维素纤维产量较高，但因其发酵周期长、占地面积大、劳动强度高而不利于工业化生产和产品开发；动态方式是指在通氧条件下进行培养。

由于细菌纤维素纤维是一种丝带状纤维，分离较困难；也可选用合适的溶剂溶解细菌纤维素，采用湿法纺丝工艺制取再生细菌纤维素纤维。

（二）细菌纤维素纤维的形态结构

1. 细菌纤维素纤维的形态

图 3-19 所示是细菌纤维素纤维的形态，为丝状纤维，直径为 20～80 nm，是目前已知纤维中最细的。由此图还可以看出，纤维结构致密，表面光泽较好，截面接近圆形，纤维粗细均匀，纵向表面较光滑。这说明纤维成型比较充分，无较厚的皮层存在，接近全芯层结构纤维。

图 3-19　细菌纤维素纤维的形态结构

2. 细菌纤维素纤维的结构

细菌纤维素初生纤维的结晶度达到 41%。Lyocell 纤维的结晶度约为 53%，普通黏胶纤维的结晶度为 30%，变化型高湿模量纤维的结晶度为 44%，富强纤维的结晶度为 48%。细菌纤维素纤维的结晶度与高湿模量纤维接近，说明纤维在成型过程中大分子排列有序，取向度较高。

（三）细菌纤维素纤维的性能

与植物纤维素纤维相比，细菌纤维素纤维具有纯度高、聚合度大、结晶度高、亲水性强等优良性能，此外还具有良好的生物相容性和生物降解性。

细菌纤维素纤维是由小分子碳水化合物经微生物发酵形成的纤维素纤维，具有许多植物纤维素纤维无法比拟的优良性能，例如细菌纤维素无木质素、果胶和半纤维素等伴生物，结晶度（达 95%）和聚合度（$2000\sim8000$）高；弹性模量为一般植物纤维的数倍至 10 倍以上，断裂强度为 3 cN/tex 左右，断裂伸长率为 5% 左右，持水能力强。

（四）细菌纤维素纤维的主要用途

细菌纤维素被认为是目前世界上性能最好的纤维素之一，在食品、医药、造纸、化工、精纺、石油开采和环保等领域都有广泛的用途。

1. 食品工业

细菌纤维素具有强的亲水性、黏稠性和稳定性，可用作增稠剂。细菌纤维素同其他胶体（如黄原胶）具有共效作用，为降低成本，可与这类胶体混合使用。细菌纤维素凝胶可作为食品成型剂、高档乳化剂、分散剂。将细菌纤维素添加到发酵香肠中，可改善其口感，增加其保健功能，并且香肠通过发酵提高了氨基酸的含量，缩短了成熟时间。

2. 医药工业

细菌纤维素能牢牢地粘贴在玻璃表面形成一层膜，使得液态水不能渗透，但水蒸气和气体却能透过。利用这一重要特性，可将细菌纤维素制成人造皮肤应用于处理烧伤、烫伤及皮肤移植。在巴西，这种特殊的人造皮肤的商品名称为 Biofill，被成功地应用于超过 400 个病例中。此外，细菌纤维素还可用在显微外科中。总之，细菌纤维素作为一种附加值很高的产品，在医药方面的作用越来越受到重视。

3. 高级音响设备振动膜

日本 Sony 公司与 Ajinomoto 公司携手开发了第一个用细菌纤维素制造的超级音响、麦克风和耳机的振动膜，在极宽的频率范围内传递速度高达 5000 m/s，内耗高达 0.04，复制出的音色清晰、宏亮。目前，几乎没有一种材料能达到像细菌纤维素膜那样，既具有高传递速度又具有高内耗的双优性能。细菌纤维素振动膜的优异特性主要来自其极细的由高纯度纤维素组成的超密结构，经热压处理制成具有层状结构的膜，形成了更多氢键，使其杨氏模量和机械强度大幅度提高。现在，用细菌纤维素为材料制作的高档音响的声音振动膜，在世界各地均有商品化。

4. 造纸与无纺布

细菌纤维机械匀浆后与各种相互不亲和的有机、无机纤维材料混合，可制造不同形状、用途的膜片和无纺织物布和纸张，产品十分牢固。这充分利用了纳米级超细纤维对物体极强的缠绕结合能力和拉力强度。例如在制造过滤吸附有毒气体的碳纤维板时，加入细菌纤维素可提高碳纤维板的吸附容量，减少纸中填料的泄漏。Tguchi 将细菌纤维素膜打散后的细菌纤维素和木浆混合,并添加适量经风干的苯酚树脂造成的纸张,具有很好的抗膨胀性能和弹性。而在草浆中加入一定比例的细菌纤维素,也可明显提高纸张的强度性能。Sato 等发现在植物纤维原料中添加细菌纤维素(植物纤维和细菌纤维素的加入比例为 99.5∶0.5～85∶15),由于纸张强度增加,印刷时油墨产生的冲击力很难使纸张破裂,这种纸张可应用于字典,质量轻,但印刷性能提高。

5.其他用途

在日本和美国,细菌纤维素被作为膜滤器(无菌装置、超滤装置、反渗透滤膜等)、哺乳动物细胞培养载体,用于生产高强度纸杯、可循环使用的婴儿尿布、仿真人造皮革,以及作为护肤霜、指甲油等化妆品的基质或药物载体。由于细菌纤维素的高纯度,它还被作为纤维素酶活力测定的底物。细菌纤维素极细,表面积大,化学衍生活性高。在纤维素衍生物制造和化学改性过程中,反应完成速度快,耗时少。因此,可以应用细菌纤维素进行烷基化、羟烷基化、羧甲基化、硝基化、氰乙基化、氨基甲酸酯化以及多种接枝共聚反应和交联反应,其化学反应的可及度和反应性均强于普通植物纤维。此外,还可用细菌纤维素制成荧光性材料,对重金属离子有强吸附作用的树脂材料等。

(五)存在问题和前景展望

细菌纤维素纤维具有上述优良性能,所以人们十分重视它在各个领域的应用研究,尤其是在食品、新型伤口包扎材料、人造皮肤、声音振动膜、高强度纸、纺织纤维等领域已进入实用化阶段,并在其他许多领域显示出十分广泛的商业化应用潜力。值得关注的是,细菌纤维素的生产一直是制约此类纤维应用的关键,许多学者对此进行了各种探索,旨在获得优质高产的细菌纤维素。

目前,我国细菌纤维素产量低、成本高,人们对细菌纤维素的开发潜能认识还不够,细菌纤维素在纺织上的应用还远没有得到挖掘,开发细菌纤维素纤维及利用细菌纤维素纤维进一步开发高附加值的下游产品具有重要意义,前景十分广阔。

九、胶原纤维

胶原纤维是疏松结缔组织中的主要纤维成分,新鲜时呈白色,故又称为白纤维。胶原纤维是细胞外基质的主要骨架成分,广泛存在于皮肤、骨、肌腱等部位,具有支撑和保护作用。胶原纤维是构成真皮的主要纤维,占真皮质量的 95%～98%。胶原纤维组成纤维束,在真皮内相互穿插、纵横交错,编织成一种特殊的网络结构,使皮革具有很高的机械强度。

(一)胶原纤维的组成与形态

胶原纤维粗细不等,单独或成束存在,呈波纹状,常分支交织成网。在电子显微镜下观察,胶原纤维的直径为 20～150 μm,每根纤维由直径为 2～5 μm 的细纤维组成,细纤维又由直径为 2×10^{-2} μm 的原纤维构成,原纤维还可拆分为直径约 3×10^{-3} μm 的纤丝,纤丝又由直径为$(1.2～1.7)\times10^{-3}$ μm 的初原纤维构成(图 3-20)。

胶原纤维具有很的高机械强度和弹性的重要原因,在于胶原纤维的化学结构。胶原纤维的单体是原胶原。原胶原分子呈棒状,长 280 nm,直径 1.5 nm,相对分子质量接近 30 万道尔顿。原胶原分子为三根 a-螺旋链,每根链上有 1052 个氨基酸。胶原纤维主链上的氨基酸以肽键相连构成多肽链,螺旋区由甘-X-羟脯和甘-脯-Y 三肽(X、Y 代表除甘氨酸和脯氨酸以外的其他任何一种氨基酸残基）组成，其中甘-脯-Y 三肽的数量为全部三肽总和的 1/3。

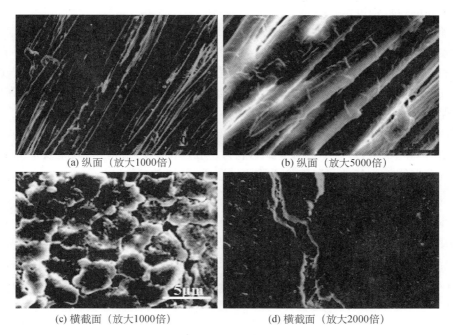

(a) 纵面（放大1000倍）　　　　　(b) 纵面（放大5000倍）

(c) 横截面（放大1000倍）　　　　(d) 横截面（放大2000倍）

图 3-20　胶原纤维形貌

（二）胶原纤维的特性

胶原纤维的基本性能参数见表 3-16。由此表可见，胶原纤维的线密度为 (0.18 ± 0.11) dtex，长度为 (17.8 ± 6.4) mm，均存在较大的离散度，作为纺织原料，其品质较差，但其力学和吸湿性能优异，断裂强力达 (126.5 ± 25.8) cN，断裂伸长率为 $(45.1\%\pm0.19\%)$，回潮率约为 7%，且较柔软（模量仅为 7 MPa）。

表 3-16　废弃胶原纤维的基本参数

线密度(dtex)	长度(mm)	断裂强力(cN)	断裂伸长率(%)	模量(MPa)	回潮率(%)
0.18 ± 0.11	17.8 ± 6.4	126.5	45.1	7.0	7.0

1. 保水保湿性能

肽链中有 1/4 是酸性和碱性氨基酸残基。每根肽链两端有羧基、氨基，因而具有两性电解性质与等电点。胶原纤维分子中含有大量羧基、氨基、羟基等极性基团，有较强的化学活性，能和水分子以氢键结合，使胶原纤维呈矩阵状的结构，故胶原纤维具有良好的吸水和持水性，其持水量可以超过其自身质量的 6 倍。

2. 理化性能

胶原纤维为黏弹性体，刚性很大，有应力松弛特性，较小的应变就会引发很高的应力，具体表现：在拉伸过程中，胶原纤维开始稍有伸长，随着载荷增加，强度迅速增大，直至到达屈服点，之后就发生非弹性变形。正常情况下，胶原纤维的变形范围为 6%～8%，破坏时的最大应变仅 10%～15%。可见，胶原纤维韧性大，抗张力强。这是因为胶原分子内和分子间有醛胺缩合交联、醇醛缩合交联和醛醇组氨酸交联。这些交联使得胶原的肽链结构稳固地连接起来,使胶原具有较高的拉伸强度。

3. 生物可降解性

天然胶原紧密的螺旋结构使得大多数蛋白酶只能打断胶原侧链,削弱胶原分子的交联。而在胶原酶的水解作用下,可以打断胶原肽键,进而破坏胶原的螺旋结构,最终使得胶原彻底水解。与其他非植物纤维(如合成纤维、无机纤维)相比,胶原纤维的生物可降解性在应用中更能满足环保要求。

4. 其他特性

胶原内游离的氨基,对血小板有凝聚的能力。胶原的天然结构,尤其是发达的四级结构,是胶原具有凝聚能力的基础。利用胶原的这一性质,可制备止血胶原海绵。

(三)胶原纤维的制备

胶原纤维的制备方法可分为以下三大类:

(1)用化学方法处理,在溶液状态下抽取胶原,再在不同条件下使胶原再生制成纤维。

(2)先用化学方法处理,不同程度地破坏胶原胶束,再用物理手段分散。比如利用造纸打浆技术分散制备纤维;在常温下,采用高渗酸浸泡动物皮,经过清洗除酸、酶解、研磨等过程,也可以制备胶原纤维。

(3)用物理手段回收胶原粉末、短纤维的方法,应用撕磨机制备胶原纤维,应用毛纺、棉纺开松机解纤、分级,将下脚料经过处理变成纤维等。

(四)胶原纤维的应用

胶原纤维结构和功能的多样性和复杂性,决定了其在许多领域的重要地位和良好的应用前景。

1. 复合材料

胶原纤维除具有常规纤维相同的机械强度外,还有独特的摩擦性、耐热性、吸声性、吸水性和对其他物质的吸着性能。因此,通过化学或物理的方法,可将动物胶原纤维和植物纤维制成复合材料,生产再生革、无纺布、人造革基底材料、混纺纤维等。

在胶原纤维中添加植物纤维,把这两种天然纤维结合起来,利用两种纤维各自的特点,加工成为具有特殊性质的复合材料,如壁纸(胶原纤维有一定的弹性和隔声效果)、尿布纸类(胶原纤维的吸湿性强,透气性好,与人体的亲和力强)、刹车制片(胶原纤维的摩擦系数高)、生物胶原包装纸等。

2. 医药工业

根据临床要求,胶原可以多种形式应用在医药工业中,对胶原进行相应的加工处理,制成胶原注射液、胶原止血粉剂、纤维形式的缝合材料和心脏瓣膜修补材料、膜形式的外科敷料、海绵形式的皮肤移植材料,以及管状形式的血管、食管和气管等的替代材料等。这些材料广泛应用于创伤和烧伤的修复、整形和美容、皮肤和神经生长,以及血管瓣膜手术等。基于胶原很高的抗张力强度、低抗原性、止血作用、与其他介质融合而能被机体自身的酶分解的特点,胶原在大量的聚合物中用作移植材料,如人造皮肤。

3. 化妆品

皮肤内层的真皮层中含有大量胶原,其纤维网络结构形成支持皮肤力学性能(如强度、弹性)的基础。胶原是天然的极性蛋白质,含有大量的天门冬氨酸、谷氨酸、赖氨酸残基。L 羟脯氨酸是胶原特有的氨基酸,在护肤品中起滋润和调理作用,也常作为营养性助剂用于洗发水。胶原纤维及其水解产物具有很好的保湿性,而且对皮肤和头发的亲合性良好。此外,水解胶原还具有乳液稳定性等优点,因而在化妆品中的应用发展很快,已成为一类十分有效的化妆品原料。该物质能滋润肌肤,赋予皮肤平滑感,对头发也有很好的调理作用。许多高档化妆品中都添加了胶原纤维,甚至在人的面部注射胶原,以保持皮肤青春,减少皱纹。

十、羽绒纤维

羽绒纤维是天然绿色蛋白质纤维,具有质地轻柔、结构蓬松和保暖隔热的良好性能,是生产防寒服装、寝具用品的优良原材料。

（一）羽绒的定义和分类

禽类体表所生长的毛称为羽毛。覆盖在鸭、鹅体表质轻而韧,具有弹性和防水性的,由表面角质化生长而成的一种瓣状结构,称为羽;羽毛由毛片、绒子和毛梗组成,其中"绒子"就是人们通常所称的羽绒,指生长在雏鸭、鹅的体表或成鸭、鹅的正羽基部的,羽枝柔软、羽小枝细长、不成瓣状的绒毛。羽绒泛指鸭绒、鹅绒、野鸭绒、天鹅绒等,从颜色上大致可分为白色和灰色两大类。用于羽绒制品填充料的羽毛绒主要来自家养鹅、鸭,少量来自某些野生水禽。鸡、鸽子等所谓"陆禽",由于其被毛中不含绒,因而其羽毛一般不用作填充料。

羽绒根据生长状况和外形特征不同,分为朵绒、未成熟绒、毛型绒、部分绒和单根绒枝。其中:朵绒主要指生长在鹅、鸭胸、腹、背部和两肋的绒子,由一个绒核放射出许多绒枝并形成朵状;未成熟绒指未长全的绒子,绒枝较短,有小柄,呈伞状,又称伞形绒;毛型绒毛型带茎,茎细而柔软,羽枝细密,梢呈丝状而零乱(图 3-21);部分绒指从一个绒核生有两根以上的绒枝者;绒枝就是从朵绒和毛片根部脱落下来的单根绒飞枝。一般而言,毛型绒的体态较朵绒大,未成熟绒体态最小,部分绒的绒枝数量虽然不如其他类绒多,但绒枝长度较长,与毛型绒接近。经实测,各类形状羽绒的绒枝细度相当,从根部到梢部,在较大范围内变动,为 5～40 μm。朵绒的绒枝长度一般为 1.0～3.5 cm,其数量占羽绒总数量的 60% 以上;毛型绒的绒枝长度为1.5～5 cm,其数量占羽绒总数量的 20%～30%;未成熟绒的绒枝长度只有 0.2～1.5 cm,其数量占羽绒总数量的 10% 左右;单根绒枝数量占羽绒总数量的 1%～5%。

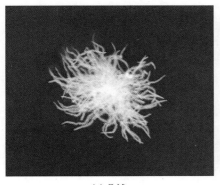

(a)朵绒　　　　　　　　　　　　　(b)未成熟绒

图 3-21　不同形态的羽绒

用于填充料的羽绒,按含绒量的多少,分为低绒、中绒和高绒三类。其中,含绒量为7%~8%的称为低绒类,15%~30%的称为中绒类,30%以上为高绒类。

(二)羽绒的分叉结构

羽绒纤维与圆柱体的羊毛纤维不同,它不含羽轴,以绒朵的形式存在,在扫描电镜下呈现巨大的树枝状结构。在羽绒中心,有一个极小的核,称为绒核[图3-22(a)]。绒核呈树根状,随羽绒的发育情况不同而大小不同,长度一般为0.5~4 mm。成熟绒的绒核较粗而硬,呈干瘪状。绒核上生有一根根微细而纤长的绒枝,绒枝构成整个绒朵的主体。绒枝伸向不同方向,围绕绒核,形成球状的绒朵。绒枝长度一般为0.5~3.5 cm,直径为8~30 μm。每根绒枝上排列着大量的绒小枝[图3-22(b)]。发育较完全或朵形较大的绒,其主绒枝上还会生有次绒枝[图3-22(c)],但次绒枝的数量不多,并不是每个绒枝上都有。绒小枝沿绒枝呈30°~90°生长,从绒枝根部向梢部,角度逐渐变小,由十字状逐渐变为丫字状。绒小枝从绒枝发出后,截面形状和直径变化较大,逐渐由扁平状向柱状过渡,细度逐渐减小[图3-22(d)]。一般情况下,绒小枝长度为100~500 μm,细度为2~15 μm。绒小枝靠近根部处,存在距离一定间隔的骨节[3-22(e)],越向梢部,骨节逐渐进化为三角形和叉状节点[图3-22(f)]。节点的有无和形态,与绒的生长状况、在小枝上的位置和绒小枝在绒枝上的位置有关。一般情况下,绒枝末端的绒小枝生有节点,而绒枝梢端的绒小枝往往不生节点。成熟绒的绒小枝上平均分布着10~20个节点,节点间距为20~30 μm,节点最宽处为同部位绒小枝直径的3~6倍。随成熟状况不同,在一根绒小枝上,可能全部为叉状节点[图3-22(h)],也可能全部为三角形节点[图3-22(g)],有时同时出现这两种节点,形状由三角形逐渐变为叉状,有的节点成为绒小枝的末端。

(a) 绒核与绒枝

(b) 绒枝上的绒小枝

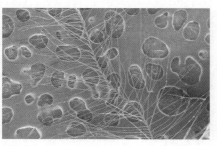

(c) 绒枝上的次绒枝

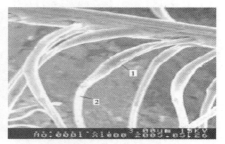

(d) 绒小枝由扁平状(1 转变为柱状)

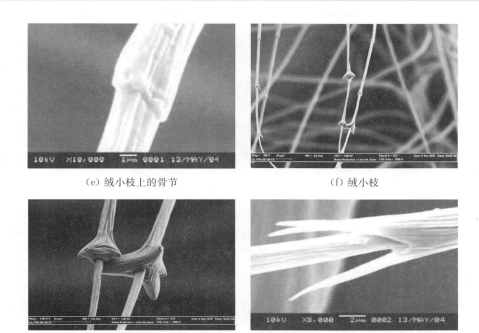

（e）绒小枝上的骨节　　　　　　　　　　（f）绒小枝

（g）三角形节点　　　　　　　　　　（h）叉状节点

图 3-22　羽绒的分叉结构 SEM 照片

（三）羽绒的表面结构

从图 3-23 可以看出，在羽绒绒枝表面，呈或深或浅的坑凹状，沟槽径向并不明显，沟纹呈无规则状；而次一级的绒小枝表面则出现了较为明显的沟槽，越到梢部，沟槽径向越发突出。

图 3-23　绒枝表面

（四）鹅羽绒与鸭羽绒的对比

一般情况下，鹅羽绒的长度大于鸭羽绒，且鹅羽绒的绒丝比鸭羽绒更细长，因而鹅羽绒比鸭羽绒更加柔软，保暖性更好。图 3-24 所示为鹅羽绒、鸭羽绒的朵绒。

鹅、鸭羽绒的节点均呈近似四面体结构，绒小枝的干穿过节点延伸。鹅、鸭羽绒形态结构的主要区别在于：一是节点的尺寸和形状不同，如图 3-25 所示，其中（a）所示为鹅羽绒的绒小枝节点，（b）所示为鸭羽绒的绒小枝节点。鹅羽绒的绒小枝节点四面体结构较小，四面体投影顶端角度小于 60°，节点开口更接近"Y"形；鸭羽绒的绒小枝节点四面体结构较大，更接近正四

图 3-24　鹅羽绒(左)、鸭羽绒(右)的朵绒

面体,节点开口较平。二是节点的数目和间距不同,如图 3-26 所示,其中(a)所示为鹅羽绒的绒小枝节点数目和间距,(b)所示为鸭羽绒的绒小枝节点数目和间距。从图中可见鹅羽绒的节点数目较少,且节点间距较大;而鸭羽绒的节点数目较多,节点间距较小。

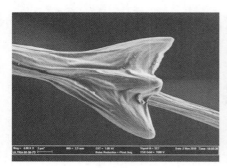
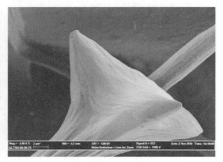

（a）鹅羽绒节点　　　　　　　　　　　　（b）鸭羽绒节点

图 3-25　鹅、鸭羽绒节点尺寸和形状(放大 4000 倍)

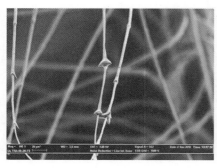
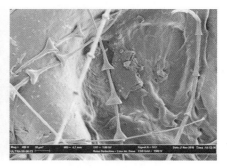

（a）鹅羽绒节点　　　　　　　　　　　　（b）鸭羽绒节点

图 3-26　鹅、鸭羽绒节点数目和间距(放大 400 倍)

（五）羽绒纤维与羊毛纤维的对比

1. 长度与细度的对比

一般情况下,国产细羊毛的长度为 5.5~9 cm,半细羊毛长度为 7~15 cm,粗羊毛长度为 6~40 cm;羽绒较羊毛短很多,构成绒朵的绒枝长度一般只有 0.5~3.5 cm。由于羽绒纤维较

短,可纺性较差,给纺纱带来一定的难度,因此限制了羽绒的应用。目前,羽绒一般用作保暖填充材料。不同的羊毛纤维,细度有很大的差别,最细的羊毛纤维直径为 $7\sim 8~\mu m$,粗羊毛纤维直径可达 $200~\mu m$。对于同一根羊毛纤维,不同位置的细度差异可达 $5\sim 6~\mu m$。相比之下,羽绒细度较细,由于同一根羽绒中存在不同级别(绒枝和绒小枝)的纤维,因此整根羽绒中,纤维细度的变化范围也较大,绒枝细度为 $8\sim 30~\mu m$,绒小枝细度为 $2\sim 15~\mu m$。总体上,羽绒较羊毛更细、更柔软,但绒枝纤维强度较低。

2. 外观形态的对比

羊毛纤维为圆柱状,沿长度方向存在周期性的天然卷曲,卷曲形态对羊毛性能有较大影响,卷曲度越大,羊毛的柔软性和蓬松性越好。与之相比,羽绒的绒枝纤维由扁平状逐渐过渡为圆柱状,枝干上具有天然的树枝状分叉结构,枝干上生有大量的绒小枝,绒小枝上又生有大量的节点。绒枝之间为保持一定的距离,伸向不同的方向,占据更大的空间;绒小枝细密排列,彼此保持一定间距,其上的节点在纤维体受到压缩后,起到支撑与回复的作用,使羽绒纤维具有高度的蓬松性和回弹性。

3. 表面形态的对比

羊毛表面具有鳞片,鳞片的根部附着于毛干,尖端伸出毛干表面而指向毛尖,因此羊毛沿长度方向的摩擦具有不同的摩擦系数,使羊毛具有毡缩性;同时,羊毛表面的鳞片层增加了表面粗糙系数,在一定程度上,使羊毛的吸湿性得到改善。羽绒纤维表面呈或深或浅的沟纹状,枝干细度越细,沟纹径向越明显,因此羽绒绒枝表面的摩擦系数没有羊毛高,抱合性较差,吸湿性不如羊毛;这些特点使其易蓬松,不易黏合,保暖性较好。

(六)羽绒纤维的结构特征

羽绒纤维的外侧是一层细胞膜,它是由甾醇与三磷酸酯的双分子层膜组成的。甾醇是指环戊烷骈全氢化菲类化合物,难溶于水,其结构如图 3-27(a)所示。三磷酸酯是指有机醇类与三分子磷酸缩合而成的酯类化合物,是一种难溶于水的有机物,其结构如图 3-27(b)所示。这层双分子薄膜占整根羽绒纤维质量的 10% 以下,故而羽绒纤维的防水性能较好。

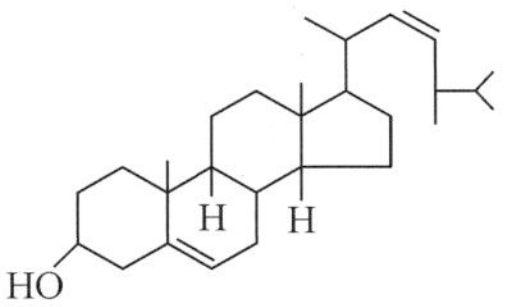

(a)甾醇 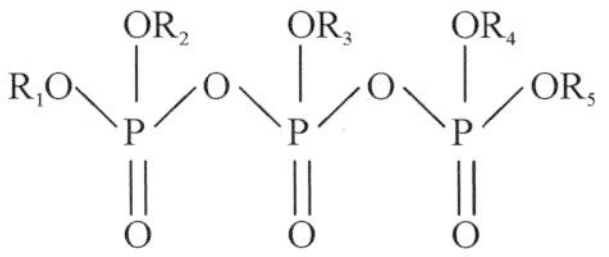　　　　　　　　(b)三磷酸酯

图 3-27　羽绒纤维表面细胞膜化学结构

1. 分子结构

薄膜的里层是组成羽绒纤维主要成分的蛋白质,叫作羽朊,由多种氨基酸缩合而成(表 3-17)。在羽绒纤维的蛋白质分子中,各种氨基酸相互结合成多肽链,称为羽朊的初级结构。在同一根多肽链中,两个半胱氨酸之间生成—S—S—键,使多肽链的一部分成环状;同一多肽链中,C=O基和 NH_2 基之间还可以生成氢键,使多肽链的构象为右螺旋形,称为 A 螺旋或 A 氨基酸,叫作羽朊的二级结构;多肽链之间也可以生成氢键,使它们按一定形状排列。在羽朊中,几根多肽链扭成一股,几股又扭在一起,形成绳索状结构(图 3-28)。尽管组成羽朊的 α-氨基酸有 20 多种,但为主的 α-氨基酸却没有几个。

表 3-17　角朊、丝朊、羽朊中的氨基酸种类和含量

种类	角朊	丝朊	羽朊
甘氨酸	3.1～1.5	37.5～48.3	2.9～3.9
丙氨酸	3.29～5.70	26.4～35.7	2.8～3.6
缬氨酸	2.8～6.8	3.0～3.5	5.1～6.4
亮氨酸	7.43～9.75	0.7～0.8	0.9～1.5
异亮氨酸	3.35～3.74	0.8～0.9	2.5～2.9
丝氨酸	2.90～9.60	12.6～16.2	8.5～9.1
苏氨酸	5.0～7.02	1.2～1.6	6.2～6.8
胱氨酸	10.84～12.28	0.03～0.9	16.8～17.4
苯丙氨酸	3.26～5.86	0.5～3.4	1.9～3.8
酪氨酸	2.24～6.76	10.6～12.8	2.28～4.68
赖氨酸	2.80～5.70	0.2～0.9	1.9～3.7
精氨酸	7.9～12.10	0.8～1.9	6.3～9.6
蛋氨酸	0.49～0.71	0.03～0.2	—
天(门)冬氨酸	5.94～9.20	0.7～2.9	4.7～5.8
谷氨酸	12.30～16.00	0.2～0.3	9.4～14.5
脯氨酸	3.4～7.2	0.4～2.5	2.2～4.6

注：以 100 g 干燥朊类物质水解后测得的各种氨基酸的干重克数表示。

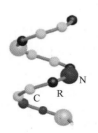

（a）多肽链排成螺旋形　　（b）几根多肽链扭成一股,几股扭成绳索状结构

图 3-28　羽绒纤维蛋白的结构

在这些含量较多的 α-氨基酸中,谷氨酸和天(门)冬氨酸属聚二羧基的 α-氨基酸,胱氨酸属聚二硫键的 α-氨基酸,精氨酸属聚二氨基的 α-氨基酸,苏氨酸属聚羟基的 α-氨基酸。由它们为主缩合组成的羽朊大分子之间,将产生多种形式的横向连接。

另外还必须指出,由于双分子层中的三磷酸酯有很强的吸附性,在双分子层的外层吸附了一些颗粒状的蛋白质。这些蛋白质在强碱的作用下会发生破坏。羽绒分子结构中含有大量的碱性侧基和酸性侧基,因此具有既呈酸性又呈碱性的两性性质。

2. 聚集态结构

羽绒纤维与羊毛纤维一样,属于角蛋白质纤维,在羽绒纤维内部存在着与羊毛纤维相近的结晶形式。α-螺旋型大分子各自均能相互规整堆砌,形成有序排列或结晶,但由于分子结构

比较复杂,相互缠结,使得结晶结构并不完整,结晶程度不完全,纤维内部由晶区和非晶区两个部分组成,即结晶的原纤结构和无定形的原纤间质。

羽绒角蛋白分子的主要形式是α-螺旋形构象。α-螺旋构型分子的伸展可能性大,螺距为 0.54 nm,一个完整螺旋中含有 3.6 个氨基酸残基,每个残基在大分子轴向的距离约为 0.15 nm。

图 3-29 给出了鹅、鸭羽绒的广角 X 射线衍射曲线,图 3-30 给出了鹅、鸭羽绒的结晶度。从 X 射线衍射曲线可知,羽绒纤维和羊毛纤维一样,分别在衍射角 2θ 为 9.3° 和 20° 左右出现衍射峰,晶面间距 d 分别为羽绒 94.6 nm 和 45.9 nm。对羽绒的 X 射线曲线进行求导和积分,计算出鹅、鸭羽绒纤维的结晶度,其中鹅羽绒纤维的结晶度约为 31.4%,鸭羽绒纤维的结晶度约为 40.5%。可以推论出,由于鹅羽绒纤维的结晶度较低,鹅羽绒纤维相对于鸭羽绒纤维较柔软。

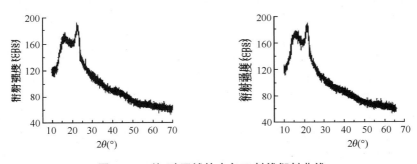

图 3-29 鹅、鸭羽绒的广角 X 射线衍射曲线

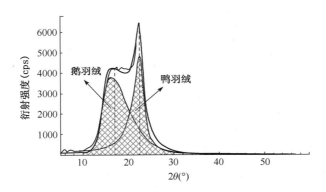

图 3-30 羽绒的结晶度

（七）羽绒纤维的性能

1. 吸湿性能

羽绒的形态结构、表面成分对纤维的吸湿性能的影响较大。羽绒纤维含有蛋白质成分,其复杂的分枝状结构使纤维比表面积明显增加,在一定程度上提高了纤维的吸湿性;但是羽绒纤维外部包覆着一层不溶于水的甾醇和三磷酸酯所组成的细胞膜,而且纤维内部缝隙和空洞较多,造成羽绒的密度特别小,因而,羽绒纤维的临界表面张力是所有蛋白质纤维中最小的。和其他天然纤维相比,羽绒纤维的吸湿性最低,常温下羽绒不能被纯水所润湿。这一特点对羽绒

的保暖性能非常有利,在同等条件下,使集合体易于保持柔软蓬松状态,从而增加了静止空气的含量,保持较高的保暖性。

2. 力学性能

羽绒纤维作为蛋白质纤维,其力学性能与羊毛相差甚微。其干、湿态断裂强度的差异较大,干态断裂强度为 0.6~1.2 cN/dtex,比羊毛略小,接近蚕丝的 1/3,相对湿强度为 82%;断裂伸长率,干态为 20%~32%,湿态为 22%~45%,均低于羊毛。

羽绒纤维的相对抗弯刚度和弯曲模量均低于羊毛纤维(表 3-18),说明在较小外力作用下,羽绒纤维较羊毛纤维更容易弯曲,宏观表现为羽绒纤维集合体手感更柔软,更容易受压缩变形;但由于羽丝上有骨节的存在,在受压的状态下,骨节对压力有缓冲作用,压力去除,羽绒纤维变形回复,弹性回复率为 69%~81%。

表 3-18   羽绒纤维和羊毛纤维的弯曲性能对比

纤维类别	有效长度(mm)	直径(μm)	临界载荷(cN)	截面系数(η)	相对抗弯刚度(cN·cm^2)	弯曲模量(GPa)
羽绒	0.491	22.76	57.06×10^{-3}	0.74	1.87×10^{-5}	0.67
羊毛	0.959	36.44	303.5×10^{-3}	0.88	1.00×10^{-4}	1.82

3. 蓬松性

羽绒纤维与其他蛋白质棒状纤维不同。它以绒朵的形式存在,而每一朵绒包含十几根至几十根内部结构基本相同的纤维。每根纤维之间会产生一定的斥力,并使其距离保持最大,从而使羽绒具有蓬松性。含绒量越高,蓬松度也越高。表 3-19 列出了常温(25 ℃)下测定的不同型号羽绒的蓬松度。

表 3-19   常温(25 ℃)下不同型号羽绒的蓬松度

含绒量(%)	C702W	C706W	C704W
30	400	390	360
50	430	415	390
70	500	490	460
80	520	500	460
90	530	520	490

注:C702W——中国水洗白鹅绒;C706W——中国水洗灰鹅绒;C704W——中国水洗白鸭绒。

4. 热、光和化学稳定性

羽绒纤维受热不会因熔融而分解。羽绒在 115 ℃时发生脱水,150 ℃分解,200~250 ℃时二硫键断裂,310 ℃开始炭化,720 ℃开始燃烧。由于含有 15%~17%的氮,在燃烧过程中释放出来的氮可抑止纤维迅速燃烧,因此羽绒纤维的可燃性比纤维素纤维低。羽绒纤维含有羽朊分子,对日光作用比较敏感,日光中一定波长的紫外线光子的能量就足以使它发生裂解。羽绒的耐酸能力较强,常温下,羽绒在无机酸溶液中,对酸的吸收能力和保持能力很好,稀硫酸对羽绒几乎无损伤。碱对羽绒的作用比酸剧烈,对羽绒有明显的破坏作用。与大多数蛋白质纤维一样,羽绒对微生物的稳定性欠佳。潮湿和微碱环境使细胞膜和胞间胶质受到侵袭,导致纤维强力下降;但经过某些化学药剂处理后,羽绒强力明显增加。

十一、柞蚕纤维

柞蚕(Antheraea pernyi)起源于中国,又名中国蚕。有一化和二化性之分,春蚕约50天,秋蚕约44天,主要饲料植物是麻栎、辽东栎、象古标等。

(一)柞蚕茧与柞蚕丝

1. 柞蚕茧结构

柞蚕茧的下端呈椭圆形,中部膨大,上端稍尖,并有茧柄[图3-31(b)]。柞蚕茧的全茧量因蚕的品种和放养条件不同而有很大差异,一般为5~10 g,茧层率为10%左右,茧丝线密度为5.5 dtex左右,茧丝长900~1100 m。柞蚕茧的春茧为淡黄褐色,秋茧为黄褐色,而且外层较内层的颜色深,由柞蚕茧所缫制的丝称为柞蚕丝。

(a) 桑蚕茧　　　　　　　　(b) 柞蚕茧　　　　　　　　(c) 天蚕茧

图3-31　蚕茧的外观形貌

柞蚕茧的最外层叫茧衣,茧丝排列很不规则,上面覆有丝胶等物质。茧衣下面是茧层。茧层由若干个茧丝层重叠而成,根据茧丝粗细分布规律,可把茧层分成外、中、内三层:外层茧丝较粗,形状扁平,排列规则;中层茧丝稍细,形状较外层茧丝圆整,茧丝间结构疏松;内层的茧丝最细,形状扁平,结构紧密。柞蚕丝丝质柔软,富有珠宝光泽和良好的弹性。

2. 柞蚕丝组成与结构

柞蚕丝条干不均匀,纤维表面存在纵向线状条纹,截面为钝三角形(图3-32)。柞蚕丝的内部结构有结晶区和非结晶区两部分:分子排列整齐有序的区域为结晶区,其分子构象为β-折叠和α-螺旋结构,主要由聚丙氨酸构成;分子排列不规则的区域为非结晶区,其分子构象中含有无规卷曲结构。

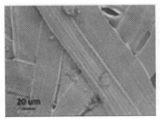  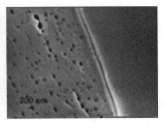

(a) 纵面　　　　　　　　　　　　　　(b) 横截面

图3-32　柞蚕丝外观形貌

一根柞蚕丝由两根单丝组成,每根单丝由多根原纤组成,原纤又由很多微原纤构成。柞蚕丝的原纤直径为 0.75～0.96 μm,原纤之间有较多的空隙,空隙较大,约为 0.5～0.6 μm,愈至纤维中心空隙愈大,使纤维呈多孔性。每根单丝的中心为丝素纤维,丝胶包覆在丝素外围,其中丝素约占 84%、丝胶约占 12.1%。丝胶是一种高相对分子质量的球蛋白,以无定形颗粒状态包覆于丝素外围,具有保护丝素和胶着茧丝的作用。此外还有少量的无机物、脂蜡、色素和碳水化合物。丝素蛋白完全水解后,可得到 18 种氨基酸。柞蚕丝蛋白中,丙氨酸、乙氨酸和丝氨酸的含量相当高,其中,丙氨酸的含量远远高于桑蚕丝丝素蛋白,其次是天(门)冬氨酸和精氨酸,但乙氨酸的含量较桑蚕丝丝素蛋白少很多。

（二）柞蚕丝的性能

1. 力学性能

柞蚕丝的强度较高,其干强度约为 37 cN/tex,湿强度比干强度高,约为干强度的 104%～110%,断裂伸长率为 25.0%～27.0%。因此,柞蚕丝的耐水性能极好,适于织造耐水性强的织物。但是其耐磨强度较差,在生产过程中容易被机件擦毛,而在绸面出现茸毛,使得染色时易产生灰色疵点。柞蚕丝抗皱性能差,易变形,经水洗后容易产生折皱。

2. 耐热、日晒性能

柞蚕丝的耐热性随着温度的不同而不同,当温度达到 120 ℃时,只是渐渐失去水分,并不起明显的变化;当温度达到 150 ℃时,强力和伸长下降,丝胶固化并变色;当加热到 235 ℃时,纤维被烧焦。

柞蚕丝对光氧化作用的敏感性比桑蚕丝低,如柞蚕丝与桑蚕丝在日光下照射 20 天,柞蚕丝强力下降 35%,而桑蚕丝下降 45%,柞蚕丝吸收日光中的紫外线后,纤维分子间结合力减少而发生脆化,强力下降,易泛黄。

3. 吸湿保暖性能

由于丝素中的氨基酸存在亲水性的氨基和羧基,因此柞蚕丝的吸湿性好,其散湿速度快,透气性能好。但是,在湿整理过程中,由于纤维膨胀和机械张力作用,单根原纤会沿纤维表面裂开,从而产生原纤化特征。柞蚕丝素中有很多孔隙,是热的不良导体,保暖性好。

4. 耐酸碱性

柞蚕丝的耐酸性比耐碱性好。酸对柞蚕丝的作用虽没有碱那么强烈,但是随温度和浓度的升高,酸也会在不同程度上使柞蚕丝膨润溶解。

碱对柞蚕丝有较大的破坏作用,并能使丝色发暗,有消光作用。丝在碱液中开始水解,在强碱中水解更快。随着浓度和温度的提高,破坏更剧烈,即使在低温低浓度下也有一定的破坏作用,但弱碱对丝的破坏作用要比强碱小得多。因此,在煮漂茧和洗涤丝绸织物时,常采用低浓度的弱碱和中性皂。

十二、天蚕纤维

天蚕(Antheraea yamamai)原产于日本,又名山蚕蛾、日本柞蚕,主要饲料植物是山毛榉科的栋、抱、栅、橡等。

（一）天蚕茧

天蚕茧的茧形、大小近似于春柞蚕茧。天蚕茧呈椭圆形、绿色(也有浅黄色、红黄色、红褐色、黄褐色、红灰色）。图 3-31 展示了桑蚕茧、柞蚕茧和天蚕茧的外观形貌。天蚕茧大小约4.5 cm×2.2 cm，有细短茧蒂，茧衣上有白色粉末。全茧质量 6～7 g，茧层质量 0.5～0.6 g，茧层率达 7.5%～9.0%。头部稍长，并有长短不等的茧蒂，一般雄茧蒂细而正，雌茧蒂粗而歪。茧丝长 258～360 m，线密度 3.49～5.70 dtex，1000 粒茧可产生丝量约为 250 g。茧丝的颜色除了随着茧的部位不同而不同外，内、中、外三层的丝色也不一样，外层较浓，越到内层越淡。

（二）天蚕丝的组成结构

天蚕丝的丝胶含量比桑蚕丝大，约为 30%，丝素含量为 70%。天蚕丝和柞蚕丝素一样都含有大量的丙氨酸、甘氨酸和丝氨酸，占 80% 左右，并且丙氨酸的含量＞甘氨酸的含量＞丝氨酸的含量。

图 3-33 所示为天蚕丝的形态结构。天蚕丝的断面结构与柞蚕丝和桑蚕丝有所不同。柞蚕丝和桑蚕丝属于三角形截面，而天蚕丝的截面没有固定的形态，且这种不定形的断面也有很大的差别。天蚕丝纵向与柞蚕丝一样，也存在线状条纹，比柞蚕丝更粗犷。天蚕丝单丝的断面多呈不规则的扁平形，也有相当数量的椭圆形和其他不规则的断面形状。

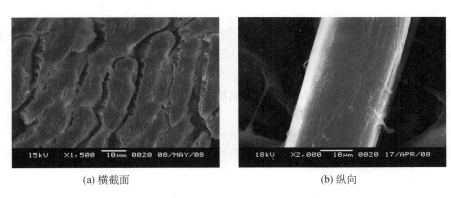

(a) 横截面　　　　　　　　　　　　　(b) 纵向

图 3-33　天蚕丝的形态结构（放大 1500 倍）

（三）天蚕丝的性能

1. 力学性能

蚕的品种、产地、饲养条件，茧的舒解和茧丝纤度等影响茧丝的机械性质，茧丝部位的变化对茧丝性质的影响更大。如随茧层部位不同，茧丝纤度变化呈抛物线形状，茧丝的伸度、蠕变和缓弹性变形的变化，呈现相似的规律。茧丝的初始模量，最外层小，中层、内层逐渐增大。

天蚕丝的断裂伸长率比桑蚕丝大得多（天蚕丝的断裂伸长率为 41.3%，桑蚕丝的断裂伸长率为 22.1%）。天蚕丝的断裂伸长率约为家蚕丝的 2 倍。理论上认为天蚕丝做经丝时，将使织造发生很多困难和故障，而实际上恰恰相反，使用天蚕丝做经丝，能够很顺利地织造。所以，研究天蚕丝上浆后再用于经丝，就没有必要了。

2. 热学性能

天蚕丝在受热后，色泽会发生变化。天蚕丝在日光中暴露照射 1 个月左右，呈褐色；天蚕茧的绿色在紫外线照射下会消失，容易变成黄色；附着紫外线屏蔽剂的天蚕丝，经紫外线照射后表明，不能防止其绿色褪色；用氨基甲酸乙酯整理过的天蚕丝，经热处理其色泽变化较小。

在氮气条件下,天蚕丝丝素的结晶区分解峰值温度为 365 ℃,比桑蚕丝高出 45 ℃,即天蚕丝的耐热性优于桑蚕丝;并且在晶区分解前,出现桑蚕丝所没有的 225 ℃、285 ℃附近 2 个特征吸热峰,表明天蚕丝的纤维结构比桑蚕丝复杂。

3. 染色性

关于天蚕丝的染色问题,早在数百年前,日本的《日汉三才图绘》就指出"染色是染不上的",而现在的宫间元先生在《话说天蚕与柞蚕》中指出"其实只是天蚕丝的上染速度慢,而不是染不上去"。

(四)天蚕丝的应用

1. 在纺织上的应用

天蚕丝组成单丝纤维的微纤维的聚集状态是疏松的,能形成许多平行于纤维轴的细长空孔和相当数量的缝隙,因此天蚕丝纤维的蓬松性、柔软性好,具有优良的吸湿、放湿性能。利用天蚕丝优良的特性和高雅、柔和的特点,可制成高档、华贵的织物面料刺绣用线,以及各类饰品。

2. 在医疗上的应用

天蚕丝素蛋白含有 20 种氨基酸,其中甘氨酸含量为 27.46%,丙氨酸含量为 42.26%。人体必需氨基酸有 8 种,分别是色氨酸、苏氨酸、蛋氨酸、缬氨酸、赖氨酸、亮氨酸、异亮氨酸和苯丙氨酸,天蚕丝素含有其中的 7 种。有研究表明天蚕体内能分泌抗衰老物质,其中:亮氨酸可以加速皮肤细胞的新陈代谢,促进皮肤组织再生和愈合;丝氨酸可以增加表皮细胞活力和保湿。国内有医疗机构从天蚕中提取的丝素蛋白能有效激活细胞,促进胶原蛋白的合成,重建弹性纤维,延缓衰老。

人体对蚕丝的排异性较小,即蚕丝有着较好的生物适应性。医疗上利用蚕丝这个特性将其加工成外科缝合线和结扎线,不但强度高、摩擦系数小,而且有较好的弹性率和有效的接结。另外,蚕丝中的丝多缩氨酸帮助皮肤伤口愈合效果十分显著。试验表明含有丝多缩氨酸的护肤品,对皮肤的皲裂症状有良好的疗效。

十三、改良蚕丝纤维

蚕丝素有"纤维皇后"之称,是由我国发现并开始应用的一种纤维,在我国具有悠久的历史,在纺织行业占有重要的地位,对我国经济、文化发展做出了巨大贡献。由于蚕丝具有良好的力学性能、生物相容性和可降解性,其在服用、生物材料及化妆品等领域应用广泛。随着蚕丝的应用领域扩大,对其纤维性能也提出了新的更高要求。针对这些需求,研究者采用养蚕添食及生物改性等手段对蚕丝进行改性,以获得高强度、抗菌、防皱和抗紫外线的高性能产品。

(一)养蚕喂食改性蚕丝

1. 概述

家蚕通过喂食法制造蚕丝的过程,具有常温、低能耗、高效率及危害小的优点。将特定功能物质通过喂食法加入蚕丝,可以解决该纤维常规功能整理不牢固、不稳定的问题,为蚕丝改性提供了新的方法。喂食法在早期主要集中于将营养物质、微量元素及激素等物质添加到饲料中,从而促进蚕体的生长,提高蚕茧品质及产量。Konala 等用新鲜桑叶混合牛奶喂食家蚕,对比了饲料添加量对家蚕生长状况、蚕茧质量的影响,发现喂食后家蚕的生长速率较快,且体重比普通家蚕提高了8%。

为避免纺织品在后整理过程中残留化学物质,人们更趋向于选用天然纤维作为纺织品的原料。天然的彩色蚕丝较为柔软,对紫外线的吸收能力强,保湿作用好,并具有一定的抗氧化能力。由于蚕丝腺体的颜色决定了蚕丝的颜色,而且蚕的丝腺体主要分泌和合成丝物质,于是人们通过给蚕喂食有色物质的方式,使色素等物质透过蚕的肠壁和腺体,进而获得彩色蚕茧。

通过喂食法制备改良蚕丝,已经有了一定的发展,如在家蚕的饲料中混合色素及荧光物质,可制备出彩色蚕茧;又如添加纳米Fe_3O_4粉体、超细羽绒粉体等物质,可开发具有磁性功能的蚕丝。

2. 制备工艺与性能

Nisal、夏良君等通过给家蚕喂食含有不同种类的偶氮染料的桑叶,发现有一部分偶氮染料能够进入蚕的丝腺体内,并参与丝物质的合成,获得了天然的彩色蚕茧。通过添食不同染料及染料的混合物,可以获得色泽鲜艳的彩色蚕丝。相比于常规偶氮染料染色蚕丝,喂食法这个过程不需要外部的染色工艺,减少了高温高压等染色过程及有毒物质的使用和生成,并减少了与之相应的大量染色后续工艺过程。

Tansil等将罗丹明等功能性荧光染料添加到蚕的饮食中,通过荧光分子在蚕体内的合成与组装,获得具有荧光性的丝素蛋白。荧光蚕丝与普通彩色蚕丝(色素多位于丝胶内,脱胶后即去除)的不同之处在于,荧光分子参与了丝素蛋白的合成,能够形成具有荧光性的丝素纤维。

沈青将碳纳米管进行处理,涂敷在新鲜桑叶上并喂食家蚕,获得了高强力的蚕丝纤维,约比普通家蚕丝提高24%。通过观察改性蚕丝的横截面,发现碳纳米管嵌入蚕丝,使得蚕丝的热学性能有所提高,电阻值有所降低。

徐卫林等给家蚕喂食添加了超细羽绒粉体的桑叶,研究了喂食量对蚕丝性能的影响,发现蚕丝的力学性能有所改善,并通过喂食含有纳米Fe_3O_4粉体的桑叶,制备出具有良好力学性能和热稳定性的磁性蚕丝纤维。

3. 喂食改性蚕丝的用途

喂食法作为一种低成本和环保的方法,在制备功能性蚕丝和高性能蚕丝上具有很大的发展前景,主要应用于服用纺织品、美妆及生物医学领域。

目前,对于外源物性物质进入蚕丝腺体并与蚕丝蛋白结合的机理,还需要进一步的研究。同时,对于外源物性物质进入丝胶和丝素的状态,也需要进一步研究。这将对后期仿生制品的发展具有理论指导意义。

(二)生物改性蚕丝

蚕丝柔软、光滑,富有光泽,其制品穿着舒适,备受消费者青睐。但是,蚕丝及制品也存在一些缺点,如易泛黄、易起皱,这会严重影响美观及使用。另外,耐碱性差、不耐磨、易被虫蛀,也是蚕丝存在的主要问题。如何从根源上解决这些问题,转基因生物工程提供了新的思路。生物工程方法是以导入外源基因或敲除固有基因的方式,从源头上改变蚕和蚕丝的特性,有望实现一劳永逸、低成本、高效率地生产改性蚕丝,近年来备受关注。

1. 概述

生物改性是从源头上对蚕丝进行改性,采用导入外源基因或者编辑家蚕自身基因组的方式，提升蚕丝的性能，丰富蚕丝的颜色等。如导入荧光蛋白基因、蜘蛛丝蛋白基因、免疫蛋白基因及敲除四速重链基因等基因编辑技术，有望改变蚕丝的性状。常见的生物改性方式有转基因法和基因编辑技术。

通过导入外源基因来改变蚕丝性能，就是转基因法。家蚕转基因常采用的载体是 PB 转座子，此转座子是 DNA 转座子，可以识别 TTAA 位点，机型转座的时候，采用剪切-粘贴的方式，随机地整合到宿主基因组上。PNB 转座子对转座的位置无明显偏好性，且转座效率较高。通过转基因手段来改变蚕丝的性能，转入蜘蛛丝基因可提升蚕丝的力学性能，即：蜘蛛丝的力学性能优异，通过转基因手段能够使家蚕产生蜘蛛丝蛋白，从而提升蚕丝的力学性能。

基因编辑技术是针对家蚕自身的基因进行敲除、重复等操作来改变蚕丝的性能。研究者提出，可通过编辑家蚕自身的重链基因，以及增加重复区域来改变蚕丝的性能。

2. 制备工艺与性能

2019 年，Zhang Xiaoli 采用 CRISPR/Cas9 启动的定点策略，成功地将蜘蛛丝蛋白基因（10 kb）整合到丝素重链或轻链的内含子中，以确保 CRISPR/Cas9 引起的任何序列变化不会影响蛋白质的生成，获得了与天然蜘蛛丝相媲美的改性蚕丝，证明了将家蚕作为天然蜘蛛丝纺丝器用于工业中国产高性能纤维的可行性。

2017 年，Ma 等使用转基因 RNA 干扰，降低内源性丝胶蛋白的表达，从而增加外源蛋白的表达量，构建了 26 个在 BmSer1 启动子调控下，在中部丝腺表达红色荧光蛋白（DsRed）的转基因株系，对重组蛋白的表达进行了分析。结果显示，在 BmSer1 基因敲除系中，DsRed 在 mRNA 和蛋白水平上的表达均显著增加。由于蜘蛛丝基因在家蚕上的转入量有限，而且家蚕自身的内源性基因也具有强大的表达功能，在众多的研究中，其表达蛋白量达不到理想值，继而阻碍了丝腺生物反应器的探索和应用。

2014 年，Ma Sanyuan 利用锌指核酸酶（ZFN）对家蚕编码重链的基因进行编辑敲除，得到了只含丝胶蛋白的家蚕品系，其外源蛋白质的表达有明显提高。

2021 年，Wu Meiyu 提出使用敲除内源 P25 基因的家蚕品系转入人表生长因子（hEGF），使其表达量为正常家蚕的 2.2 倍。该家蚕品系可以作为一个高效的生物反应器使用。

3. 生物改性蚕丝的前景

生物改性方法与传统方法相比，更加精准，不会损伤蚕丝原有的结构和性能，同时可改善蚕丝的缺点。随着技术的进步，生物改性方法在家蚕丝改性上会有更广阔的应用空间。针对蚕丝纤维的缺点，如易泛黄、易起皱、耐碱性差、不耐磨、易被虫蛀等，可通过生物改性方法加以改善。此外，还可以开发力学性能优异的功能性材料，满足其在高端纺织品及生物材料方面的应用，拓展其应用领域。

转基因技术在应用上还存在不足，如在转基因操作时，需要进行大量的样品注射，效率低，且不稳定。

十四、蜘蛛丝纤维

蜘蛛丝是一种特殊的蛋白纤维，具有较高的强度、弹性、柔韧性、伸长率和抗断裂性能。蜘蛛丝轻盈、较耐紫外线、可生物降解，是包括蚕丝在内的天然纤维和合成纤维所无法比拟的，是新一代的天然高分子纤维和生物材料。近年来，国内外的一些试验先后对蜘蛛丝进行了深入的研究,利用基因技术和蛋白质测定技术解读了蜘蛛丝结构的同时,在蜘蛛丝人工生产方面也取得了突破性进展。

（一）蜘蛛丝的概况

蜘蛛属节肢动物门,蛛形纲蜘蛛目,其种类繁多,世界上有记载的蜘蛛有 105 个科,约 4 万种,我国有蜘蛛近 1000 种。蜘蛛对大自然有很强的适应性,能承受环境温湿度的巨大变化。正因为如此,在世界各地,除南极外的几乎每个角落都有蜘蛛的踪迹。

蜘蛛有着坚硬的外部骨骼和含接缝的肢,腹部有纺丝器官,具有高度发达的丝腺,蛛丝参与蜘蛛生命过程的各个阶段。蜘蛛能根据不同的需要分泌具有不同功能的丝,如制造卵袋、结网、飞航、交配、逃生、传递信息、捆缚食物等。蜘蛛有七种专门生产蛛丝蛋白的腺体,这些腺体的一端封闭于体腔内,另一端连接于纺丝器,不同的腺体分别连接于三对不同的纺丝器上,它们分别是前纺丝器、中纺丝器和后纺丝器。

其中:连接于前纺丝器的有大囊状腺、梨状腺;连接于中纺丝器的有小囊状腺、管状腺和葡萄状腺;连接于后纺丝器的有集合状腺、鞭毛状腺。图 3-34(a)所示为蜘蛛的丝腺,图 3-34(b)所示为蜘蛛的纺丝器,图 3-35 所示为蜘蛛网与蜘蛛丝。表 3-20 列出了圆蛛属蜘蛛的七种腺体及其分泌的纤维。

（a）蜘蛛的丝腺　　　　　　　　　　（b）蜘蛛的纺丝器

图 3-34　蜘蛛的丝腺与纺丝器

图 3-35　蜘蛛网与蜘蛛丝

表 3-20　圆蛛属蜘蛛的七种腺体及其分泌的纤维

腺体	纤维	腺体	纤维
大囊状腺	牵引丝、框丝和辐射状丝	管状腺	包卵丝
小囊状腺	牵引丝、框丝	梨状腺	附着盘
葡萄状腺	捕获丝	集合状腺	横丝表面的黏性物质
鞭毛状腺	横丝		

（二）蜘蛛丝的分类及功能

上述蜘蛛丝有不同的功能，分述如下：

1. 牵引丝

牵引丝又称拖丝，是蜘蛛走动时腹部拖着并固定在一端的丝。遇到险情时，蜘蛛立即从植株上掉下来，随后还可依靠该丝攀缘而回原处。牵引丝实际上起着安全丝的作用，故又称为"蜘蛛的生命线"。蛛网中的框丝和辐射状丝也是牵引丝。

2. 框丝

框丝构成蛛网的外围框架。框丝在潮湿的空气中被润湿时会收缩，这一特性能帮助蜘蛛网因风雨或猎物作用而变形后保持一定的张力和形状，而其相对的刚度则可以在猎物撞击到网后快速将信息传递给处于网络中心地带的蜘蛛。

3. 辐射状丝

辐射蛛丝构成蛛网的纵向骨架。

4. 捕获丝

蜘蛛捕得大型昆虫等时，如不立即食用，会分泌多根蛛丝，即捕获丝，将活的捕获物缠绕捆住，待需要时享用。

5. 横丝

横丝表面有一层集合状腺分泌的黏性物质，其自身具有优异的弹性，当猎物撞击到蛛网上时，横丝能吸收撞击能，使蛛网不致被破坏，并将猎物粘住。

6. 包卵丝

包卵丝是指包裹蜘蛛卵的蛛丝。大多数蜘蛛将卵产在卵袋内，一般是先做一个产褥，产卵于其中，四周筑一围墙形壁，再用丝织一圆片覆盖其上，即形成卵袋，卵袋的四周一般再缠一些蓬松的丝。每个卵袋内有几百个甚至上千个蜘蛛卵。

7. 附着盘

附着盘由大量的卷曲细丝构成，用以将牵引丝以一定的间隔固定在物体上。在蜘蛛各腺体分泌的丝中，以牵引丝的产量为最高，其综合力学性能也最好，由于其取材方便，并且性能具有代表性，一直以来都是各国研究人员研究的主要素材之一。以我国分布较广的大腹园蛛的大囊状腺产生的牵引丝为研究对象。

（三）蜘蛛丝的结构

1. 化学组成

由表 3-21 可以看到，不同种类的蜘蛛分泌的同类型蛛丝，在氨基酸组成上具有一定的差异；但总的说来，牵引丝、包卵丝和框丝中，主要的氨基酸成分都是甘氨酸、丙氨酸、谷氨酸和丝氨酸。蜘蛛丝中,小侧基氨基酸含量普遍比蚕丝丝素低得多(表 3-22),因此蛛丝中分子排列的规整程度小于后者,导致蛛丝的结晶度小,尤其是大侧基氨基酸含量最多的包卵丝的结晶度最小,LC/SC 与结晶度有良好的相关性。

表 3-21 大腹圆蛛丝的氨基酸组成(g/100 g)

氨基酸成分	牵引丝	框丝	包卵丝
甘氨酸(Gly/G)	31.99	26.65	5.65
丙氨酸(Ala/A)	20.54	19.70	20.88
谷氨酸(Glu/Q)	12.75	20.63	15.47
酪氨酸(Tyr/Y)	11.66	4.35	1.96
脯氨酸(Pro/P)	7.09	11.44	0.45
精氨酸(Arg/R)	0.74	1.36	2.96
天(门)冬氨酸(Asp/D)	1.30	1.95	7.32
丝氨酸(Ser/S)	7.50	5.37	20.14
亮氨酸(Leu/L)	0.56	2.43	8.07
异亮氨酸(IIe/l)	0.83	0.88	0.97
苏武酸(Thr/T)	0.53	1.03	3.75
胱氨酸(Cys/C)	0.78	0	0.32
颉氨酸(Val/V)	1.12	1.62	4.61
赖氨酸(Lys/K)	0.44	0.44	0.85
组氨酸(His/H)	0	0.10	0.10
苯丙氨酸(Phe/F)	0.56	0.88	5.17
甲硫氨酸(Met/M)	0.63	0	0
酸性氨基酸	14.05	22.58	22.79
碱性氨基酸	1.18	1.90	3.90
侧基含羟基氨基酸	8.03	6.40	23.98

表 3-22 其他种类蜘蛛主腺体分泌的丝纤维及蚕丝丝素的氨基酸组成

氨基酸成分	牵引丝	框丝	包卵丝
Ap	23.26	30.88	50.58
Ap/An	0.303	0.447	1.023
SC	60.03	51.72	46.67
LC/SC	0.666	0.942	1.143

注:(a) SC——小侧基氨基酸;Ap——极性氨基酸;LC/SC——大侧基氨基酸含量与小侧基氨基酸含量的比值;AP/An——极性氨基酸含量与非极性氨基酸含量的比值。

(b) 小侧基氨基酸＝Ala＋Gly＋ser;酸性氨基酸＝Asp＋Glu;碱性氨基酸＝His＋Lys＋Arg;羟基类氨基酸＝Ser＋Thr。

蜘蛛丝中的极性氨基酸含量远大于蚕丝,因此,即使处于非规整排列状态的分子链之间,也有较大的作用力。在外力作用下,分子链沿外力场的方向形成伸展的排列,极性基团相互靠近对齐,使分子间的作用力进一步增加,从而使纤维的承载能力提高。这是蜘蛛丝的结晶度虽然小于蚕丝,但纤维强度高于后者的原因之一。

2. 分子构象

蜘蛛丝蛋白主要由非结晶状态部分和结晶状态部分构成。结晶状态部分主要由丙氨酸残基序列组成,蜘蛛丝的分子构象为 β-折叠链,分子链沿着纤维轴线的方向呈反平行排列,相互间以氢键结合,形成折曲的栅片,其多肽链排列整齐、密集形成结晶区,栅片间为非结晶区,由于结晶区的多肽链分子间以氢键结合,因而分子间作用力很大,沿着纤维轴线方向排列的晶区结构使纤维在外力作用时有较多的分子链能承受外力作用,使得蜘蛛丝具有高强度。

非结晶状态的部分由富含甘氨酸的单链多肽构成,形成 α-螺旋起连接晶体部分的作用。β-片层之间以 β-转角相连,而 α-螺旋所构成的非结晶状态的部分将各 β-片层连成一个线状整体。

沿着纤维轴线方向排列的晶态 β-折叠链栅片可以看作具有多功能铰链作用,在非结晶区域内形成一个模量较高的薄壳,从而使蜘蛛丝具有较高模量和良好弹性。

3. 聚集态结构

如表 3-23 所示,显然蜘蛛丝的结晶度远小于蚕丝,牵引丝和框丝的结晶度也只有利用相似方法测定得到的桑蚕丝结晶度的 35%。密度梯度法得到的蜘蛛丝密度的变化趋势和结晶度的变化趋势是完全吻合的。

表 3-23　蜘蛛丝的结晶度和密度

试样	牵引丝	框丝	包卵丝	桑蚕丝
结晶度(%)	7.93	9.54	4.34	22.5
密度(g/cm³)	1.332 5	1.353 6	1.303 6	1.33~1.45

如图 3-36 所示,蜘蛛牵引丝为三相结构—高度取向的结晶区、取向较好但非结晶的中间相、非结晶区。较小的结晶颗粒分布于非结晶区中,中间相使结晶区和非结晶区形成良好的连接,从而使丝纤维具有良好的韧性。蜘蛛牵引丝具有三相结构状态的研究结果,使人们初步理解了结晶度很低的蛛丝具有高强度的根本原因,分子链呈规整排列的结晶区只是影响纤维强度的因素之一,强度反映的是纤维承担负荷的能力,因此沿外力作用方向上承载单元的数目以及这些单元抵抗破坏的能力是纤维强度的决定性因素。蛛丝结晶度虽低,但由于其内部分子排列规整性和取向度都较好的中间相的比例较大(表 3-24),这部分分子链是承受轴向外力的主要单元,同时大量的极性氨基酸增加了分子间的作用力,使各分子链能共同抵抗外界负荷的作用。

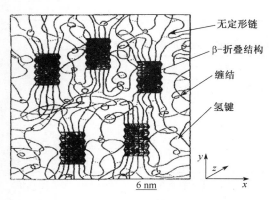

无定形链

β-折叠结构

缠结

氢键

6 nm

图 3-36　蜘蛛丝的聚集态模型

表 3-24　蜘蛛丝晶区的取向度

试样	R	Fc
牵引丝	0.809 4	0.742
内层包卵丝	0.711 7	0.773

4. 形态结构

人工卷取的蜘蛛丝纵向有明显的沟状条纹,说明这种蜘蛛丝具有原纤化结构,从人工卷取的牵引丝的断面结构上同样可以看到其内部含有大量更细小的微纤维(图 3-37),而天然蜘蛛牵引丝的 SEM 图片上原纤结构不明显。

图 3-37　蜘蛛牵引丝的形态

蜘蛛牵引丝具有皮芯层结构,说明皮层和芯层可能是由两种不同的蛋白组成的,皮芯层分子排列的稳定性也不同,表面有一很薄的皮层围绕着圆柱形的芯层,皮层蛋白的结构更稳定,芯层包括结构不同的两个同轴层,其皮层的厚度大约为 $0.2~\mu m$,芯层为 $5.0~\mu m$,中间层为 $0.5~\mu m$。

蜘蛛丝皮层中的分子可能呈高度取向的规整排列,分子链基本为伸展的 p-折叠链,分子间以氢键结合。芯层分子排列的规整性较差,由数十根原纤组成,每一根原纤内含有一定数量的结晶区,同时又有大量的非结晶区和准晶区。据此,可将蜘蛛丝的皮芯层聚集态结构用图 3-38 给出的模型表示。

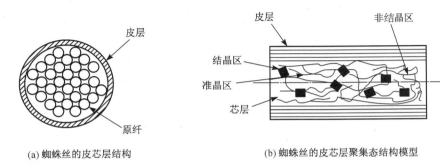

(a) 蜘蛛丝的皮芯层结构　　　　(b) 蜘蛛丝的皮芯层聚集态结构模型

图 3-38　蜘蛛丝的皮层结构模型

蜘蛛丝的皮芯层结构使纤维在外力作用下,由外层向内层逐渐断裂。结构致密的皮层在赋予纤维一定刚度的同时,在拉伸起始阶段承担较多的外力,一旦内层的原纤及原纤内的分子链因外力作用而沿纤维轴线方向形成新的排列结构后,纤维内层即能承担很大的负荷,并逐渐断裂,因此蜘蛛丝最终表现出很大的拉伸强度和伸长能力,外力破坏单位体积纤维所要做的功很大。

（四）蜘蛛的吐丝机理

蜘蛛丝是由腹后部的近百个纺丝管牵引纺出(图3-39)。蜘蛛丝是蛋白质纤维,其蛋白的合成在位于各个腺体尾部的特殊细胞内进行,然后被分泌到腺体的空腔内,在此,丝蛋白以液体形态贮存。随后,丝蛋白进入一个狭窄的管子,在此,丝蛋白的多肽链开始排列。从尾部分泌出的"纺丝液"通过一漏斗形结构进入锥形的纺丝导管,大部分纤维都在这一导管中形成。导管的外壳内部有三个环圈,终端有一个阀门,经过阀门后,丝蛋白的狭窄的管形区域被进一步处理,水分快速恢复,然后丝从吐丝口出来,该处有灵活的唇形结构紧紧地套着丝纤维,用以防止水分的流失。在大囊状腺中以及纺丝导管的第一、第二环圈内,蜘蛛纺丝液像蚕丝一样呈液晶状,主要以 α-螺旋结构为主。在锥形纺丝导管内部,纺丝液在快速扩充过程中可能会产生一个较高的应力,此应力的存在使纺丝液分子形成整齐的排列,且形成一个更加伸展的构象。当丝蛋白分子聚集和结晶后,疏水性增强,导致相分离,进而使水分从固化丝表面蒸发。

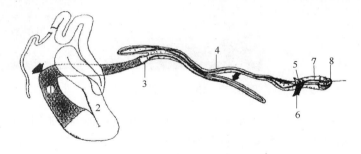

图 3-39　蜘蛛的吐丝过程

1—尾部　2—液囊　3—S形导管　4—阀门　5—末端管　6—吐丝口　7—阀门伸张器　8—漏斗

在腺体内蜘蛛丝蛋白呈预取向的状态,为一种易溶性液晶,在液囊中液晶呈弯曲状,但进入较细的导管后,液晶以低剪切速率沿轴向流动,从而使分子链进一步取向,蜘蛛的纺丝过程属于液晶纺丝。

蜘蛛的吐丝过程是一个蛋白质构象转变的过程,即将在丝腺体中呈无规线团或螺旋构象的丝蛋白溶液通过一定的方式(主要是剪切作用)转变成以 β-折叠构象为主的生物丝的过程。对于丝蛋白的构象来说,钠离子的影响是动力学控制因素;而钾离子的影响则是热力学控制因素。这与蜘蛛吐丝过程中沿着丝腺体向吐丝口的方向,钾离子含量与钠离子含量的比例(K^+/Na^+)不断增加相一致。

（五）蜘蛛丝的性能

1. 力学性能

牵引丝都是处于两端固定的具有一定张力作用的状态,纤维的结晶度小,分子链处于运动比较自由的状态,一旦获得释放张力而松弛的机会,它们都会回复到尽可能卷曲的能量最小的状态,并发生一定程度的解取向,导致纤维长度缩短、外观卷曲。当再次受到外力作用时,纤维内的大分子链重新取向、排列,并发生由卷曲到伸展的形态变化,使纤维在非常小的外力下表现出较大的伸长变形。在新的位置上这些分子链形成新的排列,并在极性基团的作用下产生较大的分子间作用力后,又回复到松弛前的状态。

如图 3-40 和表 3-25 所示,四种蜘蛛丝的断裂比功和断裂伸长率都大于丝素纤维,除外层包卵丝断裂强度小于丝素外,内层包卵丝的断裂强度为丝素的 1.44 倍,牵引丝和蛛网框丝的断裂强度分别为丝素的 1.26 倍、1.30 倍和 1.20 倍。虽然各种蜘蛛丝的断裂强度小于 Kevlar 49 纤维和钢丝,但断裂伸长率是 Kevlar 49 的 10～30 倍,为钢丝的 50～100 倍,蜘蛛丝由于具有较大的伸长能力,因此虽然断裂强度小于 Kevlar 等高性能纤维和钢丝,但拉断单位体积的蜘蛛丝所需要的功远大于后者。可见,不仅是牵引丝,大腹圆蛛分泌的其他丝纤维也具有优异的力学性能。

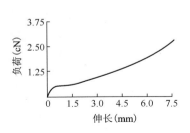

图 3-40　蜘蛛框丝的拉伸曲线

表 3-25　蜘蛛牵引丝的力学性能指标

试样	断裂强度(N/mm²)			断裂伸长率(%)			断裂比功(N/mm²)		
	P	SD	$CV\%$	ε	SD	$CV\%$	W	SD	$CV\%$
框丝	678.6	181.4	26.7	83.1	39.4	47.5	258.4	144.6	56
内层包卵丝	816	164	20.1	50.8	22.2	43.8	311.7	153.7	19.3
外层包卵丝	484.4	83.3	17.2	46.2	21.8	47.2	178.2	100.1	56.2
丝素	565.3	180.1	31.9	13.7	4.4	31.8	55.3	29.6	53.6
钢丝	—	1500	—	—	0.8	—	—	6	—
Kevlar49	—	3600	—	—	2.7	—	—	50	—

2. 吸湿性能

蜘蛛丝具有优异的吸湿性(表 3-26),在标准大气条件下的回潮率大于蚕丝丝素纤维,这和蛛丝中极性氨基酸含量大于蚕丝而结晶度小于后者有关。尤其是包卵丝中极性氨基酸含量最多,并且结晶度最小,因此其回潮率最大。牵引丝、框丝由于在水中会产生超收缩使其可成为一种功能性纤维材料加以利用,但包卵丝不仅具有良好的柔软性、天然的色泽,而且在水中不收缩,结合其超过羊毛和麻纤维的吸湿能力,如果能人工制备类蜘蛛包卵丝,很符合衣用服装材料的工效要求。

表 3-26　蜘蛛丝的标准回潮率

试样	框丝	牵引丝	外层包卵丝	丝素
回潮率(%)	14.2	12.7	17.4	8.9

3. 热学性能

蜘蛛丝和蚕丝相似,热分解过程可以分为三个阶段(图 3-41),在 50～150 ℃左右的温度范围,纤维主要释放残留的吸附水,并且失重速率在 75～80 ℃达到最大,在 150 ℃以后基本

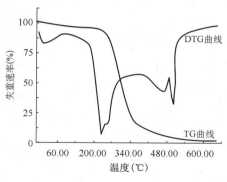

图 3-41　蜘蛛丝的热重曲线

进入热分解阶段，失重速率迅速加快的外推起始温度为 250～280 ℃，当温度达到 300 ℃ 左右时失重率最大，第二阶段的失重过程在 430 ℃ 左右结束，此时的失重率为 50%～60%。随着温度的进一步升高，框丝在 555 ℃ 出现了新的热失重峰值，牵引丝、包卵丝和蚕丝丝素在 500～600 ℃ 内均出现两个热失重峰值，此时发生的主要是分子主链的热裂解。由于蜘蛛丝的结晶度小于蚕丝，因而其热稳定性比蚕丝差一些。作为蛋白质纤维的蜘蛛丝在热性能方面与 Kevlar 等高性能纤维有较大的差距，因此它不适宜于制作高温环境下使用的产品。

蜘蛛丝 T_g 低于蚕丝，说明蜘蛛丝的分子链段的活化能比蚕丝丝素低，分子链段较容易发生内旋转而使分子链的构象发生变化，分子链的柔性比蚕丝好，在外力作用下分子链比较容易变形，这与蜘蛛丝具有比蚕丝大得多的伸长变形能力是一致的。

第三节　新型再生纤维素纤维

进入 21 世纪，资源与环境问题引起人们越来越多的关注。纺织行业是十分依赖纤维原料的加工行业，但由于耕地的减少和石油资源的日益枯竭，天然纤维、合成纤维的产量受到越来越多的制约。在这一背景下，天然纤维素再次得到重视。再生纤维素纤维是以棉短绒、木材、甘蔗渣、芦苇等天然纤维素为原料，经过化学处理和机械加工而制成的，具备天然纤维素纤维和合成纤维的双重性能优势，正在以前所未有的规模被广泛应用于纺织业。随着 Modal、Lyocell 等新型再生纤维素纤维在生产中的大量应用，需要对其性能特点有进一步的认识，以便更好地用于生产，开发新产品。

一、溶剂法再生纤维素纤维

（一）再生纤维素溶剂体系

再生纤维素纤维的制造技术有溶液纺丝和熔融纺丝，但由于热塑性纤维素衍生物的熔融纺丝技术在产品性能和工艺成本方面尚未显示出大宗品种开发的前景，因此再生纤维素纤维的制造技术主要为溶液纺丝。已开发的纤维素溶剂体系有多种，并且有不同的分类方法。

按衍生和非衍生化溶剂划分，现有溶剂体系中，多聚甲醛/二甲基亚砜体系、四氧化二氮/二甲基甲酰胺体系、氢氧化钠/二硫化碳体系和氨基甲酸酯体系等溶解过程均有衍生物形成，称之为衍生化溶剂体系，其他在溶解过程中没有形成衍生物的，称之为非衍生化溶剂体系。

按水相溶剂和非水相溶剂划分，现有溶剂体系中，无机酸类（如浓磷酸、浓硫酸和三氟醋酸以及它们的混合物）、路易斯酸类（如氯化锌、氯化锂、硫氰酸盐、碘化物和溴化物）、无机碱类（如氢氧化钠、联胺、锌酸钠、氢氧化钠或氢氧化锂/硫脲或锌酸钠或（和）尿素复合体系、铜氨溶液体系等）、有机碱类（如季铵碱和胺氧化物的水体系纤维素溶剂）为水相溶剂，其他为非水相溶剂。

按有机溶剂和无机溶剂划分,有机溶剂体系包括多聚甲醛/二甲基亚砜体系、四氧化二氮/二甲基甲酰胺体系、二甲基亚砜/四乙基氯化铵体系、氯化锂/二甲基乙酰胺体系、胺氧化物体系(尤其是 NMMO)、离子液体溶剂体系等;无机溶剂体系包括氢氧化钠/水体系、氢氧化钠或氢氧化锂/硫脲或锌酸钠或(和)尿素复合体系、氨/硫氰酸铵体系、质子酸(如磷酸)、路易斯酸(如氯化锌)体系等。

上述已开发的多种纤维素溶剂体系中,除了传统的黏胶纤维、醋酸纤维外,只有 Lyocell 纤维(NMMO 胺氧化物溶剂体系)和铜氨纤维形成了规模化生产。其他溶剂体系由于种种原因没能得到长足发展,或处于研究开发阶段,成为研究开发热点的主要有氢氧化钠或氢氧化锂/硫脲或锌酸钠或(和)尿素水溶液、离子液体、纤维素氨基甲酸酯溶剂体系。

(二)Lyocell 纤维

1. 概述

Lyocell 纤维是一种全新的精制纤维素纤维,学名为"Lyocell",商品名为"Tencel",我国俗称天丝纤维。它是用干湿法纺制的再生纤维素纤维,采用 NMMO 纺丝工艺,将木浆溶解在氧化铵溶剂中直接纺丝。生产过程中使用的有机溶剂 NMMO 在整个生产过程中可以回收,回收率达 99% 以上,整个生产系统形成闭环循环,无废排放,且 Lyocell 产品使用后可生化降解,不会对环境造成污染,故被称为绿色纤维。

Lyocell 纤维的主要生产商为奥地利兰精公司。

2. Lyocell 纤维的品种

(1)普通型 Lyocell 纤维。普通型 Lyocell 纤维包括 Lyocell 长丝与短纤,长丝主要以 Newcell 为代表,短纤主要有 Tencel、Lenzing Lyocell、Alceru、Cocel、Acell 等。普通型 Lyocell 纤维具有很高的吸湿膨润性。如 Acordis 公司的 Tencel G100 的膨润率高达 40%～70%。当纤维在水中膨润时,纤维轴向分子间的氢键等结合力被拆开,在受到机械作用时,纤维沿轴向分裂,形成较长的原纤。利用其易于原纤化的特性,可将织物加工成桃皮绒风格。

(2)交联型 Lyocell 纤维。为克服 Lyocell 的原纤化现象,Acordis 公司与 Lenzing 公司分别研制了交联型的 Lyocell 纤维。Acordis 公司的商标名为 Tencel A100、Tencel A200,Lenzing 公司的商标名为 Lenzing Lyocell LF。

Acordis 公司开发的 Tencel A100 纤维,用 Axis 助剂交联处理,在保持其他优良性能不变的情况下,产品表面不会形成微纤,特别适用于针织品的加工。该公司开发的新型非原纤化纤维 Tencel A200,与 Tencel A100 不同,具有碱稳定性,因此能经受棉混纺织物的全丝光处理。Tencel A200 具有与棉相似的染色亲和性,易染得色泽一致的效果,几乎不释放甲醛,更适宜制作内衣和婴儿服。

Lenzing 公司开发的 Lenzing Lyocell LF 纤维,仍以 NMMO 为溶剂,经空气浴和 NMMO 的水溶液纺丝成型。Lenzing 公司使用的这种键联结剂属专利配方,其含有活性染料中的稳固基因,不会危及环境。由于纤维素大分子之间形成交键效果,Lenzing Lyocell LF 纤维在机械加工和织物整理过程中都不产生原纤化现象,经多次水洗也不发生原纤化。纤维横截面与普通型 Lyocell 纤维一样,各项指标均在同一水平,只是强度和伸长略有下降,纤维具有永久的卷曲效果。但由于交键剂的作用,纤维呈现阳离子的性能,会降低某些染料(如直接染料)的亲和力。

（3）超细型 Lyocell 纤维。基于 Lyocell LF 纤维技术，Lenzing 公司开发了超细型 Lyocell 纤维——Micro Lyocell，规格为 0.9 dtex×34 mm，主要用于针织内衣与女士外衣面料，产量较小。

3. Lyocell 纤维的结构

（1）形态结构。Lyocell 纤维的横截面为不规则的圆形，没有中腔，表面非常光洁，有的有断续、不明显的竖纹，全芯层结构，表皮很薄，见图 3-42。

（2）分子结构。Lyocell 纤维属典型的纤维素纤维。其结构参数如表 3-27 所示。纤维素由碳、氢、氧三种元素组成，其中：碳含量为 44.44%，氢含量为 6.17%，氧含量为 49.39%。Lyocell 纤维的生产过程属于物理过程，纤维素浆粕结构基本无变化，故纤维大分子的化学结构是由 β-D-（+）葡萄糖剩基彼此以 1,4 苷键连接而成的。大分子的两个末端葡萄糖剩基带有不同基团。一端有四个自由羟基，另一端有三个自由羟基和一个半缩醛羟基（潜在醛基）。

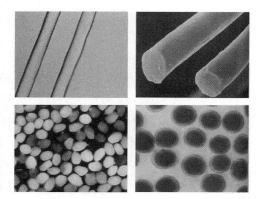

图 3-42　Lyocell 纤维的形态结构

这样的结构使纤维大分子具有还原性。另外，由于纤维素浆粕结构基本无变化，其聚合度较高，同一根大分子链可以同时通过几个结晶区和无定形区，纤维大分子中的羟基能把几个结晶区和无定形区连在一起，形成紧密的整体，从而使纤维强度提高。

表 3-27　常见纤维素纤维的结构参数

纤维种类	聚合度	结晶度（%）	取向度（%）	羟基可及度（%）	原纤化等级	微原纤根数
Lyocell 纤维	500～550	50～63	98	—	4～5	45～60
棉纤维	20 000	70	72	—	2	4
黏胶纤维	300～400	30～36	70～80	70～80	1	1
高湿模量黏胶纤维	450～550	38～44	75～85	75～85	3	10

（3）聚集态结构。纤维素有四种主要的结晶变体，即纤维素Ⅰ、纤维素Ⅱ、纤维素Ⅲ和纤维素Ⅳ。天然纤维素均为纤维素Ⅰ，经过碱处理、溶解和纤维素皂化等加工手段处理后则转化为纤维素Ⅱ。由于纤维素溶解后，重新固化成型时纤维素分子链排列不规整，晶粒生长不充分，溶解后纤维素的结晶指数和结晶度都有不同程度的降低，晶粒尺寸大幅度减小。但纤维在成型过程中，受到沿纤维轴向的外力拉伸作用，拉伸诱导结晶，使晶粒得到较为充分的生长。因此，纺丝成型后的 Lyocell 纤维的结晶度并不低，为 50%～63%，结晶度比黏胶纤维大得多，普通黏胶纤维的结晶度约为 30%。这说明 Lyocell 纤维分子紧密规整，具有很高的分子间力，纤维强度高。

Lyocell 纤维成型时，纺丝液先在由空气或甲醇（气相）形成的气隙中通过，接受牵伸并析出部分水分和溶剂，然后进入凝固浴析出 NMMO 而凝固成型，因此 Lyocell 纤维的纺丝方法属于干湿法。而普通黏胶纤维在凝固浴中纺丝,属于全湿法。因此,Lyocell 纤维较黏胶短纤和黏胶长丝有更高的平均相对分子质量和更集中的相对分子质量分布,取向度和沿纤维轴向的规整性也更高,聚合度为 500~550。

(4) Lyocell 纤维的原纤化。原纤化是指湿态下纤维与纤维或纤维与金属等物体发生湿摩擦时,原纤沿纤维主体剥离成直径为 1~4 微米的巨原纤,进而纰裂成更细小的微原纤的过程。在 Lyocell 纤维中,大多数结晶化的原纤沿纤维轴定向排列,与其相邻的非晶态或无定向的纤维素起黏着剂的作用,将这些结晶部分连接在一起,形成整根纤维。在所有的纤维素纤维中,Lyocell 纤维中原纤间的联系力最弱且无弹性。因此在润湿状态下,Lyocell 纤维中非晶态或无定向的纤维素吸收相当于自身质量几倍的水而膨润伸长,原纤间彼此失去结合力,同时,由于强烈的机械作用,纤维外层发生纰裂,使原纤沿纤维轴向从纤维表面分离出来,在纤维主干上形成绒毛(图 3-43),发生原纤化现象。Lyocell 纤维纺丝属于溶剂纺干喷湿法工艺,使纤维极易形成皮芯层结构,皮层结构致密且薄,为纤维的原纤化提供条件。另外,Lyocell 纤维的高取向度使原纤沿纤维轴排列整齐,原纤间的交缠络合减少,也有利于原纤的剥离。

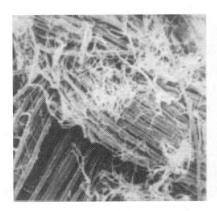 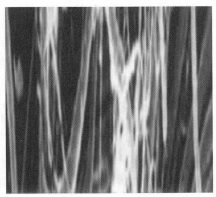

图 3-43　原纤化与非原纤化 Lyocell 纤维样品对比

不同类型纤维素纤维的原纤化程度有所差异。原纤化的测量和表征方法尚无公认的标准,一些纺织机构和工厂根据自己的需要制定了很多评价方法,如原纤化指数主观评价法、计算规定长度纤维上原纤数量的方法、洗旧值法、简单着色法、烧毛法、磨毛法等。

影响 Lyocell 织物原纤化的因素主要有温度、pH 值和时间等。

温度越高,原纤化指数越大。因此,在实际生产中,为了达到充分的原纤化,使用较高的温度,可提高生产效率。水溶液的 pH 值升高,有助于 Lyocell 纤维的溶胀,也就利于其原纤化。因此,为提高原纤化的效率,在可能的范围内,尽可能的增加水溶液的 pH 值。织物原纤化指数与处理时间成线性关系,即处理时间增加,原纤化指数增加,而到达一定时间以后,原纤化指数的增加十分缓慢。

4. Lyocell 纤维的性能

Lyocell 纤维具有很多优良性能,几乎兼具再生纤维与合成纤维的优点,又避开两类纤维的缺点。

(1) 力学性能。Lyocell 短纤维属高强、高模、中伸型纤维。从力学性能指标看,Lyocell 纤维的断裂强度为 4.2~4.8 cN/dtex,分别是棉纤维的 1.6 倍、黏胶纤维的 1.8 倍,与聚酯纤维相当。Lyocell 纤维的湿态强度比干态强度略有下降,湿强为干强的 80%,湿强约为黏胶纤维的 2.5 倍(表 3-28)。

表 3-28　常见纤维素纤维力学性能对比

纤维种类	干强（cN/dtex）	干态断裂伸长率(%)	湿强（cN/dtex）	湿态断裂伸长率(%)	初始模量（cN/dtex）
Lyocell 纤维	4.2～4.8	10～15	3.4～3.8	10～18	88
棉纤维	2.5～3.0	8～10	2.5～3.2	12～14	28～32
黏胶纤维	2.2～2.6	18～23	1.0～1.5	25～30	36
高湿模量黏胶纤维	3.0～3.8	12～16	1.8～2.5	14～20	47

在重复拉伸中,Lyocell 长丝较黏胶短纤有更大的储能能力和弹性回复能力,其耐拉伸疲劳性能优于黏胶短纤但不如黏胶长丝。另外,Lyocell 纤维的耐弯曲疲劳性能明显优于黏胶短纤维,抗弯曲次数较集中,呈现出脆性特征。

(2) 化学性能。Lyocell 纤维对强酸溶液的稳定性较差。Lyocell 纤维在 10% H_2SO_4 溶液中浸渍 2 h,强度下降 10%～20%;当 H_2SO_4 溶液浓度大于 20% 时,纤维的强度严重受损;当 H_2SO_4 溶液浓度为 75% 时,纤维基本溶解。

Lyocell 纤维对碱溶液的稳定性较好。在 5% NaOH 溶液中,纤维的强度下降很小。Lyocell 纤维与棉的混纺织物能经受丝光处理,以改善织物外观,减小收缩,提高织物的抗皱性。

(3) 吸湿性能。Lyocell 纤维的吸湿性能与黏胶纤维相同,比棉、蚕丝好,低于羊毛。Lyocell 纤维在水中有膨润现象,而且由于其形态结构特点,膨润的各向异性十分明显,横向膨润率可达 40%,而纵向只有 0.03%。如此高的横向膨润率会给织物的湿加工带来一定困难,如织物遇水后紧绷、僵硬,易产生折痕、擦伤等疵病;但较低的纵向膨润率使 Lyocell 纤维纱线的缩水率仅为 0.44%,织物在湿加工以后尺寸稳定性优于黏胶纤维织物,具有良好的洗可穿性。

Lyocell 纤维特殊的吸湿膨润现象在某种程度上使织物在脱水干燥后变得松软,且悬垂性增强,更具动感。Lyocell 纤维的导湿性能也较棉好,当人体蒸发的汗液和热量被织物吸收后,能很快从织物表面散发出来,使人体感到凉爽,因此 Lyocell 纤维又被称为“凉爽纤维”。

(4) 热学性能。Lyocell 纤维的热学性能直接影响其加工性能和使用性能。在 200 ℃ 以上,Lyocell 纤维出现向高弹态的转变,分解起始温度为 288.76 ℃,高于黏胶纤维的起始温度 275.67 ℃,且热失重现象较轻。Lyocell 纤维在 190 ℃、30 min 下断裂强度和断裂伸长率分别为原值的 88.4% 和 88.6%,有良好的耐热性能。在常规染整加工和正常使用中,织物可能遇到的最高温度约为 180 ℃。Lyocell 纤维的干热收缩率为 0.54%,而黏胶短纤的干热收缩率为 1.26%;燃烧性能与黏胶短纤相同,极限氧指数为 18。

(5) 染色性能。用于纤维素纤维的染料都适用于 Lyocell 纤维,如活性染料、直接染料、硫化染料和还原染料等。Lyocell 纤维具有较高的上染率。Lyocell 纤维对活性染料的上染率为60%～77%,与黏胶纤维的上染率相近;而对直接染料的上染率更高,在95%～97%之间,略高于黏胶纤维,但远高于涤纶的上染率。

5. Lyocell纤维的制备

(1)制备工艺。Lyocell纤维的原料是生长非常迅速的山毛榉、针叶松等木材制成的木质浆粕,其纺丝工艺流程是一种溶剂循环密闭式的干湿法纺丝技术路线,其工艺流程如图3-44所示。将纤维素浆粕加入N-甲基吗啉-N-氧化物(NMMO)和水的混合溶剂中,制成纺丝原液,加入添加剂(如$CaCl_2$)和抗氧化剂(如PG),以防止纤维素在溶解过程中氧化降解,并调节溶液的黏性和改善纤维的性能;控制纺丝原液的水分含量小于13.3%,使纤维素到达最好的溶解能力;在85～125 ℃、搅拌条件下,纤维素溶解,得到较高浓度的纺丝溶液;纺丝溶液经过滤泡、脱泡,采用湿法或干喷湿法纺丝,在低温水浴或水/NMMO体系凝固成型,经拉伸、水洗、去油、干燥和溶剂回收等工序,制成Lyocell纤维。

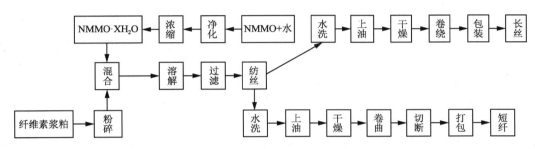

图3-44 Lyocell纤维的纺丝工艺流程

(2)工艺特征。

① 生产原料和过程无污染,NMMO是一种氨基氧化物,对人体、生物、环境无毒性。

② 溶解在完善密闭和循环系统中进行,NMMO可回收。含NMMO的凝固浴,经纯化、蒸发除去过量水,剩下的经过浓缩的NMMO可循环使用到工艺流程中去,回收率高达99.5%。

③ 生产工艺简单,降低化学试剂的使用量,除NMMO外,只有少量的抗氧化剂,工艺步骤简单,生产时间只需几个小时。

④ 纤维性能优良,强度尤其是湿强大大优于黏胶纤维,柔软舒适,吸湿性、染色性和悬垂性好,兼备天然纤维和合成纤维的优点。

(3)纤维规格。Lyocell纤维规格主要有0.11 tex×38 mm、0.11 tex×51 mm、0.17 tex×51 mm(用于棉型纱),以及0.24 tex×70 mm(用于精梳毛纺纱)。

6. Lyocell纤维的应用

Lyocell纤维以其优异的服用性能广泛应用于各种服装,可纯纺或与棉、麻、丝、毛、合成纤维和黏胶纤维混纺,改善其他纤维的性能。纯Lyocell织物柔软光滑,具有珍珠般的光泽、自然的手感、优良的悬垂性、良好的透气性和穿着舒适性。通过不同的纺织和针织工艺可织造不同风格的纯Lyocell织物和混纺织物,用于高档牛仔服、女士内衣、时装、男式高级衬衣、休闲服和便装等。

在工业用途上,Lyocell纤维具有较高的强度,干强与涤纶接近,比棉高出许多,其湿强几乎为干强的90%,是其他纤维素纤维无法比拟的,在非织造布、工业滤布、工业丝和特种纸等方面得到广泛的应用。Lyocell 纤维可采用针刺法、水刺法、湿铺、干铺和热黏合法等工艺制成各种非织造布,其性能优于黏胶纤维产品,如人造皮革和羊皮、可处置的抹布、医用纱布、服装织物、过滤织物、磁盘衬套、覆盖面料、吸收衬垫中的液体分配层或吸收覆盖层等。高原纤化Lyocell 纤维制成的水刺织物比普通 Lyocell 纤维制成的织物具有更好的拉伸性能、较高的不透明性,在过滤应用中有很高的颗粒保留性。

（三）离子液体法再生纤维素纤维

离子液体就是在室温(或稍高于室温的温度)下呈液态的离子体系,或者说,离子液体仅由特定阳离子和阴离子构成的在室温或近于室温下呈液态的物质。在组成上,离子液体与概念中的"盐"相近,而其熔点通常又低于室温,所以,也有人把离子液体叫做"室温熔融盐"。离子液体在化学合成、萃取分离、材料制备等领域的应用早被人们关注,在许多领域可以代替有机溶剂,是一种新型绿色溶剂。

离子液体是完全由阴、阳离子组成且在常温下呈液态的离子化合物。这种液体中只存在阴、阳离子,没有中性分子。离子液体的熔点低,液体状态温度范围宽,且具有良好的热稳定性和化学稳定性;蒸气压低,不易挥发,消除了环境污染问题;对大量的无机和有机物质都表现出良好的溶解能力,且具有溶剂和催化剂的双重功能,可作为许多化学反应溶剂或催化活性载体;具有较大的极性可调控,黏度低,密度大。

离子液体可作为纤维素、天然或生物高分子材料的高分子溶剂。

离子液体法再生纤维素纤维目前主要有甘蔗渣纤维素纤维。甘蔗渣含有 40%～50%的纤维素,是一种富含纤维素的环境友好且可再生的资源。以甘蔗渣纤维素为原料,1-烯丙基-3-甲基咪唑氯离子液体([AMIM]Cl)为溶剂,采用干湿法纺丝工艺可制得甘蔗渣纤维素再生纤维。

① 甘蔗渣纤维素纤维的制备。将规定量的[AMIM]Cl 离子液体投入溶解釜中,加热至90 ℃;边机械搅拌边将干燥的甘蔗渣纤维素添加到溶解釜中,机械搅拌溶解 5 h,得到浓度为 4% 的纺丝溶液;氮气压力作用下,将纺丝溶液转移至纺丝釜中,减压脱泡 16 h,得到纺丝原液;在压力作用下,纺丝原液经过计量泵后从喷丝头(喷丝头规格:0.07 mm×800 孔)喷出,经过一段空气层后进入凝固浴,然后经过牵伸、水洗、干燥,得到甘蔗渣纤维素再生纤维,其纺丝工艺流程见图 3-45。

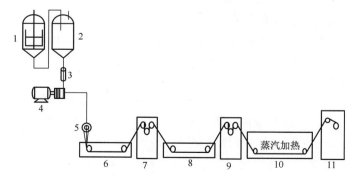

图 3-45 甘蔗渣纤维素纤维的纺丝工艺流程

1—溶解釜 2—纺丝釜 3—过滤器 4—计量泵 5—喷丝头 6—凝固浴
7—第一牵伸辊 8—水洗浴 9—第二牵伸辊 10—蒸汽干燥器 11—收丝辊

② 甘蔗渣纤维素纤维的形态结构。甘蔗渣纤维素再生纤维的截面和表面形貌见图3-46。从此图可以看出,纤维的截面近似圆形,纤维直径约为30 μm;纤维纵向表面有较浅的沟槽和不明显的孔道缝隙。纤维表面的沟槽和孔道缝隙有利于水分子的吸收、扩散和传导,增强纤维的吸湿、导湿和排湿性能,提高服装的穿着舒适性。

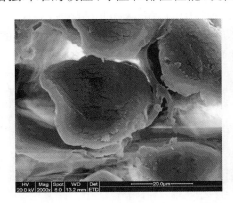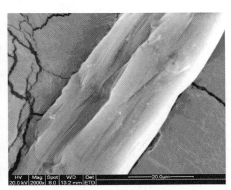

图3-46 甘蔗渣纤维素纤维的形态结构

甘蔗渣纤维素在溶解再生过程中发生晶型的转变,纤维内部大分子链发生重构,纤维结晶规整性变差,结晶度降低纤维素的晶型有纤维素Ⅰ型转变为纤维素Ⅱ型,再生纤维的结晶规整性变差,结晶度由53.37%下降到23.42%,无定形区所占比重增加,纤维素内部空间增大,导致再生纤维对水的吸附量增加。

③ 甘蔗渣纤维素纤维的性能。甘蔗渣纤维素纤维的断裂强度最大为2.52 cN/dtex,公定回潮率达14.80%。与天然纤维素纤维相比,甘蔗渣的断裂强度有所降低,但是具有很高的回潮率,因而具有良好的导电性能和更加柔软的手感,提高了服装穿着的舒服性,在服装用纤维的应用前景广阔。

二、新型黏胶纤维

(一)竹浆纤维

我国是竹子资源最丰富的国家,竹子的种类、面积、产量均居世界之首,被誉为"竹子王国"。竹浆纤维又称再生竹纤维、竹黏胶纤维。该纤维的细度、白度与普通黏胶纤维接近,强度较高,且稳定均一,韧性、耐磨性较高,可纺性能优良,染色后不易褪色,富有丝质感觉,手感柔和光滑,具有天然抗菌保健功能和良好的吸湿放湿性,被称为"会呼吸的纤维",国外称其为"中国纤维"。

1. 竹浆纤维的制备

竹浆纤维的制备方法主要采用黏胶纺丝法。将竹子切片、风干后,经过人工催化,将甲种纤维素含量为35%左右的竹纤维提纯到93%以上,采用水解、硫酸盐蒸煮和多段漂白工艺,制成满足纤维生产要求的竹纤维浆粕,然后用碱和二硫化碳处理竹浆粕,使其溶解在氢氧化物溶液中制成黏胶溶液,用湿法纺丝工艺制成竹浆纤维。

竹浆纤维的基本构造和初加工获得的纤维体与麻类纤维相近,只是纤维形态尺寸、成分和加工方法不同。由于竹浆纤维的单细胞长度短(1.33～3.04 mm)、纤维粗(10.08～18.7 μm),只能以工艺纤维的方式纺纱,且竹胶质硬、糙,其分离、软化和工艺纤维的细化,都有待解决。

2. 竹浆纤维的形态结构、化学组成及微细结构

(1) 形态结构。竹浆纤维的形态结构如图 3-47 所示。竹浆纤维的横截面呈不规则锯齿型，但其锯齿形状不及黏胶纤维显著；没有明显皮芯结构，这与纤维的生产过程中成型条件有关。在每根竹浆纤维中，存在着多级结合体的结构，其中的结晶区和非结晶区，不仅大小不同，而且排列方向也不尽相同，纤维中还存在许多级从几埃、几十埃、几百埃甚至上千埃的不同尺寸的缝隙和孔洞。这使得纤维的吸湿性、光学性质、各种力学性质表现出各向异性。

(a) 横截面   (b) 纵向

图 3-47 竹浆纤维的形态结构

竹浆纤维纵向表面笔直、无扭转，但表面呈现深浅不一的沟纹，基本呈纵向平行状态，排列细密。这些沟纹有的浅浮表面，造成凹凸不平的外观；有的深陷其里，造成较大裂缝。这些裂缝不仅影响纤维外观风格特征，而且会影响到纤维的强伸性能。然而这种结构使得纤维表面具有一定的摩擦系数，纤维间有较好的抱合力。竹浆纤维截面形态的不规整，主要也是由于纵向分布深浅不一的沟槽所致。纤维截面有分布不均、大小不一的微孔，这些微孔小的为类似椭圆形的孔洞，大的一般呈扁平带状孔洞。这些孔洞和沟槽给纤维及其纱线、织物提供了较好的吸湿透气性，使纤维的毛细作用明显，具有良好的芯吸能力，导湿和吸放湿能力强。

(2) 化学组成。纤维素是竹材中最主要的成分，木质素、半纤维素的含量也比较高，因此竹材中竹纤维的提取比较困难。木质素是存在于胞间层和微细纤维之间的一种芳香族高分子化合物，它决定着竹纤维的颜色；半纤维素是一种填充于纤维之间和微细纤维之间的无定形物质，常以戊聚糖表示，其聚合度低，吸湿后易润胀。竹浆纤维的纤维素含量与黏胶纤维接近，约为 86%，低于竹原纤维（97%），戊聚糖、果胶质、灰分等杂质的含量高于竹原纤维。

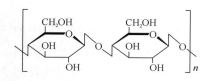

图 3-48 竹浆纤维的分子结构式

(3) 分子结构。竹浆纤维属于纤维素纤维，纤维素大分子平行排列结合成基原纤时，分子的空间位置、方向和顺序有较稳定的规律。它是由许多 β-D-葡萄糖通过 1,4 甙键连接起来的链状高分子化合物，其分子结构式如图 3-48 所示。

从竹浆纤维的分子结构式可以清楚地看出，葡萄糖残基彼此以 1,4 甙键，即主价键（C—O—C）相连接，且相互以 180°扭转。每个基环中含有三个醇羟基，分别在 2、3、6 位碳原子上。醇羟基能进行一系列酯化、醚化、氧化和取代等反应，其中的伯醇羟基的化学性质最活泼，仲、季醇羟基则依次次之。

（4）聚集态结构。竹浆纤维属再生纤维素纤维，其聚合度（400～500）高于普通黏胶纤维，但低于 Lyocell 等新型再生纤维素纤维。竹浆纤维的结晶结构与普通黏胶纤维相同，均为纤维素Ⅱ型结晶，且两者的结晶度均很低。由表 3-29 可知，竹浆纤维的结晶指数和结晶度均略高于普通黏胶纤维，但是其三个晶面对应的晶粒尺寸均小于普通黏胶纤维，晶区较长。竹浆纤维非晶区链段的取向度低于普通黏胶纤维。竹浆纤维的双折射率为 0.033 7，普通黏胶纤维的双折射率为 0.035 6。

表 3-29　竹浆纤维和普通黏胶纤维的结晶参数对比

纤维名称	结晶指数（%）	结晶度（%）	晶粒尺寸（nm）		
			101	10$\bar{1}$	002
竹浆纤维	59.3	35.8	4.12	2.41	3.15
普通黏胶纤维	56.6	34.8	4.85	3.49	3.27

3. 竹浆纤维的性能

（1）力学性能。由表 3-30 可见，竹浆纤维与普通黏胶纤维相比，干态时，其断裂强度较低，而伸长率较高，属于低强高伸型纤维。经湿处理后，竹浆纤维的断裂强度、断裂伸长率、断裂比功和初始模量分别下降 10.25%、35.76%、43.12% 和 11.31%，普通黏胶纤维的这四个指标分别下降 13.72%、25.71%、36.68%、5.33%。由此可见，除断裂强度外，前者其他三个指标的下降率均高于后者。也就是说，经短时间的水浸润后，竹浆纤维拉伸性能的受损程度较普通黏胶纤维大。竹浆纤维具有较低的取向度，结晶度也不高，这是其易断裂易伸长主要原因之一；同时，竹浆纤维具有较多的微孔，更易吸收水分，水分进入纤维后改变纤维分子间的结合状态，导致纤维的强度下降。因此，竹浆纤维在加工和使用过程中同普通黏胶纤维均需注意：防潮防湿，不能经受剧烈的机械作用和水作用。

表 3-30　竹浆纤维与普通黏胶纤维的拉伸性能对比

纤维名称	断裂强度（cN/dtex）		断裂伸长率（%）		断裂比功（cN/dtex）		初始模量（cN/dtex）	
	干态	湿态	干态	湿态	干态	湿态	干态	湿态
竹浆纤维	2.36	2.12	34.94	22.45	0.49	0.28	42.15	37.38
普通黏胶纤维	2.54	2.19	31.39	23.32	0.48	0.31	39.51	37.41

（2）化学性能。竹浆纤维大分子中连接基本链节的葡萄糖苷键对酸的稳定性很差，高温下酸对纤维的破坏作用特别强烈，在 37% 盐酸、75% 硫酸溶液中加热时迅速溶解。虽然竹浆纤维结晶度较普通黏胶纤维高，但多孔隙结构，使其在碱中的膨润和溶解作用较强，导致竹浆纤维耐碱性较差。

（3）吸湿性能。竹浆纤维和普通黏胶纤维具有相似的结晶结构，两者达到吸湿放湿平衡的时间、吸湿放湿曲线和吸湿初始阶段的速率基本相似。竹浆纤维的公定回潮率为 13%，与黏胶纤维接近。竹浆纤维纺织品的吸、放湿性优良，它的吸湿速率居各纤维之首，是棉的 2.12 倍。竹浆纤维内部可能具有较多的孔隙，使得竹浆纤维在初始阶段的放湿速率明显高于普通黏胶纤维。竹浆纤维在温度 20 ℃、相对湿度 95％时的回潮率可达到 45％,回潮率从 8.75％上升到 45％,仅需 6 h。竹浆纤维的透气性优于蚕丝、黏胶纤维和一般化学纤维,比棉纤维高 3.5 倍。这说明竹浆纤维具有优良的吸湿性能,穿着舒适,可纯纺,用作内衣织物并大量用于与低吸湿能力的合成纤维混纺,以改善其不耐水洗的缺点。

(4)热学性能。竹浆纤维的耐热性优于黏胶纤维,当温度由 20 ℃升至 75 ℃时,竹浆纤维的干态断裂强度增加 13％;当温度由 75 ℃升至 100 ℃时,竹浆纤维的干态断裂强度仅下降 1％。

竹浆纤维无熔点,在 200 ℃时无变化,到 260 ℃开始微黄,300 ℃变成深黄色,有焦味。竹浆纤维在升温过程中没有出现熔融现象。

(5)染色性能。竹浆纤维分子的取向度低,染料分子对其亲和力大,上染速度快,容易造成染色不匀,要选用配伍性好、反应活性中等的染料对其染色,严格控制温度和升温速度。一般选择活性染料、直接染料、分散染料和还原染料进行染色。竹浆纤维的耐碱性比棉差,一般不丝光,如果为了提高染色过程中染料的吸附能力,可进行半丝光处理,低温烘干。

(6)抗菌性能。表 3-31 表明,竹原纤维具有较强的抗菌作用,对金黄色葡萄球菌、枯草芽孢杆菌、白色念珠菌均有优异的抵抗能力,且该抗菌效果为天然、环保、卫生、保健,与人工加工的化学纤维截然不同。竹浆纤维在其纺丝过程中,由于原料中的抗菌物质、抗菌结构受到一定程度的破坏,因此抗菌效果受到一定的影响,其中对金黄色葡萄球菌、白色念珠菌有一定的抵抗能力,而对枯草芽孢杆菌的抗菌效果受到严重损伤。

表 3-31　竹原纤维和竹浆纤维的抑菌性对比

纤维种类	抑菌率(％)		
	金黄色葡萄球菌	枯草芽孢杆菌	白色念珠菌
竹原纤维	99.0	99.7	94.1
竹浆纤维	94.8	53.8	85.1

(7)除臭性能。竹浆纤维含有叶绿素和叶绿铜钠等防臭物质,可吸附臭味和氧化分解途径去除臭味;另外,竹浆纤维排汗快,使微生物的生存环境差,也能达到除臭的效果。

(8)防紫外线性能。竹浆纤维不仅具有天然抗菌、抑菌、去除体味的功能,还能有效地阻挡紫外线对人体的辐射。这是由于竹浆纤维中的叶绿素铜钠是安全、优良的紫外线吸收剂。研究表明,竹浆纤维对 200～400 nm 的紫外线透过率几乎为零,防护效果良好。

4. 竹浆纤维的应用

竹浆纤维既可以纯纺,也可以与棉、丝、麻和合成纤维混纺或交织,可广泛应用于生产具有特效功能的产品,如内衣、衬衣、裤子、凉席、浴巾、浴衣、毛巾、床上用品等,市场前景十分广阔,主要应用领域如下:

(1)竹浆纤维面料:吸湿性、透气性好,手感柔软,悬垂性好,染色色彩亮丽,具有独特的抗菌功能,适合用于制作内衣、贴身 T 恤衫、床上用品等。

(2)竹浆纤维毛巾、浴巾、脚垫、凉席:具有特殊的光泽,柔软舒适,吸水性好,不易滋生细菌。

(3)竹浆纤维无纺布:竹浆纤维具有天然的杀菌、抑菌效果,适合用于制作卫生材料,如卫生巾、口罩、护垫、食品包装袋等。

（4）竹浆纤维卫生材料：竹浆纤维纱布、手术衣、护士服等系列产品。

（二）麻浆纤维

麻浆纤维是将以木质素成分为主的麻杆制成浆粕，然后通过湿法纺丝将浆粕制成纤维。麻浆纤维包括麻赛尔纤维和圣麻纤维，其中麻赛尔纤维是由山东海龙纺织科技有限责任公司自主研发的新型再生纤维素纤维，由河北省吉藁化纤有限责任公司开发研制的麻浆纤维则以"圣麻"品牌进行市场推广。

1. 麻赛尔纤维

麻赛尔纤维是对天然黄麻、红麻纤维进行处理而得到的一种新型再生纤维素纤维。该纤维克服了天然麻纤维硬、粗、短、刺痒等亲肤性差的缺点，保持了天然麻纤维原有的吸湿、透气、凉爽、抑菌和防霉等特性。该纤维具有独特的截面形状，织物手感滑爽，色泽亮丽，布面组织丰满，是一种新型、健康、时尚、绿色环保的生态纺织纤维。

（1）麻赛尔纤维的制备。麻赛尔纤维是原料差别化黏胶纤维的一种，由于原材料的不同，在浆粕制备过程中与普通棉浆存在差别，其主要工艺流程：

备料→蒸煮→喷放→洗浆→筛选→氧脱木素→碱精制→过氧化氢漂白→助剂活化→过氧化氢漂白→抄造→烘干→切纸→理纸→浸渍→压榨→粉碎→老成→黄化→熟成→过滤→纺丝→切断→精练→烘干→成品。

（2）麻赛尔纤维的形态结构。由图 3-49 可以看出，麻赛尔纤维的纵向有不规则、深浅不一的多条连续分布的条纹，与黏胶纤维的纵向形态相似；截面形态近似于不规则 C 型，边缘有较深的不规则凹凸，不同于锯齿形黏胶纤维。

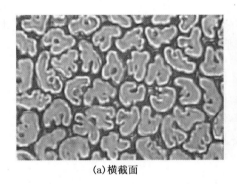

(a)横截面　　　　　　　　　　(b)纵向

图 3-49　麻赛尔纤维的形态结构

（3）麻赛尔纤维的性能。

① 力学性能。麻赛尔纤维的干态断裂强度与黏胶纤维比较接近，而湿态断裂强度高于黏胶纤维，为黏胶纤维的 1.4 倍。麻赛尔纤维的干态断裂伸长率明显小于黏胶纤维，湿态伸长率与黏胶纤维比较接近。麻赛尔纤维的干、湿态初始模量均大于黏胶纤维，为黏胶纤维的 1.1～1.2 倍。麻赛尔纤维在小变形条件下，承受外力作用时抵抗变形能力好于黏胶纤维，其制品的形状稳定性好于黏胶纤维制品。

② 吸湿性能。麻赛尔纤维大分子上含有大量的亲水性基团，且纤维纵向具有沟槽，吸湿性良好，公定回潮率为 12.86%，接近于黏胶纤维，且吸湿速率较快，该纤维的织物具有良好的吸湿导湿性、透气性、舒适性和亲肤性。

③ 防霉抑菌性。麻类纤维具有天然的防霉、抑菌性,在麻赛尔纤维的制备过程中采用特种工艺,有效地保留了麻材中的抗菌、抑菌成分。麻赛尔纤维对金黄色葡萄球菌抗菌、抑菌性能:抑菌活性对数值>4.6,杀菌活性对数值>2.1。

④ 染色性能。麻赛尔纤维的染色性能好,色牢度佳,所有纤维素纤维的染整工艺和染料均适用。由于纤维截面具有空腔结构,染料对麻赛尔纤维和黏胶纤维的可染程度不完全相同,染色效果存在一定区别。

(4)麻赛尔纤维的应用。麻赛尔纤维有棉型、中长型、毛型三种,具有良好的可纺性,既可纯纺,也可与棉、毛、丝、麻、化纤、羊绒等纤维混纺、交织。根据纤维抑菌、防霉、吸湿、透气、柔软、蓬松、舒适等特性,可开发各类针织毛衫、内衣等产品。

2. 圣麻纤维

圣麻纤维是以黄麻、红麻等低档麻材为原料,经过蒸煮、漂白、制胶、纺丝、后处理等工艺制成的。圣麻纤维保留了麻材的天然抗菌性能,克服黄麻、红麻等天然麻纤维长度整齐度差、细度不匀率大、纤维刚性大、抱合性差等缺点,改善可纺性,同时也克服了麻纤维固有的条干不匀、亲肤性差、织物表面粗糙等方面的不足。

(1)圣麻纤维的制备。圣麻纤维的主要成分是纤维素,生产过程是将黄麻和红麻纤维中的纤维素提取出来,采用水解、碱法和多段漂白工艺,精制成满足纤维生产要求的浆粕,再经纺丝制成纤维,其工艺流程如下:

麻材浆粕→粉碎→浸渍→碱化→黄化→溶解→蒸煮→过滤→漂白→熟成→纺前过滤→纺丝→塑化→水洗→切断→精练→烘干→打包。

(2)圣麻纤维的形态结构。圣麻纤维的生产过程也是一个植物纤维素再生的过程,保持了天然纤维素的组成成分,其组分中含碳 44.44%、氢 6.17%、氧 49.39%。圣麻纤维纵向表面有沟槽,横截面呈梅花形和星形,有不规则沟痕(图 3-50)。

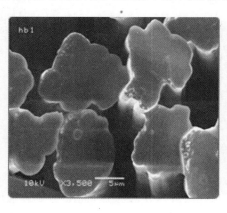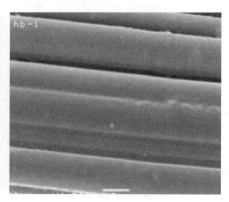

(a)横截面 (b)纵向

图 3-50 圣麻纤维的形态结构

圣麻纤维双折射率低,分子取向度较低。圣麻纤维的结晶度为 40%,高于普通黏胶纤维和 Modal 纤维,与 Lyocell 纤维相当。

(3)圣麻纤维的性能。

① 力学性能。圣麻纤维具有强度中等、断裂伸长率较大、初始模量不高的特点。1.5 dtex

的圣麻纤维,干态断裂强力 3.04 cN,干态断裂伸长率 25.2%,湿态断裂强力 1.92 cN,湿态断裂伸长率 26.8%,初始模量 28 cN/dtex。纤维受较小拉伸力时,抵抗变形的能力较差,织物保形性较差。

② 化学性能。圣麻纤维的化学性质同其他再生纤维素纤维一样,对酸和氧化剂的抵抗力差,而对碱的抵抗力较强,但对碱的稳定性低于天然纤维素纤维。常温下将圣麻纤维放入 75% H_2SO_4 溶液中,迅速溶解,在 5% NaOH 溶液中煮沸时不溶。

③ 吸湿性能。圣麻纤维属于再生纤维素纤维,大分子间氢键较少,加上它的结构呈梅花形,表面有沟槽,因此具有良好的吸湿和导湿性能,圣麻纤维的公定回潮率为 13.2%。

④ 热学性能。圣麻纤维的耐热性良好,热收缩率较小,230 ℃时纤维呈微黄色,强力有明显下降,360 ℃时纤维开始炭化,变为褐色。

⑤ 染色性能。圣麻纤维可以在水中润胀,导致活性染料这种水溶性极好而分子极小的染料能迅速吸附于圣麻纤维,并能迅速在纤维中扩散。因此,圣麻纤维的染色性能优良,平衡上染百分率较高,半染时间短,色泽鲜艳,匀染性好,固色率高,牢度优良。

⑥ 卷曲性能。圣麻纤维的卷曲率为 8.66%,卷曲回复率为 7.06%,卷曲弹性率为 81.32%。圣麻纤维的卷曲率、卷曲弹性率适中,卷曲的耐久牢度一般,受力后卷曲的回复能力较差,织物容易起拱变形,使服装的外观变差,导致耐用性降低。

⑦ 防霉抑菌性。麻材具有天然的抑菌、防霉性,在生长过程中,不施农药和杀虫剂,并在生产过程中最大限度地保留了有关物质,使其嫁接在圣麻纤维大分子链上,因而圣麻纤维具有抑菌、防霉性能,能有效控制有害细菌的滋生繁殖,有效切断通过衣物传播、感染病菌的途径。圣麻纤维织物的抑螨驱螨率达到 93.57%,对人体健康具有良好的保护作用。

⑧ 亲肤性。圣麻纤维是再生纤维素纤维,具有优异的毛细现象,吸湿性格外好,并且有较好的透气性和吸湿排汗性,肤感光滑凉爽,不同于天然麻纤维手感粗糙、扎痛刺痒的感觉,该纤维织物具备优异的亲肤性。

⑨ 其他性能。圣麻纤维具有独特的梅花状外形,其分子结构呈多棱状,较松散,有螺旋纹,因此其制品对音波、光波具有良好的消散作用。圣麻纤维的体积比电阻是 $5.3×10^8$ Ω·cm,具有良好的抗静电性和耐光性。

(4)圣麻纤维的应用。圣麻纤维光泽亮丽,加工的产品经过染整加工后,颜色鲜艳,穿着舒适,服用性能优良,加工的产品具有麻织物的独特风格和特性。圣麻纤维可与苎麻、亚麻、罗布麻等混合,也可与其他化学纤维、天然纤维进行混纺或交织,能显著改变产品的风格。根据圣麻纤维的性能,主要开发以下产品:

① 机织面料。利用圣麻纤维初始模量较高、耐磨性和悬垂性好、色泽亮丽的特点,可开发挺括、悬垂性好的外衣产品,如夹克面料、休闲裤面料、衬衫面料、仿真丝面料、西装面料等。

② 针织面料。圣麻纤维手感滑爽、无异味,具有天然防霉抑菌性、透气性、吸湿性和导湿性好,适于开发各类大圆机、横机、罗纹机生产的贴身产品,如:内衣、T 恤衫、袜子等。

③ 医用卫生产品。圣麻纤维生产的护士服、口罩、手术服、纱布、绷带、病人的床单和被罩等,能有效防止病菌传播。

④ 装饰和日常用品。圣麻纤维生产的各种装饰用品,能够吸收环境和人体气味,如地毯、凉席、玩具、毛巾、浴巾、床单、被罩、窗帘、汽车座垫等。

⑤ 非织造布产品。圣麻纤维的湿强较高,可开发非织造布产品,如餐巾纸、口罩等。

（三）高湿模量黏胶纤维

高湿模量黏胶纤维克服了普通黏胶纤维湿态时被水溶胀、强度明显下降、织物洗涤揉搓时易变形、干燥后易收缩而使用时又逐渐伸长即尺寸稳定性差的缺点,是一种具有较高的强度、较低的伸长度和膨化度、较高的湿强度和湿模量的黏胶纤维,其物理特性接近棉纤维,在纺织上可代替细绒棉,其织物对碱的作用具有较高的稳定性。

高湿模量黏胶纤维主要有两个品种。一类为波里诺西克（Polynosic）纤维,亦称为经典高湿模量纤维、富强纤维,日本称之为虎木棉,我国的商品名为丽赛纤维。这类纤维的特点是湿态断裂强度和湿模量特别高,但这种纤维的生产工艺复杂、成本高,而且断裂伸长率较小,钩接强度和耐磨性能较差。另一类为变化型高湿模量黏胶纤维,简称为高湿模量纤维。这类纤维的干强和湿强略低于波里诺西克纤维,但断裂伸长率较高,钩接强度特别优良,湿模量低于波里诺西克纤维,但与棉大致相同,已基本克服上述普通黏胶短纤维的几项严重缺陷,而且克服了波里诺西克纤维钩接强度较差、脆性较大的缺点。代表种类有美国研发的 HWM、奥地利兰精公司的 Lenzing Modal 纤维、台湾化学纤维股份有限公司生产的 Formotex 纤维和山东海龙股份有限公司研发的 Newdal 纤维。

1. 丽赛纤维

丽赛（Richcel）纤维是一种波里诺西克（Polynosic）纤维在我国的注册商品名,是由丹东东洋特种纤维有限公司采用日本东洋纺技术设备与原料生产的具有优异综合性能的一种新型高湿模量纤维素纤维。该纤维与人体皮肤具有良好的亲和性和保暖性,十分柔软,许多舒适性指标接近羊绒,被业界称为"植物羊绒"。

丽赛纤维具有高强度、高湿模量、高聚合度和适当的伸度,吸湿性好,性能与 Lyocell 纤维接近,而市场价格大大低于 Lyocell 纤维,与 Modal 纤维较为接近。

（1）丽赛纤维的制备。丽赛纤维采用高酯化度、高黏度的黏胶原液,在多组分、低浓度的低温凝固浴中纺丝成型;按照凝固→拉伸→再生的顺序进行;全程清洁生产,安全环保;回收碱液采用新加坡的膜分离技术。在纺丝过程中,由于纺丝溶液黏度高、含酸量较低,加上纺丝过程中牵伸速度和固化速度较低,丽赛纤维的分子从内部向外部固化,使丽赛纤维分子内部结构整齐,取向度和结晶度较高,并可完全生物降解。丽赛纤维属于绿色环保纤维,既符合"可持续发展"的要求,又满足人们日益追求自然、舒适、美观和卫生保健的时尚需求,具有很好的市场前景。

（2）丽赛纤维的结构。

丽赛纤维的横截面为圆形,全芯结构,纵向光滑,见图 3-51。独特的纵、横向结构使丽赛纤维比较柔软,表面顺滑,织成的面料光泽良好,极富弹性,悬垂性和滑爽感优良。

丽赛纤维的结晶度为 45%～50%,较 Lyocell、普通黏胶纤维高,低于棉纤维,取向度为 80%～90%,高于普通黏胶纤维;聚合度为 450～550,高于普通黏胶,与 Lyocell 相当。

（3）丽赛纤维的性能。

① 力学性能。丽赛纤维的断裂强度高,断裂伸长率小。其干强度为 3.75 cN/dtex,高于棉纤维、普通黏胶纤维、Modal 纤维;湿强较高,约为 3.0 cN/dtex,高于 Modal 纤维,仅次于棉纤维,克服了黏胶纤维湿强低的缺点。丽赛纤维的干态初始模量为 39.1 cN/dtex,湿态初始模量为 38.5 cN/dtex,高于 Modal 纤维,故又称为高湿模量纤维。纤维的初始模量大,回弹性

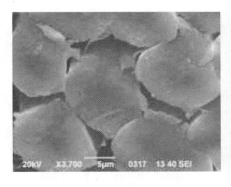 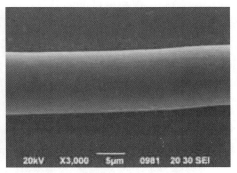

（a）横截面   （b）纵向

图 3-51　丽赛纤维的形态结构

好，其织物收缩率较小，尺寸稳定性好，挺括，不易起皱。

②化学性能。丽赛纤维不但耐酸而且耐碱，能够像棉一样经受丝光处理，改善织物手感与光泽。

③吸湿性能。丽赛纤维公定回潮率为13%，与普通黏胶纤维相等，高于棉纤维。由于吸湿性好，在纺纱过程中有效遏制静电现象的发生，保证纤维纺纱过程顺利进行。

④染色性能。丽赛纤维的羟基可及度为50%以上，与棉纤维的上染机理相同，可直接用活性染料和直接染料进行染色，色牢度高，色泽鲜艳，富有光泽，染色性能优于普通黏胶，上染率高于棉。低温时吸水膨化后纤维手感较为僵硬，会影响活性染料的上染率、扩散性能和渗透性，作为筒子纱染色时最好选用中高温型活性染料。

⑤原纤化能力。丽赛纤维的原纤化等级为3，仅次于 Lyocell 的4级，高于棉的2级和 Modal 的1级。原纤化是该纤维的一个突出特点，既需要在染整过程中进行整理，防止原纤化，以满足表面光洁明亮、仿丝感强的织物风格要求，又需要利用原纤化，使某些纺织品风格更加独特，手感细腻柔软，亲肤性强，穿着舒适。

⑥其他性能。丽赛纤维抗紫外线能力优于普通黏胶纤维；耐霉菌性能好；对人体皮肤无刺激性，亲肤性好；纤维质量比电阻较小，为 $5.0 \times 10^7 \ \Omega \cdot g/cm^2$，在纺纱中不易产生静电，可纺性较好。纤维的水膨润度为60%，低于 Lyocell、Modal、普通黏胶纤维，高于棉纤维，因此湿态尺寸保持性好，缩水率低。该纤维的废弃物可自然降解，安全环保，为可再生、可自然降解的人造纤维素纤维。

（4）丽赛纤维的应用。丽赛纤维广泛应用于服装、家纺等领域，已经市场化的产品有丽赛纯纺、混纺（与棉、亚麻、大麻、羊毛、羊绒等混纺）、复合（与 Lyocell、PTT 等复合）和交织产品。除此之外，丽赛纤维还能够生产一些特殊产品，如针织色纺纱、花式纱、色织布等。

2.　莫代尔纤维

莫代尔（Modal）纤维是奥地利兰精（Lenzing）公司开发的第二代高湿模量再生纤维素纤维，原料采用榉木，先将其制成木浆，再纺丝加工成纤维。该产品的原料全部为天然材料，对人体无害，并能够自然分解，对环境无害，是21世纪的新型环保纤维。

兰精公司已开发出 Lenzing Modal Micro（兰精莫代尔超细纤维）、Lenzing Modal Color（兰精莫代尔彩色纤维）、Lenzing Modal Sun（兰精莫代尔抗紫外线纤维）、Lenzing ProModal

（兰精天丝代尔纤维）几种新型产品。

（1）Modal 纤维的制备。采用无毒并可回收利用的有机溶剂，按照黏胶纤维的纺丝原理，将原料制成浆，再通过溶剂法纺丝加工，即在特定条件下，通过溶解、过滤、脱泡等工序后挤压纺丝、凝固而制成 Modal 纤维。

（2）Modal 纤维的结构。

① 形态结构。兰精 Modal 的横截面不规则，类似腰圆形，没有中腔，有皮芯结构，皮层较厚，纵向表面光滑，有 1～2 道沟槽，见图 3-52。

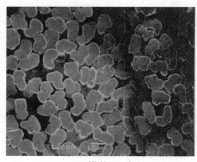

(a) 横截面   (b) 纵向

图 3-52　Modal 纤维的形态结构

② 分子结构。从表 3-32 可以看出，与普通黏胶纤维相比，Modal 纤维具有较高的结晶度和取向度，说明纤维的无定形区较小，大分子排列整齐密实。Modal 纤维存在原纤结构，手感细腻柔软，亲肤性强，穿着舒适，但由于原纤化等级较低，因此该纤维表面光洁明亮，仿丝感较强。

表 3-32　Modal 纤维和普通黏胶纤维的结构对比

纤维类型	结晶度（%）	取向度（%）	聚合度	原纤化等级
Modal 纤维	50	75～80	550～650	1
普通黏胶纤维	30	70～80	250～300	1

（3）Modal 纤维的性能。

① 物理和化学性能。Modal 纤维的长度较长，细度较细（见表 3-33），具有较高的成纱强度，纱线条干均匀性好，且毛羽少，表面光洁，其制品的摩擦系数小，耐磨性较好。Modal 纤维的密度大于普通黏胶纤维，遇水体积膨胀率比黏胶纤维小。

表 3-33　Modal 纤维和普通黏胶纤维的物理性能对比

纤维类型	长度（mm）	线密度（dtex）	密度（g/cm³）	水膨润率（%）
Modal 纤维	38	1.3～1.4	1.52	70
普通黏胶纤维	38	1.5	1.46～1.52	90

Modal 纤维的吸湿性较好，公定回潮率和黏胶纤维一样，均为 13%。但与黏胶纤维相比（见表 3-34），Modal 纤维的干强和湿强、干初始模量和湿初始模量都较大，而干伸长率和湿伸长率都较小，且各种性能受湿度的影响都比黏胶纤维小，说明 Modal 纤维不但具有高湿模量、

高强度和低湿伸长率,而且其织制的织物具有很好的保形性,织物具有天然的抗皱性能。此外,Modal纤维具有良好的耐碱性,且耐弱酸;耐热性好,在180～200 ℃下产生分解。

表3-34　Modal纤维和普通黏胶纤维的力学性能对比

纤维类型	干强 (cN/dtex)	干伸长率 (%)	湿强 (cN/dtex)	湿伸长率 (%)	干初始模量 (cN/dtex)	湿初始模量 (cN/dtex)
Modal纤维	3.4～3.6	13～15	1.9～2.1	13～15	27.1	20.0
普通黏胶纤维	2.2～2.6	20～25	1.0～1.5	25～30	13.5	4.0

② 染色性能。Modal纤维的染色性能较好,吸色透彻,色牢度高,织物色泽鲜艳、亮丽。其染色性能和黏胶纤维、棉纤维相似,传统的纤维素纤维染色用的染料,如直接染料、活性染料、还原染料、硫化染料和偶氮染料,都可用于Modal纤维织物的染色。相同的上染率下,Modal纤维织物的色泽更好,鲜艳明亮。Modal纤维与棉混纺可进行丝光处理,且染色均匀、浓艳,色泽保持持久。

（4）Modal纤维的应用。Modal纤维是柔软、舒适针织和机织物的理想纤维原料,可以纯纺,但纯Modal纤维形成的面料松软,无骨架,保形性不好,染整定型和成衣制作都很困难;另外,Modal纤维的湿模量较高,在水中,纤维间移动增多,摩擦系数增大,容易产生严重的原纤化倾向,一经摩擦,极易造成面料的起绒、起球,影响织物外观风格,为了改善纯Modal纤维产品的挺括性差的缺点,多采用与其他纤维混纺、交织,发挥各自纤维的特点,可达到良好的服用效果。例如Modal纤维与羊毛纤维混纺可生产高档精纺呢绒面料。

3. 纽代尔纤维

纽代尔（Newdal）纤维有"中国莫代尔"之称,是由山东海龙公司自主研发的国内唯一的高湿模量纤维,以可再生天然优质棉、木浆为原料生产的。该纤维具有较高的强度、湿模量、优越的断裂伸长率和独特的高卷曲性,具有更好的纺织可加工性。纤维质地柔软滑爽,丝质感强,具有良好的手感和悬垂感,织物保形性好,易打理,耐洗涤,抗折皱,其废弃物可自然降解,安全环保。

（1）Newdal纤维的制备。Newdal纤维采用高酯化度、高黏度的黏胶原液,在多组分、低浓度的低温凝固浴中,以较低的纺丝速度成型,然后按照凝固→拉伸→再生→回缩的顺序进行加工。这种成型工艺决定了Newdal纤维的分子是缓慢均匀固化的,分子内部结构整齐,取向度、结晶度较高,因此纤维具有较高的强度、适宜的伸长率、独特的卷曲性和优良的尺寸稳定性。

（2）Newdal纤维的结构。

Newdal纤维的纵横截面形态与Modal纤维接近,横截面呈不规则的腰圆形,外缘圆滑,纵向有数条不规则沟槽,有坑点。

Newdal纤维的聚合度为380～410,结晶度为35%～40%,均高于黏胶纤维。

（3）Newdal纤维的性能。

① 力学性能。Newdal纤维强度与Modal、Formotex纤维相近,高于普通黏胶纤维;断裂伸长率大于Modal、Formotex纤维,但小于普通黏胶纤维。由于Newdal纤维的膨润度低于黏胶纤维,因此其湿模量高于黏胶纤维,成品尺寸稳定性好。

② 吸湿性能。Newdal 纤维大分子上含有大量的亲水性基团,吸湿性优越,公定回潮率为12.28%,接近黏胶纤维,且吸湿速率较快。Newdal 纤维织物具有良好的舒适感和皮肤亲和性,是一种全新的绿色亲肤纤维。

③ 热学性能。随着加热时间的延长,Newdal 纤维强度几乎呈线性下降。随着加热温度的升高,Newdal 纤维的强度先比较缓慢地下降,在 190 ℃时为分界点,强度下降比较剧烈。当加热温度超过 190 ℃,加热时间为 20 min 时,Newdal 纤维的强度损失率大于 15%,从而影响制品的使用性。因此,建议对 Newdal 纤维进行后加工热处理时,温度不超过 190 ℃,加热时间不超过 20 min。

④ 染色性能。Newdal 纤维的染色性能好,染色牢度佳。所有纤维素纤维的染整工艺和染料均适用于 Newdal 纤维。由于纤维具有较高的取向度和结晶度,染料对 Newdal 纤维和黏胶纤维的可染程度不完全相同,染色效果存在区别,Newdal 纤维纱染色后具有比黏胶纤维纱更佳的光泽。

⑤ 卷曲性能。Newdal 纤维独特的卷曲性使其在纺纱加工过程中纤维之间的摩擦力和抱合力增加,提高纤维的可纺性能。另外,纤维的卷曲增多还可改善纤维弹性和蓬松性,使织物柔软丰满,具有良好的抗皱性和保暖性,对改善纤维和织物光泽也有一定的作用。

⑥ 其他性能。Newdal 纤维具有不规则锯齿状的横截面,因此摩擦系数较小。Newdal 纤维的质量比电阻较小,在生产中不易产生静电。

(4) Newdal 纤维的应用。Newdal 纤维具有良好的可纺性,既可纯纺,也可与棉、毛、丝、麻、化纤等混纺交织,适合织造各类柔软、舒适的针织物和机织物,是制作女装、内衣、儿童服装、运动装、毛巾等的理想材料。Newdal 纤维的初始模量较大,回弹性好,可制成蓬松度较好、手感丰满的仿毛类毛衫织物;Newdal 纤维吸湿性较好,织成的织物具有良好的导湿透气性,同时该纤维对人体皮肤无刺激性,且柔软滑糯,因此也是生产 T 恤、内衣、儿童服装、运动装、各种高档时装和卫浴用品面料的理想选择;Newdal 纤维染色鲜艳,高温保色性好,富有光泽,织物成型性好,用于机织面料生产时,能使面料形态尺寸稳定。无论从原料来源,还是纤维的各项性能来看,由 Newdal 纤维制成的产品具有广阔的应用前景。

4. 绮丽丝纤维

(1) 绮丽丝纤维的制备。绮丽丝(Formotex)纤维是由台湾化学纤维股份有限公司生产的一种木浆纤维,原料采用天然木材,先将其制成木浆,再纺丝加工成纤维,能够自然分解。其具有较高的强度、较高的湿模量、良好的吸湿性和染色性、手感柔软、舒适飘逸、悬垂性好、无静电困扰等特点,有绢丝般的光泽,服用性能良好。

(2) Formotex 纤维的形态结构。Formotex 纤维的横截面接近圆形,纵向表面比较光滑,无沟槽,见图 3-53。

(3) Formotex 纤维的性能。

① 物理和化学性能。Formotex 纤维的强度比棉、丝和黏胶纤维高,与涤纶接近,钩接强度高,湿强也较高,伸长性好,耐磨,初始模量大。Formotex 纤维的密度约为 1.29 g/cm³,纤维含杂少,耐酸性差,耐碱性好。

② 吸湿性能。Formotex 纤维的结晶度低,大分子上含有大量的亲水性基团,具有良好的吸湿性,公定回潮率接近黏胶纤维,一般为 12%左右,且吸放湿速率较快,透气性能好,毛细管效应强。

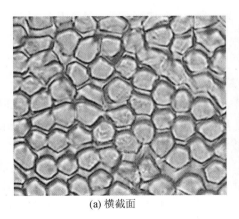
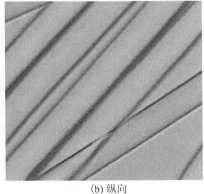

(a) 横截面   (b) 纵向

图 3-53　Formotex 纤维的形态结构

③ 染色性能。能用于黏胶纤维的染料同样适合 Formotex 纤维,上染率高,可用活性染料、直接染料和还原染料等。织物经染色后,色泽鲜艳,色牢度高,这与 Formotex 纤维的结晶度低、非晶区大等有关。但由于 Formotex 纤维的相对分子质量和聚集态结构与黏胶纤维不同,同一种染料对 Formotex 纤维和黏胶纤维的可染程度不完全相同,所以染色效果有区别,Formotex 纤维纱染色后具有比黏胶纤维纱更好的光泽。

④ 抗静电性能。Formotex 纤维的质量比电阻大,抗静电性和抗污性良好,且表面具有一定的摩擦系数,纤维间有较好的抱合力,纺纱时不易产生静电,能显著减少缠绕机件的现象,具有良好的可纺性,可纯纺,也可与竹浆纤维、大豆纤维、毛、棉、腈纶等其他纤维混纺。

⑤ 环保性。加工 Formotex 纤维的原料所采用的木材在生长过程中无需任何农药,在原料的提取和生产过程中全部实施绿色生产,在生产加工过程中采用高科技手段,使之成为无任何化学助剂残留的天然纤维,具有无毒的特点,其溶剂容易回收,本身无公害,不会造成二次污染,也不会对环境产生污染,因此该纤维属于当今世界无污染的功能性、绿色环保型纤维。

⑥ 其他性能。Formotex 纤维的耐日晒能力和耐光性强,耐热性好,抗紫外性能力优于黏胶纤维,用紫外线灯照射 20 h 后,强度下降很少,对皮肤有良好保护作用和保健功效。

（3）Formotex 纤维的应用。Formotex 纤维既具有天然棉纤维的舒适感,又具有黏胶纤维的吸湿性、悬垂性和较高的强度,其织物服用性能良好,光泽亮丽,手感柔软,缩水性小,尺寸稳定,保形性好,可用于内衣裤、休闲服、衬衫、牛仔布和高级衣料。

另外,用 Formotex 纤维加工的绷带、纱布、妇女卫生巾、婴儿和成人尿不湿、外科敷贴材料等医用非织造布材料具有优良的性能。这些产品膨松,吸湿性和透气性好,不污染环境,对皮肤有调理作用,可防止皮肤干燥,使用时柔软舒适,且无副作用,无刺痒感。Formotex 纤维是一种具有较高研究价值和应用广泛的非织造布,在医疗和卫生领域得到广泛的应用。

三、纤维素衍生物

纤维素衍生物是以纤维素高分子中的羟基与化学试剂发生酯化或醚化反应的生成物。按照反应生成物的结构特点,可以将纤维素衍生物分为纤维素酯、纤维素醚和纤维素醚酯三大类,已经商品化应用的纤维素酯类有纤维素硝酸酯、纤维素乙酸酯、纤维素乙酸丁酸酯和纤维素黄酸酯等;纤维素醚类有甲基纤维素、羧甲基纤维素、乙基纤维素、羟乙基纤维素、氰乙基纤维素、羟丙基纤维素和羟丙基甲基纤维素等。

（一）醋酸纤维素纤维

醋酸纤维素（也称之为乙酸纤维素、纤维素乙酸酯）是一种重要的纤维素衍生物,是以醋酸和纤维素为原料经乙酰化反应制得,结构式可表示为 $C_6H_7O_2(CH_3OCO)_3$。根据纤维素中羟基被乙酰基取代的程度可分为三个品种:乙酰基含量为 31%～35% 时,称之为一醋酸纤维素;乙酰基含量为 38%～41.5% 时,称之为二醋酸纤维素（CDA）,俗称醋片;乙酰基含量大于 43% 时,称之为三醋酸纤维素（CTA）。商业上广泛应用的是二醋酸纤维素,即纤维素结构单元平均有 2.5 个羟基被乙酰化;其次为三醋酸纤维素。CTA 广泛应用于胶卷、塑料、纺织纤维、膜材料等,而 CDA 广泛应用于香烟滤嘴和纺织纤维,通常 CDA 是由纤维素乙酰化后的 CTA 水解获得。

醋酸纤维素经纺丝制成的纤维被称为醋酸纤维,它有长丝和短纤维,又有有光和无光之分。一般所说的醋酸纤维指二醋酸纤维。本节以二醋酸纤维为例对其形态结构和性能进行介绍。

1. 醋酸纤维的制备

醋酸纤维生产首先将纤维素（木浆粕或棉浆粕）和无水醋酸（醋酸酐）乙酰化制成三醋酸纤维素,随后将三醋酸纤维素溶解在二氯甲烷和少量乙醇组成的溶剂中,纺丝液浓度为 20%～22%,可制得三醋酸纤维;亦可将三醋酸纤维素经过水解,生成二醋酸纤维素,再将此纤维素溶解在丙酮溶剂中,配成浓度为 22%～30% 的纺丝液,经过滤和脱泡后纺丝,纺丝液细流与热空气流接触,溶剂挥发,形成丝条,经拉伸制得二醋酸纤维（图 3-54）。

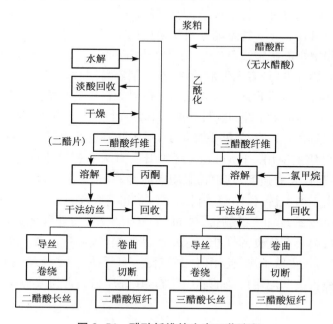

图 3-54　醋酸纤维的生产工艺流程

2. 二醋酸纤维的结构

（1）形态结构。二醋酸纤维纵向表面形态光滑,较为均一,有明显的沟槽,横截面呈苜蓿叶形,无皮芯结构,周边较为光滑,少有浅的锯齿,见图3-55。

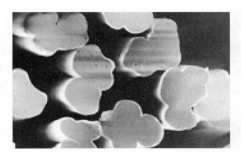

（a）横截面　　　　　　　　　　　　　　　（b）纵向

图3-55 醋酸纤维的形态结构

（2）聚集态结构。二醋酸纤维超分子结构中无定形区较大,结晶度为21.98%,取向度为0.64。

3. 二醋酸纤维的性能

（1）力学性能。二醋酸纤维的断裂强度较低,约为1.29 cN/dtex,湿态下强度损失较大,剩余强度约为干强的70%,和黏胶纤维的湿态强度差不多。醋酸纤维的断裂伸长率为31.44%,比黏胶纤维大,湿态下伸长能力更大。

（2）化学性能。二醋酸纤维的耐酸稳定性较好。在一定浓度范围内,常见的硫酸、盐酸、硝酸都不会对纤维的强度、光泽和伸长等造成影响,但是可以溶解于浓硫酸、浓盐酸、浓硝酸。

二醋酸纤维对碱剂非常敏感,弱碱性碱剂对二醋酸纤维造成的损伤较少,纤维失重率很小。遇到强碱后,二醋酸纤维容易发生脱乙酰化,造成质量损失,强度和模量也随之下降。因此,处理二醋酸纤维的溶液pH值不宜超过7.0。在标准洗涤条件下,二醋酸纤维具有很强的抗氯漂白性能,还可用四氯乙烯进行干洗。

二醋酸纤维在丙酮、DMF、冰醋酸中完全溶解,在乙醇和四氯乙烯中则不溶解。

（3）吸湿性能。二醋酸纤维的吸湿性能良好,公定回潮率低于黏胶纤维,但是远远高于聚酯纤维,介于黏胶纤维和聚酯纤维之间,约为6%。二醋酸纤维既具有一定的吸水性,又具有吸水后快速脱去的性能。

（4）热学性能。醋酯纤维的沸水收缩率较低,但是高温处理会对纤维的强度和光泽等性能造成影响,因此温度不宜超过85 ℃;具有良好的热塑性,软化温度和熔点与聚酯纤维较为接近,在200~230 ℃时软化,260 ℃时熔融;产生塑性变形后形状不再回复,具有变形永久性。醋酸纤维的热稳定性较好,纤维的玻璃化转变温度在185 ℃左右,熔融终止温度在310 ℃左右,升温结束时,纤维的失重率为90.78%。

（5）染色性能。醋酸纤维虽然来源于纤维素,但是在酯化过程中,纤维素葡萄糖环上的极性羟基很大一部分被乙酰基取代成酯,因此,纤维素纤维染色常用的染料对醋酸纤维几乎没有亲和力,难以上染。最适合醋酯纤维用的染料是低相对分子质量且上染速率相近的分散染料,色泽鲜艳亮丽,匀染效果好,染料吸尽率高,色牢度也高,而且色谱齐全。

（6）其他性能。醋酸纤维织成的织物易洗快干,不霉不蛀,其弹性优于黏胶纤维。醋酸纤维面料不带电;不易吸附空气中的灰尘,干洗、水洗和40 ℃以下机手洗均可,易于打理收藏,而且醋酸面料具有毛织面料的回弹性和滑爽的手感。

4. 醋酸纤维的应用

醋酸纤维不易着火,可以用于制造纺织品、烟用滤嘴、板材、片材、塑料制品、电子薄膜等。醋酸纤维光泽优雅,手感柔软,有良好的悬垂性,酷似真丝,在美国、欧洲、亚洲各国,醋酸纤维织物广受消费者的青睐,广泛用于织造各种高级服装里料、礼服、休闲装、运动服、睡衣、内衣、婚纱等。在缎类织物、节日用的彩带和绣制品底料产品方面,醋酸纤维的特性也充分展露出来。醋酸短纤制成的无纺布可以用于外科手术包扎,与伤口不粘连,是高级医疗卫生材料。

（二）羟乙基纤维素纤维

羟乙基纤维素（HEC）是以棉纤维短绒为原料,环氧乙烷（EO）为醚化剂,利用气固相醚化反应合成具有独特碱溶性的纤维素醚,是一种无味、无毒的白色或淡黄色纤维状固体。HEC具有一定的增稠、黏合、分散、乳化、成膜、成纤等特性,已经广泛应用于石油、纺织、涂料、建筑、食品、医药等领域。以碱溶性羟乙基纤维素为原料,采用双螺杆湿法纺丝工艺,可制得羟乙基纤维素纤维（简称 HEC 纤维）。

1. HEC 纤维的制备

HEC 纤维的制备过程分两步,首先制备 HEC,其工艺流程见图 3-56;随后再经过湿法纺丝方式制成 HEC 纤维,其纺丝工艺流程见图 3-57。

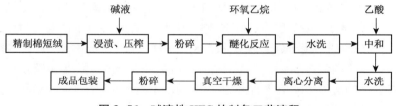

图 3-56　碱溶性 HEC 的制备工艺流程

在制备 HEC 的过程中,由于纤维素内部的氢键作用,纤维素的化学活性不高,用碱液处理纤维素得到的碱纤维素不仅能提高纤维素的化学反应活性,而且可以提高纤维聚合度的均一性。将干燥后的精制棉短绒浆粕按照浴比 1∶20 浸没于浓度为 270 g/L 的氢氧化钠溶液中,温度为 10 ℃,时间为 1 h。然后将得到的碱纤维素进行压榨,使其质量达到纤维素浆粕质量的 3.1 倍,用捏合机在常温下进行粉碎。对捏合机抽真空至真空度恒定,采用向捏合机两次加入液态环氧乙烷的方法,先加入一半,并同时对捏合机水浴加热至 40 ℃,反应一段时间待真空度稳定后加入另外一半继续反应至真空度恒定。将所得反物取出,用乙酸中和游离的碱并过滤,接着用去离子水反复洗涤滤物至中性。最后将产物在 60 ℃下真空干燥、粉碎,可得HEC 成品。

将干燥粉碎后的 HEC 粉末溶解于 8%氢氧化钠/6.5%硫脲/8%尿素/77.5%水的复合溶剂中,制成质量分数为 10%纺丝原液。配置好的 HEC 纺丝原液清澈透明,呈淡黄色,将其放入溶解釜中,在氮气压力的作用下,经过烛形过滤器,过滤掉一些没有溶解的杂质,进入脱泡釜中。经过真空脱泡后的纺丝原液在氮气的压力下,陆续经过计量泵、烛形过滤器从喷丝口喷出,原液细流直接进入由 12wt%的硫酸,10wt%的硫酸钠,78wt%的去离子水组成的凝固浴中,生成固态的初生纤维。初生纤维经过 40 ℃水浴拉伸、水洗、卷绕、干燥和热处理后便得到 HEC 纤维成品。

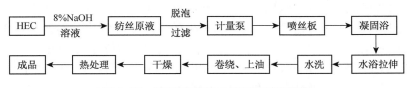

图 3-57 HEC 纤维的湿法纺丝工艺流程

2. HEC 纤维的结构

HEC 纤维截面形态近似圆形,粗细均匀,表面有沟槽和杂质,并有并丝现象,不够光滑,内部结构均匀致密,没有明显的空洞和缺陷。随水浴拉伸比的增加,HEC 纤维的偏光双折射率增大,取向度逐渐增加。

HEC 纤维为纤维素 Ⅱ 晶型结构,结晶度为 37.8%,比 Ⅰ 晶型结构的纤维素有所下降。HEC 在溶解与凝固纺丝过程中没有发生化学变化,只发生物理形态的变化。

3. HEC 纤维的性能

HEC 纤维干态断裂强度为 2.85 cN/dtex,断裂伸长率为 10.63%,湿态断裂强度为 1.46 cN/dtex。HEC 纤维较纤维素的吸湿性好,公定回潮率为 11.15%。HEC 纤维的初始分解温度和最快分解温度都较低,纤维素的快速分解温度区间较大,热稳定性能降低。

第四节　再生蛋白及蛋白改性纤维

蛋白质来源丰富,且多数属于可再生资源,由此开发的再生蛋白质纤维及蛋白改性纤维性能独特,附加值高,具有良好的可持续性和发展前景。

不同的蛋白质可以通过特殊的方法进行再生和提取,如:丝素蛋白可以通过氯化钙/乙醇/水三元溶液、溴化锂等溶液进行溶解—过滤—透析得到再生丝素蛋白溶液。又如羊毛角蛋白可以通过过氧乙酸、硫醇、1-丁基-3-甲基咪唑(BMIM)等特殊溶剂将羊毛溶解成角蛋白溶液,再经透析、纯化提取再生羊毛角蛋白。这些提纯的蛋白质已被报道可通过湿法纺丝等手段制备蛋白再生纤维,引起学术界广泛关注。但由于其工艺复杂,产品性能存在缺陷,距离产业化还有一段距离。

与再生蛋白质纤维相比较,蛋白质改性纤维更易实现。蛋白质改性纤维是指在纤维制备过程中,通过共混、接枝等方法添加牛奶、羊毛和丝素等蛋白质而得到的纤维。以氨基酸为单元的蛋白质富含于生物体中,自然界已知的蛋白质已达百万种,可提供作为纤维原料的蛋白质有牛乳蛋白、丝素蛋白、胶原蛋白、蜘蛛丝蛋白、玉米蛋白等。蛋白改性纤维包括牛奶蛋白纤维、胶原蛋白纤维、羊毛角蛋白纤维、羽毛蛋白纤维和蚕蛹蛋白纤维等。蛋白改性纤维除了原有纤维的特点外,还具有某些蛋白质纤维的特性,如纤维模量较高、吸湿和舒适性好,可广泛用于内衣、服装面料和非织造布产品,特别适合用作与皮肤接触的服用和家用纺织品,如床上用品、内衣及女性卫生用品等。此外,蛋白质改性可赋予产品良好的生物相容性、润湿性及吸附性能,可作为生物医用材料用于生物、医学等特殊领域。

一、概述

蚕丝生产过程中的削口茧、下脚茧、剿丝废弃物等,均可以经过化学或生物分解的方法回收丝素,然后通过再生的方法生产性能良好的再生丝素蛋白纤维或蛋白改性纤维。蛋白改性纤维研究开发的历史较早。1930年,Todtenhaupt公司采用从牛乳中提炼的酪素纺制了酪素纤维。意大利SNIA、英国Courtauldes公司也相继开发了酪素纤维。1969年,日本东洋纺公司生产了牛奶蛋白接枝改性聚丙烯腈纤维(Chinon)。1938年,英国ICI公司制备了花生蛋白质纤维,商品名为Ardil,该纤维的吸水率达14%,断裂强度为0.7 cN/dtex。1939年,Core Product fefining公司利用提取的玉米蛋白质,通过碱溶解纺丝法制得玉米蛋白纤维。1948年,美国维吉尼亚-卡里罗莱纳化学公司进行工业化生产,开发了商品Cicara,纤维密度为1.25 g/cm^3,吸水率在10%左右,断裂强度为1.0~1.2 cN/dtex。

早期研制的再生蛋白质纤维强度低、纤维粗,生产效率低,工业化生产困难。后来,石油化学工业的发展使得再生蛋白质纤维的工业化成为可能。丝素/聚乙烯醇复合纤维、丝素/纤维素复合纤维已被报道。1999—2003年,美国亚特兰大纺织学院对大豆蛋白/聚乙烯醇复合和共混纤维的纺丝进行研究,成功制备了大豆蛋白改性聚乙烯醇和大豆蛋白、乙烯醇共混纤维。Dupont公司采用基因重组DNA技术,将蜘蛛蛋白基因注入山羊体内,再从山羊奶中提取蛋白质,制备了高弹性和高强度蜘蛛丝纤维("生物钢"),其可用于生产柔性防弹衣。

我国对再生蛋白纤维的研究起步较晚,但发展迅速,在蛋白质改性纤维领域取得的成果比较显著。20世纪末,上海正家牛奶丝科技有限公司和山西恒天纺织科技有限公司分别以聚丙烯腈为单体,成功研制出牛奶蛋白纤维。2001年,江苏红豆实业股份有限公司开始市售红豆牛奶丝T恤衫。20世纪90年代,四川宜宾丝丽雅股份有限公司将提纯的蚕蛹蛋白与黏胶共混,通过湿法纺丝成功研制出具有皮芯结构的蚕蛹蛋白质改性纤维,其兼具纤维素纤维与蛋白质纤维的特性。2002年,天津人造纤维厂利用毛纺行业产生的下脚料或动物的废毛做原料,通过化学处理—溶解再生成蛋白质溶液,再将其与黏胶共混,纺制成蛋白质改性纤维素纤维。

二、蛋白质的分类、组成与结构

蛋白质主要来源于鱼、肉、豆、蛋、奶,它是以氨基酸为基本单位构成的生物高分子。蛋白质分子上的氨基酸以脱水缩合的方式组成具有不同序列结构的多肽链,一条或一条以上的多肽链再按照特定方式结合成高分子化合物。每一条多肽链上有二十至数百个氨基酸残基(—R),各种氨基酸残基又按一定的顺序排列。蛋白质结构中的氨基酸序列由其对应基因编码。多个蛋白质可以结合在一起形成稳定的蛋白质复合物,经折叠或螺旋构成一定的空间结构。蛋白质的种类众多,按照外形可分为球形蛋白质、纤维状蛋白质和膜蛋白质。蛋白质的不同主要在于其氨基酸的种类、数目、排列顺序,以及肽链空间结构的不同。

蛋白质中一定含有碳、氢、氧、氮元素,也可能含有硫、磷等元素。

蛋白质具有一级、二级、三级、四级结构,这些结构决定了它的功能。

(1) 一级结构(primary structure)。氨基酸残基在蛋白质分子中肽链的排列顺序称为蛋白质的一级结构。每种蛋白质都有独立而确切的氨基酸序列。肽键是一级结构中连接氨基酸残基的主要化学键。有些蛋白质还包括二硫键。

(2) 二级结构(secondary structure)。蛋白质分子中的肽链并非直链状,而是按一定的规律卷曲(如 α-螺旋结构)或折叠(如 β-折叠结构),形成特定的空间结构,这就是蛋白质的二级结构。蛋白质的二级结构主要依靠肽链上氨基酸残基中亚氨基(—NH—)上的氢原子和羰基上的氧原子之间形成的氢键实现。蛋白质二级结构的形式有 α-螺旋、β-折叠、β-转角、Ω-环。其中:α-螺旋是常见的蛋白质二级结构,且多为右螺旋;β-折叠是多肽链形成的片层结构,呈锯齿状;β-转角和 Ω-环存在于球状蛋白中。

(3) 三级结构(tertiary structure)。在二级结构的基础上,蛋白质分子中的肽链还按照一定的空间结构形成更复杂的三级结构。肌红蛋白、血红蛋白等就是通过这种结构,其表面的空穴才刚好容纳一个血红素分子。维系球状蛋白质三级结构的作用力有盐键、氢键、疏水作用和范德华力,这些作用力统称为次级键(图 3-58)。此外,二硫键在稳定某些蛋白质的空间结构上也起着重要作用。

(4) 四级结构(quaternary structure)。具有三级结构的多肽链按一定的空间排列方式结合在一起而形成的聚集体结构,称为蛋白质的四级结构。如血红蛋白由四个具有三级结构的多肽链构成,其中两个是 α-链,另外两个是 β-链,其四级结构近似椭球形状。

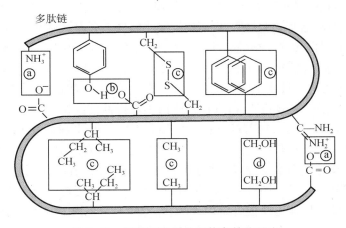

图 3-58　维持蛋白质分子构象的作用力

a—盐式键　b—氢键　c—疏水键　d—范德华力　e—二硫键

三、再生蛋白纤维

(一)再生丝素蛋白纤维

1. 再生丝素蛋白纤维的制备

再生丝素蛋白纤维的制备方法众多,这里重点介绍湿法纺丝成型法,静电纺将在本书第十三章介绍。

将丝素蛋白放在硫氰酸锂、乙醇和水的混合体系中溶解,最佳比例为 1∶1∶1,溶解温度为 110 ℃,溶解时间为 45 min,得纺丝原液。

工业化生产时,其纺丝过程是纺丝原液先进行脱泡,然后被循环管道送至纺丝机,通过计量泵,然后经过滤器、连接管而进入喷丝头。喷丝头一般采用黄金与铂的合金制成,在喷丝头上有规律地分布若干孔眼,孔径为 0.05～0.08 mm。从喷丝孔眼中压出的原液细流进入凝固浴,原液细流中的溶剂向凝固浴扩散,凝固剂向细流渗透,从而使原液细流达到临界浓度,在凝固浴中析出而形成纤维。其工艺流程可以概括为纺丝机头→凝固浴→牵伸→热水喷淋水洗→水洗→烘干卷绕,如图3-59所示。

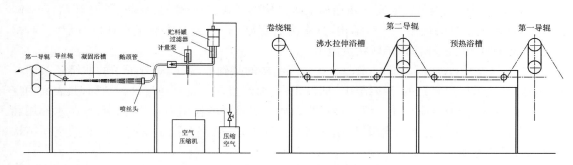

图 3-59　湿法纺丝成型工艺流程

湿法纺丝过程中主要步骤有脱泡、过滤、拉伸及凝固。

(1)脱泡。浆液在输送过程中或在机械力作用下会混入气泡,较大的气泡通过喷丝孔会造成纺丝中断,产生毛丝或者形成浆块阻塞喷丝孔,较小的气泡会通过喷丝孔,而残留在纤维中,造成气泡丝。在拉伸时易断裂或影响成品丝的强力,所以纺丝前必须把原液中的气泡脱除。

(2)过滤。脱泡后的浆液需经热交换器调至一定温度,目的是稳定和降低纺丝浆液的黏度,以有利于过滤和纺丝。过滤主要是除去浆液中的各种机械杂质,以保证纺丝的顺利进行。

(3)拉伸。对于凝固成型的纤维,宜在预热浴中进行低倍的拉伸,其实浴温不宜超过50～60 ℃,拉伸倍数为1.5～2.5。接着纤维在95～100 ℃下的热水和蒸汽中进行二次拉伸,而后进行洗涤和其他后处理。预热浴处理的必要性:如果把从凝固浴引出的初生纤维不经预热处理就直接进行整齐拉伸或沸水拉伸,所得的纤维便泛白失透。所以在把初生纤维进行高倍拉伸之前,要通过预热处理以降低其溶胀度,加强纤维结构单元之间的作用力,从而为进一步经受高倍拉伸创造条件。拉伸可以使纤维内部的孔洞减少,纤维内部变得致密,而且还可以提高蛋白质大分子沿纤维轴向的取向,从而提高纤维的强力。

(4)凝固。初生纤维在凝固浴中,可以产生双扩散。这是因为初生纤维中溶剂的浓度和凝固浴中溶剂的浓度不同,使之产生浓度梯度。当初生纤维芯部的溶剂向外扩散出时,纤维内部变得致密,内外结构差异减小,有助于提高纤维的断裂强度。

2. 再生丝素蛋白纤维的形貌

在湿法纺丝成型中,凝固浴、牵伸浴和交联浴对初生纤维的形貌有较大影响。图3-60所示依次为经过凝固浴、牵伸浴和交联浴的纤维在光学显微镜下拍摄的照片。经过比较可以看出:

图3-60(a)中的纤维有明显的粗细节,颜色较暗,纤维形状较扁。这是因为经过凝固浴时,纤维中的溶剂向外扩散,在纤维表面形成皮层,阻碍了芯部溶剂向外扩散,芯部凝固不充分,结构疏松、坍塌,使纤维形状变扁。另外,由于溶剂扩散不充分,纤维表面有残留的溶剂,从而影响纤维的颜色,致使纤维颜色较暗。

图3-60(b)中的纤维有粗细节,但粗细节很小不明显,颜色较亮,纤维形状为圆形。这是因为经过牵伸浴时,纤维中的溶剂可以进一步扩散,芯部溶剂也可以有效向外扩散,使芯部凝固充分,纤维内部变得致密,内外结构差异变小,当芯层收缩时,皮层相应收缩,形成圆形截面。经过牵伸浴后残留在纤维表面的溶剂减少,从而使纤维的颜色较亮。

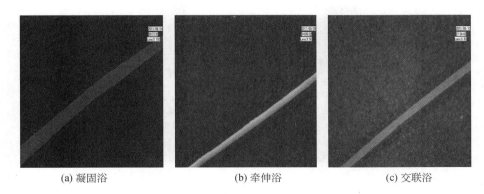

(a) 凝固浴　　　　　　(b) 牵伸浴　　　　　　(c) 交联浴

图 3-60　光学显微照片(放大 100 倍)

图 3-60(c)中的纤维粗细较均匀,颜色很亮,纤维表面较光滑,形状为圆形。这是因为交联剂能在大分子间起架桥作用,使多个大分子相互交联形成网状结构。经过交联浴的纤维表面光滑,颜色很亮。此外,纤维在交联浴中也会发生溶剂扩散,残留在纤维表面的溶剂更少,这也会增加纤维的亮度。

在湿法纺丝成型中,凝固浴、牵伸浴和交联浴对初生纤维微观结构的影响也很显著。

凝固浴中初生纤维的纵向和横向形貌如图 3-61 所示。从图 3-61(a)可以看出纤维中的微纤有严重的粘连,微纤不明显,这主要是因为外力对大分子有拉伸取向作用,它能使分子链沿纤维轴向有序地排列。只经过凝固浴成型的纤维,其牵伸倍数较小,所受外力的拉伸取向作用小,分子链不能很好地沿纤维轴向排列。另外,纤维中的溶剂扩散不充分,纤维不能完全凝固,这也会造成微纤的粘连。从图 3-61(b)可以看出纤维的内部结构疏松,有很大的孔洞。这是因为溶剂扩散不充分,芯部的溶剂还没来得及扩散出去,致使芯部凝固不充分,结构较疏松,有孔洞。

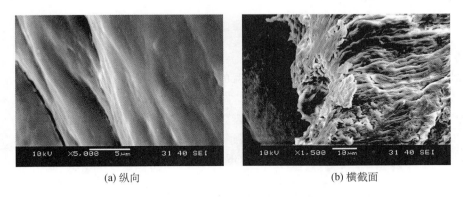

(a) 纵向　　　　　　　　　　(b) 横截面

图 3-61　凝固浴中初生纤维的纵向和横截面形貌

牵伸后再生丝素蛋白纤维的纵向和横截面形貌如图 3-62 所示。从图 3-62(a)可以看出:纤维中的微纤粘连不严重,可以看到其中的微纤结构。这是因为经过牵伸浴时纤维受到再次牵伸,使得分子链能较好地沿纤维轴向有序排列。此外,经牵伸浴时纤维中的溶剂可以进一步向外扩散,使纤维凝固充分,内部变得致密,减少微纤的粘连。图 3-62(b)显示纤维的内部结构致密,孔洞变小。这是因为溶剂进一步扩散,芯部的溶剂有一部分得到有效扩散,纤维凝固较充分,进一步拉伸使芯层向内收缩,故纤维内部结构变得致密。

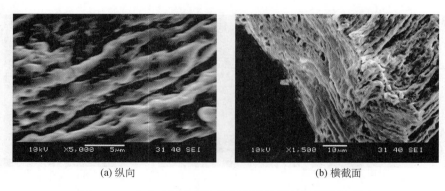

(a) 纵向 （b) 横截面

图 3-62 牵伸后再生丝素蛋白纤维的纵向和横截面形貌

交联后再生丝素蛋白纤维的纵向和横截面形貌如图 3-63 所示。可以看出纤维中的微纤粘连严重，内部结构均匀致密，基本无孔洞，且微纤不明显。这是因为虽然在交联浴中纤维受到再次牵伸，但交联剂能使多个大分子连接在一起形成网状结构，故纤维中的微纤不明显。

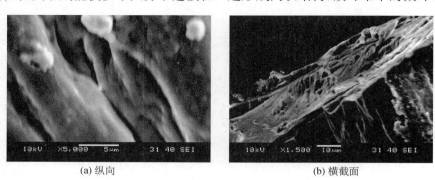

(a) 纵向 （b) 横截面

图 3-63 交联后再生丝素蛋白纤维的纵向和横截面形貌

3. 再生丝素蛋白纤维的结晶结构

丝素膜及经过凝固浴、牵伸浴和交联浴后的再生丝素蛋白质纤维的衍射曲线如图 3-64 所示。分析可知，丝素膜在 $2\theta = 20.1°$ 和 $2\theta = 21.6°$ 出现了较强的衍射峰，在 $2\theta = 9.34°$ 有弱的衍射峰。据文献报道，柞蚕丝素的 α-螺旋结构衍射峰在 $2\theta = 9°$、20°附近，因此 20.1°、21.6°和 9.34°均是 α-螺旋结构的特征峰。而经过凝固浴、牵伸浴和交联浴后的纤维的强衍射峰也都在 20°附近，弱峰值在 9°附近，说明它们的大分子结构都是 α-螺旋结构，这也说明在纺丝成型的过程中纤维的构象没有改变，但出现衍射峰值的角度有所改变，说明它们的结构有所差异。

从图 3-64 可以看出，丝素膜经过凝固浴后的纤维的峰值分辨率较低，经过牵伸浴后的纤维的峰值分辨率较高，再经过交联浴后的纤维的分辨率又较低。这是

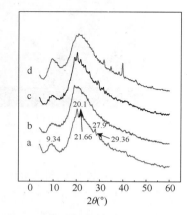

图 3-64 不同蚕丝材料的 X 射线衍射曲线

a—丝素膜 b—经过凝固浴后的纤维
c—经过牵伸浴后的纤维 d—经过交联浴后的纤维

因为丝素溶液在成膜的过程构象发生了调整,结晶度较完善;而经过凝固浴后的纤维,其构象还没来得及发生调整,所以其峰值分辨率较低;经过牵伸浴后的纤维分辨率较高,这是因为在高温的作用下,氢键被打开并重新组建,使其结晶更为完善;而经过交联浴后的纤维其衍射峰分辨率较低,这是因为交联剂能是大分子接枝和交联形成网状结构,虽然有高温作用能是结晶破坏,但分子较大,构象很难调整,并且破坏后的结晶不能重建,故交联后的纤维其衍射峰分辨率较低。

4. 再生丝素蛋白纤维的力学性能

凝固浴、氧化浴和牵伸浴在纤维成型过程中对提高纤维的强力和断裂伸长有非常重要的意义。表3-35所示是纤维经过凝固浴、牵伸浴和交联浴后的断裂强力和断裂伸长率。

表 3-35　经过凝固浴后纤维的断裂强力和断裂伸长率

指标名称	凝固浴	牵伸浴	交联浴
断裂强力(cN)	67.5	95.3	96.2
断裂伸长率(%)	3.8	4.2	7.2

从表3-35可以看出,经过凝固浴、牵伸浴和交联浴后的纤维其强力和断裂伸长依次增加。这是因为:经过牵伸浴后微纤沿纤维轴向排列,纤维结晶度提高,芯部较致密,强力增加,断裂伸长增加;经过交联浴后的纤维,其大分子因交联剂的作用交联成网状,故其强力增加,断裂伸长增加。

5. 再生丝素蛋白纤维的的应用

再生丝素蛋白纤维材料具有良好的成型性,可用作高性能纺织纤维。此外,由于其良好的生物相容性和可降解性,再生丝素蛋白纤维也是人造皮肤和强力丝蛋白膜等生物医用材料的理想选择。

（二）再生羊毛角蛋白纤维

再生羊毛角蛋白纤维是从废弃羊毛中提取羊毛角蛋白,再将其纤维化而得到的一种新型纤维。刘让同尝试用巯基乙醇、尿素和SDS共混处理液,将羊毛角蛋白溶解,对比了有机溶剂析出和盐析提取羊毛角蛋白溶液的性能差异和可纺性。有机溶剂析出制得的羊毛角蛋白溶液有较高的黏度,性状如同蜂蜜,具有一定的可纺性。将浓缩液在自制的简易成丝设备上进行纺丝,得到细度为 $50\sim300\ \mu m$ 的再生羊毛角蛋白初生丝,其形态结构见图3-65,可以看到明显的原纤化结构。

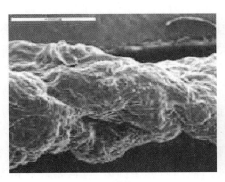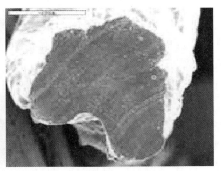

（a）纵向　　　　　　　　　　（b）横截面

图 3-65　再生羊毛角蛋白初生丝的形态结构

盐析法制得的羊毛角蛋白溶液也具有较高的黏度。将其在自制的简易成丝设备上进行纺丝,成丝细度为 50~100 μm,纤维的形态结构见图 3-66。

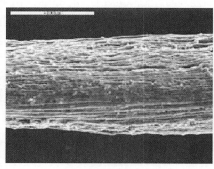
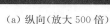
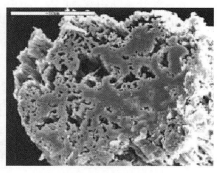

(a) 纵向(放大 500 倍)　　　　　　　　(b) 横截面(放大 2000 倍)

图 3-66　再生羊毛角蛋白纤维的形态结构

由于角蛋白的无损溶解—提取—浓缩技术不成熟,角蛋白纯纺成丝还有困难,所得纤维的干态脆性大。学术界将重点转移到角蛋白改性纤维研究上,将角蛋白与 PVA(聚乙烯醇)等高聚物共混或复合,再通过纺丝加工,开发性能优异的角蛋白改性纤维。

四、蛋白改性纤维

(一)丝素蛋白改性纤维

1. 丝素蛋白改性纤维的生产工艺

日本科学家 Ishizaka 等采用磷酸溶解丝素作为纺丝液,将丝条放在硫酸铵/硫酸钠的混合溶液中进行凝固,并在 90%(体积分数)甲醇溶液中进行拉伸与处理,最后得到断裂应力和断裂应变分别为 250 MPa、10.1% 的丝素蛋白纤维(RSF)纤维。

Yao 等用六氟丙酮溶解丝素制得质量分数为 10%、黏度较适合纺丝加工的丝素蛋白纺丝液,然后在甲醇中凝固纺丝,得到结构较完善、断裂强度为 180 MPa 的 RSF 纤维。

Um 等采用磷酸/甲酸混合溶液作为丝素的溶解剂,以甲醇作为凝固浴,制得断裂强度为 273 MPa 的 RSF 纤维。

邵正中等首先将桑蚕茧在质量分数为 0.5% 的 NaHCO₃ 溶液中脱胶,干燥后备用;然后将脱胶丝素溶解在 9.5 mol/L 溴化锂溶液中,制备出高浓度的再生丝素蛋白溶液,采用湿法纺丝技术,用 60 ℃ 30%(质量体积浓度)硫酸铵水溶液作为凝固浴,制得断裂强度与断裂伸长率分为 0.5 GPa 和 20% 的 RSF 纤维。

Phillips 和 Marsanoa 将丝素蛋白溶解于 1-乙基-3-甲基咪唑氯盐和 4-甲基吗啉-N-氧化物中,得到丝素蛋白纺丝液,再通过纺丝加工制备出丝素蛋白纤维,其聚集态结构与天然丝蛋白纤维相近。

付正婷等根据聚丙烯腈纤维的溶解特性,采用溶解涂覆法制备丝素蛋白改性聚丙烯腈(PAN)纤维,旨在改善聚丙烯腈纤维的吸湿性能。他们研究了温度、丝素蛋白质量分数、浸渍时间对改性纤维的回潮率和上染率的影响。结果表明,改性纤维的回潮率明显提高,最高可达4.0% 左右;改性纤维对酸性染料的上染率也提升到 35.1% 左右;随着温度、丝素蛋白质量分数、浸渍时间的增加,改性纤维的回潮率和上染率都呈现先增加后基本不变的趋势;纤维经涂覆改性后表面变得粗糙,有丝素蛋白沉积,但纤维大分子结构没有发生变化。

姚勇波以 1-丁基-3-甲基咪唑氯盐为共溶剂、乙醇为凝固剂,采用干喷湿法纺丝制备了丝素蛋白/纤维素共混纤维,研究了喷丝头牵伸与塑化牵伸的倍率分配对纤维分子结构、相形态和力学性能的影响(图 3-67)。结果表明,以纤维素为基体的丝素蛋白/纤维素共混纤维的相形态为单相连续结构;当喷丝头牵伸倍率为 3 时,丝素蛋白沿纤维轴向连续分布,其相形态呈微纤状;当喷丝头牵伸倍数增加至 5 时,丝素蛋白沿纤维轴向分布出现正弦波动,其相形态呈藕节状;增加塑化浴拉伸工艺可减少纤维成型过程中丝素蛋白的流失;当喷丝头牵伸倍数为5、塑化浴拉伸倍数为 1 时,共混纤维的断裂强度达到 389.8 MPa,超过常规黏胶纤维。

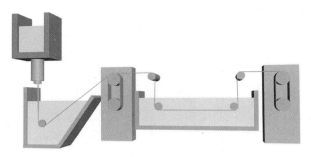

图 3-67　丝素蛋白/纤维素共混纤维纺丝工艺流程

2. 丝素蛋白改性纤维的形貌

丝素蛋白改性纤维的种类众多,这里以丝素蛋白涂覆改性 PAN 纤维和纤维素/丝素蛋白共混纤维为例,简要说明丝素蛋白改性纤维的形貌变化,如图 3-68 所示。

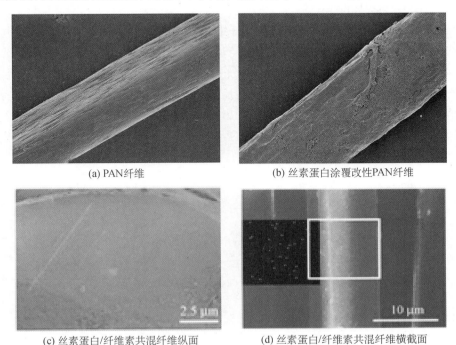

(a) PAN纤维

(b) 丝素蛋白涂覆改性PAN纤维

(c) 丝素蛋白/纤维素共混纤维纵面

(d) 丝素蛋白/纤维素共混纤维横截面

图 3-68　丝素蛋白改性纤维的形貌

从图 3-68(a)可看出，未经改性的 PAN 纤维表面较为光滑，没有多余的附着物，只有少量的纵向裂纹，这是纺丝过程中经历几次牵伸过程的结果。经丝素蛋白涂覆改性的 PAN 纤维表面变得粗糙，有凹凸感，有些地方出现了孔洞和明显的附着物，见图 3-68(b)。这是因为改性纤维表面有丝素蛋白附着，而且在涂覆过程中，纤维外表面经历了溶解和再凝固的过程，由于液体有一定的流动性，经过再凝固的纤维表面就变得不那么平整光滑。

丝素蛋白/纤维素共混纤维的形貌表明纤维断面结构致密，说明纤维素与丝素蛋白分子间的相互作用有助于两相的均匀分散，见图 3-68(c)。由于纤维素与丝素蛋白的原子序数衬度相似，SEM 无法分辨纤维素与丝素蛋白，但纤维素分子不含氮元素，而丝素蛋白的氨基酸结构含有氮元素，因此，通过能谱分析(EDS)面扫描技术探测纤维表面的氮元素分布，可以证明丝素蛋白的存在。图 3-68(d)展示了共混纤维的 EDS 照片，可看出纤维表面存在丝素蛋白的富集区，表明共混纤维以纤维素为连续相、丝素蛋白为分散相的形态结构。

3. 丝素蛋白改性纤维的结构

由于 PAN 大分子结构中存在极性较强、体积较大的侧基——氰基，PAN 纤维中的大分子呈不规则曲折和扭转的螺旋状。这种不规则螺旋状大分子在整根纤维中的堆砌，就有序区来说，它的序态是有缺陷的，不如结晶高聚物晶区规整；就无序区来说，它的序态又高于常规高分子物无定形区的规整程度。总体来说，PAN 具有三种聚集态，即非晶相的低序态、非晶相的中序态和准晶相的高序态。如图 3-69(a)所示，普通 PAN 纤维在 $2\theta=16.9$ 处有较强的衍射峰，在 $2\theta=29.5$ 处有较弱的衍射峰，在 $2\theta=16.9$ 和 $2\theta=29.5$ 之间发生漫散射。这说明普通 PAN 纤维同时存在低序态和高序态结构。丝素蛋白改性 PAN 纤维的 X 射线衍射曲线与普通 PAN 纤维基本相同，在 $2\theta=16.9°$ 处有较强的衍射峰，在 $2\theta=29.6°$ 处有较弱的衍射峰，在 $2\theta=16.9°$ 和 29.6° 之间发生漫散射。这说明涂覆丝素蛋白的改性过程并没有使 PAN 纤维的超分子序态结构发生较大的变化。

通过 FT-IR 研究纤维素/丝素蛋白共混纤维的分子结构，其红外光谱如图 3-69(b)所示。纤维素大分子链上，每个葡萄糖基环有三个羟基，在分子链内与分子链间形成氢键，所以在 3400 cm^{-1} 处出现较宽的羟基特征峰。丝素蛋白具有三种不同的构象，分别是无定形、α-螺旋和 β-折叠。由图 3-69(b)可看出，在 1626 和 1526 cm^{-1} 处出现了丝素蛋白 β-折叠构象的特征峰，其结构稳定，不溶于水；在 3289 cm^{-1} 处出现的尖锐峰是由纤维素分子链上 C2、C3 位置的羟基与丝素蛋白中的氨基形成的氢键产生的，说明两种高分子物存在相互作用。

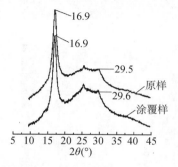

(a) 丝素蛋白改性PAN纤维的X射线衍射曲线

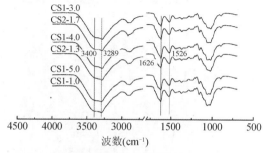

(b) 丝素蛋白/纤维素共混纤维的红外光谱

图 3-69 丝素蛋白改性纤维的结构

4. 蚕丝蛋白改性纤维的性能

（1）丝素蛋白/黏胶共混纤维的物理力学性能。纺织纤维在加工过程中会受到各种外力的作用，所以要求其具有一定的抵抗外力作用的能力，且这种能力在加工过程中不会明显下降。对丝素蛋白/黏胶共混纤维的力学性能进行测试，并与普通黏胶纤维及蚕丝做比较，结果见表3-36。由此表可以看出：试验测得的丝素蛋白/黏胶共混纤维的断裂强度与普通黏胶纤维的差异在一个偏小的范围内，这是因为丝素蛋白的分子结构复杂，虽然其与黏胶共混会影响成纤大分子的规整度，使得分子间力减弱，结晶度下降，从而对成纤强度产生不良影响，但由于该试验中丝素蛋白/黏胶共混纤维中引入的丝素纳米级粒子的量较小，所以成纤强度受到的影响不大，基本保持普通黏胶纤维的强度。但是丝素蛋白/黏胶共混纤维在干态和湿态下的断裂伸长率都较普通黏胶纤维有所提高，这说明共混纤维的弹性有所增加。

表 3-36 丝素蛋白改性纤维的物理力学性能

指标		丝素蛋白/黏胶纤维	普通黏胶纤维	蚕丝
断裂强度（cN/dtex）	干态	1.63	1.60～2.70	2.64～3.53
	湿态	1.08	0.80～13.5	1.85～2.47
断裂伸长率（%）	干态	30.30	18～24	20
	湿态	52.02	24～35	30
回潮率（%）（20 ℃，相对湿度65%）		11.69	13	9

（2）丝素蛋白/黏胶共混纤维的热稳定性。为了解丝素蛋白/黏胶共混纤维的热稳定性，在不同温度下对其进行干热处理，然后测定其干热收缩率，结果见表3-37。丝素蛋白/黏胶共混纤维的热稳定性较好，其干热收缩率较小。Magoshi 小组系统地研究了丝素蛋白的热力学行为，发现：无定形的丝素蛋白在 100 ℃附近开始脱水，其分子内和分子间的氢键在 150～180 ℃时被破坏；在 180 ℃以上时，由于氢键重新形成，无规线团向 β-折叠转变，并在 190 ℃时开始结晶；无论是 α-螺旋还是 β-折叠的丝素蛋白，在加热到 100 ℃以上时，均会脱水；在 175 ℃时，晶区中的分子链开始运动；在 270 ℃时，由于热诱导作用，丝素蛋白由 α-螺旋结构转向 β-折叠结构。也就是说，在 100～150 ℃时，丝素蛋白只发生脱水作用，其收缩程度不大。另外，黏胶纤维的耐热性也非常好，因其不具有热塑性，不会因温度升高而发生软化、粘连及力学性能的严重下降。

表 3-37 丝素蛋白/黏胶纤维的干热收缩率

温度（℃）	干热收缩率（%）	温度（℃）	干热收缩率（%）
100	0.00	130	0.79
110	0.56	140	0.75
120	0.64	150	0.90

（3）丝素蛋白/黏胶共混纤维的氨基酸组成。丝素蛋白有 18 种氨基酸，其中 8 种是人体必需的，且无毒无污染，可生物降解。丝素蛋白除了含有 C、H、O、N 这些元素外，还含有 K、Ca、Si、Sr、P、Fe、Ca 等多种元素。黏胶纤维的基本组成是纤维素（$C_6H_{10}O_5$）。丝素蛋白/黏胶

共混纤维中丝素部分的氨基酸含量与纯丝素蛋白中的氨基酸含量基本保持一致,说明在丝素蛋白粉末制备及丝素蛋白/黏胶共混纤维纺丝过程中,丝素中的氨基酸基本无损失,但是在其染整加工过程中,工艺条件更苛刻,所以要特别注意避免氨基酸的损失,以便保持共混纤维的亲肤性和健康性。

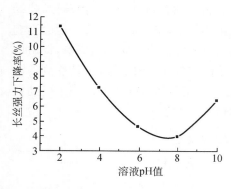

图 3-70　溶液 pH 值对丝素蛋白/黏胶共混纤维强力的影响

(4) 丝素蛋白/黏胶共混纤维的耐酸碱性能。丝素蛋白/黏胶共混纤维的主要成分为丝素蛋白及纤维素,丝素蛋白不耐碱,纤维素不耐酸,所以探讨不同 pH 值条件下纤维的强力损失对后期漂染工艺很有必要。调节制备不同 pH 值的溶液,加热到 80 ℃,然后分别放入一定量的丝素蛋白/黏胶共混纤维,处理 60 min,之后取出纤维,经充分水洗、晾干,测试纤维的干态强力,结果见图 3-70。丝素蛋白/黏胶共混纤维的断裂强力受 pH 值的影响较大,经不同 pH 值溶液处理后,纤维的断裂强力均有所下降,且在强酸性条件下下降幅度较大,这是因为丝素蛋白/黏胶共混纤维的主体成分是纤维素,而纤维素分子中的甙键在酸性条件下不稳定,特别是在强无机酸溶液的作用下会发生水解,使得大分子链断裂,聚合度下降,反应过程如图 3-71 所示。然而,纤维素对碱的稳定性很好,在碱液中只发生溶胀,但溶胀后纤维素大分子内和大分子间的作用被减弱,其内部结构变得疏松,因此纤维弹性增加,延伸性提高,强力则会下降,只是下降幅度远低于酸液作用。在近中性条件下,共混纤维的强力保留率最高。

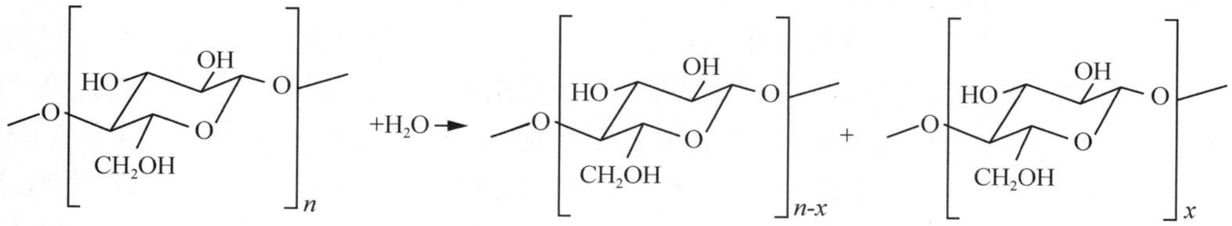

图 3-71　纤维素水解反应过程

5. 蚕丝蛋白改性纤维的应用

(1) 吸湿发热纤维。王伟等基于湿法纺丝工艺,以蚕茧为原料,从中提取蚕丝蛋白,并与纤维素混合,当蚕丝蛋白添加量小于 7％时可成功制备蚕丝蛋白改性纤维。添加蚕丝蛋白有助于改善纤维素纤维的吸湿性能,赋予改性纤维良好的吸湿发热性能。当蚕丝蛋白添加量大于 3％时,改性纤维能够满足国家标准规定的吸湿发热纤维的要求。保暖率测试表明蚕丝蛋白改性纤维的综合保暖性能有所提升。

(2) 舒适、环保的功能纺织品。蚕丝蛋白具有良好的吸湿性、舒适性和生物相容性,利用蚕丝蛋白对其他纤维材料进行表面改性,可改善涤纶、腈纶等纤维的吸湿性、抗静电性及亲肤性;通过蚕丝蛋白与其他纤维原料共混纺丝,可以开发对人体舒适、环保的功能性纺织品。这些纤维不仅具有良好的穿着舒适性,而且符合当前绿色环保的消费理念,具有重大的推广意义。

（3）生物医用材料。通过静电纺丝法制备的蚕丝蛋白改性纤维或共混纤维,已经有报道,如丝素蛋白/壳聚糖、丝素蛋白/聚氧乙烯(PEO)、丝素蛋白/聚乳酸(PLA)、丝素蛋白/PLGA、丝素蛋白/胶原等,已被广泛报道应用于生物工程支架。这些纳米纤维具有大的比表面积、三维结构及生物相容性,可促进细胞黏附、增殖和扩散。

（二）酪蛋白改性纤维

1. 酪蛋白的结构

酪蛋白是牛奶中的主要蛋白质,是一种含磷蛋白,其分子链由高含量的磷酸丝氨肽残基和大量脯氨酸组成。酪蛋白中的丝氨酸和磷酸根之间形成酯键。酪蛋白不是单一的蛋白质,而是由 α_s-酪蛋白、β-酪蛋白、k-酪蛋白和 γ-酪蛋白四种类型构成的,每类又有多种遗传变异体。酪蛋白的主要组成见表 3-38。

表 3-38 酪蛋白的主要组成

成分名称	含量(g/100 g 干品)	成分名称	含量(g/100 g 干品)
α_{s1}-酪蛋白	35.6	镁	0.1
α_{s2}-酪蛋白	9.9	钠	0.1
β-酪蛋白	33.6	钾	0.3
k-酪蛋白	11.9	柠檬酸	0.4
灰分	2.3	乳糖	0.2
钙	2.9	半乳糖胺	0.2

α_s-酪蛋白大约占牛奶总酪蛋白含量的一半,是酪蛋白胶粒结构中的基本组成部分。α_s-酪蛋白由 199 个氨基酸组成,平均相对分子质量在 27 000 Da,每个分子上结合 8 个磷酸根离子。β-酪蛋白由 209 个氨基酸组成,平均相对分子质量在 24 000 Da,每个分子结合 5 个磷酸根离子。β-酪蛋白和 α_s-酪蛋白容易受钙离子影响而凝聚形成沉淀。k-酪蛋白是一个糖蛋白,平均相对分子质量在 14 100 Da,在距离肽链的 C 端 1/3 处结合着一些碳水化合物,如唾液酸、半乳糖苷、岩藻糖。γ-酪蛋白在酪蛋白中只有很少一部分,平均分子质量在 21 000 Da。

牛奶中的酪蛋白大部分以胶体状球形颗粒形式存在,直径一般在 30~300 nm,平均直径约 100 nm,酪蛋白胶粒计数约为 5×10^{12}~15×10^{12} 个/mL。另外,大约有 10%~20% 的酪蛋白以溶解形式或者非胶粒形式在牛乳中存在。酪蛋白胶粒是由 α_s-酪蛋白和 k-酪蛋白定量结合成热力学稳定且大小一致的多个玫瑰花结构,形成胶粒的"核";核的外面由 k-酪蛋白排列在表面,形成"壳"以保护胶粒。没有 k-酪蛋白,其他酪蛋白与钙离子的复合物会沉淀出来。

2. 牛奶纤维的加工流程

牛奶中的水分占 85% 以上,首先要除去多余的水分,经蒸发浓缩,使其含水率为 60% 左右;然后经脱脂、碱化等加工,制得无脂的牛乳浊液;再通过半透膜分离,将蛋白质(酪素)收集起来。牛奶纤维是由提取的酪素与聚乙烯醇共混,经湿法纺丝而成的再生蛋白纤维。牛奶纤维的加工工艺流程如图 3-72 所示。

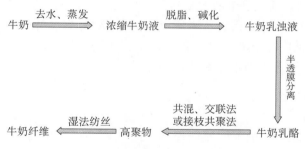

图 3-72 牛奶纤维的加工工艺流程

3. 牛奶纤维的形态结构

用电子显微镜观察牛奶纤维的形态结构,如图 3-73 所示。纤维横截面呈扁平状、哑铃形或腰圆形,属于异形纤维,并且截面上有细小的微孔。这些细小微孔对纤维的吸湿、透湿性有很大的影响。纤维的纵向表面不光滑,有不规则的沟槽和海岛状的凹凸。这些沟槽和凹凸是在纺丝过程中,由于纤维的表面脱水、取向较快而形成的。它们的存在是纤维具有良好的导湿性、优异的吸湿和放湿性能的主要原因,对纤维的光泽和刚度也有重要影响。纤维表面的不光滑和一些微细的突兀变化可以改变光的吸收、反射、折射和散射,从而影响纤维的光泽。纤维表面粗糙时,具有柔和的光泽,而不会出现"极光"现象。牛奶纤维具有一定的卷曲,微黄色,手感柔软。

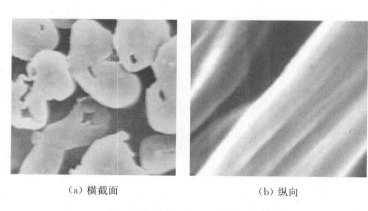

    (a)横截面   (b)纵向

图 3-73 牛奶纤维的形态结构

4. 牛奶纤维的结晶结构

用广角 X-射线衍射仪记录得到的牛奶纤维的衍射曲线如图 3-74(a)所示,图 3-74(b)所示为两种 PVA 纤维(维纶)的 X-射线衍射曲线。由图 3-74(a)可知,牛奶纤维的聚集态结构存在结晶-无定形的两相结构,有明显的结晶峰。进一步比较图 3-74(a)和(b)可知,牛奶纤维的衍射峰和 PVA 纤维的衍射峰完全一致,均出现在 2θ 为 11.3°、16.4°、19.5°、22.6°、27.3°和 32.5°处,没有其他的衍射峰;特别是和高强高模 PVA 纤维相比,两者的 X-射线衍射曲线的形状完全一致,由此可推测牛奶纤维可能是酪素(牛奶蛋白)和 PVA 的共混物,因为一般接枝共聚物的衍射强度曲线不会如此相似。图 3-74(a)还说明牛奶纤维的结晶区由 PVA 构成,酪素存在于牛奶纤维的无定形区。因为牛奶纤维中酪素的含量比较少,仅占 30%左右,而且酪素是由多种氨基酸以肽键相连构成的高分子蛋白质,其氨基酸组成复杂、分散,绝大部分具有较大的侧基,因此不易结晶。牛奶纤维的结晶度和晶粒尺寸用分峰法计算,结果如表3-39所示。牛奶纤维的结晶度和晶粒尺寸与PVA纤维非常接近,结晶度低于蚕丝纤维。

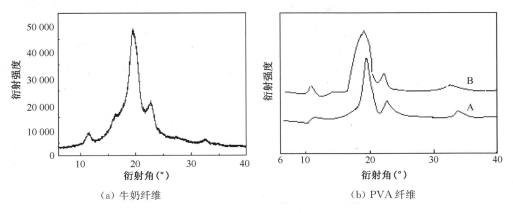

（a）牛奶纤维　　　　　　　　（b）PVA纤维

图3-74　纤维的X射线衍射曲线（A—水溶性维纶；B—高强高模维纶）

表3-39　牛奶纤维与其他纤维的结晶结构参数比较

纤维名称	结晶度（%）	晶粒尺寸 L_{100}（nm）
牛奶纤维	70	4.54
水溶性维纶	73	4.52
高强高模维纶	77	4.57
蚕丝	80	—

5. 牛奶纤维的性能

牛奶纤维不仅具有合成纤维的强度高、收缩率小、防霉、防蛀的品质,而且具有天然纤维的柔软、亲肤、吸湿、透气、染色性好、色牢度高等优点,其光泽和导湿性也是合成纤维无法比拟的。用牛奶纤维生产的纺织品尺寸稳定,同时还具备易洗、快干等特点。

（1）吸湿性能。由表3-39可以知道,牛奶纤维的无定形区比蚕丝大,但在标准状态下,牛奶纤维的回潮率约为7.65%,略低于蚕丝的标准回潮率（8%~9%）,但高于维纶的标准回潮率（5%）。因为纤维吸湿性是由纤维的微观结构和亲水基团共同决定的。水分子很难渗透到纤维结晶区的内部,但结晶表面对吸湿有作用。蚕丝的结晶区仍是亲水性较大的肽链分子,而牛奶纤维的结晶区则是亲水性稍差的聚乙烯醇缩甲醛。

20℃时,牛奶纤维的吸湿等温线如图3-75所示,曲线呈反S形,遵守常规纤维的吸湿机理。图3-76所示为牛奶纤维在温度为20℃、相对湿度为60%时的吸湿滞后曲线。对比维纶的吸湿性能,可以发现,牛奶纤维无定形区的蛋白质肽链分子对其良好的吸湿性起主要作用,进一步证明了对牛奶

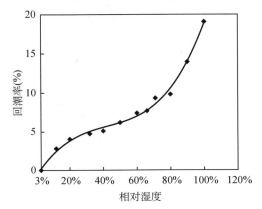

图3-75　牛奶纤维的吸湿等温线
（测试温度20℃）

纤维的结构组成的分析是正确的。

（2）力学性能。牛奶纤维的拉伸曲线有明显的虎克区、屈服区和增强区（图 3-77），其拉伸表现出特有的行为，即初始模量很高；至应变为 1% 左右时，发生屈服，拉伸曲线发生明显的转折；屈服后，应力缓慢增大。屈服点以前的高模量是由聚乙烯醇结晶部分贡献的，在屈服点附近，由于拉伸导致某些构象的转变以及链段的伸展，屈服点后模量开始下降。结合牛奶纤维的结构可知，聚乙烯醇结晶部分占主体，对纤维的力学性能起主要作用，因而纤维的拉伸曲线形状和聚乙烯醇纤维有相似之处。

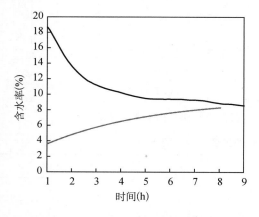

图 3-76　牛奶纤维的吸湿滞后曲线（测试
条件：温度 20 ℃，相对湿度 60%）

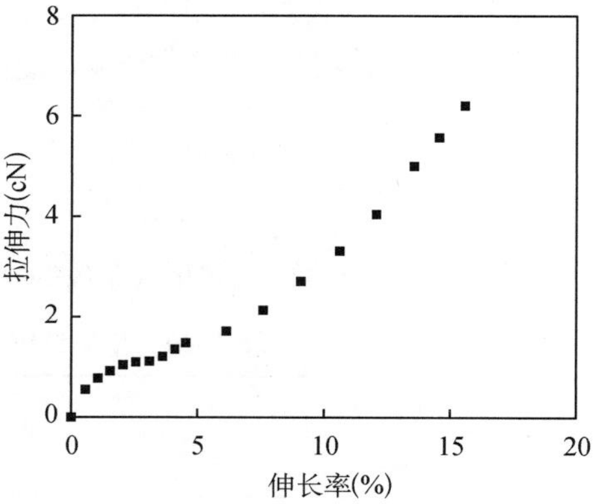

图 3-77　牛奶纤维的拉伸曲线

对比牛奶纤维的干态和湿态性能可以看出（表 3-40），牛奶纤维的干态强度比湿态强度高，说明牛奶纤维的含水率对其力学性能有一定的影响。但从表 3-40 中的数据可以看出，湿态下牛奶纤维的强度及伸长率的变化小于蚕丝。由此可得出，牛奶纤维的含水率对其力学性能的影响不是很显著，因此，在纺纱过程中，可以采用加湿的方法去除静电。表 3-40 还给出了牛奶纤维与其他常见纤维的力学性能。

表 3-40　牛奶纤维与其他常见纤维的力学性能

纤维名称	断裂强度（cN/dtex）		断裂伸长率（%）		密度（g/cm³）	回潮率 RH＝65%
	干态	湿态	干态	湿态		
牛奶纤维	5.33	3.8	15.4	14.4	1.40	7.65
大豆纤维	4.34～5.86	4.05～5.11	17.6	19.46	1.275	5.32
棉	2.6～4.3	2.9～5.6	3～7	—	1.54	7～8
毛	0.88～1.5	0.67～1.43	25～35	25～50	1.32	15～17
家蚕丝	4.2～5.7	1.9～2.5	15～25	27～33	1.33～1.45	9
涤纶	4.2～5.7	4.2～5.7	35～50	35～50	1.38	0.4～0.5
维纶	4.0～5.7	2.8～4.6	12～26	12～26	1.26～1.3	4.5～5.0
腈纶	2.83～4.42	2.65～4.42	12～20	12～20	1.14～1.7	1.2～2

（3）摩擦性能。纤维的摩擦性质是纤维最重要的一项表面性质,不但影响纤维的抱合和成纱、磨损和变形,还影响成品的手感风格。由表 3-41 可知,牛奶纤维的摩擦系数较高,纤维间的抱合力大,因此,采用机械方法加工时可以不进行卷曲加工;而且纤维成纱后,其强度较高,有利于纺纱加工。很显然,牛奶纤维的摩擦性质与其特有的表面形态结构有关,非圆形的横截面和纵向的表面沟槽对纤维的摩擦性质起决定性作用。表 3-42 对比了牛奶纤维与其他常见纤维的摩擦性质。

表 3-41　牛奶纤维的摩擦性质

摩擦系数	与瓷辊	与钢棍	纤维平行
动摩擦系数	0.267	0.270	0.386
静摩擦系数	0.299	0.300	0.441

表 3-42　牛奶纤维与其他常见纤维的摩擦性质对比

纤维名称	纤维平行	与瓷辊	与钢棍
牛奶纤维	0.441	0.299	0.300
蚕丝	0.520	—	—
黏胶纤维	0.430	0.430	0.390
棉	0.220	0.320	0.290
锦纶	0.470	0.430	0.320

（4）电学性能。牛奶纤维的质量比电阻与天然纤维相比偏高,较大多数合成纤维来说偏低(表 3-43)。因而牛奶纤维在纺纱加工过程中的静电现象是比较严重的,须加适当的油剂和抗静电剂。

表 3-43　牛奶纤维与其他常见纤维的质量比电阻比较

纤维种类	质量比电阻 $(\Omega \cdot g/cm^2)$	纤维种类	质量比电阻 $(\Omega \cdot g/cm^2)$
牛奶纤维(20 ℃,$RH=0\%$)	3×10^9	蚕丝	$10^9\sim10^{10}$
牛奶纤维(20 ℃,$RH=3.65\%$)	1.8×10^9	黏胶纤维	10^7
棉	$10^6\sim10^7$	锦纶,涤纶(去油)	$10^{13}\sim10^{14}$
麻	$10^7\sim10^8$	腈纶(去油)	$10^{13}\sim10^{14}$
羊毛	$10^8\sim10^9$	—	—

综上,牛奶纤维是由牛奶蛋白和聚乙烯醇共混纺丝而形成的一种再生蛋白纤维,在电子显微镜下观察,纤维横截面呈扁平状、哑铃形或腰圆形,截面上有细小的微孔,纤维的纵向表面有不规则的沟槽和海岛状的凹凸,使纤维具有良好的导湿性、优异的吸湿和放湿性能;X 射线衍射曲线表明牛奶纤维的结晶结构与聚乙烯醇纤维相似,其聚集态结构由两部分组成——聚乙烯醇为主体的结晶部分和牛奶蛋白为主体的无定形部分;吸湿性能和力学性能的测试表明,这种特殊的结构使牛奶纤维克服了合成纤维吸湿性差和天然纤维强度低的不足,其质量比电阻

也介于天然纤维和合成纤维之间；牛奶纤维的非圆形横截面和纵向表面的沟槽使其具有较高的摩擦系数，纤维间的抱合力大，有利于成纱加工。

6. 牛奶纤维的应用

牛奶纤维是继第一代天然纤维和第二代合成纤维之后出现的新一代纤维，它用生物工程的方法把牛奶酪蛋白纤维导入合成纤维，这是纺织材料中新的里程碑。它具有优异的导湿、透气性、健康、绿色、与染料的亲和性好，易打理，可以防蛀、防虫、防老化。因此，牛奶纤维可应用在纺织上的许多方面。

（1）纱线类的应用。牛奶纤维与其他纤维混纺，不仅保留了原有纤维的特性，也使得织物更加具有独特的个性和品质。如今国内市场上牛奶纤维品种较为齐全，主要有 83.33 dtex、111 dtex、166.65 dtex 牛奶纤维长丝，1.67 dtex×38 mm 牛奶短纤，2.78 dtex×88 mm 牛奶短纤毛条，牛奶纤维纯纺纱线，以及牛奶纤维与羊绒、羊毛、蚕丝、天丝、棉、莫代尔等纤维的混纺纱线。

（2）家纺产品的应用。以牛奶纤维与其他纤维混纺交织的家纺面料，质地细密轻盈，透气爽滑，面料光泽优雅华贵，色彩艳丽。以牛奶纤维绒为填充物制成的牛奶被温顺松软，保温性能良好且富有弹性，具有促进睡眠、防螨抗菌、有益健康的功能，特别适用于过敏体质的人群使用。

（3）机织和针织面料的应用。牛奶纤维的面料市场主要有 Pw、Lm、Sm、Am 等四大系列。Pw、Lm 系列是以 100% 牛奶纤维织造的针织平针面料和罗纹面料，适合制作男女 T 恤、内衣等休闲家居服装。Sm 系列面料集牛奶纤维和蚕丝的优点于一身，既有牛奶纤维轻盈、爽滑、悬垂的特性，又具有蚕丝柔中带韧、光洁艳丽的风格，是纺织界独创的新颖面料，特别适宜制作唐装、旗袍、晚礼服等高级服装。Am 系列是将牛奶纤维加入氨纶（莱卡）织造的弹力面料，是一种特殊的复合型面料，具有柔软、弹力适度的优点，兼具牛奶纤维独有的特性，适合制作针织运动上衣、韵律健身服和美体内衣。

（4）非织造产品的应用。由于牛奶纤维的独特性能，使用其加工的非织造布亦具有优良的性能，主要有绷带、纱布、妇女卫生巾、婴儿和成人尿不湿、外科敷贴材料等产品。上述产品蓬松，吸湿性和透气性好，不污染环境，对皮肤有调理作用，可防止皮肤干燥，使用时柔软舒适，有消炎抑菌作用和抗菌功效；产品无副作用，对皮肤无刺痒感，能促进肌体快速恢复，还具有防臭性。根据产品不同的最终用途，可以开发各种各样的高档系列产品。因此，用牛奶纤维制成的非织造布具有较高的研究价值，将在医疗和卫生领域得到广泛的应用。

牛奶纤维也有其不足之处：耐热性差，化学稳定性较低，耐碱性与其他蛋白质纤维相类似；用牛奶纤维织造而成的机织物的起皱问题不容忽视；因为原料纱线中的淡黄色无法去除，所以不能得到纯白颜色的纤维产品；目前，牛奶纤维的生产工艺还不是很成熟，无法实现大规模、批量生产，产量很低，所以牛奶纤维及其产品的价格较高。

（三）蚕蛹蛋白改性纤维

蚕蛹蛋白纤维手感柔软、滑爽，呈浅黄色，其中的蛋白质成分富含 18 种氨基酸，有护肤保健功能。

蚕蛹蛋白纤维是一种新型纤维，主要有黏胶基蚕蛹蛋白纤维和丙烯腈-蚕蛹蛋白接枝纤维两种。黏胶基蚕蛹蛋白纤维由蚕蛹蛋白质和黏胶经湿法纺丝而制成，一般采用 70% 的黏胶和 30% 的蚕蛹蛋白共混而成。丙烯腈-蚕蛹蛋白纤维是丙烯腈在引发剂的存在下与蚕蛹蛋白质发生接枝共聚，制得丙烯腈-蚕蛹蛋白接枝纤维，蛋白质富集在纤维表面，形成皮芯结构。

1. 蚕蛹蛋白纤维的制备

黏胶基蚕蛹蛋白纤维采用化学方法制备,蚕蛹脱脂后产生蛹粕,将脱脂蛹(含水量在41.2%的干蛹)1 份,1%~1.5%氢氧化钠 4~6 份混合,加热抽提,蛹蛋白随之溶解。得到的蛹酪素抽提液,经过滤后加入一定量的硫酸,将蛹酪素沉淀。最后将蛹酪素沉淀物用水洗净,脱盐、烘干后得到蛹酪素粉。复合纺丝时黏胶组分液和蛹酪素粉溶解组分液由喷丝孔同时喷出,并发生化学结合,形成蛹蛋白黏胶皮芯复合长丝。

刘鹰研究了蚕蛹蛋白与丙烯腈接枝共聚。在蚕蛹蛋白与丙烯腈接枝共聚反应的试验中,研究了温度、单体浓度、聚合时间、NaSCN 浓度对接枝共聚的影响,同时用扫描电子显微镜和红外光谱仪对丙烯腈-蚕蛹蛋白接枝纤维进行分析。研究表明,丙烯腈和蚕蛹蛋白接枝是可行的,丙烯腈-蚕蛹蛋白接枝纤维的性能优异。

2. 蚕蛹蛋白纤维的形态结构

(1)黏胶基蚕蛹蛋白纤维的形态结构。蚕蛹蛋白纤维是一种金黄色,皮芯结构,集两种聚合物的特性于一身的复合纤维。纤维切面显示纤维素呈白色,略显浅蓝,而纤维中心蛋白质呈蓝色。通过扫描电镜观察发现,蚕蛹蛋白纤维表面形态与普通黏胶纤维相似,纤维表面光滑,横截面近似圆形,呈明显的皮芯结构,见图 3-78(a);纵向不光滑,有明显的裂缝和凹槽,见图 3-78(b)。产生皮芯结构的原因是蚕蛹蛋白液与黏胶液的理化性能不同,尤其是两者的黏度差异极大(采用落球法测定的黏度,蚕蛹蛋白液<1 s,黏胶液≈35 s),凝固时蛋白质分布于黏胶表面形成皮芯结构。

 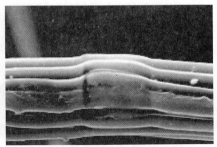

(a) 横截面　　　　　　　　　　　　(b) 纵向

图 3-78　黏胶基蚕蛹蛋白纤维的形态结构

(2)丙烯腈-蚕蛹蛋白纤维的形态结构。图 3-79 所示为蚕蛹蛋白含量为 20%的丙烯腈-蚕蛹蛋白接枝纤维的表面。很明显,纤维的表面有许多沿纤维轴向分布的细长条纹。这是因为纤维分子中的蚕蛹蛋白和聚丙烯腈不完全接枝共聚,而是由 PAN 分子、蚕蛹蛋白分子和两者的接枝共聚物分子三个部分组成,在纺丝过程中,蚕蛹蛋白分子的水溶性较大,较易水解和脱落,故而在纤维的表面形成条纹。

图 3-79　丙烯腈-蚕蛹蛋白纤维表面形态

3. 蚕蛹蛋白纤维的性能

黏胶基蚕蛹蛋白纤维是一种性能优良的差别化黏胶纤维产品,综合了纤维素纤维和蚕丝两种纤维的性能,集蚕丝和人造丝的优点于一身,不但具有色泽亮丽、光泽柔和、吸湿透气、悬垂性好、抗折皱性优、回弹性好等优点,还具有滑爽如蚕丝、柔软似羊绒的特点,非常适合贴身衣物使用。

(1)物理力学性能。黏胶基蚕蛹蛋白纤维与普通黏胶纤维的物理力学性能进行比较。由表3-44可知,黏胶基蚕蛹蛋白纤维的干态、湿态断裂强度和断裂伸长率均低于普通黏胶纤维,初始模量也低于普通黏胶纤维,因此,其织物的强力和保形性不如普通黏胶纤维织物。由于蚕蛹蛋白纤维的力学性能较差,在其纺纱过程中,应注意减少机械打击和摩擦,严格控制车间温度、湿度,以保证生产顺利进行。

表3-44 蚕蛹蛋白纤维和普通黏胶纤维的强伸性能比较

纤维名称	断裂强度(cN/dtex)		断裂伸长率(%)		初始模量(cN/dtex)	
	干态	湿态	干态	湿态	干态	湿态
蚕蛹蛋白纤维	2.25	1.59	11.98	10.21	48.08	50.14
普通黏胶纤维	3.40	2.97	17.82	16.43	46.20	52.66

纤维的弹性不仅影响织物的耐用性,还影响织物的外观抗皱性。由表3-45可知,蚕蛹蛋白纤维的急弹性所占比例较小,弹性回复率小,弹性较普通黏胶纤维差,织物的尺寸稳定性差。

表3-45 蚕蛹蛋白纤维和普通黏胶纤维的弹性比较

纤维名称	总伸长(mm)	急弹性(mm)	塑性(mm)	总弹性(mm)	弹性回复率(%)
蚕蛹蛋白纤维	1	0.36	0.18	0.82	21.26
普通黏胶纤维	1	0.43	0.15	0.85	23.82

(2)保健性和舒适性。在保健性方面,蚕蛹蛋白主要是由18种氨基酸组成的蛋白质化合物,蚕蛹蛋白纤维中,氨基酸的含量达到了65%,且这些氨基酸大多属于生物营养剂,与人体皮肤成分极为相似,对肌肤有很好的呵护作用。蚕蛹蛋白中的氨基酸(如丝氨酸、亮氨酸、苏氨酸)能够促进人体新陈代谢,加速伤口愈合,延缓皮肤衰老。

通过紫外线测试表明,280～320 nm中波紫外线对蚕蛹蛋白纤维的透过率比较低,在320～400 nm范围内,随着波长增加,紫外线透过率不断增加,透过率为3.103 1%。根据相关的纺织品抗紫外线性能规定,UPF>30,UVA≤5%,就说明织物具有良好的抗紫外线性能。由此说明蚕蛹蛋白纤维本身就具有抗紫外线性能,这就与蚕蛹蛋白中的色氨酸、酪氨酸有关,这类氨基酸具有抵御日晒侵害及吸收紫外线的优良功效。另外,蚕蛹蛋白中的丙氨酸可以防止阳光辐射和血蛋白球减少,防止皮肤瘙痒。除此之外,蚕蛹蛋白纤维可在阳光和水的共同作用下自然降解,是一种纯天然的绿色环保纤维。

在舒适性方面,蚕蛹蛋白纤维外观上色泽亮丽、光泽柔和,手感上滑爽如丝、亲肤如绒,外观及服用方面的舒适性都极佳。由于结构上的特殊性,蚕蛹蛋白纤维兼具蚕丝和黏胶纤维的优良特性于一身,具有极优的吸湿性、透气性。蚕蛹蛋白纤维的公定回潮率(9.77%)与普通黏胶纤维(9.89%)相似,接近蚕丝(11%);蚕蛹蛋白纤维的吸湿率为11%～13%,普通黏胶纤维在12%～14%,蚕丝在8%～10%,棉纤维为7%～9.5%。由此可见蚕蛹蛋白纤维的吸湿率与黏胶纤维相当,比蚕丝和棉纤维高,说明该纤维的吸湿性能很好。另外,根据研究测试发现,蚕蛹蛋白纤维织物的透气性比同类组织的蚕丝织物高 20%～30%，因此该纤维被称作"会呼吸的纤维"当之无愧。

（3）卷曲性能。由表 3-46 可知，蚕蛹蛋白纤维的卷曲数、卷曲率、卷曲回复率和卷曲弹性率均小于普通黏胶纤维，表明蚕蛹蛋白纤维的抱合力、卷曲的回复能力和卷曲牢度比普通黏胶纤维稍差。将纤维进行化学、物理或机械卷曲变形加工，赋予纤维一定的卷曲，可以有效地改善纤维的抱合性，同时增加纤维的蓬松性和弹性，使织物具有良好的外观和保暖性。

表 3-46　蚕蛹蛋白纤维和普通黏胶纤维的卷曲性能比较

纤维名称	卷曲数（个/25 mm）	卷曲率（%）	卷曲回复率（%）	卷曲弹性率（%）
蚕蛹蛋白纤维	3.85	10.65	7.70	74.14
普通黏胶纤维	4.46	16.83	13.79	81.24

（4）质量比电阻。蚕蛹蛋白纤维和普通黏胶纤维的质量比电阻分别为 $1.485\times10^9\ \Omega\cdot g/cm^2$ 和 $1.47\times10^{10}\ \Omega\cdot g/cm^2$。蚕蛹蛋白纤维的质量比电阻小，表明该纤维的抗静电性能较好。

4. 蚕蛹蛋白纤维的应用

蚕蛹蛋白纤维作为新型纤维，价格较高，因而可与天丝、精梳长绒棉混纺，以降低成本。混纺比定为：蚕蛹蛋白纤维：天丝：棉为 20：30：50。其纺制的纱线强度高，可纺性好，同时具有蚕蛹蛋白纤维的药用功能和特性，以及天丝的光泽优美、手感柔软、吸湿性好、干湿强高的特性，从而提高面料产品的档次。

蚕蛹蛋白纤维与羊毛、涤纶混纺可开发精纺衬衫面料，是绿色环保纤维应用的良好尝试。

蚕蛹蛋白纤维用于制作高档服装面料、T 恤、内衣、床上用品和高档装饰用品等。蚕蛹蛋白纤维纺制的产品健康、环保、舒适、高档化，迎合现代消费者的需求，产品市场前景看好。

蚕蛹蛋白纤维也有不足之处，纤维呈淡黄色，不易漂白，因而需深入研究其漂白、染色问题。黏胶基蚕蛹蛋白纤维的蛋白质外层与芯部的黏胶主要靠化学键交联的方式结合在一起，也有部分物理结合。一般情况下，蛋白质不会从纤维上脱离；但是在一些极端情况下，如强碱剂的作用，蛋白质会出现脱落现象。纤维上蛋白质含量的减少势必影响织物的使用价值。如何保护纤维上的蛋白质和提高蛋白质对纤维的附着牢度，是必须重视的内容。

（四）胶原蛋白改性纤维

1. 胶原蛋白改性液的制备及纺丝工艺

目前，较为常用的纤维成型工艺有湿法纺丝、干法纺丝、熔融纺丝及静电纺丝等。由于干法纺丝和熔融纺丝在成型过程中需要高温的工艺条件，所以这两种工艺会造成胶原蛋白的降解流失。因此，目前研究采用的再生胶原蛋白的制备方法一般是湿法纺丝和静电纺丝。这里只介绍湿法纺丝工艺。

湿法纺丝是最早开发使用的纤维成型方法，一般是将原料溶解在适当的溶剂中，配制成具有一定浓度的纺丝液；纺丝液经过过滤、脱泡，由喷丝头挤出，形成原液细流，并进入凝固浴，与凝固剂之间发生扩散和相分离等作用，形成初生纤维，再经过后处理工序，最终得到成品纤维。湿法纺丝工艺中最重要的就是纺丝液的凝固，一般分为四个过程：首先，入口效应即纺丝液从直径较大的空间被挤压到直径很小的喷丝口处所发生的弹性形变，部分能量转变为弹性能；然后，纺丝液沿着孔壁流动，原液的弹性形变随着剪切速率的增加而增大；接着，到达喷丝口出口处时，被孔道壁约束的纺丝液转化为没有约束的原液细流，这使得原液在喷丝口出口处发生回弹，从而在细流上显示出体积胀大的现象；最后，细流在牵引力作用下被拉长拉细，直至固化为初生纤维。

2. 胶原蛋白改性纤维的种类

纯的胶原蛋白由于其本身的结构特点，很难制取具备一定力学性能的纤维，一般采用两类方法：一种是将胶原蛋白的溶液和其他高聚物共混纺丝；另一种是将胶原蛋白与其他高聚物进行接枝共聚。若要得到高蛋白含量的胶原蛋白改性纤维，一般采用第一种方法。

（1）胶原蛋白与壳聚糖复合纤维。壳聚糖（chitosan）是甲壳素（chitin）脱乙酰后的产物，广泛存在于虾、蟹、藻类、真菌等低等动植物中，从自然界中的产量而言，是仅次于纤维素的第二大多糖。壳聚糖具有生物可降解性、生物兼容性、抗菌活性、抗肿瘤及免疫增强作用、调节细胞增长等特性。将壳聚糖与胶原蛋白共混已经逐渐应用于生物、医疗、工业等领域。余家会等通过 IR、XRD、扫描电镜等手段及透光率和吸水率的测试，证实了壳聚糖与胶原蛋白之间存在强的相互作用。莫秀梅等通过对壳聚糖/胶原蛋白共混体系相互作用参数的推算、可见光比色分析、相差显微镜观察，证明了壳聚糖与胶原蛋白形成的共混复合物是均相结构。A. Sionkowska 等研究了胶原蛋白/壳聚糖共混体系中的分子间作用，并通过 XRD、黏度测定、FT-R 对胶原蛋白/壳聚糖共混体进行表征，发现共混物之间产生的氢键力改变了胶原蛋白的三股螺旋结构，促使两者在分子水平上互溶。朱亮等采用 NXS-11A 旋转黏度计法研究了壳聚糖/胶原蛋白共混体系的流变性，讨论了温度、共混比、剪切速度等因素，证实了共混液为典型的切力变稀型流体，当温度升高时，共混液具有转向牛顿型流体的趋势。卫华等以胶原蛋白和壳聚糖为原料制备共混液，将其干燥成膜，通过物理相容性、相互作用及生物相容性等的比较研究，找到了最佳的共混体系和此体系的最佳配比为胶原：壳聚糖=1:4。华坚等通过溶液的最大细流长度 X^*，分析了胶原蛋白/壳聚糖共混溶液的可纺性能，发现可纺性随温度和胶原蛋白质量分数的提高而提高，且胶原蛋白质量分数为 6.5%、复配比为 30:1、温度为 50 ℃时，共混溶液具有最大的 X^* 值。

（2）胶原蛋白与聚乙烯醇复合纤维。聚乙烯醇是一种有着广泛用途的水溶性高分子聚合物，其分子式为[C_2H_4O]。聚乙烯醇具有可纺性好、强度高、耐磨等优点，利用其与胶原蛋白在性能上的优势互补可获得性能优良的复合纤维，因而近年来取得的相关成果较多。丁志文等从废革中提取胶原蛋白，加入烯类单体进行接枝改性，然后与聚乙烯醇均匀混合，经湿法纺丝、凝固、拉伸和缩醛化处理，制备出与人体亲和力强、吸湿能力高、穿着舒适且容易着色的胶原蛋白/聚乙烯醇复合纤维，已申请专利。林云周等对不同配比的胶原蛋白/聚乙烯醇共混纺丝原液的流变因素进行分析，并在此基础上利用正交实验设计得到最佳的纺丝原液配方，即反应温度 75 ℃、pH=3.5、聚乙烯醇/胶原蛋白配比为 6:4、交联剂（AICI）添加量 3.0%、消泡剂（磷酸三丁酯）添加量 1.0%。高波等将胶原蛋白和聚乙烯醇溶解后共混，通过湿法纺丝制得初生纤维，并进行热拉伸定型、缩醛化处理，测得纤维的断裂强度为 2.3 cN/dtex，断裂伸长率为 20.12%，结晶度达到 70.57%。吴炜誉等选用金属离子作为交联剂，成功制备了蛋白含量高达 45.17%的胶原蛋白/聚乙烯醇复合纤维，其断裂强度和断裂伸长率分别为 2.14 cN/dtex 和 46.32%，结晶度为 41.14%。

（3）胶原蛋白与丙烯腈复合纤维。众所周知，由丙烯腈与第二、三单体共聚制备的腈纶纤维，具有强度较高、色泽明亮、表面蓬松等优点，深受消费者的喜爱。利用丙烯腈对天然蛋白质进行接枝改性,可以显著提高天然蛋白质抵抗微生物的能力,同时,疏水的丙烯腈侧链的引入可以大大改变胶原蛋白的水溶性。东华大学在利用丙烯腈和动物蛋白接枝共聚制备纤维上有比较深入的探索,研究人员利用氧化或还原的方法处理动物毛发,一定时间后经水洗、烘干,再用 $ZnCl_2$ 溶解过滤,并在滤液中加入丙烯腈和引发剂接枝共聚,制成纺丝原液,再经脱泡、凝固,制备了具有突出吸湿性和优越手感的复合纤维。王艳芝等选用偶氮二异丁腈为引发剂,研究丙烯腈与胶原蛋白在二甲基亚砜溶剂中的共聚合反应,发现影响聚合反应转化率的重要因素是反应温度,转化率随温度升高而增大,但制得的聚合物的相对分子质量降低,得到了胶原蛋白和丙烯腈聚合反应的最佳条件:引发剂浓度和单体浓度分别为 1% 和 20%,胶原蛋白和丙烯腈的复配比为 2:98,反应温度和时间分别为 60 ℃、8 h。另外,张昭环等分析了在 NaSCN浓水溶液中对胶原蛋白进行丙烯腈接枝改性,结果表明:复合纤维中的胶原蛋白主要以无定形状态存在,纤维的断裂强度随胶原蛋白含量的增加而下降。

(4)胶原蛋白与海藻酸钠复合纤维。海藻酸钠是一种天然线性多糖,具有无毒、可生物降解、生物活性高等优点,用其制备的海藻酸钠纤维具有优异的高吸湿成胶性、高透氧性、生物降解吸收性等,已应用于医用领域的纱布、敷料等方面。对于胶原蛋白与海藻酸钠复合纤维的制备,也有许多相关研究。中山大学周煜俊等利用旋转黏度计考察了海藻酸钠/明胶复合溶液的流变性能,发现此复合溶液为切力变稀的非牛顿型流体,其黏性指数随自身稠度系数的升高而降低,触变性能增强,具有协同增效作用。哈尔滨工程大学的相关科研人员通过物理和化学的方法,将海藻酸钠固定在脂肪族聚酯电纺纤维的表面,再将胶原蛋白与海藻酸钠以共价键结合,获得了既拥有脂肪族聚酯纤维的力学性能,又具有天然大分子细胞亲和力的双层天然大分子涂层的脂肪族聚酯纤维组织工程支架。武汉大学杜予民等采用湿法纺丝的方法制备了海藻酸钠/明胶共混纤维,断裂伸长率在 10%～30%。青岛大学朱平等利用 Ca^{2+} 作为交联剂,制备了一种高强度的海藻酸钠/明胶复合纤维。

3. 胶原蛋白改性纤维的用途

胶原蛋白改性纤维虽然有诸多优点,在很多领域有巨大的发展潜力,但由于相关研究还处于初级阶段,纤维在力学性能、耐湿热性能等方面还有许多不足,这限制了其在各个领域的发展。从目前研究来看,胶原蛋白改性纤维的应用主要涉及纺织、造纸、食品包装、医学、污水处理等领域。

第五节　甲壳素与壳聚糖纤维

甲壳素和壳聚糖纤具有良好的生物活性、生物相容性和生物可降解性,广泛应用于医疗领域。甲壳素和壳聚糖纤维的开发,不但能满足人们日益增长的对天然纤维制品和功能性纺织品的需求,而且它们还具有独特的抗菌、抑菌性、吸湿透气性和生物相容性,可生物降解,已受到纺织行业的广泛关注。

一、甲壳素和壳聚糖的化学结构

甲壳素又名甲壳质、几丁质、聚乙酰氨基葡萄糖等,是一种丰富的自然资源,每年生物合成近 10 亿吨之多,是继纤维素之后地球上最丰富的天然有机物。壳聚糖是甲壳素最重要的衍生物,是甲壳素脱乙酰度达到 70% 以上的产物。甲壳素与壳聚糖的化学结构如图 3-80 所示。

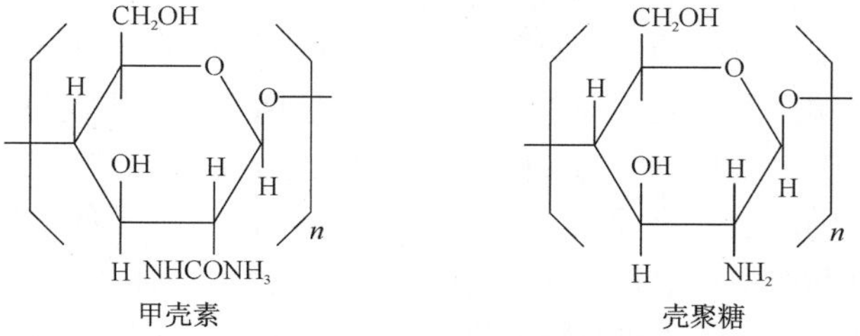

$$CH_2OH \qquad\qquad CH_2OH$$

甲壳素   壳聚糖

图 3-80　甲壳素和壳聚糖的化学结构

甲壳素、壳聚糖与纤维素有相似的结构,可以看作纤维素大分子中碳 2 位上的羟基(—OH)被乙酸氨基(—NHCOCH)或氨基(—NH$_2$)取代后的产物。由于甲壳素的分子间存在—OH···O—型及—NH···O—型的强氢键作用,其大分子间存在有序结构。甲壳素在自然界中是以多晶形态出现的,脱乙酰化后的壳聚糖大分子中大量氨基的存在,使壳聚糖的溶解性能大为改善,化学性质也较活泼。

二、甲壳素和壳聚糖纤维的制备

(一)甲壳素和壳聚糖的制备

虾、蟹壳主要由三种物质组成,即以碳酸钙为主的无机盐、蛋白质和甲壳素;另外,还有少量的虾红素或虾青素等色素。虾、蟹壳中甲壳素的含量一般为 15%～25%,从虾、蟹壳制备甲壳素,主要由两步工艺组成:第一步用稀盐酸脱除碳酸钙;第二步用热稀碱脱除蛋白质,再经脱色处理便可得甲壳素。甲壳素再经浓碱处理脱去乙酰基后,即得壳聚糖。它们的制备工艺流程如图 3-81 所示。即把原料(虾、蟹壳)用水洗净后,用 1 mol/L HCl 在室温下浸渍 24 h,将甲壳中所含的碳酸钙转化为氯化钙而溶解除去,经脱钙的甲壳水洗后在 3%～4% NaOH 中煮沸 4～6 h,除去蛋白质,得粗品甲壳质。把粗品甲壳质在 0.5% 高锰酸钾中搅拌浸渍 1 h,水洗后在 1% 草酸中于 60～70 ℃下搅拌 30～40 min 脱色,再经充分水洗,干燥即得白色纯甲壳质成品。将上述制得的粗品甲壳质,用 50% NaOH 于 140 ℃下加热 1 h 得白色沉淀,水洗干燥后即得壳聚糖成品。

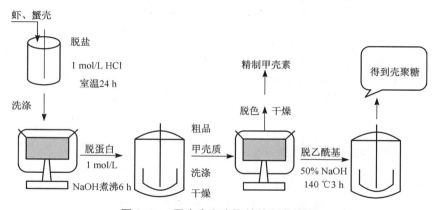

图 3-81　甲壳素和壳聚糖的制备流程

（二）甲壳素和壳聚糖纤维的成型

普遍采用的纺制甲壳素或壳聚糖纤维的方法是湿法纺丝法。先把甲壳素或壳聚糖溶解在合适的溶剂中，配制成一定浓度的纺丝原液，经过滤、脱泡后，利用压力将原液从喷丝头的小孔中呈细流状喷入凝固浴中，凝固成固态纤维，再经拉伸、洗涤、干燥等后处理，就得到甲壳质或壳聚糖纤维。甲壳素的溶剂为含氯化锂的二甲基乙酰胺溶液，甲壳素浓度为 3%，凝固浴用异丙醇；壳聚糖的溶剂为 5% 醋酸和 1% 尿素组成的混合溶液，壳聚糖浓度为 3.5%，凝固浴为氢氧化钠和乙醇的混合液。

三、甲壳素和壳聚糖纤维的结构

（一）形态结构

甲壳素和壳聚糖纤维原液细流一经喷出便进入凝固浴形成固体，纤维内部含有大量的溶剂，溶剂扩散后会形成孔洞，同时体积收缩，表面形成凹槽。纤维内部出现原纤结构，不过有大量空洞或毛细孔，同时没有很明显的皮、芯层结构，如图 3-82 所示。

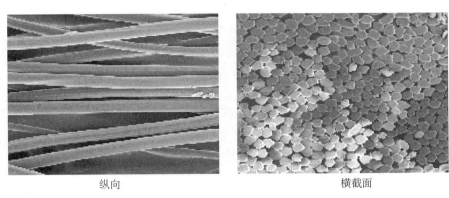

纵向　　　　　　　　　　　　　横截面

（a）甲壳素纤维

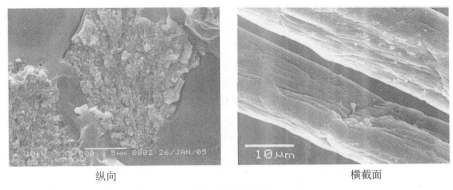

纵向　　　　　　　　　　　　　横截面

（b）壳聚糖纤维

图 3-82　甲壳素纤维、壳聚糖纤维的形态结构

（二）聚集态结构

甲壳质和壳聚糖的大分子结构与纤维素相似。与纤维素相比，由于氨基侧基的增加，甲壳质和壳聚糖大分子的结构规整性降低,导致纤维结晶度降低,亲水性增加,因此甲壳质和壳聚糖纤维的湿强/干强比低于纤维素纤维,低约 25%。壳聚糖纤维的结晶度和晶粒尺寸均低于甲壳质纤维。

四、甲壳素和壳聚糖纤维的性能

(一)力学性能和吸湿性能

如表 3-47 和表 3-48 所示,甲壳素纤维的断裂强度高于壳聚糖纤维和黏胶纤维;而壳聚糖纤维的断裂强度略大于黏胶纤维;甲壳素纤维和壳聚糖纤维吸湿后,强度均有下降,但下降幅度小于黏胶纤维,断裂伸长率也降低,这表现与黏胶纤维相反。经测定,甲壳素和壳聚糖纤维的平衡回潮率为 15%~17%,这与甲壳素和壳聚糖的大分子链上含有大量的—OH 和—NHCO—等有关。

表 3-47　甲壳素纤维的力学性能

项目	干态	湿态
断裂强力(cN)	3.43	2.68
断裂伸长率(%)	8.56	6.45
断裂强度(cN/dtex)	3.48	2.80
断裂功(J)	20.92×10^{-3}	15.37×10^{-3}
初始模量(N/mm²)	125.14	172.93

表 3-48　壳聚糖纤维与黏胶纤维的性能

纤维种类	线密度(dtex)	强度(cN/dtex)		断裂伸长率(%)		钩接强度(cN/dtex)
		干	湿	干	湿	
3B	3.0	1.98	1.51	20.7	15.4	1.45
3C	3.4	1.74	1.24	20.7	17.4	1.21
黏胶纤维	1.7~5.6	1.6~2.2	0.8~0.9	15~25	20~30	0.71~0.89

(二)化学吸附性

壳聚糖是一种性能优良的螯合剂,其羟基和亚胺基具有配位螯合作用,可通过螯合、离子交换作用吸附许多重金属离子、蛋白质、氨基酸、染料,对一些阴离子和农药也有较好吸附作用。

(三)多功能反应性

甲壳素/几丁聚糖分子链上含有羟基、乙酰氧基和氨基多种官能基团,极具反应活性,可以进行交联、接枝、酰化、磺化、羧甲基化、烷基化、硝化卤化、氧化、还原、络合等多种反应。其分子中的活性侧基为氨基,可酸化成盐。导入羧基官能团取代可合成侧链铵盐、混合醚、聚氧乙烯醚等,制备具有水溶性、醇溶性、有机溶剂溶解性与表面活性的各种衍生物。

(四)生物降解性

甲壳素、壳聚糖都是天然的阳离子聚合物,是理想的可降解材料。废弃后可完全分解,并参与生态循环体系。生物圈中的甲壳素酶、溶菌酶、壳聚糖酶等，可将甲壳素和壳聚糖完全降解，无毒无害，安全可靠。

五、甲壳素和壳聚糖纤维的应用

1. 保健服装

甲壳素纤维呈碱性和高化学活性，从而使其具有优良的黏结性、吸附性、透气性和杀菌性等。用其制成的服装不仅可防治皮肤病，且能抗菌、吸汗、防臭、保湿，穿着也十分舒适。

2. 外科缝合线

甲壳素纤维的强度能满足手术操作的需要，线性柔软便于打结，无毒性，可以加速伤口愈合。甲壳素纤维可制成在体内被吸收的外科手术缝合线。

3. 医用敷料

包括甲壳素纤维基非织造布、纱布、绷带、止血棉等，主要用于治疗烧伤和烫伤病人。该类敷料可以：①给病人凉爽之感以减轻伤口疼痛；②具有极好的氧涌透性以防止伤口缺氧；③吸收水分并通过体内酶自然降解而不需要另外去除（多数情况特别是烧伤，除去敷料会破坏伤口）；④降解产生可加速伤口愈合的N-乙酰葡糖胺，大大提高伤口愈合速度（可达75%）。

4. 人工皮肤

用甲壳素纤维制作人工皮肤，具有良好的医疗效果。先用血清蛋白质对甲壳素微细纤维进行处理以提高其吸附性，然后用水做分散剂、聚乙烯醇做黏合剂，制成无纺布，切块后灭菌即可备用。它的优点包括：①密着性好，便于表皮细胞成长；②具有镇痛止血功能；③促进伤口愈合，愈合不发生粘连。另外，还可以用这种材料基体大量培养表皮细胞，将这种载有表皮细胞的无纺布贴于深度烧伤、创伤表面，一旦甲壳素纤维分解，就形成完整的新生真皮。

第六节　海藻纤维

海藻纤维又称为海藻酸纤维、碱溶纤维、藻蛋白酸纤维，是以海藻植物（如海带、海草）中分离出的海藻酸为原料而制成的纤维。作为一种可自阻燃、可生物降解的再生纤维，其产品具有良好的生物相容性、可降解吸收性等特殊功能，而且资源丰富。估计世界海洋中有25 000多种海藻。海藻纤维的各种优异性能已在纺织领域和医学领域得到广泛的关注。

一、海藻纤维的制备及结构分析

（一）海藻纤维的制备方法

目前，最常用的制备海藻纤维的原料是可溶性钠盐粉末，即海藻酸钠。由于海藻酸钠可溶解于水中，海藻酸盐纤维可由湿法纺丝制备。其工艺流程是：将海藻酸钠在室温下溶于水，经高速搅拌制成一定质量百分比的海藻酸钠水溶液，经过滤、脱泡后得到纺丝溶液；纺丝溶液经计量泵、喷丝头进入凝固浴，经过含有二价金属阳离子（一般选用$CaCl_2$溶液作为凝固浴，Mg^{2+}除外）的凝固浴进行凝固，并经拉伸、水洗、烘干等过程，得到纯海藻纤维。

（二）海藻酸与海藻纤维的结构

1. 海藻酸的结构

海藻酸为多糖类大分子聚合物，由 1-4 键合的 β-D-甘露糖醛酸（M 单元）和 α-L-古罗糖醛酸（G 单元）残基组成（图 3-83）。M 和 G 是一对异构体。这两个组分以多聚甘露糖醛酸 $(M)_n$ 和多聚古罗糖醛酸 $(G)_n$ 按不规则的排列顺序分布于分子链中，中间以交替 MG 或多聚交替 $(MG)_n$ 连接，形成无规嵌段共聚物。

COO⁻

M   G

COONa

GG嵌段   MG嵌段   MM嵌段

图 3-83　海藻酸的 M 和 G 单元

海藻酸钠易与某些二价阳离子络合形成离子交联水凝胶。在海藻酸钠水溶液中加入 Cu^{2+}、Zn^{2+}、Ca^{2+}、Sr^{2+}、Ba^{2+} 后，G 单元上的 Na^+ 与二价金属离子发生离子交换反应，如 G 单元与 Ca^{2+} 形成蛋盒结构，G 基团堆积形成交联网络结构转变成水凝胶纤维析出。用作医用材料时，通常选用 Ca^{2+} 作为海藻酸的离子交联剂。

2. 海藻纤维的结构

图 3-84 是海藻纤维电镜照片，可以看出，海藻纤维粗细均匀，且纵向表面有沟槽，横截面呈不规则的锯齿状且无较厚的皮层存在，和普通黏胶纤维的截面比较相似。纤维的微观形貌主要取决于凝固的条件，固化成型过程中要脱除大量溶剂，使得纤维横截面收缩，呈不规则的锯齿状。

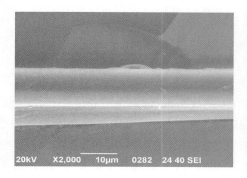

图 3-84　海藻纤维电镜照片

二、海藻纤维的性能

（一）强伸性能

海藻纤维的物理力学性能因制备原料的来源不同而存在差异，不同海藻酸盐，其单体 G 与 M 的相对比例、排列顺序有较大区别。另外，海藻纤维的物理性受含湿量的影响较大。海藻纤维的断裂强度比棉纤维和黏胶纤维高，缺点是强力低特别是湿强很低，伸长不理想，脆性大。原因是海藻纤维的超分子结构均匀，以及钙离子在纤维大分子间的交联作用，使得海藻纤维大分子间的作用力比较强。由于海藻纤维中钙含量较高，因而密度较大，约为 1.75 g/cm^3。

（二）吸湿性能

海藻纤维的结晶指数为 0.28，海藻纤维初生丝形成时，钙离子与大分子中的羧基结合产生的交联作用，破坏了大分子的结晶结构，使海藻纤维的结晶度低于黏胶纤维。海藻纤维大分子结构中含有大量的羟基和羧基，能够吸收空气中的水分，而且大量无定形区的存在，使得海藻纤维具有很强的吸湿性，最多可以吸收近 20 倍的液体。

海藻纤维的吸湿性能优于棉纤维和甲壳素纤维，尤其对生理盐水和 A 溶液（模拟人体伤口渗出液的组成）的吸湿能力强，适宜作伤口敷料。原因是生理盐水和伤口渗出物中的大量 Na^+ 能与海藻纤维内的 Ca^{2+} 进行离子交换，使纤维变成为部分海藻酸钠，提高了水合能力；同时使海藻纤维中被 Ca^{2+} 封闭的羧基（蛋盒结构的存在）释放出来，增加了纤维的吸湿基团，两者作用结果，显著提高了其吸湿性。所以海藻纤维可广泛应用于创伤被覆材料。

（三）自阻燃性

海藻纤维是一种自阻燃纤维，燃烧过程中纤维的炭化程度高，离开火焰即熄灭。由于其自身的—COO^- 及含有的 Ca^{2+} 离子，海藻纤维自身具有阻燃性。

阻燃机理是：首先由于纤维中—COO^- 的存在，海藻纤维不但能过吸收空气中的水分，而且海藻纤维受热分解时能释放出大量的水和 CO_2（脱羧作用），水的汽化过程能吸收大量的热量，降低了纤维表面的温度，同时生成的 CO_2 和水蒸气可以稀释纤维分解出的可燃性气体的浓度，从而达到阻燃的效果。其次，燃烧过程中羧基可与羟基反应，脱水形成内交酯，改变其裂解方式，减少可燃性气体的产生，提高炭化程度。最后，Ca^{2+} 对海藻纤维也具有阻燃作用，由于 Ca^{2+} 的交联作用增强了纤维大分子间的作用力，降低了燃烧过程中纤维大分子的断裂速率，促进了内交酯的生成，阻碍了纤维的燃烧。同时，热分解过程中，Ca^{2+} 可以生成 $CaCO_3$ 覆盖在纤维表面，除了阻止可燃性气体的释放和氧气向纤维内部扩散外，$CaCO_3$ 分解时还可吸收部分热量以降低纤维温度，同时产生 CO_2，有利于阻碍纤维的燃烧。

（四）生物可降解性和相容性

海藻纤维是一种良好的环境友好材料。海藻纤维的原料——海藻酸是从海藻植物中提取的天然多糖，能够在一定的时间内被微生物降解成二氧化碳和水。因此，用海藻纤维制成的纺织品使用后，其废弃物能被微生物降解，不会污染环境。海藻纤维不但具有良好的可降解性，而且具有生物相容性，在人体内可分解成单糖，最终被人体所吸收，对人体无刺激，不产生过敏反应，体表伤口残留纤维无需处理，避免手术时二次拆线，减轻病人痛苦。

（五）防辐射性

由于海藻酸钠在水溶液中存在—COO—和—OH 基团，能与多价金属离子形成配位化合物,可吸附大量金属离子形成导电链,因此,在海藻纤维的纺丝过程中,改变凝固浴中金属离子的种类,可以使 G 单元螯合多价金属离子,形成稳定的络合物,从而将海藻纤维制成多离子电磁屏蔽织物,起到电磁屏蔽和抗静电的作用,比如制造防紫外线和抗静电织物。

三、海藻纤维的应用

海藻纤维以其优异的高吸湿性、成胶性、阻燃性、生物降解性、防辐射等性能,已在医疗、保健、环保等行业得到广泛应用。

（一）医疗用纺织品的开发

1. 高吸湿用海藻纤维

海藻纤维在医疗领域主要用来制备非织造布创伤被覆材料,主要利用海藻纤维与人体的生物相容性、高吸湿性和降解性。1980 年以来,海藻酸盐纤维纱布得到广泛应用,许多临床研究已证明这种纱布的优越性能。

海藻纤维制品具有保持伤口湿润并减少伤口愈合时间的性能,在与伤口体液接触后,一方面由于海藻纤维的高吸湿性,它可以吸收近 20 倍于自己体积的液体,能吸除伤口过多的渗出物,帮助伤口凝血。另一方面,它具有成胶性。海藻纤维中的 Ca^{2+} 会与渗出物中的 Na^+ 发生交换,产生的海藻酸钠与 Ca^{2+} 络合形成离子交联水凝胶,由于凝胶具有高透氧性,可使氧气通过、阻止细菌感染,进而促进伤口的愈合。

2. 抗菌、除臭医用海藻纤维

由于创伤病人的免疫功能下降,伤口在愈合过程中易被细菌等感染,易产生不愉快的气味,严重影响伤口的愈合速度和治疗环境。海藻纤维的抗菌防臭功能主要是通过加入抗菌剂来实现,可以利用抗菌金属离子(如毒性低的银离子)或生物降解性和相容性好的天然抗菌剂(如壳聚糖、芦荟等)来制备抗菌海藻纤维。异味去除主要采用物理法和覆盖法。物理吸附主要是利用施加在纤维上的吸附剂的吸附作用,使异味分子从环境中转移到织物上从而消除,常用的吸附剂有硅胶、沸石、活性炭、空心炭粒、氧化铝等。掩盖法是在纺织品上施加气味比异味更为强烈的香味,以掩盖异味,使人们感觉不到异味的存在,常用的主要是对皮肤刺激性小的香精,植物提取物等。

3. 远红外和负离子功能纺织品

在纤维纺丝过程中加入各种具有保健功能的添加剂或通过织物后整理,可获得各类保健性纺织品。例如可以将远红外陶瓷粉末直接加入纺丝液,在分散剂的作用下使其均匀分散,然后进行纺丝成型,从而制备具有促进伤口愈合功能的远红外海藻纤维,并利用它制成内衣,可促进身体血液循环。

（二）防护性海藻纤维

1. 防辐射纺织品

在制备海藻纤维的纺丝过程中改变凝固浴中金属离子的种类,使海藻纤维吸附大量的金属离子,可以很好地屏蔽电磁波,起到防辐射的作用。而且织物中含有大量金属阳离子,可起到杀菌除臭作用,对皮肤无刺激,有助人体表皮微循环;同时具有防静电、防部分 X 射线及紫外线等功能。

2. 阻燃海藻纤维

因为海藻酸为多糖类大分子聚合物,聚合物燃烧时发生的热分解主要为链式解聚和无规分解两类。链式解聚是单体单元从链端或最弱链点相继脱开,实质上是链式聚合的反演,通常称为逆增长或解链,解聚反应在临界温度点发生;发生无规分解时,在链上任意位置发生链断裂,生成比单体大的各种形状的碎片。这两类热分解可以同时发生,也可以分别发生,但通常是同时发生的。

第四章　新型聚酯纤维

聚酯纤维是由二元酸和二元醇缩聚生成的聚酯再经纺丝加工而制得的合成纤维。工业化生产的聚酯纤维是用聚对苯二甲酸乙二醇酯(PET)制成的,即涤纶。聚酯纤维因其尺寸稳定性好、悬垂性好、强度高、织物挺括而被广泛应用,是目前世界上产量最大、用途最广的合成纤维。聚酯纤维大分子链规整,不含有亲水基团,纤维表面光滑,导致其吸湿透气性差,难染色,这些缺点限制了其在高档服饰领域中的应用。新型聚酯纤维,如聚对苯二甲酸丙二醇酯(PTT)、聚对苯二甲酸丁二酯(PBT)纤维、聚萘二甲酸乙二醇酯(PEN)等,因具有优良的弹性、耐磨性、易染性等性能,有效拓展了聚酯纤维的应用领域。

第一节　PTT 纤 维

一、PTT 发展历史

PTT 是由对苯二甲酸(TPA)和 1,3-丙二醇(PDO)经酯化缩聚而成的聚合物。PTT 由于其结构居于 PET 和 PBT 之间,因此同时具有 PET 的高强稳定性能和 PBT 优良的成型加工性,PTT 纤维的弹性回复能力能够与 PA6 纤维和 PA66 纤维媲美,表现出优异的悬垂性、良好的触感、舒适的弹性。不仅如此,PTT 还有良好的抗污性和耐磨性。PTT 已经在服用纤维、地毯材料和工程塑料等领域得到广泛应用。

早在 20 世纪 40 年代初,美国的两位科学家就成功合成了 PTT,并申请了专利。但长期以来,PTT 树脂合成的研究进展不大,不是因为其应用领域不广,主要是由于其原料单体 1,3-丙二醇(PDO)的合成成本高、纯度低、供应数量少,因此无法实现 PTT 的大规模工业化生产。到 20 世纪 90 年代初,德国 Degussa 公司成功开发了较低成本的 PDO,并将其工业化。该公司与 Zinuner 公司合作,成功开发了 PTT 聚合物。

美国 Shell 化学公司经过不断研究,对 PDO 生产工艺进行技术改进,制得了较为廉价的 PDO 产品,于 1996 年 5 月首先向市场推出商品名为"Corterra"的 PTT 树脂,并申请了专利,成为世界上 PTT 纤维最大的生产者。至此,人们对 PTT 的研究上了一个新的台阶。

PTT 是继 1953 年 PET 工业化和 20 世纪 70 年代 PBT 产业化以后发展起来的一种聚酯材料,与 PET 和 PBT 同为芳香族聚酯。目前,全球 PTT 纤维生产技术主要掌握在 Shell 和 DuPont 手中,其商品名分别为 Corttera 和 Sorona。两家的生产工艺最大区别在于 PTT 原料 1,3-PDO 制造方法,Shell 是利用化学合成方法生产,而 DuPont 公司采用生化合成技术。

二、PTT 合成

合成 PTT 的工艺路线与 PET 相同,分为两种:一种是直接酯化法(PTA 法);另一种是酯交换法(DMT 法)。

(一)PTA 法生产 PTT

将 PTA 和 1,3-丙二醇进行酯化反应,生成对苯二甲酸丙二酯,再降温降压进行缩聚反应,即可得到 PTT。酯化反应可采用 Ti 催化剂,在 260~275 ℃、常压下进行。酯化时间 100~140 min,原料摩尔配比小于 1:4。酯化后在 255~270 ℃下把压力降至 10 kPa 进行预缩合,30~45 min 后将压力降至 0.2 kPa 进行缩聚反应,缩聚时间 160~210 min。

(二)DMT 法生产 PTT

将 DMT 和 1,3-丙二醇进行酯交换,反应生成对苯二甲酸丙二酯,反应温度 140~220 ℃,催化剂为四丁基化钛或四丁氧基钛;反应后除去副产物甲醇,再将温度升到 270 ℃,压力降到 5 Pa,进行缩聚反应。由于钛化物在缩聚过程中很活跃,所以催化剂不用纯化,也不用添加其他催化剂。经缩聚后得到的 PTT,其平均摩尔质量为 50~60 kg,熔融温度为 228 ℃,熔体体积指数 20~30 mL/10 min(235 ℃,1.2 kg)。这种聚合物白度很高,玻璃化温度为 55 ℃,远低于 PET 的玻璃化温度(图 4-1)。

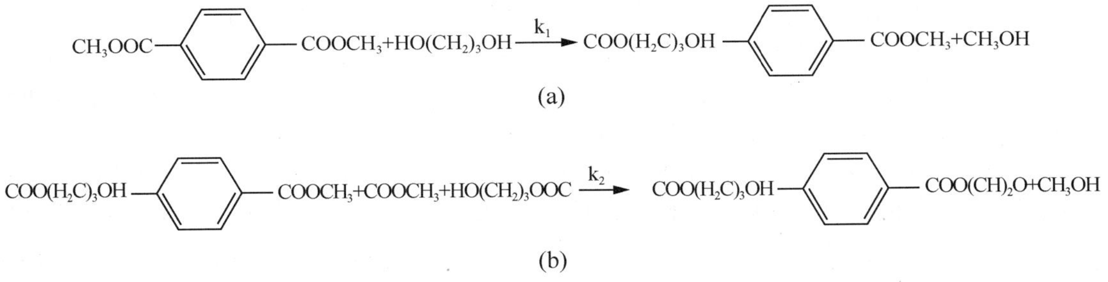

(a)

(b)

图 4-1 缩聚反应过程

三、PTT 纤维的制造

PTT 纤维采用熔融纺丝工艺进行纺丝,有两种工艺路线:一种为直接纺丝,即将缩聚后的聚合物熔体直接经喷丝板喷丝后拉伸而成;另一种为切片纺丝,即将缩聚后的聚合物熔体经造粒制成切片,然后经干燥、螺杆挤压、加温重新熔融,再进行纺丝。

(一)切片干燥

PTT 熔体对水分非常敏感,含微量水分,致使熔体受热后发生强烈水解。水解将导致大分子链断裂,相对分子质量下降,使成品物理性能变差。因此,纺前切片含水率必须降低到合适的范围。此外,干燥温度非常重要,PTT 热稳定性不及 PET,温度过高会导致热氧化作用加剧,切片色相变黄;温度过低,水分烘干不充分,影响纺丝。由于 PTT 切片自身成半结晶状态,因此在干燥时无需像 PET 切片那样预结晶。切片的干空气露点要尽可能低。露点越低,水分转移动力越大,扩散速度越快,干燥效果越好。与 PET 相比,PTT 干燥有几个要点:①干燥温度125～135 ℃;②可省去预结晶过程;③干空气露点≤-80 ℃;④干燥时间比PET适当延长。

通过以上调整,切片含水率≤0.028 mg/g,可满足纺丝要求。

(二)熔融纺丝

熔融纺丝过程受螺杆温度及箱体温度、喷丝板孔径及长径比、喷丝头拉伸倍率及速度、冷却吹风及集束上油位置的调整等因素的影响。

1. 螺杆温度及箱体温度的选择

PTT熔体属于典型的非牛顿流体,在熔融状态下,切力变稀现象比PET熔体更明显,而且熔体黏度对温度的敏感性较大,其热稳定性也不及PET,过高的熔融温度导致熔体黏度下降较大,水解、热氧化、热裂解等各种反应加剧,不利于纺丝的顺利进行。与PET相比,PTT聚合物的相对分子质量分布较宽,在螺杆挤压机内低相对分子质量的聚合物首先熔化,随着物料的推进和温度的升高,高相对分子质量的聚合物随后熔化,因此,如果熔融温度过低,高相对分子质量部分的PTT未彻底熔融,制得的熔体均匀性较差,不利于纺丝。根据PTT的熔点和性能,螺杆各区熔融温度设定在240～260 ℃比较合适。纺丝箱体温度的设定对改善PTT熔体流动性和稳态纺丝至关重要。由于PTT熔体对温度比较敏感,且流动均匀性不及PET,给纺丝工艺温度的确定和调整增加了难度。板面温度偏低,PTT熔体出口膨化现象严重,出丝不稳定,喷丝孔周边小分子物质增多,板面污染严重;板面温度过高,容易出现粘板、注头,同样也不利于纺丝。根据PTT聚合物的特性,在保证最佳板面温度和熔体流动性的前提下,纺丝箱体温度一般确定在256～266 ℃。特性黏度低的PTT切片,其温度可适当下调。

2. 喷丝板孔径及长径比

喷丝板孔径的选择主要取决于成品丝的单丝线密度和剪切速率。喷丝孔中熔体剪切速率主要与喷丝孔的几何尺寸有关。对圆形喷丝孔而言,剪切速率一般控制在7000～12 000 s^{-1}。由于PTT大分子是"Z"字型构象,熔体在孔口流出区膨化现象较为明显,较高的长径比可有效地延长大分子在孔口的松弛时间,降低熔体挤出时的剩余弹性,减小出口膨化现象,从而为稳定纺丝创造条件,因此长径比选择在3.5～4.0。这种长径比比纺同种规格PET时的长径比(2.5～3.0)要大。

3. 喷丝头拉伸倍率及速度

在高速纺丝中,喷丝头拉伸倍率对纺程应力和初生丝条的取向影响较大。喷丝头拉伸部分正是长丝超分子结构形成的基础阶段,拉伸比加大可明显提高PTT初生纤维的取向度。因PTT熔体流动性能不及PET,随着GR1速度的提高和拉伸倍率的加大,丝条流动形变区域内部缺陷和薄弱环节将会明显暴露,导致纺丝形成不稳定流动,严重时会使丝条在接近喷丝孔处发生断裂,所以PTT纺丝选择合适的GR1速度和喷丝头拉伸倍率尤为重要。PTT纺丝喷丝头拉伸倍率一般选择为100～160。由于PTT熔体纺丝温度较PET低,纺程温度梯度大,熔体容易产生结晶,过高的喷丝头拉伸倍率和生产速度导致纺程应力变大。这种应力引起的应变在短时间内很难消除,纤维在卷绕筒上会产生弹性回缩,严重影响成型。纸管受力变形,退出困难,织造退绕不畅。因此在选择纺速和喷丝头拉伸倍率时不宜过大,PTT-FDY的纺速宜为2800～3400 m/min,PTT-POY的纺速宜为2500～3000 m/min。

4. 冷却吹风及集束上油位置的调整

由于PTT结晶速率大,且纺丝温度较PET低,较高的风速和较低的风温使得丝条冷却过快,流变行程缩短,纺程应力加大,初生PTT-POY结晶度增加,POY伸长变小,不利于加弹后加工;风速过小,有野风混入,丝条条干变大。在纺 PTT 和 PET 相同规格品种时,风速应适当偏小一些,风温应略高。PTT 侧吹风适宜风速应为 0.3～0.6 m/s,风温 25～28 ℃,相对湿度最好控制在 65％～85％。上油集束位置调整主要是减小空气摩擦阻力对纺丝张力的影响,PTT 纺程张力应偏小,以减小应力。同种规格品种的 PTT 和 PET,前者的集束位置应相对偏高,一般在 70～100 cm。实际生产中应根据具体品种选择合适高度。

（三）拉伸与定型

未拉伸的 PTT 纤维必须经过拉伸等后加工处理,才能符合纺丝的要求。拉伸温度应大于 PTT 纤维的玻璃化温度而又低于 200 ℃。在此温度下分子链节容易运动,有利于大分子沿纤维轴向排列,提高纤维的取向度和结晶度。

PTT 长丝的拉伸工艺与 PET 长丝大致相同,即可同样采用双区热拉伸工艺。第一拉伸浴的温度约为 80 ℃,加热器的温度控制在 120～200 ℃,拉伸速度为 800～1200 m/min。拉伸倍数仅为 1.005 左右,第二拉伸倍数为 1.10～1.90。在热拉伸的同时起到一定的定型作用。

四、PTT 纤维的结构特点

（一）大分子结构

PTT 的分子结构如图 4-2 所示。

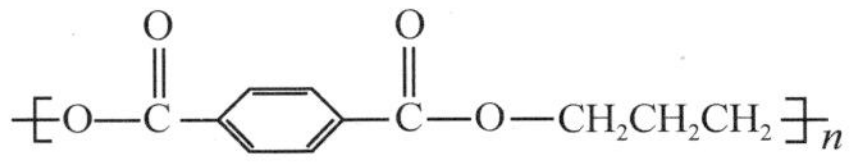

$$\left[O-C(=O)-\bigcirc\!\!\!\!\!\bigcirc-C(=O)-O-CH_2CH_2CH_2\right]_n$$

图 4-2　PTT 的分子结构

从分子结构上看,PET 和 PTT 的分子链上都同时存在刚性链苯环和柔性亚甲基(—CH₂—),并由酯基(—CO—O—)连接,是典型的刚柔性共存的线型大分子。两者化学结构的主要差异在于:PET 分子链链节上有 2 个亚甲基,而 PTT 分子链链节上有 3 个亚甲基(图 4-2)。PTT 分子链上的 3 个亚甲基使它具有"奇碳效应",分子链呈现类似羊毛蛋白质分子链的螺旋结构,具有明显的"Z"字形构象(图 4-3),导致其大分子链具有如同弹簧的形变和形变回复能力。在纵向外力作用下,PTT 分子链很容易发生伸长,在外力去除后又回复原状,具有优良的回弹性。

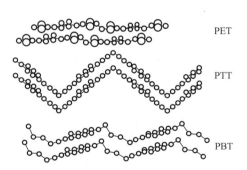

图 4-3　芳香族聚酯大分子链段的构象模型

（二）形态结构

PTT 纤维的表面形态结构基本上与 PET 纤维相似,呈光滑条形状(图 4-4),光的反射、折射较强,纤维光泽较强;表面有空隙,有一定的导湿、透气和保暖性;可制成不同截面形态的纤维产品,如三叶形、三角形等异形纤维,还能增加纤维抱合力,改善光亮度;还可在制造过程中直接加工成有色 PTT 纤维,方便选用。

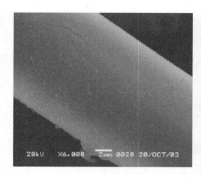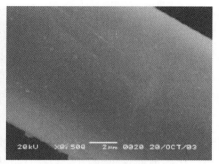

图 4-4　PTT 纤维的 SEM 照片

五、PTT 纤维的性能

PTT 纤维具有与 PET 纤维相同的耐光性、耐化学品的稳定性和低吸湿性,其"奇碳效应"产生的高回弹性和结晶度较低等则使其具备一般 PET 纤维和锦纶不具备的弹性。

（一）力学性能

PTT、PET 和 PBT 纤维的特性参数见表 4-1。

表 4-1　PET、PTT 和 PBT 纤维的特性参数

纤维名称	T_m（℃）	T_g（℃）	线密度（g/m）	强度（cN/dtex）	断裂伸长率（%）	热定型温度（℃）	染色温度（℃）	回弹性（%）
PET 纤维	265	80	1.4	3.8	30	180	130	较差
PTT 纤维	228	55	1.33	3.0	50	140	100	较好
PBT 纤维	226	24	1.32	3.3	40	140	100	好
PLA 纤维	175	55	1.27	3.8	45	150	100	好
PA 纤维	220	50	1.13	4.0	35	140	100	较好

PTT 纤维的初始模量低于 PET 纤维,略高于 PBT 纤维;而 PTT 纤维的弹性回复率和热收缩明显高于 PET 纤维和 PBT 纤维。PTT 纤维的结晶度低,其断裂强度也稍低,但 PTT 纤维作为纺织原料与棉或羊毛等混纺,其强度基本能满足使用。

（二）弹性回复性

多次循环拉伸试验表明,PTT 纤维拉伸达 20% 时,仍具有 100% 的弹性回复性。据称,100% PTT 纤维织物与含有 4.7% 氨纶弹力丝的涤纶织物有同样的弹性回复性。这是由 PTT 纤维分子链结构特征导致的（图 4-3）。表 4-2 显示了不同伸长率时 PTT 纤维与 PET 纤维和 PBT 纤维的弹性回复性。

表 4-2　不同伸长率时回复率比较

伸长率（%）	PET 纤维 75 dtex/36f	PTT 纤维 75 dtex/24f	PBT 纤维 75 dtex/36f	PA6 纤维 70 dtex/24f
10	65	87	78	80
20	42	81	66	67

（三）柔软性能

PET、PTT 和 PBT 三种纤维的挠屈模量分别为 3.11 GPa、2.76 GPa 和 2.34 GPa，杨氏模量分别为 10.3 GPa、9.7 GPa 和 9.65 GPa。PTT 织物的手感柔软性比 PET 织物好，细度为 3.3 dtex 的 PTT 织物与 2.2 dtex PET 织物的柔软性相同，与同一细度的锦纶织物柔软性近似。因此，在常规染整加工时，无需经碱减量加工。PTT 纤维的耐碱性能如图 4-5 所示。若需要碱减量处理，其工艺条件应比 PET 纤维更剧烈，NaOH 浓度一般为 100 g/L 左右。

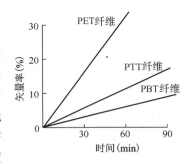

图 4-5　PTT 纤维的耐碱性
（ 70 g/L NaOH，98 ℃ ）

在服装面料和室内装饰用布方面，PTT 纤维与其他常用合纤相比，具有高回弹性和柔软性，与近年广大消费者要求的舒适、形态稳定的弹性织物相吻合。

（四）热学性能

PTT 纤维的熔融温度（T_m）为 228 ℃，比 PET 纤维（265 ℃）低；其玻璃化温度（T_g）与 PA6 纤维相似。T_g 与 T_m 的差值是高分子加工的重要因素，在加工过程中要密切关注（表 4-1）。

（五）耐化学品性能

PTT 纤维的耐化学品性能与其他合成纤维比较见表 4-3。

表 4-3　PTT 纤维的耐化学品性能

化学品	PTT 纤维	PA6 纤维	PA66 纤维	PET 纤维
氯溶液 10 g/L	++	——	—	++
盐酸 5%	++	—	—	++
烧碱 5%	++	++	+	—

注：在 72～110 ℃溶液中处理 120 h，单丝强度的变化：++强度最好，——强度最差。

（六）染色性能

聚酯纤维用分散染料染色，其染色温度必须在该纤维的 T_g 以上（能染成深色）。PTT 纤维的 T_g 为 55 ℃左右，比 PET 纤维低 26 ℃，故其染色性能明显优于 PET 纤维，可在常压下沸染，并可获得坚牢的色泽。在相同的染色温度下，分散染料对 PTT 纤维的渗透性明显好于 PET 纤维。

（七）耐污性能

PTT 纤维的奇碳效应使其具有较小的表面张力。另外，PTT 纤维表面光滑，静电性较低，不易吸附空气中的灰尘。因此，PTT 纤维具有良好的拒油性和易洗涤性。

六、PTT 纤维的应用

PTT 纤维的强力比涤纶低，但它保持了涤纶色泽鲜艳、不易褪色及抗折皱性好的优点，同时具有手感柔软的特点；具有像腈纶一样的蓬松性，又有比腈纶更好的耐磨性和较少的静电；

具有锦纶的柔软性和较强的抗污力,且色牢度、悬垂性更好,但吸水性较差;拥有和氨纶相当的弹性,但比氨纶的价格低,很容易洗涤干燥。PTT 纤维的这些基本特性为开发和应用高品质高性能的纺织品提供了非常丰富的创新动力。

（一）服饰

使用 PTT 短纤纱织成的弹力和非弹力针织、机织织物在服饰方面具有非常广泛的用途,可制成各类针织内衣、衬衫、裙子、羊毛衫、茄克衫、休闲裤、运动装、滑雪衫等,几乎覆盖所有的服饰领域,外观高雅,手感柔软,穿着舒适,且 PTT 服饰男女老少、春夏秋冬皆宜。羊毛、PTT 纤维和莫代尔的混纺纱用于保暖内衣和针织衫,有很大的市场前景。

（二）非织造布

通过针刺或水刺加工技术,也可采用纺粘法或熔喷法制造 PTT 纤维或 PTT 纤维与涤纶、尼龙和聚丙烯纤维的混合物的各种非织造布。利用 PTT 短纤制成的非织造布手感柔软、悬垂性好、高度蓬松且耐 γ 射线辐射。可制成各种透明薄膜、人造革、防护材料、地毯底布等。

（三）装饰用品

PTT 纤维优异的回弹性、蓬松性、抗污性、染色性、化学稳定性和柔软性,使它可用于地毯、沙发等装饰用纺织品及钓鱼杆、网球拍的线绳等。随着制造原料成本的进一步降低,PTT 纤维有望成为一部分尼龙、丙纶地毯的替代产品。

第二节　PBT 纤维

一、PBT 纤维的结构与性能

PBT(聚对苯二甲酸丁二醇酯)纤维是 20 世纪 80 年代美国塞拉尼斯(Celnese)公司首先研制出的一种弹性高于锦纶而次于氨纶的聚酯纤维。由于 PBT 纤维的优良弹性、易染色性及柔软的手感,它在国内外市场上备受青睐,被广泛应用于工业和纺织领域。

（一）PBT 纤维的结构

PBT 由对苯二甲酸二甲酯(DMT)或对苯二甲酸(TPA)与丁二醇酯化后缩聚而成,其分子结构与 PET 相似,有相同的芳香苯环,仅比 PET 多 2 个甲基(CH_2)。二者的分子结构式如图 4-6 所示。

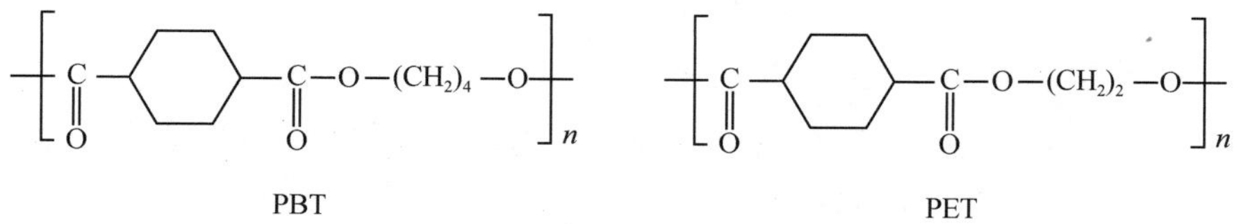

图 4-6　PBT 和 PET 的分子结构

和涤纶、锦纶等聚酯族纤维一样,PBT 纤维具有一定的结晶度。PBT 纤维的晶体结构存在两种晶型:α 型和 β 型。这两种晶型在外力作用下可相互转换,意味着 PBT 纤维不但易于伸缩且伸缩回复性很强。

（二）PBT 纤维的性能

PBT 纤维不仅具有类似于涤纶的强力、尺寸稳定性和耐久性，还兼有锦纶的柔软和耐摩擦性能，可染性比亦高于涤纶和锦纶纤维。PBT 纤维的大分子结构上比涤纶纤维多 2 个亚甲基，因此具有相当的伸缩性基础，即 PBT 纤维良好的回弹性是涤纶和锦纶所不能媲美的，其弹性回复性仅次于氨纶。另外，PBT 纤维具有类似于羊毛纤维的手感、良好的耐光性。PBT 纤维与涤纶、锦纶、氨纶三种纤维的主要性能对比见表 4-4。

表 4-4　四种纤维性能对比

项目	涤纶	锦纶	PBT	氨纶
初始模量(cN/dtex)	79～97	8～26	17～35	0.04～0.12
强度(cN/dtex)	＞3.1	＞3.6	＞2.6	0.9
公定回潮率(%)	0.4	4.5	0.4	0.8
耐磨性	中	优	良	
可染性	中	良	优	差
尺寸稳定性(干湿)	良/良	中/差	良/良	
耐酸性	良	中	良	良

① PBT 纤维的强度为 30.91～35.32 cN/tex，伸长率为 30%～60%，熔点为 223 ℃，其结晶化速度比聚对苯二甲酸乙二酯快 10 倍，有极好的伸长弹性回复率和柔软易染色的特点。

② PBT 纤维具有聚酯纤维共有的一些性质，但由于 PBT 大分子基本链节上的柔性部分较长，因而其熔点和玻璃化温度较普通聚酯纤维低，导致纤维大分子链的柔性和弹性有所提高。

③ PBT 纤维具有良好的耐久性、尺寸稳定性和较好的弹性，且弹性不受湿度影响。

④ PBT 纤维及其制品的手感柔软，吸湿性、耐磨性和纤维卷曲性好，拉伸弹性和压缩弹性极好，其弹性回复率优于涤纶。PBT 纤维在干湿态条件下均具有特殊的伸缩性。

⑤ 具有良好的染色性能，可用普通分散染料进行常压沸染，而无需载体。染得纤维色泽鲜艳，色牢度、耐氯性优良。

⑥ 具有优良的耐化学药品性、耐光性和耐热性。

二、PBT 纤维的应用与发展前景

PBT 纤维自问世以来，首先在美国塞拉尼斯和日本东丽等公司实现工业化生产。PBT 纤维优越的性能使其迅速在世界范围内得到快速发展。

目前，我国对 PBT 纤维的研究与开发技术日臻成熟，其应用市场也逐渐扩大。用 PBT 纤维织造的服装，弹性回复性好，可随身体的伸屈而伸缩，穿着可体、舒适。鉴于此，PBT 纤维特别适用于高尔夫球服、网球服等运动装，以及女士内衣裤和针织袜类等。利用 PBT 纤维制作服装的填充絮片时，其保暖性能比普通聚酯絮片要高的多，且具有透气、质轻、可洗涤等特点。PBT 还具有良好的耐氯性，加上湿态下纤维的良好强度和较高的形态稳定性，使其在泳装、滑雪服和雨衣方面得以广泛应用。同时,PBT 纤维既有类似于羊毛纤维的柔和手感,又有易于染色和色牢度高的特点,因此其短纤维可代替羊毛用于簇绒地毯的织造。

尽管 PBT 纤维具有较多的优良特点,但由于 PBT 切片的价格较高,国内生产质量不够稳定,PBT 纤维不能像涤纶纤维那样得到广泛应用。但是对 PBT 纤维的开发与研究并没有因此而停止,有更多学者利用 PBT 纤维可与其他原料共混纺丝和复合纺丝的特点,研发新型材料。利用不同比例的 PBT 与 PET 或 PTT 等进行共混纺丝,能够起到两个组分互补的作用,研究表明复合纤维可综合 PBT、PET 聚合物的各自特征,取长补短,弥补各单一组分性能上的缺陷,是一种综合性能较为理想的弹性纤维。

第三节　PEN 纤 维

一、概述

PEN 纤维是聚萘二甲酸乙二醇酯(Poly-thy-lene Naphtalate)纤维的简称。21 世纪以来,PEN 纤维的各工艺步骤的合成技术逐渐趋于稳定,批量化生产投放市场也逐步推广。不过目前,全球生产 PEN 的企业仅有杜邦、三菱化学、帝人集团、M&G、东洋纺、Performance Fiber 及 Kolon 等为数不多的聚酯行业相关企业。

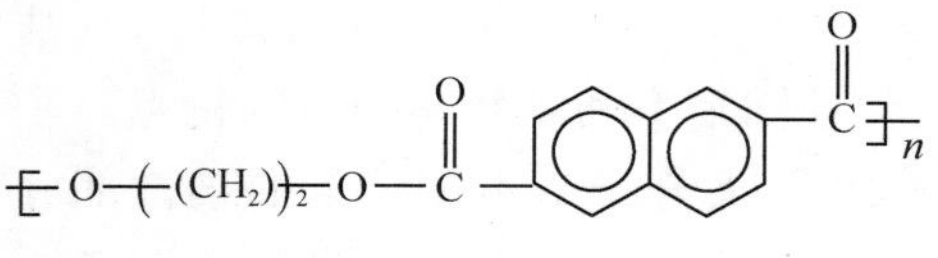

图 4-7　PEN 的分子结构

PEN 纤维是由美国 Kosa 首先推出的新产品,分子结构如图 4-7 所示。PEN 的优异性能主要体现在较高的耐热性上,其玻璃化转变温度为 118 ℃,远高于传统 PET(68 ℃),因此 PEN 制品在较高的环境温度条件下,具有热收缩率小、尺寸稳定的优势。同时,PEN 在热稳定性及热氧稳定性方面也优于 PET,起始分解温度比 PET 高 30 ℃,在高于熔点的温度下,对氧的敏感性不显著。因此,PEN 制品可以在 155 ℃下长期使用(F 级绝缘膜),可在 300 ℃下短时高温加工(熔焊、蒸镀及喷溅涂层)。在物理力学性能方面,PEN 也明显优于 PET,加上热收缩率低,是制造轮胎帘子线的理想材料。PEN 的气体阻隔性及防紫外线性也优于 PET,波长 320 nm 以上的紫外线 100% 透过 PET,而 PEN 可以完全遮断波长 380 nm 以下的紫外线。此外,PEN 还是理想的高分子材料防紫外线改性剂,例如 PET 与摩尔分数为 10% 的 PEN 共混可以完全遮断波长 370 nm 以下的紫外线,而且在纺丝加工中不会分解、挥发。PEN 还有很高的化学稳定性,耐酸碱及耐水解性均优于 PET,并且对有机物的吸附能力低,不易受污染,便于清洗。

二、PEN 的合成

PEN 的合成路线与 PET 相似,一般采用 2,6-NDCA 和 EG 或 2,6-NDC 和 EG 为原料,通过直接酯化或酯交换反应,合成单体 2,6-BHEN(2,6-萘二甲酸乙二醇酯),再经过缩聚反应合成 PEN,最后通过固相缩聚合成高相对分子质量 PEN,PEN 的合成大多采用酯交换法。

（一）直接酯化法

以 2,6-NDCA 和 EG 为原料，在催化剂和一定反应温度下直接进行酯化反应合成 BHEN，然后在催化剂、一定反应温度和低压条件下进行缩聚反应合成 PEN（图 4-8）。该法对原料 NDCA 的纯度要求苛刻。

（二）间接酯化法（酯交换法）

多采用乙酸盐为酯化催化剂，在一定反应条件下，使得 2,6-NDC 和 EG 按一定质量比进行酯交换反应合成 BHEN，然后在缩聚催化剂和稳定剂等参与下，并在一定反应温度和低压下进行缩聚反应合成 PEN。此法是目前工业化生产 PEN 所采用的方法，其反应方程式如图 4-8 所示。

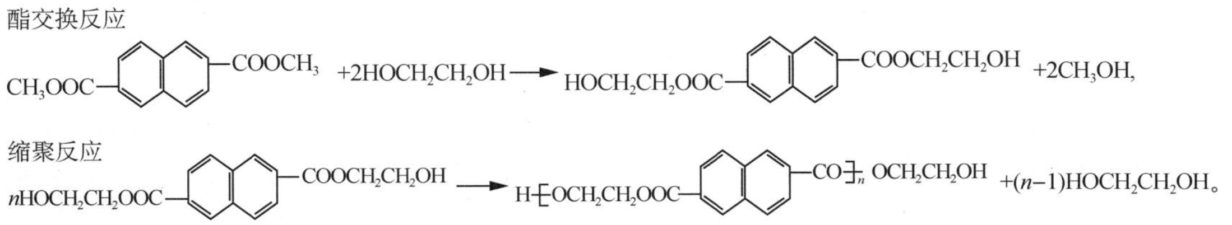

酯交换反应

CH_3OOC—〔萘环〕—$COOCH_3$ $+2HOCH_2CH_2OH$ ⟶ $HOCH_2CH_2OOC$—〔萘环〕—$COOCH_2CH_2OH$ $+2CH_3OH$，

缩聚反应

$nHOCH_2CH_2OOC$—〔萘环〕—$COOCH_2CH_2OH$ ⟶ H〔OCH_2CH_2OOC—〔萘环〕—CO〕$_n OCH_2CH_2OH$ $+(n-1)HOCH_2CH_2OH$。

图 4-8　PEN 合成路线

（三）固相缩聚法

由于熔融缩聚合成的 PEN 的特性黏度一般达不到实际使用要求，还需要对 PEN 切片进行固相缩聚以进一步提高它的特性黏度，使其黏度达到使用要求，一般为 0.7～1.0 dL/g。在固相缩聚前，PEN 切片在沸腾床或真空转鼓中进行结晶，然后在一定的温度和低压下进行固相缩聚。

三、PEN 的基本性能

PEN 的拉伸模量、拉伸强度均比 PET 高，而 PEN 的力学性能稳定优良，即使在高温、高湿情况下，其弹性模量、强度、蠕变和寿命仍可保持相对稳定。由表 4-5 可以看出，PEN 纤维具有较高的玻璃化温度，说明它具有优良的耐热性能，收缩率低于 PET 纤维，而耐水解性有所改善。PEN 纤维的模量和尺寸稳定性均明显优于 PET，尤其是在较高的温度状态下，PEN 纤维能保持较高的耐热性能。另外，在 PEN 纤维分子链上的萘环刚性比 PET 纤维分子链上的萘环大，因而具有较好的阻燃性、耐化学腐蚀性、抗紫外线强度、抗收缩、高模量和抗拉伸等性能。与 PET 一样，PEN 是半结晶状的热塑性聚酯材料。

（一）热性能

PEN 的熔点为 265 ℃，与 PET 接近，玻璃化转变温度为 118 ℃，较 PET 高出 50 ℃，可在 150 ℃的高温环境中长期使用，制品尺寸稳定。热收缩率小于 PET，PEN 在 130 ℃的潮湿空气中放置 500 h 后，伸长率仅下降 10%；在 180 ℃干燥空气中放置 10 h 后，伸长率仍能保持 50%。PET 在同样条件下会变得很脆，无实用价值，在 315 ℃有氧环境下 100 min，PEN 未发生氧化降解反应。PEN 与 PET 的主要性能对比见表 4-5。

表 4-5　PEN 与 PET 的主要性能对比

项目	PEN	PET	项目	PEN	PET
密度(g/cm³)	1.33	1.34	拉伸强度(MPa)	74	55
熔点(℃)	265	252	断裂伸长率(%)	>250	>250
玻璃化温度(℃)	118	68	弯曲强度(MPa)	93	80
热变形温度(℃)	100	70	弯曲弹性模量(MPa)	2300	2200
热收缩率(150 ℃,30 min)(%)	0.4	1.0	耐辐射能力(MGY)	11	2
长期使用温度(℃)	160	120	耐水解性(h)	200	50
耐气候性(h)	1500	500	吸水率(%)	0.2	0.3

（二）溶剂吸附性

PEN 对有机溶剂的吸附量的测定结果表明，PEN 具有很低的吸附能力（表 4-6），而且吸附于它表面的异物容易被除掉，回收性好。

表 4-6　PEN 和 PET 对几种溶剂的吸附情况

被吸附物质	树脂	浸渍时间(d)				
		0.1	1	3	7	14
甲醇(%)	PET	0.000 6	0.7	0.8	0.72	0.65
	PEN	0.001 3	0.15	0.35	0.45	0.52
丙酮(%)	PET	0.001 5	0.8	0.95	1	1
	PEN	0	0.1	0.23	0.255	0.3
正辛烷(%)	PET	0.003 5	0.075	0.1	0.12	0.12
	PEN	0	0.009	0.018	0.015	0.02
对二甲苯(%)	PET	0.027	0.4	0.45	0.55	0.6
	PEN	0.000 1	0.07	0.13	0.12	0.15

（三）化学性能

1. 耐化学品性能

PEN 可与玻璃的耐化学品性能媲美。除浓 H_2SO_4、HCl 和 HNO_3 外，PEN 与稀酸、烧碱溶液等大多数化学品都不发生化学反应，且在多数有机溶剂中不会产生溶胀现象（表 4-7）。

表 4-7　PEN 在几种溶剂中的耐化学品性能

材料名称	温度(℃)	溶剂			
		丙酮	乙酸乙酯	甲苯	甲醛
PEN	25	○	○	○	○
	60	○	○	○	○

续　表

材料名称	温度(℃)	溶剂			
		丙酮	乙酸乙酯	甲苯	甲醛
PET	25	○	○	○	○
	60	▲	▲	▲	▲
玻璃	25	○	○	○	○
	60	○	○	○	○
聚氯乙烯	25	▲	▲	△	△
	60	▲	▲	▲	▲
聚苯乙烯	25	▲	▲	▲	△
	60	▲	▲	▲	▲

注:○—无变化;△—少许白化、裂化;▲—白化、裂化

2. 耐水解性

在水的作用下,PEN 和 PET 的分子链的酯基都会发生水解。实验表明:PET 水解至伸长保持率达 60% 时只需 50 h 即发生水解,而 PEN 需要 200 h 才水解,PEN 的水解速度仅为 PET 的 1/4,耐水解性较好。

3. 光学性能

在可见光范围内,PEN 呈透明状,能挡住波长小于 380 nm 的紫外辐射。另外,PEN 的光致力学性能下降少,光稳定性约为 PET 的 5 倍,经放射线照射后断裂伸长率下降少,在真空和 O_2 中,耐放射线的能力分别为 PET 的 10 倍和 4 倍。

4. 电学性能

PEN 和 PET 都具有相当的击穿电压、介电常数、体积电阻率和导电率等参数,都是优良的电气绝缘材料。但 PEN 在高温和潮湿环境中能保持较稳定的电学性能,其导电率随温度变化的幅度较小;PEN 在高电场强度条件下仍具有光致导电性。

四、PEN 纤维的应用

PEN 纤维具有的优异物理力学性能和广泛的用途,引起了众多化纤品牌的浓厚兴趣,纷纷投资建设 PEN 纤维制造厂,并进行新产品的开发,如杜邦、帝人、东丽、东洋纺、伊斯曼、ICI(帝化)、赫司特等知名企业。PEN 纤维新品种开发方面也取得了一些成果,日本的东洋纺与帝人公司合作,采用复合纺丝工艺和技术,已经开发出 PEN/PET 皮芯型复合纤维,具有性能优异、成本低的特点。用于骨架材料轮胎帘子线时,与橡胶的黏结性非常好,也可用于制织汽车椅罩、安全保护带等。

与 PET 纤维相比,PEN 纤维的性能优异,如模量高、尺寸稳定性好、不变形、弹性足、刚性好等,是一种理想的纺织原料,其应用领域十分广阔,在产业用纺织品方面前景十分看好。目前主要用于以下方面:

(1) 汽车防冲撞充气安全袋。这种安全袋折叠后体积小、质量轻、强度高、阻燃性能好,由 PEN 纤维制织的织物可满足此要求;

（2）轮胎和传送（传动）带等的骨架材料。由于 PEN 纤维具有较大的回弹性和刚性，能够满足对橡胶骨架材料的耐高温性、抗疲劳性、抗冲击性、黏结性和抗蠕变性的要求，因而将成为替代钢丝、PA66 纤维、PET 纤维等的理想材料；

（3）PEN 纤维增强材料。高压水管、蒸汽、燃料、化学药品等输送管道以及汽车发动机罩盖等用品都是在热湿环境中工作，必须具有优良的机械物理性能，PEN 纤维是这些用品的理想增强材料；

（4）过滤材料。环保用过滤材料一般是在干燥及潮湿环境下使用，要求具有优异的耐热性、耐化学腐蚀性、耐潮湿水解和耐磨等性能，由 PEN 纤维制成的过滤材料，过滤性能极优，是一种理想的过滤材料，可与聚苯硫醚（PPS）纤维相媲美。PEN 滤材的绝缘、绝热指标可达到 F 级标准，可在 160 ℃高温环境中连续使用。同时，PEN 滤材在较宽的 pH（酸碱度）值范围内具有优异的拉伸强度，因而它将逐步替代 PET 筛网，在造纸筛网领域内得到较为广泛的应用；

（5）缆绳。由于 PEN 纤维的模量高，伸长大，并具有优良的耐化学性能、抗紫外线性能等，是制造各种缆绳的理想材料，今后将有可能逐步替代 PET 缆绳；

（6）服装和服饰材料。PEN 纤维由于具有许多优异性能，是理想的服装和服饰材料。

第四节　高相对分子质量 PET 纤维

一、高相对分子质量 PET

近年来，PET 材料用量快速增长，作为工程材料，其相对分子质量及微观结构也是其性能和应用的决定因素。1976 年，杜邦公司首先成功开发了高黏度（$\eta=0.72\sim0.89$ dL/g）共聚 PET 切片生产技术。该 PET 因具有透明度和强度高、质量轻、耐化学品、阻隔性和卫生性能好、生产能耗低等优点，得到了广泛应用。工业丝是高相对分子质量 PET 应用的一大领域。例如，用高黏度（$\eta=0.85\sim1.1$ dL/g）PET 切片生产的涤纶帘子线，可作为轮胎橡胶制品的骨架材料；用高相对分子质量 PET 生产的涤纶工业长丝，被广泛应用于制造缝纫线、安全带、篷布、绳索、捆扎带、工程纺织物等工业产品。更高相对分子质量 PET 被期待具有更高的强度，可用于航空航天、高强绳索、高强增强材料等领域，因而高相对分子质量 PET 的合成方法是一大研究热点，也是技术难点。

二、PET 的合成

相对分子质量是高聚物最基本的两大结构参数之一，对高分子材料的性能和用途有直接的影响。为了满足某些特殊的要求，经常会要求聚合物有高的相对分子质量（以特性黏度表示）。例如，PET 用于生产纺织纤维时，其特性黏度只需 0.64，而用于生产饮料瓶、工业丝及工程塑料时就需要更高的相对分子质量。对于高黏 PET 的生产，仅仅熔融缩聚是不能胜任的。因为随着熔融缩聚体系黏度的提高，小分子的逸出、熔体搅拌和出料都极其不便，且副产物的加剧使产品性能下降。因此，要使熔融缩聚的产品黏度进一步提高，就必须借助其他加工手段。固相缩聚就是非常有效的一种。

固相缩聚就是在固体状态下进行的缩聚反应（图 4-9）。将具有一定相对分子质量的聚酯预聚体加热到其熔点以下、玻璃化温度以上(通常为熔点以下 10～40 ℃),通过抽真空或惰性气体(如 N₂、CO₂、He 等)的保护并带走小分子产物,使缩聚反应得到继续。由于反应的温度远低于熔融缩聚,降解反应和副反应得到很大程度的抑制,因此相对分子质量提高的同时,产品品质也得到保证。聚酯的固相缩聚反应是官能团端基之间的反应。由于温度控制在结晶熔点以下,大分子整链不能运动,而端基却获得足够的活性从而在无定形区扩散。

固相缩聚可分为链增长反应、降解反应和二甘醇生成反应。链增长反应可分为三类反应酯交换反应、酯化反应及端烯基缩聚反应,其中酯交换反应是主导反应,端烯基是由降解反应产生的,由于固相缩聚的反应温度较低,降解反应小,端烯基浓度低,端烯基缩聚对相对分子质量增加的贡献不大。

反应 I：酯交换反应(E_A = 77 kJ/mol)

$$2 \text{—COOCH}_2\text{CH}_2\text{OH} \rightleftharpoons \text{—COOCH}_2\text{CH}_2\text{OOC—} + \text{HOCH}_2\text{CH}_2\text{OH}$$

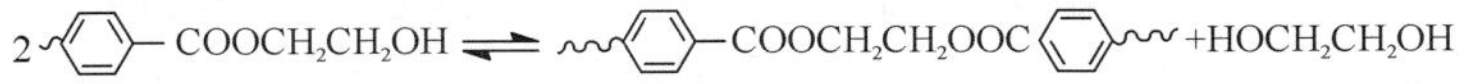

反应 II：酯化反应(E_A = 74 kJ/mol)

$$\text{—COOCH}_2\text{CH}_2\text{OH} + \text{—COOH} \rightleftharpoons \text{—COOCH}_2\text{CH}_2\text{OOC—} + \text{H}_2\text{O}$$

反应III：端烯基缩聚反应(E_A = 77 kJ/mol)

$$\text{—COOCH}=\text{CH}_2 + \text{—COOCH}_2\text{CH}_2\text{OH} \rightarrow \text{—COOCH}_2\text{CH}_2\text{OOC—} + \text{CH}_3\text{CHO}$$

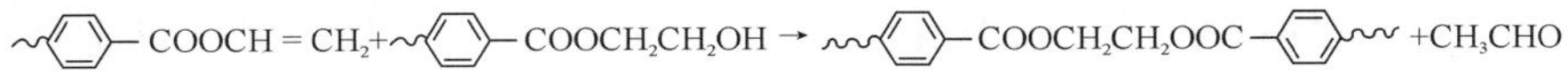

图 4-9　固相缩聚反应过程

降解反应可分为二酯基团的热降解反应、氧化降解反应及水解反应。热降解反应的活化能比缩聚反应高,随反应温度的增加,热降解反应加剧。当温度高于熔点时,PET 热降解反应就成为 PET 合成中的主要问题。虽然固相缩聚的反应温度(200～240 ℃)比熔融缩聚温度要低,但热降解反应同样存在。分子链上的二酯基团裂解生成一个乙烯端基和一个羧酸端基,生成的端羧基可以和端羟基反应形成酯键。同样,端烯基可以进一步与端羧基反应形成酯键,同时放出一个乙醛分子;乙烯端基也可以通过分子重排形成端羧基,同时放出一个乙醛分子。热降解反应的主要特征是特性黏度下降,端烯基和端羧基浓度增加会影响产品质量,端羧基会降低 PET 产品的水解性和热稳定性,在标准等级 PET 中,一般要求端羧基的浓度不大于 25 mg/L。乙醛会影响 PET 包装产品的味道,对评级 PET 常要求其乙醛含量小于 1 mg/m³。由于端烯基可以进一步转化成端羧基和乙醛,因此被认为"潜在的乙醛"而加控制。虽然固相缩聚反应温度比较低,热降解反应小,但由于随着相对分子质量的增加,大部分端羟基被消耗,削弱了端羧基和端烯基与端羟基反应的几率,加剧了端羧基与端烯基的累积,致使相对分子质量下降。

反应IV：二酯基团热降解反应(E_A = 158 kJ/mol)

$$\text{—COOCH}_2\text{CH}_2\text{OOC—} \rightarrow \text{—COOH} + \text{—COOCH}=\text{CH}_2$$

反应 V：乙醛生成反应

$$\text{—COOCH}=\text{CH}_2 \rightarrow \text{—COOH} + \text{CH}_3\text{CHO}$$

氧气的存在下,会加速氧化降解反应,与惰性气体氛围下相比,降解反应速度加快。降解反应首先在 PET 主链酯键的亚甲基处生成过氧化氢,该产物进一步分解,目前降解反应机理

并不完全清楚,一般认为遵循自由基机理,分子链的断裂反应生成碳、氧自由基,以及端羧基、端羟基、端乙烯基等。生成的自由基还会二次反应形成支链,分子链中 DEG 的存在会降低 PET 的热氧化稳定性。

$$\sim\!\!\!\!\diagup\!\!\!\!\diagdown\!\!\!\!-COOCH_2CH_2OOC-\!\!\!\!\diagup\!\!\!\!\diagdown\!\!\!\!\sim \xrightarrow[O_2]{RH} \sim\!\!\!\!\diagup\!\!\!\!\diagdown\!\!\!\!-COOCHCH_2OOCH_2\!\!\!\!\diagup\!\!\!\!\diagdown\!\!\!\!\sim \overset{OOH}{|}$$

$$\xrightarrow{RH} \sim\!\!\!\!\diagup\!\!\!\!\diagdown\!\!\!\!-COOH + \sim\!\!\!\!\diagup\!\!\!\!\diagdown\!\!\!\!-COOCH=CH_2 + \sim\!\!\!\!\diagup\!\!\!\!\diagdown\!\!\!\!-COOCH_2CH_2OH$$

　　PET 的水解反应是酯化缩聚反应的逆反应,也是一个自催化反应,反应产生的端羧基充当催化剂的作用,并伴随产生端基水解反应在很低的温度(100 ℃)就可以发生,在 100～120 ℃条件下,水解反应的速度约是热降解反应速度的 1000 倍,由于 PET 在切粒及储存期间会吸收水分,此在固相缩聚的前期结晶及预热过程中,水解反应会占优势,其次如果所用的载气中水分含量过高,水解反应也会在固相缩聚反应温度出现。

　　中外学者对 PET 固相缩聚反应的动力学进行了大量的研究,普遍发现固相缩聚与熔融缩聚同属二级反应,其反应的表观活化能与熔融缩聚相近,而表观速率常数比熔融缩聚(外推值)大。这是由于为防止切片黏结,固相缩聚前一般都要对预聚体切片进行预结晶,以使其熔融下限温度提高。根据大量的文献报道,PET 固相缩聚过程中,其表观反应速率受多种因素的影响,如预聚体颗粒形状和大小、结晶度、惰性气体、反应温度、反应时间等。

三、高相对分子质量 PET 纤维的制备

　　国外日本帝人公司、三菱公司、旭化成公司等主要,采用溶液纺丝技术,利用高相对分子质量 PET 制取高强高模纤维。国内东华大学有学者采用冻胶纺丝技术制备了高相对分子质量 PET 纤维,并做了大量研究。冻胶纺丝要求初生纤维的大分子缠结密度较低、结晶度小、晶粒完整性差,纤维需经后处理才能进行超倍拉伸。PET 极易发生溶剂诱导结晶(简称 SINC)现象,在其溶液纺丝过程中同样存在溶剂诱导结晶情况,但不同溶剂诱导 PET 结晶的能力不同。纺丝溶液中的溶剂卤代乙酸对 PET 几乎无诱导作用,高相对分子质量 PET 在其良溶剂中充分溶胀慢慢溶解,不同的凝固剂在拉伸过程中对 PET 纤维的结构形成也有重要作用。

第五章　新型聚酰胺纤维

　　随着汽车的小型化、电子电气设备的高性能化、机械设备轻量化的进程加快,对尼龙纤维强度、耐热性、耐寒性等方面提出了很高的要求。新型脂肪族尼龙纤维品种的出现,提高了尼龙产品的优良特性,实现尼龙复合材料的高性能化与功能化,进而促进尼龙产品向高性能、高质量方向发展。本章以脂肪族的尼龙46、尼龙11和尼龙610,和半芳香族的MXD6、尼龙4T、尼龙6T和尼龙9T等为例进行介绍。

第一节　尼　龙　46

一、概述

　　尼龙46是荷兰国家矿业公司(DSM)开发的一种新型聚酰胺纤维。它是由1,4-二氨基丁烷(TMDA)和己二酸(ADA)缩聚而成的一种高分子材料,主要用作工程塑料和工业丝。它不仅具有一般尼龙的特点,而且在耐热性和耐磨性等方面还具有特种工程塑料的物性。在尼龙树脂中,尼龙46是一个异军突起的高性能品种。

二、尼龙46的形态结构

　　尼龙46的结构与尼龙66相近,分子链相互缠结,具有对称的结构,酰胺键之间有规则地排列着四个亚甲基(尼龙66是四个和六个亚甲基交替排列的)。这种完全规整性的排列能形成α-型三斜晶系的平行结构和β-型单斜晶系的反(向)平行结构。两种结构亦可能同时存在,这种结构导致尼龙46成品纤维同尼龙6和尼龙66成品纤维相比,具有更高的结晶度和密度,较小的长周期和无定形区尺寸,晶粒尺寸和取向度差不多,见表5-1。

表5-1　三种尼龙纤维的形态结构特征对比

品名	密度 (g/cm³)	结晶度 (%)	最大结晶速率(s⁻¹)	双折射 ×10³	晶粒尺寸 (nm)	长周期 (nm)	无定形尺寸(nm)
尼龙46	1.18	45	8	63	6.3	8.4	2.1
尼龙66	1.14	37	1.64	63	6.7	9.8	3.1
尼龙6	1.14	23	0.14	62	6.0	10.0	4.0

三、尼龙 46 的性能

（一）力学性能

尼龙 46 的抗拉性能好,在一定温度范围内能保持较高的刚性,其耐磨性突出,是尼龙 6 的三倍。尼龙 46 的抗冲击性能也是一般尼龙树脂所不及的,无论是在干燥状态、有湿度的情况还是在低温条件下,尼龙 46 的抗冲击强度是尼龙 6 和尼龙 66 的 2～3 倍,比聚砜和聚甲醛还要高 40%。尼龙 46 的耐高温蠕变性小,高结晶度的尼龙 46 在 100 ℃ 以上仍能保持其刚度,抗蠕变力强,优于大多数工程塑料和耐热材料。尼龙 46 比其他工程塑料与耐热材料的使用周期长,耐疲劳性佳,耐磨耗,表面光滑坚固,可替代金属。

（二）结晶性能

由于尼龙 46 分子链结构规整,又不易交联和支化,所以其结晶性能很好,不但结晶度比尼龙 6 和尼龙 66 高,而且它的结晶速率也明显比尼龙 6、尼龙 66 快,这对纤维加工与成型不利。

（三）化学性能

尼龙 46 相当难溶,但在 98% 甲酸中,其浓度可达 45%;即使在 60% 甲酸中,它也能溶解。尼龙 46 还能溶解在 98% 的硫酸中,在三氟醋酸中微溶。

尼龙 46 具有很好的耐化学品性,特别是在锌和氯离子的环境中,具有优良的抗腐蚀性能。此外,尼龙 46 除对少量几种溶剂可溶解外,在一般溶剂中既不溶解也不溶胀,具有较好的抗溶剂特性,见表 5-2。

表 5-2　尼龙 46 的耐溶剂特性

溶剂	溶解性	溶剂	溶解性
$CHCl_3$	不溶	氯乙酚	不溶
甲酚	沸腾时可溶	甲酸(90%)	可溶
环己烷	不溶	水	不溶
环己醇	不溶	二甲苯	不溶
乙醇(80%)	不溶	DMF	不溶
H_2SO_4(96%)可溶	可溶	$CHCl_3/CH_3OH$(88%/12%)	不溶

（四）吸湿性能

尼龙 46 具有相对较高的酰胺基,有一定的吸湿性,公定回潮率为 4.0%～4.5%,高于尼龙 66 和尼龙 6,但其吸湿的程度取决于它的结晶度,高结晶度的样品吸湿性很小,而制成的薄膜有很强的吸湿性,在 65% 的相对湿度时,前者为 1.6%,后者为 7.5%。为了克服尼龙 46 吸湿性大的缺点,除了相对提高产品的相对分子质量外(一般控制相对黏度在 4～5),也有采用聚合物合金来解决。

（五）热学性能

高结晶度的尼龙 46 熔点最高可达 319 ℃,一般在 278～308 ℃ 下变化,比尼龙 6（MP＝250～260 ℃)高 40 ℃ 左右,比尼龙 6（MP＝215～220 ℃)高 80 ℃ 左右,是所有尼龙树脂中熔点最高的一个品种,因此其耐热性能优异。尼龙 46 纯树脂的热变形温度为 150 ℃。如用 30％玻璃纤维增强后,热变形温度可高达 285 ℃,上升 130 ℃,显示出最大的玻纤增强效果,较一般的尼龙和工程塑料均高,其连续使用温度可达 150 ℃。

尼龙 46 的热容量较尼龙 66 小,热传导率大于尼龙 66,成型周期较尼龙 66 缩短 20％。

（六）阻燃性能

尼龙 46 分子结构中具有含氢的酰胺基,因而具有良好的阻燃性。按 ASTMD635 试验属自熄类,按美国 UL 标准,尼龙 46 为 UL94V-1 或 V-2 级,通过添加阻燃剂可进一步达到 V-0 级。

（七）其他性能

尼龙 46 的结构中氨基浓度较高,故表面极性大,对涂料和染料有较好的黏结力和亲和力,因此,涂饰性和染色性较好。

四、尼龙 46 的制备

以丙烯腈为原料,它与氰化氢反应生成丁二腈,再转化成丁二胺(DAB);丁二胺与等摩尔的己二酸在甲醇存在的条件下发生反应,再与过量的丁二胺反应生成尼龙 46 盐;将尼龙 46 盐溶于 N-甲基吡咯烷酮内,于 200 ℃下缩聚 2～6 h,再将预聚体粉碎成粒,于 250 ℃下反应 10 h,得尼龙 46。

尼龙 46 聚合物既可用于制造工程塑料,也可用于纺丝。由于尼龙 46 聚合物熔点高,结晶速度很快,而且在熔融状态下热稳定性不太好,因而其可纺性较差,可通过聚合物改性、优化纺丝加工条件加以改善。

五、尼龙 46 的应用

尼龙 46 纤维质轻柔软,手感好,耐磨不皱,大量用于服装、装饰、非织造布和工业材料等方面。其产品主要有以下两类:

（1）织物。尼龙 46 的尺寸稳定性和力学性能很好,还有较好的亲水性、化学稳定性和耐高温性能。尼龙 46 织物经 150 ℃热处理后,其断裂强度高于尼龙 66 织物,可用于缝纫线、篷盖布等高温工况用产品。尼龙 46 单丝经 120 ℃蒸气处理后,其断裂强度保持率高于尼龙 66、尼龙 6 和涤纶,可用于造纸加工中的脱水、毡化材料。此外,尼龙 46 还可用作优质人造头发、过滤材料、毡、包装材料等。

（2）纤维加固的橡胶制品。尼龙 46 在 300～340 ℃下进行熔融纺丝,可制得高强度纤维,具有较好的耐磨性和化学稳定性,可以作为橡胶产品的增强纤维,用来制造安全带、传送带、水龙带、轮胎帘子线等产品。

第二节 尼 龙 11

一、概述

尼龙 11 是尼龙家族中的一个重要成员,化学名称为聚十一酰胺,英文名称 Poly

Undecanoylamide(简写为 PA11),它的化学结构式是 $H[NH(CH_2)_{10}CO]_n \cdot OH$,由 ω-氨基十一酸缩聚而成。与其他尼龙相比,尼龙 11 具有密度小、强度高、尺寸稳定性好、化学性能稳定、电绝缘性能优良等优点。国外生产的尼龙 11 共有五大类:硬级、半软级、软级、自润滑级、加强级。

二、尼龙 11 的形态结构

尼龙 11 的结晶是 α 型。α 晶型是尼龙 11 的一种稳定晶型,属三斜晶系,在晶胞的四条棱(c 轴方向)上各排布一根共用分子链,即每个单胞中包含一根分子链,分子链呈平面锯齿形结构,与尼龙 6、尼龙 66 相似。与一般结晶性高聚物一样,随着结晶度的变化,尼龙 11 的密度也发生变化,25 ℃时非结晶体密度 1.01 g/cm³,结晶体密度 1.12 g/cm³。尼龙 11 一般制品的实际结晶度在 50%以下,密度为 1.03～1.05 g/cm³。除了尼龙 12,尼龙 11 在各种工程塑料中密度最低。

三、尼龙 11 的性能

(一)力学性能

尼龙 11 具有优良的力学性能,最突出的性能是挠曲性好、特别柔软;其抗弯模量在主要尼龙品种中为最低,-40 ℃时的抗弯模量与室温时尼龙 1010、尼龙 12 的抗弯模量相近,可见它在很低温度下仍有优良的柔软性;它的耐摩擦性和耐磨耗性与其他尼龙品种大致相当;其抗张性能与尼龙 12 相近,而逊于链节上碳原子较少的尼龙产品。

(二)化学性能

尼龙 11 的化学稳定性优良,对碱、醇、酮、芳香烃、盐溶液、油脂类都有很好的抗腐蚀性,但易受浓酸、氧化剂(高锰酸钾溶液、铬酸溶液等)、苯酚、某些氯代烃溶剂的浸蚀。酚类和甲酸是尼龙 11 的强溶剂,使用时应避免加入。

(三)吸湿性能

尼龙 11 的次甲基数目较多,酰胺基密度降低,吸水性较小。20 ℃时,尼龙 6 的吸水率高达 9%～11%,尼龙 66 为 7.5%～9.0%,而尼龙 11 仅为 1.6%～1.8%,比尼龙 12 稍高(尼龙 12 为 1.5%),因此尼龙 11 的力学性能、电学性能和制品尺寸均不受潮湿环境的影响,稳定性较好,可用于要求尺寸精确、环境潮湿的场合。温度为 20 ℃、相对湿度为 50%时,尼龙 11 的尺寸变形率仅为 0.12%,而尼龙 6 的尺寸变形率为 0.7%。

(四)热学性能

尼龙 11 的亚甲基链较长,柔性较好导致熔融温度和玻璃化温度较低,玻璃化温度为 43 ℃,熔点为 187 ℃,比尼龙 12 高一些,但低于其他尼龙产品。热传导率为 1.05 kJ/(m·h·℃),线膨胀系数为 15×10⁻⁵/℃,最大连续使用温度为 60 ℃。

(五)其他性能

尼龙 11 具有十分优良的介电、热电和铁电性能,其电性能很少受潮湿环境的影响。尼龙 11 还具有抗白蚁蛀蚀、表面非常光滑、不受霉菌侵蚀、对人体无毒、加工性能好、气候适应性好等突出性能。

四、尼龙 11 的制备

（一）单体的生产

尼龙 11 的单体是 ω-氨基十一酸，生产单体的主要原料是蓖麻油。尼龙 11 单体的生产工艺主要分五步（图 5-1）：

（1）蓖麻油与甲醇进行酯交换反应，蓖麻油的主要成分是蓖麻油酸三甘油酯，与甲醇反应后生成蓖麻油酸甲酯；

（2）蓖麻油酸甲酯高温裂解，制得十一烯酸甲酯；

（3）十一烯酸甲酯水解制得十一烯酸；

（4）十一烯酸与溴化氢加成反应制得溴代十一酸；

（5）溴代十一酸胺化生成氨基十一酸。

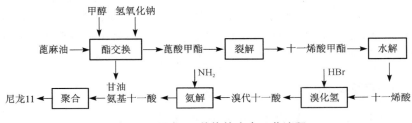

图 5-1　尼龙 11 单体的生产工艺流程

（二）单体的聚合

尼龙 11 单体的聚合分两步进行：

（1）在一定的温度和压力下，把单体均匀分散在水中形成乳液；

（2）在氮气保护下，升温进行缩聚反应，生成尼龙 11 树脂。

五、尼龙 11 的应用

由于尼龙 11 具有一系列卓越的性能，问世以来，应用领域日益扩大。在国外，尼龙 11 在汽车、航空、军械、机械、电子、光纤、电器、化工、轻工、医疗器械、日用品、体育用品等领域都得到了广泛应用。汽车工业耗用尼龙 11 最多，占尼龙 11 世界年总产量的 1/3 以上。根据尼龙 11 不同的物理、化学性质，尼龙 11 主要应用于以下几个方面：

（1）制造纤维。由尼龙 11 制成的纤维质感柔软，耐磨不皱。据统计，大约有 17％ 的尼龙 11 用于生产纺织品。

（2）由于具有耐油、耐氟利昂的侵蚀，流体阻力小等许多优点，尼龙 11 应用最大的领域是汽车工业，常用于制造抗震耐磨的油管、软管，如汽车输油管、离合器软管等。

（3）用于电缆电线护套，耐低温光导纤维等。主要是利用其优良的化学性能和电绝缘性，制作的电缆护套可保护绝缘层，提高可靠性和延长使用寿命。

（4）制成各种机械部件。如轴承、齿轮等精密电器部件和汽车过滤器、保险杠、制动把手、加速器操纵带套管等零部件。

（5）制造军械。利用尼龙 11 耐潮湿、耐干旱、抗寒性来制作军械部件。国外常用尼龙 11

制造导弹和发射装置的零部件及军用设施的有关部分。

(6) 用于高级涂料和黏合剂。

(7) 用于密封良好的金属表面粉末涂层。

第三节 尼 龙 610

一、概述

尼龙610是一种重要的聚酰胺工程塑料,由己二胺和癸二酸缩聚而成,其长链分子化学结构式为 H—[HN(CH$_2$)$_6$NHCO(CH$_2$)$_8$CO]—OH。

国际上生产尼龙610的厂家主要有杜邦公司、BASF公司、东丽公司等。国内生产尼龙610的厂家主要有神马尼龙工程塑料公司、江苏建湖县兴隆尼龙有限公司、山东东辰工程塑料有限公司、浙江慈溪洁达公司等企业,其中神马尼龙工程塑料公司具有年产2万吨尼龙610切片的生产能力,为国内最大。

二、尼龙610的形态结构

尼龙610是半透明结晶形聚合物,分子中的—CH$_2$—(亚甲基)之间因只能产生较弱的范德华力,所以—CH$_2$—链段部分的分子链卷曲度较大,决定了不同尼龙其性能差异较大。尼龙610大分子主链都由碳原子和氮原子相连而成,在碳原子、氮原子上所附着的原子数量很少,并且没有侧基存在,分子呈伸展的平面锯齿状,分子中有—CO—、—NH—基团,可以在分子间或分子内形成氢键结合,也可以与其他分子相结合,并且能够形成较好的结晶结构。

三、尼龙610的性能

尼龙610的密度为1.08 g/cm^3,吸水率为0.5%。尼龙610的很多性能类似尼龙66,具有密度小、吸水性低、低温性能好和尺寸形变小、电器绝缘性能好等优秀特性,还具有高强度、耐磨、耐油、耐酸碱等优点。

(一)力学性能

尼龙610的机械强度低于尼龙6和尼龙66,但高于尼龙11和尼龙12。尼龙610的拉伸强度为52.6 MPa,断裂伸长率为83.6%,拉伸强度随温度的升高和吸水率的增加而降低,受温度的影响较大,受吸水率的影响较小。

尼龙610具有良好的耐冲击性。其冲击强度随温度的升高和吸水率的增加而增大。在低温下尼龙610耐冲击性优良,即使在-40 ℃低温下,其缺口冲击强度仍可达30 J/m左右。

尼龙610具有优良的耐疲劳性。由表5-3可以看出,尼龙610的疲劳强度虽然比镍铬钢、碳钢等要低,但却显示了与铸铁和铝合金等金属材料同等的水平。

表 5-3 几种尼龙和金属材料的疲劳强度对比

名称	10^7 次的疲劳强度（MPa）	名称	10^7 次的疲劳强度（MPa）
尼龙 6	12～19	镍铬钢	260
尼龙 12	22～24	铸钢	100
尼龙 610	23～25	黄铜	120
玻纤增强尼龙 610	33～35	铸铁	30
碳钢	140～250	铝合金	30

尼龙 610 具有优良的耐摩擦性和耐磨损性，由表 5-4 可知，在几个主要的尼龙品种中，尼龙 610 的磨损量最小。

表 5-4 几种尼龙材料的耐磨损性对比（锥形磨损试验法测定）

名称	尼龙 6	尼龙 66	尼龙 12	尼龙 610
磨损量（mg/10^3 周期）	6.0	8.0	5.0	4.0

（二）化学性能

尼龙 610 对脂肪族烃类，特别是汽油和润滑油，具有良好的抵抗性。尼龙 610 耐碱、稀的无机酸和大部分盐类溶液，但在酚类化合物和甲酸中则溶解或溶胀。

（三）热学性能

尼龙 610 具有优良的耐热性，熔点为 215 ℃，低于尼龙 66、尼龙 6，高于尼龙 11 和尼龙 12。尼龙 610 的热变型温度和所承受的载荷关系很大。当载荷为 0.45 MPa 时，其热形温度为 150 ℃，而当载荷增至 1.82 MPa 时，其热变形温度迅速降至 60 ℃。

尼龙 610 属自熄性材料。其阻燃性按美国的 UL 标准，一般为 UL94HB 级，通过添加阻燃剂，可达到 V-0 级。

（四）电学性能

尼龙 610 具有良好的电绝缘性能，其高频率的介电性能优于低频率的介电性能。尼龙 610 的体积电阻率随温度的升高和吸水率的增加而降低。尼龙 610 的介电强度则随厚度和吸水率的增加以及温度的升高而降低。

四、尼龙 610 的制备

尼龙 610 是大分子主链重复单元中含有酰胺基团的聚合物，可由己二胺与癸二酸在反应釜中，并在一定温度下进行缩聚反应制得。为了保证己二胺和癸二酸等摩尔量进行缩聚反应，一般先制成尼龙 610 盐，再在反应釜中进行缩聚反应。

尼龙 610 盐在反应釜内以一定的温度和压力进行溶液聚合，然后保持在一定温度下进行熔融聚合，最后得到具有一定相对分子质量的聚合物——尼龙 610。

五、尼龙 610 的应用

尼龙 610 的尺寸稳定性、耐强碱性、吸水性低于尼龙 6 和尼龙 66，但是成型加工性好，机械强度高,耐磨性、耐疲劳性、耐热性、耐冲击性优越,因而应用范围极其广泛:在国防上可用于降落伞及其他军用织物;在工业领域已应用于帘子线、缆绳、传送带、绳索、毛刷等;民用方面,其混纺或纯纺制品可用于医疗材料、衣料等。

第四节　半芳香族聚酰胺

半芳香族聚酰胺是在脂肪族聚酰胺的分子链中部分引入芳环,通常由芳香族二元酸与脂肪族二元胺,或脂肪族二元酸与芳香族二元胺等单体,通过均聚、嵌段或无规共聚而制得的,大分子主链中含有苯环和酰胺基结构的聚酰胺。由于在分子链中部分引入芳香环,不仅保持了脂肪族聚酰胺结晶度高、柔韧性好的优点,而且大大提高了聚合物的耐热性和力学性能,同时降低了吸水率,且有较好的性价比,半芳香族聚酰胺是介于通用工程塑料和耐高温工程塑料PEEK 之间的耐热性高的树脂,特别适合生产一些耐热部件、薄壁产品,在汽车发动机周边部件、电路板表面安装技术、航空航天、机械轴承保持架、压缩机阀片等领域有广泛应用。

根据合成方法不同,半芳香族聚酰胺合成工艺可分为四种:高温高压溶液缩聚法、低温溶液缩聚法、聚酯缩聚法、直接熔融缩聚法。传统的半芳香族尼龙的合成方法多采用高温高压溶液缩聚法。

半芳香族聚酰胺包括半芳香均聚酰胺和半芳香共聚酰胺,其中半芳香均聚酰胺包括尼龙MXD6、尼龙 6T、透明尼龙(聚对苯二甲酰三甲基己二胺)、尼龙 9T 等,半芳香共聚酰胺有尼龙9M-T、尼龙 10T、尼龙 12T 等。

与脂肪族聚酰胺相比,由于结构上的一些特点,半芳香族聚酰胺主要有如下特征:

① 具有良好的耐热性能,玻璃化温度在 100 ℃以上;

② 耐热老化性能优良,力学性能对温度的依赖性小,在高温下变化小,在较宽的温度范围内能保持较稳定的性能,制品尺寸稳定性好;

③ 疲劳强度高;

④ 最大结晶度为 20%,耐脂肪烃、芳香氯代烃、酯类、酮类、醇类等有机溶剂,耐车用的各种燃料、油类、防冻液等化学药品的性能优良;

⑤ 电绝缘性能优良,还有出色的耐电弧性和漏电痕迹性;

⑥ 收缩性、变形性、蠕变性很小;

⑦ 吸水率或吸湿率小,而且吸湿后制品尺寸和力学性能变化小;

⑧ 刚性和强度均优于一般脂肪族聚酰胺。

一、尼龙 4T

(一)概述

尼龙 4T(PA4T,"4"代表缩聚单体二元胺中的丁二胺,"T"代表缩聚单体二元酸中的对苯二甲酸)是由芳香族二酸与脂肪族二胺合成的一种半芳香尼龙,其化学结构是聚四亚甲基对苯二甲酰胺。PA4T 问世于 2008 年,属于新型高温尼龙,是一种无卤、阻燃的耐高温聚酰胺,其综合性能在高温尼龙中排名靠前。

（二）尼龙 4T 的性能

1. 热学性能

尼龙 4T 是碳链长度最短的半芳香族尼龙，且分子链上含芳香基，因此具有目前最优良的耐热性和尺寸稳定性，热变形温度高达 305 ℃，是一款在高温条件下仍能够保持高力学性能的新型高温尼龙产品。

2. 阻燃性能

尼龙 4T 无卤素，但阻燃等级达到 0.2 mm V-0 和 1.5 mm V-0，是一种阻燃性能优良的聚合物材料。

（三）尼龙 4T 的制备

尼龙 4T 的缩聚有固相缩聚、界面缩聚和溶液缩聚等方法。在 60 ℃下，将对苯二甲酸和丁二胺在水溶液中完全反应，制得 PA4T 盐；然后在 210 ℃、1.5 MPa 条件下反应 2 h，经过预聚、固相缩聚，得到 PA4T。

（四）尼龙 6T 的应用

PA4T 在高温条件下能够保持高力学性能，具有强度高、韧性强、耐磨性优、尺寸稳定、熔点高、热变形温度高、吸水率低、流动性和加工性好、支持无铅焊接等优点，可以应用在对材料要求苛刻的场景中。

二、尼龙 6T

（一）概述

尼龙 6T（PA6T，"6"代表缩聚单体二元胺中的己二胺，"T"代表缩聚单体二元酸中的对苯二甲酸）是由芳香族二酸与脂肪族二胺合成的一种半芳香尼龙，其化学结构是聚六亚甲基对苯二甲酰胺。

（二）尼龙 6T 的性能

1. 热学性能

尼龙 6T 的分子链上含芳香基，具有优良的耐热性和尺寸稳定性，在 200 ℃下仍然保持尺寸稳定性，玻璃化转变温度为 180 ℃，熔点高达 370 ℃。

2. 化学性能

尼龙 6T 的耐碱性能优于涤纶，与尼龙 66 相似，仅溶于硫酸、三氟乙酸等强酸。

3. 染色性能

尼龙 6T 的染色性能比聚酯纤维好，但与尼龙 66 相比，速度稍慢一点，染色、耐光性能也稍差一点。

4. 其他性能

尼龙 6T 的密度为 1.21 g/cm^3，其制品的拉伸强度高，优于涤纶，湿度对机械强度的影响和耐紫外光性能优于尼龙 66。

（三）尼龙 6T 的制备

尼龙 6T 的缩聚有固相缩聚、界面缩聚和溶液缩聚等方法。纺丝一般采用湿法纺丝。因为其熔点高，且与分解温度接近，所以不适于采用熔融纺丝。湿法纺丝主要以硫酸、硝酸、乙酸等为溶剂,对设备材质的耐蚀性要求较高。尼龙 6T 的成盐和缩聚反应方程式如图 5-2 所示。

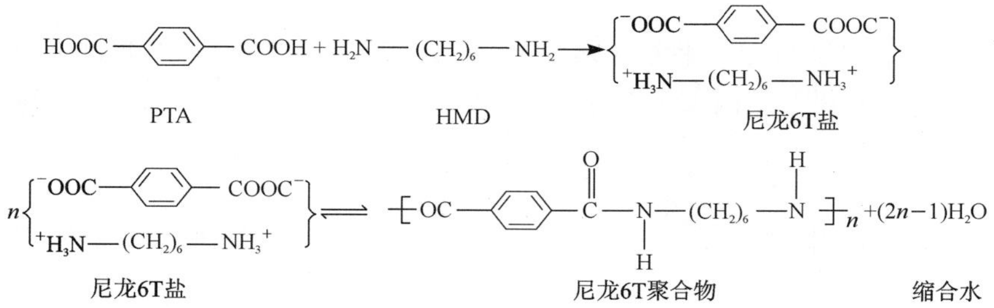

图 5-2　尼龙 6T 的成盐和缩聚反应方程式

（四）尼龙 6T 的应用

尼龙 6T 由于其强度、刚性、热变形温度、连续使用温度、吸水性和耐环境影响等优异的综合性能而具有许多用途。尼龙 6T 长丝的力学性能优越,特别适用于纺高速轮胎帘子线;尼龙 6T 短纤耐高温,适用于锅炉的除灰过滤,取代昂贵的 PPS（聚苯硫醚）,也可作为高级碳素纤维的原料,或混纺用作民用丝;尼龙 6T 树脂可用于高温工程塑料、涂料和粉末冶金;尼龙 6T 薄膜可用作胶片和绝缘材料。

三、尼龙 9T

（一）概述

尼龙 9T（PA9T）由日本可乐丽公司开发成功,由九个碳的壬二胺与对苯二甲酸缩合制备而成,密度为 1.14 g/cm³,是一种综合性能优良的新材料。

（二）尼龙 9T 的性能

1. 吸水性能

由于尼龙 9T 中的壬二胺长链降低了酰胺基浓度,尼龙 9T 的吸水率为 0.17%,约为尼龙 46（1.8%）的 1/10 和尼龙 6T（0.55%）的 1/3,是聚酰胺中吸水率最低的。

2. 耐热性

尼龙 9T 是半芳香族结构,而且它是均聚物,兼具尼龙 46 和改性尼龙 6T 的长处,强度和弹性模量开始降低的起始温度高,且在玻璃化温度以上时仍有较高的保持率。

尼龙 9T 也有优异的焊锡耐热性能。即使在潮湿状态下,由于它的吸湿性低,焊锡耐热性能下降很小。尼龙 46 在 250 ℃ 以下,改性尼龙 6T 在 260 ℃,两者的焊锡耐热性即降低,而尼龙 9T 在 290 ℃ 下仍保持良好的焊锡耐热性。

3. 韧性

尼龙 9T 的韧性优于尼龙 6T,可以和全脂肪族聚酰胺相媲美,与尼龙 46 有相似的拉伸伸长率、弯曲变形和缺口冲击强度,表现出优异的韧性,但其吸水率低,不能像尼龙 46 那样通过吸水而软化。

4. 耐药品性

与其他材料相比,尼龙 9T 具有优良的耐药品性,在耐甲醇、耐热水、耐酸、耐碱、耐氯化钙、耐汽油等方面与 PPS 相当,见表 5-5。

表5-5　几种材料的耐药品性对比*　　　　　　　　　单位:％

药品	尼龙9T	尼龙6T	尼龙46	尼龙66	PPS
汽油	86	86	71	86	98
油(机械油)	89	88	67	81	97
乙醇(甲醇)	72	35	54	39	98
芳香族化合物(甲苯)	82	77	74	68	95
卤素碳化物(氯仿)	87	85	71	68	87
热水(80 ℃)	90	63	40	44	96
酸(10％硫酸)	81	52	42	39	98
碱(50％ NaoH 水溶液)	85	62	59	71	92
氯化钙(50％水溶液)	92	64	52	73	97

* 在 23 ℃下浸泡 7 天后拉伸强度的保持率

5. 结晶性

尼龙9T 的结晶性与重复结构单元的单一性和聚合物分子的易动性有关。尼龙9T 为均聚物,加之柔软的二元胺长链,使芳环具有适度的易动性和高结晶化速度,结晶温度高,且能够快速成型性,从而具有高循环性、热尺寸稳定性、高温刚性、加工成型性优良等优良性能。

6. 尺寸稳定性

由于尼龙9T 的吸水率低、熔点高和结品度高,所以该材料吸水和加热时,都有优异的尺寸稳定性,在吸水尺寸变化方面,比尼龙46 优良得多;在加热尺寸变化方面,则比尼龙6T 优良得多。

(三) 尼龙9T 的制备

尼龙9T 由壬二胺和对苯二甲酸,经熔融缩聚而制成的,其反应过程如图5-3所示。

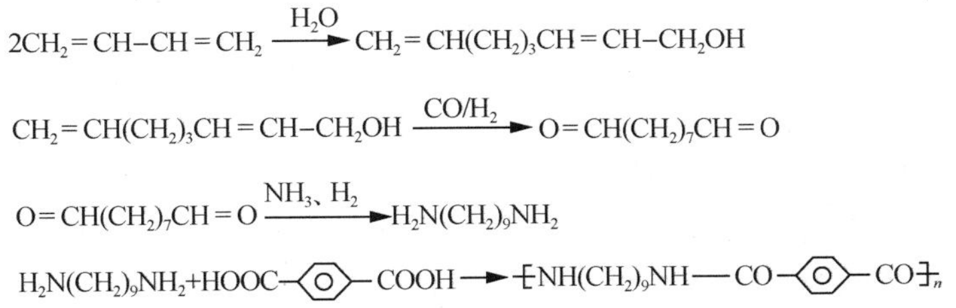

$$2CH_2=CH-CH=CH_2 \xrightarrow{H_2O} CH_2=CH(CH_2)_3CH=CH-CH_2OH$$

$$CH_2=CH(CH_2)_3CH=CH-CH_2OH \xrightarrow{CO/H_2} O=CH(CH_2)_7CH=O$$

$$O=CH(CH_2)_7CH=O \xrightarrow{NH_3,\ H_2} H_2N(CH_2)_9NH_2$$

$$H_2N(CH_2)_9NH_2+HOOC-\bigcirc-COOH \longrightarrow \left[NH(CH_2)_9NH-CO-\bigcirc-CO\right]_n$$

图5-3　尼龙9T 的制备过程

在上述制造工艺中,原料壬二胺的合成是技术的关键。合成壬二胺,首先在钯和磷盐催化剂作用下,在 75 ℃和 0.5 MPa 的条件下,由丁二烯经水合、二聚生成 2,7-辛二烯-1-醇。然后,采用过渡金属催化剂,在 180～250 ℃和 24 kPa 的条件下,将二聚产物异构化,生成 7-辛烯醛。在 H₂ 和 CO 存在的条件下,采用铑-有机膦络合物催化剂,于 100 ℃和 9.0 MPa 的条件下,经氧化作用将异构化产物转变为 1,9-壬二醛。此铑催化剂经分离后,通过水萃取回收并循环使用。然后,在一种溶剂中用氨和氢还原二醛,并且在一种载镍催化剂上于 100～

160 ℃、2.0～20.0 MPa 时胺化生成壬二胺。

（四）尼龙 9T 的应用

1. 电气电子领域

电子产品逐步向小型化、轻量化、薄壁化、高性能化、集成高密度化和低成本的方向发展，需采用一些高新技术。例如在电路板两面安装芯片和电子元件，更多地采用表面安装技术，所用材料必须耐焊锡的高温（一般在 200 ℃以上），能够在 270～280 ℃条件下维持 45～75 s。传统用 PPS 的加工性能差，液晶高分子聚合物（LCP）价格昂贵，尼龙 46 的吸湿率高，只有半芳香族尼龙是较理想的材料。另外，从保护环境考虑，今后对无铅焊锡的要求会越来越高。为达到焊锡无铅化，焊锡的熔点可能提高 15 ℃，那么 PPS 和 LCP 的耐热性将不能满足要求，而尼龙 9T 优良的耐热性则可能满足无铅焊锡的要求。

2. 汽车工业

世界资源和环境保护是可持续发展的最关键的问题。一些发达国家相继出台限制汽车油耗和尾气排放的严格法规，要求汽车生产企业提高发动机效率，大幅度减少汽车耗油量和尾气排放量。解决该问题的重要措施之一是采用轻质材料，使汽车轻量化。塑料是最重要的轻质材料，通用塑料在汽车工业中已被普遍用来制造内外装饰件和一般部件。汽车在当前和今后的轻量化重点是结构部件，最重要的是发动机周边部件，其中有些部件要求所用塑料具有耐高温、强度高、尺寸稳定、耐药品等性能。半芳香族尼龙是较为理想的材料之一，国外开发了一系列代替金属部件的产品，并在汽车上得到应用。尼龙 9T 的耐热性、耐药品性、滑动性等优良特性，有可能使它成为汽车工业的配套基本材料，如轴承的支架、传动齿轮等。

3. 纤维工业

除了用作工程塑料外，可乐丽公司还利用其独特的技术进行纤维化的开发。尼龙 9T 的耐热性好，坚固性和染色性也很好，经纤维化后，可望作为衣料和工业用纤维材料。

四、尼龙 MXD6

（一）概述

尼龙 MXD6 是一种特殊的高阻隔性尼龙材料，它以间苯二甲胺与己二酸缩聚再经聚合纺丝而制成。日本东洋纺织公司（Toyobo Co., Ldt.）最早于 1972 年提出了作为纺织品的纤维级尼龙 MXD6（聚己二酰间苯二甲胺）制备工艺，80 年代三菱瓦斯化学公司（Mitsubishi Gas Chemical Corp.）着重对用作阻隔性包装材料和工程结构材料的尼龙 MXD6 树脂进行了研究，随后两家公司逐步转向尼龙 MXD6 的工业生产与应用推广。在当今阻隔性包装和以塑代钢的大趋势中，尼龙 MXD6 已成为引人注目的塑料新品种之一。

（二）尼龙 MXD6 的性能

1. 力学性能和热学性能

尼龙 MXD6 是一种结晶性芳香族聚酰胺，具有优异的力学性能和热学性能，其拉伸强度为 99 MPa，伸长率为 2.3%，缺口冲击强度为 19.6 J/m；其热学性能优良，熔融温度为 423 ℃，热变形温度为 96 ℃，线膨胀系数小。进行玻璃纤维增强后，力学性能还可大幅提高。力学性能受温度影响较小，可在很宽的温度范围内保持高的强度和刚性；力学性能受湿度的影响也较其他尼龙低。

2. 阻隔性能

尼龙 MXD6 对氧气、二氧化碳等气体具有优良的阻隔性,对氧气的渗透率是尼龙 6 的 1/10～1/20,是涤纶的 1/20～1/25;对二氧化碳的渗透率是涤纶的 1/5;透水率与涤纶相当,约为尼龙 6 的 1/6。尼龙 MXD6 的阻隔性不受温度和湿度的影响,这尤其适合高温和潮湿场合使用。

3. 其他性能

尼龙 MXD6 的密度为 $1.22\ g/cm^3$,介于尼龙 6 和涤纶之间;尼龙 MXD6 的吸水率低,为 5.8%,吸水后尺寸变化小,机械强度降低少;成型收缩率低,适合精密制品的加工;涂装性优良,尤其适合高温下表面涂装。

(三)尼龙 MXD6 的制备

尼龙 MXD6 通过间苯二甲胺(meta-xylylene diamine)与己二酸(adipic acid)缩聚反应而制得。原料之一间苯二甲胺可通过间二甲苯氨氧化,首先制得间苯二腈,间苯二腈再经氢化而制得。

东洋纺织公司的尼龙 MXD6 的生产方法是:将 35 份由间苯二甲胺和己二酸合成的尼龙盐 0.2%(己二酸占尼龙盐的摩尔分数)黏度稳定剂己二酸、65 份水加入高压釜,升温至 140 ℃,保持釜内压力 0.4 MPa 约 2 h,缓慢放出水,并继续升温至 260 ℃。在 260 ℃下调节釜内压力至 1.5 MPa,历经 1 h。在注入过热水蒸气的同时,取出与气相中水分达到平衡的反应生成物 MXD6 树脂。

(四)尼龙 MXD6 的应用

尼龙 MXD6 是一种结晶性半芳香族尼龙,对于氧气、二氧化碳具有优良的阻透性能,所以被广泛用于食品包装材料和工业。同时,该材料还具有力学强度高、耐热性好、收缩率低、阻隔性能优异等特点,在汽车、电子、电器等方面可替代金属制作高质量的机械构件。

1. 包装用阻隔性材料

尼龙 MXD6 不仅可用于饮料和食品包装,还可用来生产防潮、消震的软垫和发泡板材等,作为精密仪器、仪表的包装材料。

2. 汽车等领域用工程塑料

三菱瓦斯化学公司开发的 Reny 系列产品和 MXD6 聚合物合金是制造汽车外壳、底盘、大梁和引擎附件等的理想结构材料。

3. 其他应用

三菱瓦斯化学公司利用尼龙 MXD6 树脂来制作磁性塑料,用于汽车、音响、电子、家电产品等方面。东洋纺织公司发明了尼龙 MXD6 透明胶黏剂。

第六章 新型聚烯烃类纤维

聚烯烃纤维是指由烯烃聚合成的线型大分子构成的合成纤维。由于不同烯烃单体带有的侧基官能团多种多样，聚烯烃纤维不属于单一的纤维类别，其主链结构与侧链结构没有较大共性，因此其化学性能也不尽相同。这类纤维的基本化学结构特征一般是惰性的，那是聚合物主链上存在强化学键合系统，或者有不活泼侧基的结果。由聚乙烯和聚丙烯生产的纤维，虽然在环境温度下对许多化合物有可接受的耐受力，然而，在高于 50 ℃，特别是有氧化剂存在时，对温度的耐受力就很有限了。故本章不考虑基于这些聚合物的纤维。再者，聚合物主链上应没有可水解的官能团，如酯和酰胺。基于脂肪族聚酰胺和聚酯结构的纤维，由于缺乏足够的化学耐久性，也不在本章讨论。本章主要介绍氟化纤维、聚乙烯醇纤维、聚烯烃弹性纤维等新型烯烃纤维。

第一节 氟化纤维

氟聚合物纤维尽管成本高，但其极高的化学稳定性使众多氟化纤维产品在过滤方面大有用武之地。最具代表性的是聚四氟乙烯（PTFE）纤维，在对耐化学性与耐热性要求极高的领域应用广泛。氟化纤维因在高温条件下耐各种化学环境而闻名。氟化纤维对高温和化学环境联合作用的这种耐受能力，与其聚合物链结构的不活泼性和分子间力相关，其分子链上高密度极性 C—F 键造成的内在不活泼性及链的有序度，也是其能够承受温度和化学侵蚀联合作用的主要原因。

PTFE 纤维的熔点极高，这是由其不可溶性决定的，因此需要采用非常规方法制成纤维。原有的 DuPont Teflon 长丝，现在仍然是通过挤出黏胶（纤维素）原液中的原纤聚合体悬浮物生产的，接着高温烧结生成连贯的纤维结构。由于存在纤维素残余物，纤维呈褐色，所以如果需要，往往需要进行漂白整理。

PTFE 纤维和纱线具有优异的热性能和使用温度，这源自它们全氟化（—CF·CF$_2$—）和极端有序的聚合物链，再与 C—F 化学键的化学惰性联系在一起，使这些纤维具备耐化学品性，尤其在高温条件下，这一特性使其在长期需要这种综合耐受能力的用途中发挥作用，如过滤、编织带、垫圈、填料等；同时使其在高温下直接接触和耐受腐蚀性等化学工程中找到特殊的应用，例如，暴露于发烟硝酸（103%）泵轴用的编织带填料，往往运行达数月之久，而在 165 ℃下输送浓度>50% 的苛性苏打的泵中，能延续几天。基本上，在环境和适中的温度下，PTFE 织物和纱线仅能被其他含氟类物质产生部分侵蚀。PTFE 高达 98% 的 LOI 值再一次表明其几乎完全阻燃，以及由此产生的 PTFE 纤维及织物的耐氧化性。所有 PTFE 纤维的一个主要不足之处是它们在升高温度时的高蠕变性，为克服这一点，可以将其与低蠕变纤维结合，如对位芳族聚酚胺纤维和芳族聚亚酰胺纤维,尽管这有可能降低其耐酸或耐碱性。此外,在与一系列其他纤维形成复合纱线时,PTFE 提供耐化学性,较硬的芯能够改变纱线的密度和硬度,由此在填料应用中产生改良的可压缩性。

PVDF、PVL 和 FEP 纤维有较低的熔点,所以除了传统的连续长丝和短纤以外,它们本身能熔体挤出,并具有可以生产单丝的优势。它们较低的 LOI 值及由此引起的可燃性较 PTFE 有所提高,这反映了它们的耐氧化性降低。另外,由于 PVF 和 PVDF 出色的拉伸强度,它们往往用于要求良好的拉伸性能与耐化学性相结合的地方,结合它们极佳的耐磨损和耐疲劳性,从而在过滤介质领域找到了特殊用途。

EFP 纤维具有不同结构:四氟乙烯($—CF_2 \cdot CF_2—$)和六氟丙烯[$—CF(CF_3) \cdot CF_2—$][PTFE-FEP];乙烯和氯三氟乙烯($—CFCL \cdot CF_2—$)[ECTFE];乙烯和三氟乙烯($—CHF \cdot CF_2—$)[ETFE]共聚物,其结构和性能可能有所差异。这些共聚物与其相应的均聚物对比,结晶度降低,因而较易加工,同时保留了原有氟化基团的化学惰性。

ECTFE 纤维和 ETFE 纤维有优良的力学性能,类似于其他合成纤维,如聚酰胺纤维。然而,因为其塑性比 PTFE 纤维高,在远高于 180 ℃的温度时,不能保持明显的拉伸强度。这一点类似于传统的合成纤维,其耐化学性类似于 Teflon-FEP 纤维,并优于 PVDC 纤维、PVF 纤维和 PVDF 纤维。在较高温度下,98%的硫酸,70%的硝酸和 50%的苛性苏打溶液能使后几种降解,ECTFE 纤维则不然。温度高达 180 ℃时,Tefzel ETFE 纤维可耐许多有机和天机化合物。

因此,在 150 ℃的温度条件下,对高耐化学性的要求较高时,可采用 ETFE 和 ECTFE 两种纤维,例如过滤网和布、塔的填料函、编织带管状织物、垫片和输送带等。

第二节　水溶性聚乙烯醇纤维

水溶性纤维是指在水中能够溶解或着遇水缓慢水解成为水溶性分子或者化合物的纤维,是一种非常有价值的功能性纤维。随着人们的环保意识的增强,环保型水溶性纤维凭其无污染、无毒并可水解的特性得到了广泛的普及与应用。

国外早有关于水溶性纤维研究和生产的相关报道,例如合成的可溶性高分子聚合物(聚氧乙烯)、半合成的可溶性高分子聚合物(羟甲基纤维素、羧乙基纤维素)、天然的可溶性高分子聚合物(海藻酸)等产品,但这些产品部分存在质量不稳定且成本较高等多种问题;我国也有关于水溶性聚酯海岛纤维等方面的研究。随着由聚乙烯醇(PVA)制得的水溶性纤维的出现及其用途的开发,PVA 已经成为生产水溶性纤维的基本原料,故目前所说的水溶性纤维一般就是指 PVA 纤维。德国早在 20 世纪 30 年代,就利用 PVA 纤维能溶于水的特点,研制了外科用缝合线与医用手术用纱等;美国等国家利用 PVA 纤维制成敷设水雷用的降落伞等产品;日本对水溶性纤维的研制与开发应用处于世界领先地位,于 20 世纪 50 年代开始相关研究,在 20 世纪 70 年代末,水溶性纤维的产量已占维纶总产量的 20%;我国对水溶性纤维的研制开始于 20 世纪 70 年代末,取得了较好的进展,并取得了很好的经济效益。

一、水溶性纤维的特点

为达到某种效果,水溶性纤维一般会在使用和加工的某一阶段被溶去,因此一般具备以下特性:有一定的强度和延伸度;在一般温度下能够溶解于水;在中等湿度的环境中需有较好的稳定性。

（一）分子结构

PVA 纤维是用石油乙烯或电石乙炔为基本原料而制成的,其分子式是 $(CH_2CHOH)_n$。PVA 的分子结构中,每个聚合单元上都有一个羟基侧基,因此与水的亲和性极强,故 PVA 纤维易溶于水。纤维的溶解温度取决于其结晶度,结晶度越低,溶解温度也越低。PVA 纤维的溶解温度一般为 60～100 ℃。同时,活化污泥能将 PVA 水溶液降解成为二氧化碳和水,因此 PVA 纤维还具有环保、无毒的特点,因此属于环保性/绿色功能性差别化纤维。

（二）水溶性纤维的原料特性

一般采用合成高聚物 PVA 作为水溶性纤维的原料,普通的 PVA 具有较高的醇解度和聚合度,因此必须通过改性处理来减弱高聚物中大分子间的亲和力,使其便于溶解。目前改性的方法主要有增加分子间距与降低相对分子质量这两种。水溶性纤维的制备除与生产原料的性质有关系外,还与制备加工工艺有关。水溶性纤维所形成的分子结构对产品的低温溶解性有很大的影响。

（三）水溶性纤维的性能

水溶性 PVA 纤维不仅具有良好的强度、伸长与水溶温度,而且有理想的耐干热、耐酸、耐碱等性能;同时水溶性 PVA 纤维溶于水后其水溶液呈无色透明状,且无毒、无味,并能在较短的时间内自然分解,所以对环境不产生任何污染,因此说水溶性 PVA 纤维是百分之百的绿色环保纤维,同时聚乙烯醇也是大品种合成高分子中唯一具有生物降解性的材料。据研究表明,水溶性纤维的基本性能与常规维纶纤维基本相当,因此水溶性纤维有广阔的发展前景。

二、水溶性纤维的制备方法

水溶性的 PVA 纤维主要有短纤和长丝两大类。目前国内外制造水溶性纤维的方法主要有湿法纺丝、干法纺丝、熔融半熔融纺丝、硼酸凝胶纺丝与冷冻胶纺丝。

（一）湿法纺丝

将 PVA 纤维溶液导入到高浓度的 Na_2SO_4 溶液中凝固,然后在湿热条件下经牵伸、干燥,再经过干热牵伸,最后经加热处理而制得 PVA 纤维。湿法纺丝的优点是成本低、产量高。湿法纺丝的缺点是工艺难度较大,Na_2SO_4 溶液会进入纤维表面,因此很难生产能够溶于 80 ℃以下的水中且不含 Na_2SO_4 的纯 PVA 纤维。同时,在凝固溶液中直接除去溶剂会使得纤维表面及内部结构出现不规则的缺陷,从而影响纤维的力学性能。我国多采用湿法纺丝的工艺来生产水溶性纤维,目前只生产出水溶温度在 70～90 ℃的水溶性纤维,其物理性能也需进一步提高。

（二）干法纺丝

将高浓度的 PVA 纤维溶液喷射到热空气中,使溶剂蒸发从而凝固成丝,然后经干热牵伸和热处理可以得到水溶性 PVA 纤维。干法纺丝的优点是纺丝工艺简单,适宜于生产多个品种的水溶性长丝,尤其适宜生产常温的水溶性纤维。但是干法纺丝存在纤维丝束的线密度低、成本高、产量低等缺点。

（三）熔融半熔融纺丝

熔融半熔融纺丝是指加入一定量的水使 PVA 纤维增塑，之后使其在 120～150 ℃变为半熔化的状态，用较大的压力将其从喷丝头中挤出，然后在空气中冷却并凝固。熔融半熔融纺丝方法可用于制备复丝或单丝，但在工业生产中还没有很大规模的应用。

（四）硼酸凝胶纺丝

在 PVA 凝胶液中加入硼酸，将其挤入到 NaOH 与 Na_2SO_4 的溶液中进行交联与成型。水溶性纤维由交联纤维在湿热的条件下，经牵伸、中和、水洗、干燥、干热牵伸与热处理而制成。由于纤维的交联，水溶性 PVA 纤维在中等湿度的大气环境中具有良好的稳定性，但在水中能很快发生水解而使纤维交联脱开，因此对其水溶性并不发生任何影响。

（五）冷冻胶纺丝

冷冻胶纺丝是日本可乐丽公司开发的制备水溶性纤维的一种方法。该方法是将 PVA 溶解于溶解性能相当好的有机溶剂中制成纺丝原液，然后将纺丝原液从喷丝孔中挤入到有机溶剂的凝固液中迅速冷却成凝胶状，这样原液细流在溶剂被除去之前就形成了稳定的结构，凝固后的纤维具有均一的圆形截面结构。冷冻胶纺丝方法可以得到高强力、低醇解度、不易发生胶粘、低收缩的 PVA 纤维。

冷冻胶纺丝方法的特点是整个制备工艺过程中没有水的存在，所用凝固剂和溶剂等都是有机溶剂，且溶剂均具有相当好的高聚物溶解能力，故同一种生产工艺可以生产出不同种类的高聚物纤维。整个制备工艺过程是在一个完全封闭的系统中完成的，而在此系统中，溶液是完全回收循环利用的，且无废液的排出，故不污染环境。使用该方法可以生产出水溶温度在 0～100 ℃的水溶性纤维。该纤维具有可生物降解、低收缩、耐碱、高强度、耐压耐热、易于原纤化与高阻燃等性能。

三、水溶性纤维的应用

由于 PVA 水溶性纤维的收缩大且耐热水性能差，因此不符合纺织行业用纤维的基本要求，故 PVA 水溶性纤维在研制初期并非作为纺织用原料。随着人们环保意识的增强和科学技术的进步，PVA 水溶性纤维具有的可生物降解的特性越来越被人们所关注，因此 PVA 水溶性纤维作为功能性差别化纤维因其独特的性能在纺织与建材等领域的应用越来越多，主要有以下几个方面。

（一）传统的纺织领域

使用 PVA 水溶性纤维开发研制了轻薄纯毛织物。1998 年，日本可丽乐公司成功研制开发了可丽乐 K-II 纤维与低品质支数的羊毛纤维混纺制成高支轻薄纯毛面料的技术。由于在纺纱中使用的是较低品质的羊毛，因此产品的成本降低，同时提高了面料的价值。

另外，水溶性纤维可以用来开发中高支的棉麻纱。麻纤维具有结晶度与取向度高、无卷曲、支数低（线密度大）、硬挺、长度均匀度差与纤维间抱合力小的特点，因此麻纤维的可纺性较差。然而将一定比例的 PVA 纤维加入到棉麻的混纺纱中，并在后加工中将水溶性纤维溶解，从而制备高品质的棉麻纱。一般情况下，PVA 水溶性纤维的添加量在 10%～20%，在制备时需保证 PVA 纤维与棉麻纤维混合的均匀程度。

在针织领域,可以将水溶纤维的长丝作为分割纱,从而达到无刃裁剪的效果。例如在织袜过程中,两只袜子的接头处采用水溶性纤维,在保证织物连续性的同时,又能够在织造成后经热水处理将水溶性纤维除去,从而将连接的袜子分开。

（二）非织造布领域

在非织造布领域,水溶性 PVA 纤维制备非织造布主要应用于绣花底布。水溶性 PVA 纤维非织造布可以与其他面料复合作为增强底布,也可以作为骨架,直接在 PVA 纤维制备的非织造布上进行电脑绣花,绣花完成后通过热水处理将 PVA 纤维溶解,这样所得到的产品绣花效果自然,仿真效果也比较好。水溶性纤维非织造布的开发与应用,使传统的花边制造业有了突破性的发展。

（三）医疗卫生领域

目前利用水溶性纤维制备的机织产品、针织产品、及非织造布,在医疗上均已得到了相当广泛的应用。用水溶性纤维制备的医疗卫生产品具有无污染、可以水解、绿色环保的特点,因此常用作一次性手术服、粘纱布、外科敷贴材料、围布等医用产品。这些一次性产品使用后可以利用水溶液进行溶解与生物降解,从而避免了一些医疗卫生料用后需要焚烧所造成的二次污染。同时,水溶性纤维也广泛地应用于妇婴/用即弃卫生用品等领域。

（四）建材领域

高强高模 PVA 纤维的研发又拓宽了 PVA 纤维的应用领域。利用高强 PVA 纤维抗拉性好的特点,其可以应用于增强水泥方面,其良好的亲水性使其均匀地分散到水泥的基质中去。由 PVA 纤维作为增强材料制备的水泥和建材具有良好的力学性能,有抗冲击性好、韧性高、表面光滑、耐酸碱性好等优点,因此在建材领域也有很好的应用前景。

第三节　聚烯烃弹性纤维

一、概述

聚烯烃弹性纤维是一种新型丙烯基热塑性弹性纤维,通过熔融纺丝工艺制成,具有低廉的生产成本,是一种可循环回收纤维,符合当今经济和社会的环保发展现状。聚烯烃弹性纤维具有高的热定型效率,可以在低温下定型。氨纶是普遍使用的传统弹性纤维,主要采用溶剂纺丝工艺生产,其间使用的溶剂会污染环境。与氨纶相比,聚烯烃弹性纤维避免了对纤维进行共价交联处理所产生的诸多问题,例如对生产设备的要求极高和环保问题等。另外,氨纶不耐氯漂,不能应用于一些特殊服用场合,如高档游泳衣。因此,随着对服装的要求提高及环保意识的增强,人们正在努力开发新型弹性纤维。聚烯烃弹性纤维可以避免传统弹性纤维的诸多问题,具有十分广泛的研究意义和实用价值,且具有良好的前景与发展空间。

聚烯烃弹性纤维是陶氏化学公司推出的一种弹性纤维,商品名称为 Lastol（也称为 XLA，已正式命名为 Elastolefin 纤维,其定义为"由至少含有 95%（质量百分比）的乙烯和一种其他烯烃聚合物,拉伸至原长的 1 倍或 1.5 倍时,释放拉力后,能迅速完全地回复至其原长的纤维"。聚烯烃基共聚物的弹性来源于大分子柔性链的网状结构,结晶区及大分子共价键的交联点(图6-1)。结晶区是热转换区,在熔点温度下赋予纤维强力;非晶体中的柔性链形成的交联网络与高分子的结晶并存,起着物理连接的作用,结晶度、柔性链长度和交联网络的多少共同决定了聚烯烃纤维的弹性。聚烯烃纤维在较低的应力下就有较大的变形,77.8 dtex 的纤维在 12 cN 的应力下可以产生高达 300% 的伸长。

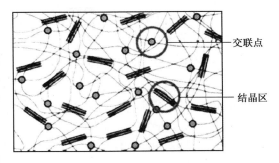

图 6-1　聚烯烃弹性纤维的微观结构

二、聚烯烃弹性纤维的合成与加工

2002 年,陶氏化学公司在低结晶度交联聚烯烃弹性体 POE 的生产技术基础上,采用熔融纺丝法生产了商品名为 DOWXLA™ 的聚烯烃弹性纤维。聚烯烃弹性纤维以乙烯基弹性体 POE 为原料,POE 主要起弹性作用。POE 是指辛烯含量大于 20% 的乙烯-辛烯共聚物,它具有各向同性、多分枝的线性结构,以及优异的力学、流变和耐紫外光等性能。纤维内 POE 的密度决定了聚烯烃弹性纤维的弹性回复能力。POE 能增强聚烯烃弹性纤维的耐化学性,并且 POE 的低模量使聚烯烃弹性纤维比普通合成纤维(如锦纶、氨纶和涤纶)的手感更柔软。聚烯烃弹性纤维是通过熔融纺丝和分子交联工艺制得的。聚合物可以通过熔融纺丝法形成单丝或多根丝,通过不同截面的喷丝孔纺成异形长丝,卷绕到筒子上。这在一般的弹力熔融纺丝设备上即可完成。为了赋予聚烯烃弹性纤维在较高温度下较好的尺寸稳定性,在纺丝加工完成后,对纤维进行共价交联处理,使纤维中的聚合物分子链通过共价键交联而相互联结在一起。

三、聚烯烃弹性纤维的特点

聚烯烃弹性纤维具有优异的伸缩性、固有的耐化学品、耐高温(220 ℃)和抗紫外线性能,有很大的加工处理优势。

(一)聚烯烃弹性纤维的拉伸回弹性

对于弹性织物来说,如果拉伸和回复力过大,会对人体产生压迫感,让人感觉十分不舒服。与相同细度的氨纶相比,聚烯烃弹性纤维在低应力下就能产生较大伸长,而且回复力很小。这种独特的伸长回复性能使聚烯烃弹性纤维比其他中高弹纤维更具柔和弹性,应用在织物上能达到伸缩自然舒适的效果。77 dtex 的聚烯烃弹性纤维的伸长与回复曲线如图6-2所示。

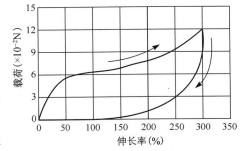

图 6-2　聚烯烃弹性纤维的伸长与回复曲线

(二)聚烯烃弹性纤维的热稳定性

从聚烯烃弹性纤维的微观结构来看,非晶体的柔性链形成交联网络,与高分子结晶体共存,起着物理连接的作用。聚烯烃弹性纤维的弹性由分子结晶度、柔性链的长度和交联网络的数量决定。与常用的高弹性聚氨酯纤维(如氨纶)不同,聚烯烃弹性纤维的耐热性不是来自结晶体,而是柔性链之间的共价交联网络在起主要作用。聚烯烃弹性纤维在温度高达 220 ℃时,其分子结构中共价交联网络的完整性仍能保持,所以它有很好的耐热性能。当温度降至环境温度时,纤维分子内又重新形成新的交联结晶网络。

（三）聚烯烃弹性纤维的耐化学性

聚烯烃弹性纤维有很好的抗化学品性能。它在接触硫酸、苛性钠和次氯酸盐时,其抗拉强度可保留 80% 以上。它的抗强酸和强碱性有利于丝光处理、苛性钠洗涤、碳化等加工处理,同时也使其能够进行多种专业整理。与氨纶相比,聚烯烃弹性纤维有非常好的耐氯性能。一般的弹性纤维暴露于氯气中 200～300 h 就发生降解,而聚烯烃弹性纤维具有耐 1000 h 以上苛刻的化学品的内在性能,比大多数纤维的耐受时间长,超过规定时间仍能保持最后形状。特别值得注意和强调的是：它与氨纶一样,不能长时间接触烯烃类溶剂或石油类有机溶剂。

（四）聚烯烃弹性纤维的耐光照性能

聚烯烃弹性纤维抗紫外线降解和氯气的特性较普通弹性纤维好。聚烯烃弹性纤维经紫外线作用 264 h 之后开始出现显著降解,而普通弹性纤维经 192 h 紫外线作用就出现明显老化。

根据聚烯烃弹性纤维的化学性能、热力学性能、耐光照性能等特点,其更适合开发具有适宜弹性、抗氯、抗紫外线、日晒牢度高的高档或特殊要求面料,如休闲运动装、室内泳装、特殊工作服、赛车服和汽车用内饰纺织面料等。聚烯烃弹性纤维的这些性能对纤维生产商和纺织厂商都很有利。聚烯烃弹性纤维易于进行筒子丝染色,经得起严格的染色、漂白、丝光处理和服装洗涤条件。在加工过程中,可以像处理刚性纤维那样进行后加工,因而既减少弹性加工的成本,同时又有较为舒适的弹性。

第七章　生物降解合成纤维

　　高分子材料作为一门新兴学科，其发展历史不足百年，但由于其优异的功能性和实用性，自问世以来发展十分迅速，为人们生产、生活提供了许多性能优良的新材料，特别是近几十年来，高分子材料技术迅猛发展，其应用领域已渗透到国民经济和人民生活的各个领域。然而，很多传统化学纤维的原料都来自石油等不可再生的自然资源，由于这些资源有限，且给环境污染带来了沉重的负担，因此加剧了环境污染。目前，废弃物的处理方法有填埋、焚烧和回收三种，其中以填埋法和焚烧法为主，但填埋法会占用大量的土地，造成土壤恶化；焚烧法容易产生有害气体，造成二次污染；而回收法的难度较大，成本较高，所以上述方法都不能很好地解决问题。在这样的背景下，生物降解高分子材料作为一种主要的环保型材料，受到越来越多的重视，许多科研工作者致力于可生物降解高分子材料的研究工作，许多新型可生物降解高分子材料相继问世。可生物降解高分子材料的出现，为解决高分子材料的环保问题提供了新的途径，同时为高分子材料的应用提供了新的领域。

　　生物降解高分子材料，又称为"绿色生态高分子"，从广义上讲，是指在一定的条件下和一定的时间内能被细菌、霉菌、藻类等微生物降解的高分子材料。真正的生物降解高分子材料是指在有水存在的条件下，能被酶或者微生物水解降解，其大分子主链断裂，相对分子质量逐渐变小，最终成为单体或代谢成 CO_2 和 H_2O 的材料。目前的研究方向以寻找和合成可降解高分子材料为主。生物降解高分子材料按其来源可以分为天然高分子型、微生物合成型、化学合成型和掺混型。

　　天然生物降解高分子材料包括纤维素、淀粉、甲壳素等，它们在自然界中资源丰富，人类很早就利用这些材料制造包装用品及其他各种制品，只是性能方面的局限，如物性差、成型难等，使其应用受到了限制。

　　微生物合成型生物降解高分子材料是使用葡萄糖或淀粉类对微生物进行喂养，使它们在微生物体内吸收并发酵合成的，可形成两类具有生物降解性的高分子：一类是微生物多糖；一类是微生物聚酯。微生物聚酯主要是聚羟基脂肪酸酯（PHA），聚 3-羟基丁酸酯（PHB）及其共聚物。

　　化学合成型生物降解高分子材料，大多是指在分子结构中引入酯基结构的脂肪族聚酯而成的高分子，其酯基易被微生物或酶分解，如聚乳酸（PLA），聚己内酯（PCL）等。

　　掺混型生物降解高分子材料主要是指将两种或两种以上的高分子物共混或共聚，其中至少有一种组分是可生物降解的，该组分多采用淀粉、纤维素、壳聚糖等天然高分子。

　　到目前为止，已确认的可完全生物降解的高分子有脂肪族聚酯、淀粉、纤维素等。脂肪族聚酯在无生物环境中不会降解，但在土壤中可完全降解，最快为夏天（30 ℃）10 周、冬天（10 ℃）12 周。

第一节　聚乳酸纤维

一、乳酸的结构与性质

1780年，瑞典化学家首次发现了乳酸（Lactic acid，LA），即2-羟基丙酸，其存在L-乳酸（LLA）和D-乳酸（DLA），如图7-1所示。

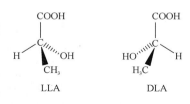

图7-1　乳酸的立体结构

LLA和DLA的熔点均为53℃，外消旋体熔点18℃，沸点均为122℃，相对密度1.206，折光率1.439 2。易溶于水、乙醇、乙醚、丙酮，不溶于氯仿、苯及二硫化碳等有机溶剂。

乳酸的生产有两种方法：发酵法和化学合成法，化学合成法以乙醛和氢腈酸为原料，生产得到的是无旋光性的DL-乳酸（DLLA）。此法生产过程中，试剂的毒性大，对环境造成污染，因而现在以发酵法为主。一般采用玉米、小麦等淀粉或牛乳为原料，由微生物将其转化为LLA。发酵法所得的乳酸几乎全部是左旋，具有光学活性。因为人体只具有分解LLA的酶，所以LLA比DLA或DLLA在生物可降解材料的应用上有独到之处。

二、丙交酯的结构和性质

丙交酯（3,6-二甲基-1,4二氧杂环己烷-2,5-丙酮）是LA制得的环状二聚体。由于LA有两种L-、D-两种旋光异构体，从旋光性上讲存在四种丙交酯：两分子LLA形成的L,L-丙交酯（简称L-丙交酯），两分子DLA形成D,D-丙交酯（简称D-丙交酯），一分子LLA和一分子DLA形成的D,L-丙交酯，以及L-丙交酯和D-丙交酯形成的外消旋丙交酯。丙交酯的立体结构见图7-2，丙交酯的性质见表7-1。

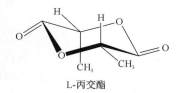 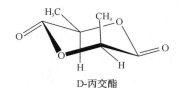 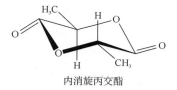

L-丙交酯　　　　　　　　D-丙交酯　　　　　　　内消旋丙交酯

图7-2　丙交酯的立体结构

表7-1　四种丙交酯的性质

项目	L-丙交酯	D-丙交酯	内消旋丙交酯	外消旋丙交酯
熔融温度（℃）	96～100	95～98	122～126	—
旋光度（°）	−287	+287	−1～+1	−1～+1

三、PLA 的化学结构

由于乳酸存在两种立体异构体,因此聚乳酸(PLA)同样存在不同的立体构型,即聚 L-乳酸(PLLA)、聚 D-乳酸(PDLA)聚 D,L-乳酸(PDLLA)。PLA 的结构通式见图 7-3。

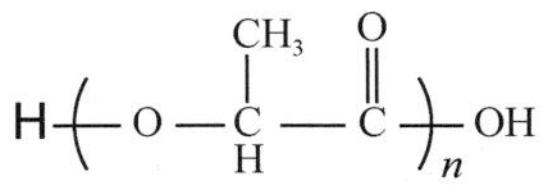

图 7-3 PLA 的结构通式

四、PLA 的合成

1913 年,法国人首先用缩聚法合成了 PLA。1966 年,Kulkarni 首先提出由 LA 合成丙交酯,再生成 PLA 的制备方法。20 世纪 90 年代以来,经过改进聚合工艺和大量研究共聚改性技术,产生了包括扩链法和共聚法在内的新聚合法,但是到目前为止,PLA 的制备方法仍主要为 LA 直接聚合法和间接聚合法(丙交酯开环聚合法)两种。

(一)LA 直接聚合法

LA 直接聚合法的基本路线是 LA 单体先经过共沸蒸馏、脱水缩聚得到 PLA 高聚体,其基本原理是 LA 的脱水缩聚,见图 7-4。反应过程中,生成的水是一步一步除去的,整个反应是逐步缩合的过程。在反应后期,由于产物的相对分子质量变大,体系黏度增大,使得体系中的水难以除去,因此缩聚反应困难,PLA 相对分子质量不再增加。LA 直接聚合法主要包括在溶剂中进行的溶液聚合法和不使用溶剂的熔融聚合法。

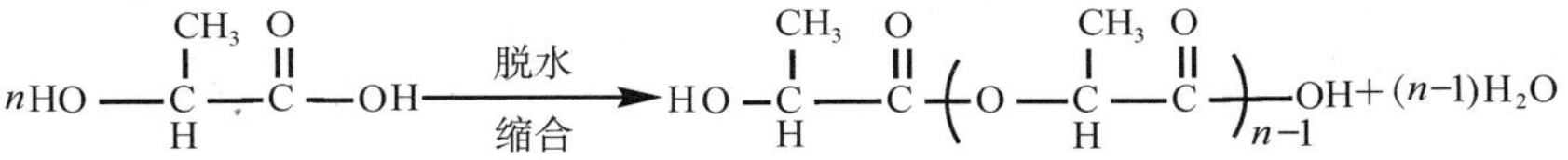

图 7-4 LA 直接聚合法过程

(二)间接聚合法(丙交酯开环聚合法)

目前大部分的 PLA 聚合时所采用的方法是间接聚合法,即先将 LA 单体合成为中间体丙交酯,再由丙交酯开环聚合得到 PLA,因此这种方法称为丙交酯开环聚合法。丙交酯开环聚合法的一般过程为 LA 单体先经过脱水缩聚形成 PLA 齐聚物,然后在催化剂、真空、加热的条件下,使齐聚物裂解成 LA 环状二聚体,即丙交酯,最后丙交酯在催化剂的作用下开环聚合生成 PLA 高聚物(图 7-5)。

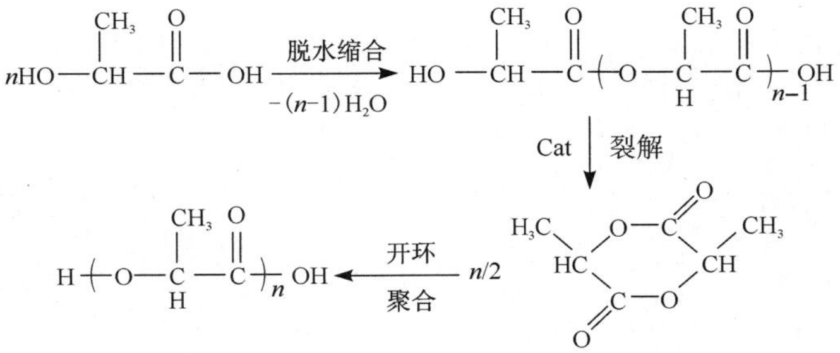

图 7-5 丙交酯开环聚合法过程

五、PLA 的纺丝方法

PLA 具有与聚酯相似的结晶性和透明性,具有高的结晶度、取向度。其纺丝有干法和熔融法两种。

(一)干法纺丝

许多学者对 PLA 的干法纺丝进行了研究,发现纺丝液的浓度、溶剂的组成、拉伸温度、拉伸速度、分子质量、分子质量分布、纺丝环境温度和纤维直径等均影响纤维性能。干法纺丝常用的溶剂为氯仿和甲苯的混合物,原料采用相对分子质量为 375 000 的 PLA,所纺制的 PLA 纤维强度达到 8.3 cN/dtex。

(二)熔融纺丝

PLA 的熔融纺丝与聚酯熔纺工艺相似。L. Fambrt 等对 PLA 的熔融纺丝进行了研究。采用相对分子质量为 330 000、熔点为 186 ℃、结晶度约为 75% 的 PLA,用二步法纺制 PLA 纤维。即 PLA 先熔融挤出,以不同卷绕速度制成初生纤维,然后进行后拉伸,所纺制的 PLA 纤维强度只达到 6.9 cN/dtex。从纺制的纤维的力学性能看,干法纺丝优于熔融纺丝。其原因有两个方面:

(1)干法纺丝的纺丝液中大分子链的缠结比熔融纺丝的熔体中少得多。在纺丝过程中,若能将这种缠结少的网络结构有效地转移到初生纤维中,则初生纤维表现出很高的拉伸性能。

(2)同熔融纺丝相比,干法纺丝通常在较低的温度下进行,热降解少。虽然熔融纺丝所得的纤维力学性能略低,但其不需要使用溶剂及溶剂回收处理装置,成本低,环境污染少,因此聚乳酸熔纺领域的研究十分活跃。

六、PLA 的结晶性能

聚乳酸是一种半结晶聚合物,链的构象在非晶区呈无规卷曲,在晶区呈现出螺旋状结构。PLLA 的螺旋状结构包括 α 形态和 β 形态两种,螺旋的形态取决于聚合物的制备和处理过程。α 形态的晶胞单元是假斜方晶结构,β 形态的晶胞单元是斜方晶结构,在高温下进行热拉伸,α 形态可以转化为 β 形态,但即使通过熔融实验也未发现 β 形态转化为 α 形态。

利用偏光显微镜可观察到 PLA 的结晶区和非晶区,在偏光显微镜照片中,亮区为结晶区,暗区为非晶区,相对分子质量也是影响结晶区的一个重要因素。图 7-6 显示较高相对分子质量的聚乳酸的晶粒布满了整张照片,而相对分子质量较低的聚乳酸晶粒较为稀疏,表明结晶度较低。

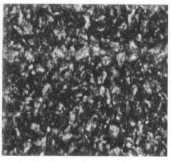

图 7-6 PLA 的偏光显微镜照片

七、PLA 纤维的性能

三种聚乳酸纤维的基本性能如表 7-2 所示。

表 7-2　聚乳酸的基本性能

聚合物	PLLA	PDLA	PDLLA
旋光度（25 ℃条件下）	—157°	+157°	—
密度（g/cm³）	1.25～1.30	1.25～1.30	1.25～1.27
玻璃化温度（℃）	55～65	58	50～60
熔融温度（℃）	170～180	180	—
热分解温度（℃）	200	200	185～200
结晶性	半结晶性	结晶性	无定型
水解性（以 37 ℃生理盐水中的强度减半时间表示）	4～6 个月	4～6 个月	2～3 个月
伸长率（%）	20～30	20～30	—
杨氏模量（GPa）	3～5	—	1～3
拉伸强度（MPa）	50～60	—	30～35

（一）回弹性能

从表 7-3 可以看出，PLA 纤维的弹性回复性优良，尤其在大变形下（10%），它的弹性回复率，除了比锦纶纤维略低外，比棉、涤纶、黏胶纤维、羊毛、腈纶都要好。

表 7-3　聚乳酸纤维的回弹性能

纤维名称	施加一定外力后的回复率（%）		
	2%	5%	10%
聚乳酸纤维	99	92	63
棉	75	52	23
涤纶	88	65	51
黏胶纤维	82	32	23
羊毛	99	69	51
锦纶	100	89	50
腈纶	100	89	43

（二）吸湿性能

因为不含有亲水基团，聚乳酸纤维的回潮率较低，略高于涤纶，比锦纶要小得多。也低于常规的天然纤维（表 7-4）。

表 7-4　聚乳酸纤维的回潮率

纤维名称	聚乳酸纤维	涤纶	锦纶
回潮率(%)	0.52	0.31	3.17

（三）导电性能

从表 7-5 可看出,和其他合成纤维一样,聚乳酸纤维的体积比电阻在 10^7 Ω·cm,小于涤纶、锦纶,但比天然纤维大得多,这会影响其可纺性。

表 7-5　聚乳酸纤维的质量比电阻

纤维名称	PLA 纤维	涤纶纤维	锦纶纤维
电阻(Ω)	6.7×10^8	3.1×10^7	1.9×10^7
体积比电阻(Ω·cm)	1.36×10^7	5.2×10^7	2.8×10^7

（四）热学性能

聚乳酸纤维的熔点较低,聚酯纤维的熔点比聚乳酸纤维高 1.5 倍,因而聚乳酸纤维在燃烧时熔融速度极快,溶液能连续滴下,残渣凝固时间较长,包括火焰颜色、气味等特点,和聚酯纤维等合成纤维相比,差异极为明显(表 7-6)。聚乳酸纤维的这种燃烧特性,也是对它进行纤维鉴别的一种依据。

表 7-6　聚乳酸纤维和聚酯纤维的燃烧性能比较

纤维名称	燃烧特征			
	靠近火焰	进入火焰	离开火焰	残留灰烬
聚乳酸纤维	收缩,快速熔化	熔融燃烧,伴有溶液连续滴下	继续燃烧,溶液仍连续滴下,火焰为蓝色,烟雾少,无特殊臭味	残渣凝固缓慢,灰白色硬玻璃球状物
聚酯纤维	收缩,熔化	熔融燃烧	继续燃烧,有溶液滴下,火焰为黄色,烟雾大,无特殊香味	黑色硬玻璃球状物

聚乳酸纤维的耐热性较差,加热到 140 ℃时会收缩,因此聚乳酸纤维产品在加工过程中温度不能太高,在服用上注意熨烫温度。

聚乳酸纤维不耐酸碱,比较容易水解。因此加工过程中要防止酸碱度的破坏,尤其在染色加工过程中特别注意。

就服用性而言,聚乳酸纤维是一种非常适合作为服装材料的纤维,其吸湿性优于涤纶,并且模量低,悬垂性和手感好,抗皱性也好,与棉、毛混纺所制成的服装穿着很舒适。

第二节　聚 3-羟基丁酸酯纤维

一、聚 3-羟基丁酸酯的合成

PHB 的合成途径有微生物发酵法、转基因植物法和化学合成法。微生物发酵法是获得生物可降解塑料的主要途径,近三十多年大量的研究工作集中于发酵工艺的改进和高效菌株的筛选,以提高 PHA 的容积产率和胞内含量。利用污水处理系统中的活性污泥合成 PHB,可大大降低底物成本且无需灭菌操作,受到了广泛的关注。

（一）微生物发酵

1. 细菌发酵合成 PHB

到目前为止,已发现 100 种以上的细菌能够生产 PHB。通常,在自然环境中微生物能储备干燥菌体质量 5%～20% 的 PHB。在合适的条件,如碳源过量、限制氮、磷等发酵条件下,PHB 含量可以达到细胞干重的 70%～80%。自然界中许多不同属或种的细菌在细胞内都能积累 PHB 颗粒,如产碱杆菌、甲基营养菌及鞘细菌等。由真养产碱杆菌发酵生产聚 β-羟基丁酸(PHB)的最优化培养基组成和培养条件:葡萄糖 4.0%,硫酸铵 0.3%,pH 值 7.2,装液量 80 mL/250 mL,接种量 10%,PHB 的质量浓度达到最高值 0.825 g/L,细胞干重为 1.734 g/L。鞘细菌对环境的适应能力较强,有研究表明,其细胞内的 PHB 贮存比例较高。

2. 筛选高效菌种

国内外对于高效菌种的选育主要有构建基因工程菌法和紫外线诱变法。国外成功地从 A. eutrophus 中克隆到合成 PHB 的基因,并转入 E. coil 中构建成重组 E. coil 突变株,其细胞比正常细菌细胞大 10 倍,该菌株可以直接利用各种碳源,如葡萄糖、蔗糖、乳糖、木糖等廉价底物,进一步降低了成本。奥地利维也纳大学在组建工程大肠杆菌的同时引入热敏噬菌体溶解基因,可使细菌易裂解释放 PHB,这一成果的最大特点是可降低提取成本,为推向市场打下基础。在国内也有一些紫外诱变法筛选优良菌株的研究,使原始菌株 PHB 产量得到很大的提高,采用紫外线照射和放射性元素钴 60 辐射诱变方法,对 Acidiphilium cryptum DX1-1 进行了诱变改良,诱变后筛选得到的一株菌 UV60-3,PHB 含量达到 28.56 g/L,是原菌株的 1.45 倍,并且可稳定遗传。对菌株 UV60-3 积累 PHB 的碳氮比进行了探索,结果显示在碳源浓度 60 g/L,氮源浓度 30 g/L,C/N 为 3.76 时 PHB 含量最高,PHB 含量达到 30.57 g/L。

3. 活性污泥合成 PHB

利用活性污泥的混合碳源与微生物群合成 PHB 是生物合成 PHB 的一条新途径,既处理了污水,又降低了合成费用,而且得到的产物其性能比单一菌株在纯碳源培养得到的 PHB 要优越。在污水处理过程中,活性污泥微生物常常将可快速降解的碳源物质贮存为 PHA,而不是首先将它们用于生物量的增长,因此,可以通过适当的工艺调控将活性污泥驯化为 PHA 的生产者。

4. 转基因植物法

由于 PHB 的高成本生产和生物技术的进步,人们开始将注意力转移到用转基因植物来生产 PHB,1992 年,Poirier 首先探讨了用植物生产 PHB 的可行性,在拟南芥细胞质中定向合成 PHB 但是拟南芥的生长却受到抑制,把细菌 PHB 生物合成的途径定位于质体中,PHB 占叶子干重的 40%,但发现了植物生长和 PHB 含量有负相关关系。利用转基因棉花合成 PHB 进行尝试。转基因棉花纤维的长度,强度都正常,但其绝缘性能提高了,热性能改变很小,可能是因为只有很少量的 PHB 在纤维细胞的细胞质中(占纤维重的 0.34%)。

（二）化学合成法

PHB 的化学合成研究得较少。1-乙氧基-3-氯四丁基二锡氧烷为催化剂,通过开环共聚合,将两种消旋结构的丁内酯((R)-β-butyrolacton 和(S)-β-butyrolacton)进行共聚,得到

PHB 立体异构体。

二、聚 3-羟基丁酸酯纤维的制备

PHB 是热塑性塑料,有关 PHB 纤维研究方法有熔融纺丝和静电纺丝,但在熔融加工过程中可能出现热降解和化学力降解。在熔融状态下 PHB 与纤维素发生一定程度的离解,尽管加工中 PHB 轻度降解所产生的巴豆酸会导致纤维素纤维发生一定程度的离解,但是随着纤维含量的增加,填充体系的抗张强度增大,同时抗冲击强度和断裂伸长率变化不大。

溶液纺丝法分为干法和湿法两种,有人将干纺和湿纺制得的纤维性能进行比较,发现湿纺纤维的表面有凹槽出现,另外纤维表面的微孔也比干纺的尺寸大得多,且湿纺纤维不能耐高温拉伸,强度也低于干纺纤维。干法纺丝工艺的温度比熔融纺丝法的温度低很多,且 PHB 易溶于易挥发溶剂氯仿,形成较稳定的浓溶液。因此,通常采用干纺丝工艺制备 PHB 生物降解纤维。

在共混方面,与聚氧乙烯、聚醋酸乙烯酯、聚己内酯、聚己二酸丁二酯、聚丙内酯具有相容性。而对纯纺研究相对较少,目前纯纺 PHB 纤维采用静电纺丝。通过静电纺丝制备的 PHB 纳米纤维,考虑了溶液浓度、电场强度、挤出速度和毛细管直径等因素对其结构和性能的影响,研究表明,浓度为 2.5% 的三氯甲烷/二甲基甲酰胺混合物为溶剂,电场强度为 8 kV/cm,挤出速度为 1.0 mL/h,毛细管直径为 0.3 mm 制备的 PHB 纳米纤维具有纳米纤维的诸多优异的物理、化学性质。

三、聚 3-羟基丁酸酯纤维的结构和性能

(一)聚 3-羟基丁酸酯的结构

对 PHB 熔体施加拉伸应力会阻碍其再结晶,在应力取向状态下,PHB 再结晶非常困难。而完全结晶的均聚物在任何条件下都不能牵伸。有专利报道了一种从 PHB 熔体生产单轴拉伸纤维的方法。这种技术允许挤出的聚合物在各向异性条件下部分结晶,冷拉伸 8 倍后制得取向丝。拉伸前的结晶度对能否得到取向良好的纤维影响较大(如果高度结晶,将发生脆性断裂,而如果没有足够的结晶,它会在拉伸过程中变形)。

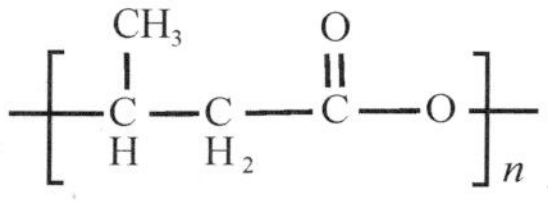

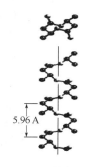

图 7-7　PHB 的分子结构

微生物合成使 PHB 具有全同立构、高度规整的分子结构(图 7-7),也使天然 PHB 具有较强的自组装能力,具有较高的结晶度,固态多以球晶形态存在,仅少部分以无定形构象存在,并分散在球晶之间和球晶区域内的片晶之间。熔融结晶后,依然有 60% 左右的结晶度。X 射线衍射发现,PHB 晶体结构是具有一紧缩的有 2 次螺旋轴和 0.596 nm 重复单元的螺旋结构(图 7-8)。

图 7-8　PHB 的螺旋结构

(二)聚 3-羟基丁酸酯的性能

PHB 分子结构的高度立体规整性也决定了其特殊的溶解性。PHB 不溶于甲醇、水、乙醇、丙酮、醚、己烷、烯释无机酸等,部分溶于二氧六环、甲苯、辛醇、毗院,溶于氯仿、二氯乙烷、二氯乙酸、三氯乙醇、二甲基甲酰胺、乙基乙酰乙烷、三油酸甘油酯、冰醋酸等。但在超临界状态其溶解性将发生大的变化。PHB 可以发生多种化学变化,热降解、水解/醇解、接枝共聚和

嵌段共聚等。在其熔点之上,PHB主要通过六元环过低态由 β 消除反应引发随机断链。在 300 ℃左右,大量的PHB低聚体和少量丁烯酸产生,二级热解产物为丙烯、乙烯酮、CO_2、乙醛等。一般认为,PHB的随机断链和末端缩合同时存在,每个降解反应产生一个羧酸端基和一个丁烯酸酯链端基。羧端基随时间推迟浓度有相当大增加,端基缩合反应越来越少,导致相对分子质量快速下降。常规热稳定剂对PHB几乎没有作用。PHB的水解机制有两种,一是在无菌条件下的水解机制,特别是在碱性或酸性条件下;另一是在自然环境中的酶降解机制。醇解与水解类似,亦是在碱性或酸性催化下分解PHB。水解和醇解在端基改造、接枝共聚、嵌段共聚等化学改性中被利用。酶降解则是其能够生物降解的根本原因。处于自然状态的PHB是完全不含结晶成分的无定形状态的聚酯结构。经过分离、纯化后,即成为一种高结晶度聚酯。其结晶度的增加使PHB的降解速率大为降低,而不利于某些需要快速降解场合,如作缓释药物载体;接枝和嵌段共聚是利用由控制水解等方法获得低相对分子质量PHB,用活性较强的物质改造其端基,使其与其他高分子进行共聚化合。

四、聚3-羟基丁酸酯纤维的应用

目前,PHB的应用主要是复合材料和纤维方面。PHB可通过冻胶纺制成伤口支撑材料,保护伤口、促进愈合。考察其无纺布的降解,以它的玻璃化温度、熔点的降低程度和结晶熔融热烩的变化表征基体的崩溃,发现比表面率是影响降解的主要因素。

PHA是具有热塑性的生物可完全降解材料,能纺丝、压膜或注塑,还可用无机物填充以增加其强度;且PHA单体组分多样,性质各有差异,可根据需要加工成各种工农业材料,如地膜、抗真菌剂、杀虫剂或肥料等的缓释载体1121,各种包装材料,水溶性一次性制品的非水溶性涂层等。PHB的透气性很低,只有聚丙烯的1/40,用其包装食品可大大延长保质期。PHA在自然环境可被彻底降解为CO_2和水,不会造成环境污染。由于PHA的生物相容性,在医学领域有广阔的使用天地. 特别是PHB的降解产物3-羟基丁酸,本来就是所有高等动物体内代谢中常见的中间体,在人血浆中就检测到相当数量的由100～200单体组成的低相对分子质量PHB。PHB可作移植手术中的血管或其他器官组织替代品,能促进天然组织的再生或天然器官的再造,防止移植手术中的免疫反应。PHB还可做人体组织的移植物支架,随其缓慢降解,粗糙表面促进人体组织生长,空隙可供渗透和交换。PHB可制成骨板、肘钉,用于骨折愈合,免除拆除固定架带来的二次手术的痛苦,且其压电效应可刺激骨骼生长,增加骨骼的机械性。PHBV可作外科手术的缝合线,比目前所用的线吸收的快的多。PHB和PHBV还可作伤口敷料,适用于人体外形轮廓,能促进伤口愈合且容易剥离。粉末状的PHB还可作外科手套涂粉。可根据不同要求选用不同单体组分-PHA作药物胶囊,控制药物在体内释放的速率。

此外,PHA具光学活性,可应用于色谱中分离手性物质,还可用于化学合成光学活性物质的手性前体,制造立体专一性衍生物。如PHB水解后得到的3HB可合成蜂激素、甲虫防治剂、香料等具手性活性的化合物。具有超极性的一种侧氰基和侧硝基苯氧基烷酸侧链的PHA的合成,有可能成为第一代非线性光学活性的PHA。PHB经特定处理后呈现出表面压力特性,可用于制造压力传感器、脉冲传感器、声学仪器、震动发生器等压电制品。此外可做换能元件尤其是生物体内的换能器。PHB还可做模塑助剂和组分。PHB含量较高时,可作为含氯原子、氰聚合物的改性剂。

尽管PHB具有突出的优点,可用于生物医学工程,也可在某些场合可替代石油基材料以减少环境污染。但它有三个主要缺点:(1)热稳定性差。在它开始熔融的同时即开始产生热降解。当温度更高或受热时间稍长后,相对分子质量下降很快,导致热加工窗口很窄。(2)由于PHB结晶度高,且熔融时能形成大的球晶,并在室温下产生二次结晶,尤其是结晶时会产生晶间裂纹,使PHB宏观上表现为脆性,抗冲击性能差。(3)PHB现在的生产成本偏高,约为石油基材料的3~6倍。窄的加工窗口、高的脆性和高的成本大大限制了PHB的应用。尽管PHB的原料成本可能随着生物技术的进步、生产规模的扩大以及石油价格的增长而接近石油基材料,但PHB自身差的热稳定性和脆性必需通过改性加以改善。

普通的聚羟基丁酸酯(PHB)均聚物非常硬而且脆,它在工业上的使用和加工存在较大的问题。因此,在微生物合成聚酯过程中的碳源上下工夫,合成具有特种性能的共聚酯成为改进PHB性能的有效途径。

第三节　聚(3-羟基丁酸酯-CO-3-羟基戊酸酯)纤维

一、聚(3-羟基丁酸酯-CO-3-羟基戊酸酯)的合成

1985年,英国帝国化学工业(ICI)的Holmes首次以单糖为原料,利用真养产碱杆菌发酵方法研制了一种聚β-羟基丁酸酯PHB热塑性树脂。同年,ICI公司首次合成了商品化的β-羟基丁酸酯和β-羟基戊酸酯共聚物(HV摩尔分数X=0.3)即PHBV。在细菌合成PHB发酵过程中加入3-羟基戊酸单元(HV)而生成聚(3-羟基丁酸酯-CO-3-羟基戊酸酯)(PHBV)是目前最有效的一种途径。PHBV的熔融温度随HV的含量增加而下降,在摩尔分数为8%时达到最小值84℃,而后又随着HV的含量增加而增加,达到105~108℃(PHV的熔融温度),HV的含量在0.95%时,PHBV的结晶度均超过50%,且有共晶现象存在。

二、PHBV纤维的制备

PHBV虽然是一种具有优异生物相容性和可吸收性的新型高分子材料,但其初生纤维在固体状态表现出由弹性行为为主向塑性行为为主的转变,直至最后表现为脆性体特征,使其失去使用性能。在PHBV纤维成型方面有如下难点存在:第一,PHBV的加工温度窗口很窄,在熔点以上停留较短时间,便会发生剧烈的热降解,致使纤维力学性能明显下降;第二,PHBV的玻璃化转变温度较低(小于10℃),室温下,初生纤维处于完全无定形状态,难以实现从黏流态向玻璃态的转变,单丝间容易粘连;第三,在应力取向状态下,PHBV结晶困难,纤维处于高弹态,经拉伸的纤维在室温下随着时间的变化,会发生二次结晶,纤维也会从弹性转变为塑性,直至最后变脆,失去使用性能;第四,全结晶的初生PHBV纤维不能牵伸,部分结晶PHBV初生纤维牵伸后同样会因室温下二次结晶而变脆,失去实用价值。

通过对国内外研究工作的综合分析发现,相对不同含量的PHBV纤维研制可以通过改变纺丝、拉伸和定型工艺来实现。对于低HV含量的PHBV(HV含量为2%以下)很难找到合适的温度点进行模拟纺丝。熔融温度为169℃时,PHBV没有完全熔融,残余大量晶核,造成丝条无法卷绕;熔融温度为170℃时,熔体成黄色,说明发生了热降解,拉出的丝条一方面由于

降解成小分子,无强度,另一方面由于结晶度大,纤维呈现高度脆性,一碰即断。为解决熔融纺丝后的纤维呈现高度的脆性,空气中放置 30 h 即脆化,没有使用价值,采用水浴高倍牵伸法,主动迅速发展 PHBV 结构,控制其结晶与取向,通过使初生纤维具有一定的取向度,发展小晶核而不生长成大球晶的方法,解决了低 HV 含量 PHBV 的纺丝成型及力学强度的难题。对于 HV 含量高的 PHBV 纤维(HV 含量为高于 30%),具有一定的可纺性,但空气中不易固化,丝条间粘连严重,退绕困难。这是因为 PHBV 的玻璃化转变温度很低。室温下纤维完全处于无定形状态,单丝间容易粘连加之高 HV 含量 PHBV 结晶非常缓慢,使得初生纤维短时间内无法固化;另外发现,高 HV 含量 PHBV 初生纤维在纺丝成型后的一段时间内表现出很高的弹性,在一定的拉伸比范围内回弹率可达 100%,但回弹率随自然放置的时间增加而减弱,最终完全消失,随后纤维表现出高度脆性。为解决高含量 HV 的 PHBV 纺丝纤维在空气中不固化,丝条间粘连严重,根本无法退绕,后续加工无法进行,采用共混方法,与 PCL 共混纺丝,显著改善材料的黏性,提高 PHBV 本身可纺性,得到力学强度较高的共混纤维。

　　纳米纤维支架具有高的比表面积和孔隙率,在组织培养中,对细胞的黏附、增殖和分化具有很积极地促进作用。对于 PHBV 纳米纤维支架,采用热致相分离技术制备,研究 PHBV 纳米纤维支架的最佳溶液和温度条件,以及在纳米纤维形成过程中,淬火/凝胶化温度对 PHBV 结晶行为的影响,PHBV 半结晶高分子的结晶行为对其生物降解性和细胞活性等有重要作用。PHBV 纳米纤维的细胞相容性良好,纳米纤维支架相较于非纳米纤维支架具有更大的表面积,且纳米纤维的拓扑结构可以促进细胞黏附和伸展,进一步表明纳米纤维相比于孔-壁结构、片层结构更适合骨组织的仿生修复。

三、PHBV 纤维的结构

　　PHB 单体聚合物的 ^{1}H-NMR 图谱中,甲基吸收峰(B4)的位置在 1.2 ppm,亚甲基(B2)和次甲基(B3)的吸收峰则分别在 5.2 ppm 及 2.5 ppm,而在 PHBV 共聚物中,由于存在 HV 单元,额外增加一些吸收峰,其中,V2 和 B2 峰重叠,V3 和 B3 峰重叠,V5 甲基峰则偏移到 0.9 ppm,额外增加的 V4 亚甲基峰的吸收位置在 1.6 ppm。由于 B4、V4、V5 吸收峰各自独立,利用 NMR 吸收峰面积正比于其氢原子核数目的原理,可以用面积比来估计 HV 在 PHBV 共聚物中的组成。PHBV 的分子结构式也显示在图 7-9(b)中。

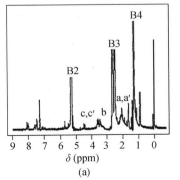 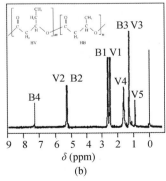

图 7-9　PHB(a)及 PHBV(b)的 ^{1}H-NMR 图谱

PHBV 的晶胞与 PHB 的晶胞参数相近,为 $a=9.32$å,$b=10.02$å,$c=5.56$å,二者共聚物 PHBV 的结晶因而出现"二元共晶"现象,与一般的共晶现象不同,在 PHBV 共聚物中 HV 的含量低于 40% 的时候,PHBV 以 PHB 类型的晶胞结构结晶,当 HV 含量高于 40% 时,则以 PHBV 类型的晶胞结构结晶,在转变点附近,两种晶胞的结构,在 PHB 类型晶体中,HV 的成分会受到一定程度的排挤,在晶体中的 HV 含量低于共聚物中 HV 的总含量,但结晶度一般都大于 60%,随着 PHBV 共聚物中 HV 单体组分的增加,晶体的单元格尺寸在增加。一般 PHBV 的晶核密度要比聚乙烯小 5~6 个数量级,比聚丙烯小 4~5 个数量级,在其熔点以上 15 ℃以内熔融。PHBV 由于少量的未熔融分子形成自成核效应,会提高结晶时的晶核密度。 HV 含量的增加会降低 PHBV 的结晶速度,而当 HV 含量高于一定时,其结晶速率反而又有上升。过冷效应也使 PHBV 晶片厚度发生变化,结晶温度越高,片晶越厚。结晶温度对晶胞参数 a 也有一定的影响,两者呈线性关系 PHBV 在熔纺纤维结构中存在 3 种结晶结构,两种是不同取向模式的正交晶系,另一种是伪六方晶系,三者的比例与拉伸工艺和退火温度有关。 PHBV 初生纤维表现出很高的弹性,在一定的拉伸比范围内回弹率达 100%,但回弹率随自然放置的时间增加而减弱,最终完全消失(3~4 天),随后纤维表现出高度脆性,而 PHBV 由于较低的 T_g 和非常慢的结晶速度,无法较快地"冻结"分子链及链段的取向,分子链和链段的解取向容易发生,使 PHBV 材料在很长一段时间内表现出很高的弹性。PHBV 结晶较慢的其主要原因是过低的晶核密度,造成结晶困难。随着存放时间的增加,纤维结晶度会有所增加,纺速的提高导致纤维结晶度的提高,同时导致纤维结晶度变化的速度加快。

四、PHBV 纤维的性能

(一)力学性能

PHBV 是聚羟基脂肪酸酯的一种,它是由微生物合成的,具有良好的生物相容性、生物可降解性、压电性、光学活性和机械强度等许多优良特性。相对于聚羟基丁酸酯,PHBV 具有较低的脆性和较容易用热机械的方法处理。PHBV 的性质随共聚物中 HV 含量的不同而不同,当 HV 含量为 3%~8% 时,其热学性质、力学性质与聚丙烯相似,可以熔融加工,PHBV 也存在价格昂贵、硬而脆、热分解温度低、加工窗口窄等缺点,这制约了 PHBV 的应用。PHBV 的热学性能和力学性能参数如表 7-7 所示。

表 7-7　PHBV 纤维在 25 ℃下热学性能和力学性能参数

HV(%)	熔融温度(℃)	玻璃化温度(℃)	拉伸强度(GPa)	断裂伸长率(%)	弹性模量(GPa)
3	175	9	45	4	3.8
11	157	2	38	5	3.7
20	114	−5	26	27	1.9
28	102	−8	21	700	1.5
34	97	−17	18	970	1.2

(二)生物降解性和热稳定性

PHBV 材料的降解性能分为生物降解性能和热降解性能。PHBV 在空气中是比较稳定的,在酶或者细菌的作用下会发生生物降解,在活化的污水污泥或者堆肥环境中,PHBV都会发生降解。酶有两类:一类可以把高相对分子质量的聚合物降解成二聚物,第二类则把二聚物进一步分解为单体。而这些酶和细菌合成PHBV时所需的酶是一样的,只是聚合和降解是在不同的条件下进行的。

PHBV材料的热稳定性差,在接近于其熔点时,表现出相对较快的降解速率,在外界剪切的作用下和在较低的温度380℃下,主要的降解产物是二聚、三聚、四聚等齐聚物和异丁酸酯。随着温度升高到500℃时,无论是在真空还是氮气气氛中,前面形成的产物继续分解,形成二氧化碳、丙烯、乙烯酮、乙醛、β-丁内酯(只在真空状态下)。PHBV的降解机理是一个酯基的无规剪切和β-消去反应的过程,形成羧酸和乙烯基团,导致聚合物相对分子质量剧烈下降,但在缩合反应早期,聚合物原有的端羟基、羧酸基以及在无规剪切中形成的羧基延缓了这个过程,且随着HV含量的增加,影响着PHBV的热稳定性。

五、PHBV纤维的应用

（一）环境方面应用

可生物降解高分子材料直接做成生物膜载体应用于污水处理中,其具备两个方面的优势:一方面,所采用的可生物降解高分子材料一般为微溶于水或是难溶于水的有机物,这样不会造成投放碳源的损失和二次污染,减少了工艺条件;另一方面,不需要在反硝化曝气生物滤池中放置其他的生物膜载体,反硝化菌直接在可生物降解高分子材料上生长繁殖,具有良好的生物亲和性,并且利于添加,操作简单。利用可生物降解高分子材料进行污水处理反硝化,是一种新型异养生物反硝化工艺路线。

（二）生物医学应用

PHBV纤维具有良好的生物相容性,已被广泛的应用在组织工程和医学工程。医用材料不仅需要有医效,而且还要安全、无毒、无刺激性,与人体有良好的生物相容性。医用生物降解材料是指完成医疗功能后,可被生物体内的溶解酶分解而吸收。生物降解塑料已被广泛用于手术缝合线、人造皮肤、矫形外科、体内药物缓释剂和吸收性缝合线等领域。

（三）农业应用

生物降解高分子材料农用地膜除具有传统塑料薄膜的优点外,最重要的是其使用后可以自动降解,不必收集,同时农肥和水的需求量相应减少,可以进行下一季的耕作,因而既可以减少白色污染,又可以降低生产成本。生物降解材料在农业方面的其他应用还有农作物生长容器、草皮种植片、堆肥用袋以及农用药物的摈释材料等。

第四节 聚羟基乙酸酯纤维

聚羟基乙酸酯是由乙醇酸聚合得到的结构最单一的脂肪族聚酯,为半结晶、疏水性高聚物,结晶度大于50%,熔融温度为224～226℃,玻璃化转变温度为36℃。在微生物或生物体内酶或酸、碱的促进下水解,最终形成二氧化碳和水,同时有很好的组织相容性。作为结构最简单的线性脂肪族聚酯,PGA是体内可吸收高分子最早商品化的一个品种,于1962年美国

Cyanamid 公司就开发出商品名为"Dexon"的 PGA 手术缝合线。杜邦公司发展了 PGA 的同系物 PLA,1975 年又出现了商品名为"Vicryl"的体内可吸收缝线,它是通过乙交酯和丙交酯的无规则共聚物 PGLA[90GA/10LA]熔融纺丝制得。在 PGA、PLA 和 PGLA 中,PGA 的降解速度最快,PGLA 居中,PLA 最慢。

目前聚乙交酯类纤维主要用在医学领域,特别是高附加值的生物降解手术缝合线,国内对聚乙交酯和聚乙交酯纤维产品的开发研究较少并且尚处于实验室阶段。聚羟基乙酸酯是最早用于制作可吸收手术缝合线的聚合物,PGA 的降解速度较快,现在人们开发了 PLAPPGA 共聚物,使 PGA 的应用得到加强,目前国内外市场上已有 PGLA 手术缝合线。PGA 经熔融纺丝制成的纤维,可用作可吸收手术缝合线,但其降解速度很快。通常,PGA 缝合线在体内不到一个月就丧失机械强度。为改善其性能,可将其和乳酸(LA)进行共聚。共聚后,聚合物的结晶度下降,而且随着引入 LA 含量的增加,聚合物可由半晶变为非晶。POLA 可由乙交酯和丙交酯共聚得到,但要得到高相对分子质量 PGLA 有很大的难度,这导致其纤维制品价格昂贵。当丙交酯含量为 10～15 mol% 时,PGLA 熔融纺丝可制成性能良好的纤维,即强度＞6.79 cN/den,结节强度＞4.4 cN/den,柔韧性良好,生物降解速度适中,被用作可吸收手术缝合线、牙科材料和骨科材料。

第五节　聚己内酯纤维

一、聚己内酯的结构

聚己内酯(PCL)是一种半结晶型聚合物,由 ε-己内酯用钛催化剂、二羟基或三羟基引发剂开环聚合制得,结构为[CH$_2$—(CH$_2$)$_4$—COO]$_n$ 的聚酯,相对分子质量较低,呈无色结晶固体。其结构重复单元上有五个非极性亚甲基—CH$_2$ 和一个极性酯基—COO—,即—(COO—CH$_2$CH$_2$CH$_2$CH$_2$CH$_2$CH$_2$—)$_n$。因此在自然界中酯基结构易被微生物或酶分解,最终产物为 CO$_2$ 和 H$_2$O。

PCL 是半结晶态聚合物,结晶度约为 45%,具有其他聚酯材料所不具备的一些特征,最突出的是超低玻璃化温度(T_g＝-62 ℃)和低熔点(T_m＝57 ℃)。因此,PCL 在室温下呈橡胶态。这可能是 PCL 比其他聚酯具有更好的药物通透性的原因。此外,它具有很好的热稳定性,分解温度为 350 ℃,而其他聚酯的分解温度一般为 250 ℃左右。

二、聚己内酯纤维

聚己内酯纤维可通过熔融纺丝制得,是一种价格较低的可生物降解合成纤维。由于聚己内酯的熔点为 60 ℃左右,玻璃化温度为-60 ℃,结晶温度为 22 ℃,接近室温,所以其熔融纺丝比锦纶、涤纶困难,关键在于延缓其结晶,以提高初生纤维的可拉伸性能。通过优化工艺,可以得到强度大于 2.94 cN/den 的聚己内酯单丝、复丝和短纤维。PCL 的降解速度比 PGA 和 PLLA 慢得多,对许多物质能很好地吸收,所以可作用于需长时间缓慢释放的药物和除草剂的载体。如将可抑制组织增生的 N2(3,4-二甲氧肉桂酰)邻氨基苯甲酰和 PCL 共混纺丝,可以制成其有药物释放功能的可降解纤维。随着药物含量的增加,纤维的力学性能变差;而药物释放速率则随拉伸比的增加而下降降解时，PCL 首先在水解作用下分解为己内酸酯，然后由产生脂肪酶的微生物（如假单胞菌）降解为 CO_2 和 H_2O。

三、聚己内酯的应用

PCL 的形状记忆功能主要来源于材料内部存在不完全相容的两相：保持成型制品形状的固定相，以及随温度变化会发生软化-硬化可逆变化的可逆相。固定相在回复应力的作用下，将使制品恢复到初始形状。工程研究所用的聚己内酯制成长效抗生育埋植剂 CaproF。他们对 CaproF 体外、体内药物释放动力学和药代动力学的研究证明了它具有长期稳定释放药物的作用，在体内可维持两年稳定的血药浓度。

同样，聚己内酯也广泛应用于微包囊药物制剂。由于微包囊药物制剂具有降低药物毒副作用、防止药物失活、减少服药次数以及靶向给药的效果，因此目前在药物释放体系中，微包囊药物释放体系得到广泛应用。用高分子微包囊药物释放体系治疗癌等疑难病症正在成为国际上共同的研究热点。

聚己内酯降解速度慢，初始强度高，力学强度持续时间长，更适于用作骨折内固定物的生物材料，制成内植骨固定装置。近十多年随着药物控释和组织工程技术的发展，可降解材料得到迅速发展，其应用范围涉及到几乎所有非永久性的植入装置，包括药物控释载体、手术缝线、骨折固定装置、器官修复材料、人工皮肤、手术防粘连膜及组织和细胞工程等。

第六节　聚丁二酸丁二醇酯纤维

聚丁二酸丁二醇酯（PBS）是一种新型生物可降解的化学高分子材料，具有良好的生物相容性和生物可吸收性，在细菌或酶的催化作用下，最终可以被降解为二氧化碳和水等无毒无害的物质，具有良好的应用推广前景。目前国内合成的 PBS 的相对分子质量不高，其力学性能和加工性能受到限制，有待进一步研究 PBS 的合成工艺，提高 PBS 的相对分子质量，进一步拓展其用途。

一、PBS 的合成

PBS 是脂肪族聚酯中典型的线性聚酯代表之一，也是现如今热门的一种生物基可降解高分子材料。PBS 的聚合单体为丁二酸（SA）与 1,4-丁二醇（BDO），它们既可以从石油资源中获得，也可以从生物资源中发酵提炼得到，因此是一种单体来源广泛的聚合物。

（一）直接酯化法

直接酯化法是由二元羧酸和二元烷基醇直接聚合而不经过链扩张的工艺过程，具体可描述为：在温度较低的反应条件下，将二元醇与二元酸酯化，其中二元醇过量添加，以保证合成端羧基预聚物，然后在高温、高真空条件下，经催化剂作用脱去二元醇，得到 PBS 产物（图 7-10）。直接酯化法的合成工艺简单，并且得到的 PBS 产物的相对分子质量较高。此法是工业生产中使用较为广泛的一种。

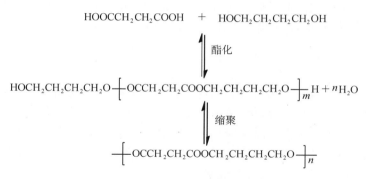

图 7-10 直接酯化法合成 PBS

直接酯化法分为熔融缩聚法和溶液缩聚法。熔融缩聚法是指先将反应单体 SA 和 BDO 以一定比例投入反应器,进行酯化反应,并通入氮气以排出生成的水;待酯化反应完成后,升高温度,加入催化剂,在高真空条件下完成缩聚反应。

溶液缩聚法中,在 PBS 合成的第一步,即丁二酸丁二醇单体的酯化过程中添加溶剂,其主要作用是带走反应过程中生成的低分子物质(主要为水),待酯化反应完成后,升高温度,进行第二步缩聚反应,制得 PBS。溶液缩聚法通常采用甲苯、二甲苯或十氢萘等溶剂。

相比于熔融缩聚法,溶液缩聚法由于溶剂的存在,在合成 PBS 的过程中,酯化反应和缩聚反应时生成的低分子产物的量会减少,所以反应温度会降低,并且能够阻止 PBS 产物的氧化,但美中不足的是反应时间会延长,并且 PBS 产物的相对分子质量较低,故该方法在环保性与大规模应用上具有较大的局限性。

(二)酯交换法

酯交换法主要依赖酯化反应的可逆性。在 PBS 的合成中,先将 SA 与短链的甲醇或乙醇进行反应生成丁二酸二酯,再与 BDO 进行酯交换反应生成丁二酸丁二醇酯(图 7-11)。不同于酯化过程会产生水,酯交换过程的副产物是醇,新生成的醇会继续与体系中生成的酯进行反应。由于酯化反应的可逆性,在进行酯交换反应时,要保证目标产物的稳定性强于反应物中的酯,这样才能使反应持续发生。酯交换法最终的聚合过程与熔融缩聚法相同,都是在高温高真空的条件下进行缩聚反应。

酯交换法是最早应用于合成 PBS 的方法之一。酯交换法中,由 1,4-丁二醇与丁二酸二甲酯在催化剂的条件下通过熔融聚合合成 PBS,其摩尔比例通常为 1,4-丁二醇:丁二酸二甲酯=$(1.0 \sim 1.1):1.0$。其反应过程分为酯交换和缩聚两步(图 7-11):第一步是在惰性气体环境中(通常为氮气)及 $150 \sim 190 \ ℃$ 条件下进行酯交换反应,待反应完全后,除去体系中的水和甲醇;第二步是在 $200 \ ℃$ 高温及高真空环境中进行缩聚反应。酯交换法合成的 PBS,其相对分子质量可达到 5.95×10^{5}。

相对于直接酯化法,酯交换法合成 PBS 的过程也包含酯化反应和缩聚反应。两者的不同之处在于:酯交换法是在第一步酯化反应中使用 1,4-丁二醇,通过酯交换,与丁二酸二甲酯反应脱去甲醇;而直接酯化法是通过醇酸反应脱去水来完成酯化的。酯交换法的优势在于反应所需要的能量较低,这使得反应过程中所需的温度较低,并且在合成 PBS 的过程中可以避免原料配比不合理造成的弊端,从而可以比较良好地控制最终合成产物 PBS 的结构。但酯交换

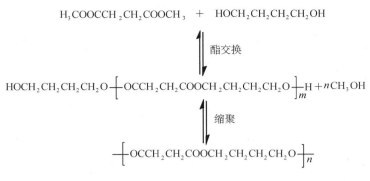

H3COOCCH2CH2COOCH3 + HOCH2CH2CH2CH2OH
酯交换
HOCH2CH2CH2CH2O-[OCCH2CH2COOCH2CH2CH2CH2O]m-H + nCH3OH
缩聚
-[OCCH2CH2COOCH2CH2CH2CH2O]n-

图 7-11 酯交换法合成 PBS

法合成 PBS 时要先制得丁二酸二甲酯，相对于直接酯化法，成本较高，并且合成过程中脱去的甲醇如处理不当，会对环境造成一定的污染；而直接酯化法产生的水对环境无污染，并且成本较低。

（三）扩链反应法

因为直接酯化法和酯交换法都属于可逆反应，反应后期需要及时除去反应时生成的小分子物质，才能确保聚合反应持续发生。在反应后期，高温时易发生热氧化、热降解等副反应，产物的相对分子质量难以提高。加入少量的扩链剂，可以在短时间内将缩聚法所得产物的相对分子质量快速提高。目前主流的 PBS 产品，大多由扩链反应法制得。此法不需要高温和高真空，具有反应条件温和的优点，但由于大多数扩链剂具有毒性，可能对环境有一定危害。

合成 PBS 的扩链反应法是利用扩链剂中的活性基团，与预聚物中的端羟基反应，从而提高聚酯的相对分子质量。适用于端羧基结构的扩链剂一般具有两个官能团，能与预聚物的端羧基发生反应，达到扩链的效果，常用的扩链剂有异氰酸酯、酸酐和甲苯二异氰酸酯等。

然而，使用扩链剂制得的 PBS 相对于直接酯化法的产物，不足之处在于生物安全性和生物可降解性会下降，不适合对生物安全性要求较高的医药和食品包装等领域，比较适合工农业中的薄膜、可回收的包装瓶等。

二、PBS 纤维的制备

PBS 纤维可采用传统的 POY（预取向丝）—DT（牵伸丝）/DTY（牵伸假捻丝）工艺路线生产。PBS 纤维纺丝工艺流程如图 7-12 所示。

切片干燥
挤压熔融
纺丝箱体
计量泵
纺丝组件
侧吹风冷却
集束上油
卷绕成型

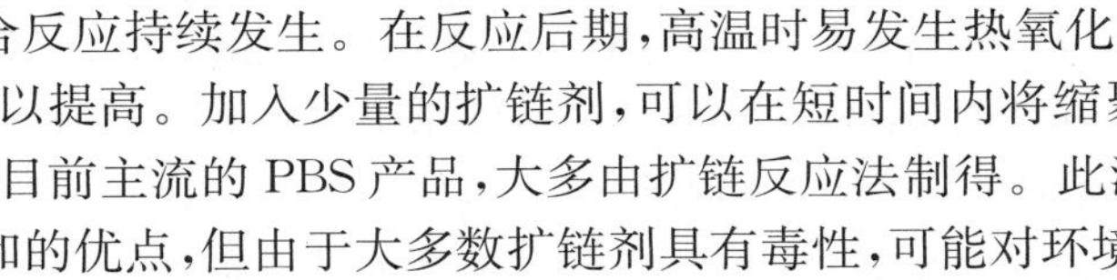

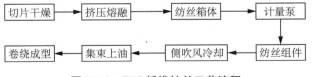

图 7-12 PBS 纤维纺丝工艺流程

将充分干燥后的切片喂入料斗，进入螺杆挤压机加热熔融，随后进入纺丝箱体。熔体经计量泵及纺丝组件从喷丝板挤出，成为熔体细流，通过侧吹风冷却形成丝条，经集束上油后卷绕在卷绕辊上，得到 PBS 预取向丝。PBS-POY 纺丝工艺参数见表 7-8。

表 7-8　PBS-POY 纺丝工艺参数

项目	单位	参数
喷丝孔规格 L/R	mm	0.5/0.25
侧吹风温度	℃	20
侧吹风湿度	%	70~80
侧吹风速度	m/s	0.3~0.7
计量泵规格	mL/r	1.5
螺杆各区温度	℃	180/190/190 190/200
纺丝温度	℃	200
卷绕速度	m/min	2000

对不同纺丝工艺条件下制得的纤维进行力学性能测试,结果表明:随着纺丝温度的提高,纤维的断裂强度和断裂伸长率均降低;随着纺丝速度的提高,纤维的断裂强度提高,而断裂伸长率降低。要得到强度较高的 PBS-POY 纤维,纺丝温度宜选择 240 ℃左右,纺丝速度宜选择2000 m/min 左右。

田利刚对 PBS 的可纺性进行了研究,通过改变 PBS 溶液的组成,观察了 PBS 的电纺情况,并对电纺产物进行了表征,分别在溶液和乳液体系中电纺 PBS,制备了 PBS 纳米纤维。溶液体系中,在 15%(质量体积分数)的 PBS 氯仿溶液(4 mL)中加入含硝酸银(质量体积分数分别为 0.3%、0.6% 和 1.2%)的乙醇溶液(1 mL),能明显地提高 PBS 的可纺性。在高压为 20 kV、流量为 50 μL/mL、接收距离为 15 cm 的电纺条件下,制备出较均匀的 PBS 纳米纤维膜。这主要是因为硝酸银的加入提高了溶液的电荷密度,而单纯的 PBS 氯仿溶液本身不具备可纺性,这是由于氯仿的介电常数低,在电场下不能产生足够的感应电荷。乳液体系中,在15%(质量体积分数)PBS 氯仿溶液(4 mL)中加入少量的 0.5%(质量体积分数)SDS 水溶液(加入量分别为 0.1、0.2 和 0.4%),经简单乳化,可明显地提高 PBS 的可纺性。在高压为 15 kV、流量为 50 μL/mL、接收距离为 15 cm 的电纺条件下,制备出较均匀的 PBS 纳米纤维膜,并且通过改变分散水相的含量,可以在一定程度上调节 PBS 纳米纤维的形貌。

三、PBS 纤维的结构和性能

（一）PBS 纤维的结构

1. 形态结构

PBS 短纤维和长丝的纵向表面均有一定的小颗粒状物,同时,少量的长丝纤维纵向会出现明显的细度不匀现象,短纤维和长丝纵向均有不连续的条纹存在,纤维的横截面为实心圆形。

2. 化学结构

PBS 纤维的分子式为 HO—(CO—(CH$_2$)$_2$—CO—O—(CH$_2$)$_4$—O)$_n$—H。与 PET 纤维和 PTT 纤维等大分子主链上含有芳香基团的聚酯纤维不同,PBS 纤维属于脂肪族聚酯纤维,其大分子链中不含有侧基和侧链,这保证了大分子结构的规整性和紧密性,同时,这种结构使得 PBS 分子链比较柔软,弹性较好。PBS 纤维的化学结构如图 7-13 所示。

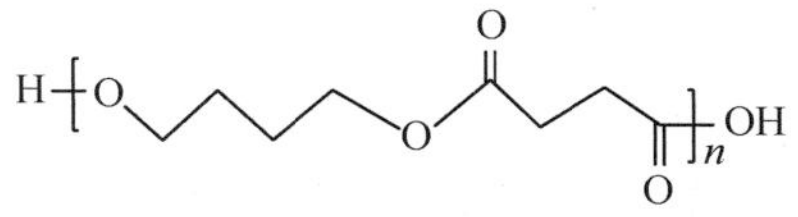

图 7-13 PBS 纤维的化学结构

3．聚集态结构

PBS 是由结晶区和无定形区组成的双相结构物质。PBS 短纤维的结晶度为 58.56%，PBS 长丝的晶体更完善且排列较规整，因此，PBS 长丝的结晶度比短纤维略高。PBS 短纤维的取向度比 PBS 长丝明显偏低。PBS 长丝的晶区纤维轴向取向较好，取向度达 92%，但 PBS 短纤维的取向度较低，只有 34% 左右。

（二）PBS 纤维的性能

1．力学性能

PBS 纤维的断裂强度高于棉、黏胶纤维和羊毛，远低于锦纶 6。PBS 纤维的平均断裂强度约为 8.87 cN，断裂伸长率为 90.94%。PBS 长丝的初始模量较低，归因于纤维内大分子键角和键长在外力作用下会改变，但分子链和链段还没有发生运动。当 PBS 长丝受到定伸长循环拉伸时，首先产生急回弹形变，随后产生缓回弹形变和部分塑性形变。定伸长 10% 时，PBS 长丝循环拉伸 10 次的残余塑性变形量很小，其弹性回复率高达 96.72%；定伸长 20% 和 30% 时，PBS 长丝循环拉伸 10 次的弹性回复率分别达 74.94% 和 60.09%。

总体来说，PBS 纤维的断裂伸长率较高，初始模量较涤纶纤维低很多，弹性回复率明显优于涤纶纤维，表明 PBS 纤维产品手感比较柔软，且延伸性能良好。在实际生产过程中，通过调整侧吹风温度和速度及控制冷却速率实现 PBS 纤维的双结构相控制，以满足力学性能要求。

2．热学性能

PBS 纤维的玻璃化转变温度在 $-30\ ℃$ 左右，结晶温度在 $70\sim80\ ℃$，热变形温度接近 $100\ ℃$，在沸水中纤维会发生严重的收缩现象，熔点为 $114\ ℃$ 左右，燃烧性能与聚乳酸纤维相近，热裂解温度较高，大约在 $340\ ℃$ 开始发生热降解。因此，PBS 纤维对温度较敏感。

3．化学稳定性

在 $90\ ℃$ 下用浓度为 40% 的硫酸处理 PBS 纤维 30 min 后，PBS 纤维完全溶解。在 $90\ ℃$ 下用 5 g/L 氢氧化钠处理 PBS 纤维 60 min 后，其断裂强度下降 58%；当氢氧化钠浓度升高到 20 g/L 时，PBS 纤维被水解成短絮状。

（1）PBS 纤维不耐酸。随着硫酸的浓度、温度、处理时间的提高，PBS 纤维的断裂强度下降。硫酸溶液的处理时间对 PBS 纤维的断裂强度影响较大，温度的影响较小。

（2）PBS 纤维也不耐碱，氢氧化钠和碳酸钠的浓度和温度越高，PBS 纤维断裂强度下降的越多。氢氧化钠溶液的温度和浓度对 PBS 纤维的断裂强度影响较大，处理时间的影响较小。

（3）PBS 纤维的断裂强度随双氧水和亚氯酸钠浓度的升高而降低。氧化剂的浓度和温度对 PBS 纤维的断裂强度影响较大，处理时间的影响较小。

（4）PBS 纤维耐化学试剂的稳定性排序为耐碱性＜耐酸性＜耐氧化性。

4．染色性

PBS 纤维的大分子链结构与涤纶、聚乳酸纤维基本一样，可以采用分散染料进行染色。PBS 纤维的热性能与聚乳酸纤维比较接近，都属于不耐高温的脂肪族聚酯纤维，因此，适合使用中低温型分散染料。PBS 纤维染色使用的一些分散染料,在还原清洗前后会发生严重的色变,有些染料的皂洗牢度很低。因此,适宜 PBS 纤维染色的分散染料需要优选。

5. 可生物降解性

相比于生产原料来自石油衍生物的涤纶等纤维,PBS 纤维是天然可再生的一类高分子材料,所需原料丁二酸和丁二醇可由生物资源获得,例如将甘蔗和谷物进行发酵处理,避免了对环境的破坏。PBS 是一种完全可生物降解的聚合物,在水、空气和微生物的作用下,经过一定的时间,最终降解为二氧化碳和水。PBS 纤维降解的主要方式是酯键水解,生成低相对分子质量的水溶性物质,且水解产生的酸性基团可自动催化该水解反应。开始时,酯键水解较缓慢,随后逐步加快,水解反应从聚合物的表面逐渐进入聚合物的内部,从无定形区扩散到晶区。PBS 纤维及其织物的废弃物可采用填埋法,达到自然降解的目的。

四、PBS 纤维的应用

PBS 产品虽然在很多领域产生了较高的应用价值,然而应用在纺织领域的 PBS 纤维的生产加工则很少。日本尤尼吉卡公司在 PBS 纤维成型方面取得了多项成果,产品主要用于卫生材料、工业原料及无纺布等方面。PBS 纤维的应用领域见表 7-9。国内对 PBS 的生产和应用研究处于起步阶段,尤其纤维级 PBS 的生产还十分稀少,生物基 PBS 纤维的制备方面也存在较多待改进之处。

表 7-9　PBS 纤维的应用领域

应用领域	用途	典型产品	生产企业
包装	包装薄膜、一次性餐盒、包装瓶等	Bionolle	日本昭和
		降解塑料薄膜	德国 APACK
		一次性餐具、包装用品	上海申花集团
农业	农用薄膜、种植用器皿等	Bionolle	日本昭和
纺织	复合纤维材料	抗菌纤维	日本尤尼吉卡
医疗	人造软骨、缝合线、支架	—	—

第七节　聚(己二酸丁二醇酯-对苯二甲酸丁二醇酯)纤维

聚(己二酸丁二醇酯-对苯二甲酸丁二醇酯)(PBAT)是一种可生物降解的芳香族聚酯,其化学结构式如图 7-14 所示。

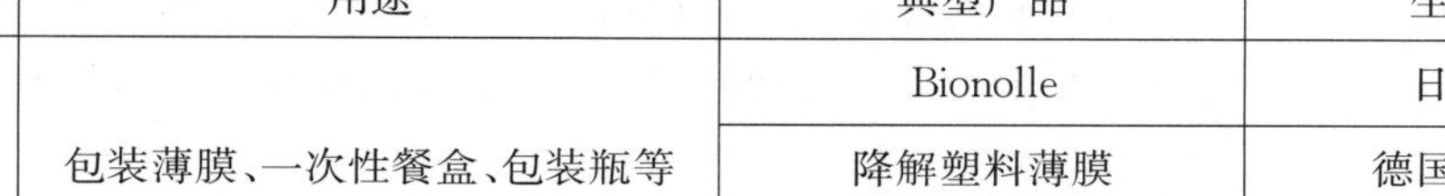

图 7-14　PBAT 化学结构式

　　PBAT 是基于化石燃料合成出来的高分子化合物,几乎生物完全可降解,具有很高的断裂延伸性和很强的韧性,其主要在一定的控制条件下通过酯交换反应合成,通常是可预测和重复的,可以应用于包装材料(垃圾袋、食品容器和薄膜包装)、卫生用品(尿布和棉签等)和生物医药领域等。PBAT 的生物降解作用主要取决于它们的化学结构和降解环境,一些通过自然界中微生物的发酵作用(细菌、真菌和藻类),一些通过化学水解和热降解使聚合物分子链链断裂而发生解聚作用,还有一些通过微生物的新陈代谢来解聚中间体。

一、PBAT 的合成

　　目前合成 PBAT 的方法主要有直接酯化法和酯交换法。直接酯化法合成 PBAT 主要以 AA(己二酸)、PTA(对苯二甲酸)或 DMT(对苯二甲酸二醇酯)、BDO(1,4-丁二醇)为原料,在催化剂的作用下,直接进行酯化、缩聚反应。该方法的优点是工艺流程短,原料利用率高,反应时间短,生产效率高;缺点是反应体系物质较复杂,相对分子质量分布宽且不易控制,反应条件比较苛刻,反应介质酸性较强,部分 BDO 发生环化脱水反应生成四氢呋喃(THF)等,对产品质量有影响。酯交换法合成 PBAT 主要以聚己二酸丁二醇酯(PBA)、PTA(或 DMT)、BDO 为原料,在催化剂作用下,先进行酯化反应或者酯交换反应,生成对苯二甲酸丁二醇酯预聚体(BT),再与 PBA 进行酯交换缩聚反应。

(一)直接酯化法

直接酯化法合成 PBAT 的整个过程包括两种酯化反应和四种缩聚反应。

1. 两种酯化反应

一是对苯二甲酸与 1,4-丁二醇进行醇酸酯化反应,生成对苯二甲酸双 4-羟丁酯,副产物为水(图 7-15)。

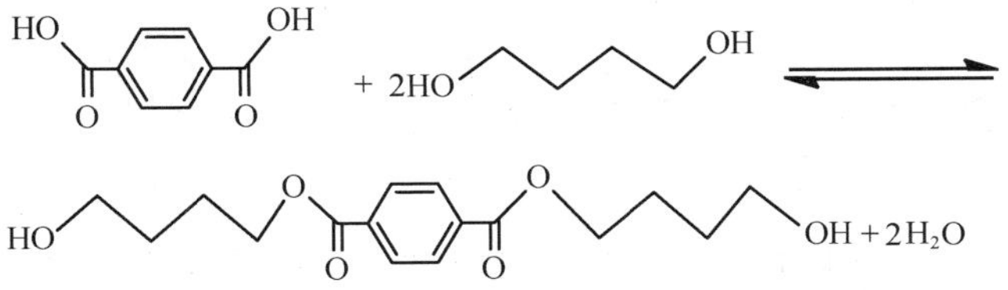

图 7-15　PTA 与 BDO 反应

二是己二酸与 1,4-丁二醇进行醇酸酯化反应,生成己二酸双 4-羟丁酯,副产物为水(图 7-16)。

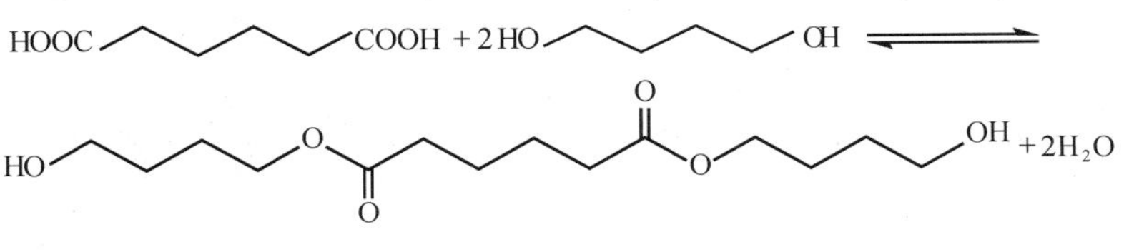

图 7-16　AA 与 BDO 反应

2. 四种缩聚反应

一是对苯二甲酸双 4-羟丁酯分子间发生缩聚反应,脱除丁二醇分子,生成对苯二甲酸丁二醇酯二聚体、三聚体、多聚体等(图7-17)。

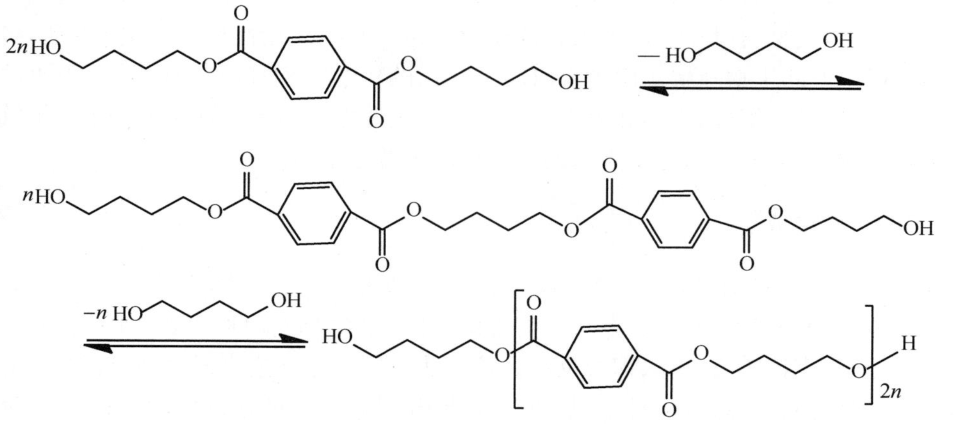

图7-17 对苯二甲酸双4-羟丁酯分子间缩聚反应

二是己二酸双4-羟丁酯分子间发生缩聚反应,脱除丁二醇分子,生成对己二酸丁二醇酯二聚体、三聚体、多聚体等(图7-18)。

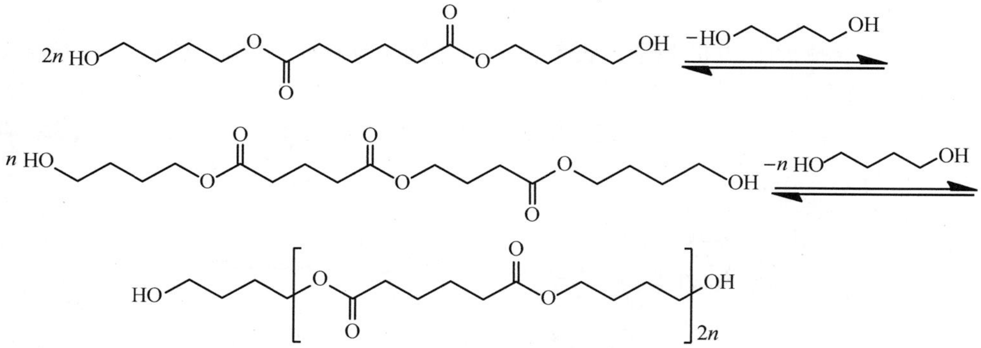

图7-18 己二酸双4-羟丁酯分子间缩聚反应

三是己二酸双4-羟丁酯与对苯二甲酸双4-羟丁酯分子间发生缩聚反应,脱除丁二醇分子,生成对混合酸丁二醇酯二聚体、三聚体、多聚体等(图7-19)。

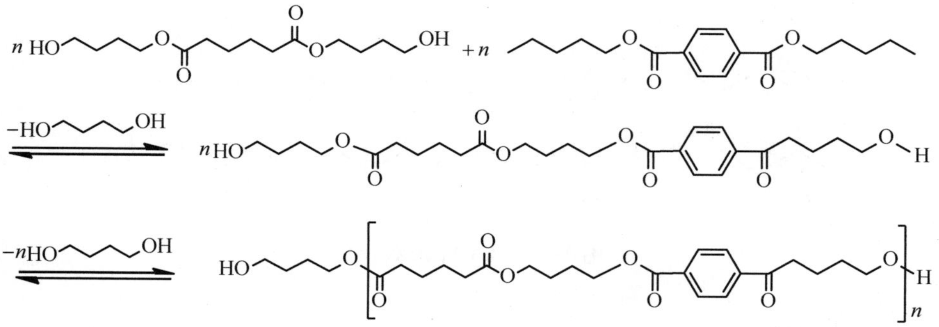

图7-19 己二酸双4-羟丁酯与对苯二甲酸双4-羟丁酯分子间缩聚反应

四是多聚体之间的酯交换反应(图 7-20)。

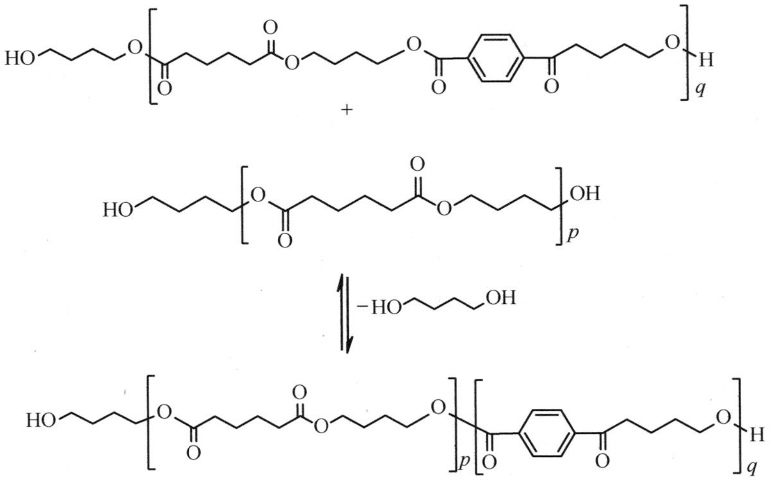

图 7-20 多聚体之间的酯交换反应

（二）酯交换法

PBA、PTA 或 DMT、BDO 等原料,在催化作用下先进行酯化反应,然后进行酯交换缩聚反应可得 PBAT(图 7-21)。该工艺的优点是设备简单,反应体系中间物质较少,相对分子质量分布较窄,产品黏度易于调控,废弃物可以被再次利用;缺点是各批次产品质量可能存在差异。

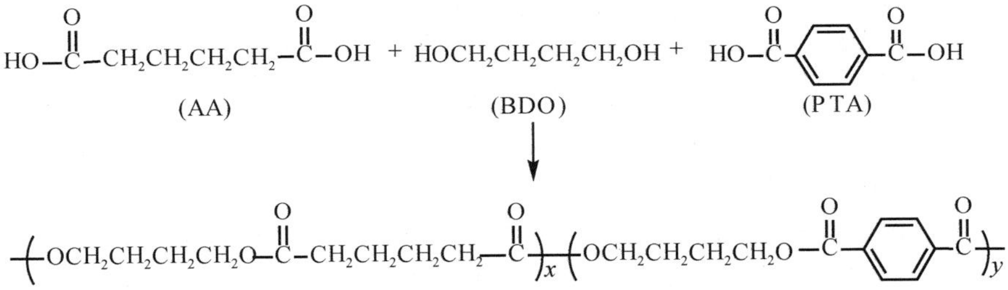

图 7-21 酯交换法

二、PBAT 纤维的制备

（一）静电纺丝法

利用静电纺丝技术制备出的纤维通常有着纳米至微米级的直径,中空多孔结构的静电纺丝有着比普通纺丝更大的比表面积,且中空多孔结构能够更好地负载药物,因此经常被利用在生物医学当中,如组织工程、药物缓释、创伤敷料等。Liu 等利用同轴静电纺丝的方法成功地制备出中空多孔结构的 PBAT 纳米纤维。通过将 PBAT 与聚乙二醇(PEG)溶解在氯仿中,将其作为壳层溶液;同时将 PVA 溶解在水中将其作为芯层。之后通过同轴静电纺丝的方法制备出核-壳结构的纳米纤维。最后将其溶解在水中以便去除 PEG 和 PVA 成分,这样得到的纳米纤维具有中空多孔结构。他们将制备出来的纳米纺丝负载上相关药物能够使药物达到一定的缓释持续效果。

(二)熔融纺丝法

从国内研究来看,PBAT 主要作为复合材料,鲜有作为纤维原料的;但国外已经开始对 PBAT 纺丝进行研究,并获得了一些成果。日本 Kikutani 团队对 PBAT 进行高速纺丝,以及 PBAT 与 PBT 进行皮芯结构的双组分纺丝进行了研究,均采用熔融纺丝的方法。

1. 原料预处理

生物可降解性材料在潮湿或者活泼的环境中,会通过酯键断裂发生水解反应而降解,相对分子质量急剧下降,这会严重影响纤维的性能,所以纺丝前需要在真空烘箱中严格地除去原料中的水分,而且原料中的微量水分在纺丝加工中易气化形成气泡,从而造成毛丝和断头。PBAT 切片在常温下呈橡胶态,熔融时黏度较大,未经干燥的切片进入螺杆,受到挤压后会很快软化黏结,可能会造成环结而阻料。

2. 纺丝工艺

PBAT 是热塑性聚合物,而且其结晶结构和行为都与 PET 类似,因此用于生产聚芳酯纤维的熔纺设备和工艺都适用 PBAT 纺丝。由熔融纺丝法形成的纤维,经过后续的拉伸处理,其力学性能一般优于高速纺丝法得到的纤维。在一定的条件下对纤维进行拉伸处理时,拉伸温度和拉伸倍率的合理性至关重要。首先,拉伸温度要在材料的玻璃化温度以上,当拉伸温度较低时,纤维中大分子链段运动的能量不足,易产生断丝;拉伸温度过高时,纤维会在拉伸辊上熔融而粘辊,拉伸处理无法正常进行。纤维经过拉伸处理后,大分子沿纤维轴向的取向度增加,大分子间作用力、分子间的距离及断裂强度都会提高,但伸长率会下降。一般拉伸处理的方法有三类:干法拉伸(空气浴)、蒸汽浴拉伸(饱和蒸汽或过热蒸汽)和湿拉伸(液态介质)。

离心纺丝是另一种制备适用于各种材料的超细纤维的技术,起源于棉花糖,它利用离心力将聚合物溶液/熔体从喷嘴中挤出并形成细射流,然后通过射流的后续拉伸并结合溶剂蒸发或温度下降形成超细纤维。Li 等通过设计熔体离心纺丝装置,可以有效地制备出直径均匀的可降解 PBAT 纤维。由于盖子表面的沟槽起到喷嘴的作用,喷嘴出口处形成直径相近的射流,从而提高纤维的均匀性。熔融离心纺丝法具有避免使用有毒溶剂、便于大规模制备纤维膜、产品拉伸强度高等优点,为开发新型可降解纤维材料提供了巨大的工业生产潜力。

三、PBAT 纤维的结构和性能

PBAT 兼具 PBT 和 PBA 的特性:保证分子链柔性的脂肪族链段;提供较好的力学性能的芳香族链段(图 7-22)。但是脂肪族链段中含有大量苯环,这在提高 PBAT 纤维的力学性能和热稳定性的同时,也降低了纤维的降解性能。

1. 结晶性能

PBAT 与大多数半结晶聚合物一样,其性能由聚合物结晶链结构决定,通过控制对苯二甲酸丁二醇酯(BT)和己二酸丁二醇酯(BA)单元的组成比例,可以得到不同的结晶。PBAT 是一种结晶度相对较低的

图 7-22　PBAT 纤维的 SEM 照片

半晶态聚合物,其结晶主要区域是 BT 单元,其结晶度的高低与 BT 的含量多少有直接关系。相关研究结果表明,PBAT 熔融后形成分布广泛的小晶体,晶化区主要由 BT 单元组成,但在主晶化单元的 BT 段仍有一定的非晶态区。由于 BT 单元较少,整根 PBAT 分子链上难以形成较完整的结晶区域和完善的结晶形态,最终导致结晶度下降。

2. 生物降解性能

PBAT 的降解与其他生物可降解脂肪族-芳香族共聚物相同,主要通过脂肪族聚酯链段的断裂来实现。此外,脂肪族-芳香族共聚物本身的微观结构与其降解性有密切的相关性,通过大量的研究发现,共聚酯中芳香族组分和脂肪族组分排列的无规性越大,其降解性能越好。当芳香族链段的链节数超过 2 时,芳香族链段的降解能力基本丧失。因此,研究人员致力于尝试将嵌段共聚酯转变成无规共聚酯,尽可能使芳香族链段的链节变短,保持甚至提高材料的降解性能,而 PBAT 属于无规共聚物,其降解性能较好。

3. 染色性能

郑拓对 PBAT 纤维的染色性能进行了初步探索。PBAT 纤维是疏水性聚酯纤维,因此使用分散染料染色,其玻璃化转变温度为 30 ℃左右,因此染色时染浴温度的起始点可以适当降低。随着染浴温度升高,纤维的上染率逐渐增大至稳定区域。随着染色时间增加,纤维的上染率快速提高,然后逐渐趋于稳定。当染色时间增加到 90 min 时,纤维的上染率达到最大值,为62%,之后,染色时间增加,上染率反而有所下降。这是因为纤维内部的部分染料分子再一次向染液中运动,且该运动占优势。PBAT 纤维的 Integ 值随着染浴温度增加而提高,且分散蓝染料的 Integ 值比分散红染料高出很多,即在 PBAT 纤维中,分散蓝染料的表观染色深度比分散红染料深(图 7-23、图 7-24)。对于分散蓝染料,当染色时间超过 90 min 之后,纤维的 Integ

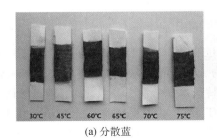

(a) 分散蓝　　　　　　　　　(b) 分散红

图 7-23　PBAT 纤维采用不同染料的染色情况

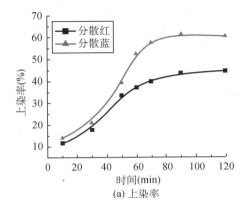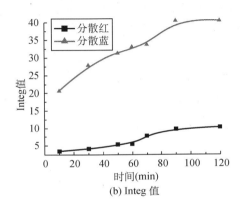

(a) 上染率　　　　　　　　　(b) Integ 值

图 7-24　不同染色时间下 PBAT 纤维的上染率和 Integ 值

值出现下降。这可能是因为染浴温度升高后，染料分子发生了更剧烈的运动，破坏了之前纤维中大分子与染料分子形成的稳定体系，而且体系中存在较大的染料浓度差，纤维上的染料浓度已经比残夜中的染料浓度高很多，所以纤维表面的染料从纤维上运动到染液中，纤维的上染率下降导致 Integ 值减小。

四、PBAT 纤维的应用

（一）生物医药

Fukushima 等研究了以海泡石、蒙脱石和氟硅石为基础的 PBAT 及其纳米复合材料的生物相容性，PBAT 基纳米复合材料展现出无细胞毒性、对血液无负面的止血影响、在体外有更高的血液相容性等优点。

（二）食品包装

PBAT 膜作为食品包装膜应用时，在其加工过程中通常会掺杂一些功能化的纳米粒子，如纳米氧化锌（ZnO）、纳米二氧化钛（TiO_2）、纳米二氧化硅（SiO_2）及一些从植物中提取的天然成分，以赋予 PBAT 膜抗菌、保鲜及防雾功能。此外，一些特殊的食品包装膜对氧气及水蒸气的阻隔性能也有一定的要求。目前研究最多的是将石墨烯及其衍生物或蒙脱土（MMT）等大片层的不可渗透的填料掺入 PBAT，制备高阻隔性聚合物薄膜。食品包装膜通常被要求具有良好的抑菌、抗菌、抗紫外光效果，此外，由于具有良好的防潮及抗氧化效果也是延长食品货架期的关键因素，食品包装膜对氧气及水蒸气的阻隔性能也被提出了较高的要求。在 PBAT 中掺杂大片层无缺陷的填料，可以起到延长气体分子扩散路径的作用，从而降低膜的气体渗透系数，实现高气体阻隔性。

（三）农用地膜

PBAT 具有较好的延展性和断裂伸长率，也有很好的耐热性和抗冲击性能，力学性能与 LDPE 相当，被认为是最有前途的可作为地膜推广应用的可生物降解聚酯之一。Touchaleaume 等将 PBAT 膜作为 PE 地膜的替代品进行测试，将其用于葡萄园的覆盖，发现 PBAT 膜可替代传统 PE 膜，在使用期内，PBAT 膜的强度及性能都能满足使用要求，不发生严重的老化和降解。Li 等采用吹膜和双向拉伸的方法制备了由 PBAT 和有机改性蒙脱土（OMMT）组成的复合薄膜，发现 OMMT 的加入显著降低了 PBAT 的水蒸气透过率，其主要原因是添加的填料起到了物理屏障的作用；将其水蒸气透过率值与现有产品和潜在产品进行比较发现，可生物降解 PBAT/OMMT 纳米复合膜可作为包装和农用薄膜的可行替代品。

（四）其他领域

在香烟滤嘴、一次性餐具（如刀、叉、勺）、3D 打印，以及浴帽、一次性手套等 PE 薄膜的绝大多数应用领域，都可以使用 PBAT 及其共混材料。

第八章 高性能合成纤维

高性能纤维是指高强、高模、耐高温和耐化学作用的纤维,是具备高承载能力和耐久性的功能纤维。高性能合成纤维是指通过化学合成方法得到的高性能纤维,依据其主要性能分为高强高模合成纤维、耐高温合成纤维及耐化学试剂合成纤维。常见高性能合成纤维主要有芳纶纤维、聚芳酯纤维、聚酰亚胺(PEI)纤维、超高相对分子质量聚乙烯(UHMWPE)纤维、聚芳杂环类纤维、酚醛纤维、聚四氟乙烯(PTFE)纤维、聚醚酮醚(PEEK)纤维、聚苯硫醚纤维等。高性能合成纤维是近年来纤维高分子材料领域中发展迅速的一类特种纤维,在国民经济中占有重要地位,应用领域十分广阔,被广泛应用于航空航天、国防军工、交通运输、工业工程、土工建筑,以及生物医药和电子产业等领域。

第一节 芳纶纤维

芳纶即芳香族聚酰胺纤维,是以芳香族化合物为原料经缩聚纺丝制得的合成纤维。芳纶纤维按聚合体单体种类可分为芳纶Ⅰ(如芳纶 14)、芳纶Ⅱ(如对位芳纶和间位芳纶)和芳纶Ⅲ。工业中应用较多的是芳纶Ⅱ和芳纶Ⅲ。芳纶Ⅱ的主要品种有间位芳纶(聚间苯二甲酰间苯二胺纤维,芳纶 1313)、对位芳纶(聚对苯二甲酰对苯二胺纤维,芳纶 1414)。芳纶 1313 由美国杜邦公司开发,1967 年工业化生产,其商名品为 Nomex。其他间位芳纶有日本帝人公司的 Conex 纤维、苏联的 Fenilon 纤维、我国烟台泰和新材的 Tametar(泰美达)纤维。芳纶 1414 于 1972 年由美国杜邦公司实现工业化生产,其商品名为凯芙拉(Kevlar),主要产品有 Kevlar 29、Kevlar 49、Kevlar 129 等。比较著名的对位芳纶产品还有 Twaron(Akzo 公司)、Technora(日本帝人)、Kolon(韩国)、Taparan(泰普龙,烟台泰和)、Terlon(俄罗斯)等。芳纶Ⅲ是在芳纶Ⅱ中引入第三单元体聚合,再经纺丝得到的新型芳纶纤维品种,因其含有杂环结构,也被称为杂环芳纶。

一、芳纶 1313(MPIA)

(一)芳纶 1313 的化学结构

芳纶 1313 由间苯二甲酰氯(ICI)和间苯二胺(MPD)缩聚而成(图 8-1),它是由酰胺基团相互连接间位苯基形成的线性大分子,间位连接共价键没有共轭效应,内旋转的位能比较低,大分子呈柔性结构,分子间存在较强的氢键,化学结构稳定,因而其弹性模量大致和柔性大分子处于同一水平。芳纶 1313 的结晶结构为三斜晶系,亚苯基环的两面角从酰胺平面测量为 30°,这是分子内相互作用力下最稳定的结构(图 8-2)。芳纶 1313 单元的结晶尺寸:$a =$

0.527 nm，$b=0.525$ nm，$c=1.13$ nm，$\alpha=111.5°$，$\beta=111.4°$，$\gamma=88.0°$，$z=1$。c 轴的长度表明它比完全伸直链短 9%。亚苯基-酰胺基和 C—N 键旋转的高能垒阻碍了芳纶 1313 分子链成为完全伸直链的构象。芳纶 1313 的结晶度约为 45%，晶粒尺寸为 4.5 nm。

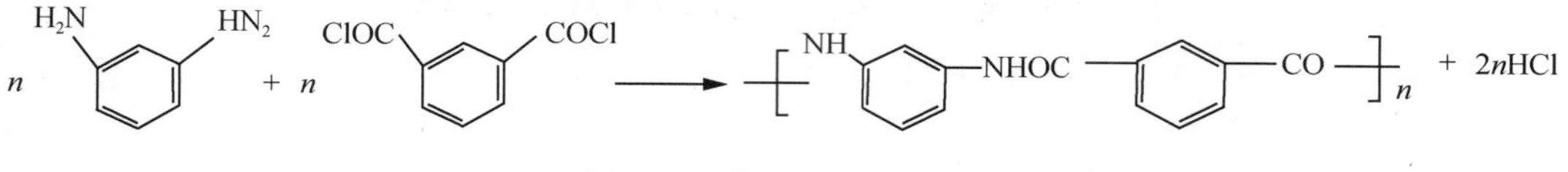

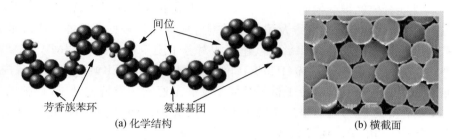

图 8-1　芳纶 1313 的合成

图 8-2　芳纶 1313 的化学结构和横截面(泰和新材 Tametar)

(a) 化学结构　　　　(b) 横截面

（二）芳纶 1313 的制备

芳纶 1313 缩聚物的生产方法主要有以下三种：

（1）界面缩聚法。把 MPD 溶于定量的水中，并加入少量的酸吸收剂形成 MPD 水溶液。再将 ICI 溶于有机溶剂，然后边强烈搅拌边把 ICI 溶液加到 MPD 水溶液中，在水相和有机相的界面上立即发生反应，生成聚合物沉淀，经过分离、洗涤、干燥，得到固体聚合物。

（2）低温溶液缩聚法。先把 MPD 溶解在 N,N 二甲基乙酰胺（DMAc）溶剂中，然后在搅拌条件下加入 ICI。反应在低温下进行，逐步升温到反应结束，然后加入氢氧化钙，中和反应生成的氯化钙，形成 DMAc-CaCl$_2$ 酰胺盐溶液系统，经过浓度调整，可直接用于湿法纺丝，也可通过碱性的离子交换树脂除去反应生成的 HCL。

（3）乳液缩聚法。将 ICI 溶于与水有一定相溶性的有机溶剂（如环己酮），MPD 溶于含有酸吸收剂的水中，高速搅拌，使缩聚反应在搅拌时形成的乳液体系的有机相中进行。

此外，还有专利报道了气相缩聚法制备芳香族聚酰胺。鉴于低温溶液缩聚法与界面缩聚法和乳液缩聚法相比，使用的溶剂少，生产效率高，在直接使用树脂溶液进行纺丝、打浆和制膜时，可以省去树脂析出、水洗和再溶解等操作，在生产上更为经济，所以低温溶液聚合法应用广泛。

芳纶 1313 纤维的制备可采用干法纺丝、湿法纺丝或干喷湿纺法。

（1）干法纺丝。干法纺丝的流程是将低温溶液缩聚法得到的纺丝液用氢氧化钙中和，得到约含 20% 聚合物及 9% CaCl$_2$ 的黏稠液，过滤后加热到 150~160 ℃ 进行纺丝，得到的初生纤维因带有大量无机盐，需经多次水洗，然后在 300 ℃ 左右的温度下进行 4~5 倍的拉伸，或通过卷绕的纤维先进入沸水浴进行拉伸，干燥后再于 300 ℃ 下进行 1.1 倍的拉伸处理。

（2）湿法纺丝。纺前原液温度控制在 22 ℃ 左右，进入密度为 1.366 g/cm^3 的含二甲基乙酰胺和 CaCl$_2$ 的凝固浴中，浴温保持 60 ℃，得到的初生纤维经水洗后在热水浴中拉伸 2.73 倍,接着进行干燥(温度为 130 ℃),然后在 320 ℃的热板上再拉伸 1.45 倍而制得成品。

(3)干喷湿纺法。由熔融形成的纺丝熔体细流通过喷丝孔流出之后,先通过空气层,再进行湿法纺丝,这样能够大大提高喷头拉伸效果,拉伸倍数大,因此取向效果好,耐热性高。如湿纺纤维在 400 ℃下的热收缩率为 80%,而干喷湿纺纤维的热收缩率小于 10%,湿纺的零强温度为 440 ℃,干纺的零强温度为 470 ℃,而干喷湿纺的零强温度可提高到 515 ℃(零强温度,又称之为失强温度,它是评价高分子材料耐热稳定性的指标)。

(三)芳纶 1313 的性能

1. 耐热性

芳纶 1313 的二级转变温度大约为 275 ℃,375 ℃开始伴随着热降解,具有不明显的熔点。热分解温度为 400~430 ℃。在 100~200 ℃下长期使用不会熔融。在 200 ℃以下连续工作 2000 h,纤维强度能保持原来的 90%。在 260 ℃的热空气中连续工作 1000 h,纤维强度能保持原来的 50%。

芳纶 1313 的热收缩率,在 250 ℃时为 1%,在 300 ℃以下为 5%~6%,其制品在高温下表现出很好的尺寸稳定性。对于防护服来说,这种性能非常重要。因为一般纺织纤维尤其是合成纤维,在高温下会出现较大程度的收缩及熔融滴落现象,用这样的材料制作的防护服遇热后会产生较大的尺寸变化,严重影响穿着使用。

2. 阻燃性

芳纶 1313 的阻燃性相当出色。芳纶 1313 的极限氧指数大于 28%,属难燃纤维。当环境温度大于 400 ℃时,芳纶 1313 纤维开始炭化,并形成致密的炭化层,这使得热量不容易通过;在突然遭遇 900~1500 ℃这样的高温时,芳纶 1313 织物布面会迅速炭化增厚,其炭化层的可燃性较低,极限氧指数为 20%~31%,隔热性能极佳,因此能起到很好的热防护作用。

3. 化学性能

芳纶 1313 的化学结构非常稳定,可耐大多数高浓度无机酸和腐蚀性化学物质的侵蚀,且具有很强的抗水解能力和抗蒸汽侵蚀的能力。芳纶 1313 还具有优异的耐热化学性,能耐大多数酸的作用,只在长时间和盐酸、硝酸或硫酸接触时,纤维强度才有所降低。对碱的稳定性也好,但不能与氢氧化钠等强碱长期接触。此外,它对漂白剂、还原剂、有机溶剂等的稳定性也很好。因此,可以在很多较恶劣的环境条件下使用。

4. 耐辐射性

芳纶 1313 耐 β、α 和 X 射线的辐射性能十分优异。例如以 50 kV 的 X 射线辐射 100 h,其强度保持原来的 73%,而此时涤纶和锦纶已变成粉末。

5. 力学性能

芳纶 1313 纤维不熔融,直接碳化分解。芳纶 1313 纤维大分子中的酰胺基团以间位苯基相互连接,其共价键没有共轭效应,内旋转位能较对位芳纶纤维低,大分子链呈现柔性结构,其强度及模量和普通的锦纶相当,断裂强度一般为 3.52~4.85 cN/dtex,断裂伸长率为 20%~50%,如表 8-1 所示。由于芳纶 1313 纤维具有低刚度和高伸长的特性,因此它具备与普通纺织纤维相近的可纺性,可采用常规纺织机械和工艺加工成各种织物和非织造布,具备良好的耐磨损和抗撕裂性能。

表 8-1　芳纶 1313 和锦纶的力学性能对比

指标名称	芳纶 1313	锦纶
密度(g/cm³)	1.46	1.14
断裂强度(cN/dtex)	3.52～4.85	3.96～6.60
断裂伸长率(%)	20～50	20～50
模量(cN/dtex)	52.8～79.2	22～61.6

6. 耐光性

芳纶 1313 对日光的稳定性较差。由于大分子链上有酰胺基团,在紫外光的照射下会发生断链,从而引起物理力学性能变差。如果是原色纤维,光照会导致纤维颜色变深。

7. 染色性

芳纶 1313 纤维分子排列紧密,染料分子不易进入,因此其染色性能较差,特别是深色的染色牢度差。对于高结晶度的湿法纺丝纤维,此问题尤为突出。

8. 电绝缘性

芳纶 1313 的电导率很低,而且纤维吸湿性较差,这使其在各种环境中均可以保持优良的电绝缘性能。芳纶 1313 的介电常数较低,比如用芳纶 1313 制备的绝缘纸,其耐击穿电压可达到 10×10^4 V/mm。

(四)芳纶 1313 的用途

1. 高温过滤材料

芳纶 1313 的耐高温性、尺寸稳定性及耐化学性使其在高温过滤材料领域占据主导地位。芳纶滤材广泛用于化工厂、火电厂、水泥厂、石灰厂、炼焦厂、冶炼厂、沥青厂、喷漆厂,以及电弧炉、油锅炉、焚化炉的高温烟道和热空气过滤,既能有效除尘,又能抵抗有害烟雾的化学侵蚀,同时有助于贵重金属的回收。

2. 阻燃防护服

使用芳纶 1313 纤维制作的工业防护服装,已经在石油化工、普通化工、电力和煤炭等行业得到一定程度的应用,部分替代了由阻燃棉和化学纤维制作的防护服装,充分显示了其优异的阻燃、隔热、抗爆性能和经久耐用的特点。

3. 电弧防护用品

电弧是高压电气设备场所常见的一种剧烈放电现象,其现场温度高,爆炸破坏严重,同时会对工业设备和作业人员的人身安全造成严重危害。我国相关标准规定,对于经电弧危害分析可能面临电弧能量不小于 25.74 J/cm² 的作业人员,或进入可能有电弧危害区域的人员,应配备电弧防护用品,包括电弧防护服、电弧防护头罩、电弧防护手套和电弧防护鞋罩等。芳纶 1313 纤维应用于电弧危害的防护,有着独特的优势。实践证明,使用芳纶 1313 纤维制作的电弧防护用品,可以提供令人满意的作业现场电弧危害防护。

4. 蜂巢结构材料

用芳纶纸可制作仿生型多层蜂巢结构板材,其具有突出的强度质量比和刚性质量比,同时具备质量轻、耐冲击、抗燃绝缘、耐腐蚀、耐老化及透电磁波性良好等特点,适宜制作飞机、导弹及卫星上的宽频透波材料和大刚性次受力结构部件(如机翼、整流罩、机舱内衬板、舱门、地板、货舱和隔墙等），也适合制作游艇、赛艇、高速列车及其他高性能要求的夹层结构。

二、芳纶1414(PPTA纤维)

(一)化学结构

PPTA纤维即聚对苯二甲酰对苯二胺纤维，是由对苯二甲酰氯和对苯二胺合成的有机高分子纤维，由于酰胺键连接在两个苯环1、4位上，又称之为对位芳纶(图8-3)。从其分子结构(图8-4)可看出：(1)构成分子链的共价键键能非常大，这决定了对位芳纶纤维具有非常高的强度；(2)含有苯环，分子链上的酰胺基团被芳环分离且与苯环形成共扼效应，内旋转位能相当高，分子链节呈伸直链的构象，这决定了对位芳纶纤维具有较高的结晶度，且结晶较完整；(3)含有较多的极性基团，分子间作用力非常强；(4)大分子呈平行排列，分子之间的空隙较小，相互作用力较强，因此对位芳纶纤维的刚性较好，模量高。

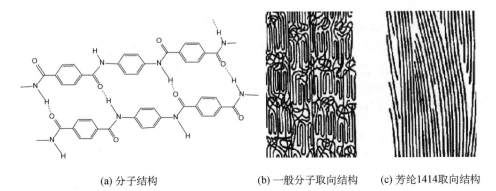

图8-3 芳纶1414的合成

(a) 分子结构　　　　　(b) 一般分子取向结构　　　(c) 芳纶1414取向结构

图8-4 芳纶1414分子结构和取向结构

对位芳纶纤维中胺基(—NH—)和羰酰基(—CO—)之间的夹角为160°，相邻分子链之间的典型距离为0.3 nm，靠氢键连接成晶格平面(图8-4)。大分子构型为沿轴向伸展的刚性链结构，分子排列规整，取向度和纤维结晶度高，生成约100%的次晶结构，链段排列规则，且存在很强的分子间氢键，这些因素共同赋予对位芳纶纤维高强度和高模量、低密度和耐磨性好的特点。PPTA纤维的结构皮芯层有序微区结构，纤维中存在伸直链聚集而成的原纤结构；纤维的横截面上有皮芯结构；大分子末端部位往往产生纤维结构的缺陷区域(图8-5)。

(二)PPTA纤维的制备

芳纶1414的基本原料为对苯二胺和对苯二甲酸，后者经酰氯化制成对苯二甲酰氯，聚合体由低温溶液缩聚法制得。其主要制备工艺过程:首先,将对苯二胺有机溶液和对苯二甲酰氯按照摩尔比(0.9～1.1):1混合,在低温搅拌釜环境下加压缩聚,一步法获得特性黏度在5～10 dL/g的聚对苯二甲酰对苯二胺聚合物;然后,将该聚合物混合溶液和浓硫酸按照比例1:(4～4.5)混合,静置溶解不小于3 h,再在真空条件下静置3～4 h进行脱泡,得到纺丝溶液;最后,纺丝溶液在10 MPa以上的压强下进行挤压推送,过滤之后经过孔径在0.050～0.070 mm的喷丝板,喷出的细流再经过干喷湿纺工艺,得到对位芳纶纤维(图8-5)。干喷湿纺工艺包括凝固、萃取、纺丝、洗涤、干燥、烘干定型、上油和卷绕、短切工序。喷出的丝首先经过6～16 mm的空气层,之后进入温度为1～13 ℃、质量分数为1%～5%的稀硫酸溶液中进行凝固。洗涤包括初步洗涤、碱洗中和、二次碱洗中和及二次洗涤过程;烘干定型是在110～240 ℃下进行4～12级的烘燥加工。在洗涤和烘干定型过程中,控制卷绕速度为200～500 m/min。

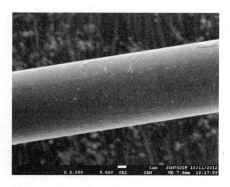

图8-5 芳纶1414纤维的光滑表面

(三)PPTA纤维的性能

1. 力学性能

对位芳纶纤维具有拉伸强度高、弹性模量大、断裂伸长率低、耐冲击性能好的特点;PPTA纤维的拉伸强度为3.0～5.5 GPa,大约是玻璃纤维的1.5倍;PPTA纤维的弹性模量高,可达80～160 GPa;PPTA纤维的断裂伸长率在3%左右;PPTA纤维的耐冲击性能好。另外,芳纶纤维还具有质轻的特点,其密度仅为1.44～1.45 g/cm³,因此比模量、比强度很高(图8-6)。PPTA大分子具有刚性规整结构、伸直链构象和液晶状态下纺丝的流动取向效果,使大分子沿纤维轴向的取向度和结晶度相当,所以纤维的强度和模量相当高。不过,PPTA分子中与纤维轴垂直方向存在分子间酰胺基团的氢键和范德华力,但其凝聚力比较弱,因此大分子容易沿着纤维纵向开裂而产生微纤化。

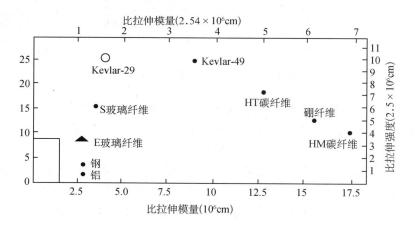

图8-6 几种纤维的比强度和比模量

2. 热稳定性

PPTA 纤维的极限氧指数大于 28%，具有良好的热稳定性和突出的阻燃性能。PPTA 纤维在高温下不熔融，即使升温到 427 ℃ 也不会熔融，直至分解也不发生变形，但会发生炭化。对位芳纶在 180 ℃ 的温度下仍能很好地保持其性能，并且短时间暴露在 300 ℃ 以上，纤维强度几乎不受影响，在 −170 ℃ 的低温下不会脆化，亦不降解。PPTA 纤维的热膨胀系数很小，且具有各向异性的特点：纵向热膨胀系数为负值，在 0~100 ℃ 下为 -2×10^{-6}/℃，在 100~200 ℃ 时为 -4×10^{-6}/℃；横向热膨胀系数为 59×10^{-6}/℃。因此，将 PPTA 纤维和其他具有正值热膨胀系数的材料复合，可制成热膨胀系数为零的复合材料，这种材料可很好地用于模具的制造。

3. 化学性能

对位芳纶具有良好的耐化学腐蚀性能，对中性化学药品（包括有机溶剂、油类）的抵抗力一般较强，但易受各种酸碱物质的侵蚀，尤其对强酸物质的抵抗力较弱，见表 8-2。此外，对位芳纶分子结构中存在极性基团——酰胺基，因此纤维耐水性较差，饱和吸湿率大，而且吸湿后，水分子侵入纤维，这会破坏氢键，使纤维强度降低，进而导致其复合材料的压缩性能、弯曲性能降低。另外，对位芳纶对紫外线比较敏感，若长期裸露在阳光下，其强度损失很大。

表 8-2　对位芳纶在各种化学药品中的稳定性

试剂名称	浓度（%）	温度（℃）	时间（h）	强度损失（%）	
				Kevlar-29	Kevlar-49
盐酸	37	21	100	72	63
氢氟酸	10	21	100	10	6
硝酸	10	21	100	79	77
硫酸	10	21	1000	59	31
氢氧化钠	10	21	1000	74	53
丙酮	100	21	1000	3	1
乙醇	100	21	1000	1	0
煤油	100	60	500	9.9	0
水	100	100	100	0	2

（四）PPTA 纤维的应用

芳纶 1414 的应用领域非常广泛（表 8-3）。在防弹防刺领域，由于芳纶纤维的强度高，韧性和编织性也好，它能将子弹冲击能量吸收并分散，从而避免造成"钝伤"，防护效果显著。在航天航空领域，芳纶纤维树脂基增强复合材料可用作宇航飞船、火箭和飞机的结构材料，有助于减轻质量，增加有效负荷，节省大量动力燃料。如波音飞机的壳体、内部装饰件和座椅等，运用芳纶 1414 材料，其质量可减轻 30% 左右。在橡胶增强领域，芳纶 1414 对橡胶有良好的黏附性，因此成为理想的帘子线纤维。在土木结构工程方面，芳纶 1414 因具有轻质高强、高模、耐腐蚀、不导电和抗冲击等性能，可用作桥梁、柱体、地铁、烟囱、水塔、隧道及电气化铁路、海港码头的维修和补强材料，特别适合混凝土结构的加固与修复。在充气胶皮制品（如充气救生筏、充气舟桥等)、耐腐蚀容器、轻型油罐及大口径原油排吸管方面,芳纶 1414 可作为骨架材料。利用其耐热性和韧性,芳纶 1414 可代替含有致癌物质的石棉制造隔热防护屏、防护衣及密封材料,还可替代石棉和玻璃纤维来补强树脂。除此之外,芳纶 1414 在密封材料、摩擦材料、造纸方面也有广阔的应用天地,还可用于制作舰船绳缆、海底电缆、雷达浮标系统和光导纤维增强绳缆,以及高强度低质量的运动器材,如滑雪板、划艇和皮艇等。

表 8-3　芳纶 1414 的应用

应用领域	代表产品	性能特点
密封材料	密封盘根	较好的耐化学性、高回弹、低冷流特点,可用于泵、阀、旋转机械密封
耐温材料	耐温套管、高温毡	既耐高温又耐磨,质地柔软,无污染
摩擦材料	离合器片、刹车片、无石棉垫片	抓附力强,经过复合代替石棉,具有耐高温、耐磨等特性
造纸	芳纶纸	优秀的电气绝缘性能,介电常数和介质损耗低,高温下尺寸稳定
橡胶补强	轮胎帘子线,输送带,RTP 压力管、三角带、体育用品	质量轻、强度高、模量高、尺寸稳定、收缩率低、耐刺破以及耐热性和耐化学品等特性
防护	消防服、军用服装、手套	防火耐热、防火耐磨和耐化学腐蚀等优良性能,可以在高温和明火情况下使用
防弹材料	防弹衣、防弹头盔、防刺防割服、防刺衣、排爆服、高强度降落伞、防弹车体	高强度、轻量化
航天航空领域	宇航、火箭和飞机结构材料、波音飞机的壳体、内部装饰件和座椅等	高强度、轻量化
土木工程领域	用于对桥梁、柱体、地铁、烟囱、水塔、隧道及电气化铁路、海港码头进行维修、补强,特别适合对混凝土结构的加固与修复	轻质高强、高弹模、耐腐蚀、不导电和抗冲击

三、芳纶Ⅲ

芳纶Ⅲ最早由俄罗斯于 20 世纪 70 年代开发成功并实现商业化。最早开发的品种为 SVM,它属于二元杂环芳纶,而后又开发出三元杂环芳纶 Armos。20 世纪 90 年代,俄罗斯又在 Armos 的基础上,采用新型纺丝工艺开发出性能更优的 Rusar 纤维并实现量产,商品有高强高模型 Rusar-S 和耐热阻燃型 Rusar-O 等。最新型的 Rusar NT 纤维的拉伸强度接近 7.0 GPa。我国中蓝晨光化工研究院近年来自主研制开发了一种三元共聚芳纶纤维,它与俄罗斯的 APMOC 纤维类似,目前已基本实现工业化规模生产。

(一)化学结构

芳纶Ⅲ是采用新的二胺或者第三单体合成的芳香族聚合物。芳纶Ⅲ中含有的二胺有两种——对苯二胺和杂环二胺，其中杂环二胺的比例达 30％以上，而杂环二胺中苯并咪唑上的胺基与主链形成 30°夹角，这会影响分子链的刚性，降低分子链排布的有序性，因此，芳纶Ⅲ的结晶度相较于芳纶Ⅱ有所下降。纤维本身类似一个复合体系，由结晶区和无定形区复合而成；无定形区的含量相对高，容易与树脂基体形成氧键，从而提高其复合材料性能。表 8-4 比较了芳纶Ⅲ和其他几种纤维的结晶度与取向度。芳纶Ⅲ的结构式如图 8-7 所示。

表 8-4 芳纶Ⅲ与其他纤维的结晶度与取向度对比

纤维名称	结晶度（%）	晶区轴取向指数
国产芳纶Ⅲ	49.00	0.957 8
芳纶 1414	57.64	0.921 7
进口 Twaron	62.18	0.928 9
芳纶 1313	46.24	0.849 4

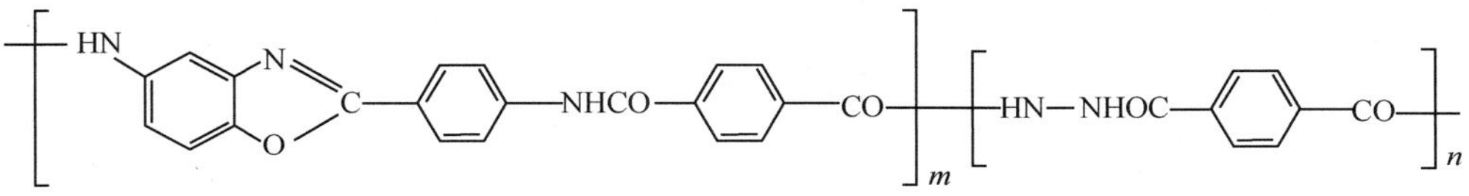

图 8-7 芳纶Ⅲ的结构式

（二）制备方法

芳纶Ⅲ是采用第三单体（部分取代对苯二胺）与对苯二甲酰氯进行低温溶液缩聚反应制得的三元共聚物，该反应在强极性溶和助溶剂存在的条件下进行，具体生产工艺流程如图 8-8 所示。芳纶Ⅲ纤维取向结构是在纺丝和热处理过程中分步形成的，即经过纺丝拉伸加工之后，原丝已具备相当的取向度，但分散性较大，再经热处理，取向趋于一致。芳纶Ⅲ纤维大分子链在经历高温热处理后规整化排列而形成结晶，结晶单元沿应力场形成取向，纤维结晶度增大，弹性模量提高。

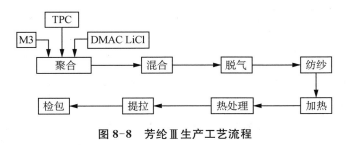

图 8-8 芳纶Ⅲ生产工艺流程

（三）性能特点

1. 力学性能

芳纶Ⅲ纤维的力学性能优势较大（表 8-5）。在同类纤维（对位芳纶）中，芳纶Ⅲ纤维的力学性能水平较芳纶Ⅱ（芳纶 1414）纤维高出 50％以上，强度超过高强型碳纤维 T700 的水平。

表 8-5　芳纶Ⅲ的力学性能

纤维种类	强度(GPa)	模量(GPa)	伸长率(%)
芳纶Ⅲ Armos	4.5~5.5	140~145	3.0~3.5
芳纶Ⅲ Rusar	5.0~6.0	150~180	≥2.6
芳纶Ⅲ中蓝晨光 STARAMID	5	150	3.0

(a) 俄罗斯芳纶Ⅲ　　　　　　　　(b) 国产芳纶Ⅲ

图 8-9　芳纶Ⅲ外观

2. 化学性能

芳纶Ⅲ纤维经不同浓度的硫酸溶液在 85 ℃水浴锅中处理 4 h 后,断裂强度保持在处理前的 80% 以上[图 8-10(a)],断裂伸长率保持在处理前的 90% 以上。高温 H_2SO_4 溶液对芳纶Ⅲ纤维的大分子结构有一定的损伤,这主要是因为高温 H_2SO_4 溶液使纤维大分子结构中的酰胺键产生水解。同样在 85 ℃水浴锅中处理 4 h,芳纶Ⅲ纤维经不同浓度的 NaOH 溶液处理后,其断裂强度和断裂伸长率均保持在处理前的 94.5% 以上[图 8-10(b)]。相比较而言,芳纶Ⅲ的耐碱性比耐酸性好。

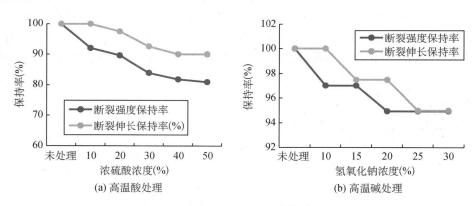

(a) 高温酸处理　　　　　　　　　(b) 高温碱处理

图 8-10　芳纶Ⅲ的耐酸碱性能

3. 热学性能

芳纶Ⅲ具有良好的耐热性,其典型热失重曲线如图 8-11(a)所示。可以看出,芳纶Ⅲ在氮气环境中温度达到 538 ℃时或在空气环境中温度达到 520 ℃时才发生分解。同时,芳纶Ⅲ比芳纶Ⅱ具有更优异的耐热老化性能。图 8-11(b)所示为芳纶Ⅲ与芳纶Ⅱ的热老化曲线,显示了芳纶Ⅲ与芳纶Ⅱ在 220 ℃下放置 800 h 之后拉伸强度的变化情况,表明在高温条件下芳纶Ⅲ较芳纶Ⅱ的强度保持率高,强度下降趋势更平缓。此外,芳纶Ⅲ还具有优异的耐低温性能。将芳纶Ⅲ在−40 ℃条件下放置 4 h,然后测试纤维的断裂强度,其与室温时几乎无变化(表 8-6)。

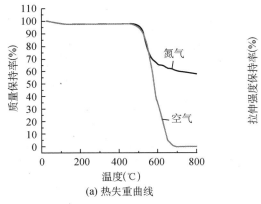
(a) 热失重曲线

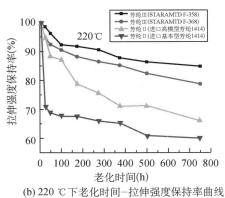
(b) 220 ℃下老化时间−拉伸强度保持率曲线

图 8-11 芳纶Ⅲ与芳纶Ⅱ的热学性能对比

表 8-6 芳纶Ⅲ在室温和−40 ℃条件下的断裂强度

芳纶Ⅲ	室温	−40 ℃
断裂强度(cN/dtex)	28.4	28.1

4. 抗紫外线性能

紫外线对芳纶Ⅲ有一定影响。芳纶Ⅲ长时间暴露于紫外线下,力学性能会降低,但相较于芳纶Ⅱ,芳纶Ⅲ的强度下降较缓。将国产芳纶Ⅲ(Staramid F-358)与帝人公司的芳纶Ⅱ(Twaron 2000)在紫外线下进行稳定性比较,采用 340 nm 紫外线,不喷水照射 360 h(紫外线引起的老化性能测试参照标准 GB/T 16585 进行),结果表明芳纶Ⅲ的拉伸强度仅下降 7%,而芳纶Ⅱ的拉伸强度下降了 15%,如图 8-12 所示。

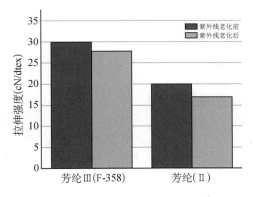

图 8-12 芳纶Ⅲ和芳纶Ⅱ在紫外线下的稳定性比较

5. 其他性能

芳纶Ⅲ具有优异的阻燃特性,其极限氧指数高达42%,且离开火焰不燃烧。另外,芳纶Ⅲ具有良好的耐湿性。如表8-7所示,高模芳纶Ⅲ的回潮率低于2.5%,而芳纶Ⅱ的回潮率较高,耐湿性较差,湿态下芳纶Ⅱ的性能会迅速降低。

表8-7 芳纶Ⅲ和芳纶Ⅱ的回潮率和吸水率比较

纤维类别	回潮率(%)	吸水率(%)
芳纶Ⅱ(基本型)	7.40	6.89
芳纶Ⅱ(高模型)	4.80	4.60
芳纶Ⅲ(F-368)	2.38	2.32
芳纶Ⅲ(F-358)	1.80	1.76

(四)应用领域

1. 防弹装甲

芳纶Ⅲ防弹装甲能满足装甲轻量化的需求,广泛应用于武装直升机、武装运输机、坦克、战略导弹、步兵武器、舰艇的弹道仓、指挥仓等装甲兵器,能有效提高车辆的机动性能。如采用芳纶Ⅲ与UHMWPE纤维复合材料制备的三明治结构装甲披挂用防弹材料,在相同防护性能下,相较于5 mm厚的瑞典SWEBOR PRO500钢板结构,减重达65%以上,这能有效提高坦克车辆在战场上的生存能力及机动性能。同时,装甲外侧的芳纶Ⅲ材料能有效防火阻燃,抵挡150 ℃以上的高温冲击且有效抵抗装甲变形。

2. 个人防护装备

UHMWPE纤维头盔由于复合黏结技术难度大,而且在耐热性、刚性等方面比芳纶头盔稍逊一筹,因此目前在非金属防弹头盔市场上,还无法取代芳纶头盔的主导地位。芳纶Ⅲ防弹材料的研发成功,为提升防弹头盔的防弹等级提供了契机。芳纶Ⅲ防弹头盔的防弹性能优异,质量轻,综合防护性能高,较相同防弹性能的芳纶Ⅱ防弹头盔,减重20%~30%。图8-13所示为国产新型芳纶Ⅲ防弹头盔。芳纶Ⅲ“金蝉甲”防弹衣与防护等级相同的UHMWPE纤维防弹衣、芳纶Ⅱ防弹衣比较,在减重效果和轻薄程度等方面,都具有明显优势(图8-14)。

图8-13 国产新型芳纶Ⅲ防弹头盔

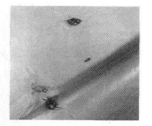

图8-14 芳纶Ⅲ“金蝉甲”防弹衣的打靶测试

第二节　聚芳酯纤维

　　聚芳酯纤维由约 70％ 的对羟基苯甲酸(HBA)和约 30％ 的 2-羟基-6-萘甲酸(HNA)熔融无规共聚,再经熔融纺丝制得,具有高度取向结构和优异的力学性能,是一种新型热致液晶芳香族聚酯纤维,简称其为热致液晶聚芳酯纤维(TLCPAR)。其具有高强、高模及耐高温性能,同时保持聚酯纤维良好的加工性和尺寸稳定性。20 世纪 80 年代,美国塞拉尼斯(Celanese)公司发明了聚芳酯,并于 20 世纪 90 年代与可乐丽(Kuraray)合作,开始聚芳酯纤维的商业化生产。与 PPTA 纤维相比,聚芳酯纤维在化学稳定性和抗紫外线老化方面明显占优,具有较低的回潮率,湿、热强度保持率均明显高于 PPTA 纤维,更适合露天、湿热及强腐蚀性等恶劣环境。

一、纤维结构

　　未进行改性的聚芳酯主链结构单元如图 8-15 所示,主链的刚性和对称性过高,聚合物会呈现三维有序排列的结晶态,而不呈现液晶特征,且熔点很高,不适合熔纺工艺。为了防止熔纺过程中聚合物发生热分解及便于控制液晶相变温度,聚芳酯需具有较低的熔点和较宽的相变温度范围。可采用几种方法来改变芳香核的结构和数量(图 8-16),破坏分子结构过高的规整性:(1)主链上引入柔性链;(2)主链芳香核上带有取代基;(3)主链上含有第三种刚性链段;(4)主链上含有非线性的扭曲硬链;(5)引入侧链基团。

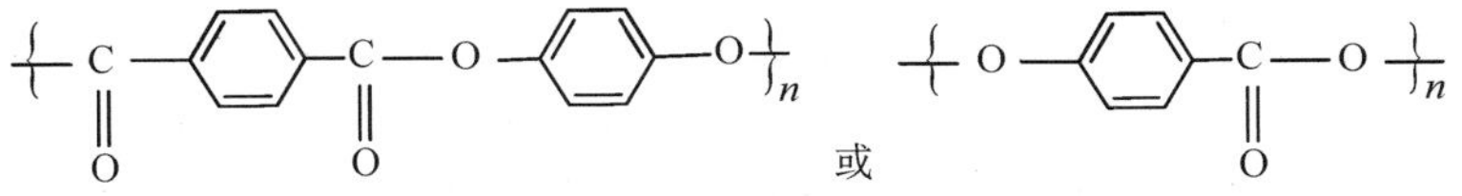

图 8-15　聚芳酯主链结构

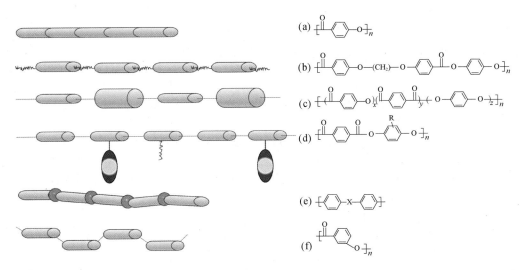

(a) 完全刚性链；(b) 引入柔性结构单元；(c) 引入异种刚性成分；
(d) 引入取代基；(e) 引入扭结基团；(f) 引入侧链基团

图 8-16　改变芳香核的结构与方法

　　TLCPAR 纤维中,大分子链呈刚性直链型且充分伸展,大分子沿纤维轴高度取向排列,形成微原纤,多根微原纤形成原纤,再由多根原纤组成巨原纤,最终形成高度取向纤维,见图 8-17(a)。TLCPAR 初生纤维已具备很高的取向度,分子链之间的作用力较大,解取向速度小,经过热处理后,随着纤维结晶度的逐步提高,结晶区的大分子链排列趋于整齐,结晶区的取向进一步得到提高,使得纤维拥有更高的取向结构。TLCPAR 纤维表面光滑,无明显沟槽、凸出等,纤维截面呈近圆形,纤维直径约 $21~\mu m$,见图 8-17(b)。沿纤维纵向剖面结构,可以明显看出纤维中存在多根沿纤维轴向平行整齐排列的原纤,见图 8-17(c)。

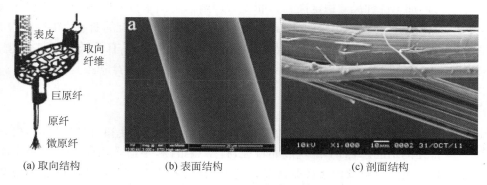

| (a) 取向结构 | (b) 表面结构 | (c) 剖面结构 |

图 8-17　聚芳酯纤维的微观结构

二、分类

　　目前已经商业化的 TLCPAR 纤维,根据其分子结构和热变形温度(DTUL),可分为高耐热型(Ⅰ型)、中耐热型(Ⅱ型)和低耐热型(Ⅲ型)。DTUL 高于 270 ℃的为Ⅰ型 TLCPAR 纤维,其分子结构属于联苯系列;DTUL 在 240~270 ℃的为Ⅱ型 TLCPAR 纤维,其分子结构属于萘系列;DTUL 低于 240 ℃的为Ⅲ型 TLCPAR 纤维,其分子结构为 PET/HBA 共聚酯。

　　Ⅰ型 TLCPAR 纤维的典型代表为美国 Solvay 公司的 Xydar 纤维,其合成单体主要有对羟基苯甲酸(HBA)、$4,4'$-联苯二酚(BP)及对苯二甲酸(TPA),见图 8-18。Xydar 纤维分子主链上,酯基为柔性链段,芳环为刚性链段,还含有联苯基(其刚性很强),因此耐热性能极高。

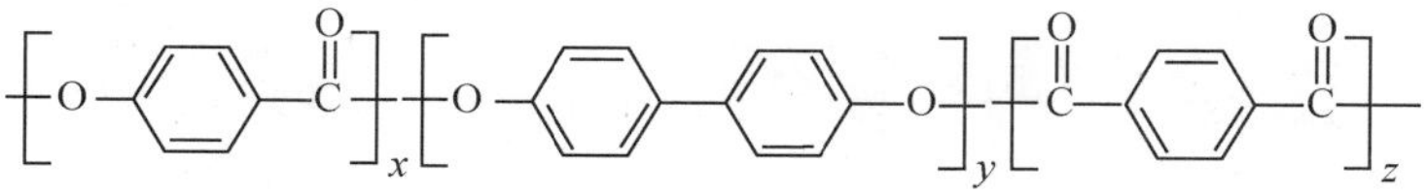

图 8-18　Ⅰ型 TLCPAR 纤维的分子结构

　　Ⅱ型 TLCPAR 纤维的合成单体主要有 HBA 和 6-羟基-2-萘酸(HNA),见图 8-19。与

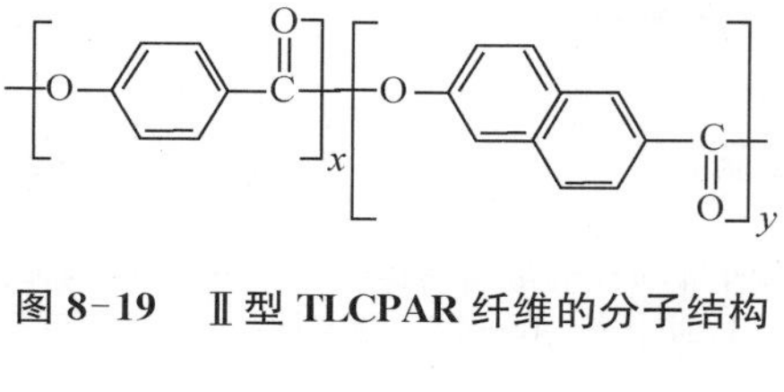

图 8-19　Ⅱ型 TLCPAR 纤维的分子结构

Ⅰ型不同的是,Ⅱ型分子结构中的萘环产生"侧步"效应,这会降低链段的刚性,因此Ⅱ型的耐热性能弱于Ⅰ型。此外,Ⅱ型的水解稳定性、耐化学腐蚀性、电学性能及阻燃性能都很优异,并具有很强的防渗性,综合性能较好。

Ⅲ型TLCPAR纤维的合成单体为PET/HBA共聚酯(图8-20)。Ⅲ型的分子结构中含有乙二醇,其整根分子链上的柔性链段增加,因此耐热性弱于Ⅰ型和Ⅱ型,但可加工性好,而且价格低廉,其耐热性能差这一缺点可用玻璃纤维补强等方式弥补,因此也可以得到很好的应用。

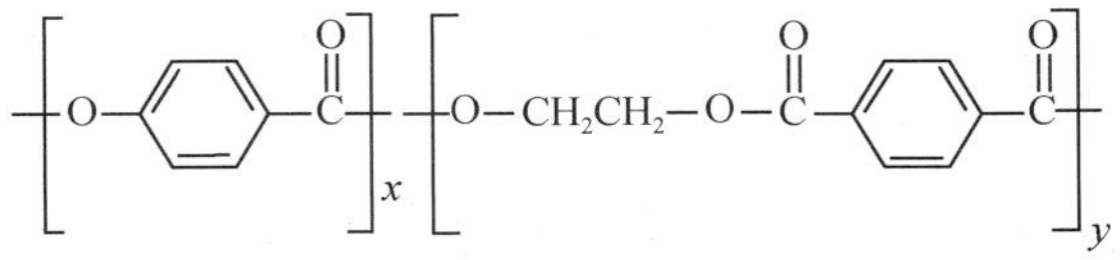

图 8-20　Ⅲ型 TLCPAR 纤维的分子结构

三、制备方法

(一)熔融缩聚法

使用这种方法合成 TLCPAR 时,一般要求高温真空条件,适用于乙酰化、苯甲酰化和三甲基硅氧化的单体。但在高温真空条件下,酰化或硅氧化单体由于沸点较低而较易逸出,造成单体摩尔比不等,故聚合时这些单体的用量可略微大一点。若在正丁基锡酸等周期表Ⅳ或Ⅴ族金属有机化合物催化剂的催化下,羟基酸单体或二元酚与二元酸可直接通过熔融缩聚制成 TLCPAR。这类催化剂的价格虽高,但其用量较少,还省去了单体乙酰化过程,因此成本降低,生产效率也提高了。熔融缩聚法需要较高的真空度,且需聚合较长时间,一般要求 130 Pa 以下的真空度和 5 h 以上的反应时间。该法难以制备具有指定序列分布的共聚物,但生产能力大,产物的质量较好,且无需回收溶剂,易于实现自动化加工,现已广泛应用于工业生产。

(二)溶液缩聚法

与熔融缩聚法相比,溶液缩聚法的基本特点是溶剂的存在。溶剂通过改变单体活性,进而直接影响聚合速率,如增加溶剂的极性,一方面可以提高反应速率,增加产物的相对分子质量;另一方面,溶剂与单体可能会发生副反应,破坏单体摩尔比,使产物的相对分子质量下降,影响产品质量和成本。Higashi 等人利用吡啶作为溶剂及三聚氯化磷腈(PNC)作为缩合剂,将 HBA 或其衍生物在 120 ℃条件下缩合,可得到聚酯产物。在相同体系中,加入少量氯化锂,可使对苯二甲酸和对苯二酚或其衍生物更加容易进行缩聚。因为溶剂缩聚法需要脱去小分子溶剂,加工过程繁琐,所以目前工业上使用更多的是熔融缩聚法。

四、主要性能

(一)力学性能

TLCPAR 纤维具有很高的强度和模量,最具代表性的是 TLCPAR HT 纤维,其拉伸强度达 24 cN/dtex,与 PPTA 纤维处于同一水平,是常规 PET 纤维的 3 倍。通过熔融纺丝制备 TLCPAR 纤维时,聚合物刚性棒状的分子链在拉伸作用下沿熔体流动方向取向,并且由于刚性分子链的松弛时间较长,这种高度取向的结构在冷却时几乎被完全保留下来,因此

TLCPAR 纤维具有较高的强度和模量(表 8-8)。

表 8-8　TLCPAR 纤维和 Kevlar49 纤维的力学性能对比

纤维名称	密度 (g/cm³)	拉伸强度 (MPa)	比强度 (MPa·cm³/g)	拉伸模量 (GPa)	比模量 (MPa·cm³/g)
TLCPAR 纤维	1.41	2.9×10³	2.1×10³	135	96
Kevlar49 纤维	1.44	3.0×10³	2.1×10³	112	78

（二）热学性能

　　TLCPAR 纤维具有很好的耐高温性能,在极低的温度下也不会硬化。TLCPAR 纤维的刚性分子链由大量的芳香环构成,分子链间堆积结构紧密且相互作用力大,这使得分子链运动困难,因此耐热性能突出。TLCPAR 纤维具有很低的热收缩率(沸水、热空气和熨烫),热膨胀系数较低甚至为负数,在较宽的温度范围内能保持优异的性能。相比于其他纤维,TLCPAR 纤维有极高的极限氧指数,在垂直燃烧测试中可达 UL94 V-0 级。表 8-9 所示为 TLCPAR 纤维的主要热学性能。

表 8-9　TLCPAR 纤维的主要热学性能

项目	极限氧指数 (%)	熔点 (℃)	260℃热空气 收缩率(%)	沸水收缩率 (%)	回潮率 (%)
TLCPAR 纤维	>30	310	<0.5	<0.5	<0.1

（三）尺寸稳定性

　　TLCPAR 纤维具有极低的吸湿性,在干湿条件下的强度差异不大。图 8-21 所示为 TLCPAR 纤维和 PPTA 纤维经反复干湿处理后的尺寸变化曲线,可以看出 TLCPAR 纤维的尺寸变化很小,尺寸稳定性明显高于 PPTA 纤维。在高温环境下,由于 TLCPAR 纤维几乎不含水分,TLCPAR 纤维作为增强材料使用时,可保持材料性能的稳定性。

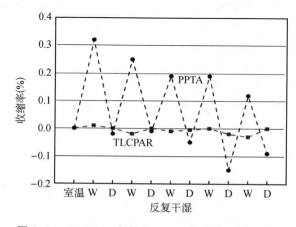

图 8-21　TLCPAR 纤维和 PPTA 纤维的尺寸稳定性

（四）抗蠕变性

TLCPAR 纤维具有很好的抗蠕变性,尺寸稳定性优异,加上极小的吸湿性和出色的耐热性,TLCPAR 纤维的力学性能和物理性质受环境的影响很小,可用于严苛的环境条件。图 8-22 比较了 TLCPAR 纤维和 PPTA 纤维的抗蠕变性能,可以发现,在相同的环境下,TLCPAR 纤维的蠕变率仅为 PPTA 纤维的 20%～25%。

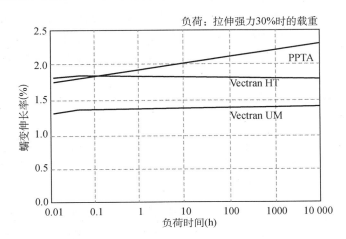

图 8-22　TLCPAR 纤维和 PPTA 纤维的抗蠕变性能

（五）耐磨性

表 8-10 比较了 TLCPAR 纤维和 Kevlar 纤维的耐磨性。疲劳循环次数越多,表示纤维耐磨性越好。从表 8-10 中的数据可以看出,TLCPAR 纤维的耐磨性远远优于 Kevlar 纤维。

表 8-10　TCLPAR 纤维和 Kevlar 纤维的耐磨性

测试负荷（N）	摩擦次数	
	TLCPAR 纤维	Kevlar 纤维
4.89	12 987	939
7.78	3581	422

（六）化学性能

TLCPAR 纤维的分子链高度取向且相互作用力强,因此结构致密,化学药品和气体难以渗透,故显示出良好的耐化学药品性。在室温条件下,TLCPAR 纤维经硫酸处理后,纤维表面未见明显变化;经硝酸处理后,纤维横向出现些许沟槽;经高锰酸钾溶液处理后,纤维横向出现许多凹坑,纵向显现裂纹;经氢氧化钠溶液处理后,纤维腐蚀较严重,局部出现断裂。在 60 ℃条件下,硫酸处理未能明显改变 TLCPAR 纤维的表观形态,而相同浓度的硝酸可使纤维表面产生纳微级小凹坑,但高锰酸钾和氢氧化钠溶液可显著破坏纤维表观结构,其表面呈腐蚀多孔甚至断裂状态。比较而言,氢氧化钠溶液对 TLCPAR 纤维的腐蚀破坏作用更强。

五、应用领域

（一）航空航天

TLCPAR 纤维可用作火星探路者号的可膨胀气囊主体机构增强材料。气囊层要求材料轻质、拉伸强度和撕裂强度高、透气性低、低温适应性强、高温强度优异及摩擦因数低等。与 Kevlar29 纤维比较，TLCPAR 纤维的抗撕裂性和抗磨损性更强，高低温下强度保持率也更高，因此可用带有硅酮涂层的 TLCPAR 纤维织物作为气囊外层，不带涂层的 TLCPAR 纤维织物则作为气囊层底布。结合树脂加工，TLCPAR 纤维可用于制作导管增强基布和高压水龙带、飞行船膜体及竞技用基布等。美国 NASA 火星探测器"勇气"号和"机遇"号着陆时的安全气囊就使用了 TLCPAR 纤维，保证了探测器的安全着陆。

（二）防护材料

TLCPAR 纤维及织物的耐切割性能特别突出，对锋利刃器的抵抗力极强，是优良的防护材料，可用作防护服、防护罩、防护板、防护壁、安全帽以及耐高温和高强度的防护手套等。

（三）增强材料

TLCPAR 纤维是一种高强度增强材料，其强度、弹性模量、伸长率、耐热性等优异，可用于光纤、通信电缆、特种电线、发热毯中发热线的增强材料。聚芳酯纤维增强的橡胶制品可用作耐压软管、传送带、密封件，还可用作汽车上的特种橡胶部件。

（四）绳索

TLCPAR 纤维的高强度、低蠕变的特性使其可用作高性能绳索，它在拉伸负荷下很稳定。TLCPAR 纤维优异的抗湿性、耐磨性在很宽的温度范围和化学环境中保持得很好，因此可将其用于严酷的海洋环境、工业、航天及军事方面，解决了磨蚀和降解问题。用 TLCPAR 纤维制作的弓弦，由于其极好的尺寸稳定性，弓箭手可射出更高速度的箭。

（五）高温滤料

TLCPAR 用于高温滤料行业有许多优势：（1）基本上不吸水，尺寸稳定性好，蠕变小，编织成的滤材性能与形状基本保持稳定；（2）耐高温，高温下的纤维力学性能比聚苯硫醚（PPS）纤维更优异；（3）耐腐蚀，在水泥厂、发电厂等较复杂的环境中，仍保持良好的性能；（4）具有很好的抗日光老化性，因此滤料在长时间使用后能够保持优良性能。

第三节　聚芳杂环类纤维

聚芳杂环类纤维是指高分子主链上含有氮、氢、硫等杂原子的杂环与苯环组成的高聚物纤维。聚芳杂环类纤维产品主要包括：聚对本撑苯并双恶唑纤维（PBO 纤维），商品名为 Zylon 纤维；聚苯撑吡啶并咪唑纤维（PIPD 纤维），商品名为 M5 纤维；聚苯并咪唑纤维（PBI 纤维）。聚对苯撑苯并二噁唑（PBO）纤维，是目前发现的有机纤维中性能最好的纤维之一，属芳杂环类的高性能聚合物。该纤维具有"超高强度""超高模量""超高耐热性""超阻燃性"四项"超"性能，被誉为"纤维之王"，将成为传统高强高模纤维的替代产品，是国防、航空、航天领域理想的纤维材料。

一、纤维结构

（一）PBO 纤维

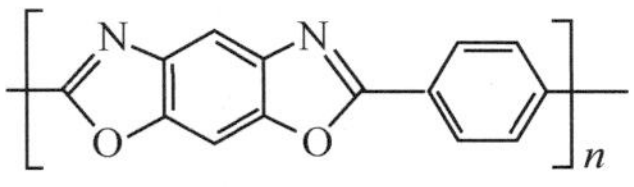

PBO 是一种芳香族杂环溶致性液晶高分子，主要由 4,6-二氨基-1,3-间苯二酚和对苯二甲酸或对苯二甲酰氯缩聚得到，其分子结构如图 8-23 所示。PBO 分子呈有序排列，其晶胞结构为单斜晶系，主链结构单元中的苯并噁唑环与苯环完全共平面，环外键之间构成 180°夹角，无法产生内旋，因而形成刚性棒状的直链高分子。

图 8-23　PBO 分子结构

PBO 分子链、晶体和微纤均沿轴向取向排列，具有极高的规整度和取向度。PBO 纤维可以分为高强型（Zylon-AS）和高模型（Zylon-HM）；Zylon-AS 纤维的晶粒尺寸约为 10 nm，对其进行热处理，纤维晶粒尺寸增长到 20 nm，结晶度提高，结构更加致密，模量也增大，此时的纤维被称为高模 PBO 纤维，即 Zylon-HM 纤维。Zylon-AS 纤维的聚集态结构模型如图 8-24所示。PBO 纤维具有典型的皮芯结构：光滑无微孔的表层皮质区域组织紧密且取向度较高，厚度约 0.2 pm；中间芯层布满直径在 10～50 nm 的微纤，中间分布着毛细管状的微孔。

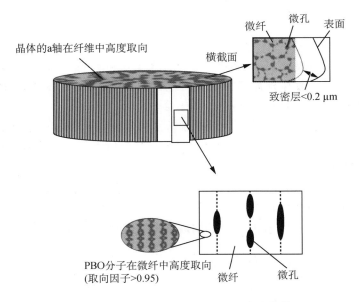

图 8-24　Zylon-AS 纤维的聚集态结构模型

（二）M5 纤维（PIPD 纤维）

PBO 纤维的高强度、高模量、阻燃性使其成为目前有机高性能纤维中的佼佼者，但 PBO 纤维的压缩和扭曲性能较差，压缩强度仅为 0.2～0.4 GPa，这低于芳纶纤维的压缩强度。在 PBO 分子链设计的基础上，荷兰 Akzo Nobel 公司通过加强分子链间氢键作用的设计，开发了一种新型液晶芳杂环聚合物——聚 2,5-二羟基-1,4-苯撑吡啶并二咪唑（PIPD），简称其为 M5。目前，该纤维由荷兰 Magelan Systems International,LLC 开发生产。PIPD 纤维的分子结构如图 8-25 所示。

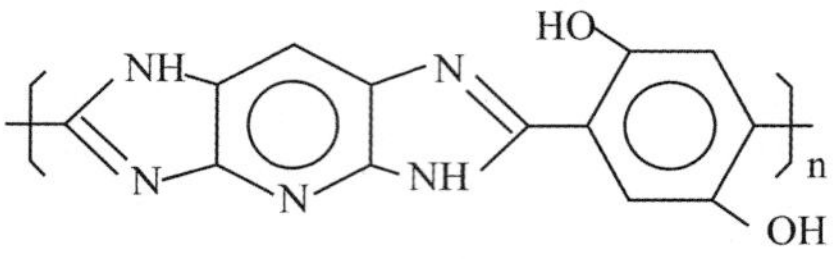

(a) 单元

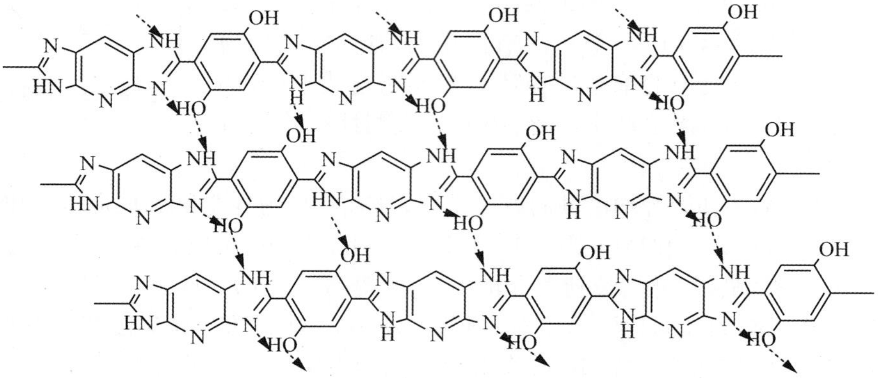

(b) 网络

图 8-25　PIPD 纤维分子结构单元和网络

（三）PBI 纤维

PBI 纤维的中文全称为聚 2,2-间苯撑-5,5-二苯并咪唑纤维,是一种溶致性液晶杂环聚合物,通常由芳香族二元羧酸和芳香族胺或其衍生物缩聚而得,见图 8-26。PBI 纤维主要有全芳香型聚苯并咪唑、A—B 型聚苯并咪唑、含有柔性基团（—O—、—CO—、—SO₂—）的聚苯并咪唑及双酚型聚苯并咪唑。全芳香型 PBI 的制备使用芳香的 1,2,4,5-四氨基苯单体或者 3,3'-二氨基联苯胺单体与刚性的二苯酯类单体或二酸类单体进行聚合。A—B 型聚苯并咪唑的分子主链上含有醚键,体现出较好的可加工性。含有柔性基团（—O—、—CO—、—SO₂—）的聚苯并咪唑主要通过在主链上引入柔性基团来达到提高溶解性的目的。双酚型聚并咪唑是将多聚磷酸作为溶剂,利用四胺单体和 4-氟苯甲酸,在氮气条件下进行聚合反应,反应时间为 24 h,合成2,2'-双(4-氟苯基)-6,6'-苯并咪唑单体,再利用该单体与双酚 A 进行聚合反应而制备的。

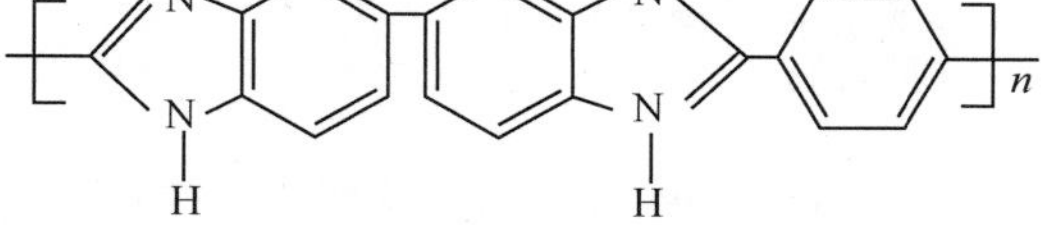

图 8-26　PBI 纤维分子结构

二、纤维制备

（一）PBO 纤维

PBO 纤维有多种合成方法,包括多磷酸法、对苯二甲酰氯（TPC）法、中间相聚合法、三甲基硅烷基化法、复合盐法、AB 型单体自缩聚法。其中,多磷酸法和 TPC 法目前应用较多。大多数 PBO 纤维的研究及工业化生产都采用干喷湿纺液晶纺丝技术。可使用的纺丝溶剂有 PPA、MSA、MSA/氯磺酸、硫酸、三氯化铝和氯化钙/硝基甲烷等，一般选用 PPA。PBO 在 PPA 溶剂中的质量分数通常在 15％以上。在纺丝过程中，80～180 ℃的纺丝液通过喷丝孔进入空气层，形成丝条，干纺区的空气温度为 50～100 ℃，在此对丝束稍加拉伸，纺丝液在挤出应力作用下很容易实现分子链沿应力方向及纤维轴向高度取向，形成刚性伸长原纤结构（图 8-27）。之后，挤出丝条进入 PPA 水溶液凝固浴中凝固成型，然后进行水洗，并在一定张力下进行干燥。经过以上工序获得的初生纤维的断裂强度为 35.3 cN/dtex，弹性模量为 108.4 cN/dtex。为了提高弹性模量，再在 500～600 ℃的高温下进行热处理，使微纤维结构固定，消除微纤维之间的空隙，使结构进一步致密，结晶更趋完整，可得到弹性模量达 1744 cN/dtex 而断裂强度保持不变的高模量纤维。

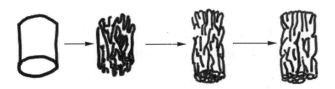

图 8-27　PBO 纤维制备过程中结构变化

（二）M5 纤维

M5 纤维纺制与 PBO 纤维类似，采用液晶相浓液干喷湿纺法，即液晶纺丝。纺丝液中 M5/PPA 溶液质量分数为 18％～20％，在 160 ℃下进行干喷湿纺，经过厚度为 5～15 cm 的空气层，到达低温凝固水浴，再经过水洗、干燥，得到初生纤维。然后，采用较高的拉伸倍数对初生纤维进行拉伸处理，实现分子链沿应力及纤维长轴方向高度取向；对初生纤维在 400～550 ℃条件下进行热处理，以定型微纤结构和消除微纤之间的孔隙，提高纤维的强度和模量。

（三）PBI 纤维

PBI 纤维通过干法或湿法纺丝加工制成，干纺纺丝溶剂主要有硫酸-水溶液、二甲基甲酰胺（DMF）、二甲基亚砜（DMSO）和二甲基乙酰胺（DMAc），其中 DMAc 较为理想。将 3,3'-二氨基联苯胺和间苯二甲酸二苯酯在 DMAc 中缩聚而成，反应生成的低分子——苯酚和水以气泡的形式残留在聚合物中，经粉碎后，在 375～400 ℃下加热 2～3 h，将低分子充分蒸发。将反应生成的聚合物溶解在含有少量氯化锂的 DMAc 溶剂中，配成质量分数为 20％～30％的纺丝原液，经过滤，通过喷丝孔挤出。高温干法纺丝制成的纤维，固化后在 400～500 ℃下进行拉伸处理，丝束再由质量分数为 2％的硫酸-磺酸盐处理，形成稳定的 PBI 结构，磺化后于 500 ℃下热处理，以改进纤维在高温或火焰中的收缩性，最后经过水洗、拉伸、酸洗等处理，卷绕成丝筒。俄罗斯则采用苯并咪唑系列的二胺与二氯邻苯二甲酸醚，在 DMAc 中缩聚后直接湿纺而得到 PBI 纤维。

三、主要性能

（一）PBO 纤维

1. 力学性能

PBO 纤维以其超高强度与超高模量著称，如表 8-11 所示，PBO-HM 纤维的拉伸强度为

5.8 GPa，超越了以高强度著称的碳纤维和 UHMWPE 纤维；拉伸模量为 280 GPa，且其在 400 ℃下的保持率达 75%。

表 8-11　PBO 纤维的力学性能

纤维名称	密度(g/cm³)	强度(GPa)	模量(GPa)	伸长率(%)
PBO-AS	1.54	5.8	180	3.5
PBO-HM	1.56	5.8	280	2.5

2. 耐热性和阻燃性

大量的芳香主链、主链杂环和刚性分子链节及高度有序的晶体结构赋予 PBO 纤维极高的耐热性，是耐热性最高的有机纤维。PBO 纤维无固定熔点，长时间处于高温条件下不熔融。在氮气氛围中，PBO 纤维的热分解温度可达 650 ℃，可在 300 ℃下长期使用。在 750 ℃下燃烧时，PBO 纤维的发烟密度也较低，CO、HCN 等有害气体的排放量很少（表 8-12）。PBO 纤维织物较为柔软，耐曲折性好，在耐高温消防防护用具方面的应用前景广阔。

表 8-12　PBO 纤维发烟及其他有害气体排放量

项目	发烟密度	CO/ppm	HCN/ppm	NO_x/ppm	SO_2/ppm
PBO 纤维	2	60	0	1.8	0

3. 抗紫外线性能

PBO 纤维分子链上特殊的堆叠共轭结构使其具有紫外光敏性，短时间紫外线辐照即可引起纤维强度显著降低，100 h 的紫外线辐照可使纤维强度损失近一半。2004 年，美国一位警察在身穿 PBO 材质的防弹背心情况下中弹身亡，且该防弹背心的使用时间未满 5 年。该事故的原因主要在于 PBO 纤维较差的紫外线稳定性严重影响了防弹背心的质量。因此，改善 PBO 纤维的抗紫外线性能对提高纤维及其制品的安全性来说，尤为重要。

PBO 纤维紫外老化过程大致可以分为两个阶段。第一阶段主要发生物理老化，PBO 的相对分子质量基本不变，且无新的化学结构生成；在紫外线辐照下，纤维内部残存的少量水和磷酸可引起纤维结构疏松和微晶滑移，表层缺陷出现，纤维强度缓慢下降，纤维内残余磷酸越多，纤维的紫外光稳定性越差。第二阶段主要发生 PBO 分子的化学降解，聚合物分子开环、断链，并伴随新的化学结构的生成，其相对分子质量迅速降低；纤维出现皮质剥离和脱落，受损严重，内部晶体结构破坏严重，纤维强度迅速下降。

4. 化学性能

PBO 纤维长时间浸泡在大部分有机溶剂及碱溶液中，纤维强度基本无损失。但 PBO 纤维不耐酸性溶液的腐蚀，在 100% 的浓硫酸、甲基磺酸和多聚磷酸中会完全溶解，长时间浸泡会引起纤维强度显著下降。与芳纶纤维不同，PBO 纤维在次氯酸中的稳定性较好，长时间浸泡仍可保持极高的强度。

（二）M5 纤维

M5 具有十分优异的力学性能，由于沿纤维径向即分子之间存在特殊的氧键网络结构，所以纤维不仅具有优异的抗张性能，而且显示出优于 PBO 纤维的抗压缩性能，拉伸强度为 5.3 GPa（理论预测高达 9.5 GPa）。M5 纤维还显示出优于其他高性能纤维的抗压缩与剪切性能，

M5 纤维的压缩和扭曲性能为目前所有聚合物纤维之冠,抗压缩强度高达 1.6 GPa。

M5 纤维具有优异的黏结与加工性能。与 PBO、芳纶等纤维相比,M5 纤维大分子链上含有大量的羟基且具有很高的极性,因此它容易与各种树脂基体黏接。采用 M5 纤维加工复合材料时,无需添加任何黏合促进剂。M5 纤维与各种常用树脂复合时,其成型过程中不会出现界面层,因而具有优良的耐冲击和耐破坏性,且工艺简单,成品率也高。

M5 纤维的分子结构决定了其具有很高的耐热性和热稳定性,不燃烧,不熔融,在空气中的热分解温度达到 530 ℃,高于芳纶纤维;其极限氧指数指数为 59%,在燃烧过程中不容易生烟。与碳纤维相比,M5 纤维不仅具有相似的力学性能,还具有碳纤维不具备的高电阻特性。这使得 M5 纤维可在碳纤维不适用的领域发挥作用,如电子行业等。

（三）PBI 纤维

1. 阻燃性能

PBI 纤维的极限氧指数达到 41%,属于不燃纤维,具有极好的阻燃性能,在空气中不燃烧,也不熔融或形成熔滴。

2. 耐高低温性能

PBI 纤维分子链主要由含有杂环的芳族链区构成,其结构由于共振而稳定,熔融温度较高（大多数超出分解温度）,强度和刚度较大,纤维含氢量低。PBI 纤维具有突出的耐高温性能,在 300 ℃下暴露 60 min,能保持 100% 的原有强度;在 350 ℃下放置 6 h,能保持其原有强度的90% 以上;在 600 ℃下,PBI 纤维的耐高温时间可长达 5 s;即使温度高达 815 ℃,PBI 纤维也可以很好地耐受短时间的暴露。在长时间的暴露下,如在 230 ℃下暴露 8 周,PBI 纤维仍保留原有强度的 66%。PBI 纤维的热收缩率较小,沸水收缩率为 2%,比一般玻璃纤维、芳香族聚酰胺纤维的更小;在 300 ℃空气中收缩率为 0.1%,在 400 ℃空气中收缩率小于 1%,在 500 ℃时收缩率为 5%～8%,这使其织物在高温下甚至炭化时仍保持尺寸稳定性、柔软性和完整性。PBI 纤维在高温条件下不会产生有害气体,产生的烟雾也比较少。同时,PBI 纤维的耐低温性能相当突出,即使在 -196 ℃时,PBI 纤维仍有一定的韧性,不发脆。

3. 耐酸碱性能

PBI 纤维对化学药品的稳定性优异,对硫酸、盐酸、硝酸都有很好的耐受性。PBI 纤维在无机酸和碱液中浸渍后的强度保持率较高。用无机酸、碱处理 PBI 纤维后,其强度保持率在90% 左右;即使经 400 ℃以上高温硫酸蒸气处理,PBI 纤维的强度仍可保持初始强度的 50%;而一般的有机试剂对其强度基本无影响。

4. 其他性能

PBI 纤维呈金黄色,经一定量的酸处理后,纤维密度从 1.39 g/cm³ 提高到 1.43 g/cm³;纤维断裂强度与和伸长率与黏胶纤维相近;具有较高的回潮率（约 15%）,吸湿性强于棉、丝及普通化学纤维,因而在加工过程中不易产生静电,具有优良的纺织加工性能。

四、应用领域

（一）PBO 纤维

1. 防弹抗冲击复合材料增强体

PBO 纤维在强度和模量、耐热难燃性以及轻量化上的优点,使得人们期待着开发更高性能的先进复合材料。PBO 纤维基的复合材料是新世纪新型高速交通工具、深海洋开发的理想材料,同时也是混凝土构筑物的增强、修补加固和燃气罐等压力容器的有效增强材料。

2. 防护材料

PBO 纤维的分解温度高达 650 ℃,是所有有机纤维中耐热温度最高的。与此同时,PBO 纤维极限氧指数高、隔热阻燃性能优异、且具有柔性,因此常用于制备高温炉前防护服、全手套、消防服、防割伤工作服、安全靴、焊接工作服、可燃场所的工作服等特殊防护品。在耐热阻燃材料方面,铝、铝合金、玻璃制品成型时,初制品的表面温度高达 500 ℃以上,需要耐高温柔性衬垫的保护。目前使用的 Kevlar 纤维防刺布衬垫耐高温性能不够理想且使用寿命较短,若使用 PBO 纤维材料作为衬垫,可能提高使用寿命并延长更换衬垫的时间。

3. 高强缆线和高性能帆布

PBO 纤维具有高强度、高模量、低蠕变、低介电损耗等性能,可消减缆线直径或在相同的直径下增加通讯容量,因此 PBO 纤维可潜在作为光纤的增强材料。

(二) M5 纤维

1. 航空工业

M5 纤维可用于航空航天等高科技领域。利用 M5 纤维比模量高和比强度高及热绝缘性等特点,它可用来制作火箭发动机液态氧容器(10 MPa、−196 ℃)、空间飞行器低温绝热支撑材料、人造卫星太阳能面板的衬背板等。

2. 防弹领域

M5 纤维具有高抗拉伸、高抗压缩强度、高抗损伤性和超轻特性,还可用于制作防弹装甲、防护纺织品等。对比芳纶在相同的防护水平下 M5 纤维做成的防弹材料可以显著减轻防弹组件的质量达 40%~60%。

3. 运动器材及各类绳索

用 M5 纤维复合材料制成的曲棍球棒已经问世,它对高速运动球体有良好衰减阻尼特性、质量轻、击球感好,在高尔夫球杆、网球拍、赛艇等方面有很好的应用前景。应用 M5 纤维优良的韧性、抗腐蚀性和抗紫外线特性,可以用于重载绳索、救捞绳索等。

4. 汽车工业

M5 纤维在制造经济、高效的结构材料方面也具有广阔的应用前景。在汽车方面,目前小型车使用的液化石油气容器为圆柱形钢瓶,若用 M5 纤维缠绕复合制成汽车用液化石油气容器,使用压力达 7 MPa、温度为−43~97 ℃,而质量仅为同类型钢瓶的 10%;若根据汽车空间结构特点将容器制成特殊形状,可有效利用汽车行李厢空间;用单向 M5 纤维增强复合材料制成的汽车用抗冲击加固材料如宽×高×厚为 50 mm×30 mm×2 mm 矩形桁条,不仅具有增强汽车结构的作用,而且能有效吸收汽车被撞击的能量;M5 还可应用于汽车侧防撞梁及零部件。

(三) PBI 纤维

1. 航空航天领域

PBI 主链上芳杂环结构使其表现出非常好的热稳定性和阻燃性,可以将其用作基体树脂材料,利用聚酰亚胺纤维、碳纤维、以及玻璃纤维进行增强,以此来制备出高性能的耐烧蚀和绝热材料,也可将 PBI 作为耐高温黏结剂对金属材料进行黏结。因此这些优异性能使 PBI 在航空航天领域应用前景非常广阔,可作为宇宙飞船耐辐射材料应用于飞机和航天器的雷达天线罩、制造火箭助推器喷嘴的耐火材料、以及导弹壳体的替补材料。

2. 微电子领域

鉴于 PBI 呈现出良好的绝缘性能,因此它可以作为微电子领域的半导体层间绝缘体和柔性印制电路板基材,也可以在塑料生产和成型设备上用作绝缘套管和接触密封部件。此外,PBI 也可以作为器件的钝化层和缓冲内涂层,可以有效地防止腐蚀,增加器件的力学性能,降低器件在封装和处理过程中的损伤。

3. 高温质子交换膜领域

PBI 分子主链上含有咪唑单元,而咪唑为弱碱基团,它可以与酸形成作用力,因此 PBI 膜可以浸渍在磷酸中形成含有磷酸的酸掺杂膜,在作为质子膜使用时,可以传导质子,因此非常适合应用于燃料电池高温质子交换膜。

4. 阻燃织物领域

相比于玻璃纤维和 Kevlar 纤维,PBI 纤维具有较好的尺寸稳定性、耐磨性、耐热性及出众的耐化学试剂性。由于 PBI 优异的阻燃性,其纤维在高温下不燃烧和不降解,这使其被作为特种纤维制备宇航服和消防服等,而 PBI 良好的吸湿性可以增加服装舒适度,因而在阻燃织物领域表现出极大的潜力。

5. 锂离子电池领域

在锂电池的发展过程中,隔膜的性能对电池有很大的影响,而商业化 PP 隔膜的浸润性差和易燃是阻碍其发展的主要原因。PBI 本身具备十分优异的亲水性和阻燃性,亲水性可以增加隔膜的浸润性,阻燃性可以改善电池的热安全问题。

第四节　聚酰亚胺纤维

聚酰亚胺(PI)是分子链主链上含有刚性酰亚胺环的高分子,其分子结构中苯环与酰亚胺形成类似梯形结构,分子间作用力较强,具有高强高模、耐高低温、阻燃等特性,它在环保、增强、防护、纺织服装等领域应用广泛。20 世纪 60 年代聚酰亚胺纤维面世,美国杜邦公司初步研制和开发了聚酰亚胺纤维,但并未完成其产业化生产。20 世纪 80 年代,奥地利 Lenzing 公司采用一步法生产工艺,研发并成功生产出最早实现商业化的聚酰亚胺纤维——P84 纤维。20 世纪 90 年代,俄罗斯成功研发了一系列高性能聚酰亚胺纤维,其中高强高模品种的纤维综合性能优于对位芳纶纤维,具有重要的应用价值。同时期,国内研究者也投入聚酰亚胺纤维的研究,但几乎止步于实验室研究阶段。2010 年,长春应化所联合长春高琦聚酰亚胺材料有限公司研发并规模化生产出耐热型聚酰亚胺纤维。2013 年,北京化工大学和江苏先诺新材料科技有限公司校企合作,实现了年产 30t 规模的高性能聚酰亚胺纤维生产线,开发了多种高强高模聚酰亚胺纤维产品,并向市场推广。

一、纤维结构

聚酰亚胺为重复单元中含有酰亚胺基团的一类聚合物,其纤维形貌如图 8-28 所示。聚酰亚胺由于构架中的芳香族环而具有较高的热稳定性、力学性能及电性能。聚酰亚胺纤维作为高性能纤维的一个品种,其大分子主链上有大量含氮五元杂环、苯环等,而且芳环中的碳和氧以双键相连,再加上芳杂环产生共扼效应,因此主链键能大,分子间作用力也大。

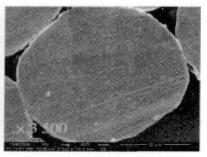

图 8-28 聚酰亚胺纤维 SEM 照片

二、制备工艺

(一)单体合成法

PI 可以通过二酐和二胺单体反应、二异氰酸酯和二酐单体反应,以及二胺和二脲单体反应等进行核查,由于聚合单体种类多、合成技术简单,因此可以制备出功能性 PI。PI 制备中最常见的是利用二胺与二酐进行聚合,其合成方法主要有以下三种:

一步法是在高沸点溶剂中利用二胺与二酐进行聚合,且需要在反应体系中加入脱水剂以除去副产物——水,最终可得 PI。该方法的优点在于聚合得到的 PI 拥有良好的可加工性。虽然一步法工艺简单,但是要使用高沸点溶剂,如对氯苯酚和间甲酚等,这些溶剂具有较大的毒性,溶解效果也不佳,限制了其发展。

二步法是在低温或冰浴条件下利用二胺与二酐进行聚合,先制备黏稠状聚酰胺酸(PAA)溶液,后将 PAA 溶液进行化学亚胺化反应或者在 250~400 ℃下进行热亚胺化反应,最终得到 PI(图 8-29)。相比于一步法,二步法使用的溶剂为常见的 DMAc、NMP、DMF 等低毒性溶剂,但聚合制备的 PAA 溶液不稳定,容易发生降解,因此需要低温保存。二步法最大的优点在于可以根据需求,利用 PAA 溶液制备出不同形态的产物(如纤维、薄膜),然后经过亚胺化获得最终制品。

图 8-29 二步法制备聚酰亚胺

三步法,类似于二步法,它利用二酐与二胺聚合首先得到 PAA,之后需要使用脱水剂使 PAA 脱水,得到聚异酰亚胺中间体,然后利用酸或碱在 $100\sim250$ ℃下进行催化,将聚异酰亚胺中间体转变为 PI,如图 8-30 所示。相比于二步法,三步法比较复杂,但是聚异酰亚胺中间体的稳定性好,而且它在转变为 PI 的过程中不会生成小分子的水,这有助于降低 PI 的结构缺陷,可以获得性能优异的制品。

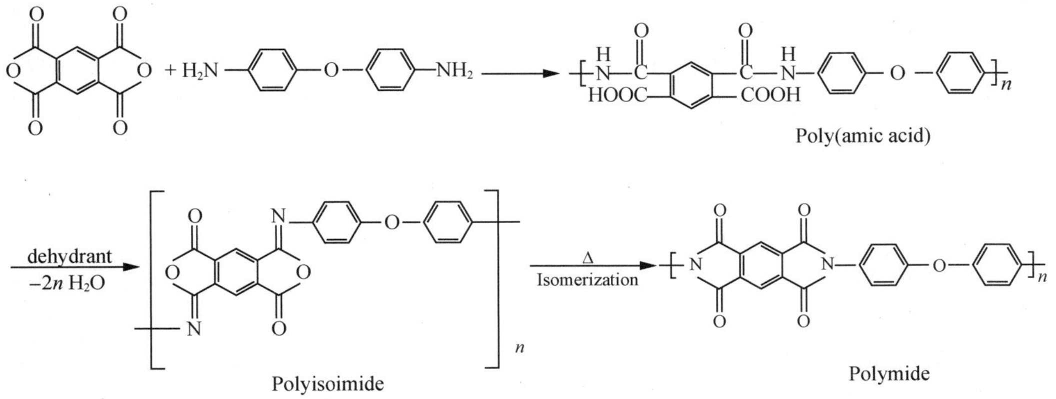

图 8-30　三步法制备聚酰亚胺

（二）纺丝方法

1. 干法纺丝

干法纺丝是制备聚酰亚胺纤维比较有效的途径。通常先获得聚酰胺酸纺丝液,然后经纺丝成型得到前驱体纤维,再通过环化过程转化为聚酰亚胺纤维。干法纺丝的优点是不使用凝固浴,相对高效、环保;缺点是纺丝过程及后处理均对纤维最终的性能造成不利影响。在聚酰亚胺纤维研究早期,企业大多采用干法纺丝工艺。

2. 湿法纺丝

湿法纺丝中,纺丝液由喷丝板喷出后进入凝固浴,经析出形成纤维,纤维亚胺化后在 290 ℃的高温下进行热拉伸处理,即制得聚酰亚胺纤维。湿法纺丝的缺点是所需的设备较多,占用空间较大,生产流程长,纺丝速度受限制,生产成本较高。

3. 干-湿法纺丝

干-湿法纺丝工艺汲取了干法纺丝和湿法纺丝的特点,其较突出的优点是能有效地控制纤维的结构形成过程。美国 NASA 公司采用干-湿法纺丝工艺,使用适当的溶剂和凝固浴,制备了 BTDA 和 ODA 共聚的聚酰亚胺纤维。

三、主要性能

（一）力学性能

聚酰亚胺分子结构特点使得聚酰亚胺纤维与其他高性能纤维相比,具有更高的强度和模量。表 8-13 所示为聚酰亚胺纤维的力学性能。

表 8-13 聚酰亚胺纤维的力学性能

性能	拉伸强度（GPa）	模量（GPa）	延伸率（%）
聚酰亚胺纤维	3.1	271	2.0

（二）耐高低温性能

PI 纤维具有良好的热稳定性能，其 T_g 高达 300 ℃以上，$T_{5\%}$ 可达 500 ℃以上，而以对苯二胺和联苯二酐为单体原料制备的 PI 纤维，其 $T_{5\%}$ 高达 600 ℃，是目前耐热性纤维中的佼佼者。PI 纤维在高温环境下的力学性能适应性好，在低温环境下也可正常使用，甚至在液氮中也不发生脆性断裂。PI 纤维最显著的特点是使用温度范围宽（269~300 ℃），有些最高使用温度可达 400 ℃，并且在特殊温度下，性能可保持较长时间无变化。

（三）化学稳定性

聚酰亚胺纤维能够经受强酸的腐蚀，在稀的酸性溶液中能够长时间稳定存在，在绝大多数脂肪族酸性溶液中不会被侵蚀。但 PI 纤维的耐碱性较差，易发生水解反应，生成二胺和二酐，这为 PI 纤维的回收利用提供了一种有效方法。PI 纤维在常温下可耐有机溶剂和盐溶液，但在高温盐溶液处理条件下，纤维的力学性能损失较严重。

（四）低介电性能

PI 纤维的介电性能良好，在高温或低温环境中均能保持优异的介电性能，当测试频率为 1 MHz 时，其介电常数在 3.4 左右；若在侧基中引入极化能力弱的氟基或者低极性的大侧基团，其介电常数可以降低到 2.5 左右。

四、应用领域

在航天航空领域，聚乙烯亚胺纤维具有高强度、高韧性、耐高低温且质轻耐用等特点，可用于制备轻质高强复合材料、囊体材料、蒙皮材料等，并因其介电常数低，可用于制备结构透波复合材料，这些材料可广泛用在多种航空航天飞行器的关键部位，如浮空器蒙皮、火箭发动机绝热层、航空发动机包容环、无人机等部分复合材料部件、卫星用高强织物、航空纸蜂窝和航空线缆。在安全防护方面，由聚乙烯亚胺纤维制成的防弹装备、消防服、特种工作服、防护面罩及手套等防护产品，具有高抗冲击、耐高低温、高阻燃、无烟无毒、耐腐蚀等特点，可有效保护作业人员的人身安全。在交通工业方面，聚乙烯亚胺纤维具有轻质高强、高韧、耐温、阻燃和耐疲劳等特点，可应用于传动器、轮胎帘子线、刹车片、涡轮增压胶管、电缆护套和防火内饰等多个部位，有助于提高乘用车、轻型卡车和专业赛车等各种车辆部件的安全性及耐用性。在储运装备方面，聚酰亚胺纤维具有高强高模、低密度、抗冲击等特点，适用于各种高性能轻质复合材料制品，如增压气瓶、复合材料储气瓶等，在气液储运领域有较广阔的发展。在特种绳缆方面，聚酰亚胺纤维因其独特的高强度、高模量、耐磨、耐高低温、高阻燃、耐烧蚀、耐久和耐火等特点，有助于强化诸多行业中的绳索和线缆，由其制成的绳索和线缆可提供卓越的坚固度、抗疲劳性、收缩性和耐久性，可在某些恶劣环境下承受严峻的负荷。在核工业方面，聚酰亚胺纤维因其优异的绝缘性能、力学性能、耐气候性和耐高低温性能以及耐辐照性能，可广泛应用在核工业线缆包覆及防护领域。

第五节　超高性能聚乙烯纤维

超高相对分子质量聚乙烯产业发展十分迅速,凝胶纺丝法和增塑纺丝法的出现使超高相对分子质量聚乙烯在技术攻关上取得极大的突破。

一、化学结构

超高相对分子质量聚乙烯纤维(ultra high molecular weight polyethylene fiber,简称其为UHMWPE 纤维),又称之为高强高模聚乙烯(HSHMPE)纤维,其相对分子质量在 100 万～500 万。UHMWPE 纤维的优越性在于具有亚甲基相连($-CH_2-CH_2-$)的超分子链结构,没有侧基,结构对称、规整,单键内旋转位垒低,分子链柔性好,纤维沿轴向高度取向,结晶度高,见图 8-31。即使在-150 ℃的环境中,UHMWPE 纤维仍保持良好的耐挠曲性,无脆化点。

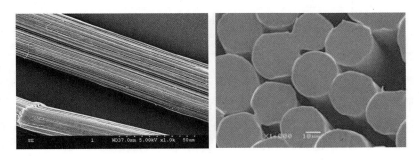

图 8-31　UHMWPE 纤维 SEM 照片

二、制备方法

以超高相对分子质量聚乙烯为原料,在 110～191 ℃下,将其溶解于一种特殊的溶剂,制成浓度为 4%～5% 的半稀溶液,经真空脱泡后,在双螺杆挤出机上进行连续纺丝和冻胶成型,再由喷丝孔喷出成丝。在溶解的过程中,原先相互缠绕呈无序排列的大分子逐渐解缠,并保持到冻胶原丝中,得到聚乙烯冻胶丝,之后以萃取剂对包含在冻胶纤维中的烷烃类溶剂进行萃取、干燥,在随后的纤维拉伸过程中,聚乙烯高分子达到极高的取向度和结晶度,使纤维得到高强度和高模量,见图 8-32。

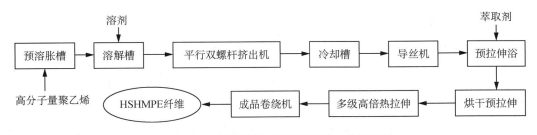

图 8-32　超高性能聚乙烯纤维制造工艺流程图

　　UHMWPE 纤维一般采用凝胶纺丝,其工艺主要有两类:一类是干法工艺,即高挥发性溶剂干法凝胶纺丝工艺;另一类是湿法工艺,即低挥发性溶剂湿法凝胶纺丝工艺。这两种工艺路线的最大区别在于采用的溶剂和后续工艺,由于两类溶剂的特性差异大,其后续溶剂脱除工艺也完全不同,各有优势,见表 8-14。

表 8-14　凝胶纺丝工艺对比

纺丝类型	干法	湿法
溶剂	十氢萘(易挥发,安全性低)	矿物油(不易挥发,安全性高)
去溶剂	加热挥发	萃取
主工艺	较复杂,技术难度大	复杂
纺丝速度	快	慢
流程	短	长
回收方式	直接回收	间接回收
回收系统	密闭要求高,运行效率要求高	庞大,复杂
代表产品	帝斯曼(DSM),Dyneema	霍尼韦尔(Honeywell),Spectra

　　（一）干法工艺

　　使用高挥发性的十氢萘做溶剂,形成稀溶液或悬浮液(质量分数<10%),通过喷丝板挤出成丝后经烟道冷却,十氢萘被气化,得到干态的凝胶原丝,再经过高倍拉伸得到 UHMWPE 纤维。十氢萘对聚乙烯的溶解效果好,且易挥发,纺丝过程中不需要连续的多级萃取和热空气干燥,生产效率高,操作条件温和,十氢萘还能直接回收,易达到环保要求。

　　（二）湿法工艺

　　将 UHMWPE 树脂先在矿物油类低挥发性溶剂中溶解或溶胀,再通过双螺杆挤出机混炼、脱泡,然后经计量泵挤出,进入水浴(或水与乙二醇等混合浴)凝固,得到含低挥发性溶剂的湿态凝胶原丝,再利用高挥发性的萃取剂连续多级萃取,置换出原丝中的低挥发性溶剂,得到的干态凝胶原丝再经高倍拉伸,制得 UHMWPE 纤维。该工艺过程需要收集萃取剂、溶剂和水等混合物,通过精馏装置分离回收。溶剂一般采用高沸点的白油、石蜡油、煤油等矿物油,来源多,价格低。萃取剂采用低沸点物,如氟利昂、二甲苯、汽油、丙酮、三氯三氟乙烷等。该工艺需耗用大量的萃取剂,经历多道萃取、干燥及大量混合试剂的精馏分离过程,耗能大,流程较长,成本较高。

　　三、主要性质

　　（一）力学性能

　　UHMWPE 纤维具有优良的力学性能,见表 8-15。在线密度相同的情况下,超高相对分子质量聚乙烯纤维的拉伸强度是钢丝绳的 15 倍,比芳纶纤维高 40%,比优质钢纤维和普通的化学纤维高 10 倍;其强度和模量均高于钢、E 玻璃纤维、锦纶纤维、碳纤维和硼纤维。

表 8-15　不同品牌超高性能聚乙烯纤维的力学性能

生产或研制厂家	品牌	拉伸强度（cN/dtex）	拉伸模量（cN/dtex）	断裂伸长率（%）	密度（kg/m³）	熔点（℃）
荷兰 DSM	Dyneema SK60	26.30	864	3.50	970	147~152
	Dyneema SK65	29.20	922	3.60	970	
	Dyneema SK66	31.20	961	3.70	970	
	Dyneema SK75	33.20	1039	3.75	970	
	Dyneema SK77	37.30	1329	3.75	970	
美国霍尼韦尔	Spectra 900	20.10~23.20	601~766	3.60~4.40	970	150
	Spectra 1000	32	1100	3.3	970	
	Speetra 2000	34	1200	2.9	970	

（二）耐磨性能

通常，材料的模量越大，耐磨性能越低，但是对于 UHMWPE 纤维来说，情况却相反。因为 UHMWPE 纤维具有较低的摩擦系数，所以模量越大，耐磨性能越高。将 UHMWPE 纤维与碳纤维、芳纶纤维的增强塑料进行比较，UHMWPE 纤维的耐磨性和弯曲疲劳度远远高于碳纤维和芳纶纤维。另外，由于它的耐磨、耐弯曲性能优越，所以它的加工性能也比较优越，容易制作成为复合材料和织物。

（三）耐化学腐蚀性

UHMWPE 纤维的化学结构比较单一，化学性质比较稳定，而且它具有高度结晶的结构取向，使得其在强酸和强碱中不易受到活性基团的攻击，能够保持原有的化学性质和结构。所以，大部分的化学物质都不容易腐蚀它，只有极少数的有机溶液可以使它轻度溶胀，而且它的力学性能损失小于 10%。将 UHMWPE 纤维和芳纶纤维在不同化学品介质中的强度保留率进行比较，发现其耐腐蚀性能明显高于芳纶纤维，它在酸、碱、盐中的性质结构特别稳定，只有在次氯酸钠溶液中，强度有所损失。

（四）耐光性能

UHMWPE 纤维的耐光性也很优越。芳纶纤维不耐紫外线，只能在避免阳光直接照射的情况下使用。将 UHMWPE 纤维与锦纶、高模量和低模量的芳酰胺纤维进行对比，结果表明其强度保留率明显高于其他纤维。

（五）其他性能

UHMWPE 纤维还具有良好的疏水性能、耐水耐湿性能、电绝缘性能。其耐水和耐低温性能突出，密度较小，是唯一能漂浮在水上的高性能纤维，也是一种比较理想的低温材料。但是其熔点较低。在其加工过程中，温度不能超过 130 ℃，否则会发生蠕变现象，因为 UHMWPE 分子链之间的作用力较弱，这会减少其使用寿命。UHMWPE 纤维分子结构中不存在染色基团，浸润性差，染料很难渗透到纤维内部，因此染色性差。

四、应用领域

UHMWPE 纤维已成为新时代迅猛发现的高新技术材料,广泛应用于安全防护、航空、航天、航海、电子、兵器、造船、建材、体育、医疗等领域(表 8-16):在体育用品方面,可用作安全帽、滑雪板、帆轮板、钓竿、球拍及自行车、滑翔板、超轻量飞机零部件等;在航天工程领域,由于其密度小和抗冲击性能好,可用作飞机的翼尖结构、飞船结构和浮标飞机等,也能用作航天飞机着陆的减速降落伞和飞机上悬吊重物的绳索;在医学领域,可用于牙托材料、医用移植物和整形缝合等方面,不会引起过敏,已经被作为临床应用。

表 8-16　超高性能聚乙烯纤维的应用领域

应用领域	绳线制品	纺织织物	无纺织物	复合材料
海洋产业	海上布雷网	海面阻油堤、渔船拖网、养殖网笼等	海水过滤膜结构	装甲甲板,步兵车体
国防装备军需	海上布雷网、降落伞绳等	降落伞、迷彩王、防割手套、防护工作服、防刺衣服等	—	装甲甲板、飞机机壳、防弹头盔、防弹板、防弹罩
航空航天	航天器水上救援网、降落伞绳等	雷达保护罩等	机场跑道	机舱内部结构、机舱安全材料、安全门
体育休息	登山绳、钓鱼线、球拍网线、风筝绳	击剑服等	训练用回弹毡	皮划艇、滑冰撬、冲浪板、曲棍球杆、钓鱼竿等
建筑加固	弓弦等物品绳、货品吊网等	强力包装用具	安全织物	安全帽、专用护栏
生物医疗	缝合线、人工合成纤维肌肉	手术治疗防护罩	医疗安全套件	X 射线室防屏蔽控制台

第六节　酚醛纤维

酚醛纤维是一种三维结构的阻燃纤维,由苯酚、甲醛聚合,经纺丝再经交联而得到,其交联度约为 85%,它的固有色泽是金黄色。酚醛纤维的商品名为 Kynol,是一类非熔化有机纤维。酚醛纤维组成中仅含碳、氢、氧三种元素,在火焰中发烟量极少,且无有毒气体产生,极限氧指数高,阻燃性能好,且耐温、隔热、耐腐蚀。同时,酚醛纤维的残炭率高,炭化后能很好地保持原有的形态。

美国和日本的研究者在 20 世纪 70 年代对酚醛纤维做了大量工作。到目前为止,全球仅日本群荣公司实现了酚醛纤维的熔融纺丝及工业化生产。国内对酚醛纤维的研究开始较迟,相关工作也较少。20 世纪 70 年代,上海纺织科学研究院对酚醛纤维进行了一系列的研究。近年来,中国科学院山西煤炭化学研究所对熔融纺制的酚醛纤维做了大量的研究。但总体上,国内对酚醛纤维的研究仍局限于实验室阶段。

一、纤维结构

酚醛纤维由碳、氢、氧三种元素组成,其分子结构是由两个苯酚间连接一个亚甲基所构成的三维交联网状大分子,横向交联广泛,分子链中含有羟甲基、二亚甲基醚键、亚甲基键以及少量具有乙缩醛结构的官能基,属于一种非晶态聚合物,其刚性基团密度大,空间位阻大,链节旋转自由度小(图 8-33)。酚醛纤维的结构特点导致其在应用中存在一些问题:(1)大量的酚羟基容易在紫外光或热的作用下形成醌或其他结构,导致纤维颜色加深,影响后续的染色处理;(2)酚醛树脂在固化过程中,由于酚羟基始终不参与交联反应,其共轭效应导致酚羟基邻位亚甲基极易氧化裂解,严重影响制品的耐烧蚀隔热性能;(3)固化后的酚醛纤维苯环间由亚甲基相连而造成纤维性脆,即力学性能差。

图 8-33 酚醛纤维分子结构

酚醛纤维形貌如图 8-34 所示。纤维纵向平滑,横截面凹凸不平。酚醛纤维从结晶区到无定形区是逐步过渡的,无明显界限。酚醛纤维结晶度约为 35%。

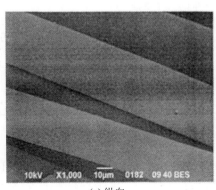
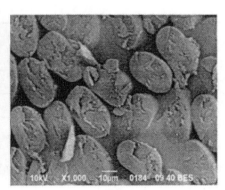

(a) 纵向　　　　　　　　　(b) 横截面

图 8-34 酚醛纤维形貌

二、制备方法

(一)熔融纺丝

以相对分子质量约 800~1000 的热塑性酚醛树脂为原料,通过熔融纺丝获得原丝;或为了提高纤维的强度,改善加工性能,用聚酰胺 6 作为纤维成型载体,通过与热塑性酚醛树脂共混纺丝,最终在甲醛及盐酸等水溶液中交联固化,形成体型结构的酚醛纤维。美国金刚砂公司和日本克诺尔(Kynol)公司皆采用此法,采用相对分子质量为1030的酚醛树脂,经熔融纺丝制得拉伸强度为147.3 MPa、断裂伸长率为58%的酚醛纤维。

(二)湿法纺丝

以聚乙烯醇(PVA)为纤维成型载体,与羟甲基为端基的可溶性酚醛树脂共混,通过湿法纺丝成型,然后在150 ℃下加热交联1 h,得到体型结构的酚醛纤维。

(三)熔喷纺丝

预先在热塑性酚醛树脂中混入少量的固化剂(如六亚甲基四胺或多聚甲醛)制成模塑树脂,经熔喷后制得自固化酚醛纤维,只需热处理就可在短时间内固化,从而使纺丝和固化处理连续化,该法提高了固化速率,简化了制备工艺;也可将含水率小于0.3%的酚醛树脂与质量分数为8%的六亚甲基四胺固化剂在双螺杆挤出机中熔融共混,然后在低于125 ℃的条件下纺丝,所得自固化纤维在固化室中热处理10 min,即得到酚醛纤维。此外,还可通过离心纺丝法制备酚醛纤维、部分固化法制备中空纤维或黏合用纤维,获得不同结构、性能的酚醛纤维。

三、主要性能

(一)力学性能

酚醛纤维的断裂强度为1.17 cN/dtex,断裂伸长率为9.1%,初始模量为0.261 cN/dtex;通过改性处理,酚醛纤维的断裂强度提高14.53%,断裂伸长率提高3.37%,而初始模量降低71.65%(表8-17)。

表8-17　两种酚醛纤维的力学性能

纤维种类	断裂强度 (cN/dtex)	断裂伸长率 (%)	断裂功 (mJ)	断裂时间 (s)	初始模量 (cN/dtex)
酚醛纤维	1.17	9.1	0.055	2.738	0.261
改性酚醛纤维	1.34	9.4	0.016	2.831	0.074

(二)阻燃性能

酚醛纤维的点燃时间为19 s,热释放速率峰值为29.927 kW/m²,总释放热为11.324 mJ/m²,有效燃烧热为63.487 1 mJ/kg,质量损失速率为0.117 g/s,极限氧指数为30%~34%(表8-18)。

表8-18　酚醛纤维和涤纶纤维的阻燃性能

纤维种类	点燃时间 (s)	热释放速率 峰值(kW/m²)	总释放热 (mJ/m²)	有效燃烧热 (mJ/kg)	质量损失速率 (g/s)	烟释放速率 (m²/s)
酚醛纤维	19	29.927	11.324	63.487 1	0.117	0
涤纶纤维	10	305.835	20.335	61.512 2	0.178	8.973 5

（三）耐热性能

酚醛纤维具有优良的耐低温、耐高温、耐燃和抗熔融特性,150 ℃下可安全使用;能长期经受的最高温度为 260 ℃,瞬间可耐 2500 ℃高温,且不发生延燃,移出火源后立即熄灭。与火焰接触时,暴露于火焰的部分发生炭化,但不形成灰烬。分解时仅放出水蒸气、二氧化碳及其他不燃性气体,不释放有害气体。热收缩率非常低,接近于零,绝热性好。

（四）耐腐蚀性能

酚醛纤维对大多数酸、碱、有机溶剂等介质表现出优良的化学惰性,即具有优良的耐腐蚀性能、耐酸性能及耐溶剂性能,见表 8-19。

表 8-19　酚醛纤维的耐化学试剂性能

试剂名称	浓度（%）	温度（℃）	时间（h）	强度下降率（%）
盐酸	20	98	1000	<10
硫酸	60	60	100	11~25
硝酸	10	20	100	<10
硝酸	70	20	100	>80
氟酸	15	50	40	<10
氨	28	20	100	<10
氨	10	20	100	<10
氨	40	29	100	11~25
有机溶剂	100	98	1000	<10

四、应用领域

（一）阻燃材料

酚醛纤维以其低毒、无烟、不变形等特点无疑是绝好的阻燃材料。可将酚醛纤维与羊毛、丝绸、聚氨酯纤维、玻璃纤维等混纺,用于儿童衣物、内部装饰物、焊工服、消防服以及特种军用服饰。

（二）增强材料

酚醛纤维具有良好的耐摩擦性能、耐热性以及自润滑性,可以与许多热固性树脂或热塑性树脂以及橡胶等进行复合而制成纤维增强材料作为张力圈、垫片等使用,来取代石棉的应用。

（三）耐烧蚀绝热材料

有报道显示,将碳纤维/酚醛树脂、硅纤维/酚醛树脂、酚醛纤维/酚醛树脂三种复合材料,分别与 2500 ℃火焰进行 60 s 的接触,然后测定材料背面温度,测试结果是碳纤维/酚醛树脂复合材料 700~800 ℃、硅纤维/酚醛树脂复合材料为 300~400 ℃,而酚醛纤维/酚醛树脂复合材料还不到 100 ℃,并且酚醛纤维/酚醛树脂复合材料的密度最小(0.5 g/cm^3)。酚醛纤维及其复合材料已应用在导弹防热结构上。

（四）制备酚醛基碳纤维

酚醛纤维在 900 ℃左右炭化,可得到玻璃态、无定形的碳纤维。与常规碳纤维相比,酚醛基碳纤维有炭化速度快、逸出有害气体少、可在松弛条件下炭化且炭化率高等优点。

（五）制备酚醛基活性炭纤维（ACF）

高性能酚醛基 ACF 是制造超级电容器的理想材料，即双层电容器。将酚醛基 ACF 应用在双层电容器上，可以极大地提高其工作电压、电容量和稳定性。

第七节　聚醚醚酮纤维

聚醚醚酮（PEEK）是聚芳醚酮类聚合物中性能非常优异的一个品种。PEEK 纤维是继氟塑料之后的又一性能出色的热塑性纤维。PEEK 的首次合成发生在 1972 年，由英国 ICI 公司采取亲核取代路线进行合成，得到了高相对分子质量的 PEEK。自 20 世纪 80 年代以来，PEEK 得到了蓬勃发展。其中以 ICI 公司的 VICTREX®（威格斯）为代表的 PEEK 纤维快速商品化。德国巴斯夫（BASF）、美国杜邦（DuPont）等公司也相继研发出类似产品。国内针对聚芳醚酮的研究也在这个时期相继展开。吉林大学依靠自主研发，先后开发出 PEEK、聚醚酮（PEK）、聚醚醚酮酮（PEEKK）、联苯聚醚醚酮（PEDEK）等一系列耐高温特种工程塑料品种，还对聚醚醚酮基复合材料、聚醚醚酮薄膜、聚醚醚酮纤维等进行了大量研究。

一、纤维结构

聚醚醚酮纤维是一种主链上含有亚苯基醚醚酮链节的热塑性纤维，具有高度结晶性。聚醚醚酮的结构单元如图 8-35 所示。

图 8-35　聚醚醚酮的结构单元

PEEK 纤维是一种线性全芳香族结晶聚合物，其分子链拥有刚性的苯环、柔顺的醚键及提高分子间作用力的羰基，分子链段结构规整，因此 PEEK 纤维具有许多优异性能。PEEK 初生纤维的纵向表面比较光滑，其上附着少量的凝胶粒子；纤维断面近似为圆形，纤维内部致密，无明显空洞，经过热拉伸定型处理的纤维纵向表面更加均匀光滑，纤维内部更加致密，见图 8-36。

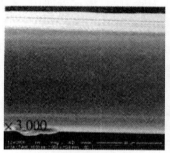

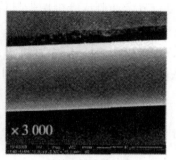

(a) 初生纤维纵向表面　　　　　　(b) 后处理纤维纵向表面

(c) 初生纤维横截面   (d) 后处理纤维横截面

图 8-36 PEEK 纤维的纵向和横截面

二、PEEK 纤维的制备

PEEK 纤维通常通过熔体纺丝工艺制得。将 PEEK 树脂经过高温熔融后进行纺丝,可以制成耐高温、耐化学腐蚀的高性能特种纤维。其制备过程可分为干燥、纺丝成型、拉伸、松弛热定型等工序。纺丝过程中较为重要的工艺参数包括:(1)适宜的纺丝温度范围为 370～420 ℃;(2)经喷丝板挤出的 PEEK 熔体要通过一个热甬道进行延时冷却,以阻止从喷丝板挤出的初生丝迅速冷却,从而降低初生丝的取向度,有助于初生丝的牵伸,通常热甬道温度在 260～330 ℃;(3)PEEK 初生丝的拉伸宜在 190～260 ℃温度范围内进行,拉伸比为 2.0～3.5：1,此时牵伸丝的取向度和结晶度较高,力学性能较好;(4)PEEK 纤维的松弛热定型温度为 250～320 ℃,松弛定型比为 0.8～0.98：1,经过松弛热定型,PEEK 纤维的结晶更加完善,力学性能进一步提高。

三、PEEK 纤维的主要性能

（一）耐热老化性能

PEEK 材料长期使用的最高温度可达 260 ℃。在 270 ℃条件下进行 PEEK 纤维及其织物的热老化实验,老化时间为 50 天。老化过程中,PEEK 纤维发硬、变脆,纤维的颜色逐渐变黄,最终由浅黄色变为金黄色。热老化 50 天后,PEEK 纤维的强力保持率为 79.7%。PEEK 织物老化前的断裂强力为 785.0 N,断裂伸长率为 34.6%;织物老化后的断裂强力为 696.7 N,断裂伸长率为 28.2%。

（二）耐化学试剂性能

PEEK 纤维在一些常见的化学试剂(酸碱及有机溶剂)中,强度保持率都在 93%以上,除浓硫酸外,对其他化学试剂都具有良好的耐腐蚀性能,见表 8-20。

表 8-20 PEEK 纤维在不同化学溶剂中的强度保留率

编号	溶剂名称	强度保持率(%)
1	10%硫酸	100
2	10%盐酸	99.07

续　表

编号	溶剂名称	强度保持率(%)
3	10%氢氧化钠	93
4	甲苯	94.39
5	二甲基甲酰胺	96.50

（三）耐紫外光老化性能

从表 8-21 可知，随着光老化时间增加，纤维的断裂强度保持率、断裂伸长保持率降低，出现明显的脆化现象，这主要是由于紫外光诱导分子链发生断裂而产生的。但即使在紫外光下照射 6 天后，纤维断裂强度仍保持 56% 左右，表明纤维具有优良的耐紫外光老化性能。

表 8-21　紫外光老化时间对 PEEK 纤维力学性能的影响

时间(天)	断裂强度保持率(%)	断裂伸长保持率(%)
1	76.27	51.19
2	70.97	49.04
3	63.82	48.44
4	62.67	45.33
5	58.06	40.79
6	56.45	40.93

四、PEEK 纤维的主要用途

PEEK 纤维主要有单丝、复丝和短纤维三种形式。由于 PEEK 纤维具有优良的耐摩擦、耐高温、耐腐蚀等性能，它目前已在许多领域得到应用，如工业、航空、医疗等领域，主要用作高温传送带、耐热滤布、耐热耐腐蚀纺织带、航天部件、医疗器械及能源工业的耐高温材料等。

（一）传送带

PEEK 纤维可在高温条件下用于传送带和运输带，造纸、织物热定型、纺织印花、无纺布黏合和食品加工等领域。在造纸工业中，选用直径为 0.4～0.5 mm 的 PEEK 单丝织成双层结构作为干燥用织物，它带着湿的纸张通过烘箱或一系列大的热压滚筒使水分快速蒸发。虽然 PEEK 纤维的价格比聚酯纤维和 PTFE 涂层玻璃纤维贵，但使用 PEEK 可以减少生产过程中更换传送带的次数，从而使生产中断和时间损失降到最少，提高生产效率。

（二）过滤织物

由于优良的耐高温和耐磨性，PEEK 纤维常用于制作过滤筛和高温气体过滤毡等。用直径为 0.05～0.3 mm 的细 PEEK 纤维或交替的束丝，经过密织制成具有特定要求的精密网孔筛布或过滤布，可用于化学药品生产中过滤热的熔融黏合剂以及造纸工业中帮助粉末浆脱水等。用短纤维附着在 PEEK 纤维增强织物上针刺而制成高温气体过滤毡，可对高温蒸汽中的小颗粒进行分离，常作为高温烟道气滤材或用于航空飞机和汽车的燃料过滤器等。与其他材料制成的气体过滤毡相比,PEEK 基过滤网的热稳定性好、抗撕拉能力强、尺寸稳定性好,并可在对耐磨要求高的场合下使用。另外,PEEK 纤维作为过滤织物也广泛应用于医学领域,在透析、层析仪器或诊疗设备中使用,可保证纯净度。

（三）编织物、绳索和弦

由于 PEEK 纤维具有优良的耐磨损性、耐弯曲疲劳性和耐剪切性能,经常使用直径在 0.2～0.3 mm 且染成黑色的 PEEK 单丝编织成衬套,用来保护飞机发动机、汽车排气系统或与之相近的电子线路。还可用 PEEK 复合丝做成缝纫线或绳索,用于过滤织物的增强体。PEEK 纤维不仅具有低应变,而且在高速交变应力的作用下还具有很好的弹性回复能力,因此还可以用作体育和乐器用弦,如网球拍弦和吉他、小提琴弦等。

（四）医用材料

由于其纯度高、无毒(FDA 认可),并且具有非常好的耐消毒性、射线透过性和良好的人体相容性,PEEK 纤维的医用前景也十分广阔。复合的 PEEK 材料可用作人造器官、手术器具、手术骨钉和螺丝、骨骼替代材料、导管和气管的代用材料等。好的弹性回复能力和高的能量吸收能力使得 PEEK 很适合用作韧带材料。另外,特制的 PEEK 纤维作为缝合线用在移植的器官上,可长期使用。

第八节　聚苯硫醚纤维

聚苯硫醚(PPS)纤维是一种耐高温、耐腐蚀的高性能纤维。20 世纪 60 年代,美国菲利普斯石油公司首次成功研制出纤维级别的 PPS 树脂,并实现了 PPS 短纤维的量产,注册商品名为"Ryton"。20 世纪 80 年代,日本的东洋纺公司、东丽公司等相继研发出各自的 PPS 纤维产品,分别注册商品名为"Procon"、"Torcon"。21 世纪初,日本东丽工业公司收购美国菲利浦公司的 PPS 短纤维事业部,使日本东丽公司成为目前世界上 PPS 短纤维的最大生产厂商。国内对 PPS 纤维的研究始于 20 世纪 90 年代,主要针对 PPS 纤维纺丝工艺和性能开展了系列研究。2006 年,江苏瑞泰科技有限公司成功引进 PPS 短纤维生产的相关专利技术,并建成国内首条 4 kt/a PPS 短纤维生产线,这标志着我国 PPS 短纤维工业化生产的开始。2007 年,由中国纺织科学研究院与四川德阳科技股份有限公司合作的 5 kt/a PPS 纤维生产装置建成投产,这标志着我国 PPS 纤维产业进入快车道。目前,PPS 短纤维生产技术几乎全部掌握在日本公司手中,这些公司基本垄断了 PPS 短纤维的全球市场,其产量占世界总产量的 80% 以上。我国安费尔高分子材料科技有限公司、浙江新和成股份有限公司是国内有代表性的 PPS 短纤维生产企业,成为目前 PPS 短纤维的主要供应商。PPS 纤维主要用于燃煤电厂的除尘过滤袋,在净化空气、治理大气污染方面发挥了很大的作用。

一、PPS 纤维结构

聚苯硫醚以苯环在对位上连接硫原子而形成刚性主链(图 8-37),有线型、交联型和直链型三种。由于聚苯硫醚在结构上具有高对称性,因此 PPS 纤维具有较高的结晶能力,苯环中大 π 键的存在使得 PPS 纤维分子主链呈刚性,同时硫醚键的存在又使其具有柔顺性。这些结构特色造就了 PPS 纤维优良的物理化学性能。

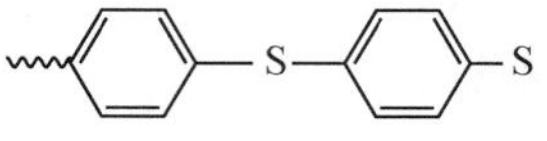

$$\text{———}\Big[\!\!\Big\langle \quad \Big\rangle\!\!\Big]\text{—S—}\Big\langle \quad \Big\rangle\text{—S}$$

图 8-37　PPS 的化学结构

PPS 结晶属于正交单元晶胞($a = 806.7$ nm,$b = 0.561$ nm,$c = 1.026$ nm),包括四个晶胞,分子链由于硫原子的存在,以锯齿形排列于平面(100),C—S—C 键之间的夹角为 110°(图 8-38)。相邻两苯环之间的夹角为 ±45°。由于分子结构上具有高对称性,所以 PPS 具有优异的结晶性与热力学性能。PPS 纤维的横截面为圆形,表面比较光滑,如图 8-39 所示。

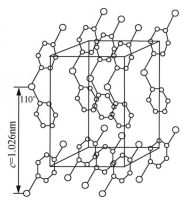

图 8-38　PPS 晶体结构

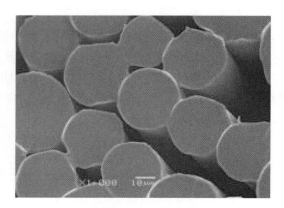

图 8-39　PPS 纤维横截面

二、PPS 纤维的制备

纤维级 PPS 树脂为线性高分子树脂,通常采用的化学合成方法有硫化钠法、硫化氢法、对卤代苯硫酚缩聚法。

硫化氢法制备 PPS,以硫化氢、硫化钠(或氢氧化钠)和对二氯苯为原料,在六甲基磷酰三胺(HMPA)溶剂中进行常压缩聚反应,见图 8-40。此法反应时间长,对设备的耐腐蚀性要求高,在工业生产中一般不采用。

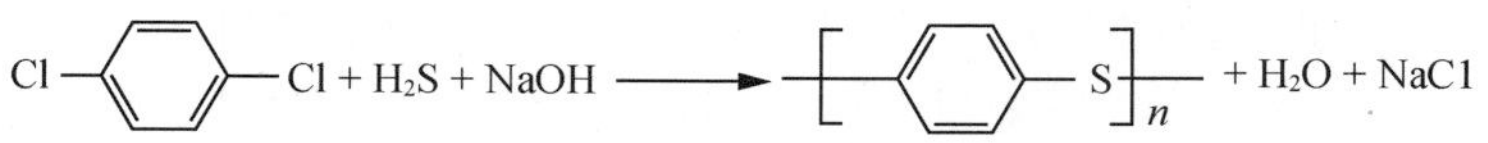

$$\text{Cl—}\Big\langle \quad \Big\rangle\text{—Cl} + H_2S + NaOH \longrightarrow \Big[\!\!\Big\langle \quad \Big\rangle\text{—S}\Big]_n + H_2O + NaCl$$

图 8-40　硫化氢法制备 PPS 反应式

对卤代苯硫酚缩聚法是在低于熔融温度 10~20 ℃的条件下进行缩聚反应,见图 8-41,得到软化温度为 265 ℃的线型 PPS。该法使用的原料毒性大,价格昂贵,反应副产物多。

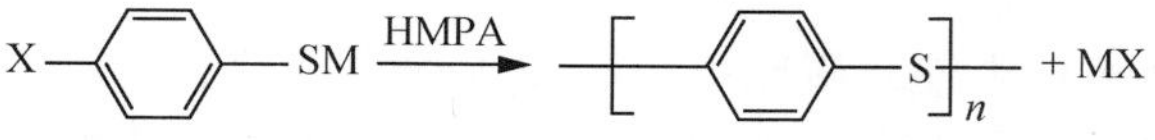

$$X\text{—}\Big\langle \quad \Big\rangle\text{—SM} \xrightarrow{HMPA} \Big[\!\!\Big\langle \quad \Big\rangle\text{—S}\Big]_n + MX$$

图 8-41　对卤代苯硫酚缩聚法制备 PPS 反应式

硫化钠法的原料采用对二氯苯和无水硫化钠,在 N-甲基吡咯烷酮等极性溶剂中发生缩合反应,见图 8-42。此法的原料来源丰富,成本低。目前工业化生产的纤维级 PPS 树脂大多采用此法。

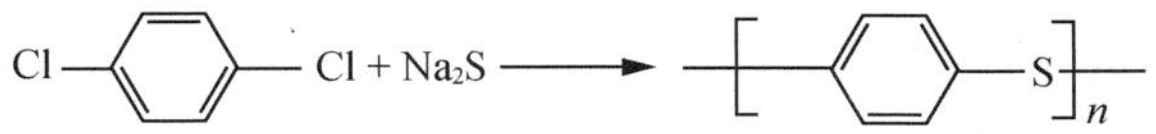

图 8-42 硫化钠法制备 PPS 反应式

三、PPS 纤维性能

(一)力学性能

聚苯硫醚纤维由于其大分子结构和聚集态结构规整,力学性能较好。通常,聚苯硫醚纤维的断裂伸长率大于 20%,断裂强度可达到 4.0 cN/dtex,在 204 ℃下经历 2 h,其收缩率为 5%,具有较好的加工性能。

(二)尺寸稳定性

由于聚苯硫醚结构中大分子刚性链和柔性链并存且规整,聚苯硫醚制品在潮湿和腐蚀性气体环境中仍具有优良的尺寸稳定性。成型收缩率及线性膨胀系数较小,成型收缩率为 0.15%~0.3%,最低可达 0.01%。

(三)电绝缘性能

PPS 纤维的介电常数一般高于 5.1,介电强度(击穿电压强度)高达 1.7 kV/mm,介电损耗相当低,而且在大频率范围内变化不大,其电导率一般在 10~18 S/cm。在高真空(1.33×10^{-3} Pa)条件下,电导率甚至可低于 10~20 S/cm,因而聚苯硫醚在高温、高湿、高频环境下仍能保持良好的电绝缘性能。

(四)耐化学品性

聚苯硫醚纤维具有优异的耐化学品腐蚀性能,对于酮、乙醚、酸、碱、氧化漂白剂等化学品的侵蚀,有较强的抵抗性。此外,在 200 ℃条件下,聚苯硫醚纤维不溶于任何化学溶剂,只有强氧化剂(如铬酸、浓硫酸和浓硝酸)才能使纤维部分溶解。在较高的温度下,将 PPS 纤维放在不同的无机试剂中 1 星期,纤维的拉伸强度基本不变。在水泥厂、火力发电厂等酸性和高温的环境中,PPS 纤维织物可以长期使用。PPS 纤维织物在不同试剂中的强度保持率见表 8-23。

表 8-23 PPS 纤维在不同试剂中的强度保持率

试剂类别	试剂名称	温度(℃)	保持时间	强度保持率(%)
酸碱类	48%硫酸	93	1 星期	100
	浓盐酸	93		100
	浓硝酸	93		0
	10%硝酸	93		75
	醋酸	93		100
	30% NaOH	93		100

试剂类别	试剂名称	温度(℃)	保持时间	强度保持率(%)
有机溶剂	四氯化碳	100	1星期	100
	氯仿	100		100
	甲苯	100		75~90
	丙酮	93		100

（五）热学性质

聚苯硫醚分子结构中含有大量的阻燃元素——硫,因此,聚苯硫醚纤维无需添加任何阻燃材料便具有很好的阻燃性能,它的极限氧指数大于38%,达到UL-94V-0级标准,这是安全燃烧系数的最高级别,因而聚苯硫醚制品很难燃烧。聚苯硫醚纤维自燃的温度最高可达590 ℃,如果把它放置在火焰上会发生燃烧,但一旦从火焰上拿开,燃烧便马上停止,而且燃烧时形成黄橙色火焰,表现出较低的烟密度和延燃性,其发烟率低于卤化聚合物。同时生成少量的黑色烟灰,其燃烧物不易脱落,在其制品上形成残留焦炭,由于没有熔滴,因此不会灼伤人体皮肤。

在氮气及空气(400 ℃)中,聚苯硫醚纤维基本无质量损失;聚苯硫醚的失重在温度为500 ℃以上的空气中才开始加剧,当其质量为其起始质量的60%时,质量又呈稳定态势,直至温度达到1000 ℃,质量才又逐渐下降。但是,在1000 ℃的惰性气体中,聚苯硫醚纤维仍能保持原有质量的40%。聚苯硫醚纤维的耐热性能和长期使用性能远远超过尼龙、聚酯纤维、芳纶1313等其他化学纤维。

四、PPS纤维的主要用途

（一）过滤领域应用

PPS纤维材质的滤袋可以长期暴露于酸性高温环境中,使用寿命长。据统计,PPS滤袋寿命可达3年以上。通过熔喷PPS超细纤维和PPS短纤维组合制造复合过滤器在高温下仍保持优异的透气性,对细小颗粒的过滤效率达99%以上,比其他滤材有显著提高。PPS纤维过滤材料除在火力发电烟道除尘、钢铁行业和水泥行业除尘等应用外,还能用于腐蚀性强、温度高的化学品过滤,如有机酸和无机酸、酚类、强极性溶剂等。

（二）防护领域应用

PPS纤维具有优异的耐高温性能、阻燃性能及耐化学腐蚀性能,且通过功能化改性,还具有良好的抗静电性能,因此被广泛应用于防火材料领域。采用含有聚苯硫醚纤维的织物外层和防水透气层,隔热层及舒适层的一层或多层制成防护服,该防护服具有优良的阻燃性能、耐热性能、力学性能和服用性能,可对高温及明火作业环境中的人员起到较好的防护作用,并且穿着舒适,可广泛应用于消防、炼钢、炼铁、电焊等领域。

（三）机械工业领域应用

PPS纤维具有优异的耐腐蚀性、化学稳定性和热稳定性,即使在极端的环境中,仍能保持稳定的性能,因此能够应用于较多领域,如石油、化工、制药、高端机械工业等。PPS纤维常见应用包括汽车零件(如气门嘴、耐磨环、球阀)、涂料以及作为热塑性基体用于复合材料等。

第九节　聚四氟乙烯纤维

聚四氟乙烯(PTFE)纤维是以 PTFE 乳液为原料,以聚乙烯醇(PVA)、聚氧化乙烯(PEO)等为助剂,通过纺丝或制成薄膜,再经切割或原纤化而得到的一种特种合成纤维。奥地利 Lenzing 公司于 20 世纪 70 年代研发成功接近乳液纺丝法纤维强度水平的 PTFE 膜裂纤维。除此之外,俄罗斯在研发多种 PTFE 纤维方面也取得了较大的成果。一直以来,国外只有美国、奥地利等少数国家拥有 PTFE 纤维的生产技术和产能,我国只有台湾地区拥有此项技术。我国大陆在 PTFE 纤维的量产方面长期是空白。20 世纪 90 年代,上海凌桥环保设备厂开始研发 PTFE 纤维的生产技术和生产设备。经过十多年坚持不懈的实验和技术改进,终于成功开发出 PTFE 均匀立体加工制膜工艺技术。2011 年,在金由氟公司、上海凌桥环保设备厂和解放军军需装备研究所的共同努力下,成功研发出膜裂法高性能 PTFE 纤维技术并拥有千吨级产业化项目的量产。经过美国 ETS 检测认定的国产 PTFE 纤维现已出口到亚洲的日本和韩国、美洲、欧洲以及中东国家等地区。目前,我国生产的 PTFE 纤维产量已占全球总产量的 50% 以上,且部分性能超过国际同类产品。

一、PTFE 纤维结构

PTFE 是一种全氟化直链线性高分子聚合物,其分子式为$(CF_2{-}CF_2)$,相对分子质量一般为 $8.8 \times 10^6 \sim 3.2 \times 10^7$,密度为 $2.1 \sim 2.3$ g/cm^3。聚四氟乙烯的形成机理是聚乙烯分子中的 H 原子由 F 原子替换。然而,H 原子半径(0.028 nm)小于 F 原子半径(0.064 nm),因此 C—C 链由原来在聚乙烯分子主链上平面、舒展的曲折构象渐渐旋转成聚四氟乙烯分子结构中的螺旋构象。这个特别紧凑的彻底"氟代"的防护膜,保护着聚合物分子结构中的 C—C 链不再受到其他试剂的破坏。此外,C—F 键的惰性非常强,其键能为 484 kJ/mol,这比原来存在于聚乙烯分子结构中的 C—H 键(410 kJ/mol)和 C—C 键(372 kJ/mol)高很多,使得聚四氟乙烯的耐热性、耐腐蚀性非常优异。除此之外,氟原子的电负性非常强,大分子对称性好,因而聚四氟乙烯分子与分子间的吸引力和表面能较低。

PTFE 纤维的纵向和横截面 SEM 照片如图 8-43 所示。纤维的纵向表面有很多沟槽,增大了纤维的比表面积;纤维的横截面呈片状,不规则,有粗糙的边缘,这是由于纤维的生产方法(膜裂法)形成的,这些都会增大纺纱过程中纤维之间的抱合力。

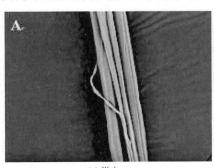

(a) 纵向　　　　　　　　　　　　　　(b) 横截面

图 8-43　PTEE 纤维的纵向和横截面 SEM 照片

二、PTFE 纤维制备

(一)糊料挤出法

糊料挤出法是按照一定的比例将 PTFE 分散树脂与石脑油、石蜡油等易挥发的润滑剂混合均匀,配成糊料;然后将糊料预加工成具有一定形状的坯体,再将坯体通过柱塞挤压喷出,经特制的牵伸装置进行牵伸和烧结,使润滑剂挥发,得到非均匀的条带纱,再继续加工得到 PTFE 纤维。

(二)膜裂纺丝法

PTFE 膜裂纺丝工艺是将 PTFE 粉末与润滑剂混合均匀后,加工成圆柱形胚体,然后压延成薄膜,再经切割工艺得到一定宽度的窄条,之后经拉伸、烧结等工序最终得到 PTFE 纤维。此法制备出的纤维细度不匀,可再经过切断工序获得 PTFE 短纤,用于加工针刺毡产品。

(三)载体纺丝法

载体纺丝法是制备 PTFE 纤维常用的方法,借助成纤性聚合物,如黏胶、聚乙烯醇等为载体进行纺丝,然后在高温下烧结,使载体炭化,达到去除成纤聚合物的目的。通常烧结温度选定在 PTFE 的熔点(327 ℃)和分解点(425 ℃)之间,这样在去除载体的同时,PTFE 颗粒能充分熔融、黏结,进而得到 PTFE 纤维。

(四)海岛纤维法

海岛纤维法是先使用微混合器,将 PTFE 颗粒与 PVA 水溶液分两步进行混合,得到共混物;再将共混物放置在 80 ℃烘箱中干燥 3 h,然后使用热压机于 130 ℃下热轧出 1.00 mm 厚的薄膜;将薄膜分切成条(尺寸为 10.00 mm×50.00 mm),再经拉伸得到具有一定取向的条带;最后,将条带放置于 80 ℃热水中磁力搅拌,使用混合纤维素膜过滤器过滤以去除 PVA 水溶液,再冲洗几次去除纤维表面残留的 PVA,最终得到 PTFE 纳米纤维。

表 8-24　不同纺丝方法的比较

制备技术	优点	缺点
糊料挤出法	纤维断裂强度高	加工成本高,纤维较粗,细度均匀性差
膜裂纺丝法	工艺简单且成熟,无污染,已量产	对加工温度要求较高,纤维细度不匀,单丝断裂强度差异大
载体纺丝法:干法纺丝	工序简单、成本低	烧结过程耗时耗能,烧结温度影响纤维断裂强度
载体纺丝法:湿法纺丝	纺丝工艺成熟,纤维线密度均匀	载体用量大,损耗多,纺丝原液不太稳定
海岛纤维法	可制备超细纤维	制备效率低,耗时且产量低

三、PTFE 纤维的主要性能

(一)力学性能

PTFE 纤维的力学性能和纤维制备方式、加工工艺及其聚集态结构等因素有关。乳液纺丝法 PTFE 纤维的牵伸倍数、取向度和强度较低,伸长率和热收缩率较大,经 260 ℃、30 min 热处理后,收缩率一般在 10% 以上;经过充分定型后,高温热收缩率可小于 10%;膜裂法 PTFE 纤维的牵伸倍数和取向度较高,强度可达 7 cN/dtex,弹性模量达 255 cN/dtex,高温收缩率(260 ℃、30 min)大多低于 6%;糊料挤出法 PTFE 纤维的细度偏粗,单丝线密度一般在 10 dtex 以上,强度较乳液纺丝法和膜裂法制备的 PTFE 纤维高,高温热收缩率在 5%～15%。PTFE 纤维具有优异的耐疲劳性质。由于 PTFE 分子间作用力较弱,纯 PTFE 纤维在外力作用下会发生明显的蠕变或冷流现象,蠕变现象与外载荷、时间和温度有关。通过填充纤维状或粉末状填充材料的方式,可以改善其抗蠕变性。

（二）表面特性

PTFE 纤维的表面摩擦因数很低,仅为锦纶的 1/6,且纤维分子之间的作用力较低,在固体润滑领域具有很好的应用价值。摩擦因数较低使得纤维之间的抱合力较低,梳理成网较困难。PTFE 纤维的临界表面张力很低,因此难以被大多数极性液体浸润,是一种表面能很低的固体材料,具有难黏和不黏特性。

（三）热学性能

PTFE 纤维具有优异的耐高低温性能,在 −196～260 ℃ 范围内均能保持良好的力学性能,低温下具有较好的韧性。PTFE 纤维的熔点在 327 ℃ 以上,在 260 ℃ 以下可长期使用,在 120 ℃ 以下没有明显的热收缩,在 120 ℃ 以上开始发生热收缩,290 ℃ 以上会发生一定的升华,质量损失率为 0.000 2%/h,415 ℃ 以上开始分解,570～650 ℃ 热分解速率最快。膜裂法 PTFE 纤维在 230 ℃ 高温下仍具有 1～3 cN/dtex 的断裂强度,在 230 ℃ 下热处理 12 h,强度保持率在 70% 以上。PTFE 纤维的热导率为 0.2～0.4 W/(m·K),在常见纤维中,热导率较高,和锦纶相似,比棉纤维高很多倍。PTFE 纤维的极限氧指数大于 95%,属于难燃纤维,具有良好的阻燃性质。

（四）介电和导电性能

由于氟原子在分子链上的对称均匀分布,PTFE 纤维具有良好的介电性能。PTFE 纤维的介电常数在 −40～250 ℃ 范围内基本保持恒定在 2.1,介电损耗角正切值在 0.000 3 左右。纯 PTFE 纤维具有很高的体积比电阻,具有优良的绝缘性能,但梳理时容易产生静电。PTFE 纤维不吸湿,因此体积比电阻和表面比电阻不随湿度变化而变化。

（五）耐腐蚀性和耐候性

PTFE 分子中 C—F 键的键能很高,F 原子围绕 C 原子主链形成螺旋形保护结构,因此即使在高温下,强酸、强碱和强氧化剂对 PTFE 纤维也没有腐蚀作用。PTFE 几乎不溶于所有溶剂。300 ℃ 以上,只有含氟溶剂能够溶胀 PTFE 纤维。熔融状态的碱金属、三氟化氯及元素氯等,能对 PTFE 产生明显的化学作用。PTFE 纤维的耐化学腐蚀性,使其在特种溶液过滤、复杂烟气成分的中高温空气过滤等场合,具有十分重要的应用价值。PTFE 纤维对高能辐射比较敏感,但 PTFE 纤维的抗紫外线性能优良。将 PTFE 纤维及其制品直接暴露于外界的大气条件下,三年内其断裂强力仅下降 2%。

四、PTFE 纤维的应用

（一）过滤材料方面的应用

制成具有耐高温、耐腐蚀性的过滤材料，用来处理烟气。聚四氟乙烯短纤维可以用来制作过滤用针刺毡，长纤维可用来制作过滤用针刺毡的基布。聚四氟乙烯针刺毡作为过滤材料，可以纯纺，也可以与其他纤维混用。这些制品主要应用在危险固体废弃物焚烧炉（垃圾焚烧炉）、水泥、电站燃煤锅炉、玻璃、有色冶炼、化工生产造成的尾气和烟气的除尘等。

（二）医疗卫生方面的应用

聚四氟乙烯纤维本身是纯惰性的，没有任何毒性，并且还具有非常强的生物适应性，不会引起机体的排斥，对人体无生理副作用。另外聚四氟乙烯纤维具有非常强的耐化学腐蚀性，所以可用任何方法消毒。由于聚四氟乙烯纤维具有多微孔结构，因此它可用于多种康复方案，如软组织再生的人造血管和补片、心肝、普通外科和整形外科的手术缝合线及口腔保健。

（三）在建筑方面的应用

采用聚四氟乙烯纤维织成的 100% 基布，这种基布是由表面复合聚四氟乙烯薄膜制造而成。这种膜结构建筑材料具有透光性好的特性，从而可以降低照明及空调费用，这种膜结构还有耐久性好的优点。另外可以缩短大构架屋顶的建筑工期的 50%，并降低屋顶材料费的 50% 和总建筑费的 20%。这种膜结构还具有轻量、耐震、阻燃，设计自由度高等优点，因此可用于室外球场、竞技场、体育馆、游泳池、大型展览馆等的屋顶材料。

（四）宇航服方面的应用

宇航服是当今要求最高的防护服，其主要作用是保护宇航员不受热、冷、化学品、微流星体、压力波等的危害。宇航服一般由内衣、通风层、保暖层、气密限制层、水冷服、隔热服和防撕裂层构成。其中气密限制层的结构分为气密与限制两个层次，用局部黏结工艺结合在一起。限制层采用聚酰胺纤维、聚四氟乙烯纤维或芳纶。防撕裂层的主要材料是合成纤维，如芳纶、聚四氟乙烯纤维织物。美国宇航局的宇航服的防撕裂层就是由芳纶 1313 和聚四氟乙烯纤维交织而成的。

（五）密封材料方面的应用

盘根密封通常由较柔软的纱线编织而成，通过各种不同截面形状的条状物填充在密封腔体内，靠填充材料的径向压缩作用实现密封，同时起到一定润滑作用。由于 PTFE 纤维耐高温、耐腐蚀、摩擦因数低、导热性较好，同时具有自润滑作用等特点，其在旋装式和往复式动密封场合有特殊的地位。PTFE 纤维盘根密封材料可以在 pH 值 0～14、温度 100～260 ℃、轴线速度 20 m/s 以下、密封压力 8 MPa 的条件下使用，在卫生级要求较高、腐蚀性强、线速度高、易磨损等工况和环境中更有优势。

第九章　服用功能性纤维

功能性纺织品通常是指超出常规化纺织产品的遮盖、美化、保暖基本功能以外的具有其他特殊功能的纺织产品。这种功能性纺织品分为单一功能产品和多种功能叠加的多功能或复合功能产品。采用服用功能性纤维可开发相应功能的纺织产品。服用纺织品实现功能化主要有三个途径：一是采用特殊纤维和功能性纤维；二是对纺织产品进行后整理，实现功能性；三是新型纤维材料的功能化、复合化和多元化。应用于服用领域的功能性纤维，被称为服用功能性纤维，主要包括抗静电纤维、防紫外线纤维、防辐射纤维、阻燃纤维、抗菌防臭纤维、保暖纤维、凉感纤维、智能纤维、护肤功能纤维及高吸水纤维等。

第一节　抗静电纤维

一、概述

普通合成纤维制品在生产加工和使用中易因摩擦和感应而产生静电，且不易逸散，电荷积聚在纤维材料表面容易吸附尘埃且易黏附在身体表面，同时，较高的静电压易诱发人体血糖升高、维生素 C 含量下降等身体不适，影响穿着的舒适性和安全性。因此，有必要对纤维进行抗静电整理，制得抗静电纤维。

在标准状态（温度 20 ℃、相对湿度 65%）下，静电荷逸散半衰期小于 1 min 或体积比电阻小于 10^{10} $\Omega \cdot cm$ 的纤维，称之为抗静电纤维。目前，减少纤维制品静电危害的方法主要包括减少摩擦、加入抗静电剂和增加纤维制品表面湿度，通过加快表面电荷的消散速度来实现抗静电的作用。

二、抗静电纤维的分类及制备

按抗静电效果的持续性分类，有暂时性和耐久性两种抗静电纤维；按导电成分分类，有抗静电剂型、金属系、炭黑系、高分子型和纳米级金属氧化物型五种抗静电纤维。

（一）抗静电剂型抗静电纤维

抗静电剂对纤维的原有性能影响不大，且加工工艺简单。一种加工工艺是通过浸渍、喷洒、涂覆等方法，在纤维表面涂覆表面活性剂类抗静电剂，提高纤维的吸湿性，从而降低纺织品的电阻率或使产生的静电电荷迅速逸散。同时，还可赋予纤维表面一定的润滑性，以降低摩擦系数，抑制和减少静电荷的产生。表面活性剂在纤维中有向表面迁移的倾向，可补充受损的表面抗静电层。此工艺是一种暂时性的方法，产品耐洗涤性能差，而且在低湿度环境中不显示抗静电性能。

共混、共聚合和接枝改性型抗静电纤维的共同特点是在成纤高聚物中添加亲水性极性基团或抗静电剂,在纤维内部形成亲水的"导电通道",从而提高纤维的吸湿性,获得抗静电性能,其抗静电的耐久性好。可采用聚合引发剂和紫外线、放射线、等离子高能射线在纤维聚合物的一部分主链上产生游离基或离子,再与亲水性单体反应。此法可有效地改善合成纤维的吸湿性。例如,PE纤维以二氯甲烷为膨胀剂,表面接枝丙烯酸后,其吸湿性能、抗静电性能和染色性能均有所提高。

表 9-1 经过抗静电剂处理的三种高性能纤维长丝的质量比电阻 (单位:$\Omega \cdot g/cm^2$)

抗静电剂质量分数(%)	芳纶1313长丝(8%)	芳纶1414长丝(8%)	PI长丝(8%)
未加	2.16×10^{13}	2.81×10^{13}	4.42×10^{12}
0.2	9.30×10^{9}	1.46×10^{10}	5.61×10^{9}
0.4	6.63×10^{7}	8.58×10^{7}	2.72×10^{7}
0.6	5.81×10^{7}	7.85×10^{7}	2.24×10^{7}
0.8	5.25×10^{7}	7.36×10^{7}	2.06×10^{7}

常用抗静电剂主要是表面活性剂,其分子结构中含有亲油基和亲水基两种基团。亲油基与聚合物结合,亲水基面向空气,排列在材料表面,形成"水膜"。因此,抗静电剂的使用效果取决于用量和诸多外界因素,如温度、相对湿度等。李颖君等以磷酸酯作为主要成分,丙二醇嵌段聚醚、聚丙二醇、聚乙二醇作为辅助增效剂,制备的抗静电剂对降低纤维质量比电阻有显著效果。随着抗静电剂用量的提高,各纤维长丝质量比电阻从 $10^{12} \sim 10^{13}$ $\Omega \cdot g/cm^2$ 降到 10^{7} $\Omega \cdot g/cm^2$,静电可以及时消除(表9-1)。

(二)金属系抗静电纤维

金属系抗静电纤维是利用金属的导电性能制得的,主要制备方法是直接拉丝法,即将金属线反复过模具、拉伸,制成直径为 $4 \sim 16$ μm 的纤维。使用最多的金属材料有不锈钢、铜、铝、镍、银等。类似的方法还有切削法,将金属直接切削成纤维状的细丝。另外,还有金属喷涂法,将普通纤维先进行表面处理,再用真空喷涂或化学电镀法将金属沉积在纤维表面,使纤维具有金属一样的导电性。金属系抗静电纤维的导电性能好、电阻率低,但纤维的手感比较差,而且纤维的混纺工艺难以控制,因此限制了其进一步推广使用。张保宏以聚丙烯腈母粒作为原料,并以PANI-DBSA作为导电填料,通过静电纺丝法制备出聚丙烯腈聚苯胺(PAN/PANI)抗静电纤维(图9-1)。

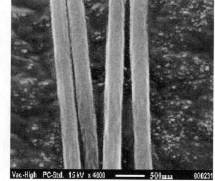

图 9-1 PAN/PANI 抗静电纤维形貌

(三)碳基抗静电纤维

碳基抗静电纤维是利用碳纳米管、炭黑、石墨烯等材料的导电性能制得的,其制备方法可分为以下三类:

(1)掺杂法。将碳纳米管、炭黑、石墨烯与熔融或溶解的纺丝液混合后纺丝,制成以碳材料为导电成分的复合纤维,赋予其抗静电性。这种方法一般采用皮芯复合纺丝工艺,既不影响纤维原有的物理性能,又使纤维具有抗静电性能。李建武等在 PA、PAN、PET 等基体中添加质量分数为 0.5% 和 1% 的石墨烯母粒,然后进行共混纺丝,制备了改性抗静电 PET 纤维(图 9-2)。石墨烯的引入会降低 PET 纤维的强度,但随着石墨烯粉体添加量的增加,可以增强改性 PET 纤维的力学性能,同时可以提高纤维的整体取向性和抗静电性能,当添加的石墨烯粉体质量分数为 1.0% 时,石墨烯改性 PET 纤维的体积比电阻从 2.94×10^{10} $\Omega \cdot cm$ 下降至 3.29×10^{7} $\Omega \cdot cm$。

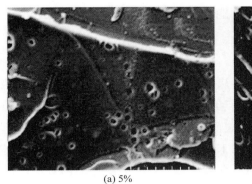 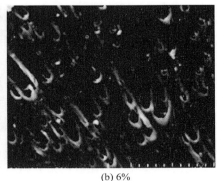

(a) 5%　　　　　　　　　　　　　　(b) 6%

图 9-2　石墨烯改性 PET 纤维截面形貌

利用皮芯复合纺丝法,将炭黑与涤纶原纤混合,再经纺丝加工,制得炭黑导电 PET 纤维,然后采用涤纶/天丝/炭黑导电纤维制成抗静电混纺纱(图 9-3)。但是,采用皮芯复合纺丝法需要专用设备,制造成本相对较高。

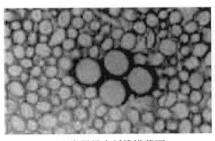 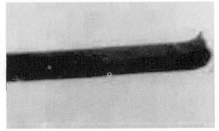

(a) 炭黑导电纤维横截面　　　　　　　　(b) 表面形貌

图 9-3　炭黑导电纤维横截面和表面形貌

(2)涂层法。涂层法是在普通纤维表面涂上炭黑、碳纳米管等。涂层方法可以采用黏合剂将炭黑黏合在纤维表面,或者直接将纤维表面快速软化并与炭黑黏合。但是,炭黑容易脱落,手感不好,在纤维表面不易均匀分布。

(3)纤维炭化处理。有些纤维,如聚丙烯腈纤维、纤维素纤维、沥青系纤维等,经炭化处理后,纤维分子主链上主要为碳原子,使纤维具有导电能力。丙烯腈系碳纤维一般采用低温炭化处理法。

碳基抗静电纤维具有质量轻、纤度细、抗拉强度高、耐高温、耐摩擦、导热、膨胀系数小等特点。碳基抗静电纤维的缺点是产品的颜色单一,染色性能欠佳。

（四）高分子型抗静电纤维

高分子材料通常被认为是绝缘体,20世纪70年代聚乙炔导电材料的研制成功,打破了这种传统观念。之后,又相继诞生了聚苯胺、聚吡咯、聚噻吩等高分子导电物质,人们对高分子材料导电性能的研究也越来越广泛。利用导电高聚物制备导电纤维,主要方法有两种:一是导电高分子材料的直接纺丝法,多采用湿法纺丝,如将聚苯胺配成浓溶液,在一定的凝固浴中拉伸纺丝;另一种是后处理法,在普通纤维表面进行化学反应,让导电高分子吸附在纤维表面,使普通纤维具有抗静电性能。高分子型抗静电纤维的手感很好,但稳定性差,抗静电性能对环境的依赖性较强,且抗静电性能会随着时间的延长而缓慢衰退,这就使其应用受到限制。

（五）纳米级金属氧化物型抗静电纤维

纳米级金属氧化物粉体的浅色透明特征,决定了可制得浅色、高透明度的纳米级金属氧化物型抗静电纤维。纳米级SnO_2透明导电粉末在抗静电纤维制备中占有重要的地位。首先制得纳米级SnO_2(掺锑)透明导电粉末,然后在表面处理装置中加入一定量的表面处理剂进行局部包覆,得到分散性良好的纳米级透明导电粉末或其分散体,最后选择纤维材料基体,根据抗静电等级,按比例加入浓缩的导电色浆并将其充分分散,获得纺丝前驱体,经湿法或干法纺丝制得抗静电性能优良的纤维。

三、抗静电纤维的应用

抗静电纤维用途非常广泛,地毯是其当前最大的应用市场。抗静电纤维还可用于抗静电工作服、除尘工作服、一般衣料如制服及产业材料等领域。

第二节　防紫外线纤维

紫外线不仅能杀菌消毒,还能合成具有抗佝偻病作用的微生素D。但是,紫外线照射过量时,会破坏人体皮肤细胞中的胶质原和弹性纤维,引发皮炎、水泡、红斑、黑色素沉积等皮肤病,甚至皮肤癌。

一、紫外线的分类及其对人体的影响

紫外线的波长为400～180 nm,按波长大小,可细分为UVA(400～320 nm)、UVB(320～290 nm)和UVC(290～180 nm)。短波长即UVC紫外线,其绝大多数被臭氧层吸收,对人体没有影响。中波长即UVB紫外线,其大部分被臭氧层吸收,约2%可到达地面,主要影响皮肤表层。UVB可以穿透皮肤几个毫米,使皮肤表面出现晒红斑,再严重一些,会出现水泡。另外,UVB会使皮肤基底细胞中色素母细胞的数量增加,成为黑色素,使皮肤晒黑。长波长UVA紫外线可穿透臭氧层,到达地面的辐射量可达到95%以上,它能够穿透真皮,对皮肤损伤最为严重。UVA又被称为人体老化射线,它会使皮肤晒黑、老化、失去弹性、出现皱纹。

二、防紫外线纤维防护机理及整理剂

（一）防紫外线纤维的防护机理

紫外线照射到织物上，一部分被织物吸收，一部分被织物反射，另一部分透过织物。因此，为了有效地防止紫外线对人体皮肤产生伤害，有效的办法就是增大织物对紫外线的吸收和反射，从而降低透过织物到达皮肤的紫外线。织物防紫外线能力取决于纤维本身防紫外线的能力，纤维种类不同，其紫外线透过率也不同。图9-4显示了几种常见纤维的紫外线透过率。

此外，还可以利用防紫外线整理剂来提高纤维和织物的防紫外线能力。根据防紫外线整理剂处理的对象不同，可以把防紫外线织物分为防紫外线纤维织物和防紫外线后整理织物两种。由防紫外纤维制成的防紫外线织物，在织物性能和工艺成本方面，都较防紫外线后整理织物有更好的发展前景。防紫外线纤维是指对紫外线有较

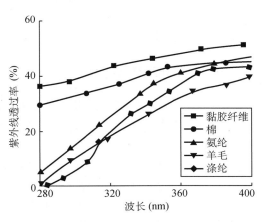

图9-4 几种常见纤维的紫外线透过率

强的吸收和反射性能的纤维，其制备原理一般是在纤维中添加能屏蔽紫外线的物质，通过混合及相应处理来提高纤维对紫外线的吸收和反射能力。

（二）紫外线反射剂

紫外线反射剂一般为无机物，通过增加对紫外线的反射或折射来起到防紫外线的作用。紫外线反射剂主要是利用高折射率的陶瓷或金属氧化物制成的微细粒子或超细粒子，由于微粒尺寸与光波波长相当，而且比表面积大、表面能高，与纤维材料共混结合后，能增强纤维材料对紫外线的反射和散射作用，从而防止和减少紫外线透过纤维材料。目前，纺织企业使用的主要无机类紫外线反射剂有高岭土、碳酸钙、滑石粉、氧化铁、氧化锌和二氧化钛等。

（三）紫外线吸收剂

紫外线吸收剂通常是吸收波长$270 \sim 300 \, nm$紫外线的有机化合物，其具有共轭π电子体系和能够进行氢移动的结构。紫外线吸收剂可使紫外线能级降低，并使光能转化为热能而散发，使到达高聚物的能量减少，从而达到防紫外线的目的。其能量转换过程见图9-5。

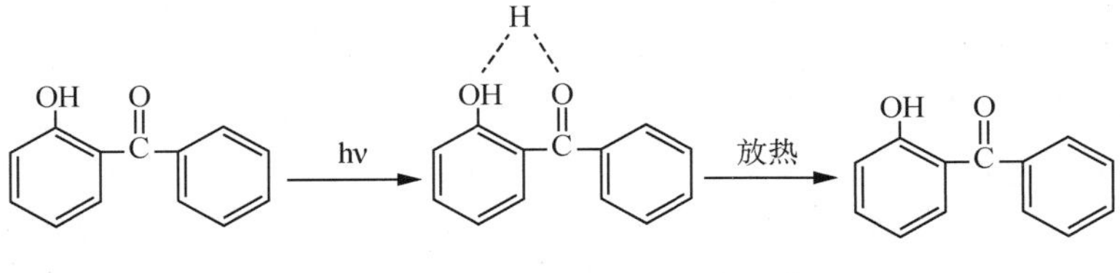

图9-5 紫外线吸收剂能量转换过程

目前，纺织企业常用的紫外线吸收剂包括：第一代紫外线吸收剂有金属离子化合物类、水

杨酸酯类、对甲氧基肉桂酸酯类、二苯甲酮类、甲烷衍生物、苯并三唑类,其中苯并三唑类紫外线吸收剂与聚合物的相容性较好、稳定性较佳,广泛用于各种合成材料和涂层制品;第二代紫外吸收剂有汽巴公司生产的氧羟基苯二苯基三嗪的衍生物,它具有良好的升华牢度和热固着性能,以及瑞士科莱恩公司的 Rayosam 系列产品,其可与纤维素纤维中的羟基和聚酰胺中的胺基反应,因而其耐久性在一定程度上是稳定的,但长时间的强紫外线照射会引起分子分解,降低防紫外线性能。

三、防紫外线纤维的制备技术

抗紫外线纤维的制备技术是在纤维中添加紫外线吸收剂或紫外线反射剂,或两者同时添加。目前主要利用化纤改性技术,采用共混、共聚和复合纺丝以及防紫外线后整理,制备抗紫外线纤维。

共混纺丝是生产抗紫外线纤维的主要加工方法,可分为直接共混纺丝和切片共混纺丝。其中,切片共混纺丝将紫外线反射剂或紫外线吸收剂制成母粒,再利用母粒与聚合物切片进行共混纺丝。防紫外线涤纶纤维是利用母粒注入法在高速纺生产线上开发试制的,具有纤维质量均匀稳定、功能性显著的特点。防紫外线涤纶纤维的工艺流程如图 9-6 所示。共混纺丝的优点是能够将紫外线反射剂或紫外线吸收剂均匀分布在纤维上,纤维抗紫外线功能稳定、持久。共混纺丝对紫外线反射剂的要求是粉体的分散度符合纺丝工艺要求,不影响纺丝溶液或熔体的可纺性;对紫外线吸收剂的要求是其与纤维材料有较好的亲和力和较高的分解温度。

直接共混纺丝主要通过将适当的纳米材料作为紫外线吸收剂或紫外线反射剂加入纺丝液,制成具有抗紫外线能力的纤维。仓敷人丝公司利用氧化锌及陶瓷微细粉末,将其掺入聚酯,再经共混纺丝,制得的异截面短纤或皮芯长丝可直接制成织物,紫外线遮蔽率达 90%;国内天津石油化工公司研究利用微细陶瓷粉研制出抗紫外线涤纶短纤维和网络低弹丝。

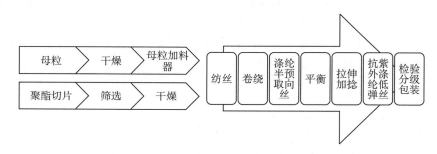

图 9-6　防紫外线涤纶纤维的切片共混工艺流程

共聚法先将防紫外线物质和成纤高聚物单体共聚制成防紫外线共聚物,后经纺丝加工制成防紫外线纤维。

复合纺丝法是利用复合纺丝技术将整理剂添加到纤维皮层的,不仅可节约原料,还有利于保持纤维原有优异性能。

防紫外线后整理法是在纤维、纱线或织物后整理加工中,使用紫外线散射剂和吸收剂进行处理,以减少紫外线透过量,达到防紫外线效果。图 9-7 所示为防紫外线处理前后的棉纤维形貌(防紫外线处理使用壳聚糖作为交联剂,将纳米二氧化钛粒子负载到棉纤维上),可以看到纳米二氧化钛粒子分布于纤维表面,形成防紫外线覆盖层。

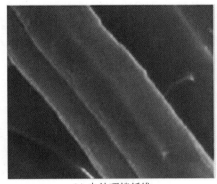 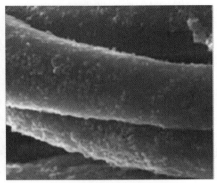

(a) 未处理棉纤维　　　　　　　　　(b) 经二氧化钛处理的棉纤维

图 9-7　防紫外线处理前后的棉纤维形貌

四、纺织品的防紫外线性能

（1）紫外线透射比（UVR）＝有试样时的 UV 透射通量／无试样时的 UV 透射通量。

（2）紫外线屏蔽率＝1－透射比。

（3）紫外线防护系数（UPF）＝不使用防护品时的紫外线辐射效应／使用防护品时的紫外线辐射效应。

（4）穿透率，即 UPF 的倒数。

其中，UPF＞40、透过率≤2.5％，为防紫外线效果很好。UPF 数值与防护等级划分如表9-2 所示。

表 9-2　UPF 数值与防护等级划分

UPF 数值	防护分类	紫外线透过率（％）	UPF 参数
15～24	较好防护	6.7～4.2	25，20
25～39	非常好的防护	4.1～2.6	25，30，35
40～50、50＋	非常优异的防护	≤2.5	40，45，50，50＋

五、防紫外线纤维的应用与前景

随着纳米技术的应用、高性能紫外线屏蔽剂的研制、纺丝技术和后整理技术的改进，以及抗紫外线效果评价的建立，抗紫外线纤维及其织物的开发将达到一个新高度，抗紫外线整理纺织品会有越来越大的市场需求，各种防紫外线整理技术和织物具有广泛的发展前景。

第三节　阻 燃 纤 维

纺织纤维制品具有易燃特点，是引发各类室内外火灾的主要隐患之一。根据资料，由于纺织品着火或因纺织品不阻燃而蔓延引起的火灾,占我国近年火灾事故的 20％。随着人民生活水平的提高和以人为本的安防意识的增强,世界各国都致力于阻燃纤维制品的研究。已经有很多国家和地区制定了阻燃纺织品的标准和法律法规,规定交通工具、公共场所老人、儿童使用的某些纤维制品必须具备阻燃性能,这促进了阻燃纤维的发展。

一、阻燃途径与机理

(一)阻燃途径

纤维燃烧是纤维材料和高温热源接触后,吸收热量而发生热解反应,由此生成大量可燃性气态分解产物,这些分解物在氧存在的条件下发生燃烧,而燃烧产生的热被纤维吸收,又促进了纤维热解和燃烧,形成循环燃烧反应。根据纤维燃烧过程,主要有几个阻燃途径:(1)移除热能。通过阻燃体系的熔融、降解、脱水等反应过程,移除纤维燃烧过程中产生的热能,阻碍纤维进一步分解。这类阻燃体系主要有无机、有机含磷化合物及氢氧化铝等。(2)提高热分解温度。此法可以降低相同情况下热分解的可能性,减少燃烧的发生。通过此途径阻燃的主要是一些永久性阻燃体系或耐热的芳香族纤维等。(3)降低可燃性挥发物的生成,提高炭的生成量。大多数磷、氮阻燃体系阻燃的纤维以及用金属络合物阻燃的羊毛,通过该途径实现阻燃。(4)减少燃烧区与氧气的接触,卤素阻燃体系主要利用此种途径进行阻燃。(5)改变燃烧氧化机理,提高点燃温度等。如卤素与锑类化合物协效阻燃体系。

(二)阻燃机理

不同的阻燃纤维具有不同的阻燃机理,包括:

(1)隔离膜机理。一些阻燃剂在高温下可在聚合物表面形成一层隔离膜,其可隔绝空气,起到阻止热传递、减少可燃性气体释放及隔绝氧气的作用,从而达到阻燃目的。阻燃剂形成隔离膜的方式主要有两种。一种是阻燃剂热降解产物促进纤维表面脱水炭化,形成具有阻燃效果的炭化层。含磷阻燃剂对含氧聚合物的阻燃作用就是通过此种方式实现的。另一种是阻燃剂在燃烧温度下分解成不挥发的玻璃状物质,其包覆在聚合物表面,起隔离膜的作用。硼系和卤化磷类阻燃剂具有类似特征。

(2)生成不燃性气体机理。阻燃剂受热分解出不燃性气体,将纤维燃烧分解出来的可燃性气体浓度稀释到能产生火焰浓度以下,使火焰中心的氧气供应不足,同时气体的生成和热对流会带走一部分热能,从而达到阻燃效果。

(3)冷却机理。阻燃剂发生吸热脱水、相变、分解或其他吸热反应,降低纤维表面及燃烧区域的温度,防止热降解,进而减少可燃性气体的挥发量,最终破坏维持聚合物燃烧的条件,达到阻燃目的。铝、镁及硼等无机阻燃剂颇具代表性。

(4)催化脱水机理。阻燃剂在高温下生成具有脱水能力的羧酸、酸酐等,它们与纤维基体反应,促进脱水炭化,减少可燃性气体的生成。

(5)自由基控制机理。有机物在燃烧过程中产生的自由基能使燃烧过程加剧,如能设法捕获并消灭这些游离基,切断自由基连锁反应,就可以控制燃烧,达到阻燃的目的。卤系阻燃剂的阻燃机理属于此类,含卤化合物在高温下裂解成卤素自由基,它与氢自由基结合就中止了连锁反应,减缓了燃烧速度。

总之,阻燃剂的作用机理比较多,同一种阻燃剂对不同纤维的阻燃机理也不相同,有时是多种阻燃机理共同作用的结果。

（三）阻燃剂的分类

阻燃纤维用阻燃剂，按照元素种类可分为卤系、有机磷及卤-磷系、铝-镁系、硼系等几大类，如表9-3所示。

表9-3　阻燃剂的分类

类别	优点	代表性物质
卤系阻燃剂	效率高，价格适中，性价比高，品种多，适用范围广	六溴环十二烷、十溴二苯醚、四溴双酚A双（2,3-二溴丙基）醚等
磷系阻燃剂	二次污染小，发展速度很快	磷酸酯类及卤化磷酸酯等
铝-镁系阻燃剂	易处理，相对无毒，不产生有毒、腐蚀性气体，抑烟性好，价格便宜	氢氧化铝、氢氧化镁等

二、阻燃纤维的制备技术

目前，阻燃纤维发制备技术主要包括共混法、共聚法、接枝共聚法、皮芯复合纺丝法、表面接枝法、阻燃剂吸收法、纤维表面卤化法及后整理法等。

（1）共混法。将阻燃剂与纺丝熔体/浆液共混，然后经纺丝加工制备阻燃纤维。其加工成本低，应用广泛，但制得的阻燃纤维中阻燃剂与成纤大分子之间缺乏化学连接，故耐久性不如共聚法。在实际加工过程中，常常将阻燃剂与其他助剂和树脂通过混炼造粒制成母粒，以提高阻燃剂与基体的相容性，从而改善制品的阻燃耐久性。如何降低阻燃剂颗粒的粒径，以及提高阻燃剂的分散性和相容性，是共混法阻燃改性的主要研究内容。

（2）共聚法。将阻燃的共聚单体引入高聚物分子链，进行分子结构的阻燃改性，然后由改性高聚物制成阻燃纤维。共聚法要求共聚单体在聚合的高温条件下不发生分解，无副反应发生，不能对纤维性能产生严重影响。所得阻燃纤维具有耐久的阻燃性能，但生产流程长，成本高于共混法。

（3）接枝共聚法。将具有阻燃性能的接枝单体共聚到纤维表面，由此改善纤维的阻燃性能，包括辐射接枝法和化学接枝法，所用接枝单体多为含磷、卤的反应型化合物。此法多用于聚酯、聚乙烯醇等纤维的阻燃改性，有良好的耐久性。

（4）皮芯复合纺丝法。以阻燃高聚物为芯层、普通高聚物为皮层，通过复合纺丝工艺制备皮芯型阻燃纤维。此法可避免阻燃纤维变色和耐光性差的问题，提高纤维阻燃性能的稳定性和染色性能，但对加工设备的要求高。

（5）表面接枝法。采用高能辐照、等离子体轰击或适当的化学方法，将纤维与含磷、溴或氯元素的反应型阻燃单体发生接枝共聚反应，是一种有效而持久的阻燃改性方法。当阻燃剂渗透到纤维内部时，可获得更好的阻燃效果。

（6）阻燃剂吸收法。类似于分散性染料染色，使阻燃剂被纤维吸收，由于阻燃剂的吸收率非常低，需要使用表面活性剂辅助，故具有局限性。

（7）纤维表面卤化法。通过对纤维表面进行辐射诱导氯化，使纤维阻燃性得到提高。此法的缺点是氯化后纤维强度下降，热稳定性变差。

（8）后整理法。利用阻燃剂均匀分布的分散液对合成纤维织物进行涂层，使阻燃剂附着于纤维上。该方法简单易行，但织物手感差，不耐水洗。

三、阻燃纤维的分类

（一）本质阻燃纤维

本质阻燃纤维是指纤维本身具备阻燃性能，不需要添加阻燃剂，主要包括无机纤维、有机高性能纤维和金属纤维三种。其中无机纤维包括玄武岩纤维、玻璃纤维、石英纤维、陶瓷纤维等；有机高性能纤维包括芳纶、聚酰亚胺纤维、聚苯硫醚纤维、芳砜纶和聚四氟乙烯纤维等。目前已经达到工业化水平的有机本质阻燃纤维有间位芳纶、芳砜纶、PPS 纤维、聚酰亚胺纤维、聚酰胺-酰亚胺（Kermal）纤维、聚对苯撑苯并双噁唑（PBO）纤维、聚苯并咪唑（PBI）纤维、聚芳噁二唑（POD）纤维、三聚氰胺纤维、聚四氟乙烯纤维、酚醛纤维及密胺纤维等。我国现已具备生产间位芳纶、芳砜纶、PPS 纤维和聚酰亚胺纤维的能力。

（二）阻燃改性纤维

常规纤维可经阻燃处理得到阻燃改性纤维，如阻燃涤纶、阻燃黏胶纤维、阻燃聚丙烯腈纤维、阻燃锦纶、阻燃维纶及阻燃丙纶等。

（三）耐高温阻燃纤维

新型耐高温阻燃纤维有热固性三维交联纤维和石墨化碳纤维。热固性三维交联纤维中，至少有一种单体具有三个或三个以上的官能团，使纤维分子链最终形成三维交联结构，并且交联结构对纤维的耐高温阻燃性能有直接的影响。酚醛树脂纤维和三聚氰胺缩甲醛纤维都是热固性三维交联纤维。碳纤维指纤维化学组成中碳元素占总质量 90% 以上的纤维。按原料，碳纤维可分为聚丙烯腈基碳纤维、沥青基碳纤维和纤维素基碳纤维。这些纤维具有优良的耐热阻燃性能和耐化学性，可用于各种工业滤布、飞机部件、阻燃地毯、防火织物、造纸毡、电绝缘纸、高温整流器、体育用品等。

四、阻燃纤维的应用与发展方向

阻燃纤维在服用纺织品、室内装饰织物、交通运输、防护及工业用纺织品方面具有广泛的应用。随着社会的发展和人民安防意识的增强，常规阻燃纤维在绿色环保、阻燃剂微细化、防熔滴和舒适性等方面应有更好的性能，以满足社会发展的需要。其主要发展方向如下：

（一）环境友好型阻燃纤维

传统的卤、磷系阻燃纤维，大多具有较大的毒性，在其生产过程中和被废弃之后，都存在较为严重的环境污染，而且纤维在火灾中会释放有毒的烟雾，这会造成二次灾难。有机硅系阻燃剂作为典型的无卤阻燃剂，具有高效、无毒、低烟、无污染的特点，还能改善分散性和加工性能。预计有机硅阻燃剂是未来优先发展的阻燃剂品种。

（二）舒适型阻燃纤维

在高温、强热辐射及有明火的环境中，作业人员承受的热负荷高，若要长时间维持正常的工作效能，需阻燃防护服兼具一定的热湿舒适性能。

（三）纳米级粒径的阻燃剂

与普通阻燃剂相比,纳米级阻燃剂的粒径小、比表面积大,它与外界接触的面积增加,能有效抑制燃烧反应链,使链不能持续增长而达到灭火效果。虽然,纳米级粒径的阻燃剂存在分散性差的问题,但可采用溶胶-凝胶技术等方法加以克服。例如青岛大学与山东潍坊海龙股份有限公司采用溶胶-凝胶法联合开发的一种无机纳米阻燃黏胶纤维,其阻燃效果较好,达到了国外阻燃黏胶纤维的水平。

第四节　抗菌防臭纤维

抗菌防臭纤维是指对细菌微生物具有灭杀或者抑制其生长的纤维。抗菌防臭纤维不仅能够抑制致病的霉菌和细菌,并且可以防止由于细菌分解人体分泌物而产生的臭气。抗菌防臭纤维的主要优点包括:抗菌防臭效果好,耐久性强;树脂不附着在纤维上,故织物手感好;加工工艺简单,且不需要后整理,故成本低。随着化纤的迅速发展,纤维改性技术有了更加广阔的天地,人们的研究视角也由织物的抗菌防臭后处理逐渐转向抗菌防臭纤维。抗菌防臭纤维的制备难度较大、技术含量高,涉及的工程领域也较广,尤其是抗菌防臭剂的选择至关重要,但抗菌防臭纤维有明显的优点,因此深受客户的青睐。

一、抗菌防臭剂的选择及分类

制备抗菌防臭纤维,关键是选择合适的抗菌防臭剂。最初的应用在化纤共混纺丝法中的抗菌防臭剂一般是含金属离子的复合物,而金属离子中存在不少重金属离子,因此,尽管重金属离子复合物的抗菌防臭效果较好,但是其毒性较大,随着人们对重金属离子生态毒性的重视,含重金属离子的抗菌防臭剂目前已被淘汰。沸石是与银离子结合的具有抗菌防臭性能的抗菌防臭剂,对人体的抗菌防臭效果好,耐久性强,且无毒,但是其抗菌防臭率不够理想。

抗菌防臭剂的选择会直接影响抗菌防臭纤维的性能。通常要求抗菌防臭剂广谱抗菌、耐久性和相容性好、无毒与加工简单,采用湿纺工艺时,还要求抗菌防臭剂能够适应纺丝过程中的化学环境,而采用熔融纺丝时,则要求抗菌防臭剂耐高温。有机类抗菌防臭剂广谱抗菌且毒性小,但是不耐高温,故研制耐高温的有机类抗菌防臭剂是熔融纺丝制备抗菌防臭纤维的关键。目前,加工抗菌防臭纤维所用的抗菌防臭剂主要有天然、无机和有机三大类。制备抗菌防臭纤维时,应根据抗菌防臭剂的抗菌防臭机理与特点选择合适的抗菌防臭剂,如表9-4所示。

表9-4　抗菌防臭剂的分类及特性

项目	天然抗菌剂	无机抗菌防臭剂	有机抗菌防臭剂
材料列举	壳聚糖、鱼精蛋白、桂皮柏和罗汉柏油等	金属离子类如 Ag、Cu、Zn 等;光催化类如 TiO_2、ZrO_2 等;金属氧化物类如 Ag_2O、CuO、ZnO、MgO、CaO	季铵盐类、卤化物类、季噻唑类、二苯醚类、有机金属和有机氮类化合物等

续　表

项目	天然抗菌剂	无机抗菌防臭剂	有机抗菌防臭剂
抗菌防臭机理	壳聚糖的抗菌防臭作用主要来自壳聚糖的正电荷,它能与蛋白质中带负电荷的部分结合,使细菌和真菌失去活性	当微量带正电荷的金属离子接触到微生物的细胞膜时,会与带负电荷的细胞膜发生库仑吸引,金属离子穿透细胞膜进入细菌与细菌体蛋白质上的巯基、氨基等发生反应,该蛋白质活性中心被破坏,微生物死亡或丧失分裂增殖能力	与细菌或霉菌的细胞膜表面的阴离子结合,破坏蛋白质和细胞膜的合成系统,从而抑制细菌或霉菌的繁殖,起到杀菌、抑菌、防霉等作用
优点	来源于自然界,资源极其丰富,具有对气候适应性强、毒性低、使用安全等优点	广谱抗菌,安全性高,耐洗,无污染,不产生耐药性,特别是具有优异的耐热性和化学稳定性,广泛用于服装面料、床上用品、装饰织物等	杀菌力强,效果迅速,来源广泛,价格便宜,其中价格低廉、杀菌速度快的季铵盐类使用广泛
缺点	耐热性差,药效持续时间短,使用寿命短,易受生产条件的制约等	金属离子中存在不少重金属离子,而重金属离子具有毒性	存在有毒性、安全性与耐热性较差、易产生微生物耐药性、易汗移等不足,因此其使用受到限制。今后的重点是开发长效、低毒、广谱、热稳定性好的高分子抗菌防臭剂

二、抗菌防臭纤维的制备方法

抗菌防臭纤维主要有天然抗菌防臭纤维和人工抗菌防臭纤维。天然抗菌防臭纤维本身具有抗菌防臭功能,而人工抗菌防臭纤维是在纤维中添加抗菌防臭剂而具有抗菌防臭功能的。采用化学或物理的方法,将具有能够抑制细菌生长的抗菌防臭剂引入到纤维的内部及表面,抗菌防臭剂既要在纤维上不易脱落,又要在纤维内部平衡扩散,从而保持持久的抗菌防臭效果。人工抗菌防臭纤维的制备主要有共混纺丝法、复合纺丝法、表面接枝改性法和后整理法四种。

（一）共混纺丝法

共混纺丝法是将抗菌防臭剂和原料共混,再通过纺丝加工,制备具有抗菌防臭效果的纤维的技术。共混纺丝法是开发功能性纤维的主要手段之一。该法中使用的抗菌防臭剂要求能够与聚合物相容,耐高温,且分散性符合纺丝加工要求。共混纺丝法主要有改性切片法和母粒法两种。

1. 改性切片法

改性切片法:在聚合过程中,将抗菌防臭剂粉体均匀地分散于聚合体系中,先制成抗菌防臭聚合物切片,然后再进行纺丝加工,制得抗菌防臭纤维。由于切片的熔点较低,因而在纺丝和干燥过程中要采用低温、长时间干燥的工艺,以避免切片发生黏结。在纺丝过程中,采用较低的风速与纺丝温度、较高的上油率与侧吹风风温,丝条质量和纺丝效果都能得到一定程度的改善。

2. 母粒法

母粒法:先将抗菌防臭剂与少量高聚物切片混合制成抗菌防臭母粒,后将高聚物切片与抗菌防臭母粒混合,再进行熔融纺丝加工,制得抗菌防臭纤维。抗菌防臭母粒是无机抗菌防臭剂的浓缩体,一般采用相容性较好的树脂或者同种树脂作为母粒的载体。母粒法一般应用于适合进行熔融纺丝的抗菌防臭丙纶、抗菌防臭涤纶和抗菌防臭锦纶的生产(图 9-8)。母粒法的优点是母粒中抗菌防臭剂的浓度高、分散效果好,缺点是工艺流程长、切片黏度大,因此生产成本高。

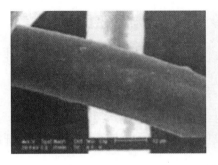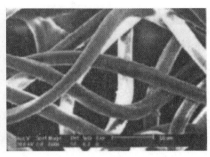

图 9-8　抗菌纤维形貌

（二）复合纺丝法

复合纺丝法:将不含抗菌防臭成分的纤维与含有抗菌防臭成分的纤维通过复合纺丝组件,纺制成不同结构的抗菌防臭纤维,如皮芯型、镶嵌型、并列型、心型、中空型等。这是一种高技术含量的纺丝技术。与共混纺丝法相比,复合纺丝法中抗菌防臭剂的用量减少,这降低了抗菌防臭剂的引入对纤维的物理力学性能的影响,但是复合纺丝法中使用的喷丝板的加工难度较大,生产成本也较高。

（三）表面接枝改性法

表面枝接改性法是通过化学反应将抗菌防臭的离子基团接枝在纤维上,从而使纤维具有抗菌防臭性能的加工方法。在接枝改性前,必须对纤维表面进行处理,使纤维表面产生可与抗菌防臭基团化合物接枝的作用点,然后将处理后的纤维与带有抗菌防臭基团的化合物结合,最后得到抗菌防臭纤维(图 9-9)。表面枝接改性法的优点是产品杀菌速度快,抗菌防臭效果好,安全性高且耐久性好;缺点是接枝改性反应条件严格,而且可供选择的抗菌防臭基团种类有限。

(a) 改性前　　　　　　　　(b) 改性后

图 9-9　改性前后聚丙烯纤维形貌和抗菌性能

（四）后整理法

后整理法是利用抗菌防臭液对纤维进行涂覆或浸渍加工，使抗菌防臭剂固定在纤维上，从而制备抗菌防臭纤维的一种方法。后整理法一般有树脂整理法与表面涂层法等。

1. 树脂整理法

先将纤维放在由抗菌防臭剂和树脂配成的乳化液中充分浸渍，然后通过烘和轧加工，使含有抗菌防臭剂的树脂附着于纤维上，纤维便具有抗菌防臭功能。

2. 表面涂层法

利用由抗菌防臭剂和涂层剂配成的溶液，对纤维表面进行涂层处理，使抗菌防臭剂附着于纤维表面，由此赋予纤维抗菌防臭的功效。一般使用磺胺类、呋喃类处理棉、麻等纤维，用季铵盐类处理化纤及各种天然纤维等。

三、抗菌防臭纤维的分类及应用

（一）天然抗菌防臭纤维

天然抗菌防臭纤维的抗菌防臭作用性强，成纤性好，具有线性的大分子结构等特点，主要有甲壳素与壳聚糖纤维、蚕丝纤维、麻纤维和竹纤维等。

1. 甲壳素与壳聚糖纤维

甲壳素纤维具有天然的除臭抑菌功能。甲壳素纤维是从虾、蟹等甲壳动物的壳中提炼出来的可再生、可降解的纤维，其对危害人体的金黄色葡萄球菌、大肠杆菌、白色念珠菌等的抑菌率高达99％，因此能够有效地保持人体肌肤干燥、无味、干净、富有弹性。甲壳素纤维对皮肤无毒无刺激，并能够去除异味。

壳聚糖纤维是甲壳素脱除乙酰基而得到的。此类纤维与蛋白质有较好的亲和性，透气性好，对各种真菌、细菌有较好的抗菌效果，且对使用者没有毒性。壳聚糖纤维可以制备各种医用敷料，例如绷带、非织造布、止血棉和纱布等，一般用于烧伤烫伤的病人。目前，壳聚糖涂层纱布与壳聚糖非织造布均已在国内临床上使用，其透水透气性极好，在用于大面积烧伤病人的包扎方面达到了理想的效果。王娇等利用天然壳聚糖纤维吸附银离子，制备了复合抗菌纤维。与纯壳聚糖纤维相比，壳聚糖-银复合抗菌纤维表面存在附着物，并出现小部分的集聚，这是纤维表面的银离子与空气中的氧气反应生成的 AgO_2 沉淀导致的（图9-10）。表9-5比较了壳聚糖纤维和壳聚糖-银复合纤维的抗菌性能。

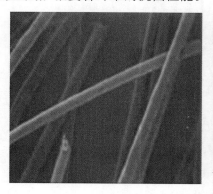

图9-10　壳聚糖纤维（左）和壳聚糖-银复合纤维（右）形貌

表 9-5　壳聚糖纤维及壳聚糖-银复合纤维的抗菌性能

项目	空白	壳聚糖纤维	壳聚糖-银复合纤维
金黄色葡萄球菌平均活菌数(cfu/mL)	4.35×10^6	310.5×10^6	0
金黄色葡萄球菌抑菌率(%)	—	28.7	100
大肠杆菌平均活菌数(cfu/mL)	218×10^6	193×10^6	0
大肠杆菌抑菌率(%)	—	11.47	100

2. 蚕丝纤维

蚕丝纤维素不仅有优异的服用性能,而且具有独特的抗菌防臭功能。浙江丝绸科学研究院从蚕丝纤维的结构特点和蛋白质组成出发,进行了蚕丝针织服装对皮肤病的辅助治疗作用与保健功能的研究。相关结果表明,针织真丝内衣对治疗各种皮肤病的综合有效率为85.17%。日本学者清水裕子对真丝内衣治疗皮肤搔痒症的功效进行了研究,结果显示穿着真丝内衣后有超过半数的被试验者有减轻搔痒的效果。高香芬等对蚕丝纤维的抗菌性进行了研究,发现蚕丝纤维的抑菌率平均为25%左右。他们进一步对蚕丝纤维进行超低温冷冻-真空复温处理,发现其抑菌率提高50%～70%(表9-6)。如图9-11和图9-12所示,处理前蚕丝纤维表面比较光滑,没有微孔及原纤化结构;而处理后蚕丝纤维表面出现明显的分纤、剥离而形成原纤化结构,并且纤维表面形成大量的微孔结构。

表 9-6　超低温冷冻-真空复温处理前后各试样对实验菌种的抑菌率

试样		抑菌率(%)		
		金黄色葡萄球菌	枯草杆菌	大肠杆菌
对照样	—	3.7	2.7	2.4
桑蚕丝	未处理	25.5	19.7	25.8
	处理后	91.9	97.5	95.5

(a) 处理前

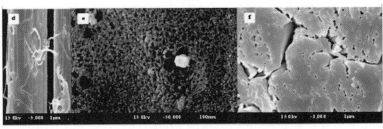

(b) 处理后

图 9-11　处理前后的蚕丝纤维形貌

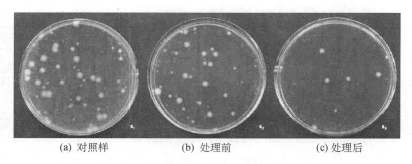

(a) 对照样   (b) 处理前   (c) 处理后

图 9-12　对照样及处理前后桑蚕丝纤维对枯草菌的抑菌效果

3. 麻纤维

麻纤维中的大麻、罗布麻与亚麻等均具有天然抗菌防臭功能,是一种天然的绿色环保抗菌防臭纤维。由麻纤维制成的织物具有抑菌防臭性能。大麻纤维具有良好的吸湿性、导湿性和透气性,国外已经利用其优良的特性开发了一系列可生物降解产品,如包装箱、防霉抗菌防臭贮藏盒等。我国大麻产量丰富,利用大麻纤维生产的抗菌防臭纺织品将在服饰、服装、家装等领域具有广泛的应用前景。

4. 竹纤维

竹纤维具有天然的抗菌防臭性能,纤维中含有的抗菌防臭物质能与纤维素大分子紧密结合,因此抗菌防臭效果持久且无毒害。竹纤维中含有天然的抗菌物质,经研究证明竹沥具有广泛的抗微生物功能,因此用竹纤维制成的纺织品的 24 h 抗菌率可达71%。竹纤维制品对人体有保健作用和杀菌效果,并且不会对皮肤造成过敏性不良反应。

5. 植物源天然抗菌纤维

植物源天然抗菌纤维在其制备过程中添加了提取自植物的天然成分,如槲皮素、芦丁、姜黄素中的黄酮类物质,以及精油中的多酚类物质等。青岛百草新材料股份有限公司运用提纯技术从艾草植物中萃取活性分子并融入纤维,开发出艾草改性聚酯纤维,特征物即槲皮黄素含量≥0.01 mg/kg,对金黄色葡萄球菌、大肠杆菌、白色念珠菌的抑菌率均大于95%。

6. 其他天然抗菌剂

天然抗菌剂还包括天然微生物类抗菌剂和天然矿物类抗菌剂。微生物类抗菌剂提取自微生物,譬如微生物自身的代谢产物。矿物类抗菌剂提取自矿物质,如胆矾、雄黄等。但是目前,天然微生物类抗菌剂主要用于抗生素,天然矿物类抗菌剂主要用作药物,在抗菌纤维等纺织品中应用较少。

(二) 人工抗菌防臭纤维

1. 纳米除臭纤维

纳米催化杀菌剂包括纳米二氧化硅(SiO_2)、二氧化钛(TiO_2)、纳米氧化锌(ZnO_2)等,其中以纳米 TiO_2 最具代表性。纳米 TiO_2 在阳光尤其是紫外线照射下能分解出自由移动的带负电荷的电子和带正电荷的穴,它们形成电子对,吸附溶解在 TiO_2 表面的氧俘获电子形成 O^{2-},而空穴则吸附 TiO_2 表面的—OH 和 H_2O,氧化成羟基自由基,所生成的氧原子和羟基自由基有很强的化学活性,能与多数有机物反应(氧化),同时能与细菌内的有机物反应,从而在短时间内就能杀死细菌,达到消除恶臭和油污的效果(图 9-13)。

　　纳米除臭纤维具有广谱杀菌、效果持久与耐热性好等优点,但也存在一些缺点,例如在其发挥抗菌防臭功能时,必须具备紫外线照射和氧气两个基本条件。

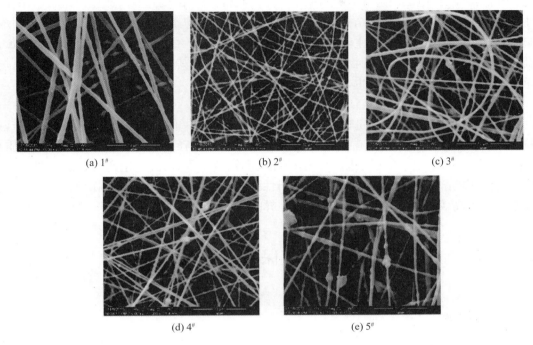

(a) 1#　　　　　(b) 2#　　　　　(c) 3#

(d) 4#　　　　　(e) 5#

图 9-13　PAN 纳米纤维和 PAN/TiO₂ 复合纳米纤维的扫描电镜照片

　　2. 稀土元素处理的纤维

　　稀土元素是元素周期表中列于第三类副族的钪、钒和镧系元素的总称,包括钪、钇及镧系中的镧、铈、镨、钕、钷、钐、铕等共 17 种元素。稀土离子的多元配合物能使纤维具有耐久的抑菌性能。稀土离子具有较高的电荷数(+3 价)和较大的离子半径(85~106 nm),在织物抗菌整理过程中,稀土离子能与织物中的氧、氮等配位离子形成螯合物,从而使抑菌剂与织物牢固地结合在一起;同时,稀土离子能够作为不同抑菌剂之间的联结点,产生协同抑菌作用,使织物具有广谱的抑菌除臭效果。

　　3. 芳香纤维

　　芳香纤维是一种与嗅觉有关的纤维,主要包括去除异味的纤维和发出香味的纤维两大类。采用高聚物熔体与芳香油混合再挤压成型的方法,可以提高香味的持久性。但是,适合这种制备工艺的香料种类与浓度的变性小,故能够使用这种制备方法的纤维有限。之后,进一步的研究证实,将芳香物质微胶囊化是一种行之有效的办法。当纤维内部混入微胶囊化香料后,能够在较长的时间内连续释放香味;而当微胶囊被破坏时,香味会立即释放而达到除臭的目的。随着芳香纤维市场潜力的展现,国内针对此种纤维的研究层出不穷,例如:李克兢、汪家琛等研制出一种基于微胶囊技术的抗菌芳香型内衣;天津工业大学功能纤维研究所研制出一种具有芳香气味的复合型纤维,纤维手感柔软,物理性能较好,香气留存时间长,且无毒,不会刺激人体皮肤。

4. 负离子纤维

日本最先成功研发出添加负离子的纤维,它是一种集远红外线辐射、释放负离子、抑菌、抗菌、去异味、除臭、抗电磁辐射等多种功能于一体的高科技产品,通过在纤维生产过程中添加一种主要成分为典型的极性晶体结构的负离子素的纯天然矿物添加剂(例如电气石)制备而成。负离子添加剂的抗菌抑菌机理主要有两个方面:首先,人体产生的异味、有害气体、细菌均带正电荷,负离子能中和带正电荷的物质,直到其无电荷后沉降;其次,负离子材料周围有强电场,可杀死细菌或抑制细菌分裂增生,使细菌失去繁殖条件。

5. 银纤维

银纤维表面的银离子能够迅速地将变质的蛋白质吸附在纤维上,从而降低或消除异味,达到抗菌除臭的效果。在温暖潮湿的环境中,银离子具有很高的生物活性,极易和其他物质结合,使得细菌内外的蛋白质凝固,阻断细菌的呼吸和繁殖过程。此外,银离子还能削弱病菌体内有活力作用的酵素,防止副作用和病菌的耐性强化,从而在根本上控制病菌的繁殖。综上,银纤维是一种高效、广谱、持久、安全的抗菌除异味纤维。

第五节　保暖纤维

一、保暖纤维

传统纤维主要通过阻止人体热量逃逸,如增加织物的厚度及密度的方式来增加纤维之间的静止空气,从而达到保暖性能。天然纤维,如棉纤维、羊毛和羽绒等,具有特殊的纤维结构,如中空、卷曲等,能够很好地保存静止空气,因此具有很好的保暖性能。为达到更好的保暖效果,这些织物通常较厚、比较蓬松,人们穿着时容易显得臃肿,缺乏美观性和方便性。随着化学纤维新技术和新工艺的发展,越来越多的新型保暖纤维被研发出来,使传统保暖服装走向"轻薄暖",在增强舒适性的同时更加时装化。近年来,具有发热功能的保暖纤维得到了研究人员的广泛关注,且在市场上得到一定应用。下面主要介绍五种保暖纤维的研究状况与应用:

二、保暖纤维的种类及制备

（一）异形纤维

中空纤维是一类通过模仿自然界中天然纤维的空腔结构,横截面上可见其沿轴向空腔结构的化学纤维。中空结构能保留大量静止空气,降低了纤维的热传导率,赋予纤维良好的保暖性,且使纤维蓬松。

中空纤维生产主要用异形喷丝板。随着异形喷丝板逐渐多样化,研究人员已经开发出具有圆形、三角形、四边形等多种截面形状的中空纤维;同时,随着碱易溶和水易溶复合纺丝技术的发展,多孔中空纤维得到了迅速的发展,其孔数也逐渐增多,可达到九孔,纤维的中空度也不断扩大(从低于 30%至 40%～50%)。图 9-14 是 Sunlite 中空纤维的纵向和横截面电镜照片。Sunlite 中空纤维是一种保暖纤维,纵向表面平滑均一,横截面呈现近似圆形的中空结构。

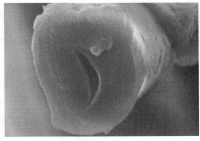

图 9-14　Sunlite 中空纤维的纵向与横截面电镜照片

（二）气凝胶纤维

气凝胶纤维是一种三维立体结构的多孔材料，具有独特的纳米多孔结构，这赋予其高孔隙率、高比表面积、质轻、低导热系数和隔热等特性。由于纤维材料的保暖性能与纤维材料内部的静止空气含量成正比，与纤维直径成反比，与整体材料密度也成反比，因此，气凝胶纤维是一种理想的保暖材料。

气凝胶纤维的制备主要包括成型和干燥两大过程。成型是指纤维通过一系列方法形成初步的立体三维形状的过程，目前常见的成型方法有纤维材料自组装法、纤维堆积法、溶胶-凝胶法。干燥是指在保证材料成型结构不被破坏的基础上，去除体系中溶剂组分的一系列过程，主要方法有冷冻干燥、超临界干燥和常压干燥等。图 9-15 是 Kevlar 气凝胶纤维的纵向和横截面电镜照片。Kevlar 气凝胶纤维具有褶皱的表面，横截面呈现出彼此连接的三维纳米纤维网络。

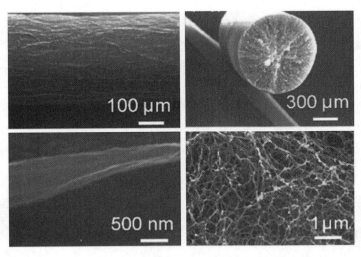

图 9-15　Kevlar 气凝胶纤维的纵向与截面电镜照片

（三）吸湿发热纤维

吸湿发热纤维对水分具有敏感响应性能，具有自动的吸热和放热性能。一是利用空气中含有较高动能的水分子与纤维中的强亲水性基团通过氢键结合，使水分子由于吸附作用而静止，水分子由运动状态转变为静止状态，在势能不变的条件下产生热能。二是利用气化反应——水分蒸发时会吸收周围大量热量的逆反应原理,即吸收人体表面的汗和湿气会产生物理反应而发热。空气中或人体周围的水蒸气被纤维吸收后转化成液态水而产生热量。

目前,制备吸湿放热纤维的方法主要有:(1)提高纤维亲水性,在纤维的分子链上引入亲水基团,进一步使其交联,制备出高吸湿性的纤维;(2)增加纤维的比表面积,通过表面能效应吸附水分子。图9-16为普通腈纶纤维与吸湿发热腈纶纤维的纵向电镜照片,后者是将大量—OH、—NH$_2$、—COOH、—CONH等亲水基团通过接枝共聚技术引入纤维大分子链而制备的,这些亲水基团提高了纤维的回潮率,即增强了纤维的吸湿性能。与普通腈纶纤维相比,吸湿发热腈纶纤维纵向结构粗糙,有较多深浅不一的沟槽,这使得水分子更加容易被纤维吸附并扩散,有利于提高纤维的吸湿发热性能。

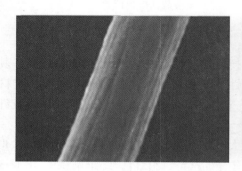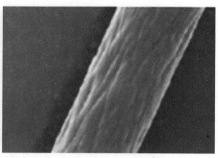

图9-16 普通腈纶纤维(左)和吸湿发热腈纶纤维(右)的纵向电镜照片

(四) 光能发热纤维

光能发热纤维能够吸收太阳辐射中的可见光与近红外线,并将其转化为热能,而且可反射人体的热辐射,故而具有保温功能。主要有远红外光能发热纤维和可见光近红外光能发热纤维。

光能发热纤维主要通过添加Ⅳ族过渡金属碳化物,如ZrC、TiC进行生产。碳化物能吸收阳光中的0.6 eV高能波长段(波长<2 nm),而反射低能波长段(波长>2 nm)。阳光中波长在0.3~2 nm的能量占其总能量的95%以上,而人体散发的热辐射波长为10 nm,几乎100%被反射,因此具有极好的蓄热保温功能。图9-17为普通腈纶纤维与光能发热腈纶纤维的纵向电镜照片,后者是将含有丰富远红外陶瓷颗粒的火山岩纳米粉体添加到纺丝液中制备的,其能够吸收太阳光中的远红外光辐射能,从而达到蓄热保暖的效果。与普通腈纶纤维相比,光能发热腈纶纤维纵向表面具有更深的竖条纹。

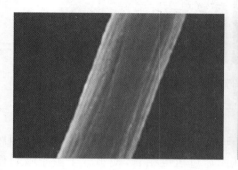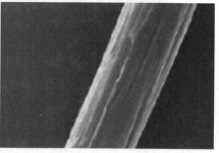

图9-17 普通腈纶纤维(左)和光能发热腈纶纤维(右)纵向电镜照片

（五）相变发热纤维

相变材料是一种具备双向温度调节功能的保温材料，它通过物相转变吸收或放出热量，从而实现温度调节。其在温度较高的环境中具有吸热功能，而在温度较低的环境中具有放热功能。主要利用微胶囊技术将相变材料制备成新型复合相变材料，即使用成膜材料把固体或液体包覆成具有核壳结构的微球。图9-18所示为石蜡/PVA纤维截面。纤维的截面疏松、多孔且孔径与微胶囊粒径基本一致，说明孔洞是由微胶囊中石蜡被刻蚀去除后产生的。

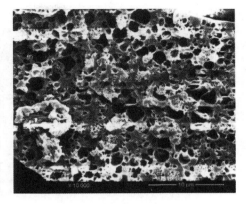

图9-18 石蜡/PVA纤维截面

三、保暖纤维的主要产品及应用

（一）Thermolite纤维

Thermolite纤维是由美国杜邦公司通过特殊的横截面设计制备的四孔中空纤维，中空结构可以实现隔离冷空气从而保持温度的目的。Thermolite可以通过传统的纺织工艺加工成面料，用于开发保暖内衣、保暖手套和防寒服等产品。

（二）Thermotron纤维

Thermotron纤维是由日本尤尼帝加（Unitika）纤维公司设计制备的一种纤维，其芯部溶有碳化锆的微小粒子，外圈为聚酯（PET）或聚酰胺（PA）。这种纤维可以吸收阳光中的可见光，并把光能转化成热能，还能反射波长较长的远红外线，使服装内部保持温暖。

（三）Outlast纤维

Outlast技术主要应用于腈纶纤维。该技术是指将热敏相变材料包覆于微胶囊内部，再将微胶囊植入腈纶纤维内部。Outlast纤维可以与各类纤维混纺或交织，广泛应用于户外服装、毛衣、衬衣、手套和床上用品等产品。

第六节 凉感纤维

一、概述

凉爽功能织物成为夏季服装面料开发的重点和热点。其与人体接触时能带给消费者凉感舒适性，受到消费者的青睐。

凉感纤维具有较高的导热系数，能够快速将人体皮肤的热量和汗液迅速传导至环境中并散发，从而达到吸湿、散热、保持人体皮肤干爽的目的，给人以冰凉舒适的触感。

二、凉感纤维的分类及制备

凉感纤维主要分为本征型凉感纤维、水分蒸发型凉感纤维、异形截面型凉感纤维及添加型凉感纤维。

（1）本征型凉感纤维。主要有竹纤维和超高分子质量聚乙烯纤维。竹纤维的笔直纵向结构和空腔结构能够加速热量传导。超高分子质量聚乙烯纤维由于在前期纺丝过程中经过高倍数的拉伸，所以其内部结构致密、规整，结晶度和取向度都较高，具有高导热系数，利用传导散热的原理，在接触人体皮肤时，更容易将热量导出。表9-7所示为几种常见纤维的导热性能，可以看出聚乙烯纤维的导热系数明显高于其他纤维，且聚乙烯纤维的取向度越高，导热系数越大。

表9-7　常见纤维的导热性能

纤维名称	导热系数[W/(m·K)]	纤维名称	导热系数[W/(m·K)]
高密度聚乙烯(HDPE)纤维	0.500	涤纶	0.084
低密度聚乙烯纤维	0.330	棉	0.071～0.073
锦纶	0.244～0.337	黏胶纤维	0.055～0.071
丙纶	0.221～0.302	羊毛	0.052～0.055

（2）水分蒸发型凉感纤维。主要利用物理或化学改性的方法进行制备。图9-19所示为Sophista纤维的横截面，该纤维由日本可乐丽公司制备，属于皮芯型复合纤维，其表层组分是聚乙烯醇，芯层组分是普通聚酯。表层即聚乙烯醇分子链上有大量的亲水基团，具有很好的吸湿、吸水性能，通过水分蒸发实现散热和导热，给人以凉爽的感觉。

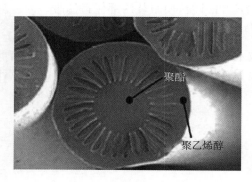

图9-19　Sophista纤维的横截面

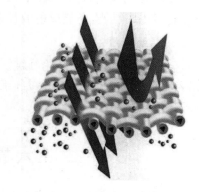

图9-20　葆莱纤维凉感产品

（3）异形截面型凉感纤维。主要通过改进纺丝工艺或者设计不同形状的喷丝孔来制备。如杜邦公司研发出具有中空四管状截面的纤维，这种形状增强了毛细效应，增大了比表面积，使得其面料具有优异的吸湿、排汗功能，体表汗液得以快速蒸发而产生凉感。图9-20所示为葆莱纤维凉感产品。通过在纤维生产过程中添加经特殊加工的纳米创新冷元素，制备出具有特殊异形断面结构的纤维，具有快速散热、瞬间降温、产生凉感的功能。

（4）添加型凉感纤维。在纤维中添加玉石粉、云母粉、冰片等物质，这些物质本身具备凉感特性，由此制备的纤维呈现出凉爽效果。通过物理改性和化学改性的方法制备凉感纤维。物理改性的方法主要指先将高导热的矿物粉末纳米化，后与聚合物切片共混，再经熔融纺丝制得凉感纤维。图 9-21 所示为凉感聚酯长丝的纵向形貌，可以看出纤维表面较光滑，其上有凉感母粒。

三、凉感纤维的应用

凉感纤维以天然材料为原料，通过结合纤维亲水及新型高异型化技术来实现瞬间凉感与持续凉感的统一，使人们在炎热的夏天着装更为舒适。因此，凉感纤维主要用于制作衬衫、背心、时装、套装、内衣、帽子、手套、袜子、护膝、毛巾和运动服等。

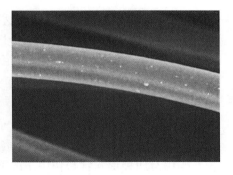

图 9-21　凉感聚酯长丝纵向形貌

第七节　防辐射纤维

电离辐射对人体和材料的危害很大，而不同的电离辐射在穿透能力、电离能力及其对人体及材料的损伤程度方面有不同的表现。电离辐射包括 X 射线、γ 射线、中子、α 粒子、β 粒子、质子等。这里主要介绍 X 射线、γ 射线、中子及相应的防辐射措施。电磁辐射是指电磁场能量，以频率在 $30 \sim 30\ 000$ MHz 的电磁波形式向外发射。防辐射材料是指能够吸收或消散辐射能，从而对人体或仪器起到保护作用的材料。

一、防 X 射线纤维

X 射线是一种波长在 $0.01 \sim 10$ nm 的电磁波，它是高速电子与物质发生作用时因突然受阻减速而产生的射线，极具穿透性和杀伤力。X 射线对人体的伤害很大，长期接触会损伤人体的性腺、乳腺、红骨髓等部分，超过一定剂量，还会造成白血病、骨髓瘤等疾病，给生命带来严重的危险。

防 X 射线的实质是将穿过物质层的 X 射线强度降到最低点。铅元素以其原子序数大、价格低廉等特点成为非常重要的 X 射线屏蔽物质，但是铅氧化物有一定的毒性，会对环境产生一定的污染。为了避免铅粒子的缺陷，人们对铅替代屏蔽材料如铋、锡、锑或其混合物进行了研究，目的是减少防护服的质量，同时提高防护材料的防护性能。研究表明，用氧化铋涂层可以生产轻质织物，所得织物和普通铅围裙对 X 射线的防护呈现出类似的衰减效率。用于 X 射线屏蔽的无铅涂层织物的研究重点之一便是其射线辐射衰减性质，钨、铋及钡的粉末已经被证实具有优异的 X 射线屏蔽性质，所以也可以作为铅的替代品。

二、防 γ 射线纤维

γ 射线是放射性核素衰变时从核内释放出的高频射线，电磁波的波长短于 0.02 nm。γ 射线具有比 X 射线更强的辐射能量，其穿透力和杀伤力也更强，因此 γ 射线对人体产生的危害比 X 射线更为严重。

γ 射线防护纤维及织物的吸收机理和技术途径基本上与 X 射线相同。研究表明，聚乙烯、聚丙烯、聚苯乙烯、聚碳酸酯、聚酯、聚氯乙烯等具有良好的耐辐射性，都可以用作熔纺制造复合防辐射纤维的基体高聚物,因为这些高聚物的含氢量高,而含氢量高且密度大的高聚物对 γ 射线有一定的阻滞作用。也采用铅板、铅纤维与普通纤维混纺,以及含铅、硼、钡等元素的纤维及其他材料,它们均对 γ 射线有一定的屏蔽作用。

三、防中子射线纤维

中子是一种不带电荷的中性粒子,不会直接引发电离,但易在衰变后引发电离。中子的穿透能力极强,可产生感生放射性物质,在一定的时间和空间上造成放射性污染。中子和物质的相互作用有两种形式:(1)快中子的散射和减速;(2)慢中子被吸收后放出共化粒子或 γ 射线。对中子的屏蔽实际上是要将快中子减速和将慢(热)中子吸收。快中子慢化材料是氢元素含量较高的石蜡、聚乙烯和聚丙烯等,慢中子吸收物质是含锂元素的氟化锂、溴化锂、氢氧化锂及含硼元素的氧化硼、硼酸和碳化硼等。快中子慢化材料和慢中子吸收物质微粉混合后使用,可以得到具备优良的中、低能中子屏蔽性能的新材料。

日本东丽公司采用复合纺丝方法制取防中子辐射复合纤维,其具体做法:将中子吸收物质与高聚物在捏合机上熔融混合后作为芯层组分,并以纯高聚物作为皮层,进行熔融纺丝加工,所得初生纤维呈皮芯结构,再经干热或湿热拉伸处理,制得具有一定强度的纤维。但该纤维的纺制设备较复杂,投资较大。日本相关公司还将锂和硼的化合物粉末与聚乙烯树脂共聚,然后采用熔融皮芯复合纺丝工艺,研制了防中子辐射纤维材料,可用于医院放疗室内医生和患者的防护。

四、防电磁辐射纤维

电磁辐射的防护主要针对高频电磁波,其防护机理是反射电磁波,而吸收电磁波的防护方式相对困难,除非允许采用很厚重的防护层,而这对于纺织品而言并不合适。目前,针对频率为 30~300 MHz 的电磁波,有非常严格的防护标准。基于反射机理的防电磁辐射纤维主要包括金属纤维、金属镀层纤维、涂覆金属盐纤维、结构型导电聚合物纤维和复合型电磁屏蔽纤维等。

(一)金属纤维

金属纤维(如不锈钢、铜、铝、镍等)是传统的屏蔽材料,其细度、柔软性接近一般纺织纤维,具有良好的导电性、优良的耐热和耐化学腐蚀性及较高的强度,主要用作电磁辐射防护服、抗静电服等。但是,金属纤维的密度大、弹性差,由其制得的防护服装过于沉重,手感偏硬。

我国山西华丽服饰科技发展有限公司开发的电磁波屏蔽面料采用了特殊的加工工艺,将不锈钢纤维均匀分布在涤棉纤维中,在 10 GHz 频率下,面料屏蔽性能为 34.77 dB。但是,金属纤维的刚性较强,耐搓性欠缺,直径在 8 μm 以上的金属纤维织物尤为突出,经多次搓洗,会有折断的金属纤维脱落,贴身穿着有刺痒感,屏蔽效能也有所下降;金属纤维遇到汗液会锈蚀,对人体皮肤不利。在生产不锈钢纤维防护服的过程中,经常会出现由于不锈钢纤维脱落而产生操作工人皮肤过敏的现象。

日本住友化学公司、美国杜邦公司和 3M 公司等先后开发了铝系和铜系等更加柔软、纤细、外观酷似棉等天然纤维的金属纤维。瑞士 Swissshield 公司研发的电磁防护织物 "Swissshield"使用了一种非常细的金属丝作为芯纱,并通过一种特殊工艺将棉或涤纶包覆在外层,该织物像镜子一样有效反射的电子辐射,可用于从家庭到工作装及军需品等领域。但金属纤维密度较大,断裂强度和初始模量远大于普通纤维,混纺和交织都较困难。

（二）金属镀层纤维

金属镀层纤维是将金属以分子或原子状态覆盖在纺织纤维表面而得到的。在化学纤维表面沉积厚度为 $0.02 \sim 2.5 \mu m$ 的金属层,可得到电阻率为 $10^{-2} \sim 10^{-4} \Omega \cdot cm$ 的表面金属化纤维。纤维表面金属化的方法主要有化学镀、电镀和真空镀三种。

镀铜、镀镍纤维具有良好的屏蔽性能,被广泛应用于电磁辐射防护领域。研究证明,铜的特定络合物可致癌,并且铜、镍可能会引起皮肤过敏。因此,含有镀铜、镀镍纤维的面料不适宜用于贴身穿着的防护服。由镀银纤维制成的织物不仅防电磁辐射、安全可靠,而且质地轻薄、柔软、透气,还具有耐腐蚀、抗菌除臭等功能,非常适宜用于贴身穿着的防护内衣,在电磁辐射频率 $0.15 MHz \sim 20 GHz$ 范围内,其屏蔽效能大于 $60 dB$。但镀银纤维昂贵,且银镀液的利用率太低,限制了其使用。

（三）涂覆金属盐纤维

采用金属络合物处理聚合物纤维,可制成电阻率在 $1 \Omega \cdot cm$ 以下的纤维,纤维电阻率的具体数值取决于金属盐的种类。可广泛应用于抗静电、防电磁辐射和保健领域。

日本研制出含 Cu_9S_5 的导电聚丙烯腈纤维,其方法是将聚丙烯腈纤维浸渍在二价铜溶液中,然后利用有机或无机含硫还原剂将二价铜还原为一价铜离子,并与聚丙烯腈纤维上的氰基发生强烈络合,从而在纤维表面生成 Cu_9S_5 的导电层,电阻率为 $0.82 \Omega \cdot cm$。随后,日本三菱人造丝公司将此方法推广到聚酯纤维中。东华大学以腈氯纶为基材,先用硫酸铜溶液,继而用含硫还原剂进行导电化改性处理,制备出基体的物理力学性能不受影响,而电阻率由 $10^{14} \sim 10^{15} \Omega \cdot cm$ 下降到 $10^{-2} \sim 0.1 \Omega \cdot cm$ 的导电纤维。金属离子在聚合物纤维内有一个饱和态,其导电性不能无限制地提高,而且会随温度升高而降低。

（四）结构型导电聚合物纤维

结构型导电聚合物是指不需要加入其他导电物质,而依靠成纤聚合物结构即具有导电性的物质。结构型导电聚合物可直接制成结构型导电聚合物纤维,纤维完全由导电聚合物组成,无需其他处理即可导电。

聚吡咯、聚噻吩和聚苯胺等系列的结构型导电聚合物被相继合成,成为防电磁辐射纤维的一种新思路。但由于这类聚合物的刚度大、难溶、难熔或相对分子质量低,纺丝成纤较为困难,热、光稳定性和加工稳定性差,成本极高,且难以适应很多纺织材料的应用要求,因此其应用受到限制。近年来,研究人员相继合成了可溶、可熔的聚 3-烷基噻吩和可溶的聚苯胺,并采用凝胶纺丝法制成了高取向的聚苯胺纤维。由此可见,结构型导电聚合物纺制纤维越来越接近现实。

（五）复合型电磁屏蔽纤维

复合型高分子电磁屏蔽纤维的生产以高分子材料为基体,加入多种导电物质（如炭黑、石墨、金属粉、金属氧化物等）,进行共混纺丝。高分子材料可以是高密度聚乙烯、聚丙烯和聚酯等（表9-8）。

日本公布了一项专利,其中的电磁波屏蔽黏胶纤维是将铜粉加入黏胶,再经湿纺工艺制成的。以该纤维制成的织物用于计算机罩、健康服等,呈现出较好的防电磁辐射效果。

表 9-8　防辐射纤维材料性能对比

高能辐射防护材料		防护效果	优缺点
含铅类	混凝土	较高	固定式,移动性差
	铅玻璃	高	光学性能好,但质量大
	铅稀土纤维	高	质量大,安全性较差
	碳化硼	高	能吸收二次辐射,但有毒
氧化物类	氧化铋纳米纤维	较高	无毒,高成本效益,易制造
	稀土纤维	较高	质轻无毒
	稀土弹性体	高	环保,易加工,可重复利用,耐霉

五、应用展望

防辐射纤维广泛应用于国防和民用等诸多领域。目前,防辐射纤维正朝着"专门化"(对某种射线具有特别好的防护能力)和"多功能化"(适用于存在多种射线的场所)的方向发展。随着人类关于健康和环保意识的增强,消费者对纺织品的安全、卫生、保健性能提出了更高的要求,防护性和保健性兼具的纤维将是未来防电磁辐射纤维的发展方向。相信随着各种射线及射线源广泛的应用,防辐射纤维及材料的研究和应用前景将日益广阔。

第八节　智能纤维

智能纺织品和智能服装是纺织服装工业的未来,智能纤维也日益受到重视。智能纤维是指能够感知环境的变化或刺激(如机械、热、化学、光、湿度、电磁等),并能做出反应的纤维。本节主要介绍调温纤维、变色纤维、形状记忆纤维和拒水拒油纤维等智能纤维。

一、智能调温纤维

智能调温纤维是将纤维制造技术与相变蓄热材料技术相结合而开发出来的一种新型功能性纤维,俗称空调纤维,具有双向调温作用。传统的凉爽、保温纤维在温度调节上都是隔离式、被动的,无法自动调节控制。智能调温纤维具有智能调温的效果,可以根据环境温度的变化释放或吸收热量。含有相变材料的织物,在环境温度升高时,相变材料从固态变为液态,吸收热量,利于降低体表温度;相反,当环境温度降低时,相变材料从液态变为固态,放出热量,利于减少人体向环境释放的热量,维持人体的正常体温,使人体始终保持舒适状态。智能调温纤维材料可以智能地、主动地控制其周围的温度,并且可以在温度振荡的环境中循环使用,这改变了传统保温纤维只具备单向温度调节功能的不足。

(一)智能调温纤维用相变材料的选择及分类

保持人体舒适的环境温度一般在 $29\sim35\,^\circ\!C$,因此制备智能调温纤维应选用相变温度落在这个区间的相变材料。导热系数、相变潜热和材料密度等参数都会影响相变材料的调温效率。

一般情况下,应选择密度和潜热较大、导热迅速、热膨胀系数小的相变材料。循环蓄热性能也是纤维用相变材料的一个重要指标,即相变过程无过冷、过热现象,保持蓄热性能的稳定,即使在洗涤等过程中,蓄热性能也不变化、不损失。通常情况下,具有应用价值的纤维用相变材料的使用循环要大于 1000 次。另外,化学和物理稳定性、热稳定性、流变性、与聚合物共混纺丝加工性等也是纤维用相变材料在选择时需考虑的重要参数,以保证生产工艺简单、成本低。

智能调温纤维是利用物质在相变过程中释放和吸收潜热,同时温度保持不变的特性研发的,又称之为蓄热调温纤维或相变调温纤维。相变主要表现为气、液、固三态的变化。相变材料(phase change materials,简称 PCM)在外界温度变化时,会相应地改变物理状态,实现能量的释放和储存,从而进行温度的调节。在相变过程中,材料发生晶型转变、结晶、晶体熔融等物理过程,并且伴随着分子聚集态的结构变化。纤维用相变材料可分为有机、无机相变材料两类,见表 9-9。

表 9-9　纤维用相变材料

项目	无机相变材料	有机相变材料	
材料列举	结晶水合盐类:$Na_2SO_4 \cdot 10H_2O$、$Na_2HPO_4 \cdot 12H_2O$、$CaCl_2 \cdot 6H_2O$、$SnCl_2 \cdot 6H_2O$	高级脂肪烃(石蜡烃)、有机脂	多元醇
相变温度(℃)	常温,可调节	常温,可调节	常温,可调节
相变焓(J/g)	100～300	150～300	100～300
热传导性	好	较好	好
循环性	差	好	很好
相变类型	固-液	固-液	固-固
优点	相变热大,体积蓄热密度大,导热系数较有机相变材料大,价格便宜	无毒性,不腐蚀,不吸湿,潜热大,一般不过冷,不析出,性能稳定,价格低廉	
缺点	过冷度大,易析出分离,经过几次蓄热-释热循环后,蓄热性能逐渐下降,因此需预先添加助剂来防止过冷和相分离	导热系数小,通常采用添加金属粉末、石墨粉的方法强化导热。固-液型相变材料,液态石蜡容易渗出纤维而失去功能	

（二）智能调温纤维的制备方法

1. 浸渍法

相变纤维制备一般通过两个步骤:先制成中空纤维,然后将中空纤维浸渍于相变材料溶液中,使纤维中空部分充满相变材料,经干燥后利用特殊技术将纤维两端封闭,存在的问题是中空纤维存在封端困难。Vigo 等人将由黏胶和聚丙烯等组分制备的中空纤维浸渍于低相对分子质量的 $CaCl_2 \cdot 6H_2O$、$SrCl_2 \cdot 6H_2O$ 溶液中,使相变材料进入纤维内部,得到相变温度在 -40～60 ℃的纤维。但是,低相对分子质量的相变材料溶于水,洗涤时易从纤维中溶出。后来又将相对分子质量为 500～8000 的聚乙二醇和二羟甲基二羟基乙二脲(DMDHEU)等交联剂和催化剂一起加入传统后整理工艺,使得纤维蓄热性更持久。用中空纤维浸渍法制得的智能调温纤维内径较大,且相变物质易残留在纤维表面,故在使用过程中易于渗出和洗出,作为服装用纤维还存在很大的局限性。

2. 熔融复合纺丝法

将聚合物和相变材料熔体或溶液按一定比例混合,采用复合纺丝工艺纺制成皮芯型相变纤维。低温相变材料的熔体黏度非常低,并无可纺性。因此,单纯相变物质用于熔融复合纺丝比较困难,需要加入增塑剂,以满足纺丝工艺要求。张兴祥将 PP 和相对分子质量为 1000～20 000 的 PEG 及增稠剂作为主要原料,采用熔融复合纺丝工艺研制出皮芯型复合相变纤维。应用这种纤维制成 490 g/m² 的非织造材料,在 35.5 ℃左右时,其内部温度比纯 PP 非织造材料低 3.3 ℃,而在 26.9 ℃左右时,其内部温度比纯 PP 非织造材料高 6.1 ℃。

3. 微胶囊法

微胶囊法是目前制备相变纤维最先进的方法之一。用某些无机化合物或高分子化合物,以化学或物理方法将具有一定相变温度的 PCM 包覆起来,包覆材料作为囊壁,制成常态下稳定的直径为 1～100 μm 的固体微粒,PCM 性质不受囊壁影响,再将一定量的 PCM 微胶囊添加到纺丝液中,通过喷丝板挤出形成纤维。微胶囊必须嵌入纤维的内部,这样微胶囊内的 PCM 才能稳定地存在于纤维中。微胶囊技术用于相变纤维,在一定程度上解决了相变材料的泄漏问题。微胶囊的壳壁是不渗水的,厚度小于 1 μm。微胶囊的直径一般在 1～100 μm。微胶囊可以通过离心流动床、喷射烘干、界面缩聚反应或涂层等方法制备。通常,微胶囊中的 PCM 质量分数不超过 80％(一般在 50％～60％)。采用微胶囊法制备的智能调温纤维,由于微胶囊的包覆下,相变物质与外界环境隔绝,保证了其在加工温度下的稳定性,便于在基质中分散,调温性能显著,在穿着、洗涤、熨烫等过程中也不会外逸。

上述三种制备智能调温纤维的方法中,复合纺丝法需要添加大量增塑剂才能纺丝,浸渍法存在封端困难的问题。因此,微胶囊法是目前制备智能调温纤维最实用的一种。采用静电纺丝工艺制备纳米智能调温纤维的方法,还在不断改进中。

(三) 智能调温纤维的应用

由智能调温纤维制备的纺织品的主要应用领域包括国防、航空航天、装饰、医疗卫生及服装等。

1. 服用领域

智能调温纤维可纯纺,也可与棉、毛、丝、麻等纤维混纺或交织,可以梭织或针织。层出不穷的智能调温织物已被开发并应用,例如:采用腈纶型 Outlast 调温纤维/棉(50/50)的混纺纱线(16.2 tex)为原料制成的智能调温针织面料;采用 40％腈纶型 Outlast 调温纤维与丝光羊毛和天丝混纺制成的智能调温毛衣;采用 40％黏胶型 Outlast 调温纤维(14.8 tex)与 Modal 或牛奶蛋白纤维混纺制成的智能调温内衣;采用 40％黏胶型 Outlast 调温纤维与 60％精梳棉制成的智能调温 T 恤;以及具有智能调温功能的桑蚕丝服装、纳米智能调温毛织物、智能调温功能性羊绒等产品。智能调温纺织品大量应用于户外服装、内衣裤、毛衣、衬衣、帽子和手套等,具有良好的调温效果。其服装服饰产品在美国、欧洲、日本也很流行。特别是在户外运动者和对温度变化较为敏感的老年和婴幼儿中,这类产品更受欢迎。

2. 装饰领域

智能调温纤维在装饰领域主要用于窗帘、保温絮片和床上用品等方面,其中床上用品主要有床垫、床垫褥、棉被、枕头和毛毯等产品。智能调温床上用品采用的吸热型相变材料可储存和释放能量,将床上的温度和相对湿度都保持在理想的范围内,这会帮助人们安然入眠,使他们不会因为感觉过热或者夜晚出汗而踢开被子,从而轻松进入甜美梦乡。如金华新佳家纺有限公司研制出自动调温被芯,它通过改变棉纤维的空间结构,改善了强度、弹性和收缩等性能。

3. 医疗卫生领域

智能调温纺织品在医疗卫生领域主要用于手术服、病房内的床上物品等,在改善医生和患者穿着舒适度的同时,对患者的心理也能起到良好的安抚作用。相变调温织物还可以用作医用恒温绷带,防止其局部温度过高,进而防止使用部位出汗引起的伤口感染等情况。

4. 产业领域

智能调温纺织品在产业领域主要应用于建筑屋顶、汽车内衬、电池隔板或其他材料等方面。在汽车内部采用智能调温纺织品作为汽车内衬,可以通过相变材料的放热和吸热来保持车内温度的恒定,为乘客提供舒适的温度环境;同时在座椅和车顶部位采用智能调温纺织品也具有明显的调温效果,应用在座椅部位的调温纺织品不但可以通过 PCM 的相态变化来吸收乘客身体产生的多余热量,而且能够减少乘客身体湿气的产生。

智能调温相变纺织品应用领域广阔。随着相变智能调温技术的不断发展,其应用领域还将进一步扩大。

二、变色纤维

变色纤维是一种具有特殊结构或组成,在受到光、热、水分、不同酸碱性或辐射等外界条件刺激后,可以自动改变颜色的纤维。

(一)变色纤维的类型

变色纤维主要有光致变色纤维与热敏变色纤维两种。前者是指在一定波长的光线照射下可产生变色现象,而在另一种波长的光线照射下会发生可逆变化,回复原来颜色的纤维;后者是指随温度变化颜色发生变化的纤维。这两种变色纤维的特点见表 9-10。另外还有电致变色纤维、水致变色纤维与酸致变色纤维等。

表 9-10　两种变色纤维的特点

纤维类型		加工工艺特点	性能特点
光致变色纤维	有机类	加工过程中加入有机类物质,如含螺吡喃衍生物、偶氮苯类衍生物等	发色和消色快,但热稳定性和抗氧化性差,耐疲劳性也弱,且受环境影响大
	无机类	加工过程中掺入单晶的 $SrTiO_3$	克服了有机光致变色纤维的热稳定性和抗氧化性差及耐疲劳性弱的缺点,且不受环境影响,但无机光致变色纤维的发色和消色较慢,粒径较大
热敏变色纤维		可将热敏变色剂充填到纤维内部,还可将含热敏变色微胶囊的氯乙烯聚合物溶液涂于纤维表面,再经热处理使溶液成为凝胶状,获得可逆的热敏变色功效	日本东丽公司研发的温度敏感织物"Sway",针对不同的用途,有不同的变色温度;英国默克化学公司开发的温度敏感织物,能在常温条件内显示出缤纷色彩

(二)变色纤维的制备方法

与染色和印花技术相比,变色纤维的技术开发较晚。但变色纤维有明显的优点,其织物具有耐洗涤、手感好、变色效果较持久等特点。变色纤维的制备方法主要有溶液纺丝、熔融纺丝和后整理及接枝聚合,见表 9-11。

表 9-11　变色纤维的制备方法

制备方法		定义	特点及应用
溶液纺丝		将变色化合物和防止其转移的试剂,添加到纺丝液中,进行纺丝	可用于服装、窗帘、地毯和玩具等方面
熔融纺丝	聚合	将变色基团引入聚合物分子链上,再将聚合物纺成纤维	合成含硫衍生物的聚合物并纺成纤维,其能在可见光下发生氧化还原反应,在光照和环境相对湿度变化时,颜色由青色变为无色
	共混	将变色化合物与聚酯、聚丙烯、聚酰胺等高聚物熔融共混,进行纺丝;或者把变色化合物分散在能和高聚物混融的树脂载体中制成色母粒,再与聚酯、聚丙烯、聚酰胺等聚合物熔融共混,进行纺丝	简便易行,但对变色化合物的要求很高(如耐高温等),因此其应用受到一定限制
	皮芯复合	以含有光敏剂的组分为芯,以普通纤维为皮组分,共熔纺丝得到光敏变色皮芯复合纤维	生产变色纤维的主要技术
后整理及接枝聚合		将纤维或织物用含螺吡喃衍生物的单体(一般为苯乙烯或醋酸乙烯)浸渍,单体在纤维内部聚合,使纤维或织物具有变色性	对变色材料的要求较低,操作简单,应用范围广,是一种较易推广的变色纤维生产技术

（三）变色纤维的应用

随着人们对产品功能性的要求提高以及对高档化、个性化要求的日益增强,具有高附加值和高效益的变色纤维近年来发展迅速。变色织物在服装和家居领域可广泛应用于 T 恤衫、裤子、游泳衣、休闲运动服、工作服、儿童服装、窗帘、墙布、玩具等;在军事上可用作军事伪装和某些功能性测试,如战场上的变色服等;也可作为防伪材料应用于票据、证件、商标等产品。

三、形状记忆纤维

纤维的形状记忆是指纤维在第一次成型时,能记忆外界赋予的初始形状,定型后可以任意产生形变,并在较低的温度下将此形变固定下来(二次成型),或者在外力的作用下将此变形固定下来。形状记忆纤维在受到加热或水洗等外部刺激时,可回复其初始形状,即,其产品对纤维最初形状具有记忆功能。

形状记忆纤维是对在特定条件(如相对湿度)下具有形状记忆功能的纤维总称。形状记忆纤维是一种智能材料。形状记忆高分子材料以其优异的综合性能、实用价值高、成本低等特点得到迅速的发展,并展示出巨大的应用开发潜力。

（一）形状记忆纤维的整理技术

纤维定型可分为在纤维之间定型与在纤维内部定型两种,见表 9-12。

表 9-12　纤维定型的分类及特点

类别	特　点
在纤维之间定型	利用与纤维结构中正压力有关的摩擦阻抗进行定型
	在纤维分子之间建立键联系,包括较强的胶黏剂键合与较弱的氢键
	用基质浸渍的方法,即使用树脂浸渍纤维,使纤维变得刚硬
在纤维内部定型	利用高聚物橡胶态与玻璃态之间的可逆转变机理,改变分子链的刚硬度而定型
	增加分子链之同的作用力,使分子链之间形成有效的连接,即通过强偶极键、氢键建立暂时的横向交联
	用结晶的方法,使纤维分子结构中各种形式的部分结晶形成更大、更有规则或更完整的晶体
	在聚合物分子链之间建立化学交联,使纤维获得稳定的形状
	用基质浸渍的方法

（二）形状记忆纤维的应用

形状记忆纤维不仅可用于加工智能服装,也可应用在医学领域。比如将纤维的形状记忆温度设置在人体温度附近,那么用这种纤维制成的丝线,就可作为手术缝合线或医疗植入物。由于该材料具有形状记忆功能,它能以一个松散线团的形式嵌入伤口,当其被加热到人体温度时,材料会根据其"记忆"的事先设计的形状和大小,相应地收缩拉紧伤口,待伤口愈合后,材料自行分解,然后无害地被人体吸收。

形状记忆纤维作为新出现的高科技智能材料,在服装、建筑、医学、军事等方面都有很大的应用潜力。但就目前现状而言,在技术方面还有很多需要完善和解决的问题,所以智能纤维还没有形成产业化。相信随着时间的推移和科技的进步,以及广大科技工作者的不懈努力,形状记忆纤维的批量化生产亦将成为可能。

四、传感纤维

相较于传统的刚性传感器,传感纤维器件具有良好的柔性、可穿戴性、生物相容性以及与皮肤接触的舒适性等优势,已经成为可穿戴电子产品的重要组成部分。

（一）传感纤维及其分类

1. 压力/应变传感纤维

压力/应变传感纤维器件能够对压力、拉伸和扭转等机械刺激引起的变形产生电信号响应。根据监测的机理,压力/应变传感纤维器件主要分为压阻、压电、电容和摩擦电效应四类(图 9-22)。

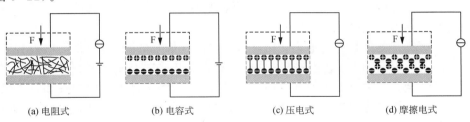

(a) 电阻式　　(b) 电容式　　(c) 压电式　　(d) 摩擦电式

图 9-22　压力/应变传感纤维器件传感机理

压阻式传感纤维器件通过电阻的变化来监测压力和应变,并通过电阻变化的大小来判断压力和压变的大小。压力和应变会导致纤维结构的变化,使纤维结构中导电填料之间的接触面积和接触距离发生变化,进而使传感纤维的电阻发生变化,实现传感纤维的传感功能。压阻式传感纤维器件通常由纤维基体和导电填料组成。常用的纤维基体主要有蚕丝、氨纶、聚氨酯纤维和聚丙烯腈纤维等。常用的导电填料主要有碳基材料(如碳纳米管、石墨烯等)、金属纳米材料(如银纳米线、金纳米颗粒等)和导电聚合物(聚噻吩、聚苯胺等)。压阻式传感纤维结构简单,读取信号方便,是最常用的传感纤维。目前,主要采用静电纺丝、干/湿法纺丝及浸渍涂覆等技术来制备压阻式传感纤维。王亚龙利用通过静电纺丝和浸渍技术制备了 RGO/TPU 纤维应变传感器(图 9-23),该纤维应变传感器在不同的拉伸应变下能显示不同的电阻信号的变化且能够监测人体的运动。

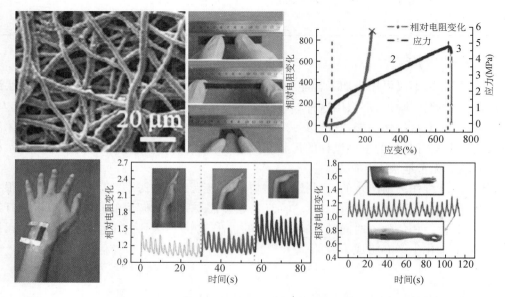

图 9-23　RGO/TPU 纤维的形貌、实物照片、连续拉伸应变下传感纤维相对电阻变化曲线及其监测不同人体运动的相对电阻变化曲线

压电式传感纤维器件依靠压电材料的压电效应将外界机械能转化为电能并进行输出,进而实现对外界刺激的监测。常用的压电纤维主要有压电陶瓷纤维(钛酸钡、钛酸铅和钛酸钙等)、聚偏氟乙烯纤维及其压电纤维复合材料等。目前,制备压电纤维的方法主要有静电纺丝法、溶胶-凝胶法、挤压法和拉伸法等。朱苗苗采用静电纺丝技术设计并制备了一种氧化石墨烯、无机钛酸钡纳米颗粒掺杂的 PVDF 静电纺压电纤维,氧化石墨烯和碳酸钡的协同作用极大地提高了纳米纤维的压电性能,使其对外界压力的响应更加灵敏。其能够实现对压力的稳定监测以及对不同人体运动的监测(图 9-24)。

电容式传感纤维器件是通过电容变化对负载作出电信号的响应,通常由电极和介电层组成。纤维由于其比表面积大、孔隙率高以及易变形的特点,在电容式传感纤维器件领域具有优异的应用前景。金泰宇利用简单的静电纺丝技术,制备了蓬松且无黏性的聚偏氟乙烯纳米纤维电容式传感器。该电容式传感纤维能够对外界的压力刺激实现稳定的电容信号的输出,并且可以集成到口罩上实现对人体不同状态下的呼吸监测(图 9-25)。

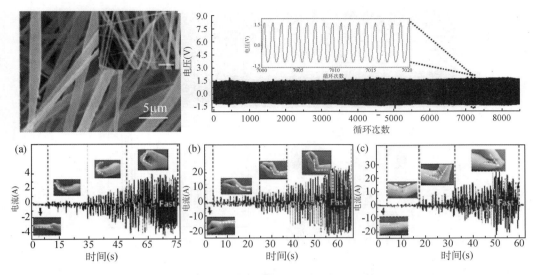

图 9-24 压电式传感纤维的形貌结构和传感性能

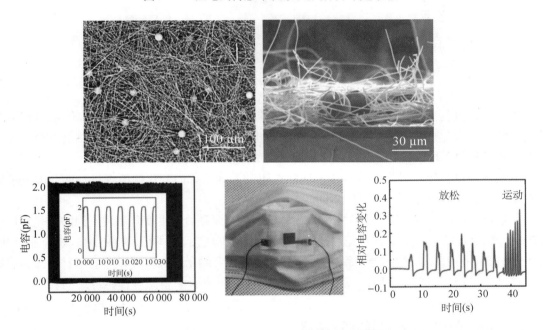

图 9-25 电容式传感纤维器件结构和传感性能

摩擦电传感纤维器件基于摩擦起电和静电感应耦合的工作原理,从而将机械力转化为电信号。摩擦电传感纤维可通过湿法纺丝、熔体纺丝和基于现有棉线的浸染等方法制得。图 9-26 展示了利用连续静电纺丝技术制备的超轻纳米微杂化核壳结构纱线。该摩擦电纱线可以编织为普通织物,并实现人机界面的能量收集或监测人体运动的信号,如手指触摸。

2. 温度传感纤维

温度传感纤维器件能够将温度变化转换为电信号。目前,温度传感纤维按其工作原理,主要分为热电式、电阻式及热敏电阻式三类。

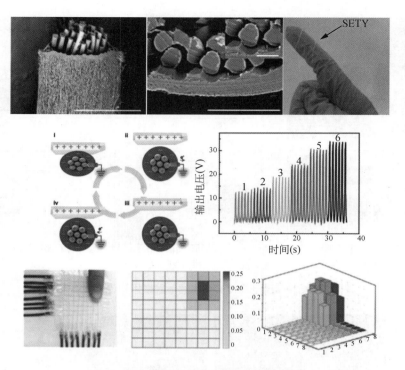

图 9-26　超轻纳米微杂化核壳结构纱线

热电式温度传感纤维器件通过温度变化改变了热电材料中的永久偶极矩,使得热释电晶体表面的电荷发生变化,从而将温度变化转换为电信号变化,实现温度监测。热电材料主要有聚偏二氟乙烯(PVDF)、碲化锑(Sb_2Te_3)、碲纳米线聚合物等。

电阻式温度传感纤维器件是基于金属的电阻随温度变化而变化的原理设计的。温度敏感材料主要有纯金属纤维,如铂纤维和铜纤维。

热敏电阻式温度传感纤维器件是基于传感材料的电阻随着温度变化出现不同的变化特性设计的。传统的热敏电阻主要有陶瓷和过渡金属氧化物等,它们成本低,灵敏度高,响应速度快。近年来出现了采用碳基材料、导电聚合物、金属纳米颗粒和纳米线等多种导电纳米材料作为温敏传感材料,并与 PU、PDMS、PET 等弹性聚合物基体进行复合制备温度传感纤维的新方法。

图 9-27 所示为基于还原氧化石墨烯的温度传感纤维。通过湿法纺丝技术制备了温度传

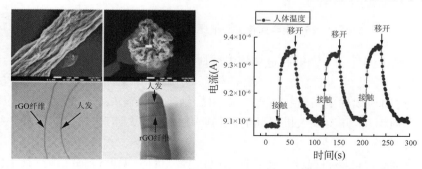

图 9-27　还原氧化石墨烯基温度传感纤维形貌结构、实物照片和温度传感性能

感纤维,在其两端涂上银环氧浆料形成电极,制备出独立的温度传感纤维器件,它具有高柔韧性,能够与普通纱线通过机织或针织等方式制备成织物温度器件。

3. 湿度传感纤维

湿度传感纤维器件能够将物体表面或环境中的湿度转化为可测量的电信号。湿度传感纤维器件的传感机制包括电阻式和电容式,电阻式是通过电阻信号的改变来响应湿度变化,其器件结构相对简单,由衬底电极以及位于衬底电极之间的传感材料组成。电容式是通过介电常数的改变而影响电容的大小进而响应湿度变化。

湿度传感纤维主要由湿敏材料、导电材料和基体材料等组成。湿敏材料主要有陶瓷(Al_2O_3 和 TiO_2)、聚合物(聚电解质和导电聚合物)以及半导体(GaN、SnO_2 和 In_2O_3)。柔性聚合物基底材料主要有聚萘二甲酸乙二醇酯(PEN)、聚二甲基硅氧烷(PDMS)和聚酰亚胺(PI)等。制备湿度传感纤维的方法主要有悬浮液涂布、喷涂、旋涂、混纺及静电纺丝等。其中利用静电纺丝技术得到 Li^+/SnO_2 单根纳米纤维,然后在纤维上蒸镀铝电极,制备出湿度传感纤维器件,能够实现 33%～85% 范围内的相对湿度监测。

4. 化学传感纤维

化学传感纤维器件通过监测人体皮肤表面的化学物质的变化来反映人体的生理状态动态变化。体表的汗液中有许多包含丰富化学信息的生理物质,个体的身体健康状况可以通过实时监测和分析体表汗液的生理物质进行显示。

化学传感纤维器件可以通过功能化的电极将目标分析物浓度信息转化为电信号。目前常用的监测体表汗液生理物质的器件主要是离子选择性传感器件和酶传感器件。化学传感纤维主要是以碳纳米管纤维为基底的同轴多层结构纤维。例如,通过在碳纳米管纤维电极上涂覆活性材料涂层形成同轴结构制备了葡萄糖、Na^+、K^+、Ca^{2+} 和 pH 纤维传感器件,且在反复变形下能保持良好的传感性能。集成的电化学织物传感器件可有效地检测各种生理信号,代表着电化学传感纤维走向实际应用的重要一步,图 9-28、图 9-29 所示为化学传感纤维的形貌及其对 Na^+、K^+、Ca^{2+} 和 pH 开路电位响应。

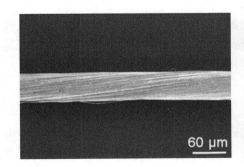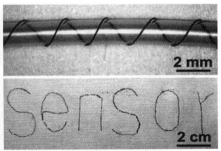

图 9-28　碳纳米管纤维电极的微观形貌结构和实物照片

5. 光学传感纤维

光学传感纤维器件可以将待测物与识别单元特异性结合产生光信号。根据产生的光信号的不同分为化学发光型、电化学发光型、比色型和荧光型传感器件。

化学发光是指化学发光的物质共反应剂接触后发生氧化还原反应产生电子转移,生成不稳定的高能激发态分子,并在返回基态的过程中以光的形式将能量释放。

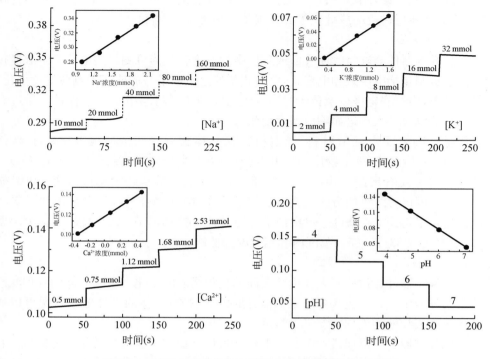

图 9-29　基于电化学传感纤维的织物的电化学传感性能

电化学发光是指当物质在电极表面受到电化学刺激时,物质会发生化学发光行为。

研究者根据分析物浓度或种类的不同,引起特定底物颜色变化的现象,构建了比色传感器,这种溶液颜色的变化通常是肉眼可见的。常见的变色底物有 3,3′,5,5′-四甲基联苯胺、2,2-联氮-二(3-乙基-苯并噻唑-6-磺酸)-二铵盐、邻苯二胺等,它们本身无色,经过化学反应会生成有色产物,引发体系的颜色改变。

荧光是物质的一种光致发光行为。当一定波长的入射光照射物质时,该物质吸收光能进入激发态,激发态发生振动弛豫及内转换等非辐射跃迁返回基态,并产生低于入射光能量的发射光;当停止入射光照射时,这种发光现象随即消失。

(二)制备技术

1. 后整理技术

利用物理浸渍涂覆、镀层、沉积等方法,在纤维基体表面包覆导电物质或形成导电薄膜制备传感纤维。浸涂工艺过程简单、快速、经济有效,但导电材料易从纤维基体表面脱落。镀层方法成本较高,但导电性能稳定。例如采用电镀、真空喷涂和磁控溅射等方法在纤维表面形成稳定的导电层。通过将 MXene 滴涂在氨纶纱纤维表面,制备了一种新型的氨纶纤维传感器。该传感器在 0～40%、40%～50% 的应变范围,灵敏度分别约为 5.82、46.61,且能够稳定地监测手指的弯曲和伸展运动,在未来的可穿戴电子产品中具有潜在的应用价值。以多孔可膨胀的 MIL-88A 作为湿敏材料,将其负载到 PDMS 纤维表面制得一种柔性湿度传感纤维。PDMS 纤维具备良好的柔性、可拉伸性和高弹性,使湿度传感纤维具有一定的力学性能,而 MIL-88A 能够响应外部湿度变化而发生可逆的结构转变,使湿度传感纤维能够随环境湿度变化而发生形状变化。

后整理技术制备的传感纤维，导电功能材料存在于纤维浅层及表面，由于纤维比表面积大，导电功能材料更容易构筑连续贯通的导电通路，因此更容易传导电荷，其导电性能普遍更好。但是在使用过程中，经过反复揉搓洗涤等机械外力刺激，表面的导电材料容易从纤维基体表面脱落，使导电性能下降，所以稳定性和耐久性较差。

2. 干/湿法纺丝技术

将纺丝液从喷丝口注入纺丝通道，在高温空气条件下，使溶剂快速挥发，纺丝液迅速固化成纤。湿法纺丝是将纺丝液从喷丝口挤出至凝固浴，纺丝液在凝固浴中成为固态初生纤维。

通过在纺丝前驱体中加入功能导电纳米材料，可以制备出具有传感功能的纤维。用同轴湿法纺丝技术，制备了外层是由硅胶（Ecoflex）材料制成的弹性基底层，内层是炭黑/聚二甲基硅氧烷（CB/PDMS）复合材料制成的导电层的纤维传感器，在 0～7％应变范围具有 7.14 的灵敏度，并能够很好地应用于监测人体关节运动。

3. 静电纺丝技术

静电纺丝适用于各种聚合物，如传统纺丝工艺使用的聚酰胺、聚酯以及蛋白质等聚合物。将导电功能材料添加到聚合物溶液中形成均匀的混合纺丝溶液，可以在静电纺丝的过程中将导电功能纳米材料包埋在纳米纤维中获得功能化纤维。利用静电纺丝技术制备了石墨烯掺杂的 PAN 纳米纤维，并制备出纤维传感器，该纤维传感器可贴附于皮肤表面，监测人体关节、心率及声带振动等运动与生理信息，也可应用于智能服装及微小形变监测等领域[41]。将静电纺丝技术制备的聚（苯乙烯-嵌段-丁二烯-嵌段-苯乙烯）弹性体纤维进行原位聚合导电银纳米颗粒制备出可拉伸导电纤维，能够对 NaCl 浓度实现检测，显示了在汗液传感可穿戴器件的应用潜能。

4. 微流控技术

微流控技术是一种通过几十到几百微米的通道来精确操控微小流体的技术。微流控系统中两相或多相彼此接触的层流流体不会发生混合，仅仅只在界面处发生扩散，因此，微流控纺丝技术可有效控制纤维的几何形状、微观结构及化学组分。

在过去的十几年里，微流控纺丝技术已经被广泛应用于制备各种结构微纤维。微流控技术也为形成微型水凝胶或水凝胶纤维提供了有效的方法。通过微流控技术制备的水凝胶导电纤维具有的柔性和可编织性，能够被应用为开发柔性电子织物，这种织物相对块状与薄膜状的水凝胶具有更高的可再加工性。基于微流控技术，通过快速界面交联反应，连续可控制备含银纳米线和锂离子的聚乙烯醇导电水凝胶微纤维。基于聚乙烯醇优良的拉伸性能及银纳米线和锂离子的双重导电性能，该微纤维可在较宽的应变范围内实现灵敏、重复、稳定的应变传感；同时，该微纤维还可将外界温度刺激有效转变为电阻变化，展现出优良的应变/温度双重传感功能。

（三）应用

1. 人体运动监测

传统纤维传感器可在不影响佩戴者日常活动的情况下提供持续的人体运动情况监测。通过纺织技术也可以将纤维传感器整合进服装中，实现对大幅度的关节运动和人体姿势的监测。例如，将纤维传感器集成到紧身衣的不同位置，可识别弯腰、抬手、坐立、俯身等多种人体姿势。图 9-30 显示了传感纤维应用于监测不同程度的手指弯曲和监测写字动作,手指弯曲不同的角度时,传感纤维具有不同程度的相对电阻变化。此外,在书写不同的单词时,传感纤维也表现出不同的相对电阻变化曲线的组合,说明传感纤维可以监测到写字动作。

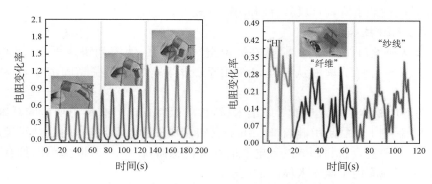

图 9-30　传感纤维监测不同程度的手指弯曲和监测写字动作

2. 人体健康监测

将纤维传感器穿戴到在皮肤表面可以监测脉搏、心跳、语音、呼吸和面部表情等。例如,将纤维传感器贴在前胸处,能够探测心跳的频率和幅度,可用于监测心脏疾病患者的健康情况。温度传感纤维器件可以实现实时检测人体皮肤温度的变化。化学传感纤维器件可以实现对汗液中多种生理成分(如电解质、葡萄糖等)实时、连续、非侵入检测,进而实现个性化的健康管理和疾病的早期筛查。

图 9-31 显示了传感纤维应用于监测人体脉搏,可以看到传感纤维能够将人体脉搏信号转化为电学信号进行输出。

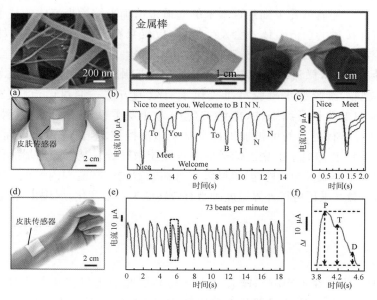

图 9-31　传感纤维监测人体脉搏和发音

3. 人机交互

纤维传感器可采集人体信号以操控机器,从而实现智能人机界面。例如,将纤维编织成电子纺织品能够监测外部压力刺激的强弱和位置。将导电纤维织入手套并穿戴到手上,可以识别手指动作或解读手势语,并以此驱动机器人完成指令。

图9-32展示了传感纤维应用于控制玩具汽车的运动。当人体进行不同的手势运动时,可以控制玩具汽车运动的方向,从而实现人机交互。图9-33展示了通过采集肌肉收缩产生的压力信号,通过蓝牙无线传输到智能手机。充分利用获得的实时信号,可以对人体肌肉的活动进行分析和重建。测试了不同类型的手部运动,包括屈腕、手腕弯曲和手腕旋转以及这些手部动作相对应的动作是敲键盘,并将其无线传输到手机上显示。

图9-32　传感纤维控制玩具汽车的运动

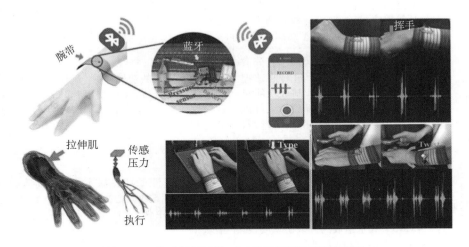

图9-33　传感纤维采集、分析和重建肌肉运动信号

第九节　护肤功能纤维

随着护肤理念的逐渐深化,护肤纤维及其纺织品也取得相应的发展。关于护肤功能纤维及其纺织品,延伸了其原有的概念,从开始的面部护肤延伸到全身的护肤,从一般性的营养皮

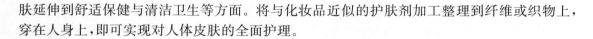

肤延伸到舒适保健与清洁卫生等方面。将与化妆品近似的护肤剂加工整理到纤维或织物上，穿在人身上，即可实现对人体皮肤的全面护理。

一、护肤功能纤维及其纺织品的特性

近年来，国内外对护肤纤维或织物进行吸湿凉爽、抗菌防臭、护肤养颜等特殊功能的加工，开发了一系列护肤养颜的功能纤维与纺织品。护肤功能纤维及纺织品具有三方面的特性：(1)天然性，即所采用原料均是从天然原料中提取的，因此对肌肤的作用温和；(2)健康性，即其具有滋润和调节湿度的作用，尤其适合作为针织内衣等面料；(3)安全性，即护肤功能纤维及纺织品的护肤调理功能不会对人体和环境造成伤害与污染。

二、新型护肤纤维及其纺织品

新型护肤功能纤维主要有牛奶蛋白复合纤维、珍珠纤维、海藻纤维、芦荟养颜护肤织物、纤维素壳聚糖护肤纤维、角鲨烯养颜护肤织物、甘草护肤织物等(表9-13)。

表 9-13　新型护肤纤维及其纺织品

产品	制备方法	特点	应用
牛奶蛋白复合纤维	先从牛奶中提取酪蛋白成分并与高聚物聚丙烯腈接枝共聚，形成结构中含有牛奶蛋白质氨基酸大分子的线型高分子，然后制成适合湿法纺纱工艺的蛋白纺丝液，再经纺丝、牵伸、后处理等工序，最终形成一种有别于天然纤维和化学纤维的新型纺织原料	纵向有隐条纹，边缘光滑，横截面呈圆形；兼有天然纤维与合成纤维的特性，舒适性好，抗菌防蛀	应用在丝织、棉纺、毛纺产品中，与羊绒、蚕丝、棉、毛、化纤等纤维混纺或交织，开发高档服装、内衣、衬衫、T恤、休闲装、运动衣、床上用品等
珍珠纤维	将珍珠蛋白超细粉体、偶联剂、分散剂和树脂在加热过程中进行高速捏合，经双螺杆共混挤出，制成功能母粒，然后将功能母粒干燥后加入纤维级树脂切片，通过熔融挤压纺丝，再经后处理，制得功能合成纤维	具有养颜护肤的功能，抑制黑色素的合成，保持皮肤白皙细腻，防止皮肤衰老起皱	制作高档内衣等贴身衣物，如文胸、短裤、T恤、背心、睡衣、运动衣、夏装、床上用品等
海藻纤维	将海藻粉末制成小于9 m的微细颗粒，然后将其粉末添加到纤维素的NMMO溶液中，或在纤维素溶解前加入，形成由纤维素、海藻、溶剂(NMMO)和水组成的分散纺丝液，再通过干湿法纺丝加工制得	具有促进血液循环并激活纤维素交换的功能，使皮肤绷紧并保持光滑细腻	用抗菌物质(金属银)对海藻纤维进行活化，制备海藻活化纤维，其具有永久性的抗菌效果
芦荟养颜护肤织物	将芦荟萃取液和角鲨烯进行乳化，制成白浊色的乳液，并对织物进行整理	具有良好的养颜护肤作用以及良好的保湿性和抗菌性	多用来制作内衣、睡衣和婴儿用品等
纤维素壳聚糖护肤纤维	采用溶剂法纺丝工艺，以木浆粕为原料，纺丝原液中混有壳聚糖，壳聚糖是从贝类的壳体中萃取的	能够避免皮肤干燥、皱纹、角质等情况，具有卓越的护肤性能	芦荟护肤织物多被用来制作内衣、长袜、睡衣等

续　表

产品	制备方法	特点	应用
角鲨烯养颜护肤织物	主要采用洗涤、浸渍、浸轧、喷淋、涂层等方法,使角鲨烯成分附着在织物上	具有滑爽感和潮润感,使皮肤细嫩,治疗轻微过敏性皮炎	可以制成内衣、衬衣、睡衣、连裤袜、婴儿服和床单等
维生素纤维	维生素大多以前躯体或微胶囊的形式被添加到纤维中	维生素是人体生长、代谢及繁殖等生理过程中必不可少的微量元素,其通过催化作用促进人体内各种营养物质的合成与降解,对人体皮肤、骨骼及肝脏等各种器官功能起着强化与调节作用	制得的纤维能够在人体运动出汗或酸性环境下发挥维生素的特殊功效

第十节　高吸水纤维

高吸水纤维是一类带有很多亲水基团的高分子化合物,是高吸水树脂的延续和扩展。高吸水树脂是粉末状产品,在使用的过程中存在在基材上平铺不均匀,粉末易移动,易造成粉尘污染等问题。随着人民生活质量的提高和环保意识的增强,与皮肤接触舒适柔软,能制备多种形式的产品(包括纺织品)的吸水纤维。

一、高吸水纤维特性

高吸水纤维的主要特性包括:(1)高吸水纤维呈纤维状,可通过纺织加工技术与其他纤维混纺制成各种纺织品;(2)高吸水纤维具有毛细现象,比表面积大,在显示高透水性的同时,吸水速度快;(3)高吸水纤维吸水后会形成凝胶,能够保持纤维结构,能够较好地保持纤维的完整性,当凝胶干燥后,纤维可以回复原来的形态且保持吸水能力;(4)高吸水纤维的出现简化了卫生用品的制作工艺。高吸水纤维相较于高吸水树脂获得了更广泛的应用。

二、高吸水纤维的吸水原理

(1)纤维的吸水性是指纤维吸收液相水分,这个性质主要是通过亲水基团(如羟基、氨基和羧基等)形成氢键,与水分子的缔合形成结构水使水分子失去热运动能力,从而暂时停留在纤维表面。除了亲水基团能够吸收水分外,由于被吸附的水分子是极性的,因此可以与其他的水分子进一步产生相互作用并形成结合水。

(2)在结构上高吸水纤维是轻度交联的三维网络结构。纤维的内部具有微孔、缝隙一级纤维间的毛细孔隙。孔结构有效的增大了比表面积,进而依靠范德华力通过表面效应吸附水分子,然后依靠毛细管效应进行吸收和传递水分。在溶胀的过程中,纤维内部的分子束会分裂形成无数原纤,原纤之间的交联网络结构形成大量的孔洞,实现水分的大量吸收。

(3)高吸水纤维凹槽或截面异形化的纤维表面增加了纤维的表面积,能够增加纤维表面吸附水分的能力,而且纤维间大量的毛细孔隙使得纤维保持水分的能力大大增加。因此,异形截面或凹凸化的纤维其吸水性能高于同组分的光滑、圆形截面的纤维。

三、高吸水纤维的纺丝方法

(一)干法纺丝

把纺丝原液细流由计量泵输送到喷丝头,经喷丝孔挤出的纺丝液细流进入垂直通道与热气流接触,在热气流中随着溶剂的挥发,丝中聚合物浓度提高,从而使丝条固化,通过牵伸成丝。美国 Acro 化学公司利用马来酸酐和异丁稀为共聚单元通过干法成纤的技术生产的高吸水"Fibesorb"纤维产品,能够吸收自重 200～300 倍的纯水。其工艺路线如图 9-34 所示。干法纺丝去除溶剂的效果好,效率高,适合纺制长丝,但是纺出的纤维较平滑,没有微孔结构,这不利于提高纤维的吸水性。

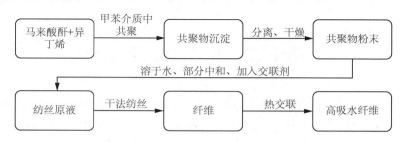

图 9-34 干法纺丝工艺路线

(二)湿法纺丝

湿法纺丝法首先要将高分子聚合物在溶剂中溶解制备出纺丝溶液,然后由喷丝头将纺丝溶液喷出,纺丝溶液细流进入凝固浴中,丝流内的溶剂向外扩散以及凝固浴中的凝固剂向丝流内部渗透,使细流固化成丝。

图 9-35 显示了一种高吸水纤维的截面和纵向表面。该纤维是通过丙烯酸、丙烯酰胺单体在聚乙烯醇溶液中共聚得到纺丝液,再经湿法纺丝加工制备的。

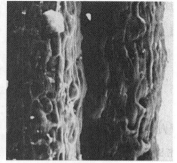

图 9-35 高吸水纤维的截面和纵向表面

湿法纺丝的特点是喷丝头孔数多,但纺丝速度慢,一般适合制备短纤维,且制备的纤维大多存在微孔,纤维中微孔的存在增大了纤维表面积,增强了吸附和传递水分子的能力,大大地提高了纤维的吸水性。因此,湿法纺丝技术有利于制备出高吸水纤维。

（三）静电纺丝

静电纺丝是一种可以连续制备微纳米纤维的方法,且制备的纤维具有比表面积大、纤维膜的孔隙率大、表面活性高等优点。图9-36展示了利用丙烯酰胺、丙烯酸及聚乙烯醇溶于溶剂制备出纺丝溶液,再通过静电纺丝技术制备的高吸水微纳米纤维吸湿前后的形态。可以看到,干燥状态的纤维其直径非常小,与空气接触面积大。纤维在空气中快速吸收水分后,纤维发生膨胀的直径变粗。

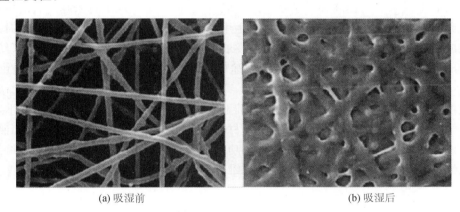

(a) 吸湿前　　　　　　　　　　　　　　　　(b) 吸湿后

图 9-36　高吸水纤维吸湿前、后的形态

四、应用

（一）生理卫生用品

一次性婴儿尿片、成人失禁片。通过高吸水纤维制备的生理卫生用品具有吸收快、吸收量大、舒适和贴肤的优势。且由于产品中吸水纤维被固定不易移动,分布均匀,从而很好地避免了断层或起坨。此外,在餐巾、抹布、手纸中适量加入高吸水纤维能大幅提高其使用性。

（二）农林园艺

高吸水纤维可用于植物根系包覆物,保证移栽时植物的水分需求,提高其成活率;也可与其他功能材料结合制备保水材料,使土壤更加透气,使土壤水分不易流失,从而改良土壤性状,减少浇灌次数和水量,达到节约成本及减少水资源消耗的目的。

（三）工业

由高吸水纤维制造的非织造布具有吸湿放湿性能,在湿度较高的条件下吸收水分,在湿度较低的条件下又能释放水分,可用于室内墙纸、天花板及集装箱内,能有效地减少表面结露,发霉的情况。此外,由于吸水而成为凝胶状的吸水纤维,可与易燃纤维混纺制备出防火材料。

第十章 产业用功能性纤维

　　随着人们生活水平的提高和科学技术的发展,功能性纤维呈现出越来越广阔的发展空间,其已渗透到国民经济的各个领域,如服用、卫生用、保健用、产业用等。功能性纤维的性能已从单一功能向多功能、复合功能、高功能的方向发展。功能性纤维的研究与开发满足了纺织品在日益增长的国防建设和国民经济中的特殊用途的需求,为企业生存、发展和繁荣提供了根本保证。

　　功能性纤维是指在纤维的一般形态的基础上被赋予了某些新的特殊功能的纤维,其可由功能高分子材料进行纺制,也可由普通高分子材料通过加工、改性或添加功能材料而制成。应用于产业用领域的功能性纤维,称之为产业用功能性纤维,主要包括导电纤维、光导纤维、吸附分离功能纤维、智能凝胶纤维和医疗卫生用纤维等。

第一节　导　电　纤　维

　　导电纤维尚无明确的定义,一般是指在标准温度为 20 ℃、相对湿度为 65% 的条件下,电阻率(即体积比电阻)$<10^8$ Ω·cm 的纤维。

　　为了消除纤维及其织物的静电,防止因静电而产生的危害,从 20 世纪 60 年代起,人类就开始了研发导电纤维的工作。导电纤维最早是利用金属的导电性能而制成的金属导电纤维,主要有不锈钢丝、铜丝等,或用金属喷涂纤维表面,使纤维具有金属那样的导电性能。利用不锈钢、铝、铜等金属的导电性而制成的金属纤维,其导电性、耐热性、耐化学腐蚀性好,但存在造价高、抱合差、手感不良、产品性能不好等缺点。

　　之后出现的是以腈纶、黏胶纤维为原丝的碳纤维,具有良好的导电性、耐热性和耐化学腐蚀性,但力学性能较差,这限制了其应用。1974 年,美国杜邦成功开发了一种同心圆状皮芯型复合导电纤维 AntronⅢ;接着,孟山都研制了偏芯圆型复合导电锦纶 6"Ultron";日本东丽公司于 1978 年成功研发了海岛型导电腈纶"SA-7";日本钟纺合纤公司成功开发了三层并列型导电锦纶"Belltron"(贝特纶);此后,尤尼吉卡公司开发的"梅格Ⅲ"导电锦纶、可乐丽公司开发的"可拉卡保"导电涤纶、东洋纺公司开发的"KE-9"导电腈纶等产品陆续问世,由此进入了碳黑有机导电纤维的全盛时代。

　　从 20 世纪 80 年代开始,导电纤维的白色化研究开始被人们关注,这为导电纤维开辟了装饰织物和服装的新用途;从 90 年代开始,聚苯胺、聚吡咯、聚噻吩等导电高分子聚合物的相继研发成功,开辟了导电纤维的新时代。

一、导电纤维的分类及制备方法

根据导电成分在导电纤维中的分布情况,可以分为导电成分均一型、导电成分覆盖型、导电成分复合型与导电成分混合型四大类,其种类和制备方法见表 10-1。

表 10-1　导电纤维的种类和制备方法

分类	导电纤维	制备方法
导电成分均一型	金属纤维	将金属丝多次通过模具拉成细丝
	碳素纤维	将聚丙烯晴纤维、黏胶纤维、沥青纤维碳化而成
导电成分覆盖型	以金属覆盖的有机纤维	用电镀或真空蒸着法将金属涂在有机纤维表面(例如将银沉淀在尼龙纤维表面)
	用导电性树脂覆盖的有机纤维	在聚酯纤维表面形成含分散导电微粒的有机层
	芯-鞘型复合纤维,其鞘层导电	用复合纺丝技术将含导电微粒的组分作为鞘层
导电成分复合型	芯鞘型复合纤维,其芯层导电	以含分散炭黑的聚乙烯为芯层,锦纶 66 为鞘层
	三层同心圆复合纤维,其中层导电	中层为含导电微粒聚合物
	一个组分含导电微粒的并列型复合纤维	如导电层露出在纤维表面的锦纶 66 并列型复合纤维
	导电成分作岛的海岛型复合纤维	如导电炭黑分散在聚酯中作岛、聚酯为海的海岛型复合型纤维
	导电成分作芯的多芯型复合纤维	如以导电微粒的有机组分为芯的聚丙烯系多芯型复合纤维
	镶嵌放射型复合纤维	如以含导电微粒为组分之一的镶嵌型复合纤维
导电成分混合型	有导电炭黑的聚丙烯酯等	如混有导电炭黑的聚丙烯酯纤维等

根据导电纤维的特点,可以分为金属系导电纤维、碳黑系导电纤维、导电高分子型纤维和金属化合物型导电纤维四大类。

1. 金属系导电纤维

金属系导电纤维是利用金属的导电性能制备的,主要制备方法是直接拉丝法,可以制备直径为 $4\sim16~\mu m$ 的纤维,是将金属线反复通过模具、拉伸而成的。制备金属纤维的材料有不锈钢、铜和铝等。还有一种制备方法是切削法,它是将金属直接切削成纤维状细丝而制得导电纤维(图 10-1)。一般情况下,金属纤维不单独使用,而是与普通纤维混纺,制得具有导电性的织物。再一种制备方法是金属喷涂法,它是先对普通纤维进行表面处理,再用化学电涂法或真空喷涂将金属沉积在纤维表面,使纤维具有一定的导电性。

图 10-1　不锈钢金属纤维

金属系导电纤维是导电性最好的一种纤维,其导电性接近纯金属。但是,金属纤维的抱合困难,手感差,纤维混纺不匀,这限制了金属纤维的推广使用。目前,金属系导电纤维主要应用在一般孕妇服、电脑防护服等防辐射服装上,具有耐磨、抗老化、可反复洗涤、可染成各种颜色等优点。

2. 碳黑系导电纤维

碳黑系导电纤维是利用碳黑的导电性能而制备的导电纤维,主要有掺杂法、涂层法与纤维的碳化处理三种制备方法。

(1)掺杂法。掺杂法是将碳黑与成纤物质混合纺丝,在纤维中碳黑形成连续相结构,从而赋予纤维导电的性能。一般采用皮芯复合纺丝法,这既不影响纤维原有的物理性能,又赋予纤维导电性能。

(2)涂层法。涂层法是将碳黑涂在普通纤维的表面,可直接将纤维表面快速软化与碳黑黏合,或者采用黏合剂使碳黑黏合在纤维的表面。这种制备方法的缺点是手感不好,碳黑容易脱落,且碳黑在纤维表面分布不均匀。

(3)纤维的碳化处理。某些含碳率较高的纤维,如沥青系纤维、纤维素纤维等,经碳化处理,使纤维的主链基本为碳原子,从而使纤维具有导电性能。

3. 导电高分子型纤维

高分子材料通常被认为是绝缘体。20世纪70年代首先出现了聚乙炔导电材料,以后相继产生了聚苯胺、聚吡咯等高分子导电物质。目前,利用导电高聚物制备导电纤维的主要方法有导电高分子材料直接纺丝法与后处理法两种。

(1)导电高分子材料直接纺丝法。导电高分子材料直接纺丝法一般采用湿法纺丝工艺,如将聚苯胺配成浓溶液,在一定的凝固浴中拉伸纺丝,苯胺在酸性介质中由过硫酸铵、氧化剂氧化聚合而得到聚苯胺,而中性聚苯胺是绝缘体,其掺入杂质酸后才可成为导电高聚物。加工过程中,采用浓 H_2SO_4 等作为溶剂,将聚苯胺溶解配成浓溶液,然后进行湿法纺丝,制得聚苯胺导电纤维。

(2)后处理法。后处理法是在普通纤维的表面进行化学反应,使导电高分子吸附于纤维的表面,从而使纤维具有导电性能。例如对于极性的锦纶纤维与腈纶纤维,聚苯胺较易沉积在纤维表面,而对于涤纶纤维,必须进行预处理增强表面极性后,才能使聚苯胺沉积在纤维表面。在后处理法的加工过程中,需要先将普通纤维放在苯胺酸性介质中浸渍,为使苯胺渗透到纤维的内部,可加入纤维溶胀剂或进行加热,同时加入含铜离子的催化剂,浸渍结束后再浸入氧化剂溶液,苯胺在纤维的表面快速聚合,纤维的颜色由褐色变成浅绿色,又变成墨绿色,其中墨绿色的导电性能最好。或者利用苯胺的挥发性,先将纤维在含铜离子的溶液中浸泡,然后将其HCl气体和苯胺蒸气中放置,苯胺被纤维表面能吸附而形成导电层,从而制备导电纤维。

导电高分子型纤维的应用范围较广,在电器、电子、高压电缆、防爆产品等领域可作为防静电材料、导电屏蔽材料等。

4. 金属化合物型导电纤维

大部分金属化合物都有良好的导电性能。金属化合物型导电纤维就是利用金属化合物的这一特性来生产的,使用最多的是铜的碘化物和硫化物,例如硫化铜、碘化亚铜、硫化亚铜等,它们都具有很好的导电性能。利用金属化合物制备导电纤维的主要方法有混合纺丝法、吸附法和化学反应法三种。

(1)混合纺丝法。混合纺丝法是将成纤高聚物与导电性物质混合,然后通过纺丝加工形成皮芯结构的纤维。混合纺丝法适合各类的合成纤维,如可将表面涂有 TiO_2 的 SnO_2、CuI 等导电物质与改性的聚酯高聚物混合,作为芯层进行纺丝。

（2）吸附法。吸附法主要有常规吸附与络合吸附两种机理。其中常规吸附方法与碳黑吸附相似,通过黏合剂将导电化合物黏合在纤维表面;弱极性、强极性或者致密结构的纤维都适用此法。金属离子与纤维络合吸附这种吸附法适用于含氮的纤维,首先用高温蒸汽处理纤维,然后将金属离子的化合物涂覆到纤维表面而制备导电纤维;或者将金属化合物和纤维的溶液以高压高温共煮,再加入纤维的掺杂剂、溶胀剂等,从而得到导电性能较好的导电纤维。

（3）化学反应法。化学反应法主要是通过化学处理,即经过反应液的浸渍,从而在纤维表面产生吸附,最后通过化学反应使金属化合物覆盖在纤维表面。通过化学反应法制备的导电纤维主要用于电磁波屏蔽的场合等领域。

二、几种典型的导电纤维及其性能特点

1. 金属（不锈钢、铜、铝）导电纤维

属导电成分均一型导电纤维,具有优良的导电性、耐热性、耐化学腐蚀性、柔软性,但密度大,强伸性和摩擦特性与有机纤维不同,混纺性差,价格昂贵,体积比电阻在 $10^{-5}\sim10^{-2}$ $\Omega\cdot cm$。

2. 碳纤维

属导电成分均一型导电纤维,具有良好的导电性、耐热性、耐化学药品性,初始模量高,但某些力学性能如径向强度较低,只限于在复合材料中使用,体积比电阻在 $10^{-5}\sim10^{-2}$ $\Omega\cdot cm$。

3. 金属化合物型导电腈纶

研究表明,当 PAN 中 Cu_9S_5 含量超过 5% 之后,由于 Cu^+ 与—CN 络合形成 Cu_9S_5 导电网络,纤维质量比电阻低于 0.1 $\Omega\cdot g/cm^2$,且不损伤纤维的柔软性、扭曲及滑爽性,保持原纤维的手感和力学性能。

4. 金属化合物型导电锦纶 6、锦纶 66

用含铜离子和辅助剂混合液浸渍处理锦纶纤维,所得导电纤维仍可进行染料染色而不失去导电性,保持了原纤维的力学性能,体积比电阻在 $10\sim10^3$ $\Omega\cdot cm$。

5. 化学镀铜腈纶

金属膜能牢固黏附在纤维上,对纤维的结构和性能均无明显影响,体积比电阻为 2.9×10^{-3} $\Omega\cdot cm$。

6. SA-7 炭黑复合电腈纶短纤维

属海岛型复合纤维,炭黑高浓度集中于岛相,形成纤维纵向导电通路,具有聚丙烯腈纤维的优良物性,电阻率为 7×10^3 $\Omega\cdot cm$。

7. Antron 炭黑复合导电锦纶 66

以含炭黑高聚物为芯、尼龙 66 为鞘的同心圆状芯鞘复合导电纤维,保持锦纶 66 纤维的优良物理力学性能,电阻率在 $10^2\sim10^5$ $\Omega\cdot cm$。

8. PAREL 炭黑复合导电锦纶 6 长丝

导电组分在中间的三层同心圆型复合纤维,炭黑含量少,导电性好,纤维力学性能符合要求,电阻率在 $10^2\sim10^5$ $\Omega\cdot cm$。

9. 皮芯复合导电涤纶

以涂 SnO_2 的 TiO_2 与 PE、液态石蜡、硬脂酸为芯,以 PET 为皮,芯/皮比例为 1∶6,纤维保持优良物性,电阻率为 $5.5×10^7 Ω·cm$。

10. T-25 导电涤纶

碘化亚铜在 PET 纤维表面形成导电层,是物性优良的白色导电涤纶,电阻率在 $10^7 ～ 10^8 Ω·cm$。

三、导电纤维的产业化应用

导电纤维的导电性能不依赖于环境的湿度,在相对湿度较低的条件下仍能显示优良的导电或抗静电性能。导电纤维广泛应用于屏蔽电磁波纺织品、抗静电纺织品、防侦察伪装材料、智能纺织品等,同时在广电、电子业、电力、民航、电信、精密仪器及医药等领域的应用也很广泛。在随着纺织技术与融合信息技术的发展,采用导电纤维制备智能纺织品的应用特性也在不断的提高与发展。

（一）抗静电纺织品

在工业生产过程中,静电不仅会造成安全问题,静电放电造成的频谱干扰会导致电子设备运转故障,还能造成电子元件的损坏等危害。在普通织物中加入导电纤维能够赋予织物一定的导电性能,尽快释放织物上积蓄的电荷能,从而有效地防止静电的局部蓄积。导电纤维在干燥环境中也能达到抗静电的目的,因此在抗静电工作服方面发挥着越来越重要的作用。

图 10-2　电磁屏蔽织物

（二）电磁波屏蔽纺织品

通过特定工艺,在普通纤维中混入一定比例的导电纤维后织成的织物,当电磁波辐射到织物的表面时,电磁波会通过织物中均匀分布的导电纤维传递或转化出去,进而实现屏蔽的功能。利用导电纤维对电磁波具有屏蔽性的功能,其可用于制作高频焊接机、精密电子元件等的电磁波屏蔽罩（图 10-2）,制作有特殊要求的天花板、房屋的墙壁、吸收无线电波的贴墙布、轮船的电磁波吸收罩等。

（三）传感器纺织品

传感器纺织品具有柔韧、轻便易携带等优点,主要是根据导电纤维应用电子传感器的原理制备而成,其在道路、建筑物、飞机、工厂、索道等结构的安全诊断等多个领域均有广泛的应用。

（四）军工纺织品

未来的战争必然是高技术条件下信息化的战争。因此采用导电纤维制备的信息化服装能够提高战场中士兵的综合作战能力,如获取、处理、传递信息的能力等。利用导电纤维对热、电敏感性可以制备单兵热成像防护服,从而防止热成像设备的侦察。利用导电纤维与橡胶、树脂等低介电基体复合可以制备电磁波吸收材料,其能够吸收雷达波并躲避雷达的跟踪,从而实现武器隐身的目的。美国所研制的变色军服就是将导电纤维加入到织物中,根据外界环境色的变化,军服颜色也会作出相应的变化,成为一种环境反应性的伪装色。

（五）智能可穿戴纺织品

美国研制的智能绷带是将传感器植入织物而得到的，可以探测湿度、细菌数量和氧气浓度等参数，从而为治疗方案的改进提供依据。由导电纤维和塑料光纤编织的智能 T 恤可以协助监测病人的体温、心跳、呼吸、血压等方面的生理指标（图 10-3）。还可利用导电纤维制作婴儿睡衣，用来监测婴儿呼吸，防止婴儿在睡眠时窒息。导电纤维也应用于消防服，置于服装背面的传感器与隐藏于服装前面的警报器通过导电纤维连接，有助于及时得到相关信息而避免灾难的产生。

图 10-3　智能可穿戴服装

第二节　光导纤维

光导纤维简称光纤，指的是一种把光能封闭在纤维中，从而产生导光作用的光学复合材料。光导纤维利用全反射的原理把以光的形式出现的电磁波能量约束在其界面中，并引导光波使其沿着光纤的轴线方向前进。光导纤维的结构和材料决定其传输的特性。

光导纤维传光的基本原理是：当光线由折射率大的物质进入到折射率小的物质的时侯，会在两种物质的交界面上产生全反射，使光线全部返回到折射率大的物质中，而不进入折射率小的物质。光导纤维由包层和纤芯两部分组成。纤芯与包层之间有良好的光学接触，且芯层的折射率稍大于包层的折射率。要使折射光线在界面上的入射角总大于全反射的临界角，必须选取合适的入射角。这样，光线就会在界面上发生多次的内全反射，从而不断向前传送，最后从光纤另一端射出。当大量光导纤维集成一束的时候，不仅可以传光，而且还可以传送图像。

自光导纤维的成功研制后，人类的通讯技术获得了前所未有的发展。1977 年，全球第一套光纤通信系统在美国加州的通用电话启动，从此光导纤维获得长足进步。光导纤维的应用领域也不断拓展，美国拉里安运用光导纤维的输电功能，开辟了电力领域的新途径，并在军工、产业和商贸等产业领域广泛应用。

一、光导纤维的分类

按照不同的划分依据，可以将光导纤维分为不同的类型，主要有按照所使用的材质分类、按传输模式的数量进行分类、按纤芯折射率分布进行分类、按传递光波长分类、按形状和柔性分类与按应用分类几种不同的分类方法，如表 10-2 所示。

表 10-2　光导纤维的分类及特点

划分依据	种类	特点
按所使用的材质分类	石英玻璃光纤	主要应用于较长距离的光通信领域，取代同轴电缆和微波通信，它又可分为石英光纤、氟化玻璃光纤和硫化玻璃光纤等。
	塑料光纤	按所使用的聚合物种类又可分为聚甲基丙烯酸甲酯、聚苯乙烯、含氟透明树脂和氘化 PMMA 等。

续　表

划分依据	种类	特点
按传输模式数量分	单模光纤	只能传输一种模式
	多模光纤	能传输多种模式
按纤芯折射率分布划分	阶跃折射率型	纤芯的折射率是均匀的,入射光线在纤芯和包层间界面产生全反射,因此呈锯齿状曲折前进,所以又称全反射型光导纤维或突变指数型
	梯度折射率型	纤芯折射率从中心轴线开始向着径向逐渐减小。因此,入射光线进入光纤后,偏离中心轴线的光将呈曲线路径向中心集束传输,光束在梯度型光导纤维中传播时,形成周期性的汇聚和发散,呈波浪式曲线前进。故梯度型光导纤维又称聚焦型光导纤维或渐变指数型光导纤维
按传递光波长划分	分为可见光、红外线、紫外线、激光等光导纤维	
按形状和柔性分	分为可挠性和不可挠性光导纤维	
按照应用分类	传感光纤	用于制造光纤传感器,具有灵敏度高、抗干扰性强的优点
	传光光纤	用于传输激光,已在激光加工、激光医疗等设备上发挥作用
	激光光纤	用作高增益的光纤激光器和放大器

二、光导纤维的制备方法

不同的光导纤维,其制备方法也不同。按照制备方法来说,光导纤维大致可以分为无机光导纤维和有机光导纤维两大类。

（一）无机光导纤维的制备

无机光导纤维包括石英光导纤维和玻璃光导纤维。石英玻璃光导纤维具有低光损耗、光波的使用范围大、距离通讯长的特点,是无机光导纤维的主体。它的制备工艺过程主要包括三个方面:首先以气相法为主的母材制造,其次对母材加热熔融从而拉伸纤维化,最后用树脂包覆等过程。母材制造方法主要有四种气相合成法:化学蒸汽沉积法、改良的气相轴向沉积法、等离子化学沉淀法。这四种气相合成法,均是以纯的石英玻璃为皮层,以添加了锗且折射率高的石英玻璃作纤芯(图 10-4)。

图 10-4　玻璃光纤产品

（二）有机光导纤维的制备

有机光导纤维是很细的一种皮芯型合成光学纤维，其纤芯是纯的有机高聚物，外面是一层光折射率较低的有机高聚物薄膜层。有机光导纤维主要包括塑料光导纤维，简称 POF，其制备的工艺过程是：单体精制→聚合→纺丝→包层与拉伸→光纤加工。

制备 POF 所用的纤芯材料主要有聚苯乙烯、聚甲基丙烯酸甲酯、聚碳酸酯、重氢化聚甲基丙烯酸甲酯等；包层材料主要有有机硅树脂、多氟烷基侧链的聚甲基丙烯酸酯类、锦纶、偏氟乙烯-四氟乙烯聚合物以及液晶等。不同类型光纤成型方法也不同，目前制备全反射型光纤的方法主要有沉积法、棒管法和复合纺丝法三种。

1. 沉积法

先将包层材料熔融或溶解成液态，然后让纤芯从中穿过，从而使包层材料附着在纤芯上形成包层的方法。

2. 棒管法

先将纤芯高聚物加工成棒状，然后在棒外面套上由包层材料制成的管，最后将其一起加热到高弹态后牵伸制成光纤。

3. 复合纺丝法

复合纺丝法是分别将纤芯与包层高聚物熔融，然后用复合喷丝板进行纺丝成型的一种制备方法。

除了上述三种方法外，自聚焦型光导纤维还可以采用单体扩散法、离子交换法和共混法来制备；界面凝胶共聚法是 POF 的最新制备方法。

三、光导纤维的应用

光导纤维的性质决定了其在国防、工业、通讯、交通、宇航和医学等领域具有极其广泛的应用前景。特别是 POF 光纤尤其受到人们的青睐。

（一）通讯领域

光导纤维通信是光导纤维最为广泛的应用领域。光导纤维不仅成本低、质量轻，而且抗干扰、容量大、保密性强、稳定可靠，因此光缆已经逐渐取代了铜线电缆。光波的频带较宽，同电波相比能够提供更多通信通道，从而满足大容量通信的要求。因此，光纤通信成为除卫星通讯外通讯领域中最活跃的通讯方式。

（二）医学领域

光导纤维可以制成内窥镜（血管镜、胃镜等），帮助医生检查食道、胃、膀胱、子宫等的疾病。还可以用于传递切除癌瘤组织的外科手术激光刀的激光，避免了切开皮肉而是直接插入身体内部。

（三）国防军事领域

光纤通讯具有不受干扰、保密性好且无法窃听的优点，完全可以满足军事领域要求信息传输必须精确、灵敏、可靠的特点。光纤水听器是声呐系统和海军鱼雷中最常用的侦查舰船、潜艇的光纤传感器，与传统的水听器相比，具有不受环境影响、灵敏度高、抗干扰能力强、无需复杂阻抗匹配技术和抗潮湿的优点。

（四）照明与光能传送领域

光导纤维具有柔软易变形、光质稳定、耗电少、色彩广泛、光泽柔和等优点。利用光导纤维在短距离内可以实现一个光源多点照明。利用 POF 光缆光纤传递太阳光来进行地下、水下照明。另外，还可以作为安全光源用于不宜架设输电线和电器照明的易爆、易燃、腐蚀性强和潮湿的环境中。

（五）工业领域

在工业领域中，光导纤维可以传递激光来进行机械加工，可以制成用于测量温度、压力、位移、流量、颜色、光泽和产品缺陷的各种传感器；还可以用于办公自动化、工厂自动化、机器内与机器间的光电开关、信号传送、光敏组件等。目前，光纤产能主要集中在日本、中国、美国等国家。

第三节　吸附分离功能纤维

吸附功能纤维是一类具有吸附功能的纤维状吸附剂。根据吸附行为特征，吸附功能纤维可分为活性碳纤维、离子交换纤维、螯合纤维、氧化还原纤维及中空纤维膜等。新型吸附分离功能纤维或具有丰富的表面官能团，或具有均一的孔结构和很大的比表面积。其特殊的纤维状物理形态使其与对流体具有较小的阻力，对吸附质有较大的接触面积，因吸附分离功能纤维具有高的吸附容量、快的脱附或吸附速度、一定选择性。吸附功能纤维具有一定的机械强度、耐溶剂、耐酸碱、耐热性等，故可织成束、布、纸、毡等多种形式，从而满足各种工艺对形态尺寸、充填密度、强度的不同要求，某些功能纤维还具有氧化还原的性能。

20 世纪 40 年代，国外已经开始吸附分离功能纤维的研发工作。F. M. Ford、W. P. Hall 和 J. D. Guttorie 采用胺化和磷酸化的方法分别制备了具有一定的交换容量的阳、阴离子交换纤维棉；20 世纪 50 年代，日本熊本大学以维尼龙纤维为基体而制备了离子交换纤维，苏联化纤研究院、美国罗姆哈斯公司等也进行了相关的研究工作；20 世纪 70 年代以后，吸附功能纤维在多个领域都有了广泛的应用，美国、日本相继成功开发了用于资源回收和环境治理的离子交换纤维；日本等国还在中空、无机、海岛型功能纤维的合成与加工等方面进行了许多实用性的探索。

我国于 20 世纪 60 年代初期开始了吸附分离功能纤维的研发，其中曾汉民等人开展了纤维大分子反应功能化和离子交换纤维制备的研究。20 世纪 70 年代以来，在离子交换纤维的制备及其应用等方面的取得了很大的的发展。东华大学、中科院生态环境中心等都进行了吸附分离功能纤维制备和应用等方面研究工作。吸附分离功能纤维的制备，不仅使用了传统纺织技术，而且充分地利用了化工领域、生物的最新成果，并呈现了多样化的趋势。

吸附分离功能材料是环境材料的重要组成部分，其对缓解环境污染和自然资源过度消耗，促进社会经济的可持续发展等方面，具有重要的现实意义。

一、活性碳纤维

活性碳纤维（简称 ACF）是有机纤维经高温炭化活化而制备的一种纤维状多孔性吸附材料，是新一代的多孔吸附材料，也是继传统粉状碳吸附材料、粒状活性碳之后的第三代活性碳产品。与传统的粉状和粒状活性碳相比,活性碳纤维具有大量的微孔,微孔分布均匀而狭窄,微孔体积占总孔体积的 90% 左右;也有很多含氧官能团,因此活性碳纤维具有极大的比表面积,一般可达到 750~2000 m^2/g,甚至可达 3000 m^2/g 以上。活性碳纤维具有很好的加工性能,因此使用极为方便,并可根据需要加工成毡(图 10-5)、布、网和片等各种形态。

图 10-5　活性碳纤维毡

（一）吸附分离功能纳米活性碳纤维的制备方法

目前已经成功开发了黏胶基、沥青基、PAN 基、天然植物纤维基等系列的活性碳纤维,以及空心活性碳纤维、活性碳纤维纸等等特殊结构的活性碳纤维。已经形成工业规模的有:纤维素纤维、酚醛树脂纤维、聚丙烯腈纤维、沥青系纤维基活性碳纤维。

目前,唯一能够制备连续聚合物纳米纤维的方法是静电纺丝技术,静电纺丝是带电荷的高分子溶液在静电场中受静电力的牵引而产生流动与变形,后溶剂挥发而固化从而得到纤维。将静电纺丝的纳米纤维经预氧化、碳化、活化三个过程便可制得纳米活性碳纤维。在碳化活化过程中,预氧化丝中结合的氧以小分子形式逸走,从而留下所需要的孔隙;碳化活化工序同步进行,便可制得比表面积较大的活性碳纤维。

（二）优良的吸附性能

1. 吸附容量大

活性碳纤维对有机蒸汽的吸附量比粒状活性碳大几倍甚至几十倍,因为其具有合适的微孔结构和巨大的比表面积。

2. 吸附脱附速度快,再生容易,不易粉化

活性碳纤维与吸附质具有很强的作用力,且其微孔直接与吸附质接触,从而减少了扩散的路程。因此活性碳纤维对气体的吸附在数十秒至数分钟内便可达到平衡,液相吸附几分钟至几十分钟内平衡。一般比活性碳的吸附速度高 2~3 个数量级。

3. 吸附力强、吸附完全

活性碳纤维对有机质具有非常强的相互作用力,特别适用于吸附去除 ppm、ppb 级乃至更低浓度的水中有机物,其对废水的深度处理和高纯度水净化具有重要的应用前景。

4. 吸附范围广

活性碳纤维可吸附无机气体、有机蒸汽、金属离子、水中有机质、甚至微生物及菌尸,是一种“广谱”的高效吸附剂。

5. 具氧化还原吸附能力

活性碳纤维可将贵金属等离子还原为金属单质或低价离子,还可催化还原无机气体等。活性碳纤维的还原作用与金属元素的电化学性能关系密切,其中电极电位越高的金属离子,越容易被还原。

（三）吸附分离功能活性碳纤维的应用

吸附分离功能活性碳纤维作为一种新型材料,在空气、水等净化,有机废气、汽车尾气与印染废水等处理,催化剂等领域具有广泛的应用。对于合理利用资源,保护生态环境,促进社会科学发展等方面具有极其重要的作用。

1. 有机溶剂回收

活性碳纤维具有吸附速度快、吸附容量大、不易粉化、易加工成型等特点,其特别适用于车间生产过程中排放的有机溶剂以及其中有机溶剂蒸汽的吸附和回收。

2. 废气处理和空气净化

活性碳纤维对恶臭物质有很强的吸附能力,如甲硫醇、含硫有机物 H_2S、硫化甲烷等;对胺类物质氨气、三甲胺也有一定的附吸性能活性能;可用于快速吸附洗涤剂或冷凝剂中的含氟含氯化有机溶剂,从而减缓对大气臭氧层的破坏;可催化氧化/还原汽车混合尾气,实现对汽车尾气的净化。利用活性碳纤维对湿气、微尘、臭气以及细菌的吸附能力可制成室内空气净化装置、空调通道的过滤器等。

3. 军事防护和劳保用品及脱臭用品

利用活性碳纤维可制成防毒面具和呼吸面具、防辐射服装、防化过滤吸附装置等防护产品;活性碳纤维还可制成冰箱、冷库的除臭剂、鞋的脱臭剂等脱臭用品;在活性碳纤维上载上具有特殊功能的药品,可以制成保健内衣物等。

4. 脱色、分离与精制

活性碳纤维目前已经广泛用于药品、食品等的脱色、分离与精制等方面。

5. 废水、污水处理

活性碳纤维对水中的有机物有很强的吸附能力,是污水和废水深度处理的理想材料。目前,活性碳纤维已成功用于处理炼油厂环烷酸中和废水、十三吗啉农药废水等,并取得了良好的效果。

6. 饮用水净化

活性碳纤维可有效除去水中致色、致味的物质及有毒有害物质,如余氯、酚类、农药、胺类、稠环芳烃类等;且有抑菌灭菌能力;还可吸附水中的微粒及菌尸,使水更加纯净。

7. 工业用水处理

活性碳纤维与有机功能纤维配合,可用于锅炉用水及循环冷却用水的防垢、防腐处理。

8. 贵金属回收

活性碳纤维能将 Ag^+、Au^{3+} 等贵金属离子还原成金属单质,还原吸附速度快、容量大、还原吸附完全,可用于对黄金的提取,以及电影厂、电镀厂、感光胶片厂中含银、含金废液中贵金属的回收。

9. 催化剂或催化剂载体

活性碳纤维具有较大的催化活性,故本身可作为催化剂,又可作为催化剂的载体。载 Co、Cu、Ni 等的活性碳纤维,可将有毒有害废气等氧化还原为无害的形式。

10. 医药及医疗器材

活性碳纤维可以制成碳肾,用于血液过滤,从而清除血液中的毒物;还可以制成绷带,治疗烧伤伤口;还可制成口服药剂等。

11. 电极材料、电子器件

因活性碳纤维的导电性能,可用于电子零件和电池材料等。另外,活性碳纤维还可以用作电解池中的电极材料,用于含金属废水中稀有金属的回收。

12. 甲烷贮存

活性碳纤维因其高的比表面积,故可以吸附高容量的甲烷,在相同压力下,增加甲烷的贮存量;在低得多的压力下,也可以达到高压时的容量。

除了上述的用途外,活性碳纤维还可实现能量转化,用于蔬菜水果的保鲜等方面。

二、离子交换纤维

离子交换纤维(简称 IEF)是一种纤维状吸附与分离功能材料。由于离子交换纤维比表面积大、传质距离短、吸附和解吸速度快,比传统颗粒状离子交换树脂具有明显的动力学优势,因此近年来受到人们的广泛关注。

(一)离子交换纤维的特点

与传统颗粒状离子交换剂相比,离子交换纤维具有以下特点:(1)几何外形不同,纤维的传质距离较短;(2)有效比表面积大,故交换与洗脱速度快;(3)应用方式多样,如纱、线、布、毡等。

(二)离子交换纤维的制备

离子交换纤维的制备方法主要有两类:一类是将具有或能转变成离子交换基团的单体或聚合物与能成纤的单体或聚合物共聚或共混,然后纺成纤维;另一类是通过天然或合成纤维的改性,包括官能团的化学转变、接枝共聚反应等。

(三)离子交换纤维的分类

离子交换纤维的结构由基体纤维和连接于其上的交换基团两部分组成。其中基体纤维有聚丙烯腈、聚乙烯醇、聚酚醛、聚氯乙烯-丙烯腈共聚物、聚烯烃、聚酰胺等。交换基团有弱酸、强酸、弱碱、强碱、两性等多种。离子交换纤维的分类如表 10-3 所示。

表 10-3　离子交换纤维的种类

划分依据	种类		材料列举	特点
按交换基团的性质分类	阴离子交换纤维	弱碱型	$F-N(CH_3)_2$、$F=NH$、$F-NH_2$	在 pH 值高时不电离或仅部分电离,只有在酸性溶液中才具有较高的交换容量
		强碱型	Cl^-型:$F-N^+(CH_3)_3Cl^-$ OH^-型:$F=NOH^-$	活性基团电离交换能力强,交换容量基本不受溶液 pH 值的影响
	阳离子交换纤维	弱酸型	H^+型:$F-COO^-H^+$ Na^+型:$F-COO^-Na^+$	与弱碱型相反,只有在碱性溶液中才具有较高的交换容量
		强酸型	H^+型:$F-SO_3^-H^+$ Na^+型:$F-SO_3^-Na^+$	活性基团电离交换能力强,交换容量基本不受溶液 pH 值的影响
	两性离子交换纤维		$H_2N-F-COO^-Na^+$	
按纤维骨架材料分类	天然纤维基离子交换纤维		以天然纤维为基材	物理性能较低,需化学交联方法提高其物理性能
	合成纤维基离子交换纤维		以合成纤维为基材	物理性能好,易于加工成型
	其他基材离子交换纤维		以碳、半碳、活性碳纤维为基材	吸附容量与表面活性高,纤维柔韧性差

（四）离子交换功能纤维的应用

从化学角度上讲,功能纤维与颗粒状功能高分子材料并无大的差异,但功能纤维是以纤维或织物的形式出现,故其能在许多传统材料不能或很难作用的领域发挥其独到的作用。

1. 用于净化和分离气体

各种气态极性分子的吸附与滤除是离子交换功能纤维最具特色的应用领域之一。离子交换纤维可用于清除电解车间的重金属和酸的蒸汽和水凝胶,对有毒有害气体的吸附能力除用于废气的净化外,还可用于制作吸附分解毒气的防护服装、呼吸面具和防毒面具、通风过滤材料等。

2. 高纯水制备工业废水净化与微量物质的富集

强酸型阳离子交换纤维已被用于含金属废水的深度处理;离子交换纤维可有效地除去水中的重金属离子;阳离子交换纤维还可用于净化废水、以及核电站循环水和废水中的镁、铁、铵、钙、汞、铬等离子,也可除去染料废水中的有机污染物;离子交换纤维可用于超纯水的制备;离子交换纤维还可用作电渗析的充填材料等方面。

3. 食品脱色、物质的分离提纯和富集

离子交换纤维已成功地用于分离蛋白质、酶、氨基酸、生物碱、激素及核酸等。离子交换纤维也可用于稀土元素和过渡金属的分离和富集。

4. 其他方面的应用

除了以上三个应用领域外,离子交换纤维还可应用于催化剂或催化剂载体、脱水剂和油水分离材料、吸血性卫生材料、放射性吸收和防护材料、防臭鞋垫、保健内衣物等领域。

三、螯合纤维

螯合纤维是一种能与金属离子形成多配位络合物的纤维状吸附功能材料,是近年来发展起来的一种新型离子交换纤维。螯合纤维吸附金属离子具有易洗脱、选择性高、容易再生等优点,因此广泛应用于从水溶液中回收、浓缩、富集和分离金属离子。

螯合纤维由基体纤维和连接于其上的螯合基团两部分组成,基体纤维有聚丙烯、聚乙烯醇、腈纶等,螯合基团有酰胺、偕胺肟、硫脲、胺基等多种。不同的基体纤维采用不同的方法连接不同的螯合基团,从而获得不同性能的螯合纤维(图10-6)。

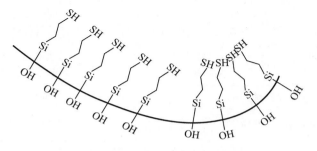

图 10-6 巯基改性螯合纤维

（一）螯合纤维的吸附机理

螯合纤维的功能基中存在着具有未成键孤电子的 N、O、S、P 等原子,这些原子能以一对孤电子与金属形成配位键,从而构成与小分子螯合纤维相类似的稳定结构,因此螯合纤维与离子交换纤维相比,与金属离子的结合力更强,其选择性也更高。

(二)螯合纤维的制备方法

螯合纤维的制备主要有两种方法:一是先将螯合基团的单体或聚合物与能成纤的单体或聚合物共聚,后纺成纤维。该方法制备的螯合纤维中,功能基团含量高,且在高分子链上分布均匀,然而,功能性单体在合成时需要保护,故该单体比较昂贵。二是通过天然或合成纤维的改性制备,主要包括化学方法和高能物理法。该方法的优点是高分子骨架是现成的,可选择的基体品种多,原料来源方便,纤维价格便宜,合成简单,是螯合纤维合成的主要方法。

1. 化学方法

化学方法是将原纤维中或接枝共聚物中活泼官能团进行化学转型,从而制得螯合吸附分离功能纤维。聚丙烯腈纤维是制备螯合纤维的重要基材,通过聚丙烯腈与水合肼交联,经胺化、磷酸化,可制得含有 P、O、N 的、可对多种离子进行吸附的多配位基螯合纤维(图 10-7)。但该方法制得的纤维力学性能和热力学性能大大降低,且合成费时,从而限制了其应用。

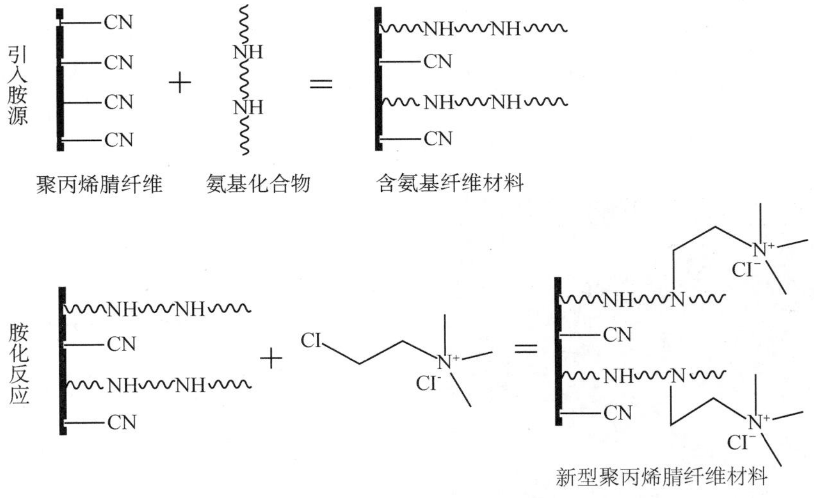

图 10-7 改性聚丙烯腈螯合纤维

2. 高能物理法

高能物理法是利用 γ 射线或电子束辐照对原纤维进行预处理,再对接枝物进行化学修饰而制备的螯合吸附分离功能纤维。依据辐照与接枝程序的不同,可分为共辐射接枝法和预辐射接枝法两种,预辐射接枝法操作简单易行,故是目前研究的重点。采用高能物理法制备螯合功能纤维,方法简单可行、无污染,但是需要 γ 射线源和电子加速器等大型设备,且需后期化学修饰,因而成本较高。

(三)螯合纤维的应用

螯合纤维吸附金属离子具有选择性高、吸附速度快、易洗脱、容易再生等优点,在金属资源保护,水处理和海洋资源的利用等方面有广泛的应用价值。

1. 用于分离、富集痕量元素

螯合纤维中 O、N 元素的含量较高,对金属离子的吸附容量较高,在痕量元素的分离与富集以及有用金属的回收方面得到广泛应用。

2. 用于水的净化处理

近年来,随着环境保护事业及经济的高速发展,一方面,水的需求量逐年增加;另一方面,水污染日趋严重,导致水的供需矛盾日趋紧张。因此,化学工业、电镀工业、染料工业等行业的污水处理及天然水和废水的深度处理是当前亟待解决的问题。特别是在电镀废水处理方面,螯合纤维不仅能将铜、镉、铬、镍等金属离子吸附除去,而且这些金属离子还可回收利用,节约资源。

四、MOF 纤维

金属有机骨架(MOFs)是一类由金属离子与有机连接体彼此通过强化学键形成的多孔材料。MOFs 具有较高的比表面积、较大的孔容、良好的化学稳定性、可调节的孔隙和多样的功能位点。这些优势使 MOFs 在多个领域具有潜在的应用价值,如气体储存、分离、传感、药物传输和异相催化等。近年来,通过静电纺丝技术制备 MOFs 纳米纤维膜(nanofibrous membrane,NFM)受到越来越多的关注。静电纺丝是一种温和、简单、成本较低的制备纳米纤维膜的技术,通过这种技术可将 MOFs 粉末转化为自支撑的柔性 MOFs NFMs。聚合物纳米纤维具有较大的比表面积、较高的孔隙率、出众的机械强度和良好的渗透性,是负载 MOFs 晶体的理想骨架。最重要的是,以纤维膜形式存在的 MOFs 易于从反应体系中取出,无需进行离心等分离操作,这简化了材料的重复使用过程(图 10-8)。

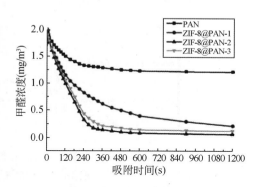

图 10-8 ZIF-8@PAN 复合纳米纤维电镜照片和吸附甲醛曲线

第十一章　差别化纤维

差别化纤维是差别化的化学纤维的简称,即通过采用物理变形和化学改性等处理后,其形态、结构等特性中发生改变,从而使其在服用性能上有较大的创新,或者是具有某种或着多种特殊功能的新型纤维。差别化纤维一般包括一般包括超细纤维、仿生纤维、异形纤维以及仿丝、仿麻、仿毛纤维等。差别化纤维在概念上与功能性纤维有明显的区别,前者主要是以改进服用等性能,如纤维舒适性能;而后者主要突出耐腐蚀、耐高温、高模量、高强度等特殊功能。但发展到现在,两者的区别变得逐渐模糊且密不可分,某些功能性纤维即是通过差别化技术来制备。

发达国家的差别化纤维的发展特点主要是高技术、高层次与深加工。20 世纪 90 年代以来,欧美日等国家放弃了科技含量低、对环境污染重但是产量高的产品的生产,从而转向了差别化纤维的生产开发。目前已在生产中普遍采用高新技术生产差别化纤维,其化学纤维的差别化率已经超过了 50%。例如杜邦目前已有 300 多个聚酯纤维的差别化品种,采用异形喷丝孔技术生产了多种异形纤维。我国也形成了技术装备配套、品种齐全、质量有一定水平的差别化纤维开发体系。随着国内外对差别化纤维产业化研究的加深与科技投入的增加,目前市场上差别化纤维的品种也是层出不穷,流行的高档化学纤维的面料也大量的选用多组分、多功能的新型的纤维,如超细旦、细旦、四异(异纤度、异收缩、异截面、异材质)、以及中空等差别化纤维,从而满足防水、防污、高仿真及透气等功能。

第一节　超细纤维

超细纤维的定义目前国际上没有统一的说法,美国 PET 委员会将单丝细度为 0.3~1.0 dtex 的纤维定义成超细纤维,日本将单丝细度在 0.55 dtex 以下的纤维定义为超细纤维,意大利将单丝细度在 0.5 dtex 以下的纤维定义为超细纤维,但是大多数人认为单丝细度小于 1 dtex 的纤维为超细纤维,而小于 0.1 dtex 的纤维是极细纤维。我国的纺织行业认为单丝细度小于 0.44 dtex 的纤维定义为超细纤维(图 11-1),在细度为 0.44~1.1 dtex 的纤维定义为细特纤维。目前,大部分合成纤维均可制备超细纤维,如聚酰胺、聚酯、聚丙烯、聚丙烯腈纤维等等。

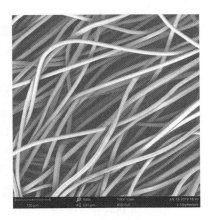

图 11-1　超细纤维电镜照片

一、超细纤维及织物的特点

超细纤维最为显著特点即是其单丝线密度大大低于常规普通纤维,其中最细的更是能达到 0.000 1 dtex,这一显著特点使其具有许多不同于普通纤维的性能,主要表现在以下方面:

1. 手感柔软而细腻且柔韧性好

超细纤维的单丝截面直径与单丝的细度均比天然纤维小,因而其卷曲模量较低,故织物手感柔软性能较好;其单丝的抗弯硬挺度低,因而其织物具有良好的悬垂性能;相对于普通纤维而言,超细纤维的结晶度与取向度较高,提高了纤维的相对强力,因此纤维的弯曲强度与重复弯曲强度提高,使其柔韧性大,平滑,且手感柔软。然而,这些性能也与其织物组织结构与混纤组分、混纤比等有关,同时,对于变形纱来说,单丝细度下降会导致其蓬松性变差。

2. 抗皱性与耐磨性较好

超细纤维细度的下降使其绝对强力降低,但是,对于相同号纱而言,其纱截面的纤维根数比常规纱多,因而纱的强度仍然比较高;同时,有利于对织物进行砂洗或起绒处理,从而制备仿天鹅绒、仿麂皮及桃皮绒等档次较高的织物,而且具有较好的抗皱性和耐磨性。

3. 蓬松性好且光泽柔和

超细纤维细度小,纤维的密度高,增加了纤维的比表面积与毛细效用,在提高织物的覆盖性与蓬松性的同时,对光线的反射也比较分散,从而使纤维内部反射光分布更为细腻,因而光泽柔和,使其具有真丝般的光泽。

4. 织物高密度的结构与高清洁能力

超细纤维的纤维细,在织造中经纬丝很容易相互粘紧与挤压变形,从而很容易形成高密织物,其经纬密度是普通织物的数倍,经后整理后,即使不作任何涂层等处理也可制备防水织物,该织物可应用于雨衣、风衣、休闲服、运动服、无尘衣料、时装和鞋靴面料等。同样,由于其较小的单丝密度,用其织造的织物擦拭物体时,纤细的纤维好像锋利的刮刀,从而很容易刮去污物,同时,超细纤维与污物的接触面较大,因而更加容易贴紧,并且具有很强的毛细芯吸效用,从而容易将附着的污物吸入织物中,避免由于污物散失对物体的再次污染,故其具有高清洁能力,是理想的擦拭布与洁净布的首选。

5. 保暖性好

超细纤维的细度小,在纤维集合体内存在的静止空气较多,因此超细纤维是一种较好的保暖材料。若将一些较粗纤维混入纤维集合体内做支架,便可使其压缩弹性和蓬松性增加。

6. 较高的吸水性与吸油性

超细纤维其细度变细,比表面积变大,从而形成尺度更小、数量更多的毛细孔洞,不仅大大提高了其织物的吸湿性,而且大大提高了其毛细芯吸能力,使其可以更多地吸收和储存液体(油污或水)。因此,超细纤维可以应用于高吸水产品的开发,如高吸水笔芯、高吸水毛巾等产品。这些空隙可以大量吸收水分,因此超细纤维具有很强的吸水性;且所吸附的大部分水分保存在空隙中,能够较快地被干燥,从而有效地防止了细菌滋生。

7. 生物酶和离子交换剂的良好载体

由于超细纤维的比表面积大,因而是生物酶和离子交换剂等活性剂的良好载体,能够提高其活性效率,而且还可应用于渗透膜、生物医学(如人造皮肤、人造血管)等领域。

此外,超细纤维还具有抗微生物附着和抗贝类、海藻腐蚀等性能特点。然而,超细纤维在加工和使用中也存在一定的问题。如摩擦系数大、单丝强力低、抗弯刚度下降，从而使所制备织物硬挺性降低、蓬松性下降；比表面积大，使其加工时存在退浆难、吸浆多、染料用量大、染色易不匀等问题，因此，在加工制备过程中需要适当地调整染整设备和相关的工艺条件。

二、超细纤维的制备方法

超细纤维可以分为两大类：随机型（短纤维）和长丝型。超细纤维的制备方法也有很多种，如直接纺丝法、复合纺丝法、共混纺丝法、超拉伸法、闪蒸法与熔喷法等。采用不同的制备方法，可生产出不同线密度、不同用途及不同种类的超细纤维，长丝型与随机型的制备方法见表11-1。

表 11-1　不同类型超细纤维的制备方法

纤维类型	制备方法	
长丝型	直接纺丝法	熔融纺丝
		共混纺丝
		干法纺丝
	复合纺丝法	海岛型
		剥离型或分离型
		多层型
随机型	熔喷纺丝法	
	闪蒸纺丝法	
	共混纺丝法	
	超离心纺丝法	
	表面溶解法	
	捶打原纤化法	
	湍流原纤化法	

1. 直接纺丝法

直接纺丝法即传统挤出法，主要包括熔融纺丝、共混纺丝和干法纺丝，是直接制备超细纤维的一种方法。直接纺丝法是在传统纺丝法的基础上，优化仿丝条件，从而使其适合于超细纤维的生产，如帝人等公司已成功地开发出采用常规熔融纺制备超细纤维的设备。

采用直接纺丝法生产的超细纤维剥离后的最低线密度大于 0.1 dtex，织物中纤维间的距离较小，织物的手感较硬，可以生产单组分纤维，亦可以生产双组分纤维，其染色容易，但显色不良。

通过直接纺丝法制备的单组分超细纤维，无复杂的后道工序，如除去第二组分或者剥离成两组分等，但是直接纺丝生产的超细纤维容易产生断头与毛丝，目前很难获得较好的织物手感。

2. 复合纺丝法

复合纺丝法是一种交替排列聚合物的挤出方法，该方法能解决直接纺丝法中存在的缺点与不足,且可以获得比较均匀的超细纤维。采用复合纺丝法来生产超细纤维的想法比直接纺丝法要早,由日本最早开发成功,通过改变喷丝板的结构,制备了截面由高度分散的复合组分所构成的复合纤维,并将其命名为交替排列的聚合物纤维,以此来确切表达纤维横向与纵向的结构。复合纺丝法可以分为海岛型、分离型或剥离型与多层型三种,如表 11-2 所示。

表 11-2　不同复合纺丝法的特点及应用

制备方法	海岛型	分离型或剥离型	多层型
定义	海岛型复合纺丝是使海、岛两组分聚合物形成为数众多的芯(岛)和鞘(海)结构,然后,使之均匀汇集或随机分布,从而纤维截面中可以清楚地看到一种组分高度地分散在另一组分中	纤维使用几种不相溶的,但黏度相近的聚合物组分,各自沿纺丝组件中预定的通道流过,并相互汇集形成预先设定好的纤维截面性状,其组分的分布通常有花瓣型、中空型、米字型、十字型等,然后再通过机械或化学方法使之各组分分离,制得超细纤维混合体	多层型运用了两种不相溶的高聚物,纺丝前该高聚物熔体由一个静态分离器多层化,然后进行分离或剥离
剥离后最小线密度	0.000 1 dtex	0.000 1 dtex	0.1 dtex
加工性	较容易,与常规纤维类似,毛丝少;通过改变岛组分纤维形状,还可以有效地改善海岛型纤维的风格	效率高,无聚合物的损失,制得的超细纤维单丝细度低,并且具有混纤和异形纤维的特性;缺点是纺丝组件构造复杂,加工难度大	较容易,类似于常规纤维,有毛丝
手感	软	软	硬,除非化学处理收缩
织物中纤维间距离	可控制	可控制	小
染色性、色牢度	易染色,显色不良	易染色,显色不良	色牢度差

3. 随机型超细纤维的生产方法

随机型(短纤维)超细纤维的生产方法有熔喷纺丝法(喷射纺丝法)、闪蒸纺丝法、共混纺丝法(混合纺丝法)、超离心纺丝法、表面溶解法、捶打原纤化法与湍流原纤化法等。不同制备方法的特点如表 11-3 所示。

表 11-3　随机型超细纤维的生产方法及特点

制备方法	定义	特点
熔喷纺丝法	将热可塑性的树脂熔体或混熔体在热气流中挤压细化,再经捕集装置捕集成网,最终形成非织造布。熔喷法的超细纤维直径越小,纤维的强度越高	生产的纤维是目前工业生产应用较多的。该方法的优点是设备简单,操作容易,制得的非织造布成型性好,但是所得的纤维强度低,制品中易夹带绳状或粒状高聚物
闪蒸纺丝法	当聚合物溶液形成纤维时,溶剂瞬时汽化,脱离聚合物,而高聚物被喷化成细度达 0.1~0.5 dtex	闪蒸纺丝纤维亦可以说是超细纤维的一种

续 表

制备方法	定义	特点
共混纺丝法	双组分共混聚合物熔体经过挤压和拉伸制成复合纤维。分散相和非分散相(基体)组分的排列由组分的混合比及其熔体的黏度决定,其共混方式亦可采用切片式混合或熔体混合	纺丝的稳定性强烈地依赖于聚合物的组合,但是纤维的密度不易控制,断头率高,由于聚合物分散相是被拉伸形成超细纤维,所以,用聚合物共混纺丝法目前还不能生产连续长丝型的超细纤维
超离心纺丝法	类似于棉花糖的成型	
表面溶解法	PET 等纤维的表面溶解于碱液中,从而使纤维变细	
捶打原纤化法	纤维或薄膜经捶打使之原纤化	
湍流原纤化法	聚合物溶液在湍流区凝固	

三、超细纤维的应用

超细纤维是一种高技术、高品质的纺织原料,国外将超细纤维的开发应用称为 21 世纪纺织工业革命性转变的火车头,超细纤维具有独特的性能特点,其应用领域广泛,不仅应用于服用与装饰用纺织品,而且在医学、电子、水处理、生物等产业领域也有着广泛的应用,超细纤维产品主要有仿真丝、仿麂皮、仿桃皮绒织物、人造皮革、高密度防水透气织物、高吸水性材料、洁净布和无尘衣料、液体或空气过滤材料、贝类及海藻抑制层和医疗防护织物等方面,如表 11-4所示。

表 11-4　超细纤维的产品及应用

产品	特点	应用
仿真丝	仿真丝绸所用的超细纤维的线密度范围为 0.11～0.56 dtex,所得仿真丝绸制品手感柔软、外观华贵	是制作高档礼服、衬衣及内衣的良好材料
仿麂皮	利用超细纤维特性,通过染整技术手段使其成为麂皮绒,即表面绒毛细密、手感柔软光滑,具有一定的皮质感,可以假乱真	可广泛用于制作外套、夹克、手套、鞋帽、箱包、家具饰品和车内装饰物等
仿桃皮绒织物	这是一种品质优良、风格独特的服装面料。采用超细纤维织成的仿桃皮绒织物表面有极短而手感很好的茸毛,手感柔软、细腻而温暖	用这种面料织造的高档时装、夹克、T 恤衫、内衣、裙裤等
人造皮革	用超细纤维制备的合成革具备天然皮革的纹理结构,无天然皮革的"划痕"等缺陷;在产品透湿性、尺寸稳定性、柔软度、剥离强度、耐久性、造面技术等方面都优于天然皮革	可用于制鞋、手套、服装、家具装饰物等
高密防水透气织物	由超细纤维织造的高密度织物,既有防水作用,又有透气、透湿和轻便易折叠携带的性能	用超细纤维制作的滑雪、滑冰、游泳等运动服可减少阻力
高吸水性材料	吸水既快又多,使用时非常柔软舒适	主要用于高吸水毛巾、纸巾、高吸水笔芯、卫生巾、尿不湿等

续　表

产品	特点	应用
洁净布和无尘衣料	超细纤维可以吸附自身质量7倍的灰尘、颗粒、液体，用超细纤维制成的洁净布具有很强的清洁性能，除污既快又彻底，还不掉毛，并且洗涤后可重复使用	在精密机械、光学仪器、微电子、无尘室以及家庭等都得到广泛的应用；无尘衣料
液/气过滤材料	超细纤维直径小，比表面积大，具有充填性和柔软性的特点及较高的强度，所以其织物空隙率高，孔径均匀，可发挥类似滤纸的作用	可用作液体或气体的滤材，制作高性能过滤器
贝类及海藻抑制层	用长的超细纤维在合纤底布上针刺而得的起毛状织物，经化学药品处理使之具有特殊功能	用超细纤维制成覆盖物可抑制海藻及贝类在水闸、船底的附着
医疗防护织物	通过熔喷法可获得超细纤维非织造布，是一种优质的防细菌屏障	常用于制造外科手术包、手术用工作服等医用防护服

　　超细纤维也可应用于保温材料、离子交换、功能纸制品、人造血管、人造皮肤等多个领域。如利用其生物相容性好的特点，可以制作人造血管、人工膜和人工脏器等来取代人体的组织等；利用其防水透湿的特性可以用来制作建筑材料、餐巾等；利用其化学反应性可制作耐热化学试剂与快速应答型凝胶纤维等；在非织造布领域，超细纤维目前已成功地应用于人造麂皮与高级合成革基布等，如何把针刺法技术、水刺法非织造布技术、熔喷法非织造布技术等组合用于超细纤维的新产品开发方面，还有大量的工作可做。

第二节　仿生纤维

　　仿生学是一门属于技术科学与生物科学相交叉的边缘科学，其任务是将生物系统中的优异能力及产生的作用机理和功能原理作为生物的模型进行研究，再将其运用于新技术与设备的设计与制造，或使人造技术的系统具有类似生物系统的特征。

　　仿生纤维是人们向生物界寻找启发并进行模拟，将仿生原理应用于纤维设计与生产，从而制造的一种形态结构、性能及观感等方面类似天然纤维的化纤。

　　随着科技的迅猛发展，先进的纤维技术已经成功地开发出众多新型纤维，因此纤维科学将从单纯的"模仿"向"创造"转型，将不断开发出模仿生物界体系复杂、致密功能和成型机理的新型功能纤维。21世纪纤维及纺织工业的发展方向将由这些生物或生物仿生纤维主导。由于高科技的更新，大量具有高智能的遥控功能纤维，例如具有信息转换、导电、光电、分离、生物体相容、能源转换等功能的新型纤维，必将在未来的能源、电子及生命科学等领域起到巨大作用。这些新功能纤维的设计和开发所必备的基础研究将是21世纪纤维科学工作的重点。随着纤维纺织产业进入一个新的感性时代，纤维、纺织、服装的发展将转向更加重视同人类生产相适应的软体包装系统工程。这种软体包装系统的研究范畴汇聚了人类的生活美学、生活工程、生活文化、感性工程以至于人类科学等，将提供给人类尽善尽美的服饰，满足人类社会寻求更舒适生活的期望。

一、仿生纤维的类别与应用

目前仿生纤维大致可以分为表 11-5 所示的几类。

表 11-5　仿生纤维的类别与应用

类别	仿生来源	特点	应用领域
多层扁平纤维	来自对蓝蝶的观察及其翅膀形态结构的研究,发现蓝蝶鳞片结构可增加蓝色光波长的振幅,使相应的色彩更加鲜艳	由两种有不同热收缩率的纤维组成,且具有周期性的扭曲螺旋,形成鳞片结构,由此产生金属般的鲜艳光泽	用于制造质地柔软、有褶皱美且色泽艳丽、闪亮变幻的织物
超微坑纤维	来自对一种称为"NightMoth"夜间活动的蛾的研究,发现其角膜的表面整齐地平行排列着微细圆锥状的突起结构,从而有效降低夜间微弱光线反射的损失	超微坑纤维的表面具有每平方厘米 10 亿个微坑的凹凸结构,使纤维表面具有导致入射光呈散射状的功能	可用于制造普通纤维无法匹及的艳丽黑色服装
中空纤维	源自对动物血管的膜管状形态研究。发现贯通细小管状结构可以有效地存储空气与能量,减缓热量的流失,并且可以通过薄膜进行物质交换,又可以保证一定的贯通效果	无毒无害,可去除热源,生理相容性好,有一定机械强度,可模拟微血管的某种功能,配合各种生物学和医学技术	广泛用于医疗卫生、生物研究领域、尤其是在人工组织器官移植与制造上有不可替代的贡献
		良好的手感和优良的蓬松性,比重轻,保暖性好,具有羽绒般的舒适和松软,消除过敏反应	主要用途是仿丝棉、软棉、床上用品(枕芯、被褥)、人造毛皮、针刺棉、纺纱服装填充
变色纤维	源自对变色龙随环境变化而改变自身颜色的特性。科学家将变色龙的这种变色原理加以系统分析研究后,发现这些变色动物皮肤具有的色素会根据光照、热量、湿度、气压、光电变化等外界因素刺激而产生变化	有特殊分子结构和排列方式的变色颜料分子,在受到光、热、水分、辐射等外界刺激后可逆性地自动改变颜色	主要用于娱乐服装、安全服和装饰品以及防伪制品等
会呼吸的纤维	源自对血液成分中功能色素的研究,发现其在人体中具有储存和输送氧气的能力,而将附着于纤维材料表面后,纤维就具有呼吸功能	具有柔软和巨大的表面积,可充分吸收空气中的水分或人体汗液	用于制造内衣、潜水服等,可改善人体自身的呼吸系统,保持皮肤的弹性,延缓肌肤衰老
仿蜘蛛丝纤维	源自对蜘蛛丝的观察与研究,科学家们发现蜘蛛丝是目前世界上最为坚韧且具有弹性的纤维之一,其性能媲美于防弹纤维 Kevlar。目前这种坚韧的蛋白质分子构成的蛛丝尚未解密	坚韧,富有弹性,且不溶于水	防弹背心、防护罩等军事、国防领域

二、仿生纤维的制备方法

（一）仿丝纤维

蚕丝是一种蛋白质纤维，截面呈三角形，这使其具有独特的外观、良好的手感和较好的染色性；蚕丝还具有多层的层状结构，故光泽柔和。蚕丝的服用性能优良，但价格昂贵，因此仿丝纤维应运而生，其在仿蚕丝的基础上，克服了蚕丝织物不易护理的缺点。目前，仿蚕丝的原料主要有黏胶纤维、醋酯纤维、聚酰胺纤维、聚丙烯腈纤维、维纶、涤纶、聚丙烯纤维等。

仿丝纤维是在形态结构、观感及性能等方面类似蚕丝的化学纤维。仿丝纤维的加工工艺主要有截面异形化、纤维细旦化、碱减量处理、微孔结构化和异纤化，另外还有聚合物改性、异收缩混纤丝、复合丝、变形丝及加捻处理等方法。表 11-6 列出了仿丝纤维主要加工工艺的实现途径及特点。

表 11-6　仿丝纤维主要加工工艺的实现途径及特点

加工工艺	实现途径	特点
截面异形化	采用三角形、三叶形、T 形、Y 形等截面的喷丝头；有时为达到非闪光的目的，也采用五叶形、六叶形、八叶形喷丝头。纤维纵向截面可通过纺丝、拉伸、变形、染整及纺织加工等，被赋予凹凸、粗细、多微孔、沟槽、疙瘩及磨砂等特征	将合成纤维异形化，可使产品的光泽性、吸湿性、蓬松性、保暖性、弹性、抗起毛起球性、耐污性、硬挺度、手感等多项性能得到不同程度的改善
纤维细旦化	为使仿丝纤维产品的手感、光泽达到更好的仿蚕丝效果，合成纤维的细度应小于天然蚕丝纤维，可将其降至 0.5~1.0 dtex	丝条柔软，具有深层的真丝光泽，纤维的弯曲强度也降低了，因此改善了织物的手感
碱减量处理	仿照蚕丝溶去丝胶的方法，用氢氧化钠溶液处理合纤织物，使之质量减轻。在加工过程中，纤维表面因纤维分子结构中的酯键水解而发生溶蚀，这使得织物中的纤维变细，并形成众多的微孔和沟槽，彼此间产生适度的空隙	织物摩擦时会发出蚕丝般的丝鸣感，同时获得具有良好的透气性、形变回复能力、柔软性、悬垂性和外观，具有酷似真丝绸的仿真效果
微孔结构化	在纺丝过程中加入成孔剂，如高岭土、二氧化硅、硫酸钡、碳酸钙等。之后，在碱减量加工中，部分滤掉或溶出添加剂，使纤维表面形成沿轴取向的微孔	可提高纤维的吸湿吸水性，使织物穿着舒适，透气性好，并使纤维刚性下降，手感改善，悬垂飘逸，染色性能提高。
异纤化	人为地使一束丝中存在不同线密度的纤维，一束丝通常含 2~3 个组分，每个组分又由少则几根、多则几十根线密度均匀的单丝组成，可以获得较好的天然蚕丝感	异纤化可提高仿丝织物的身骨，使之具有柔而不烂的风格

（二）仿麻纤维

仿麻纤维是在形态结构、外观及性能方面类似麻的化学纤维。该类纤维是采用化学或物理改性方法而制备的具有天然麻风格的化学纤维。制备仿麻纤维的主要原料有涤纶、醋酯纤维、腈纶和黏胶纤维等。仿麻纤维性能与天然麻极为相似，具有挺爽、透气快干及天然麻纤维特有的手感与光泽。纤维的黏结部位可使手感硬挺滑爽类似亚麻，从而改善织物的悬垂性和仿麻效果。

仿麻纤维大部分用于织造仿麻型织物,当然也可织造凡立丁、派力司等夏季用衣料,主要用于加工妇女服装、套装、夹克衫、宽松衫和夏季运动衣等。

（三）仿毛纤维

仿毛纤维是在形态结构、外观及性能方面类似动物毛的化学纤维。化纤仿毛就是利用化学纤维来模仿毛织物的风格特征,以达到以化学纤维替代毛纤维的目的。

1. 仿毛纤维的制备方法

化纤仿毛的技术途径主要有两种:一种是模仿天然毛纤维的形态结构与性能,从而开发出仿毛纤维;另一种是从织物的外观、风格和性能上模仿毛织物,通过纺丝、纺纱、织造、染整加工等方面的协同作用,生产具有毛织物风格特征及性能的织物。

2. 仿毛纤维的产品及应用

随着化纤技术的发展,新型的仿毛纤维不断涌现,目前常用的仿毛化学纤维有高收缩纤维、异形纤维、复合纤维、阳离子染料可染涤纶、阻燃纤维、超细纤维、空气变形丝、混纤丝等,如表 11-7 所示,为仿毛产品的进一步发展奠定了基础。

表 11-7　仿毛纤维的主要产品及应用

仿毛纤维		生产方法	应用
高收缩纤维	高收缩腈纶	① 拉伸法 ② 化学改性法	与常规腈纶混纺,可以制成腈纶膨体纱;纯纺或与羊毛等纤维混纺,可生产各种仿羊绒、仿毛产品
	高收缩涤纶	① 特殊纺丝与拉伸工艺 ② 化学改性法	与常规纤维或低收缩纤维混纺或混纤、交织、交并,可以使织物获得蓬松、弹性、厚实、保暖的效果,织物手感柔软,丰厚致密,仿毛效果好。
异形纤维		利用非圆形截面的异形喷丝孔,一般采用熔融纺丝工艺,也可采用溶液纺丝工艺	三角形、多角形和多叶形、扁平形、中空形和多中空形等,目的是改善合成纤维的手感、光泽、吸湿性和蓬松性等
复合纤维		① 直接喂入法 ② 复合液流法	聚酰胺与聚酯、聚酰胺与聚烯烃、聚酯与聚烯烃、聚氨基甲酸酯的聚醚与聚丙烯腈等复合的具有自卷曲的并列型双组分复合纤维
阳离子染料可染涤纶		共聚法	高温高压染色型涤纶和常压染色型涤纶
阻燃纤维		① 共聚法 ② 共混法	阻燃涤纶、阻燃腈纶、阻燃丙纶等
超细纤维		① 直接纺丝法 ② 复合纺丝法	聚酯、聚酰胺、聚丙烯腈、聚丙烯等纤维
变形丝		采用喷气变形法或者假捻变形法和喷气变形法相结合的方法	涤纶、锦纶、丙纶、黏胶纤维、醋酯纤维等,可用于生产粗纺呢绒、精纺呢绒、各式花呢,以及装饰织物、工业用呢、地毯等多种纺织品
混纤丝		异种丝假捻、并捻、气流交络等后加工,也可以采用纺丝工艺直接纺制	由多异混纤丝制备的仿毛织物毛型感更好,因此它是仿毛织物的良好原料

（四）多层扁平纤维

采用两种不同热收缩率的聚酯切片混合熔融纺丝，将这种双组份的纤维丝束进行热处理。由于聚酯纤维有不同的热收缩性，因此每隔 0.2～0.3 mm 可周期性地形成一个个扭曲的螺旋。这样纤维丝束形成无数鳞片状的狭缝，光线入射在狭缝内壁不断反射、折射、干涉，且相互叠加，增大幅度，从而产生鲜明的深色光泽。多层扁平纤维的仿生来源如图 11-2 所示。

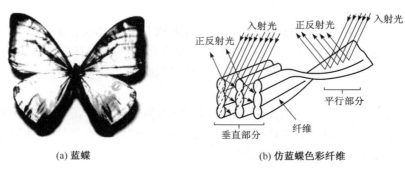

(a) 蓝蝶　　　　　　　　　(b) 仿蓝蝶色彩纤维

图 11-2　多层扁平纤维的仿生来源及纤维

（五）超微坑纤维

采用的微坑形成方法对纤维表面进行处理，通常有物理法和化学法。其中，物理法是利用低温等离子体对纤维冲击处理，使纤维表面形成细微的凹凸结构；化学法则是将具有与聚酯相似的折射率、平均粒径为 0.1 μm 以下的超微粒子均匀分散到纺丝液中，纺成丝后用相应的方法溶解并去除超微粒子。超微坑纤维的仿生来源及纤维如图 11-3 所示。

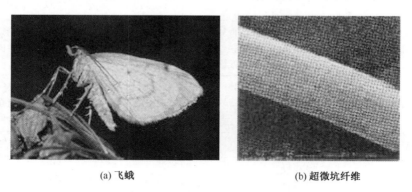

(a) 飞蛾　　　　　　　　　(b) 超微坑纤维

图 11-3　超微坑纤维的仿生来源及纤维

（六）中空纤维

中空纤维的生产方法主要有两种：一是化学法，即生产中加入化学试剂，在纤维成型后通过后处理进行脱除，形成具有孔洞的纤维；二是物理成型法，通过特制的中空纤维喷丝板，对挤出熔体形状进行二次造型，可生产多种孔洞的纤维，如 4 孔、7 孔、16 孔等，如图 11-4 所示。经实验证明该纤维具有优异的可纺性，可保持良好的异形度。

(a) 中空纤维截面

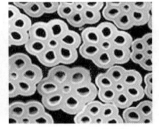
(b) 多孔中空纤维

图 11-4 中空纤维截面及纤维

（七）变色纤维

目前，通常将具有光敏变色特性的物质，如萘吡喃、螺吡喃和螺亚嗪等，与聚丙烯切片共混后制成切片，由于这些光敏剂在光的作用下能够发生可逆的构型变化，因而发生可逆的显色或褪色。因此经熔融纺丝制成的纤维，经光照射后能够迅速变色，待光照停止，又迅速恢复原色，并且具有一定的光照耐久性和良好的耐皂洗性能（图 11-5）。除聚丙烯外，其他聚合物也可用作光敏变色纤维原料。

(a) 哈佛研发仿生变色纤维

(b) 光敏变色服饰

图 11-5 变色纤维及服饰

（八）会呼吸的纤维

会呼吸的纤维通常是通过提取血液中的功能色素——卟啉化合物，由于其可以为人体提供氧气，所以可以通过染色方式，将卟啉化合物按一定配比混合在染料中，经过烘干，此色素将均匀分散固着在纤维材料表面，在光照下，被纤维材料吸附的水分将分解，从而形成供氧体系。

第三节 异 形 纤 维

在合成纤维的制备过程中，采用非圆形孔的喷丝板纺制的具有非圆形横截面的中空纤维或纤维，该纤维称异形截面纤维，即异形纤维。异形纤维截面的非圆形化程度一般用异形度表征。目前关注较多的异形纤维有三叶形、五叶形、三角形、五角形、八叶形、十字形、扁平行、T

形、C形、中空形及中空异形纤维等(图11-6)。

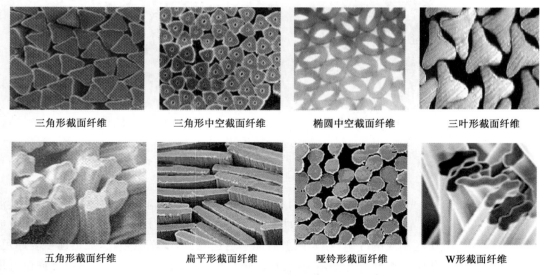

三角形截面纤维　　三角形中空截面纤维　　椭圆中空截面纤维　　三叶形截面纤维

五角形截面纤维　　扁平形截面纤维　　哑铃形截面纤维　　W形截面纤维

图11-6　不同截面的异形纤维

一、异形纤维的特点

从原理上说,任何化学纤维的截面都可以加工成任意形态,但在实际的生产过程中,圆形合成纤维的使用仍是较多的。异形纤维与圆形截面纤维相比,具有以下特性:

（一）丝鸣功能

由顶端部分有小裂纹的三叶形纤维织造的织物能够发出音波,其波形与丝绸有很相似的声音效果,因此称为丝鸣功能。

（二）光泽好

制备异形纤维的主要目的之一就是其独特的光学效果,利用异形纤维的该性质可以用来织造具有真丝般光泽的合成纤维织物;另外,异形纤维的截面不同,其光学特性也不同。有的具有钻石般光泽,有的光泽闪光小,相对柔和,因此异形纤维比圆形纤维的仿真丝效果更好。

（三）仿毛皮效果

腈纶纤维因其具有锐利的截面,而达到仿毛皮效果;超细纤维同样因将其纤维的尖端超细化而产生手感良好的毛皮感觉。

（四）纤维直径和刚度

对于相同线密度的同类纤维而言,圆形纤维的直径小于异形纤维直径,而圆形纤维的刚度也小于异形纤维。

（五）手感

天然纤维因其截面有不规则的形状,如蚕丝、麻的截面粗细不均,近似三角形,故手感滑爽;普通合纤因其圆形截面而有蜡状感,因此通过异形截面化使其改善,蜡状感就会消失,并且有毛绒感,也可提高屈服强度,因此异形纤维的手感明显得到改善。

（六）染色性能

由于异形纤维的表面积大，因此其染色速率较高。然而，异形纤维对光线的反射增大，在相同染料吸着量的条件下，显色浅，因此若要得到同样深度的染色物，异形纤维所用的染料多，但是色的鲜艳度较高。

（七）吸水快干和透湿性

选择合适的异形纤维或将其进行适当混合所形成的织物，其纤维和纤维间有微小的空隙，该空隙具有毛细管效应，从而使汗液挥发迅速，提高纤维之间空隙率，可以将水汽迅速蒸发，从而具有速干性。

（八）隔热保暖功能和轻量功能

由异形纤维或中空纤维组合而成的织物，孔隙多，存在的静止空气增加，在减轻织物质量的同时，还具有隔热保暖的功能。例如，C 型中空和"井"字异形纤维等。

（九）透明和不透明效果

四角形纤维，排列整齐，可产生透明度极好的流行织物；若在纤维内部，把混入 TiO_2 微粒子的部分做成星形进行复合纺丝，便会产生不透明的纤维，可以白色不透光的泳装。

（十）蓬松性与透气性

异形纤维的蓬松性、覆盖性要比普通合纤好，其织物手感也更蓬松、厚实且质轻、丰满、透气性好。异形纤维的异形度越高，纤维及织物的透气性与蓬松性就越好。

另外，对纤维进行变形截面改良的同时，织物的手感也得到了改善，异形纤维的抗油丝性能也明显优于圆形纤维。

二、异形纤维的制备

异形纤维最简单的制备方法是采用非圆形截面的喷丝孔，即异形喷丝孔法，另外还有膨化黏着法、复合纤维分离法等。

1. 异形喷丝孔法

异形喷丝孔法是最普遍使的方法，是指将喷丝孔加工成与所制备纤维截面形状相似的纺丝方法。

2. 膨化黏着法

膨化黏着法也是被广泛应用的生产异形纤维的一种方法，是指将喷丝孔制成相互靠近的弧形孔、圆孔和狭缝等，利用纺丝液从喷丝孔挤出时所产生的膨化效应（孔口胀大效应），从而使纺丝液细流相互黏着从而形成异形纤维的方法。

3. 复合纤维分离法

将两种或两种以上的成纤高聚物制成可分离型复合纤维，然后在后加工过程中，通过用溶剂溶掉某一组分或者机械剥离各组分从而获得异形纤维的方法。

三、异形纤维的应用

近几年来，异形纤维的应用越来越广泛，在服用、装饰用及产业用纺织品这三大领域均有广阔的市场前景，同时也是仿皮涂层和非织造布的理想材料。例如，用异形纤维制备的地毯，不起球、富有弹性、覆盖性、高度的蓬松性和良好的防污效果；异形纤维用于非织造布，其附着性比圆形纤维大得多；在工业卫生领域，用 X、H 形纤维制造的毛刷类产品，具有较好的清洁度；中空纤维除了用在服用领域外，在海水淡化、污水处理、人工肾脏、浓缩分离等方面也得到广泛应用。

第十二章　无机纤维新材料

无机纤维是以矿物质为原料制成的化学纤维,具有一些有机纤维不具备的优异特性,作为工业用纤维新材料,已经在新材料领域确立了重要位置。近十年来,随着空间技术、新型发动机、新型交通工具等高新产业的兴起,对材料的要求日益提高,要求强度高、质量轻、耐高温,且要与金属、陶瓷和高分子材料树脂有较好的相容性,还要求产品具有电导、电磁屏蔽等功能。随着复合材料的快速发展,无机纤维新材料更引起了人们的关注。无机纤维新材料有两大类:一类是无机物和无机化合物纤维,如碳纤维、碳纳米管纤维、氧化石墨烯纤维、玄武岩纤维、玻璃纤维、氧化铝纤维、碳化硅纤维等;另一类是金属纤维,如不锈钢纤维、铜合金纤维等。这些纤维均可采用机织、针织、非织造和复合等加工方法,生产具有特定功能且能满足国民经济相关产业特定需要的产品,尤其在先进复合材料方面,其重要性日益凸显。总之,无机新纤维材料已经成为纤维新材料中不可或缺的重要组成部分。

本章将从纤维的分类、制备方法、结构和性能及其应用四个方面,简要介绍碳纤维、碳纳米管纤维、氧化石墨烯纤维、玻璃纤维、玄武岩纤维、陶瓷纤维及金属纤维。

第一节　碳　纤　维

碳纤维的研究最早可追溯到 1880 年 Thomas Edison 的工作,他对人造丝和赛璐璐纤维进行热处理,然后将其用作白炽灯的灯丝。后来,柔性钨丝的发明和广泛应用阻碍了此项研究工作的进一步开展。直至 20 世纪 50 年代,为了制造火箭和导弹,对耐高温增强纤维提出了特殊的要求。1959 年,Union Carbie 开始大批量碳化黏胶长丝;20 世纪 60 年代初,除黏胶长丝和赛璐璐外,又成功研制出两种原材料可用于生产碳纤维,即聚丙烯腈纤维(PAN)和沥青。随着高技术产业的迅猛发展,人们对碳纤维的性能和产量提出了更高的要求。现在,碳纤维已经成为高性能纤维产品的主要品种。

一、碳纤维简介

碳纤维是指纤维化学组成中碳元素占总质量 90% 以上的纤维。习惯上只是把有机物经热分解而制成,实质上仅由碳构成的直径为 $5\sim15~\mu m$ 的纤维状物质叫做碳纤维。碳纤维的分子结构如图 12-1 所示,主要结构为石墨层状的六方晶体结构,同层的每个 C 原子上的三个电子和邻近的三个 C 原子以共价键结合,键长 142 pm(1 pm = 0.001 nm);不同层之间的距离是335 pm,层与层之间以范德华力相连,因而层间的结合力很小,

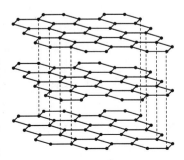

图 12-1　碳纤维的分子结构

只相当于层内 C 原子的结合力的 1%,层与层之间很容易产生滑移。因此,碳纤维沿着纤维轴方向有着很强的结合力,强度和模量极高,而垂直于纤维轴向的强度和模量很低,纤维比较脆,不能打结和加捻。因此,碳纤维的主要用途是制备复合材料,以避开其缺点。

(一)碳纤维的分类

一般碳纤维的形态有长纤维、短纤维(短切纤维、研磨纤维)等,按性能可分为通用碳纤维(GP)、高性能碳纤维(HP)、活性碳纤维和气相生长碳纤维。通用级聚丙烯腈基碳纤维(PANCF)的概念,一般以日本东丽公司 T-300 牌号碳纤维的力学性能为准,即抗拉强度为3.3 GPa、模量为 240 GPa 左右的碳纤维。高性能碳纤维包括中强(MT)、高强(HT)、超高强(UHT)、中模(IM)、高模(HM)和超高模(UHM)等类型。可用于制造碳纤维的原料相当广泛。如可由纤维素纤维、木质素纤维以及 PAN、沥青、酚醛、聚酰胺、聚乙烯醇、聚氯乙烯、聚苯并咪唑、聚二噁唑等纤维,经炭化制得碳纤维。按照制备碳纤维所需原料,可分为纤维素基碳纤维(人造丝基碳纤维)、聚丙烯腈基碳纤维、沥青基碳纤维。

(二)制备方法

碳在各种溶剂中不溶解;在隔绝空气的惰性气氛中(常压下),高温时也不会熔融;只有在10 Pa、3 800 K 以上的条件下才能不经过液相而直接升华。因此,碳纤维不可能像合成纤维那样,通过熔融纺丝或溶液纺丝进行制造。制造长丝型的碳纤维,工业上只能通过高分子有机纤维的固相炭化来得到。只有在固相炭化过程中不熔融、不剧烈分解的高分子有机纤维,才能作为碳纤维的原料。有些纤维需经过简单的预氧化处理,才能在固相炭化过程中不熔融、不剧烈分解。

目前,实现工业化生产的主要是以 PAN 纤维、沥青纤维和纤维素纤维为原料制成的 PAN 基碳纤维、沥青基碳纤维和纤维素基碳纤维。其中,PAN 基碳纤维的生产工艺较简单,技术较成熟,产品的力学综合性能好和成本相对较低,因此,得到了飞速发展,在碳纤维中占着主导地位。沥青基碳纤维的优点是得率高、稳定化时间短,如果改进其生产工艺,成本将远比 PAN基碳纤维低,由于其具有优良的导电性能、极低的热膨胀系数,在摩擦材料、水泥增强复合材料中应用广泛。纤维素基碳纤维,因性价比等因素,产量逐年下降,但由于具有比其他纤维更好的耐烧灼性能,在军工方面仍将有少量应用。

此外,碳纤维还可以由氢气和低分子烃类(甲烷、苯等)为原料,在高温下与超微金属催化剂粒子或其他过渡金属(如铁)接触时气相热解等制得。

(三)碳纤维的优点

碳纤维是一种既具有炭素材料的结构特征,同时又有纤维形态特征的纤维新材料。它具有优异的力学性质(其复合材料的比模量比钢和铝合金高 5 倍,比强度高 3 倍)和耐热性(在2000 ℃以上的高温惰性气氛环境中,碳纤维是唯一一种强度不下降的材料),还有低密度、化学稳定性、电热传导性、低膨胀系数、耐摩擦、磨损性低、X 射线透射性、电磁波屏蔽性和亲和性等优良特性,是一种理想的功能材料和结构材料。碳纤维的主要用途是作为复合材料的增强体,广泛应用于航天航空、体育用品和一般产业等领域,在航天航空领域有举足轻重的作用,其需求量将增加,体育用品领域的用途呈正常发展态势,而在一般产业领域(如汽车、能源、基础工程等)的发展潜力很大。

下面以 PAN 基碳纤维为例,介绍碳纤维制备的原理、结构和性能。

二、聚丙烯腈基碳纤维的制备原理

聚丙烯腈基碳纤维制造过程中,最重要的环节有:(1)聚丙烯腈原丝的制备;(2)原丝的预氧化;(3)预氧丝的炭化或进一步石墨化;(4)碳纤维的后处理。其工艺流程如图 12-2 所示。在聚丙烯腈基碳纤维的生产过程中,所用的原料即聚丙烯腈原丝,是影响碳纤维质量的关键因素之一,因此希望原丝强度高、热转化性能好、杂质和缺陷少、线密度均匀。

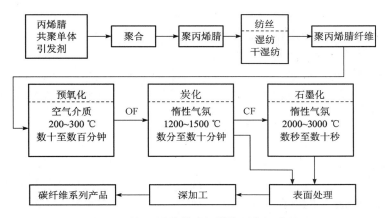

图 12-2　聚丙烯腈基碳纤维的制备工艺流程

（一）聚丙烯腈原丝的预氧化

原丝在 200～300 ℃空气介质(有氧条件)中进行预氧化处理。其目的是将不耐热的线型分子链转化为耐热的梯型结构,使其在高温炭化时不熔不燃,保持纤维形态,从而得到高质量的碳纤维。一般认为预氧化过程中有三种反应发生:环化反应、脱氢反应和氧化反应。各反应的方程式分别如图 12-3、图 12-4 和图 12-5 所示。

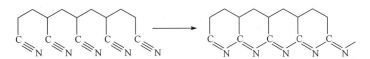

图 12-3　聚丙烯腈预氧化过程中的环化反应

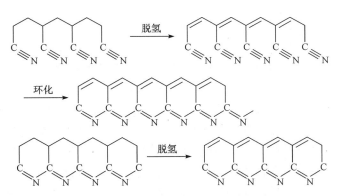

图 12-4　聚丙烯腈预氧化过程中的脱氢反应

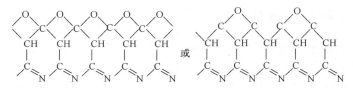

图 12-5 聚丙烯腈预氧化过程中的氧化产物

在预氧化过程中,最主要的反应都是放热反应,放热总量达 1000 kca/kg。这些热量必须瞬间排除,否则会发生局部温度剧升而导致纤维断裂的现象。

除此之外,预氧化过程中还发生较大的热收缩。一方面,经过拉伸的原丝,其大分子链自然卷曲产生物理收缩;另一方面,大分子环化过程中产生化学收缩。为了得到优质碳纤维,继续保持大分子主链结构对纤维轴的择优取向,预氧化过程中必须对纤维施加张力,实行多段拉伸。

（二）炭化

预氧丝在惰性气体保护下,在 400～1500 ℃ 范围内发生炭化反应。纤维中的非碳原子(如 N、H、O 等元素)被裂解除去,预氧化时形成的梯型大分子发生交联,转变为稠环状结构。纤维中的含碳量从 60% 左右提高到 92% 以上,形成一种由梯型六元环连接而成的乱层石墨片状结构。炭化分两个阶段,400～700 ℃ 的中温炭化和 900 ℃ 以上的高温炭化。炭化过程中聚丙烯腈纤维的结构变化如图 12-6 所示。为了获得更高强度的碳纤维,可将碳纤维放在 2000～3000 ℃ 的高温下进行石墨化处理,得到含碳量在 99% 以上的碳纤维。

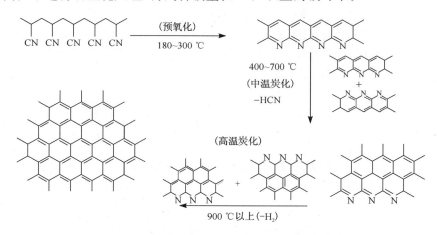

图 12-6 聚丙烯腈纤维炭化过程中的结构变化

（三）后处理

碳纤维的重要用途是作为复合材料的增强材料,增加纤维与基体树脂材料之间的黏结力,提高复合材料的层间剪切强度。因此,在制备碳纤维工艺流程中,要设置碳纤维表面处理工序和上浆工序。表面处理工序主要使碳纤维表面增加含氧官能团和粗糙度,从而增加纤维和基体之间的黏结力,使复合材料的层间剪切强度提高到 80～120 MPa,从而满足实用要求。研究表明,界面层可有效传递载荷,从而使碳纤维的强度利用率由 60% 左右提高到 80%～90%。

上浆工序的目的是避免碳纤维起毛损伤,所以碳纤维要在保护胶液中浸胶。保护胶液一般由含树脂的甲乙酮或丙酮组成。

三、碳纤维的结构

（一）化学组成

碳纤维的化学组成以 C 为主,还有少量的 N 和 H。

（二）形态结构

碳纤维的表面比较光滑,有沟纹。这主要是由原丝决定的,因为聚丙烯腈采用湿法纺丝工艺。图 12-7 是两种碳纤维的电镜照片,可以看出两种碳纤维都有明显的皮芯结构,表皮致密,而芯部疏松,有很多孔洞;石墨微晶层在皮层,沿纤维轴向排列有序,芯部呈现褶皱的紊乱形态,且石墨层片之间存在错综复杂的孔洞系统（图 12-8）。

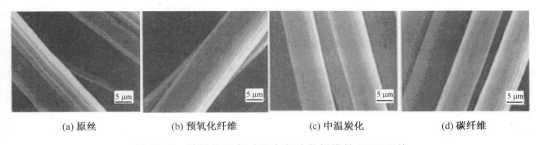

(a) 原丝　　　(b) 预氧化纤维　　　(c) 中温炭化　　　(d) 碳纤维

图 12-7　碳纤维制备过程中各阶段纤维的 SEM 照片

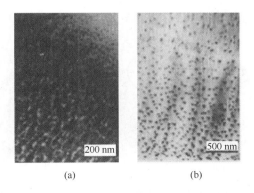

(a)　　　　　(b)

图 12-8　碳纤维横截面的 TEM 照片

（三）结晶结构

碳材料的种类很多,碳纤维是其中的一种。石墨是结构最完善的炭素材料之一。实际使用的碳材料几乎都是以六角碳网面的积层体为微晶的多晶体。在碳纤维中所探讨的结构就是微晶的尺寸、积层形式及其完善性。而这些结构和微细组织的形态,极大地影响碳纤维的形态、物性等多种性能。

石墨结晶具有层状结构,由基本结构单元碳网面相互平行堆砌而成。网面的堆积多数按ABABA 间断的规则进行,形成六方晶体（图 12-1）。在石墨层面上,碳原子以短的共价键连

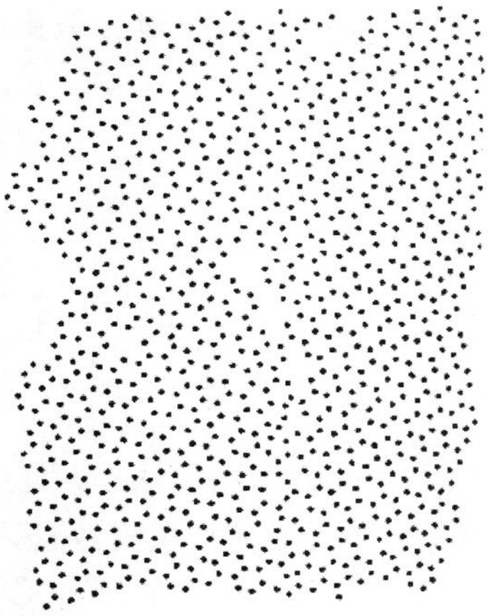

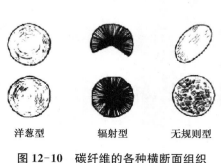

图 12-9　构成碳纤维的碳网面

接,沿层面排布。网面之间由范德华力较弱地结合,网面间的距离为 0.335 4 nm。有机物炭化时,其六角碳网面开始相互平行地等间距堆积,但各网面间不具有规整性,呈杂乱状态。Warren 将这种无规则、无序堆积称为乱层结构。

将炭化后的材料加热至 2000 ℃以上的高温进行石墨化时,伴随着碳网面的成长,或多或少的石墨叠层有一定的规则性。碳纤维的结构因炭化方法不同而有多样性,但结构的基本单元中众多碳原子均以六角环连接(图 12-9),其中包含有缺陷的碳网面。通用级碳纤维的碳网面比较小,其堆积层数也不多,呈各向异性。

高性能碳纤维中,巨大的碳网面起伏堆积或分开,沿纤维轴优先取向。在碳网面的堆叠部分微观的呈石墨结构或乱层结构,而且碳网面在某些部位沿纤维径向弯曲交叉,因其大小不一,堆叠不整齐。因此纤维轴向含有较多细长的碳网面的空孔,随着热处理温度升高与拉伸处理,碳网面的刚性增加而碳网面的层间距缩短,孔隙率减少,形状变大,且在石墨结构与乱层结构横截面上呈现多样性。碳纤维的各种截面组织如图 12-10 所示。不管哪一种,纤维表面层都有比内部大的碳网面在表面平面取向。实际上还有在纤维表面呈洋葱形而向内部渐渐成为紊乱形取向的复合组织形态结构(高性能 PAN 碳纤维的典型例子)。PAN 基碳纤维的原料结构和稳定化处理条件对这一截面组织的影响很大。

由此可见,在碳纤维的乱层石墨结构中,六角碳网面是结构的最基本单元。通常由数层或数十层碳网面组成石墨微晶(碳纤维的二次结构单元),再由石墨微晶组成原纤维(碳纤维的三级结构单元),其直径为 50 nm 左右;最后由原纤维组成碳纤维的单丝,直径一般为 6～8 μm。

洋葱型　　　　辐射型　　　无规则型

图 12-10　碳纤维的各种横断面组织

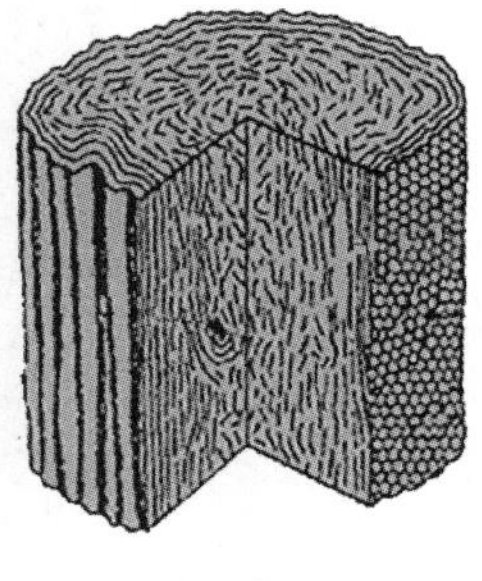

图 12-11　PAN 基碳纤维的三维
结构、形态模型

通过 SEM 观察可见,PAN 基碳纤维的形态是梭形,沿纤维轴向取向,呈起伏或凸凹,它们相互之间不是完全平行,某些地方会有合并,有的分叉。梭纹的高度和宽度比沥青基碳纤维大,且碳纤维表面被碳网面覆盖,碳纤维露出部分存在高低差。碳纤维表面的碳原子,以及在碳网面的边缘或网面内的缺陷部分等突出位置上的碳原子,在三个方向不与碳原子结合,因而具有化学活性。这些碳原子上结合着各种官能团。综上所述,高性能 PAN 基碳纤维的结构和形态模型如图 12-11 所示。

碳纤维中,石墨微晶与纤维轴向都形成一定的夹角。该角度的大小影响着碳纤维的模量高低。拉伸模量和取向之间存在直接的相互关系。且与热处理温度、拉伸的程度有关。一般高性能 PAN 基碳纤维的取向角为 6～10 ℃，而结晶厚度和结晶直径取决于热处理的最终温度和原丝，同时结晶尺寸还受到各工艺阶段拉伸程度的影响。

PAN 基碳纤维的结构参数见表 12-1。PAN 基碳纤维的面间距较石墨的面间距（0.335 4 nm）稍大。

表 12-1　PAN 基碳纤维的结构参数

乱层结构直径	晶体直径	微晶厚度	面间距	孔隙率
约 50 nm	约 20 nm	4～10 nm	0.339～0.342 nm	约 8%

四、碳纤维的性能

（一）密度

密度为 1.70～2.0 g/cm^3，与金属相比，易于制得轻质复合材料。其密度主要取决于炭化温度，如经 3000 ℃高温石墨化处理，可接近 2.0 g/cm^3。

（二）力学性能

碳纤维制备过程中，由于各种非 C 元素的释放，其线密度逐渐减少；另外，制备过程中的牵伸作用也会使其线密度减少。碳纤维的 C—C 键能远大于腈基形成的分子间的内聚能，所以碳纤维的强度远大于原丝的强度。PAN 长丝由线型大分子构成，纤维的断裂伸长率高；而预氧化和炭化过程中，线型结构被破坏，由于环化反应和芳构化反应，形成类石墨的碳网结构。碳纤维与常用纤维的力学性能如图 12-12 所示。

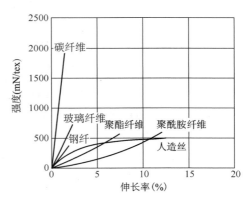

图 12-12　碳纤维与常用纤维的力学性能

从图 12-12 可以看出，碳纤维的拉伸模量和拉伸强度最大。研究表明，可以根据碳网面的纤维轴向取向度和空孔数大致定量拉伸模量。取向度越高，纤维的拉伸模量越大。热处理过程的温度、张力是影响这种取向性的主要因素。

影响碳纤维的拉伸强度的因素很多，纤维的缺陷是重要因素。碳纤维制备过程中的力学性能变化如表 12-2 所示。影响碳纤维力学特性的结构因素和工艺因素如表 12-3 所示。

表 12-2　碳纤维制备过程中的力学性能变化

纤维种类	细度（dtex）	强度（cN/dtex）	断裂伸长率（%）
原丝	1.20	8.59	11.4
预氧化纤维	1.16	2.54	10.2
中温炭化纤维	0.834	4.46	2.95
碳纤维	0.578	170	1.24

表 12-3 影响碳纤维力学特性的结构因素和工艺因素

结构因素		原丝	工艺因素	
基本结构	取向度 结晶状态 均匀性	化学组成 拉伸条件 均一性 孔穴 纤度 致密性 杂质	预氧化处理条件 拉伸条件 气氛的选择 化学药品处理 处理温度、时间 预氧化程度 预氧化丝匀质化 单丝间黏接情况	炭化处理条件 升温速度 最终处理温度 气氛的选择 拉伸状况 工艺全过程清洁化
结构缺陷	内部缺陷			
	表面缺陷			

（三）电学、热学性质

体积比电阻为 $17\sim5$ μΩ·cm，热导率高，为 $10\sim160$ W/cmK。纤维轴向的电阻或热电阻与其他碳材料一样，在 1000 ℃以下，随着处理温度升高而迅速降低，之后缓慢下降。这主要受取向度支配，通常模量高，其值就小。

热学性质具有各向异性的特点，纤维轴向的膨胀系数在室温下是负值，且随着温度上升而变大，$200\sim400$ ℃间转为正值；而垂直于纤维轴向为正值。碳纤维增强复合材料制品尺寸稳定，对环境条件骤变的适应性强。通过精心设计和严密施工，可把制品的热膨胀系数降低到最小。

（四）化学稳定性

碳纤维除能被强氧化剂氧化外，对一般酸碱是稳定的。在空气中，温度高于 400 ℃时，出现明显的氧化，生成 CO 和 CO_2；故在空气中使用不应超过 360 ℃，在不接触空气或氧化性气氛时，具有很高的耐热性。

（五）其他性质

另外，碳纤维还具有良好的耐低温、耐摩擦、耐磨损、润滑、振动衰减、生物相容及 X 射线穿透等特性。

五、碳纤维的应用

（一）军事领域

1. 战术导弹和战略导弹上的应用

飞行器在最初的数十马赫的超音速飞行中，会有很大压力的冲击波作用于其头部，周围的气流会产生不同程度的剪切应力；飞行器在高速飞行时还可能受到粒子的碰撞、声振荡和惯性力等机械力的作用。碳纤维复合材料都能够满足这些要求，因此战术导弹上的部件，应用了许多碳纤维增强复合材料。

洲际导弹是碳纤维最能展示其独特功能的场所：每减少 1 kg 的导弹质量，可以减少 500 kg 的运载火箭的质量。

2. 先进歼击机和隐形飞机上的应用

结构质量系数是先进歼击机的重要性能指标之一。1 kg 碳纤维增强塑料复合材料可以代替 3 kg 铝合金复合材料，从而大大减轻飞机的质量。碳纤维的使用还可以提高飞机的抗阻尼和耐疲劳性能,解决大量使用的钛合金无法避免的短时间内产生无法预测的疲劳裂纹和共振断裂等灾难性事故。

3. 卫星天线和空间工作站上的应用

卫星和空间工作站的结构材料越轻,就可以越多地增加其携带设备、仪器的有效质量。仅碳纤维材料在卫星壳体上的应用,就可使卫星自身减重25%,增加50 kg的仪器荷载。

(二)建筑领域

建筑领域的房屋、桥梁、隧道、涵洞、地铁及其相关的混凝土工程,是碳纤维在民用工业中应用增长最快、最有前途的领域之一,已经是世界的发展热点,多以压板、包缠料等片材修复、加固材料代替钢索和预应力钢绞线等筋条材料,直接掺入混凝土中提高其强度和模量,从而减少钢筋用量。

(三)汽车工业

在汽车上用碳纤维代替钢材,可以减重40%以上,可使车速提到120 km/h以上。采用树脂传递模塑法、片状模塑法、结构反应注塑模法和增强反应注塑模法,生产各种碳纤维汽车部件,具有耐用、防划、抗压、抗锈和减重节油等显著特点。

(四)石油工业

碳纤维在钻井平台上的应用可包括三个部分:管道系统、油箱和油罐。碳纤维的主要优点是防腐,可大大减少维修费用和更换程序,明显降低使用周期成本;另外,还有减重、安全、便于现场安装、经济效益高等优点。为了抽取深度地质的石油,抽油杆需要加长,但是传统的钢质抽油杆因为自重的原因无法大幅度延长。具有高比强度的碳纤维可作为理想的替代品。

六、存在问题

碳纤维已经具有一定的规模化生产,但是随着人类的不断探索,将需要更多的碳纤维高性能材料,且对碳纤维的性能品质提出了更高的要求。这都是我们将要面临的问题。

(1)提高产业化程度,提高生产能力;
(2)产品性能不断提高与升级;
(3)改进碳纤维制备的工艺;
(4)提高设备效率,降低生产成本;
(5)拓宽其应用领域;
(6)发展适于碳纤维的编制或织造技术,进一步降低成品。

第二节 碳纳米管纤维

Lijima分别在《自然》(Nature)和《科学》(Science)上报道了双壁碳纳米管(DWCNT)、多壁碳纳米管(MWCNT)的结构模型及单壁碳纳米管(SWCNT)的制备方法,这些发现引发了碳纳米管(CNT)研究的热潮。但无论是SWCNT、DWCNT还是MWCNT,它们的直径均在纳米级,而长度在微米级或毫米级,很难如常规纤维材料那样使用,难以发挥其力学性能的优势。因此,如何快速地将CNT组装成纤维材料,成为制约其规模应用的关键技术。CNT连续纤维制备已有大量的文献报道。

一、碳纳米管纤维概述

CNT 作为典型的一维（1 D）纳米材料，因其特有的中空结构、高长径比和化学稳定性，以及优异的力学、电学、光学等性能，成为基础研究与应用开发的热点。下面简要介绍 CNT 的结构、分类特点。

（一）CNT 的结构

CNT 可以看作由石墨片卷曲而形成的空心圆柱结构。CNT 中的碳原子主要通过 sp^2 杂化形成化学键。然而，这种圆柱状的中空结构弯曲会导致量子限制域和 σ-π 再杂化，其中三个 σ 键稍微偏离平面，而离域的 π 轨道则更偏向管的外侧。这使得 CNT 比石墨具有更高的强度及更优异的导电和导热性能等。此外，不管多标准的六元网格中，都会存在五元环或七元环缺陷，形成闭口、弯曲、环形或罗旋状的 CNT，由于 π 电子的再分布，此时电子将定域在五元环和七元环上。

（二）CNT 的分类

CNT 根据不同的分类方法可分为不同的类型，如按结构、层数、手性、取向性或导电性分类。这里介绍按层数分类的 CNT，大致有 SWCNT、DWCNT、FWCNT 和 MWCNT。SWCNT 是由单层碳原子缠绕而成的，结构具有较好的对称性与单一性。MWCNT 是由多层碳原子一层接一层缠绕而成的，形状如同轴电缆，层数一般在 6 及以上，其 FESEM 和 TEM 照片如图 12-13 所示，层间距在 0.24～0.39 nm。FWCNT 由 3～5 层碳原子组成，DWCNT 由 2 层碳原子组成。MWCNT 在开始形成时，层与层之间容易成为陷阱中心而捕获各种缺陷，因而 MWCNT 的管壁上通常布满小洞般的缺陷。SWCNT 则不存在这类缺陷。在实际的研究和应用中，SWCNT 及小直径或层数较少的 MWCNT 都具有重要的地位。

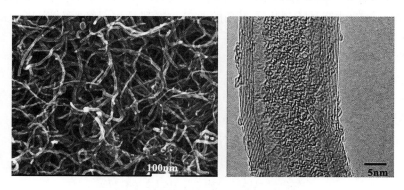

图 12-13　MWCNT 的 FESEM 和 TEM 照片

二、CNT 纤维的制备方法

目前，制备 CNT 纤维的方法主要有溶液纺丝法、阵列抽丝法和浮动催化直接纺丝法。由于 CNT 自身结构及其形成宏观体的组装方式不同，利用这些方法制备的 CNT 纤维在性能上也有较大差异。

（一）湿纺法

湿纺法可以大批量生产 CNT 纤维，而且得到的纤维密度低（1.2～1.5 g/cm³），柔韧性很高，可以弯折打结，经过后处理，其强度可大幅提高至 1.8 GPa。然而，此法使用包含有机大分子的凝固浴，因此得到的 CNT 纤维中会渗入大量的聚合物（质量分数可达 40%），这使得纤维的导电性及导热性能均较差，不适合作为高导电纤维使用，但可与其他高导电纤维复合，作为支撑材料使用。Behabtu 等改进了湿纺法，以氯磺酸代替含有表面活性剂的水溶液来分散碳纳米管，并采用水或丙酮作为凝固浴，即避免使用含有大分子的水溶液，得到了轻质、高强度、高导电性和高导热性的 CNT 纤维，其强度可达（1.0±0.2）GPa，电导率也提高到（2.9±0.3）×10⁴ S/cm。SEM 观察显示，CNT 纤维由直径约 100 nm 的原纤沿纤维轴排列而组成［12-14(A)、(B)］；X 射线衍射（XRD）测试结果证实，CNT 沿纤维轴向高度取向［图 12-14(C)］，纤维中没有微米级孔洞［图 12-14(D)、(E)］，但存在直径在数百纳米的孔洞，高结晶原纤沿纤维轴向排列［图 12-14(F)］。

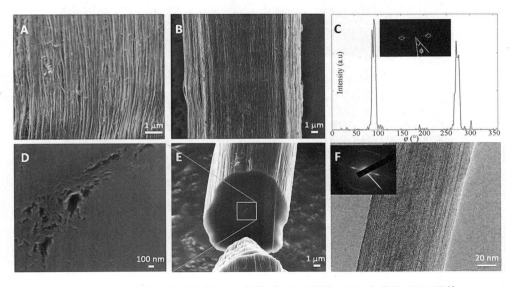

图 12-14 溶液纺丝法制备的 CNT 纤维的 SEM 照片、XRD 曲线和 TEM 照片

（二）阵列纺丝法

由阵列纺丝法制备的 CNT 纤维及薄膜的综合性能较好。比如，朱运田教授率领的小组采用从不同高度的 CNT 阵列中抽取的方法制备了 CNT 纤维，其拉伸强度和模量可分别达到 3.3 GPa 和 263 GPa。由于此法制备的 CNT 纤维中，CNT 排布紧凑、取向度高，因而纤维导电性能较高，电导率在 400～550 S/cm。Ray Baughman 等对从 CNT 阵列出来的薄膜进行加捻，制备出纯的 CNT 纤维，如图 12-15 所示，且可通过传统纺织加工技术得到双股线、多股线及针织、打结纱线。然而，此法所需的原材料——CNT 阵列的制备工艺复杂，价格昂贵，因而此法的制备成本较高，难以量产。

（三）浮动催化法

上述制备 CNT 纤维的方法均为两步法工艺，需预先制备 CNT 粉体或者 CNT 阵列，再通

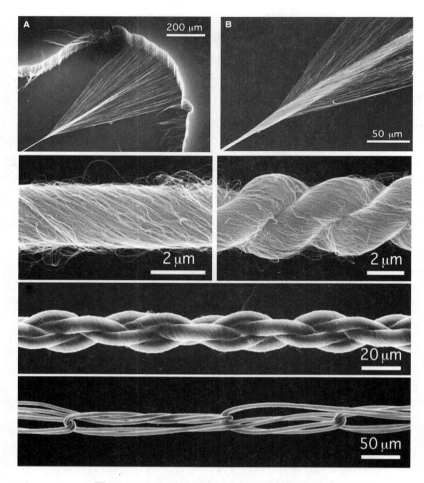

图 12-15　CNT 纤维阵列法纺丝及加捻后纱线

过后续纺丝工艺加工成纤维。浮动催化化学气相沉积法可连续制备 CNT 纤维,该工艺以乙醇为碳源,以二茂铁和噻吩为催化剂和促进剂,在 1050～1200 ℃的高温炉体中,在催化剂表面成核并生长 CNT,CNT 管间互相缠绕,形成气凝胶状网络结构,经在线收丝后获得 CNT 纤维材料,如图 12-16 所示。纺丝速度可达 50 m/min,CNT 纤维长度可达毫米级。浮动催化法制备 CNT 纤维和薄膜所需设备简单,原料便宜,且产量较大,适合工业化生产。通过控制注入的原料种类及生长工艺参数,可以有效地将 CNT 的壁数、直径及手性控制在一定范围内,这有助于获得富含金属性碳纳米管的薄膜材料,从而可得到具有高导电性的 CNT 纤维。同时,由于在生长过程中使用了含有铁、钴等金属的催化剂,得到的 CNT 纤维产品中会富集一些金属颗粒,这使得纤维的电导率进一步提高至 8000 S/cm。

（四）模具拉丝法

模具拉丝法参考了工业用铜丝的拉制工艺,将可通过浮动催化法或其他途径制备得到的 CNT 宏观聚集材料通过模具拉制,形成致密的 CNT 纤维。这种方法可对 CNT 预聚体采用不同的前处理,再进行纤维化加工,因而在纤维性能调控上具有更灵活的空间。同时,根据模

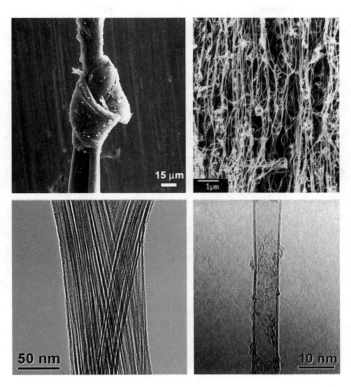

图 12-16　浮动催化法制备 CNT 连续纤维

具的大小不同,可制备不同直径的 CNT 纤维,符合工业化应用的需求。

三、碳纳米管纤维的产业化及应用前景

CNT 纤维由于具有独特的技术和半导体导电性、极高的机械强度、储氢能力、吸附能力、较强的微波吸收能力,在高科技领域已逐步获得应用,并显示出巨大的潜在商用价值。但是,CNT 纤维产业还存在 CNT 结构控制、批量生产、应用技术研发等方面的问题。

第三节　石墨烯纤维

一、石墨烯纤维概述

石墨烯纤维是一种不规则层状结构纤维,由氧化石墨烯(GO)通过面内和层间的物理或者化学交联而形成。相比于石墨材料,石墨烯纤维内部的结构不规则,而且存在很多缺陷和化学官能团,其层间距通常大于石墨的层间距(0.335 nm)。然而,石墨烯纤维正是因为其内部存在这种不规则结构,各层间的结合力较石墨烯中各层间的范德华力更强。这种层叠式结构的制备成本低,可与聚合物材料进行复合,制备高性能增强复合材料。图 12-17 所示为氧化石墨烯纸的微观形貌,可以看到明显的氧化石墨烯层层堆叠的特征。宏观石墨烯纸在韧性和强

度上都展现出优于其他纸状材料的特性。纳米尺度石墨烯均匀的键合连接,使得宏观氧化石墨烯纸具有优异的柔性与韧性。同时,出色的力学性质与可调谐性使得宏观石墨稀材料具有理论研究意义和广泛的实际应用前景。

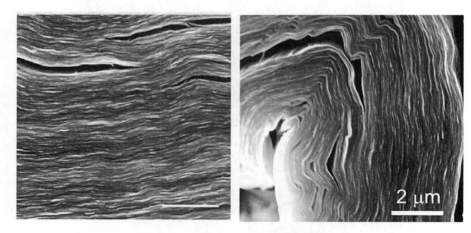

图 12-17　氧化石墨烯纸微观形貌

二、石墨烯纤维的制备

(一)水热一步自组装法

水热一步自组装法(简称"水热一步法")是将 GO 的水相悬浮液置于固定的管状容器中,通过加热去除水相后,在高温条件下,GO 片层堆叠,在管状模具中形成氧化石墨烯纤维。Dong 等采用价格低廉的水热一步法,以玻璃管为模板,制备了石墨烯纤维。将内径为 0.4 mm 的玻璃管充满 8 mg/mL 的 GO 悬浊液,两段密封后在 230 ℃下处理 2 h,得到石墨烯连续纤维,如图 12-18 所示。1 mL GO 悬浊液可以制备出 6 m 长的石墨烯纤维,纤维直径约为 33 μm。可通过调节玻璃管的内径和悬浊液的浓度来控制纤维直径。石墨烯纤维的表观密度为 0.23 g/cm^3,比一般碳纤维和 CNT 纤维的密度均低。石墨烯纤维的拉伸断裂强度为 180 MPa,而经 800 ℃真空热处理 2 h 的纤维拉伸断裂强度,最大可达到 420 MPa,这种纤维的强度与气相法制备的 CNT 连续纤维相当。石墨烯纤维的断裂伸长率为 3%~6%,与 CNT 纤维相当。石墨烯纤维的室温导电率为 10 S/cm。这种密度低、形状可控且具有高抗拉应力和编织性的石墨烯纤维可应用于智能服装、电子纺织品等领域。

(二)液晶纺丝法

液晶纺丝法是利用 GO 悬浮液的手性与液晶性能,结合溶液纺丝技术,制备石墨烯纤维的一种方法。Xu 等发现石墨烯具有螺旋(手性)和液晶特性,不借助任何表面活性剂或聚合物,将 GO 均匀分散液通过玻璃注射器,在 1.5 MPa 氮气推动下,纺入 35%KOH 甲醇凝固浴,得到了石墨烯纤维,如图 12-19 所示。以甲醇冲洗得到的卷绕纤维,经室温干燥 24 h。当 GO 体积分数为 0.76%和 2%时,分别得到脆性纤维和带状物,当使用 5.7%的超高浓度时,得到了连续的纤维,纺丝时间达到 10 min,根据喷丝孔直径和牵伸倍数的不同,纤维的直径为 50~100 μm。GO 纤维具有良好的物理力学性能,拉伸断裂强度为 102 MPa,杨氏模量为

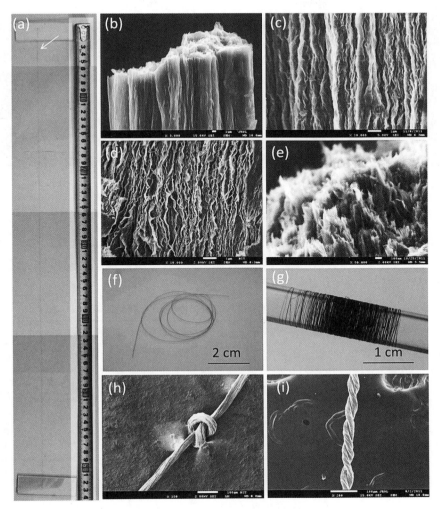

图 12-18　柔性石墨烯纤维

(a)纤维的数码照片;(b)纤维断面 SEM 照片;(c)纤维纵面 SEM 照片;(d)纤维轴向
截面 SEM 照片;(e)纤维断面高倍 SEM 照片;(f)水中纤维数码照片;(g)卷绕纤维数码照
片;(h)干纤维打结 SEM 照片;(i)干纤维纱线 SEM 照片

5.4 GPa,断裂伸长率为 6.8%～10.0%。还原后的石墨烯纤维拉伸断裂强度为 140 MPa,杨氏模量为 7.7 GPa,断裂伸长率为 5.8%,电导率约为 2.5×10^4 S/cm。还原后的石墨烯纤维的物理力学性能明显优于 GO 纤维,可归因于石墨烯片层之间更紧密的排列和强大的相互作用力。

由不同交联剂交联的 GO 纤维及 rGO(还原氧化石墨烯)纤维的物理力学性能与导电性能如表 12-4 所示。这是目前报道的纯石墨烯宏观材料强度的最高值。单根纤维的长度可达数十米,也可形成多根纤维缠绕而成的纱线。这种石墨烯纤维在具有超高强度的同时,兼具良好的导电性和柔韧性,其导电能力在弯曲—伸直 1000 次后没有任何减弱,预示着石墨烯纤维在多功能织物、柔性可穿戴传感器、超级电容器、石墨炸弹、轻质导线等领域有广泛的应用前景。这种方法打通了从天然石墨矿到石墨烯纤维的通道,所需原料来源广、成本低且可规模化

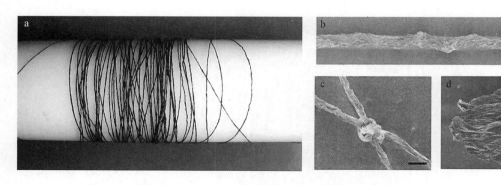

图 12-19 液晶纺丝法石墨烯纤维(标尺 50 μm)

(a)4 m 长的石墨烯纤维卷装;(b)宏观石墨烯纤维;(c)可打结的石墨烯纤维;(d)石墨烯纤维横截面

制备,因此具有很强的实际应用价值。研究人员正计划引入更强的相互作用力来克服石墨烯片层间的相互滑移,进一步提升石墨烯纤维的强度,使其达到甚至超过碳纤维的力学性能,向"太空电梯"这一梦想的目标迈进。

表 12-4 石墨烯纤维的物理力学性能与导电性能

纤维名称	凝固浴	拉伸断裂强度(MPa)	杨氏模量(GPa)	断裂伸长率(%)	电导率(S/cm)
GO 纤维	KOH	184.6	3.2	7.5	—
	Cu^{2+}	274.3	6.4	5.9	—
	Ca^+	364.4	6.3	6.8	—
rGO 纤维	KOH	303.5	6.1	6.4	$3.9×10^4$
	Cu^{2+}	408.6	8.6	6.0	$3.8×10^4$
	Ca^+	501.5	1.2	6.7	$4.1×10^4$

(三)化学气相沉积法

化学气相沉积(CVD)法是先将石墨烯沉积到二维平面基板上,再沿垂直平面的一维方向进行拉伸,将石墨烯浸入溶剂相中,随后进行干燥,制备出石墨烯纤维的一种方法。Li 等采用 CVD 法得到的石墨烯膜制备了石墨烯纤维,首先采用 CVD 工艺将石墨烯沉积于铜箔上,然后从溶剂(乙醇或丙酮)中牵引出纤维,其直径为 20～50 pm,电导率为 1000 S/cm,纤维内部呈多孔结构,如图 12-20 所示。多孔石墨烯纤维展现出典型的电容器特性,循环伏安测试具有较好的速率稳定性和较高的电荷容量范围(0.6～1 mF/cm)。加入 1%～3% 的 MnO 修饰后,石墨烯/MnO 复合材料是电荷容量提高到 12.4 mF/cm,循环稳定性也得到提高。这种多孔纤维可用于催化剂支架、传感器、超级电容器和鲤离子电池电极等方面。

(四)湿法纺丝

采用常规湿法工艺,选用特定的凝固浴,将石墨烯悬浮液注入凝固浴,制备石墨烯纤维。Cong 等制备了 10 mg/mL 的 GO 悬浮液,并用简易的双注射泵将悬浮液注入浓度为 0.5 mg/mL 的十六烷基溴化铵(CTAB)凝固浴中,之后将凝固浴中的 GO 纤维卷绕到 PTFE 辊上,干燥后,将 GO 纤维从辊上取下,然后进行拉伸,呈现出完美的 GO 纤维弹簧状,而且具有良好的拉伸回弹性,如图 12-21 所示。GO 初生丝纤维的机械强度为 182 MPa,并且具有高

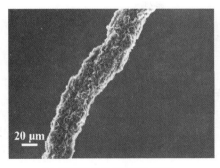 

(a) 石墨烯纤维纵面SEM照片   (b) 纵面放大SEM照片

图 12-20　CVD 法制备石墨烯纤维

的电导率(35 S/cm)。通过原位改性或预合成交联,在石墨烯纤维内接入功能化纳米材料,可以灵活制备,获得多功能性石墨烯纤维。

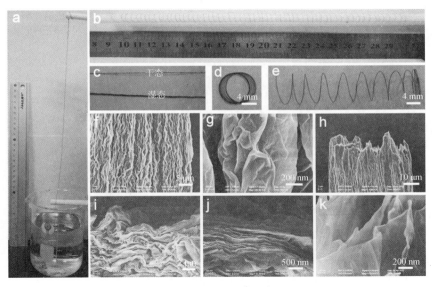

图 12-21　氧化石墨烯纤维的制备及微观形貌

(a)湿法纺丝过程;(b)8 mm 石墨烯纤维卷装;(c)干、湿石墨烯纤维;(d)石墨烯纤维圈;(e)弹簧状石墨烯纤维;(f)、(g)不同放大倍数的纤维纵面;(h)~(k)不同放大倍数的纤维断面

三、石墨烯纤维的结构与性能

石墨烯层间孔隙内水分子和石墨烯表面的环氧基团、羧基等含氧基团形成一个氢键网络。相比于范德华力的相互作用,这种氢键网络不仅增强了 GO 层间的结合,也有效地阻碍了承受载荷时石墨烯的层间滑移。同时,GO 片上的化学组成在提高复合材料的力学性能上也起到重要作用。更高的官能团化易于形成氢键,并提高复合材料的韧性。纸状石墨烯宏观材料的平均弹性模量达 32 GPa,断裂强度为 120 GPa。此外,二价离子、聚烯丙基胺(PAA)也被报道用于石墨烯层间交联。金属离子作用于氧化石墨烯的交联机理和增强肌理如图 12-22 所示。

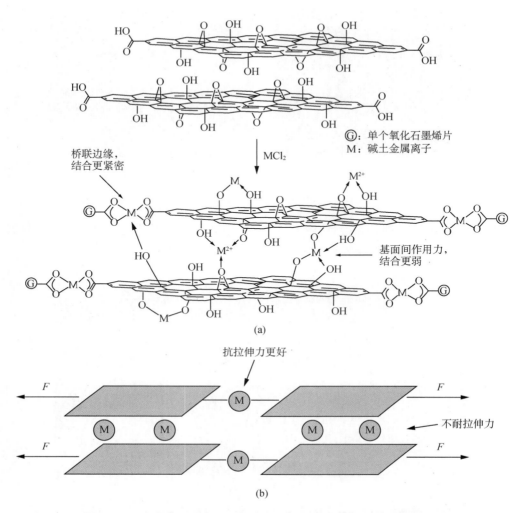

图 12-22　金属离子作用于氧化石墨烯的交联机理(a)和增强机理(b)

四、石墨烯纤维的用途

石墨烯纤维由于其质量轻及良好的力学性能、导热性、导电性等,被广泛应用于高性能复合材料、超导材料、电子器件及纳米过滤膜。但石墨烯纤维的强度(约为 0.5 GPa)与碳纤维还有很大差距,一旦达到 1 GPa,就可实现产业化;由于通过 GO 纤维还原制备而成的石墨烯纤维集合体内部,石墨烯片上缺陷及残留基团的存在,其导电性不及金属,有待改进。

第四节　玻 璃 纤 维

玻璃纤维是由熔融态玻璃制造的,分为连续纤维和棉状人工矿物纤维两大类。玻璃纤维是无机非金属材料中一种新型功能材料和结构材料。由于它具有耐高温、抗腐蚀、强度高、密度低、吸湿性低、延伸性小和绝缘性好等优异特性,因此它是复合材料中最主要的增强材料,最广泛的应用领域是通信和电子行业。但玻璃纤维也有致命的缺点,就是脆性大,不耐磨,也不耐折,所以玻璃纤维应加以更多的改性处理,以满足防护装备的需求。

玻璃纤维是1938年由美国开发成功,但工业化发展是从20世纪50年代开始的,以纤维、织物(含非织造布)和毡的形式大量用作复合材料的增强材料,发展迅速,现已形成一个独立的产业部门。发展至今,玻璃纤维由于具有许多特殊性能,广泛用于石油、化工、冶炼、交通、电器、电子、通信、航天和人民生活用品的各个领域。经过几十年的研究、开发和发展,玻璃纤维作为一种重要的原材料,在国民经济中起着重要的作用。

一、玻璃纤维生产简介

现代玻璃纤维生产技术,是将各组分原料经窑炉高温熔融成为玻璃溶液,玻璃溶液从耐高温的铂铑合金制成的多空漏板中流出,涂覆浸润剂后,经高速拉伸成为玻璃纤维原丝。原丝经过纺织设备或其他加工设备制成制品,有些制品再经过涂覆或涂层处理成为成品。

(一)拉丝工艺

1. 纤维成型

玻璃纤维的生产技术分为直接成型纤维和间接成型纤维(二次成型)两种工艺(即池窑法和坩埚法)。池窑拉丝工艺(直接拉丝法)是将玻璃纤维的各个组分原料(配合料),通过气力输送至熔窑熔化、澄清,熔融玻璃经铂铑合金漏板流出,由拉丝机高速拉伸成纤维。坩埚拉丝工艺是将玻璃纤维的各个组分原料送入玻璃球窑熔化,制成一定规格的玻璃球,再将玻璃球投入坩埚二次熔化,经漏板制成纤维。除常采用这两种生产工艺外,还有电熔技术的波歇炉和组合炉,但应用不广。

池窑法与坩埚法相比,池窑法的生产技术复杂,工艺要求严格,设备装置精良,产品质量好;由于采用直接成纤方式,节约能源,生产效率高,是大规模生产玻璃纤维的先进工艺技术。国际上90%以上的玻璃纤维产品是用池窑法生产的。坩埚法投资少,生产机动灵活,适合于小批量、特种玻璃纤维的生产。从20世纪80年代末,我国玻璃纤维工业开始从坩埚法向池窑法过渡,到21世纪初为止,池窑法的生产比重已达60%以上。

2. 浸渍涂覆

玻璃纤维浸润剂是一种由有机物组成的乳状液或溶液。在拉丝过程中,通过漆油涂覆在单根纤维的表面。这种涂覆物既能有效地浸润纤维表面,又能将数百根乃至数千根玻璃纤维单丝集成一束,还能改变玻璃纤维的表面状态,满足玻璃纤维原丝后道工序加工要求,以及促进复合材料中玻璃纤维与高分子聚合物的结合。因此,浸润剂赋予玻璃纤维许多重要性能,是玻璃纤维生产的关键技术之一。

玻璃纤维浸润剂可以归为三类,即:增强型浸润剂,用于涂覆增强材料用的纤维;纺织型浸润剂,用于涂覆纺织加工用的纤维;增强纺织浸润剂,用于涂覆兼有上述两种要求的纤维。

(二)制品分类

玻璃纤维原丝需要加工成制品,才能提供给用户使用。按制品加工工艺,大致可以分为纺织玻璃纤维制品和非织造玻璃纤维制品两大类。非织造玻璃纤维制品主要用作复合材料的增强基材;纺织玻璃纤维制品除一部分用作增强材料外,还有其他用途。按制品的外观形态,一般分为短纤维、纱线、布、毡四种类型。

（三）涂层处理工艺

玻璃纤维涂层，主要是对玻璃纤维纺织制品的不足之处进行弥补和改善，从而优化其耐高温、耐腐蚀、耐磨损和产生新的性能。

一般涂层处理工艺流程为：将玻璃纤维织物浸渍或涂覆有机物和溶剂后，经过加热烘干、固化、收卷为成品，如涂覆硅橡胶布、四氟乙烯制成篷布，涂覆氯乙烯制成窗纱，涂覆改性沥青制成土工格栅，以及涂层树脂制成贴墙布、窗帘、耐碱网布等；还可以对玻璃纤维织物涂覆石墨、镀金属等处理，以满足织物的特殊用途。

二、玻璃纤维的分类

按玻璃纤维成分，可以分为无碱玻璃纤维、中碱玻璃纤维、高碱玻璃纤维和特种玻璃四大类。玻璃纤维的组分不同，其性能差异很大。如钠钙玻璃纤维的抗拉强度为 2500 N/mm^2 左右，而石英玻璃的抗拉强度则高达 13 000 N/mm^2。这说明成分是决定玻璃纤维性能的主要因素之一。

各类玻璃纤维的主要成分和用途如下：

1. 无碱玻璃

无碱玻璃又称电绝缘用玻璃纤维（E-glass），指 R_2O 含量小于 0.8% 的铝硼硅酸盐玻璃，是占世界产量 90% 以上的玻璃纤维主体成分。此类玻璃成分基础是 SiO_2-Al_2O_3-CaO 三元系统，以 B_2O_3 为溶剂，熔制温度 1580 ℃以上，转变温度 630 ℃，析晶上限温度随玻璃成分在 1080~1170 ℃范围内变动，耐水性好，电绝缘性高。

2. 中碱玻璃

国外又称耐化学侵蚀玻璃（C-glass），含有 8.5% Na_2O 和 5% B_2O_3。国内开发的中碱玻璃纤维，Na_2O_3 含量为 12%，不含 B_2O_3。中碱玻璃的熔制温度为 1530 ℃左右，拉丝温度为 1180~1200 ℃，纤维强度较高。由于熔制温度低，不需 B_2O_3，至今为止，中碱玻璃纤维产量仍占我国玻璃纤维产量的相当比例。

3. 高碱玻璃

高碱玻璃（A-glass）中 Na_2O 和 K_2O 的含量均高达 14.5% 以上，与平板玻璃成分相同或相近。纤维熔制温度和纤维成型温度均低，单纤维不耐水分侵蚀，制品受水汽作用后很快变脆，丧失强度。由于其耐酸性好，加工后可作为耐酸制品。

4. 高强度玻璃（S-glass）

其主要成分也是 SiO_2-Al_2O_3-MgO 三元系统。我国同类成分中加入少量 B_2O_3、Li_2O、Fe_2O_3、CaO_2，其单丝强度为 4000 N/mm^2，弹性模量为 85 N/mm^2，分别高于无碱玻璃 30% 和 16%。但纤维熔制温度和拉丝温度很高，工艺条件苛刻，生产成本较高，尚难普遍应用，主要用于要求较高的军用和军工部门。

5. 高模量玻璃（M-glass）

其主要成分也是 SiO_2-Al_2O_3-MgO 三元系统，加入能显著提高玻璃模量的氧化物 BaO、Y_2O_3、ZrO_2、TiO_2、La_2O、CeO_2 等，弹性模量可达 95 N/mm^2，高于无碱玻璃纤维 30%，主要应用于强度要求较高的纤维增强塑料。玻璃熔制温度和纤维拉丝温度较高，工艺必须采用特殊措施,要求严格。

6. 高硅氧玻璃(High silica glass)

纤维中 SiO_2 含量在 96% 以上,可以短期耐温 1100 ℃,长期耐温 900 ℃以上,可用作耐烧蚀材料和高温过滤材料。在欧洲是石棉纤维的主要替代材料之一。耐高温玻璃纤维还有石英玻璃纤维和铝硅酸纤维等。

7. 耐碱玻璃(AR-glass)

主要是 Na_2O-ZrO_2-SiO_2 系统和 Na_2O-CaO-ZrO_2-SiO_2 系统玻璃,因为能较好阻抗碱性溶液的侵蚀,可作为水泥制品的增强材料。

8. 其他特种玻璃

耐辐照玻璃不含 R_2O 离子,引入能吸收中子的 BaO,能耐高温、电绝缘性优良,用作高温强辐照条件下的电绝缘材料。低介电玻璃(D-glass)主要成分是硼硅酸盐玻璃,仅含有少量的碱金属和碱土金属。玻璃具有高介电常数,低介电损耗等优越性,常用于高性能印刷电路板基材。各类玻璃的成分组成见表 12-5 所示。

表 12-5　常用玻璃纤维组成

成分	A	C	C	D	E	S	AR
SiO_2	72.5	67.5	65.0	73.0	54.5	60.0	71.0
Al_2O_3	1.5	6.5	4.0	1.0	14.9	25.0	1.0
Fe_2O_3	0.5	0.5	0.5	—	0.5	0.3	—
B_2O_3	—	—	5.0	22.5	8.5	—	—
CaO	9.0	9.5	14.0	0.5	16.6	9.0	—
MgO	3.5	4.2	3.0	0.2	4.6	5.0	—
BaO	—	—	1.0	—	—	—	—
ZrO_2	—	—	—	—	—	—	16.0
TiO_2	—	—	—	—	—	0.2	—
Li_2O	—	—	—	—	—	—	1.0
K_2O	—	—	—	1.5	0.5	0.1	—
Na_2O	13.5	12.0	8.5	1.3		0.4	11.0

三、玻璃纤维的结构和性能

玻璃纤维作为一种人造无机纤维,与其他纤维骨架材料相比,具有一些特殊的性能。下面对其结构和性能做详细介绍:

(一)玻璃纤维的化学结构

玻璃纤维是由硅酸盐的熔体制成的。各种玻璃纤维的结构组成基本相同,都是由无规则 SiO_2 网络组成。玻璃纤维的主要成分是 SiO_2。纯玻璃是 SiO_2 通过较强的共价键相连接的晶体,异常坚硬,熔点高达 1700 ℃以上,加入 $CaCO_3$、Na_2CO_3 等可以降低熔点,加热时 CO_2 逸出。因此玻璃纤维中含有 Na_2O 和 CaO 等碱金属和碱土金属氧化物。熔融的 SiO_2 的黏度非常大，液体流动性能很差，也需加入 CaO、Na_2O 等降低其黏度，利于玻璃纤维的成型。此外，还加入其他氧化物，以改善玻璃纤维的性能，达到玻璃纤维的最终用途。所以，SiO_2 构成了玻璃纤维的骨架，加入的其他氧化物的阳离子位于骨架结构的空隙中，也可能取代 SiO_2 的位置。由图 12-23 可以看出，玻璃纤维是典型的非晶体，微粒排列是无规则的。

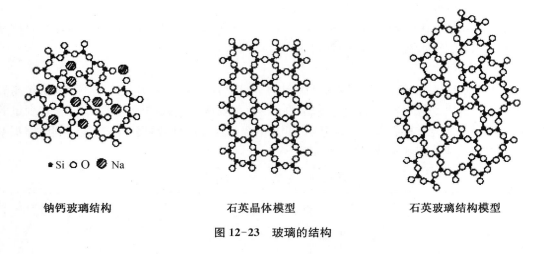

| 钠钙玻璃结构 | 石英晶体模型 | 石英玻璃结构模型 |

图 12-23　玻璃的结构

（二）玻璃纤维的性能

玻璃纤维直径通常为 $3\sim24\ \mu m$，小于其他有机纤维和金属纤维。由于在熔融状态下，表面张力促进表面收缩，纤维外表呈光滑圆柱状，截面为完整圆形。

1. 密度

玻璃纤维密度一般为 $2.50\sim2.70\ g/cm^3$，高于普通有机纤维，低于大多数金属纤维。

2. 抗拉强度

玻璃纤维具有很高的抗拉强度，远远超过其他天然纤维、合成纤维和某些金属纤维，是理想的增强材料。

3. 弹性模量

玻璃纤维的弹性模量高，基本属于弹性体范围，断裂伸长率很小（3%～4%），玻璃纤维的耐疲劳性能差。为此，可通过改变玻璃成分和纤维成型工艺以及纤维表面涂覆处理，减少玻璃纤维表面的微裂纹，防止水汽渗入，提高玻璃纤维的耐疲劳性。在长期荷载的情况下，玻璃纤维不会发生蠕变，使得其复合后的产品能长期保持性能。

4. 热稳定性

玻璃纤维的软化温度高达 $550\sim750\ ℃$，相比之下，锦纶纤维为 $232\sim250\ ℃$，醋酸纤维 $204\sim230\ ℃$，聚苯乙烯 $88\sim110\ ℃$。在加热至 $500\ ℃$ 之前，玻璃纤维的强度不会降低太大。特殊成分的玻璃纤维耐温可达 $1000\ ℃$，大大优于各类有机纤维，确保作为骨架材料时，在高温环境中保持性能稳定。

5. 脆性、耐折疲劳性

玻璃纤维性脆，单丝集束性差和耐折疲劳性差，容易断裂。这给材料的加工带来一定的困难。玻璃纤维的脆性与它的直径成正比，例如直径为 $3.8\ \mu m$ 的玻璃纤维，其柔软性优于涤纶,所以用于织造的玻璃纤维一般都选用直径小于 9 μm 的长丝。

6. 耐热性和不易沾污性

玻璃纤维不燃烧,并且有很好的耐热性。其单丝在 200~250 ℃下,强度损失很低,但略有收缩现象。因而玻璃纤维可以在高温下使用,特别是用在高温过滤和防火材料方面。近年来,用耐热玻璃纤维制成的织物过滤器,在除尘技术领域显示出重要性,这种过滤器在使用中,无需冷却烟道气即可除去其中的灰尘。玻璃布制成的袋式过滤器或平面过滤器,可用于延期温度为 200~300 ℃的熔炉、化铁炉、转炉、发电厂的除尘设备,以及水泥工业的除尘设备。另外,玻璃纤维的导热系数仅为 125 W/(m·K),因而在隔热和绝缘材料方面,已在很大程度上取代石棉,应用前景十分广阔。

由于玻璃纤维具有不易沾污性、隔热和不燃烧性,因此其在建筑装饰上的用途广泛。美国研制出一种在玻璃纤维表面包覆乙烯树脂的玻璃纤维窗帘布,能吸收太阳的热量而不遮挡阳光,并对强烈的紫外光有防护作用。这种窗帘布的绝热效率是普通窗帘布的 7 倍,如果夏季装在房间窗外,可使室内非常凉爽。经过一定后整理制成的墙布,具有很高的抗拉强度,特别适用于石膏墙体、缩孔混凝土表面。

7. 电气绝缘性

玻璃纤维在常温下几乎不导电。碱金属氧化物是影响玻璃纤维电绝缘性的主要因素,故一类不含 R_2O 的玻璃纤维具有良好的电绝缘性和介电性能,高温下体积比电阻率和表面电阻率均高于 10^{12} $\Omega \cdot cm$,介电常数为 6.6,在电子、电器上获得广泛应用。

玻璃纤维制品的介电性能与玻璃纤维的组成有很大的关系,同时,空气的湿度和温度对玻璃纤维表面电导率也有很大的影响。玻璃纤维的吸湿性只有其他纤维的 1/10~1/13,因此它具有很好的电气绝缘性。其中 E 玻璃的介电系数和比电阻对温度依赖比其他玻璃纤维小。因此 E 玻璃特别适用于高温、高湿及侵蚀性介质环境中电机的绝缘材料。

8. 耐蚀性、耐气候性和吸声性

耐蚀性一般是指耐水性和耐酸碱性。玻璃纤维的耐水性随玻璃纤维含碱量的增加而减弱,而耐酸性则随含碱量的增加而增强。因此,无碱玻璃纤维的耐水性好,中碱玻璃纤维的耐酸性好,但均不耐碱。通过改变玻璃组分或对纤维进行表面涂覆处理,可以改善玻璃纤维的耐碱性。

无碱玻璃纤维的耐气候性较好,而有碱玻璃纤维则较差,这主要是空气中的水分对纤维侵蚀的后果。玻璃纤维具有极大的比表面积,使用过程中易受介质侵蚀,在各种气体长期作用下会缓慢发生“老化”。

玻璃纤维的吸湿性低,在相对湿度 65%时,吸湿率仅为 0.07%~0.37%,因而,它在建筑、仓储中的运用广泛。室内用苫布或者简易仓库顶篷,在不燃性要求很高的场合,以无碱玻璃纤维为底布,并用阻燃性氯乙烯树脂进行整理,可以达到防水、防火的目的。在层面织物方面,玻璃长丝织制的织物,因玻璃纤维的毛细管作用,可完全浸透在沥青或改性沥青中,形成几乎不能用机械方法分开的复合物,可以用作容器和管道的防水和防腐材料。

玻璃纤维还具有较大的吸声系数,改变玻璃纤维织物结构、面密度、厚度,吸声系数随之变化。在音频为 1025 Hz 时,玻璃纤维的吸声系数为 0.5,因此它是良好的吸声材料。由玻璃纤维聚集成柔软材料的骨架,组成多孔质材料,当声波投射到内部时,声能由摩擦阻力变成热能,通常在高频率区吸声系数上升,并且材料愈厚,吸声系数愈大,可满足各种吸声、防噪环境的使用要求。

四、玻璃纤维的品种和用途

常见玻璃纤维制品包括无捻粗纱、无捻粗纱织物（方格布）、玻璃纤维毡片、短切原丝和磨碎纤维、玻璃纤维织物、玻璃纤维湿法毡及组合玻璃纤维增强材料等，主要用于生产涂塑包装布、各种电绝缘层压板、印刷线路板、车辆车体、贮罐、船艇、模具等、制造高强度、介电性能好的电气设备零部件等。此外，建筑行业也采用玻璃纤维布，主要作用是增加强度，也作为建筑外墙保温层、内墙装饰、内墙防潮防火等。玻璃纤维布品种主要有玻璃纤维网格布、玻璃纤维方格布、玻璃纤维平纹布、玻璃纤维轴向布、玻璃纤维壁布、玻璃纤维电子布。

第五节　玄武岩纤维

玄武岩纤维又称为玄武丝（CFB），因其综合性能好、性价比高，且具有其他纤维难以比拟的产品特点和优异的理化性能，已广泛应用于军工、建材、消防、环保、电器、航天航空等领域，是继碳纤维、芳纶、超高分子量聚乙稀纤维之后的第四大纤维，科技界称之为 21 世纪的新材料，是无污染的"绿色工业材料"。

与碳纤维、芳纶、超高相对分子质量聚乙烯纤维等其他高科技纤维相比，CBF 具有许多独特的优点，如突出的力学性能、耐高温、可在 $-269\sim650$ ℃范围内连续工作、耐酸碱、吸湿性低，此外还有绝缘性好、绝热隔声性能优良、透波性能良好等优点。以 CBF 为增强体，可制成各种性能优异的复合材料，可广泛应用于航空航天、建筑、化工、医学、电子、农业等军工和民用领域。我国已有 CBF 的批量生产，因此迫切需要开展玄武岩纤维及其增强复合材料的应用研究。

一、玄武岩纤维的组成与结构

（一）玄武岩纤维的组成

玄武岩纤维的成分几乎囊括地壳中的所有元素，Si、Mg、Fe、Ca、Al、Na、K 等元素成分约占 99％以上。在 PHLIPS XL30 EDS 电子探针能谱仪上测定玄武岩纤维的元素含量，发现其主要成分有 O=31.81％、Si=26.36％、Ca=18.93％、Al=7.89％、Mg=6.90％、K=1.18％、Na=1.63％、Ti=1.26％、Fe=4.04％。

SiO_2 是玄武岩连续纤维中最主要的成分，含量占 45％～60％，被称为网络形成物，保持了纤维的化学稳定性和机械强度；Al_2O_3 的含量也较高，含量占 12％～19％，提高了纤维的化学稳定性、热稳定性和机械强度，为提高复合材料的力学性能打下良好的基础；CaO 的含量为 6％～12％，对提高纤维耐水的腐蚀、硬度和机械强度都是有利的；Fe_2O_3 和 FeO 的含量为 5％～15％，含铁量高，使纤维呈古铜色。玄武岩纤维还含有 Na_2O，K_2O，MgO 和 TiO_2 等成分，对提高纤维的防水性和耐腐蚀性有重要作用。

（二）玄武岩纤维的结构

图 12-24 所示为岩墙式玄武岩矿山与高质量大丝束玄武岩纤维纱。图 12-25 中，(a)、(b)

所示分别为玄武岩纤维的光学照片和纵面 SEM 照片,(c)所示为纤维横截面 SEM 照片。宏观结构上,玄武岩纤维的外观很像一根极细的管子,呈光滑的圆柱状,其截面呈完整的圆形。该结构是纤维成型过程中,熔融玄武岩被牵伸和冷却成固态纤维之前,在表面张力作用下收缩成表面积最小的圆形所致的。

图 12-24　岩墙式玄武岩矿山(左)与高质量大丝束玄武岩纤维纱(右)

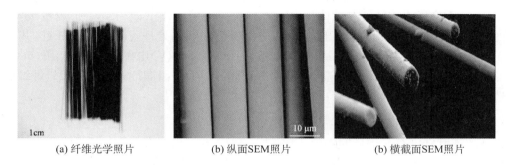

(a) 纤维光学照片　　　　(b) 纵面SEM照片　　　　(b) 横截面SEM照片

图 12-25　玄武岩纤维光学照片及纵面和横截面 SEM 照片

二、玄武岩纤维的性能

CBF 具有非人工合成的纯天然性,加之生产过程无害,且产品寿命长,是一种低成本、高性能、洁净程度理想的新型绿色主动环保材料。由于玄武岩在熔化过程中没有硼和其他碱金属氧化物排出,因此在 CBF 制造过程中,其池炉排放烟尘中无有害物质析出,不向大气排放有害气体,也没有工业垃圾和有毒物质污染环境。玄武岩纤维在很大程度上可代替玻璃纤维,被广泛用于航天航空、石油化工、汽车、建筑等领域,因而,被誉为 21 世纪"火山岩变丝"、"点石成金"的新型环保纤维。

（一）玄武岩纤维的拉伸强度

一般情况下,玄武岩纤维的拉伸强度是普通钢材的 10～15 倍,是 E 型玻璃纤维的 1.4～1.5 倍,其连续纤维的强度远远超过天然纤维和合成纤维,是理想的增强材料。玄武岩连续纤维的拉伸强度为 3000～4840 MPa,高于其他常见高技术纤维,例如 E 玻纤的拉伸强度为 3100～3800 MPa,Kevlar 49 为 2758～3034 MPa,碳纤维为 2500～3500 MPa。

（二）弹性模量

玄武岩纤维的弹性模量与昂贵的 S 玻璃纤维相近,强度相当;用于织造面密度为 150～

$210\ g/m^2$ 的产品时,织造性能良好;可代替 S 等玻璃纤维制造绝热制品和复合材料,制造硬质装甲和各种 GFRP 产品。例如,利用 E 玻璃纤维生产玻璃钢管,只能耐 25 个大气压,管径最大为 2 m;而用玄武岩纤维制作的玻璃钢管,可耐 60 个大气压,管径可达 3 m。在某些场合,玄武岩纤维可以部分代替每吨售价为 20 余万元的碳纤维或芳纶纤维。

（三）耐温性能

CBF 的使用温度范围为 $-260\sim650$ ℃（软化点为 960 ℃）,而 E 玻璃纤维为 $-60\sim350$ ℃。CBF 在 400 ℃下工作时,断裂强度能够保持 85% 的初始强度;在 600 ℃下工作时,其断裂后的强度能够保持 80% 的原始强度。如果 CBF 预先在 $780\sim820$ ℃下进行处理,则能在 860 ℃下工作而不会产生收缩;即使耐温性优良的矿棉,此时也只能保持 $50\%\sim60\%$ 的原始强度,玻璃棉则完全破坏,碳纤维的抗氧化性较差,在 300 ℃时有 CO_2 和 CO 产生;间位芳纶的最高使用温度也只有 250 ℃。

（四）电性能

E 玻纤具有良好的电绝缘性能和介电性能,在常温下其体积电阻率和表面电阻率均大于 10^{11} $\Omega\cdot m$。而玄武岩连续纤维的体积电阻率和表面电阻率比 E 玻纤高一个数量级,玄武岩纤维的介电损耗角正切与 E 玻璃纤维相近,应用专门浸润剂处理过的玄武岩纤维,其介电损耗角正切比一般玻璃纤维低 50%,可用其制造高压（达 250 kV）电绝缘材料、低压（500 V）装置、天线整流罩和雷达无线电装置等,前景十分广阔。以专门浸润剂处理的玄武岩纤维还可用于制造新型耐热介电材料。

（五）隔声性

玄武岩连续纤维有着优良的隔声、吸声性。表 12-6 列出了玄武岩连续纤维板在不同音频下的吸声系数。由表 12-6 可见,随着频率增加,其吸声系数增加。玄武岩连续纤维的吸湿性极低,吸湿率有 $0.2\%\sim0.3\%$,而且吸湿能力不随时间变化。玄武岩连续纤维制作的隔声材料在航空、船舶领域有着广阔的前景。

表 12-6　30 mm 厚的玄武岩连续纤维板的吸声系数

音频（Hz）	$100\sim300$	$400\sim900$	$1200\sim7000$
吸声系数	$0.05\sim0.15$	$0.22\sim0.75$	$0.85\sim0.93$

（六）分散性

纤维在混凝土中的分散性极为重要。如果纤维的分散性不能满足要求,纤维的掺入不但对混凝土或砂浆没有增强增韧作用,相反会降低混凝土的力学性能和耐久性。玄武岩纤维是以同属硅酸盐的火山喷出岩为原料制成的,与混凝土有着基本相同的成分,所以 CBF 与混凝土的相容性和分散性优于其他增强纤维,同时有很好的黏结性能。

（七）化学性能

化学稳定性是指纤维抵抗水、酸、碱等介质侵蚀的能力,通常以介质侵蚀前后的质量损失和强度损失进行度量。表 12-7 所示为玄武岩连续纤维和 E 玻纤在不同介质中煮沸 3 h 后的质量损失率,表 12-8 所示为两种纤维在不同介质中浸泡 2 h 后的强度保留率。

表 12-7　玄武岩连续纤维和 E 玻纤在不同介质中煮沸 3 h 后的质量损失率

介质	玄武岩纤维	E 玻纤
H_2O	98.6～99.8	98.0～99.0
HCl	69.5～82.4	52.0～54.0
NaOH	83.8～86.5	60.0～65.2

表 12-8　玄武岩连续纤维和 E 玻纤在不同介质中浸泡 2 h 后的强度保留率

介质	玄武岩纤维	E 玻纤
H_2O	0.2	0.7
HCl	5.0	6.0
NaOH	2.2	38.9

由表 12-8 可见,在 HCl 中浸泡 2 h,E 玻纤的质量损失为 38.9%,玄武岩连续纤维仅为 2.2%。从表 12-7 和表 12-8 看出,玄武岩连续纤维比玻璃纤维具有更稳定的化学性能。该特性为玄武岩连续纤维在桥梁道、堤坝等混凝土结构,以及沥青混凝土路面、飞机跑道等经常受到高湿度、酸、碱类介质作用的结构中的应用开辟了广阔的前景。玄武岩连续的最高使用温度为 650 ℃,高于其他高科技纤维,如碳纤维的最高使用温度为 500 ℃,E 玻纤为 350 ℃,Kevlar 49 为 250 ℃。由于玄武岩连续纤维的使用温度高达 650 ℃,再加上它的耐酸、耐碱性能,因而是用于高温腐蚀性气烟层过滤、腐蚀性液体过滤的优质材料。

三、玄武岩纤维的生产工艺

（一）CBF 的制备方法

根据熔融原料所使用的容器不同,生产 CBF 的方法包括坩埚法和池窑法。坩埚法是把原料制成配合料,然后加入球窑内高温熔融、澄清均化而制成球,再将球加入坩埚内重新熔融,经坩埚底部的漏嘴流出,被拉伸制成纤维。目前 CBF 的生产基本上不采用这种方法。

池窑法又称直接法。它是把原料制成配合料后加入窑内,经过高温熔融、澄清均化,熔体直接流入成型通路,经漏嘴流出后被拉伸制成纤维。国内工业化生产 CBF 都采用这种方法。跟坩埚法相比,池窑法省去了制球工序,因而过程简单;加上池窑法具有节能、污染少、体积小、占地少、成品率高、废丝少等优点,所以坩埚法已经基本上被池窑法取代。

池窑法生产玄武岩连续纤维的设备有破碎机（磁选机）、混料机、称料器、加料机、预热池、熔窑、澄清池、单丝涂油装置、自动卷绕拉丝机、原丝烘干窑、无捻粗纱机、纺纱机、温度控制装置和水控制系统等。其制备工艺分为四个阶段:选料阶段,磨料阶段,熔融阶段以及拉丝阶段。

（二）CBF 的生产流程

图 12-26 所示为典型的 CBF 生产工艺流程:首先选用合适的玄武岩矿原料,经破碎、清洗后,玄武岩原料储存在料仓 1 中待用;经喂料器 2,用提升输送机 3 输送到定量下料器 4,喂入单元熔窑;玄武岩原料在 1500 ℃左右的高温初级熔化带 5 下熔化,玄武岩熔制窑炉均采用顶部的天然气喷嘴 6 的燃烧加热;熔化后的玄武岩熔体流入拉丝前炉 7,为了确保玄武岩熔体充

分熔化,其化学成分得到充分的均化,以及熔体内部的气泡充分挥发,一般需要适当提高拉丝前炉中的熔制温度,同时要确保熔体在前炉中较长的停留时间;最后,玄武岩熔体进入两个温控区,将熔体温度调至1350 ℃左右的拉丝成型温度,初始温控带用于"粗"调熔体温度,成型区温控带用于"精"调熔体温度;来自成型区的合格玄武岩熔体经200孔的铂铑合金漏板8拉制成纤维,拉制成的CBF再施加合适浸润剂9后,经集束器10及纤维张紧器11,最后至自动绕丝机12。

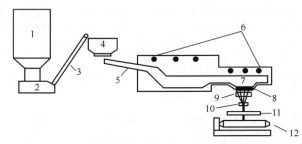

图12-26　CBF生产工艺流程

1—料仓　2—喂料器　3—提升输送机　4—定量下料器　5—原料初级熔化带
6—天然气喷嘴　7—二级熔制带(前炉)　8—铂铑合金漏板　9—施加浸润剂
10—集束器　11—纤维张紧器　12—自动绕丝机

四、连续玄武岩纤维的应用

(一)玄武岩纤维声热绝缘复合材料

玄武岩纤维的导热系数随纤维直径的减小而减小,随纤维密度的增大先减小后增大,选用合适细度和密度的玄武岩纤维,可使玄武岩纤维的导热系数很低。此种玄武岩纤维可作为热绝缘复合材料。同时,由于此种玄武岩纤维的使用温度范围和抗震性能优于玻纤,因此可应用于高温和超低温设备,以及高温作业的防护服和低温保温服。由于玄武岩纤维织成的板状和网状结构具有多孔性和无规则的排列方式,其吸声性能好。玄武岩纤维的吸声能力随着纤维层厚度的增加和密度的减少而增强,可制成声绝缘复合材料,应用于航空、船舶、机械制造、建筑行业作为隔声材料。用玄武岩纤维还可以制造一系列兼备声、热隔绝性能的复合结构材料。这类材料不燃烧,加热时不会分解出有害气体,工作温度可以达到600～700 ℃,与其他材料匹配使用时,工作温度可以达到1000 ℃,在防火墙、防火门、电缆通孔等特殊工业或高层建筑防火设施中大有用武之地。

(二)过滤环保领域的应用

CBF是一种新型的绿色环保材料,可用于环保领域有害介质和气体的过滤、吸附和净化,特别在高温过滤领域,CBF的长期使用温度是650 ℃,远优于传统过滤材料,是过滤基布、过滤材料、耐高温毡的首选材料。目前,过滤材料主要有天然纤维、各种合成纤维、各种无机纤维和金属纤维。由于对耐高温提出了更高的要求,引进了Nomex、Procon、Torcon、Basfil和P84等。但是,目前所有的过滤材料都不能解决过滤高温介质的问题,而CBF可以在269～650 ℃的范围内长期使用,它的耐高温性能是其他材料无法比拟的。用玄武岩连续纤维制成的过滤布,能在高温条件下工作。此过滤布用在耐碱性介质过滤中,比玻璃纤维的使用寿命长,在过滤熔融铝上的使用效率也很显著。因此,玄武岩纤维是用于高温过滤材料(如除尘袋、汽车消音器滤芯)、避火消防服阻燃隔热面料、防火卷帘、过冷防护服、防弹服、热防护服、军用帐篷、坦克发动机绝热隔声罩、核潜艇等军舰内装饰、火箭燃烧喉管等军工武器装备领域优选新材料。

（三）混凝土增强领域的应用

现在的混凝土增强材料主要有碳纤维、玻璃纤维、对位芳纶、钢纤维和玄武岩纤维。增强的主要目的是提高制品的抗拉强度和建筑工程的防渗抗裂等。从强度方面看,玄武岩纤维占有绝对的优势,它的拉伸强度高于上述其他几种增强材料,增强效果最好;从耐碱性方面看,玄武岩纤维略逊于碳纤维和对位芳纶,但优于玻璃纤维和钢纤维;从与混凝土的相容性看,玄武岩纤维与混凝土有着基本相同的成分,密度也较接近,所以玄武岩纤维的相容性、分散性优于其他增强纤维。

玄武岩连续纤维可用来代替钢筋增强混凝土。钢筋增强混凝土板是一种在路桥建筑中普遍使用的混凝土制品。钢筋长期在水泥中容易产生锈蚀造成建筑结构的破坏。玄武岩纤维筋的抗碱性能比玻璃纤维筋优异,拉伸强度也更高,可大大提高混凝土制品的使用寿命。此外,用玄武岩连续纤维增强铁路水泥枕木可增强其耐久性,尤其适合在青藏高原等气候多变地区使用。由于抗碱性较好,据估计,玄武岩连续纤维混凝土可使用 70～100 年。用玄武岩连续纤维增强水泥基复合材料,还可降低制品的成本。由于玄武岩连续纤维具有较高的强度、弹性模量、耐高温和优良的耐化学腐蚀性能,其在水泥基复合材料中有广阔的应用前景。

（四）在建筑修复、加固和更新领域的应用

碳纤维加固补强织物是一种高科技含量和高成本的产品。目前使用的补强材料是碳纤维和芳纶纤维,主要是利用材料的强度和弹性模量。从强度方面看,玄武岩纤维的强度并不逊于碳纤维,且比芳纶高,虽然其弹性模量不如碳纤维,但是与树脂的亲合性,玄武岩纤维大大好于碳纤维和芳纶,有效地提高了补强效果和补强材料的使用寿命。尤其是玄武岩连续纤维用于桥梁、立柱缠绕加固期效果与碳纤维没有差异。从性价比看,玄武岩纤维的价格大大低于碳纤维和芳纶,所以,玄武岩纤维有极大的竞争优势,是碳纤维和芳纶加固抗震补强材料的首选替代产品。它可广泛用于梁、柱、板、墙等的补强,也可用于桥梁、隧道、水坝等其他土木工程的加固,尤其在抗震加固方面具有极为广阔的应用前景。

此外,初步的应用研究证明,CBFRP(连续玄武岩纤维增强塑料)的复合材料筋是一种替代碳纤维、芳纶等连续纤维复合筋的新型建筑材料,可代替钢筋主要用于环境条件严酷的混凝土中,根本解决钢筋锈蚀的问题,提高混凝土结构的耐久性。

（五）在道路施工领域的应用

玄武岩纤维具有较高的强度、弹性模量和耐高低温、耐侵蚀等性能,适用于路面土工格栅中的基础材料——纤维布。

土工格栅是指用沥青处理过的纤维布,经烘干成型后铺设在沥青道路罩面层下的加筋材料。土工格栅用于沥青道路时,可发挥以下作用:

1. 抗疲劳开裂

土工格栅可使沥青混凝土的抗弯强度提高 26%,临界应力增加 57%,可有效地改变路面结构的应力分布。这样路面在车轮荷载受压时形成缓冲,可减少应力突变对沥青路面表面层的破坏,从而大大提高路面的使用寿命。

2. 耐高温车辙、抗低温缩裂

沥青在高温时具有流变性,在车辆荷载作用下,受力区域产生凹陷,发生塑性变形,经过长期积累就会形成车辙。在沥青中使用土工格栅,可形成复合力嵌锁体系,限制塑性运动,使沥青面层中的各部分彼此牵制,防止了沥青的表面推移,从而起到抵抗车辙的作用。特别是在严寒地区,由于冬季的路面温度很低,沥青混凝土遇冷收缩,当拉应力超过沥青混凝土的拉伸强度时就会产生裂缝。而使用土工格栅可大大提高沥青混凝土的拉伸强度,即使局部产生裂纹,其应力也能通过格栅传递消失,不会形成裂缝。

3. 加强软土基

软土基疏松多孔,在荷载下易沉降。而使用土工格栅进行加筋处理,其网状结构一方面有利于软土基排水,另一方面软土基与格栅的共同作用可形成嵌锁体系,受车载时应力趋于均匀,从而使承载力提高。为了使上述作用得到充分发挥,要求土工格栅强度、弹性模量、耐高低温性能和耐侵蚀性等越高越好,路面的使用寿命也就越长。

土工材料主要是玻璃纤维和塑料两大材料。玄武岩纤维的各方面性能均好于以上两种材料。在性价比适当时,玄武岩纤维将成为土工格栅的主要材料。

(六)在医学上的应用

纤维的酸度系数 $M_k = (W_{SiO_2} + W_{Al_2O_3} / (W_{CaO} + W_{MgO})$,$M_k$ 越低,化学耐久性越好,使用温度也越高。CBF 的 pH 值计算公式为 $pH = -0.060\ 2W_{SiO_2} - 0.12W_{Al_2O_3} + 0.232W_{CaO} + 0.120W_{MgO} + 0.144W_{Fe_2O_3} + 0.217W_{Na_2O}$,pH 值越高,碱性氧化物越多,抗水性就越差,一般而言,pH<4 时最稳定,pH<5 时稳定,pH<6 时中等稳定。

对上海俄金 CBF 有限公司的纤维计算,5.48,pH 值为 1.7。它的使用温度范围为 $-269 \sim 650\ ℃$,而玻璃纤维为 $60 \sim 450\ ℃$。在 900 ℃ 高温下 CBF 质量损失为 12%,所以 CBF 用作高温过滤材料,尤其是用于抗生素生产过程中的空气净化和消毒。

总之,随着玄武岩连续纤维生产技术瓶颈的不断打开,规模化生产所带来的单位成本降低,它的应用领域将不断扩大,势必形成一个新兴的高新技术产业。它将改变世界先进材料的格局。

五、面临的问题

从全球的发展水平看,全世界玄武岩纤维的生产技术和规模尚处于初级阶段,这给我国追赶乃至超过国外的先进技术水平提供了很大的发展空间和市场机遇,但还存在以下问题:

(一)玄武岩成分波动大

CBF 的生产存在一些困难。不同类型的玄武岩矿石具有不同的特性和化学结构。由于玄武岩是由地球熔岩形成的,因此造成它的先天不足,就是其成分的波动,不仅不同矿床成分波动较大,就是同一矿点化学成分也有一定的波动范围。这就直接导致了玄武岩纤维性能波动大,使其在高端领域上的大量应用受到限制。

(二)生产过程中的消耗成本

连续 CBF 的主要生产成本集中在使用的天然气燃料、铂铑合金漏板的消耗量及其使用寿命上。

第六节 陶瓷纤维

陶瓷纤维是由天然或人造无机物采用不同工艺制成的纤维状物质,也可由有机纤维经高温热处理转化而成,除具有优异的力学性能外,还具有抗氧化、高温稳定性好等优点。陶瓷纤维作为一种新型纤维状轻质耐火材料,具有质量轻、耐高温、导热率低、比热容小和耐机械振动等优点,直径一般为 $2\sim5\ \mu m$,长度为 $30\sim250$ mm,纤维表面光滑。实际上,陶瓷纤维堆积体的内部组织结构是由固态纤维与空气组成的混合结构,其纤维结构特点是固相与气相都以连续相的形式存在。在这种结构中,固态物质以纤维状形式存在,并构成连续相骨架;气相则连续存在于纤维材料的骨架间隙之中。由于陶瓷纤维具有这种结构,因此其气孔率较高、气孔孔径和比表面积较大,从而使陶瓷纤维具有良好的隔热性能和较小的密度。因此,陶瓷纤维可用作隔热器、耐高温工作服的填充材料、电热偶极罩、管路包扎、绝热炉等的增强材料,也可用于航天用热交换器和其他领域的高温结构材料,被公认为高效节能材料,有"第五能源产品"的美称,是一种发展前景广阔的产品。

一、陶瓷纤维的种类及性能

陶瓷纤维是从 20 世纪下半叶发展起来的,最重要的特性是高比强度和比模量、很低的导热率和非常好的耐热性,是碳纤维和无机纤维无法比拟的。陶瓷纤维与陶瓷、金属和高分子材料的相容性好,可以制造纤维增强金属(FRM)和纤维增强陶瓷(FRC)。这些纤维在先进复合材料中都起着不可或缺的作用,是航天、航空、国防、军工领域使用的高性能复合材料中十分重要的增强材料。目前,陶瓷纤维按其组成有含铝氧化物陶瓷纤维、硅化物(如碳化硅、氮化硅)陶瓷纤维、硼及硼化物陶瓷纤维;按其用途主要分为两类,一类是要求具有高强度、高硬度和高温结构稳定性的材料,第二类是绝热、耐高温的材料。现简介几种如下:

(一)氧化铝纤维

氧化铝纤维是国外于 20 世纪 70 年代开发出来的。日本住友公司、美国 3M 公司和杜邦公司等有各种类型的氧化铝纤维开发。氧化铝纤维以 Al_2O_3 为主要成分,含有 SiO_2、B_2O_3、Zr_2O_3 和 MgO 等成分,其形貌如图 12-27 所示。该纤维具有很高的耐热性,在 1000 ℃左右的空气中,强度基本上不变,热收缩性小,热导率低,抗腐蚀和电学性能独特。它的强度为 $1.4\sim2.6$ GPa(有的已达 3.2 GPa),模量为 $190\sim380$ GPa,与树脂和金属的黏结性能很好,加工性能良好,是军民用复合材料优良的增强纤维材料。含铝氧化物纤维主要用作增强材料和耐高温绝热材料两类。连续纤维可制成布、编织带、绳索等形状,用作 Al、Ti、SiC 和其他氧化物陶瓷基体,形成的氧化铝纤维增强金属基和陶瓷基复合材料,可用于超高速飞机、火箭发动机喷管和热圈材料等。氧化铝短纤维主要用于耐热耐火材料,在冶金、陶瓷烧结炉或其他高温炉中用作炉衬等隔热材料。氧化铝纤维与金属基体的浸润性好,界面反应少,可以采用高压铸造法或粉末冶金制成纤维增强金属基复合材料,可在高负荷机械零件和高温高速旋转零件,以及轻量化要求高如汽车、压缩机等设备中应用。氧化铝纤维也可制成树脂基复合材料,由于氧化铝纤维与树脂基体结合良好,比玻璃纤维的弹性大,比碳纤维的抗压强度高,逐步在某些领域代替玻璃纤维和碳纤维,如运动器材等。

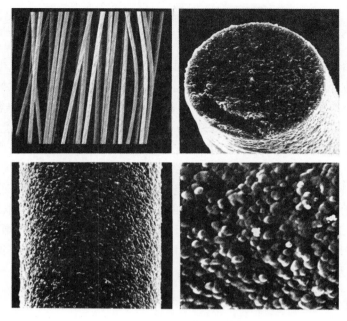

图 12-27 氧化铝纤维形貌

（二）碳化硅纤维

碳化硅纤维是硅化物陶瓷纤维的一种,是近年来发展较快的一种陶瓷纤维。碳化硅纤维是由有机硅聚合物制得聚碳硅烷,然后通过纺丝成型,再于 1300 ℃以上的温度下烧结而成的,其形貌如图 12-28 所示。该纤维的拉伸强度为 2.6～3.5 GPa,模量为 190～420 GPa。耐高温,最高作业温度可达 1400 ℃,与金属、塑料、陶瓷等基体的相容性好,纤维与基体的热膨胀率和导热率很接近,因而在复合材料中应用很有前景,是一种可用于高性能复合材料的增强纤维和耐热材料。用以增强金属,可用在宇航飞行器、汽车工业的机体结构零件和发动机零件周围附件;用以增强聚合物,可用在飞机、宇航工业、运动器材等,作为机体结构材料和隐身功能材料、扬声器锥体;用以增强陶瓷,可用在汽车、机械、冶金工业热结构防护材料,作为高强度、耐高温、耐腐蚀、抗氧化结构材料,以及发动机零件、热交换器等。我国碳化硅材料呈迅猛发展的

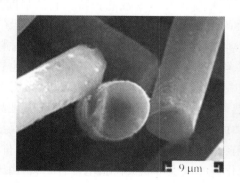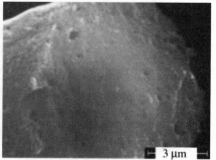

图 12-28 碳化硅纤维形貌

势头,近年出口招标量达 3.45 万吨,青海赛纳碳化硅公司、洛阳耐火材料研究院,都是主要生产单位,西安科技学院与西宁电力实业总公司共同开发了双电源多热源炉生产碳化硅新技术,已通过鉴定。国内碳化硅纤维研究需要继续增强碳化硅纤维的耐高温特性,降低纤维中的非 SiC 成分,提高纤维的综合性能和工程化研究,使我国早日实现工业化生产。

（三）硼纤维

硼纤维为硼及硼化物陶瓷纤维的主要品种。硼为高熔点半导体元素,其硬度仅次于金刚石。硼本身是脆性材料。生产连续硼纤维的主要方法是化学气相沉积法,其纤维及织物如图 12-29 所示。纤维拉伸强度为 3600 MPa,弹性模量为 400 GPa,压缩强度达 6900 MPa,其熔点在 2000 ℃ 以上。由于其有高的比强度、比刚度,与塑料和金属的浸润性好,而且不发生材料间的反应性,弹性模量为普通玻璃纤维的 5～7 倍,比普通钢材的弹性模量高,在 400 ℃ 以下,性能下降缓慢,因此,是一种用于航天、航空器结构的先进复合材料的增强纤维。硼纤维由于具有强度高、质量轻、物性好、导热性高和膨胀系数低等特点,也可在工业领域、体育及娱乐用品领域和超导线材方面应用。尤其硼纤维的压缩强度是其拉伸强度的 2 倍（6900 MPa）,采用硼纤维和碳纤维混杂结构,具有很高的刚性,使热膨胀系数趋近为 0,可适应宇宙中苛刻环境的变化。

图 12-29 硼纤维（左）及织物（右）

二、陶瓷纤维的制备方法

（一）水（溶剂）热合成法

水（溶剂）热合成法是指在密封压力容器中,以水（或其他流体）作为溶剂（也可以是固相成分之一）,在高温（>100 ℃）、高压（>9.81 MPa）条件下制备纤维的一种方法。水热法在单晶生长、粉体制备、薄膜、纤维制备和材料合成方面的研究表明,这是一种应用广泛、可制备多种成分材料的方法,而且制品质量高,成本也较低。

（二）碳纤维灌浆置换法

碳纤维灌浆置换法是利用多孔碳纤维的吸附特性,将碳纤维束在含有陶瓷组分的浆料或溶液中浸泡,然后在高温下氧化,去除有机组分,形成陶瓷纤维。该法制备的纤维相互粘连严重,影响复合材料的均匀性和力学性能。

（三）化学气相沉积法

化学气相沉积（CVD）法需要以一种导热、导电性能较好的纤维作为芯材，利用可以气化的小分子化合物，在一定的温度下反应，使生成的目标陶瓷材料沉积到芯材上，从而得到"有芯"的陶瓷纤维。

（四）化学气相反应法

化学气相反应（CVR）法需要以一种可以通过反应转化成目标纤维的基体纤维为起始材料，与引入的化学气氛发生气-固反应，形成陶瓷纤维。

（五）有机聚合物前驱体转化法

有机聚合物前驱体转化法是以有机金属聚合物为前驱体，利用其可溶、可熔等特性成型后，经高温热分解处理，使之从有机物转变为无机陶瓷材料。这种方法可以获得高强度、高模量、细小直径的连续陶瓷纤维，可以在较低温度下生产陶瓷纤维。前驱体聚合物可以通过分子设计，控制前驱体的组成和微观结构，使之具有潜在的活性基团以便于交联，获得较高的陶瓷产率。陶瓷前驱体合成的陶瓷纤维成本较高。

（六）静电纺丝法

静电纺丝法是使带电荷的高分子溶液或熔体在静电场中流动与变形，然后经溶剂蒸发或熔体冷却而固化得到纤维状物质。静电纺丝法制备陶瓷纤维可分为三个步骤：首先使用可溶于水的盐或酯，与聚乙烯吡咯烷酮（PVP）的乙醇溶液或水溶液混合，制备前驱体溶液；然后使用静电纺丝设备，将已配置完成的前驱体溶液进行纺丝；最后将电纺纤维经过处理、煅烧，煅烧过程中，纤维中残留的水分、乙醇等有机溶剂蒸发，PVP、酯或盐分解，不同非金属元素结合，形成陶瓷纤维。

（七）挤压法

挤压法就是利用 SiC 粉在聚合物黏结剂存在条件下挤出纺丝，形成的细丝再烧结固化。该方法制造的多晶陶瓷纤维（包括其他方法制得的 SiC 纤维）具有最佳的抗高温蠕变特性，但是该方法只能得到强度较低的 SiC 纤维。

（八）超细微粉烧结法

这种方法是将 α-SiC 和 β-SiC 的微粉溶解于聚合物的溶液中，然后经混合纺丝、挤出、溶剂蒸发、煅烧、预烧结等工艺制得 SiC 纤维，所得纤维的特点是富碳、大直径、低强度，虽然耐温性较好，但是抗氧化性能差。

（九）溶胶-凝胶法

溶胶-凝胶法通常是将金属醇盐溶解于有机溶剂中，配制成一定浓度的溶胶，再将溶胶纺丝后进行热处理，从而得到陶瓷纤维。溶胶-凝胶法不但能制备出直径较小的纤维（<30 μm），且烧结的温度较低（<1000 ℃），成为 PZT 陶瓷纤维制备的最主要方法。

（十）辐射不熔化法

采用核辐射的方法，对 PCS 先驱丝进行不熔化处理，不需使用氧化性气氛，也不需加入引发剂，利用射线的强穿透能力，使先驱丝的内部形成具有不熔化特性的特定化学结构，实现先驱丝的整体不熔化。利用加速器产生的高能电子束、同位素源产生的 γ 射线，辐照 PCS 先驱丝,达一定剂量后,在高纯度氩气或氮气中高温热解,得到的烧成产物即为陶瓷纤维。

三、陶瓷纤维的应用

（一）纺织材料

纤维纺织品采用丝棉纱线和增强丝纺织而成,既具有耐火纤维优良的高温隔热、绝缘、耐热、抗腐、无毒、无害、对环境无不良影响的特性,又具有优于传统耐火纤维制品的高温强度、抗机械振动、抗冲击等优良性能。

（二）填密材料和摩擦材料

陶瓷纤维制品具有压缩回弹性,可以用作高温填密材料。用硅酸铝纤维、丁腈橡胶、无机黏结剂、云母和非膨胀蛭石,可以制得一种无石棉的高温填密材料;用陶瓷纤维、高铝水泥、合成橡胶和吸水聚合物,可以制得一种在水中具有良好黏结性能的耐水密封材料。陶瓷纤维和玻璃纤维一样,可以用来制造无石棉摩擦材料,特点是摩擦系数稳定、耐磨性良好、噪声低。

（三）铁电压电材料

功能陶瓷纤维具有优异的铁电、介电等性能,是一种理想的铁电压电材料。PZT 是最重要的铁电压电材料,是应用最广泛的铁电压电陶瓷纤维,在超声材料、智能材料等方面有着很大的应用潜力。

（四）过滤材料

陶瓷纤维复合膜是在陶瓷膜技术上发展起来的一种适用于高温气体净化的高性能陶瓷过滤材料,由高强多孔陶瓷支撑体和高空隙率的陶瓷纤维复合滤膜组成,与普通陶瓷的陶瓷膜材料相比,在膜材料的透气性能、热性能方面有进一步的提高。

（五）吸波材料

陶瓷纤维材料,可以克服金属纤维所欠缺的抗氧化,以及耐高温、耐腐蚀等缺点,还具有良好的电磁吸波等性能,可广泛应用于吸波承载领域,在民用和国防高科技领域有广阔的应用前景。

四、存在问题和展望

陶瓷纤维材料虽具有优良的性能,却存在致命的弱点——脆性,同时在高温下可能发生粉化现象,限制了其优良性能的发挥,也就限制了它的广泛应用。所以,研究其增韧方法、改善其脆性、提高其强度、强化其力学性能,显得至关重要,成为陶瓷纤维研究的主要方向。

第七节　金属纤维

采用特定的方法,将某些金属材料加工成纤维状,统称为金属纤维。金属纤维的性能对应于所采用的金属材料及加工工艺。在满足类似天然纤维、有机纤维可纺性、可织性或其他某些特殊加工工艺性的同时,它还有天然纤维、化学纤维所不具备或不易具备的物理、化学性质,以及某些特殊功能性。例如导电、导热、金属光泽、防静电、防射线辐射、防污染等等。金属纤维作为与现代产业、高科技密切联系的工程用、服用的新材料,正处于发展之中。

一、金属纤维的分类

金属纤维可分为三类,即金属箔和有机纤维复合纤维(丝线)、金属化纤维以及纯金属纤维。

(一)金属箔和有机纤维复合纤维

我国生产的铝/涤复合纤维即属此类,也是具有代表性的一种。铝具有较好的导热性、导电性、抗氧化性,密度小,且熟铝的延展性好,可制成薄膜丝,与涤纶丝复合。铝箔丝最初应用于镶嵌装饰或工业方面,在我国有"金银丝"之称。我国军用"81"型伪装网用基础布中织有涤纶铝箔复合丝线,用来反雷达侦察。通过合理设计的基础布,成网后不仅能控制雷达波透射率,而且能抵抗外部恶劣条件,起保护作用。

(二)金属化纤维

有机纤维表面镀有镍、铜、钴之类的金属物,并用丙烯酸类等树脂保护膜,日本称之为金属化纤维。据介绍,由金属化纤维经纺织加工制成的屏蔽布,对 $1\sim3\times10^{10}$ Hz 的屏蔽率可达 99.90%~99.99%,由于它有导电性,也可用来制作抗静电织物等,但尚存在金属膜的牢度问题,尤其要考虑相应的耐洗涤性能。

(三)纯金属纤维

具有本质意义的金属纤维,是全部用金属材料制成的纤维,如用铅、铜、铝、不锈钢等制成的纤维,是应用开发的基础。

用铅制成的铅纤维质软而密度大,有着极为广泛的用途,如隔音、制振、防放射线侵害及电池材料。铜纤维具有优良的导电性、导热性,可用于制备导电织物、导电服等产品。不锈钢纤维是用不锈钢丝拉伸而成的纤维,是世界上开发最快、应用最广的金属纤维。不锈钢纤维拉拔丝是长丝束,每束含数千根至数万根不锈钢纤维。不锈钢纤维的柔韧性好,直径 8 m 的不锈钢纤维的柔韧性与直径 13 m 的麻纤维相当;有良好的力学性能和耐腐蚀性,完全耐硝酸、磷酸、碱和有机化学溶剂的腐蚀;耐热性好,在氧气气氛中,600 ℃高温下可连续使用,是性能良好的耐高温材料。由不锈钢纤维织成的织物,其电阻随着温度的提高而降低,具有很好的纺织应用性能。下面对其进行详细介绍:

二、不锈钢纤维

随着我国石油、化工工业的进一步发展,二次能源材料的崛起,以及人们对生活质量要求的提高,对金属纤维及其制品的需求迅猛增加,金属纤维及其制品在我国实现产业化生产具有非常重要的现实意义。纺织用的细度为 8 μm 的不锈钢金属纤维,比一般的棉花纤维更加柔软。这样微细柔软的不锈钢纤维,在导电、吸声、过滤、耐切割、耐摩擦、耐腐蚀、耐高温等方面具有多方面的功能,尤其在屏蔽电磁波方面,其性能更是无与伦比,因而被称为 E 时代的高科技结晶。不锈钢纤维产品有多种形态,包括长丝、纱线、短纤维束和须条,如图 12-30 所示。

(a) 不锈钢长丝　　　　(b) 不锈钢纱线　　　　(c) 不锈钢短纤维须条　　　　(d) 不锈钢短纤维束

图 12-30　不锈钢纤维产品

（一）常用不锈钢纤维材质、规格、性能

1. 不锈钢纤维的材质、牌号

不锈钢纤维的材质牌号较多，如 0Cr18Ni9、00Cr18Ni9、0Cr17Ni12Mo2、00Cr17Ni12Mo2 等，表示不锈钢纤维内各种成分含量。其化学组成见表 12-9。

表 12-9　不锈钢纤维内各种成分含量

型号	C(%)	Si(%)	Mn(%)	S(%)	Ni(%)	Cr(%)	Mo(%)	Fe(%)
304	≤0.08	≤1.00	≤2.00	≤0.03	8～10.5	17.5～19.0	—	余量
316L	≤0.03	≤1.00	≤2.00	≤0.03	10～14	16.5～18.5	2～3	余量

2. 不锈钢纤维技术性能参数

规格：不锈钢纤维单丝规格，一般为 4～30 μm，常用 6～12 μm，不锈钢丝束一般为 5000～20 000 根，可按实际需要确定；直径偏差率为≤2.5%，每米丝束重不匀率要求≤3%，纤维疵点含量要求为 2 mg/100 g。

密度：7.96～8.02 g/cm³。

初始模量：98.000～107.800 N/cm²。

室温电阻：50～200 Ω/cm。

室温断裂强度：686～980 N/mm²。

断裂伸长率：0.8%～1.8%。

耐热性：熔点 1400～1450 ℃，500 ℃时可长期使用，1000 ℃时强度损失 90%。

耐腐蚀性：完全耐硝酸、磷酸、碱和有机溶剂的腐蚀，在硫酸、盐酸等还原性酸含卤基的溶液中，耐腐蚀性稍差。

金属纤维是采用金属丝材，经多次多股拉拔、热处理等特殊工艺制成的，纤维直径可达 1～2 m，纤维强度可达 1200～1800 MPa，延伸率大于 1%。金属纤维不但具有金属材料本身固有的一切优点，而且具有非金属纤维的一些特殊性能。金属纤维由于表面积非常大，因而在内部结构、磁性、热阻和熔点等方面有着特殊的效果，具备良好的导热、导电、耐高温性、柔韧性、耐腐蚀性等。

金属纤维织物是指将金属丝织入棉、麻、锦、涤等纤维中，经特殊工艺处理而成的织物。金属纤维织物的发展，经历了从金属丝结构，到质地粗糙的金属丝网布结构，直到质地柔软、舒适的金属纤维与纯棉织制的时尚面料的过程，织物表面具有闪亮的金属光泽，手感光滑柔软，并拥有独特的记忆抓皱效应和群皱感觉。

3. 常用不锈钢纤维直径应用举例

军用防雷达伪装布采用 4、6、8 μm，以 6 μm 设计为基准，其他应在极限含量内等效折算。

高频电磁波屏蔽布，采用 4～6 μm，避免用 8 μm 及以上的直径。

普通棉型防静电布，采用 6～8 μm。

高压带电作业屏蔽服，采用 8～10 μm。

多功能复合保健布，采用 6～8 μm

过滤材料用布，采用 6 μm、8 μm、10 μm、12 μm、14 μm、16 μm 不等。

（二）不锈钢纤维的生产方法

金属纤维的制造方法主要有三种，即熔抽法、拉拔法和切削法。

1. 熔抽法

熔抽法是较早开发的金属纤维制造方法，主要包括坩埚熔融抽丝法、悬滴熔融抽拉法和熔融纺丝法（图 12-31）。熔抽法的基本原理是将金属加热到熔融状态，再通过一定的装置将熔融金属液体喷射或甩出后冷却而形成金属纤维。熔抽法既可制取短纤维也可制取长纤维，纤维的当量直径范围一般为 20～150 μm，长度为 3～25 mm，纤维表面比较光滑，横截面大多为圆形、半圆形或扇形。采用熔抽法加工的金属纤维与基体有较好的结合强度，常用于增强混凝土等，但由于工艺和技术要求高，加工设备较复杂，加工的金属纤维的抗拉强度一般较低。德国制造工程与应用材料研究所（IFAM）利用坩埚熔融抽丝法加工

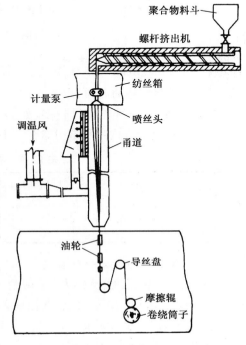

聚合物料斗

螺杆挤出机

纺丝箱

计量泵

喷丝头

调温风

甬道

油轮

导丝盘

摩擦辊

卷绕筒子

图 12-31　熔融纺丝法工艺流程

的金属合金纤维成功应用于过滤与分离领域中的关键组件。加拿大麦吉尔大学（McGill University）的研究者则通过改进的熔抽法加工出具有独特力学和电磁性能的超细金属纤维，纤维的当量直径可达 20 μm 以下。

2. 拉拔法

拉拔法可以分为单根拉拔法和集束拉拔法两种。单根拉拔法采用单根金属丝多模连续拉拔，加工的纤维具有良好的尺寸精度和连续性，但生产成本高、效率低，不能生产超细纤维，主要用于某些特殊领域，如高精度筛网等。集束拉拔法是把多根金属线包在外包材料中，经过多级拉丝模进行连续拉拔，根据需要，中间可以设置热处理等工艺。集束拉拔法制备工艺复杂，拉拔、热处理过程中的任何参数变化都会对纤维质量产生影响，使其性能发生变化，主要用于不锈钢纤维和高温合金纤维（铁铬铝纤维）的生产，最小当量直径可达 4 μm 以下。利用拉拔法生产的不锈钢纤维，其抗拉强度很高，可达 2000 MPa，但延伸率低。拉拔法不适用于脆性材料如铸铁等的加工，且由于纤维产品的表面光滑，应用于增强复合材料时与基体的结合强度不高。拉拔法是金属纤维生产中规模化、产业化最快的一种加工方法。

3. 切削法

切削法既可制取短纤维,也可制取长纤维,设备简单,成本低廉,综合性能优异,适用于不同材质的金属(如低碳钢、不锈钢、铸铁、铜、铝及其合金)等的加工。切削法按切削方式不同又可分为铣削法、刮削法、剪切法、车削法等。车削法又包括卷材车削法、振动车削法、微锯-拉屑成型法、多齿切削法等。卷材车削法以薄带材为原材料,加工出的纤维当量直径与带材的厚度有关,纤维当量直径越小,带材越薄,成本越高。振动车削法是利用弹性刀具在切削过程中产生自激振动进行切削,激振频率一般为 $500\sim5000$ Hz,刀具每一个振动周期形成一根纤维,纤维直径为 $20\sim150$ μm,长度为刀具的有效宽度,适用于各种切削性能良好的材质,但该方法对机床振的动较大,刀具在切削过程中承受很大的压力和冲击力,容易破损。综上所述,切削法能制造的金属纤维种类多,具有优异的综合性能,如强度高、延伸率好、比表面积大,是当前广泛应用的金属纤维制造方法之一。利用该方法制造的金属纤维主要应用于过滤与分离、催化反应、增强材料等领域。

三、不锈钢纤维的应用

(一)不锈钢长丝纤维的应用

利用不锈钢纤维优异的高强和耐热性能生产的纯不锈钢长丝纤维织物,可制成枕式密封袋,也可制成除尘袋,用于高温烟气干法净化袋或除尘系统;或制成热工件传送带、隔热帘、耐热缓冲垫等,用于汽车挡风玻璃、电视屏幕、厨房用品等。不锈钢纤维纱线机织物如图 12-32(a)所示,可用于高温烟气干法净化袋除尘系统、热工传送带、耐热缓冲垫等。不锈钢纤维微孔过滤毡采用气流成网,并经真空烧结工艺压实成毡,如图 12-32(b)和(c)所示。这种不锈钢纤

(a) 纯不锈钢丝机织布

(b) 纯不锈钢丝针织布

(c) 纯不锈钢纤维针刺毡

(d) 不锈钢纤维毡网结构

图 12-32 不锈钢长丝纤维的应用

维针刺毡具有耐热、耐磨、柔软透气、隔热保温、吸音、减震、过滤等优异特性,可用于冶金、化工、玻璃、热能等领域工业设备的高温腐蚀部位。民用领域主要是以不锈钢纤维(金属丝)为芯纱,以棉纤维或涤纶、锦纶长丝为皮纱,加工成不锈钢纤维包芯纱,用于抗静电、物理起皱或闪光效应织物。

（二）不锈钢短纤维的应用

不锈钢短纤维主要通过与其他纤维的混纺加工制成棉/不锈钢、毛/不锈钢和涤/不锈钢等混纺纱线,用于生产不锈钢纤维抗静电织物和电磁波屏蔽织物等功能产品。以棉/不锈钢、涤/棉/不锈钢混纺为例,它们的混纺工艺路线如图 12-33 和图 12-34 所示。

1. 棉纤维与不锈钢纤维

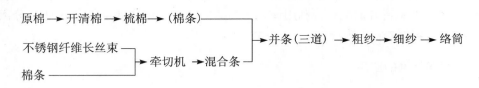

图 12-33　棉纤维与不锈钢混纺工艺路线

2. 涤/棉与不锈钢纤维

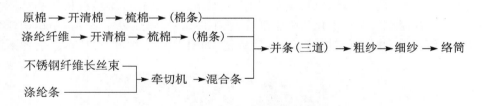

图 12-34　涤/棉与不锈钢混纺工艺路线

一般选用专用设备来牵切制条,有单独制条和将其与其他纤维采用混拉混并法一次牵切混合成条两种。用这些方法生产出来的条子易产生条干不匀,易起毛,不锈钢纤维分布不够均匀,纤维之间的抱合力较低,条子易伸长拉断,且在牵切过程中不锈钢纤维散落,消耗大,生产成本高,在混拉混并方法中还易出现不锈钢丝束漏切现象,牵切质量难以保证。可采用拉夹法来牵切不锈钢纤维丝束,以改善上述问题。即用两根需要混合的常规纤维条子(棉或涤),分别上下对准不锈钢纤维丝束被牵切拉断后须条的出口处喂入,将牵切后的不锈钢短纤维托起夹持在两根条子中间,并输出形成一根混合条,此时输出的条子外表看不见不锈钢纤维,形成一根包芯条。经过这一方法牵切后,不锈钢纤维形成了适合纺纱工艺要求的长度分布,且被夹持包覆在混合的常规条子中间。这一方法有效避免了不锈钢纤维丝束在牵切制条过程中散落损失,使纺制出的条子不起毛、均匀度好,且不易缠绕、断头少,提高了生产效率,大大降低了产品的生产成本。

（三）不锈钢短纤维和长丝的混合应用

将不锈钢短纤维混纺纱、不锈钢长丝包芯纱与其他纤维纱线以一定比例间隔排列进行交织加工成各种不锈钢纤维网格织物；也可将不锈钢短纤维与其他纤维原料的混纺纱、不锈钢长丝等纺制成花式线，应用于功能织物的开发，既可丰富纱线的外观，又加强了终端产品的电磁波屏蔽和高效抗静电等功能。

四、不锈钢纤维织物的应用

（一）民用产品

1. 抗静电服

不锈钢纤维混纺机织物可作为抗静电工作服，广泛应用于炼油、有机合成、油轮、炸药制造业和煤矿等行业，有可靠的防燃、防爆作用，也能在某些场合防止电磁波干扰导致电子计算机、电子仪器误动作等自控失效所造成的危害。其抗静电性能优于常规的有机导电纤维，但目前尚不能用于"超净"场合。不锈钢纤维含量很高的混纺机织物，广泛应用于变电站巡视、交直流带电作业服等高压屏蔽服。

2. 防微波屏蔽服

现代社会的人们时刻生活在纵横交错的微波辐射中。资料表明：一定强度的微波辐射，可以引起人体的心血管系统、内分泌系统、免疫系统和生殖系统的功能损伤。长期受到微波辐射的人，将会出现神经衰弱等症状。因此采用不锈钢纤维开发防微波屏蔽服，当纤维含量达到足够比例时，通过经纬纱交织，使织物中的不锈钢纤维构成纵横交错的隔离网，把微波与被保护体隔开，使微波能量衰减到一定程度达到屏蔽作用。防电磁波辐射屏蔽布，加入不等量不锈钢纤维，可抗电磁波辐射及抗静电，持久性强。抗电磁波辐射服装可用来制作电脑衣、衬衫、孕妇装、围裙、屏蔽毛衣、医院特种工作服、电子厂高精密工作服、导电工作服、带电作业服、手机防护套、手机休眠袋等。

3. 时尚休闲服

（1）物理起皱：利用经纬纱线均采用不锈钢纤维的方法，开发休闲服装，实现织物物理起皱的效果。

（2）闪烁效应：采用不锈钢长丝开发嵌条织物，赋予织物金属光泽般的闪烁效应。

4. 抗菌服与塑身衣

银、铜等金属元素对病毒、细菌、真菌等微生物具有永久抑制作用。利用含银、铜等金属元素的不锈钢纤维可以和各种天然纤维、合成纤维混纺，加工出各种保健、塑身纺织品和医疗卫生用品，并且对人体无毒副作用，不锈钢纤维的抗菌作用是永久性的，因此符合健康纤维的发展要求。

（二）军用产品

1. 伪装网

军用产品伪装网即反雷达侦察伪装遮障用基础布，是现代化战争常用的一类隐形技术，能有效防可见光、中近红外线、紫外线和雷达侦察，尤其能防空载雷达侦察和制导。它主要采用了高散射吸收衰减原理，是不锈钢纤维与某种合纤的混纺产品。织物中含有一定量、一定长度、合理间距、均匀分布的不锈钢纤维，作为对雷达波的散射元，根据雷达频率设计的纤维长度及分布在牵切机上实施，有严格的工艺设计要求和实践调整工作过程，所含不锈钢纤维较少，并有规定界限，既保证高的散射效果达到军械装备"隐身"的目的，又不暴露网片本身反射成为目标。

2. 雷达目标布

雷达目标布即有意识地使雷达侦察发现,而无真实军事目标的遮障物。可以以假乱真,诱惑敌人。还可作为航海救生器材,便于寻找失去的目标或需寻找遗失的目标。其原理是在布中增加不锈钢纤维的含量,即增大雷达反射面而无需散射设计。

3. 军用多功能篷盖布

军用多功能篷盖布具有阻燃、防光学、防红外、防水、耐气候、耐腐蚀、防电磁波等多种功能,其中防电磁波功能可以用混入特定设计的不锈钢纤维,其主体纤维仍然是涤纶、维纶、锦纶等合纤,混入的不锈钢纤维量少,但功能主要由不锈钢纤维确定。

(三)其他用途

1. 增强复合材料

不锈钢纤维与铝合金压铸,用作汽车发动机连杆,与传统材料相比,在保持同样强度和刚度的同时,可以减轻质量。

2. 过滤材料

不锈钢纤维粉末可制成"特高精度"的过滤材料,其精度可达微米级、亚微米级,可用于食品、药品、饮料加工等行业,还可制成抗静电纸、抗微波的导电塑料、包装电子元器件的导电薄膜等。

五、金属纤维表面改性

利用表面加工技术或表面改性开发新型金属纤维已有一些研究成果,举例如下:

(1)将纯铁基片置于高温炉中,加热至 600 ℃左右,通入含大量氧气的混合气体,利用气体分子对特殊晶面的抑制作用,使氧化铁纤维在铁基片表面生长,得到氧化铁纤维。之后再通入氢气或其他还原性气体将氧化铁还原,可得到铁纤维。金属表面氧化还原技术制备的金属纤维与金属基底连接牢固,其制备不受金属基底复杂形状的影响,产品成本低廉,适合制备吸波和电磁屏蔽材料。

(2)开发具有特殊"分形性状"的不锈钢纤维。通过分形理论计算,设计出具有椭圆形截面,从宏观到微观不同尺度呈现许多锯齿形貌优化结构的纤维,并通过机械—化学改性相结合的方式制成分形性状纤维。其特点在于使纤维的比表面最大化,分形性状金属纤维材料的主要用途之一是过滤。与常规的类圆形截面纤维相比,该纤维的特点在于具有很高的比表面积,分形性状因体积效应而使其纺织产品的密度较低,因而使过滤介质与气体或液体之间的交换最优化。由于分形性状纤维表面具有微坑,即使使用相当粗(如平均直径为 12 μm)的纤维也可获得显著的过滤效率。

(3)采用聚氧化乙烯(PEO)、有机硅油、偶联剂、乳化剂等按适当比例配成改性乳液,均匀涂覆在金属纤维表面,对不锈钢纤维表面进行改性。通过研究改性剂在真空中的挥发性、纤维摩擦系数的变化、纤维烧结后耐腐蚀性能的变化、纤维改性后对铺毡均匀性的影响等,可制得改性金属纤维,由于其表面摩擦系数降低,成网情况明显改善,纤网成品率得到提高,铺毡的过滤效率提高。

六、展望

现代高科技新材料的飞速发展,使纤维材料种类空前丰富和多样化、功能化。利用人性化、功能化的材料组合设计,可以生产出多重功能的织物面料来满足消费者不同环境和消费心理需求,从而实现了新型面料对传统服装的超越。

不锈钢纤维就是利用高科技开发的一种全新型纤维,具有优越的高强度、低电阻、超低伸长率等性能和耐高温、耐腐蚀、抗静电、电磁波屏蔽等功能,日益引起纺织界、产业界以及消费者的关注和兴趣,其服装、装饰和产业技术应用业已逐渐渗透到社会、生活的方方面面,预示着纺织纤维家族中的一个新成员——矿物物理纤维的出现和迅速发展,必将打破纤维分类中"天然纤维"与"化学纤维"的两极对垒格局,因此所孕育的功能纺织品与产业用纺织品市场商机也是不言而喻的。

由于金属纤维行业集中度高,存在行业壁垒,再加上厂商出于对技术机密性、经济利益等方面的考虑,国内有关金属纤维的报道很少,在某种程度上限制了行业的发展。但是在全球范围内,金属纤维的需求量持续上涨,特别是化工、纺织行业和一些新开发的高新技术领域需求量很大,金属纤维正面临着巨大的发展机遇。但是由于金属纤维表面摩擦系数大和比重大,抗弯刚度、弹性回复率差,抱合力较小,导致其可纺性差。与其他纤维混纺、交织难以匀化;梳理时易打结,纺细号纱有困难;织物水洗后易起皱,且难以熨烫平整,影响织物风格。由于金属纤维不能上色,露在纱表面的部分会影响织物的外观,特别是对浅色织物的影响更大,限制了它在纺织加工中的应用。采用拉夹法来牵切不锈钢纤维丝束,以改善金属纤维的可纺性。

第八节　固废基无机纤维

一、概述

几十年来,我国工业快速发展,产生了大量工业固废,如煤矸石、各种尾矿、粉煤灰、脱硫石膏、钢渣、冶金渣、硅灰石等。由于技术研发及产业发展水平有限,这些固废未得到充分的利用,以致大量堆积、填埋复垦。其中部分被开发利用,用来制作建筑材料,如水泥、加气砌块、标砖等产品。但这些工业固废的年消耗量远小于产生量,总的积存量仍在以每年数十亿吨的速度增加。这些资源长期堆存,给人民安居和生态环境带来了严重的危害。近些年,随着国家对环保生态问题的持续重视,各种政策导向及对自然资源开采限制性政策陆续出台,使固废资源的循环利用日益受到重视。

固废基纤维产品研发和产业化发展是一种非常有效的资源利用途径。早在20世纪70年代,莫斯科建筑工程研究院就利用粉煤灰和黏土经高温熔融,制备出长度为3～5 cm、直径为3～4 μm的短纤维,其短时耐火温度高达1100 ℃,展现出良好的应用前景。该发现在学术界产生了较大的影响,之后,日本、美国和西欧国家开始研究利用粉煤灰制备矿棉类系列产品。随后,其他工业固废也逐渐得到开发利用,如尾矿、淤泥和煤矸石等被用来制备矿棉纤维,以矿棉纤维制得的矿棉条、矿棉毡和矿棉板作为建筑保温、吸声、隔热等材料,这些材料逐步取代传统的天然岩棉和石棉类产品,已经广泛应用在多个领域。

二、固废基无机纤维的制备工艺

与玻璃纤维、玄武岩纤维类似，固废基无机纤维的制备也需要通过将固废原料经高温熔融均化、拉丝成纤及纤维收集等步骤。其基本原理是将固废原料中的异相组分，如无定形类和晶体类矿物，经高温熔融均化形成化学组成相同的玻璃态黏液，在应力作用下使黏液成纤，经快速冷却固化成纤维产品。固废基无机纤维内部为玻璃态组成，基本结构如图 12-35 所示，其中白圈、黑圈和灰圈分别代表氧原子、玻璃形成剂和玻璃修饰剂。玻璃形成剂指能够通过氧桥构成玻璃网络结构的 SiO_2、B_2O_3、P_2O_5 等组分。Al_2O_3 不能通过氧桥单独形成网络结构，但可参与由 Si—O 构成的网络结构，也被认为是玻璃形成剂。CaO、MgO、Na_2O、SrO、K_2O 等不参与网络结构，填充在网络结构的空隙中，对玻璃态熔体的黏流性具有改善作用，而且会降低物料的熔融温度和流动温度。纤维制备的两个关键步骤是原料熔融均化和成纤。熔融均化是使物料具备可成纤的基本条件，如合适的温度、黏度、流动性和表面张力。成纤过程将这种组成和性质均一稳定的高温熔体，借助应力的拉伸或抛甩作用，转变为微米级的纤维。

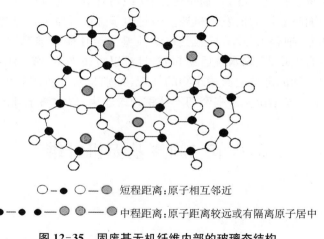

○—● ○—⬤ 短程距离：原子相互邻近

●—● ●—⬤ ⬤—⬤ 中程距离：原子距离较远或有隔离原子居中

图 12-35　固废基无机纤维内部的玻璃态结构

具体来讲，纤维分为两类——矿棉类短纤维与连续纤维，两者在成纤工艺上有明显差别。短纤维注重流动熔体短纤化，对纤维本身的力学性能没有过高要求。其原因是该类纤维在市场上应用需要树脂固化定型切割加工成下游产品，如纤维毡、纤维板、纤维条、吸声吊顶、增强复合材料等。熔体的黏度相对较低，方便滴落离心或吹喷成纤。短纤维的主要制备工艺有三种：(1)甩丝法，将熔体滴落到多组相的高速旋转离心辊表面，依靠剪切力将其抛甩成丝；(2)吹丝法，在熔体滴落线的垂直方向上，设置高压气流吹喷成丝；(3)喷丝法，将熔体经喷嘴喷射到低温液体(如水)中急冷成丝。其中，甩丝法和吹丝法在工艺流程最后都会产生渣球，需要后续除渣收集棉纤维，而喷丝法由于要求熔体内部产生高压，熔体自身重力无法确保压力工艺要求，工业上难以实现。因此，当前以前两种方法为主。短纤维的成丝熔体黏度和表面张力控制是关键，熔体表面张力较高时，在滴落过程中易收缩成熔球，增加纤维渣球含量，降低成纤率。连续长纤维成纤基本借鉴玻璃纤维和玄武岩纤维的工艺，熔融均化后的熔体被转移到拉丝炉内，从铂铑合金漏嘴(漏嘴直径一般为 1.5～2.5 mm)连续流出，经牵引力拉伸后缠绕到收丝辊上。

三、矿棉类短纤维和连续纤维制备工艺

固废基短纤维和连续纤维制备的关键装备各有异同。两者都要求熔化炉将固废原料熔融均化成玻璃态。将原料放入矿棉纤维所用的熔化炉(也叫冲天炉)后,原料经熔融均化后,经导流槽,被导入成纤设备。为节约成本,短纤维生产厂家会在原料中加入焦粉,使原料在高温下自燃,以加快熔化。因此矿棉纤维制备可选择的固废原料相对丰富,一般升温到 1400～1450 ℃,远高于原料的熔融温度。成纤过程需要熔体内部物质的物理化学性能(如组成、黏度、黏流性等)均匀一致,避免熔体内部产生微晶。熔融均化耗时长且耗能大,对熔体设备本身及其内部的耐火衬里要求高,导致整个工艺过程用时较久。

连续纤维成纤设备如图 12-36 所示。熔体经喷丝口流出,依靠成纤路径上垂直方向高速旋转收丝辊将熔体拉成长纤维,并缠绕在旋转辊上,即两种设备对熔体的要求差异明显。短纤维制备对熔体的黏度要求低,一般为 1.0～3.0 Pa·s,温度一般控制在 1400～1450 ℃,工艺参数相对简单,容易控制。连续纤维制备对熔体黏度要求高,一般为 2.5～32 Pa·s,拉丝温度控制在 1250～1450 ℃。此外,连续纤维制备需要将熔融的玻璃态熔体在牵引力作用下拉制成均匀的微米级纤维,拉丝窗口窄,对熔体表面张力和熔体结构有严格的要求,整体工艺管理和设备管控要求高。

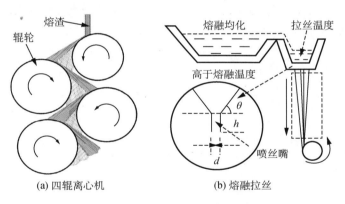

图 12-36 连续纤维成纤设备

四、无机固废化学组成

无机固废(如各种尾矿、粉煤灰、冶金渣、钢渣、镁渣、淤泥和废旧建筑材料等)中所含氧化物含量会有差别,但化学组成种类基本雷同,有 SiO_2、Al_2O_3、CaO、MgO、Fe_2O_3、TiO_2、Na_2O、K_2O 等和少量其他金属氧化物。玄武岩纤维已产业化多年,其相对合适的化学组成包括:SiO_2 43%～58%、Al_2O_3 11%～20%、CaO 7%～13%、MgO 4%～12%、($FeO + Fe_2O_3$) 8%～16%、TiO_2 0.9%～2.0%、其他 2%～4%。有学者也提出了新的组成范围,但均属于在此基础上的微调。化学组成、结构相同的熔体的黏流性能基本相同,包括黏度、流动性、表面张力和析晶性能。这一共识成为固废基连续纤维制备的理论基础。因此,玄武岩纤维和玻璃纤维的研究积累可为工业固废开发提供充分的借鉴。固废纤维、玻璃纤维和玄武岩纤维均是熔融玻璃态拉丝成纤的产品,其内部结构均是玻璃熔体快速固化后保持的玻璃体结构。基本构

架由 SiO_4 四面体组成的网络结构和充斥在网络结构空隙中的网络修饰剂构成,部分 Al 参与到网络结构的构成中。因此,硅铝含量的提高能增强网络结构的发达程度,提高纤维的力学强度。固废基纤维的制备可以根据固废的化学成分进行优化复配,减少或避免不利的化学成分,这是固废基纤维的资源优势。

五、展望

利用工业固废为原料生产矿棉纤维已经十分成熟,其代表性的产品是以粉煤灰、高炉渣、铜尾矿等工业固废为原料制得的矿棉毡、矿棉板、矿棉条,已广泛应用在建筑保温、家居装饰、造纸、吸声和混凝土道路增强等领域。天然的岩棉和石棉需要大量开采自然资源,对环境和生态有破坏作用。固废资源循环利用最有效的方式是建材化,不仅市场巨大、可行性强,也是业界的共识。随着国家节能减排政策的实施,新建房屋、高楼、厂房和办公楼都要求配建保暖层,传统的有机泡沫保温材料已被证明在防火性能、耐高温方面存在重大缺陷,达不到国家 A 级防火保温材料标准。固废基矿棉纤维系列产品具有保温性能好、耐火耐高温、柔软性好、可切割折弯、施工容易等特征,完全满足国家使用标准,在未来会大有作为。

固废基连续纤维具有功能性优势特点,比如粉煤灰基连续纤维被证明具有优异的耐高温性能和热稳定性。其他的固废(如镍、铜、锰和钨尾矿、淤泥等)用来制备连续纤维,是否具有自己独有的特色,仍然是今后研究的课题。固废资源具有成本优势、政策优势,结合目前的技术创新优势,相信其在未来一定会蓬勃发展,造福人类。

第十三章　静电纺纳米纤维

随着纳米材料的飞速发展,纳米纤维已成为纤维科学的前沿和研究热点,并在电子、机械、生物医学、化工、纺织等产业领域得到一定的应用。纳米纤维技术在传统产业中的应用必将提升传统产业。纳米纤维主要包括两个概念:一是严格意义上的纳米纤维,即纳米尺度的纤维,一般指纤维直径小于 100 nm 的纤维。另一概念是将纳米微粒填充到纤维中,对纤维进行改性,采用性能不同的纳米微粒,可开发抗菌、阻燃、防紫外线、远红外、抗静电、电磁屏蔽等各种功能性纤维。目前,国内对纳米纤维的研究多集中于在将纤维中加入纳米粉体制备功能化纤维的思路,对高技术含量的纳米级直径纤维的研究才刚刚起步。本章将系统阐述国际上纳米级直径纤维(以下简称纳米纤维)技术的最新进展,提出我国发展纳米纤维技术的研究方向,以推动我国纳米纤维技术的研究及应用进程。

第一节　纳米材料简介

纳米作为材料的尺度,其符号为 nm,1 nm 约为 10 个原子的尺度。纳米科学与单原子、分子测控技术密切相关,是在单个原子、分子级别上,对材料的种类、数量、结构和性能进行精确观察、控制、处理和应用。

一、纳米材料的定义及分类

纳米材料按宏观结构分为纳米粒子、纳米纤维、纳米膜、纳米织物;按材料结构分为纳米分形几何结构、纳米欧氏几何结构、纳米晶体、纳米非晶体;按空间形态分为:

(1)零维纳米材料,指该材料在空间三个维度上均为纳米尺度,即纳米颗粒,原子团簇等。

(2)一维纳米材料,指该材料在空间两个维度上为纳米尺度,即纳米丝、纳米棒、纳米管等,或统称纳米纤维。

(3)二维纳米材料,指该材料只在空间一个维度上为纳米尺度,即超薄膜、多层膜、超晶格等。超薄的织物可视为二维纳米材料,已经由静电纺得到的纳米纤维组成的无纺布就是一个实例。

二、纳米材料的独特效应

随着材料进入纳米尺度,材料的性能会发生巨大变化,产生许多独特的效应。

（一）小尺寸效应

当微粒光波波长、德布罗意波长,以及超导态的相干长度或透射深度等物理特征尺寸相近或更小的时候,符合周期性的边界条件受到破坏,因此在光、热、电、声、磁等物理特性方面都会出现一些新的效应,称之为小尺寸效应。

(二)表面与界面效应

纳米微粒的表面积很大,在表面的原子数目所占比例很高,大大增加了纳米粒子的表面活性;表面粒子的活性不但引起微粒表面原子输送和构型的变化,同时也引起表面电子自旋构象和电子能谱的变化。

(三)量子尺寸效应

当粒子尺寸降低到某一值时,费米能级附近的电子能级由准连续变为离散能级的现象,当能级间距大于热能、磁能、静磁能、静电能、光子能量或超导态的凝聚能时,量子尺寸效应能导致纳米粒子的磁、光、电、声、热、超导等特性显著不同。

(四)量子隧道效应

微观粒子具有隧道效应。"隧道效应"是指微小粒子具有在一定情况下贯穿势垒的能力。电子具有粒子性和波动性,因此可产生此种现象,就像里面有了隧道一样可以通过。这种效应将是未来微电子器件的基础。小尺寸效应、表面界面效应、量子尺寸效应和量子隧道效应,都是纳米粒子与纳米固体材料的基本特性,是纳米微粒和纳米固体出现与宏观特性"反常"的原因。

第二节　纳米纤维的定义和制备

一、纳米纤维的定义

纳米纤维定义有狭义、广义之分。狭义的纳米纤维指直径属于纳米尺度范围,即定义为直径在 1～100 nm 的纤维。可以将纳米丝和纳米棒与传统的纤维对应,而纳米管则与传统的中空纤维对应,只是直径至少小两个数量级。广义的纳米纤维指零维、一维纳米材料与传统纤维复合而制得的纤维,也可以称之为纳米复合纤维。更确切地说,这种复合纤维的实质是由纳米微粒或纳米纤维改性的传统纤维。只要纤维中包含纳米结构,而且被赋予了新的物性,就可以划入纳米纤维的范畴。

二、纳米纤维的制备方法

纳米纤维结构非常微小,不能使用普通的纤维制备技术进行生产。下面介绍纳米纤维的几种制备方法:

(一)海岛型双组分复合纺丝法

海岛型复合纺丝技术是日本 Toray(东丽)公司开发的一种生产超细纤维的方法。该方法将两种不同成分的聚合物通过双螺杆输送到经过特殊设计的分配板和喷丝板,然后进行纺丝加工,得到海岛型纤维,其中一种组分为"海",另一种组分为"岛","海"和"岛"两种组分在纤维轴向呈连续、密集、均匀分布。将这种海岛型纤维制成非织造布或其他各种织物之后,将"海"

的成分用溶剂溶解掉，便得到了超细纤维。通过这种方法制得的纤维如图 13-1 所示，当采用 25 个"岛"时，纤维直径均为 2 mm 左右。海岛型复合纺丝技术的关键设备是喷丝头组件，采用不同规格的喷丝头组件可得到不同细度的纤维。用该方法生产的超细纤维的直径一般在 1000 nm 以上。Toray 公司用海岛型复合纺丝技术在实验室制得了线密度为 0.001 1 dtex(约 100 nm)的超细纤维。

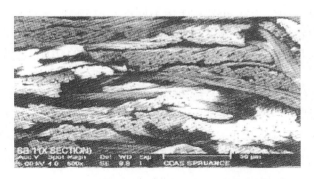

图 13-1　海岛型双组分复合纺丝法制备的尼龙纤维

美国 Hills(希尔)公司也开发了一种超微细且纤维纺丝技术，利用新型组件在普通的喷丝板孔密度下纺制了海岛型纤维。这种喷丝板有 198 孔，孔间距为 6.4 mm×6.4 mm。制得的每根纤维有 900 个"岛"，在经过充分拉伸和溶掉"海"后，得到 900 根纤维，纤维直径约为 300 nm。该纤维的纺丝加工几乎与普通的聚合物熔纺工艺完全相同。许多聚合物可以在一起复合纺丝，如以聚酯为"岛"，PVA 或聚乙烯为"海"。岛/海聚合物的比例可在 50∶50～70∶30 之间变化。

（二）在聚合过程中直接制造纳米纤维

日本东京大学研制成功一种能在聚合过程中直接制成聚乙烯纳米纤维且费用不高的纺丝加工技术。所发明的这种挤出聚合法在蜂窝结构的硅石纤维内使用茂金属催化剂，硅石纤维起着给聚合后的聚乙烯链集束导向的作用。该方法可以制备直径仅为 30～50 nm(仅约为普通纤维直径的 0.1%)的结晶型纤维。由于其聚乙烯链是伸直而非折叠的，这种聚乙烯纤维具有较高的强度，其相对分子质量比普通聚乙烯高 10 倍，聚合是在硅石纤维孔中进行的，从而抑制了分子链的支化。高强度聚乙烯纳米纤维可用于汽车部件、电子设备、绳索、钓线和体育设施等。

（三）原纤化方法

制备纳米纤维的原纤化方法是把长链多孔结构的纤维(如纤维素纤维)分裂为纳米尺寸的原纤或微原纤。美国 KX 公司发表了几篇介绍将 Lyocell 纤维原纤化成纳米纤维的文章。这种方法生产的纳米纤维具有中等的强度，但纤维间尺寸和形态的差异较大，其技术关键在于 Lyocell 纤维的纺制条件，例如溶剂的浓度、温度及溶剂的类型对原纤化都有影响。Lyocell 主要由天然木纤维素利用环保性可生物降解、可回收利用的溶剂进行生产。Lyocell 纤维具有近似于棉的特征，并具有高的湿强和原纤状结构。

（四）分子喷丝板纺丝法

分子喷丝板技术是对传统纺丝技术的挑战。分子喷丝板由盘状物构成的柱形有机分子结构的膜组成,盘状物在膜上以设计的位置定位。盘状物是一种液晶高分子,是由聚合物合成化学发展而来的。聚合物分子在膜内盘状物中排列成细丝,并从膜底部将纤维释放出来。盘状物特殊的设计和定位使它们能吸引和拉伸某种聚合物分子,并将聚合物分子集束和取向,从而得到所需结构的纤维。盘状物系统一定要根据所需纤维的结构而设计。以膜形式设计的分子纺丝机械,一定要使膜上盘状物可以按需要的方向精确同步旋转,同时保持盘状物在膜上的位置不变。该方法设计用分子间氢键来连接不同的盘状物分子,这种作用力可以使盘状物自由旋转。盘状物旋转可以通过磁场来实现,在合成的盘状物中镶入金属原子,使它们对外部磁力场的改变反应敏感。盘状物具有像电动机一样的功能,使聚合物纺丝变得更有效、更容易。

分子喷丝板纺丝有两种工艺:①聚合物熔体或溶液纺丝;②单体纺丝。前者大环膜的上部提供聚合物流体,含大环系统的复合膜只作喷丝板使用。后者在膜上部提供的是聚合物单体,膜的第1层可以使单体反应形成聚合物链,聚合物链被牵引通过大环系统,形成纳米纤维。

（五）静电纺丝法

静电纺丝是一种特殊的纤维制造工艺,它利用聚合物溶液或熔体在强电场中进行喷射纺丝。这种方式可以生产出纳米级直径的聚合物细丝。本章重点介绍静电纺丝技术及应用。

第三节　静电纺丝技术简介

静电纺丝不同于传统的纺丝加工技术,它主要借助高压静电场使聚合物溶液或熔体带电并产生形变,在喷头末端处形成悬垂的锥状液滴;当液滴表面的电荷斥力超过其表面张力时,就会从液滴表面高速喷射出聚合物微小液体流,简称之为"射流";这些射流在一个较短的距离内经过电场力的高速拉伸、溶剂挥发与固化,最终沉积在接收极板上,形成聚合物纤维。

通过静电纺丝技术获得的纤维,其直径分布一般在几纳米至几微米之间。由静电纺纤维构成的膜材料具有三维立体空间结构,不但具备纳米颗粒的尺寸微小、比表面积大等优点,同时还具有机械稳定性好、纤维膜孔径小、孔隙率高、纤维连续性好等特性。

一、静电纺丝的起源与发展

（一）静电纺丝的起源

对高压静电场作用下带电液体的研究,可以追溯到二百多年前。带电液体被极化形成射流的过程,被称为静电雾化或电喷。早在1745年,博斯(Bose)就发现了在玻璃毛细管末端的水表面施加高电势,水表面会有细流喷出,形成高度分散的气溶胶。这一现象后来被认为是由水表面的机械压力和电场力不平衡引起的。1882年,瑞利(Rayleigh)研究了带电液滴的不稳定性,他指出当带电液滴表面的电荷斥力超过其表面张力时,就会从液滴表面形成微小射流,并从理论上给出了射流形成的临界条件。1902年,考利(Cooley)和马顿(Morton)申请了第一个利用电荷来分散具有不同挥发性的复合液体的专利。随后,杰利(Zeleny)研究了毛细管末端的液体在高压静电下的分裂现象,观察并总结出几种不同射流的形成模式。他认为液滴内压与外界施加压力相等是液滴产生不稳定现象的必要条件,同时还发现用水作为原料时,出现不稳定现象所需电压比用乙醇时要高,这是因为水的表面张力较大。

基于对静电雾化现象的研究,1929年,日本科学家获原(Hagiwara)公开了一种通过高压静电使人造蚕丝胶体溶液带电并制备蚕丝纤维的专利。1934年,福马斯(Foimhals)发明了一种利用静电斥力生产聚合物纤维的装置并申请了专利。该专利公布了聚合物溶液如何在电极间形成射流,这是首次详细描述利用高压静电制备纤维装置的专利,被公认为是静电纺丝技术制备纤维的开端,如图13-2所示。随后,福马斯申请了一些关于改进静电纺丝装置的专利,在

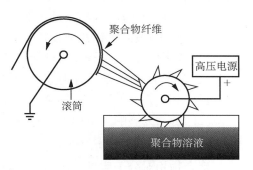

这些专利中,他采用毛细管作为喷头,以传输带作为纤维接收装置,获得了连续的纤维膜材料。这些关于利用静电纺丝技术制备聚合物纤维的专利的发布,使人们对这种新颖的纤维加工技术有了初步的了解和认识,为推动静电纺丝技术的发展奠定了坚实的基础。此后,利用静电纺丝技术制备聚合物纤维的装置不断经过改进,包括聚合物溶液带电的方式、携带的电荷极性、聚合物溶液的输送形式、纤维接收装置的形式等,并且研究者也开始注重对静电纺丝过程的理解和探讨。

图13-2 福马斯静电纺丝装置

(二)静电纺丝的发展

20世纪30~80年代,静电纺丝技术发展较为缓慢,科研人员大多集中在静电纺丝装置的研究上,公开了一系列专利,但是尚未引起广泛关注。20世纪90年代,美国阿克隆大学瑞内克(Reneker)研究小组对静电纺丝技术进行了较为深入和广泛的研究,引起了科研工作者的广泛关注。1996年,他们在英国《纳米技术》(*Nanotechnology*)杂志上发表了关于静电纺丝技术制备聚合物纤维及其应用展望的综述论文,至今引用率已突破1100次。2000年以后,静电纺丝技术获得了快速发展,世界各国的科研界和工业界都对此技术表现出极大的兴趣。研究者已经从早期单纯的纤维制备和表征,转向对静电纺纤维成型过程及机理的理解,并在此基础上形成了静电纺纤维结构调控的普遍规律,对制备的静电纺纤维开展了广泛的应用研究。

二、静电纺丝的基本原理

静电纺丝原理如图13-3所示,将高聚物溶液或熔体(纺丝液)带上高压静电,一般在几千至几十千伏。纺丝液在自身的黏滞力、表面张力、内部电荷排斥力、外部电场力的作用下,在喷丝头处形成液滴。随着电场强度的增加,液滴逐渐变为圆锥形,称之为Taylor锥,且在高压电场的作用下,带电液滴在毛细管Taylor锥顶点被加速。当液滴所受电场力大于液滴表面张力时,便产生喷射细流。细流在电场作用下产生次级劈裂,同时溶剂挥发或高聚物固化,最终在金属接收装置上形成连续的微/纳米纤维。

静电纺丝装置主要由高压静电发生器、计量泵、

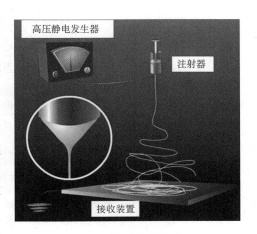

图13-3 静电纺丝装置

毛细管和接收装置四部分组成。高压静电发生器的正极与毛细管连接,使高聚物纺丝液带正电荷;负极接地,并与接收装置连接。计量泵主要用来控制毛细管处纺丝液的流量。

三、静电纺丝工艺控制参数

在静电纺丝过程中,当带电的液体为聚合物溶液时,当喷头末端施加的电压(或表面聚集的电荷)超过某个临界值时,从喷头末端悬垂的泰勒锥顶端就会形成射流。这些射流经过一个较短距离的稳定运动阶段后,进入不稳定运动阶段,经过一系列的拉伸、溶剂挥发,聚合物溶液射流发生固化,最后沉积在接收装置上,形成聚合物纤维。在这个过程中,聚合物溶液的性质(包括聚合物相对分子质量、纺丝液浓度和黏度、表面张力、电导率、溶剂性质、溶液温度)、工艺参数(包括施加电压、溶液注射速度、纤维的接收距离、喷头直径、电压类型)、接收装置、环境参数(包括温度、相对湿度)等,都会对纤维的形态结构产生影响。这些影响因素往往是相关的,彼此之间会相互影响。下面重点介绍几个静电纺丝过程中比较重要的参数:

(一)聚合物相对分子质量

聚合物相对分子质量是影响溶液静电纺丝的一个重要参数,因为它会直接影响溶液的流变学和电学性能,如溶液的黏度、表面张力、电导率和介电性等。简而言之,小分子溶液不能用来作为静电纺丝溶液。要能够通过静电纺丝制备出纤维,所用的聚合物必须有一定的相对分子质量,溶解后有一定的黏度,否则就是一个静电雾化过程,只能得到气溶胶或聚合物微球。

(二)纺丝液浓度和黏度

大量的研究已经证明,在纺丝液浓度和黏度较低的情况下,静电纺丝多获得聚合物珠粒。其原因是溶液射流在静电场中受力拉伸时,由于分子链没有缠结或缠结不够,不能有效抵抗外力的作用而发生断裂,同时,由于聚合物分子链的黏弹性作用而趋向于收缩,因此分子链发生团聚,最终形成聚合物珠粒。当溶液浓度和黏度高于某个临界值后,由于分子链之间的缠结程度增加,溶液射流受到电场力拉伸时有较长的松弛时间,缠结的分子链沿射流轴向取向,有效地抑制了射流中部分分子链的断裂,所以能够得到连续的纤维(图13-4)。

(三)电压

静电纺丝技术与传统的纺丝技术相比,最大的不同就是它依靠施加在聚合物流体表面的电荷来产生静电斥力以克服其表面张力,从而产生聚合物溶液微小射流,经过溶剂挥发,最终固化成纤维。所以,在静电纺丝过程中,施加在聚合物流体上的电压必须超过某个临界值,使得作用于其上的电荷斥力大于表面张力,这样才能保证纺丝过程顺利进行。在聚合物溶液浓度一定的情况下,增加电压,溶液射流表面的电荷密度就会增大,射流所传导的电流也随之增加,射流的半径会减小,最终导致纤维直径减小。

(四)溶液挤出速度

在电压一定的情况下,射流的直径会随着流体的注射速度加快而在一定范围内增加,从而导致纤维直径增大,且纤维直径与注射速度呈正相关。对于给定的电压和纤维接收距离,泰勒锥的形状会随着注射速度变化而改变。如果注射速度太低,泰勒锥会不稳定,射流的不稳定性增加,从而影响纤维的形貌结构;如果注射速度太高,泰勒锥则会出现跳动,也会影响纤维的形貌结构。

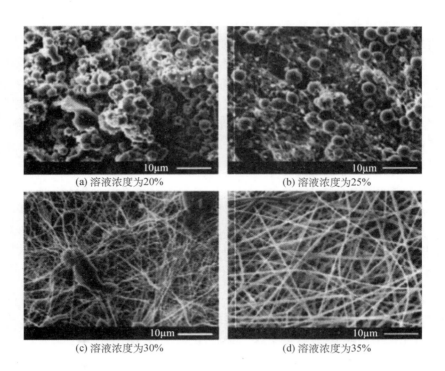

(a) 溶液浓度为20%   (b) 溶液浓度为25%

(c) 溶液浓度为30%   (d) 溶液浓度为35%

图 13-4 溶液浓度对静电纺聚乳酸纤维形貌的影响

（五）接收距离

在静电纺丝过程中,纤维的接收距离(喷头末端与纤维接收装置之间的距离)直接影响电场强度,进而影响射流在电场中受到的拉伸程度及其飞行时间。在溶液静电纺丝中,对于单根的静电纺纤维来说,射流中的溶剂必须完全挥发才能固化。在同样的条件下,若缩短接收距离,则电场强度增大,这会使射流速度加快、飞行时间缩短,从而可能导致溶剂挥发不完全,纤维之间发生部分黏结。

（六）环境温湿度

溶液静电纺丝一般在室温下进行,在此过程中,环境温度的影响表现在多个方面。首先,和前面讨论的溶液温度对静电纺丝过程及其获得的纤维的影响一样,升高环境温度会加快射流中分子链的运动,使得溶液的电导率提高;其次,升高环境温度会降低溶液的黏度和表面张力,使得一些在室温下不能进行静电纺丝的聚合物溶液,在升高环境温度以后能够进行静电纺丝。

在固定的纺丝条件下,环境湿度会直接影响射流周围介质的性质,尤其是它与射流中溶剂的相容性。如果湿度与溶剂的相容性好,增大环境湿度,会抑制射流中溶剂的去除,使射流固化速度减缓;反之,能够加速溶剂挥发,射流固化速度加快。

四、静电纺纳米纤维的种类

（一）有机纳米纤维

静电纺丝技术在发展之初,主要用于制备高分子纳米纤维。目前为止,已经有 100 多种天然和合成的聚合物通过静电纺丝技术制备成纳米纤维。能够进行静电纺丝加工的高聚物有很多,其中天然的主要有多糖类生物高分子(如纤维素及其衍生物、甲壳素、壳聚糖、透明质酸、葡萄糖等)、蛋白类生物高分子(如胶原、明胶、丝素蛋白、弹性蛋白、纤维蛋白原、谷物蛋白等)、核酸类生物高分子等,合成的主要包括聚氧化乙烯(PEO)、聚乙烯醇(PVA)、聚丙烯酸(PAA)、聚乙烯吡咯烷酮(PVP)、羟丙基纤维素等水溶性聚合物,和聚苯乙烯(PS)、聚丙烯腈(PAN)、聚醋酸乙烯酯(PVAc)、聚碳酸酯(PC)、聚酰亚胺(PI)、聚苯并咪唑(PBI)、聚对苯二甲酸乙二酯(PET)、聚对苯二甲酸丙二酯、聚氨酯(PU)、乙烯-醋酸乙烯共聚物、聚氯乙烯、聚甲基丙烯酸甲酯(PMMA)、聚偏氟乙烯(PVdF)、聚酰胺(PA)等油溶性聚合物。

（二）无机纳米纤维

近年来,制备纳米级无机材料已成为材料科学的研究重点之一,特别是具有一维结构的无机纳米材料,如纳米纤维、纳米线、纳米棒、纳米带、纳米管等,由于其在光电、环境和生物医学等领域具有潜在的应用价值,引起了许多研究者的极大兴趣。通过静电纺丝技术可制备出氧化物纳米纤维、碳纳米纤维、金属纳米纤维、碳化物和氮化物纳米纤维等。

（三）复合纳米纤维

纳米复合材料是当前复合材料研究的热点之一。复合纳米纤维主要指无机/有机复合纳米纤维,主要由无机纳米颗粒材料(如金属、无机氧化物、半导体、碳纳米管等)分散在聚合物材料中形成,其中聚合物材料为连续相,无机纳米颗粒材料为分散相。但无机纳米颗粒材料之间存在较强的相互作用,因此极易自发团聚,进而影响复合纳米纤维的最终使用性能。因此,如何获得分散性良好的聚合物基复合材料,充分发挥无机纳米颗粒材料的纳米效应,在不破坏聚合物本体性质的基础上产生一些新的性能,是当前纳米材料领域亟待解决的问题。

第四节　静电纺纳米纤维的结构

纤维结构决定着纤维的性能,因此开发功能性纤维必须从调控纤维的结构入手。通过调控及优化静电纺纤维及其集合体的结构,可大幅度提高纤维材料在电子、环境、能源、生物医学等领域的应用性能。一般而言,通过简单静电纺设备获得的纤维集合体是由排列无序的纤维堆积而成的。通过改变接收装置、控制电场、附加磁场等方法,可获得取向排列的纤维;通过调控电场、溶液性质、环境参数等,还可构筑具有二维蜘蛛网状结构的纤维膜。取向和蛛网状结构赋予了纤维良好的电学、光学、力学等性能,使纤维在微电子、光电、生物医用、过滤等领域有着广泛的应用前景。

一、单根纤维形态结构

通过对静电纺溶液性质、工艺参数及纺丝装置的调节,不仅可以获得常见的珠粒、圆形截面的实心纤维,而且可以制备不同特殊结构的微/纳米纤维,如带状、螺旋状、多孔、项链、核-壳和中空等结构。

（一）带状结构纤维

在某些特定的静电纺丝工艺条件下,有多种聚合物会形成带状纤维(图13-5),其形成机

理主要与静电纺丝过程中溶剂的挥发有关。科斯
(Koski)等首次发现,利用较高相对分子质量和较高浓度
的聚乙烯醇溶液进行静电纺丝加工,可获得带状纤维;他
们指出溶液黏度过高会降低溶剂的挥发速度,而在这种
条件下,润湿的纤维喷射到接收装置上就会形成带状结
构。静电纺丝过程中聚合物形成带状纤维已成为一种常
见现象,带状纤维可降低滤阻,提高滤效,在空气过滤及
口罩上具有良好的应用前景。康(Kang)等成功制备了
无机杂化带状纤维,针对该结构的静电纺纤维研究由此
进入一个新的水平。

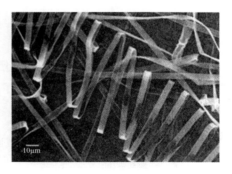

图 13-5　聚酰亚胺带状纤维

（二）螺旋结构纤维

螺旋结构的纤维材料具有较高的孔隙率和较好的柔韧性,在微电子器件、光学器件、微纳
磁系统、吸附过滤、药物输送等领域具有潜在的应用。目前,人们已做了大量工作探索其结构
和性能的关系,并致力于螺旋结构纤维制备方法的研究。静电纺丝技术可以制备微/纳米螺旋
结构纤维,因操作简单、制成的螺旋纤维形貌良好,已引起广泛关注。目前,制备微/纳米螺旋
结构纤维的纺丝设备主要有普通静电纺丝装置和肩并肩静电纺丝装置两种。

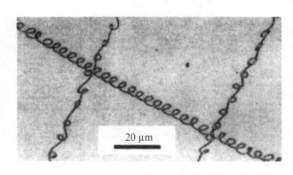

图 13-6　聚苯胺磺酸/聚环氧乙烷螺旋结构纤维

通过电纺不同性质的聚合物体系,如单一
的非导电聚合物体系、导电聚合物/非导电聚合
物复合体系以及不同断裂伸长率的聚合物复合
体系,可以制备出具有扭曲螺旋结构的微/纳米
纤维。申(Shin)等通过静电纺丝制备了聚乙烯
吡咯烷酮微/纳米螺旋结构纤维;他们认为射流
的弯曲不稳定性所引起的物理作用力对螺旋纤
维的形成起着重要作用。凯科(Kessick)等报
道了用导电的聚苯胺磺酸和非导电的聚环氧乙
烷混纺,制得了形貌良好的微/纳米螺旋结构纤
维(图 13-6);他们认为纤维中的导电相携带的正电荷会首先被接收装置基材中的负电荷中
和,由此使得导电相收缩,形成螺旋纤维。

韩(Hm)等通过制备多种聚合物(如聚环氧乙烷、聚乳酸、锦纶 6 和聚苯乙烯)的螺旋纤维
(图 13-7),提出了一种新的螺旋纤维形成机理;他们指出,射流或电纺纤维撞击到接收装置上
的基材表面时会产生机械不稳定性,而这种不稳定性驱使纤维在落到接收装置上的基材的过
程中沿着螺旋路径运动,从而产生螺旋纤维。

（三）多孔结构纤维

在通过静电纺制备有机多孔材料的报道中,大多采用引发相分离作为制备多孔结构的主
要途径,引发相分离的因素包括聚合物与溶剂、非溶剂之间的作用,以及聚合物与共混组分、共
聚组分之间的作用。

1. 溶剂挥发诱导相分离

静电纺过程中溶剂的挥发使溶液的浓度不断升高,引发液-液或液-固相分离。伯尼提

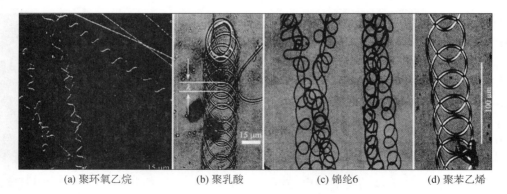

(a) 聚环氧乙烷   (b) 聚乳酸   (c) 锦纶6   (d) 聚苯乙烯

图 13-7　螺旋结构纳米纤维

（Bognitzki）等研究了静电纺聚乳酸、聚碳酸酯（PC）纤维多孔结构的形成（图 13-8）。在静电纺过程中，聚合物射流在高压静电场中受到的高速拉伸和溶剂的快速挥发，促使射流发生快速相分离，形成聚合物富集相和溶剂富集相，聚合物富集相固化最终形成纤维的骨架，而溶剂富集相形成纤维的孔洞。

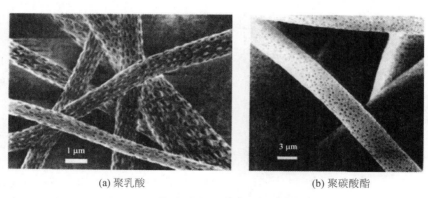

(a) 聚乳酸   (b) 聚碳酸酯

图 13-8　聚乳酸和聚碳酸酯多孔纳米纤维

　2. 共混物电纺相分离

　　共混物电纺相分离是分别制备两种聚合物纺丝液并将两者按一定比例混合或者将两种聚合物共同溶解在同一溶剂里，静电纺丝成型后，通过后处理工艺，去除其中一种成分，从而形成多孔结构。游（You）等将聚羟基乙酸和聚乳酸分别溶解于六氟异丙醇制得 8％的聚羟基乙酸和 5％的聚乳酸溶液，将两种溶液以不同比例混合，电纺该混合溶液获得共混纤维，并采用三氯甲烷（$CHCl_3$）将混合纤维中的聚乳酸组分溶解去除，即可获得多孔结构的聚羟基乙酸纤维（图 13-9）。该结构在超精细过滤和功能性纳米管的制备方面具有潜在的用途。

　　（四）项链结构纤维

　　近年来，一维项链纳米结构由于其独特的几何形状和特有的物理化学性能受到了极大的关注。吉林大学卢（Lu）等通过静电纺丝方法制备了大量具有项链结构的单晶钛酸铅（$PbTiO_3$）纳米线，他们首先将聚乙烯吡咯烷酮/醋酸铅/异丙氧基钛与乙醇、醋酸的混合溶液通过静电纺得到复合纳米纤维膜，然后将纤维膜在 600 ℃高温下煅烧 2 h，获得项链结构的 $PbTiO_3$ 纳米线。他们还发现该结构的纳米线具有良好的光电性能，在光电领域如场控器件

图 13-9　聚羟基乙酸/聚乳酸复合纳米纤维(左)及其去除聚乳酸组分后(右)的形貌

方面具有较大的应用潜力。后来,研究人员将可制备项链结构的模板扩展到其他聚合物,并将不同直径(100 nm、300 nm、450 nm、700 nm、1000 nm)的 SiO_2 颗粒分散在不同的聚合物(如聚丙烯酰胺、聚环氧乙烷、聚丙烯腈)溶液中,然后进行静电纺,其间由于纤维经过高度拉伸,同时分散在聚合物溶液中的 SiO_2 颗粒聚集成珍珠项链结构,经高温煅烧后,仍保持原有的结。他们也发现通过改变接收电极的形状,可获得取向结构的一维 SiO_2 聚集体(图 13-10)。

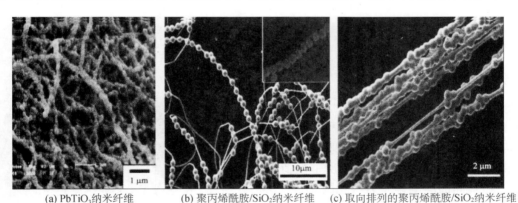

(a) PbTiO₃纳米纤维　　　(b) 聚丙烯酰胺/SiO₂纳米纤维　　(c) 取向排列的聚丙烯酰胺/SiO₂纳米纤维

图 13-10　项链结构纳米纤维形貌

（五）核-壳和中空结构纤维

　　传统的静电纺丝设备都使用单一的毛细管状喷头来实现纺丝液细流喷射,因此通常用于制备实心且表面光滑的单一组分的纳米纤维。研究表明,通过改进的静电纺丝装置也能够获得核-壳或中空结构的纤维。鲁斯塔拉斯(Loscenales)在流动聚焦技术的启发下,发明了第一台同轴静电喷雾设备,并在《科学》(Science)上发表论文报道了应用该技术成功地将水溶性药物包覆于胶囊内部的相关研究。随后,一些研究组将这一技术扩展到静电纺丝体系,也就是人们通常所说的同轴电纺丝法。

　　孙(Sun)等通过同轴静电纺丝技术制备出核-壳结构的纳米纤维。他们设计的同轴静电纺丝装置(图 13-11)的主要特点是将内、外管溶液存储于该装置中,并通过导入的电极使溶液带电,使用气压作为控制溶液流速的动力,又使用橡胶垫进行密封,但其喷头的直径固定,不能随意调节。他们成功使用该装置制备出多种核-壳结构的超细纤维。首先将浓度不同的两种聚环氧乙烷溶液分别作为壳层和核层原料，然后分别加入不同浓度的溴苯酚作为染色剂做对比。通过光学显微镜观察发现，核层和壳层材料没有出现混合现象。他们还获得了核层为聚砜(PSU)、壳层为聚环氧乙烷的核-壳结构纳米纤维，通过透射电镜观察得到了同样的结论(图13-12)。

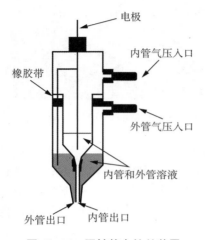

图 13-11　同轴静电纺丝装置

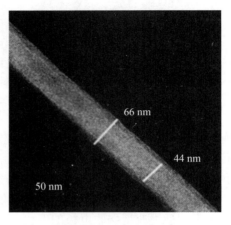

图 13-12　聚砜-聚环氧乙烷核-壳纳米纤维 TEM 照片

二、纳米纤维的集合体结构

（一）无规排列纤维

通常，静电纺纤维集合体是以无规取向纤维构成的非织造布形式存在的，如图13-13所示，其制备技术非常简单。带电的聚合物液滴由于受到电场力的作用，在喷头处形成泰勒锥。当聚合物液滴所带电荷密度足够高时，同种电荷间的静电排斥力将克服聚合物溶液或熔体的表面张力，使聚合物液滴分裂成若干射流。这些射流在高压电场力的作用下呈螺旋状不断被拉伸，伴随着溶剂的快速挥发，最终形成直径在纳米或亚微米级别的超细纤维，并以无序状排列于接收装置上，形成类似非织造布的纤维膜。这也是静电纺丝工艺制备纳米纤维非织造布最基本的方法。

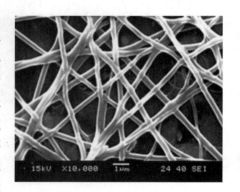

图 13-13　无规取向的静电纺纳米纤维膜扫描电镜照片

（二）取向排列纤维

静电纺纳米纤维的一些应用领域，如微电子、光电和生物医用等，需要纤维具有很好的取向性和高度的规则排列。因此，如何制备具有独特的电学、光学、力学性能的取向纤维成为目前静电纺领域的一大热点问题。为了制备取向纤维，科研人员采用改良接收装置、添加辅助电极等方法来控制电场分布，这样可改变射流在针头和接收装置之间所存在的电场中的运行轨迹，从而抑制射流的不稳定性，在一定区域内获得定向排列的纳米纤维。另外，通过对有序排列的静电纺纤维进行集束、加捻等方法，还可获得纳米纤维纱线，这将有利于进一步拓宽静电纺纳米纤维的应用领域。

采用旋转式接收装置是制备有序纤维最常用的一种方法,其原理是利用旋转物体对射流的物理牵伸作用来达到控制纤维排列方向的目的。多西(Doshi)等采用高速转动的滚筒接收装置可以得到平行排列的纤维。理论上,当滚筒表面的旋转速度与纤维的沉积速度接近时,便可以得到单轴取向的纤维。但是,博蓝(Boland)等采用转速为 1000 r/min 的滚筒接收装置(图 13-14)制得的聚羟基乙酸(PGA)纳米纤维中,仍然有部分为无序排列,这是因为射流的拉伸速度非常快,接收物的旋转速度难以与之达到一致。马修(Mathew)等的研究表明,当滚筒接收装置的转速超过某个临界值时,会得到弯曲的纤维,只有在合适的转速下,才能得到最佳取向的纤维(图 13-15)。由此可见,纤维的取向效果是滚筒接收装置转速和射流拉伸速度共同作用的结果。

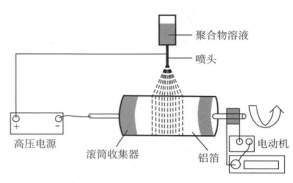

图 13-14　滚筒接收装置

(a) 临界值

(b) 超过临界值

图 13-15　滚筒接收装置转速在临界值和超过临界值时得到的纤维的扫描电镜照片

（三）图案化纤维

采用静电纺丝技术制备图案化纳米纤维是一个新兴的研究热点。接收板对纤维聚集形态起着至关重要的作用。在静电纺丝过程中,通过改变接收装置的形状、运动方式和材质等,可以得到不同聚集态的纤维材料,其中包括图案化纤维。图案化纤维的理化性质与无序纤维基本相同,但其特殊的聚集规律对于研究纤维在静电场中的运动规律有重要意义,其图案化的形貌和结构在某些领域也有潜在应用价值。张(Zhang)等用导电模板作为接收装置来制备图案化的纳米纤维,通过调控接收装置上的凸起随时间的排列次序,可获得织物形态的纤维膜(图 13-16),并证明了导电膜板上的凸起是影响纤维膜形貌的一个重要参数。

（四）纳米蛛网

纳米蛛网是一种近期被发现的新颖纤维结构,它是以超细电纺纤维为支架、具有类似于蜘蛛网、肥皂泡结构的二维网状纤维膜材料,其纤维平均直径为 5～30 nm(比电纺纤维的直径低一个数量级,比蜘蛛网纤维的直径低两个数量级),孔径在 20～300 nm,且大多数网孔以稳定的六边形结构存在,遵循自然界的斯坦纳(Steiner)最小树规律。此外,纳米蛛网还具有表面

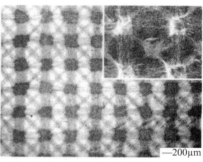

—100μm   —200μm

图 13-16　在导电模板上收集到的静电纺纤维

积大、吸附性好和力学性能稳定等优点，这使其在催化、信息、能源、环境、生物医学等领域有着巨大的应用前景。

　　丁(Ding)等首次在获得纤维平均直径小于 20 nm 的研究方面取得突破，他们在静电纺聚丙烯酸(PAA)的水溶液体系时，发现了大量长达 20 pm 的疵点膜(图 13-17)；而将溶剂换成乙醇时，他们惊奇地发现部分疵点膜分裂成具有类似于蜘蛛网结构的二维网状纤维材料，其纤维直径大都在 20 nm 左右。他们将具有这种特殊结构的纤维材料命名为"纳米蛛网"，并认为纳米蛛网是在泰勒锥喷出射流的同时产生的微小带电液滴在电场中飞行时因受力变形和分裂而形成的。这种伴随射流形成的小液滴的分裂成网的过程，被称为"静电喷网"。除聚丙烯酸以外，他们将制备纳米蛛网的聚合物材料扩展到聚酰胺 6 和聚乙烯醇(图 13-18)。

(a) 聚丙烯酸/H₂O   (b) 聚丙烯酸/乙醇

图 13-17　不同溶剂体系的聚丙烯酸静电纺纳米纤维膜

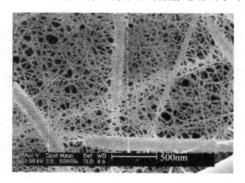

图 13-18　聚酰胺 6 纳米蛛网的扫描电镜照片

（四）纳米纤维纱线

静电纺纳米纤维主要以非织造布或者膜的形式出现，纤维毡中电纺纤维的一维和无序排列阻碍了这种材料向更广阔的应用领域发展。将纳米纤维加工成纱线的形式，进而通过编织、复合，可制备出多种形状的制品。这样，纳米纤维就具备了优良的可塑性，也扩展了纳米纤维材料的应用领域。同时，纳米纤维纱线打破了以往实验室静电纺丝成型的单一性，提升了静电纺纳米纤维的使用价值，也促进了静电纺纳米纤维的商业化进程。纳米纤维成纱成为静电纺丝领域研究创新的突破点之一。目前，有关静电纺纳米纤维成纱方法的报道尚少，并且纱线以短纤聚合体为主，比较完善的成纱方法有待进一步研究和探讨。

1. 从静电纺纳米纤维到纱线成型的主要原理

从静电纺丝的原理来看，静电纺纳米纤维的成型是静电力、高分子溶液和接收装置共同作用的结果。据资料报道，制取平行取向的连续纳米纤维纱主要通过改进常规纺丝接收装置，进而控制接收装置中的电场分布来实现，主要方法有添加辅助电极或改变接收装置等。

2. 静电纺纳米纤维成纱的研究概况

静电纺纳米纤维纱线，很早就有研究人员通过在常规接收装置的基础上添加平行辅助电极获得，但距离完善的成纱收集系统还有一定差距。要获得纳米纤维纱线，其关键点主要在纳米纤维的平行取向、纱线加捻和成纱长度等方面的突破。有关纳米纤维纱线成型的报道，主要是 Theron 利用边缘尖锐的圆盘作为接收装置，通过高速旋转的圆盘边缘来实现电场的高度集中，获得了取向较好的纳米纤维束，但只能收集有限的纳米纤维。该方法的纺纱线速度可达 0.9 m/s，可实现纱线的高速卷绕。

3. 静电纺纱线的研究进展及纱线成型的比较

下面介绍几种新型成纱方法，基本概括了静电纺纳米纤维成纱方法的研究进展：

（1）圆盘加捻卷绕成纱。

这种成纱方法是把有一定间距的两个金属圆盘作为接收装置的电极，通过控制电机向相反方向旋转，对两个金属圆盘之间接收到的纳米纤维进行加捻而形成纱线，如图 13-19 所示。在两个金属圆盘之间，竖直放置一根绝缘管，用于收集旋转圆盘产生的纳米纤维纱。纳米纤维纱产生的过程：注射器方向喷射出的纳米纤维在电场静电力的作用下，悬浮于两个金属圆盘电极之间，两个金属圆盘旋转，给纤维束加上一定的捻度，绝缘管因不受电场作用，将新产生的纱线卷走。Hao Yan 在不同的圆盘转速下得到了不同捻度的 PAN 纳米纤维纱，如图 13-20 所示。通过对各种捻度的纱线性能进行研究发现，扭转角在 35°左右时得到的纱线综合性能最

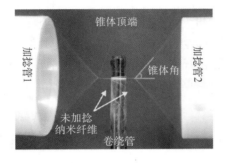

图 13-19　圆盘加捻卷绕成纱

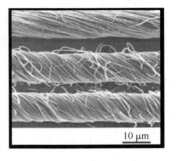

图 13-20　不同圆盘转速形成的
PAN 纱线

好。综上所述,该成纱方法使用的设备简单,纺丝液性能对成纱的影响较小,能满足纺制各种聚合物的要求,同时纱线具有一定捻度。

(2)自聚束成纱。

自聚束成纱方法如图 13-21 所示,借助接地的金属针尖作为辅助电极来引导纤维集束,最初产生的纳米纤维纱通过手动引导到接地的转滚上,实现纱线的连续收集。实验中,通过调节盐的用量来改变纺丝液的电导率,研究发现不同电导率会引起不同的纳米纤维集束现象。当溶液电导率低于 10 mS/cm 时,在接地的金属针尖的引导下,只在实验前期产生纤维集束现象。通过增加盐的用量,将溶液电导率增加到 10~400 mS/cm 时,在金属针尖的引导下,发生了纤维集束现象。随着溶液电导率进一步增大,即使没有金属针尖的引导,也会发生纤维集束现象。但理论上,随着溶液电导率的进一步加大,会出现纤维之间因静电斥力太大而相互排斥的现象,而相关论文中对此未提及。

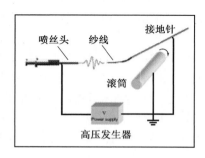

图 13-21　自集束成纱　　　图 13-22　自集束系统收集的 PAN 纱线

由自聚束成纱法纺制的纳米纤维纱线形貌如图 13-22 所示,可见纤维的平行性较好,但缺点是纱线没有捻度,纤维间缺乏一定的抱合力。另外,该方法在纺丝液的适用范围上具有一定的局限性,不适合带有极性基团的聚合物形成的纺丝液,因为极性基团的存在,其纤维容易与金属针尖黏附,这会影响纤维集合体的连续收集。因此,此法只能用于非极性聚合物的静电纺纳米纤维成纱。

(3)干喷湿法收集成纱。

干湿法是指静电纺丝过程中纳米纤维从喷丝头喷出到接收装置的阶段以空气为介质,用凝固浴作为接收装置的成纱方法。Eugene Smit 等最早提出利用水浴作为接收装置的静电纺丝方法,并阐述了接收装置的主要原理:纳米纤维纱通过水面收集聚拢,借助浴槽中纤维与凝固浴的表面张力,对纤维集合体进行拉伸,形成平行有序的纱线。通过这种方法制备的主要有 PVDF、PVAc 和 PAN 纳米纤维纱。在国内,苏州大学刘红波等利用水作为凝固浴,成功纺制了尼龙 6/66 纳米纤维纱,并研究了不同凝固浴对纱线收集的影响。他们对纳米纱的性能和结构的研究表明,纱线中纤维的平行性、力学性能较好,并具有一定的结晶性。苏州大学的项晓飞等利用这种方法纺制了 PA6/MWNTs 复合纤维纱,研究了多壁碳纳米管的含量对纱线性能的影响。

(4)圆盘机械收集成纱。

如图 13-23 所示,静电纺设备中以相对机械运动的金属圆盘电极作为收集装置。成纱方法的主要原理:从注射器喷出的碳纳米管复合纳米纤维在静电力的作用下附着于垂直放置的厚薄不同的金属圆盘上,M1 的旋转能对注射器喷出的纳米纤维束施加捻度,M2 的旋转用来实现纳米纤维纱的卷绕收集。要特别指出的是,金属圆盘之间与注射器之间的相对位置相当重要。注射器应位于两个金属圆盘之间,这样保证喷出的纳米纤维在静电力的作用下附着于两圆盘之间,保证纱线收集的连续性。另外,圆盘 M2 在 M1 的投影位于 M1 的中心轴线上,并且 M2 顶点的投影位于 M1 的圆心位置,这样才能保证纺制出平行加捻的纱线。M2 的顶点参与了纳米纤维纱的成型,它的主要作用是实现纱线卷绕。

相关人员还研究了由不同比例的碳纳米管形成的 PA6/MWNTs 纳米纤维纱的性能,结果表明采用该方法得到的 PA6/MWNTs 纳米纤维纱,在电场的静电力和金属圆盘的机械力的作用下,能达到碳纳米管纵向均匀分布的效果,这说明纱线中纤维具有很好的平行结构,如图 13-24 所示。

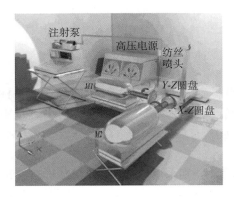

图 13-23 圆盘机械收集成纱

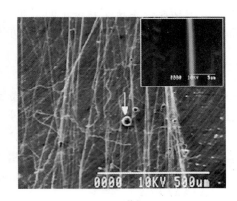

图 13-24 圆盘机械收集的 PA6/MWNTs 纱线

(5)双圆盘电极收集成纱。

Liu Cheng-Kun 等以同心圆状电极作为收集装置(图 13-25),通过设计不同大小的圆盘直径,获得了不同电压下的环状 PAN 纳米纤维纱线(图 13-26)。纱线通过预牵伸可改善纤维的平行性,但纱线在长度上有较大的限制性,可应用于一些催化材料和细胞培养支架。

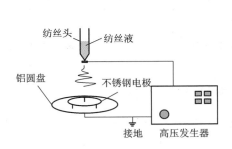

图 13-25 双圆盘电极成纱装置

图 13-26 双圆盘电极形成的 PAN 纱线

第五节 静电纺丝设备种类及特点

静电纺丝法的缺点是生产效率低。解决这个问题的有效途径是使用线性排列的多孔喷头,它们能同时产生纳米纤维并将纤维一起堆积在接收装置上。有文献展示了一台多喷头(排列密度为 9.8 个/cm)静电纺丝设备的安装和调试技术。另一个重要的研究领域是静电纺双组分纤维,其中的每个组分可能表现出不同的性能。随着静电纺丝技术的成熟和纳米纤维应用研究的深入,以及军事和社会应用的巨大需求,实现静电纺丝技术的工业化已迫在眉睫,但产率低是静电纺丝技术从实验室走向工业化生产与应用的最大技术瓶颈。针对这一问题,国内外都进行了大量研究,致力于提高静电纺丝的生产效率,实现静电纺丝的工业化生产。

一、多针头静电纺丝

基于单孔纺丝的原理和成熟工艺,Ding 研究组制造了利用旋转的接地滚筒作为目标电极

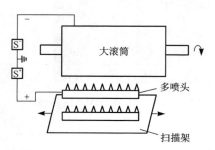

图 13-27 多针头静电纺丝装置

的多针头静电纺丝装置,如图 13-27 所示。多针头不仅可以增加产量,而且具有制备静电纺双组分以及多组分纳米纤维的潜力。

Tomaszewskil 分别采用直线、椭圆和圆形排布的喷头进行纺丝,针头的排布方式见图 13-28。从此图可看到,直线形排布的针头,其纺丝情况较差,只有两边的少数喷头形成纤维,处于线形排布中间位置的喷头纺不出丝,整个系统的纺丝效率较差;椭圆形排布的针头,其纺丝情况较好;圆形排布的针头,其纺丝效率最高,且纺制产品的质量最好,其产量与喷头的数量成正比。

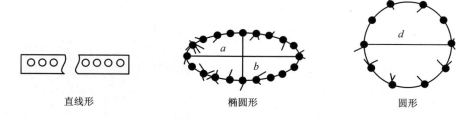

直线形　　　　　　　椭圆形　　　　　　　圆形

图 13-28 直线形、椭圆形和圆形排布喷丝头

NE-DO(日本新能源产业技术综合开发机构)着手研究项目开发尖端功能发现型新结构纤维材料基础技术,纺丝设备的喷嘴设定为 1105 个,使静电纺丝设备得到飞跃发展。

二、无针头静电纺丝

采用多针头静电纺丝装置虽然可以提高产率,但是纺丝过程中仍然存在收集到的纤维构造复杂、针头易堵塞等问题,因此 Yarin 等设计了一种无针头静电纺丝装置,如图 13-29 所示。

通过使用磁场,排除了喷嘴可能产生的堵塞现象。采用两层溶液(下层是铁磁性溶液,上层是纺丝液)进行静电纺丝,在两层溶液上施加磁场,下层溶液就带着上层溶液形成很多钉状的凸起,凸起的纺丝液在电场的作用下喷出竖直向上的射流。由于磁场作用,铁磁性溶液的自由表面上会被引入多个扰动尖峰,用以控制静电纺丝,而且多个磁场的存在会提高纤维产量。

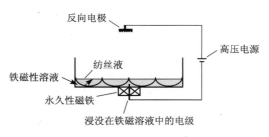

图 13-29　无针头静电纺丝装置

（一）无针头静电纺丝的基本原理

有效扩大静电纺丝的生产规模的简单方法就是设法在聚合物溶液的自由表面产生多个泰勒圆锥(即自由表面扰动)。通过电场作用,使聚合物液体表面产生不稳定,由此导致聚合物液体表面产生大量圆锥形波动,从而进一步进行纺丝。图 13-30 所示为电场诱导的聚合物液体表面扰动现象。

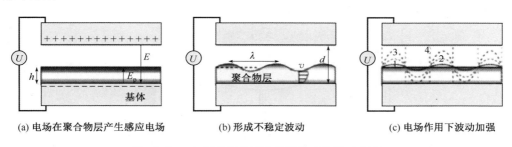

(a) 电场在聚合物层产生感应电场　(b) 形成不稳定波动　(c) 电场作用下波动加强

图 13-30　电场诱导的聚合物液体表面扰动现象

U—施加电压　h—聚合物层高度　E—外加电场强度　E_p—聚合物层感应电场　λ—波长
v—平均流速　d—两电极间距　$1,2,3,4$—电场不同作用时间下的正弦波

（二）磁场产生扰动的无针纺技术

通常,一个普通磁场对磁性流体的自由表面能产生不稳定作用。其结果是在磁性流体的自由表面垂直地产生许多尖锐的圆锥状波纹。如果再施加电场,圆锥状波纹可以变成向上的喷射状况。

同时在磁场和电场作用下使用无针纺批量生产聚合物纳米纤维的基本原理见图 13-30,其中使用永久磁铁形成磁场,进而使磁性流体表面产生许多钉状波纹。在磁性硅油混合物的表面加上一层聚合物溶液,再在磁性硅油混合物上施加高电压,用接地的金属锯收集纤维。在强磁场作用下,磁性硅油产生钉状波纹,从而使聚合物溶液层产生波状扰动,同时利用电场作用使尖峰发生喷射,且喷射数量大幅增加,因此纤维产量增加。这种方法利用了磁场和电场的联合作用,从位于上层的聚合物溶液的自由表面产生大量锥形体,在下层磁性液体的贯穿作用下,通过静电纺丝得到纳米纤维。此外,这种方法可以使静电纺丝的生产效率增加 12 倍,同时减少有针头静电纺丝过程中多重喷射时针孔阻塞的问题。但是这种方法也有缺点,如装置复杂、两层液体的控制困难、纤维直径偏差较大。

（三）充气溶液气泡产生扰动的无针纺技术

另一种促使聚合物溶液自由液体表面出现扰动并进行静电纺的方法是使溶液充气。原理很简单：充气溶液在表面形成气泡，并通过电场作用使气泡表面充电。由于气泡表面电荷与外部电场的耦合作用而产生的切应力，导致小气泡变形为向上凸出并进一步诱导为向上喷射。一旦电场力超过表面张力的临界值，就从锥形泡的最高点喷出液体丝。电压取决于气泡的尺寸和充气溶液的内部气压。气泡的表面张力与纺丝溶液的物性无关，如溶液黏度。图 13-31 所示为气泡扰动无针头静电纺丝装置，所得纳米纤维的直径主要取决于溶液表面的气泡尺寸，而气泡尺寸可以通过控制充气液体的内部气压、气管的最高点位置和温度进行调整。这种无针纺技术的主要优点是无需使用常规的喷丝针头就可以生产直径小至 50 nm 的纳米纤维。此外，它使用的电压较低，且纺丝能力对溶液黏性的依赖程度较弱，因为一根气管可以产生很多个小气泡，而且在适当条件下都能产生泰勒圆锥，因此与通常的静电纺丝相比，其喷射效率增加。

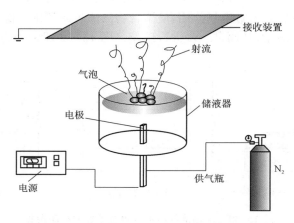

图 13-31　气泡扰动无针头静电纺丝装置

（四）旋转表面电极产生扰动的无针纺技术

捷克 Liberec 技术大学基于从液体自由表面能产生喷射的观察，通过旋转表面电极，实现了从聚合物液体自由表面制备纳米纤维。电场流体力学的不稳定性实际上是无针纺电纺丝技术的基础，其中足够强的电场形成了自由表面波动，在辊筒上部的表面产生许多垂直向上的锥形峰。作为旋转电极的辊筒被高压充电并部分浸入聚合物溶液中，于是在旋转的辊筒表面形成了非常薄的溶液层。由于在旋转辊筒和其上收集器之间很强的电场作用下，在辊筒未浸没液体的表面部分，薄的聚合物溶液层在电场力作用下形成了泰勒圆锥，进而发生喷射，从而在收集基材上形成分离的聚合物单丝。覆盖有薄聚合物溶液层、缓慢旋转的辊筒实际上相当于一个场集中器。

这项技术的主要优点是，使用一个部分浸没在聚合物溶液中的鼓状辊筒，它能显著提高纺丝的生产能力，每米辊筒产量可达 100 g/h。可以通过调整鼓状辊筒长度和直径控制生产率。该技术还有维修费低、故障时间短、制得的纳米纤维更均匀、操作安全等优点。用上述方法生产的纳米纤维层的直径通常为 50～300 nm。这些纳米纤维层可以用于过滤、电池隔膜、制备特殊复合材料、具有极低时间常数的传感器、医学用防护服以及其他领域。

（五）盘式旋转电极进行无针纺丝

研究者将四氢呋喃和二甲基甲酰胺按质量比 60/40 混合作为溶剂，与 PC 配成聚合物溶液(PC 质量分数约为 15%),尝试利用盘式旋转电极进行无针纺,其纺丝情况如图 13-32 所示。在适当电纺条件下得到微米级的纤维,其中少数纤维直径为纳米级。实验中从盘片边缘和两侧面均可产生电纺喷射,其产量明显高于一般针式纺。目前,此工作还在进一步研究中。笔者认为以旋转电极表面为代表的无针纺应是今后大批量电纺聚合物纳米纤维研发中的重点。

图 13-32　盘式旋转电极无针纺丝情况

　　总体上,可以通过改进旋转电极的几何外形和尺寸、提高电纺有效表面积,再结合合理选择无针纺的聚合物品种、聚合物溶液的溶剂种类、溶液浓度,以及合理选择电场的电压等工艺条件,进一步提高无针纺的喷射量和调整所得纤维的结构和特性,从而得到需要的尺寸、表观状况的纤维。

(六)碟形喷头静电纺丝装置

　　东华大学覃小红等设计了一种碟形喷头静电纺丝装置(图 13-33),纺丝溶液可自动沿着碟形喷头边缘向上喷射成纤维,取得了喷丝模式的重大突破。该装置利用了碟形喷头和自下而上的供液装置,可以有效防止纺丝溶液因自身重力而滴落的现象,无针式的纺丝也避免了针头的堵塞问题,大幅提高了纺丝效率。

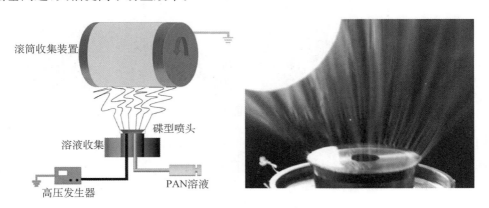

图 13-33　碟形喷头静电纺丝装置及纺丝过程

　　由于单孔静电纺丝制备纳米纤维的效率较低,产量有限,大规模生产存在困难,通常只能得到厚度较薄的纳米纤维膜,使得静电纺丝制备纳米纤维离工业化生产还有一段距离。但随着静电纺丝制备纳米纤维在方法、设备、工艺和材料深入研究的基础上,多针头喷丝、多孔平板型喷头、多孔陶瓷管喷头和无针头纺丝技术不仅可以大大提高静电纺丝的产量,而且可以改善纳米纤维及其产品的质量和性能,使得静电纺丝制备纳米纤维技术工业化有了良好的理论和实际基础。捷克、美国、日本和韩国都相继报道其通过不同的方法实现了静电纺丝工业化生产,但由于国家战略安全和技术保密等原因,具体细节还不十分清楚。为了提高我国静电纺丝研究的实用化水平,应加快、加强我国静电纺丝工业化的研究。在纳米纤维应用急切的需求下,高性能、低成本可静电纺丝材料的设计与制备、面向工业化生产的静电纺丝设备与技术的开发以及电纺纳米纤维的应用研究,将成为静电纺丝技术下一步发展的主要方向。

三、静电纺纤维批量化制造设备的发展

2004 年,韩国簇(Cluster)纳米技术公司使用电喷射成型技术,结合其成功研发的可将碳纳米管均匀分布在纳米纤维中的分散剂,成功制得直径低于 50 nm 的碳纳米管超细纤维。美国俄亥俄州纳米静力(NanoStatics)公司报道其开发了达到产业化规模的高产量纳米纤维和含纳米材料的静电纺丝机械制造技术,可生产纤维直径为 50~100 nm、厚度为 100~200 nm 的纤维膜。捷克利贝雷茨技术大学研究人员研发出纳米纤维批量化制造机械——纳米蜘蛛(Nano-Spider),其产率可达 1~5 g/min,纤维直径分布在 100~300 nm,且成本较低。在此基础上,捷克爱尔玛科(Elmarco)公司开发了一系列静电纺丝设备(图 13-34、图 13-35),可以分别生产有机和无机纳米纤维。其中,NS1600 有机纳米纤维生产线的年产量可达 5000 m^2,适用于聚酰胺 6、聚乙烯醇、聚氨酯等聚合物,因为聚合物种类不同,生产的纤维直径最低的仅为 80 nm,最大的也只有 700 nm 左右;NS18I1000H 无机纳米纤维生产线包括无机前驱体静电纺丝系统和复合纤维炫烧系统,可以年产几千公斤无机纳米纤维,适用的无机物包括 TiO_2、$Li_4Ti_5O_{12}$、Al_2O_3、ZrO_2 及其他金属氧化物,其中 TiO_2 纳米纤维直径在 300 nm 左右。

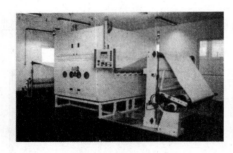 

图 13-34　NS1600 有机纳米纤维生产线　　图 13-35　NS18I1000H 无机纳米纤维生产线

除上述无喷头批量化制造设备外,土耳其纳米 FMG(NanoFMG)公司设计出型号为 NanoSpinner416 的多喷头设备。该设备可以生产直径为 50~300 nm 的纤维膜,纺丝速度可达 500~10 000 m^2/天,所得纳米纤维膜的面密度为 0.1~15 g/m^2,适用的聚合物有聚氨酯、聚乙烯醇、聚丙烯腈、聚酰胺 6 等,其产品广泛应用于医疗、纺织、过滤等领域。

美国唐纳森(Donaldson)公司一直致力于纳米纤维的开发和应用,并将纳米纤维应用于过滤器领域,使其始终保持该行业的领跑地位。我国无锡建立了生产基地——唐纳森(无锡)过滤器有限公司,主要生产聚四氟乙烯薄膜、除尘器、燃汽轮机过滤器及汽车引擎过滤器。

西班牙 Y 流体(Yflow)公司也致力于静电纺纳米纤维的研发和批量化制造,产品广泛应用于食品、药物、生物工程、材料科学、催化剂及纳米传感器等领域。该公司近年来开发的中空纳米纤维和同轴纳米纤维拥有广泛的工业基础和极高的研究价值。该公司还开发了有 50 个喷头的多喷头静电纺设备,其总流速可以达到 50 mL/h。另外,该公司拥有模块化多喷头静电纺设备(图 13-36),其产量可达到 100 $g/(m^2 \cdot h)$。

至今,全球约有 100 余家院校和科研单位从事有关纳米纤维、纺织品及聚合物的研究,一些国家和政府对此投入了大量资金。据美国国家科学基金会资料显示,2005 年在纳米技术方

图 13-36 模块化多喷头静电纺设备

面的投入资金已超过 40 亿美元。近年来,在纤维和纺织品纳米技术方面也有较大的发展,研究者开发的纳米级纤维产品具有比表面积大、柔性好、透气性优良、质量轻、功能性好等优点,目前已有少数成功地进行批量化生产,并应用于过滤器、防化学毒性织物的衬里层、组织支架以及一些高端技术工程等。

第六节　静电纺纳米纤维的应用领域

一、生物和医学领域的应用

静电纺纳米纤维独特的结构使其表现出许多全新的功能特性,这些特性已在许多领域显示出广阔的应用前景,其中最引人注目的是在生物医学领域的应用。就尺寸而言,纳米纤维的直径小于细胞,可以模拟天然细胞外基质的结构和生物功能,为细胞提供黏附、增殖及生长用的理想模板;从仿生学的角度讲,人体的大多数组织、器官在形式和结构上与纳米纤维类似,这为纳米纤维用于组织和器官的修复提供了可能。另外,一些天然和合成的聚合物具有很好的生物相容性及可降解性,以这些聚合物作为静电纺的原料而得到的制品可作为载体进入人体,而且容易被人体吸收;加之,静电纺纳米纤维具有比表面积大、孔隙率搞等优良特性。因此,静电纺纳米纤维引起了生物医学研究者的持续关注,相关产品并已在药物控释、创伤修复、生物组织工程等方面得到了很好的应用。

（一）药物控释

纳米纤维用于药物控释体系时,通常作为载体,包覆药物后进入人体。这种纳米纤维体系非常有利于肿瘤治疗、吸入治疗以及疼痛治疗。在药物控释过程中,载体必须能够防止药物在流动的血液中分解,并要在规定的时间内,以尽可能恒定的速度将药物持续释放,同时要确保药物只在目标组织内释放。

（二）创伤修复

静电纺纳米纤维在生物医学方面的另一个重要应用是作为伤口敷料。有研究表明,如果在创伤处覆盖一层具有生物相容性、生物可降解的纳米纤维膜,伤口会迅速愈合,并且不会产生并发症。这是因为静电纺纳米纤维创伤敷料具有足够多的空隙,能够确保其与外界的液体和气体交换,同时可阻止细菌的侵入。静电纺纳米纤维膜对潮湿创面有良好的黏附性,且其较大的比表面积有利于液体的吸收以及药物在皮肤上的局部释放,进而使得这些材料适合于创面闭合止血。

（三）组织工程

组织工程学,又被称为再生医学,涉及医学、生物学、工程学及材料学等学科。组织工程支架可为因疾病、损伤、先天性缺陷而破坏的细胞提供生长所需的基体,同时必须具备生物相容性、生物可降解性、可消毒性、高孔隙性、力学适应性等性能,以及引入和释放药物的能力。在一定条件下,通过静电纺丝技术能够制备出与天然细胞外基质结构完全相同的三维多孔纤维膜,这种纤维膜可作为理想的组织工程支架,便于细胞的黏附、迁移及增殖,进而复制要替换的三维组织结构,并能使细胞沿着不同方向的细胞系分化生长。近年来,采用静电纺丝技术制备的聚合物纤维支架已经广泛应用于血管、心脏、神经、骨、软骨、皮肤及膀胱等组织工程的研究领域。

二、静电纺纳米纤维在过滤及个体防护领域的应用

随着工业化进程的不断加快,过滤材料已在空气净化、水处理、医疗卫生、个体防护及食品加工等领域得到广泛的应用。传统过滤材料虽然对微米级以上的颗粒有较高的过滤效率,却难以实现对亚微米级颗粒的有效过滤,且存在抗污能力弱、使用周期短等缺点,已经无法完全满足人们对高效过滤材料的要求。大量研究表明,纤维过滤材料的过滤效率会随着纤维直径的降低而显著提高。因此,降低纤维直径成为改善纤维过滤材料过滤性能的一种有效方法。通过静电纺丝技术制得的纤维材料还具有孔径小、孔隙率高、纤维均一性好等优点,因此在气体过滤、液体过滤及个体防护等领域表现出巨大的应用潜力。

（一）在气体过滤领域的应用

现有的高效空气过滤器（HEPA）和超高效空气过滤器（ULPA）中的核心过滤介质一般为超细玻璃纤维膜或熔喷纤维非织造布,两者虽然都可达到较高的过滤效率,但在使用过程中空气阻力会随着容尘量的增加而急剧上升,从而导致能量的大量消耗。此外,玻璃纤维的耐折性较差,在加工和使用中容易断裂,影响过滤效率的同时还存在致癌的可能。静电纺纳米纤维膜作为一种新型过滤材料已经引起广泛关注,其过滤原理比较复杂,一般认为是拦截效应、惯性效应、扩散效应、重力效应及静电效应共同作用的结果,各种效应的协同组合模式要综合考虑微粒的尺寸、纤维直径与分布、孔隙率以及气流速度等因素。静电纺纳米纤维膜因具有高过滤效率、低空气阻力及低面密度等特性,将逐步替代传统纤维材料,应用于工业粉尘过滤、室内空气净化、机车空气过滤等方面。

1. 工业粉尘过滤

传统工业粉尘过滤材料在使用过程中,粉尘颗粒极易阻塞过滤材料,且不易清除干净,导致过滤元件的风阻逐渐上升,除尘系统的气流量会较快速地降低到限制值,从而大大削减过滤材料的使用寿命。为解决这一问题,需要粉尘颗粒在过滤过程中能迅速形成尘饼而容易被清理干净。静电纺纳米纤维膜是以表面过滤为基础的新型过滤材料,具有很高的粉尘收集能力,聚集在膜表面的粉尘颗粒很容易被清除,并且在粉尘被清除后,压降能较好地恢复到初始状态,从而延长过滤元件的使用寿命。

2. 室内空气过滤

静电纺纳米纤维膜因具有小孔径、高孔隙率及高的表面内聚能等特性,可被应用于室内空气过滤器,以达到高过滤效率、大吸附容量和低压阻的目的。美国康奈尔大学的李等通过静电纺丝制备了直径在 120～700 nm 的聚酰胺 6 纳米纤维膜,并系统地分析了其对空气的过滤性能,结果表明,聚酰胺 6 纳米纤维膜对直径为 0.5 μm 的颗粒的过滤效率可达 80% 以上,明显高于传统空气过滤膜材料的过滤效率(13%),同时空气阻力维持在一个极低的范围内。此外,研究人员还发现纳米纤维膜的厚度对其过滤性能有着重要的影响,当纤维膜面密度从 0.03 g/m^2 逐渐增加到 0.5 g/m^2 时,过滤效率从 42% 提升至 80% 以上,而空气阻力仅在 71.59～107.87 Pa 内变化。

3. 发动机空气过滤

机车用空气过滤器有空气滤清器和空调过滤器两种。空气滤清器位于发动机进气系统,主要作用是阻止空气中的灰尘和其他有害气体杂质进入气缸,确保进入汽缸的空气质量,满足发动机正常工作所需空气流量。空调过滤器安装在汽车、飞机、火车等空调鼓风机单元内,用于过滤进入客舱的空气并排出异味。目前,常用于发动机空气滤清器的滤材是经树脂处理的微孔滤纸。这种微孔滤纸在使用过程中极易发生堵塞,需要频繁保养和更换,并易造成燃料浪费。尤其是坦克等重型武器装备,常需要在环境恶劣的极端条件下执行任务,如果发动机中的空气过滤不洁净,就可能导致坦克无法行驶,不能在战争中发挥应有的作用。静电纺纳米纤维膜是一种集高过滤效率与低空气阻力于一身的新型过滤材料,在机车空气滤清器中有着巨大的应用价值。

(二)在液体过滤领域的应用

液体过滤在国防、工业、农业、医疗等领域有着举足轻重的作用,多年来人们一直致力于液体过滤材料的研究与开发。膜过滤技术作为 21 世纪最有发展前途的一种液体过滤技术,已经引起越来越多的关注,最常用的膜过滤技术有微滤(MF)、超滤(UF)、纳滤(NF)及反渗透(RO)四种。静电纺丝作为一项制备膜材料的新技术,所制备的纤维膜与传统的过滤膜相比,具有孔径小、孔隙率高、孔的连通性好、膜表面粗糙度高及面密度低等优点,这使其在液体过滤中有着广阔的应用前景。

1. 饮用水过滤

将静电纺纳米纤维膜用于饮用水的过滤,不仅可以彻底去除水中微米级的胶体颗粒、悬浮体及藻类等,还能有效拦截对人体有害的细菌、病毒、大分子有机物等,在提高饮用水生物安全性的同时,保留水中人体所需的微量元素。古帕(Gopal)等研究了静电纺聚偏氟乙烯纤维膜对颗粒的过滤效率,结果表明,该纤维膜对直径为 1 μm 的聚苯乙烯颗粒的拦截效率可达 98%以上。在此基础上,考(Kaur)等研究了静电纺聚偏氟乙烯纤维膜的孔隙率及其用作水过滤材料时的水通量,并与普通微滤膜做比较,发现静电纺聚偏氟乙烯纤维膜的孔隙率可达 80%以上,而普通微滤膜的孔隙率仅为 65%;两者在表面润湿性一致的情况下,静电纺聚偏氟乙烯纤维膜的水通量比传统微滤膜高出两倍。

2. 污水处理

重金属离子能够与蛋白质结合,引起蛋白质变性凝聚,还可与核酸结合,引起核酸裂解,影响细胞分裂、脱氧核糖核酸复制及转录。重金属离子污染成为关系到人类健康的重大环境问题。为此,人们对水体重金属离子的污染问题进行了深入研究,并采取反渗透、离子交换、电化学沉降、吸附等多种技术对含重金属离子的水体进行处理和修复。其中，吸附技术因易操作、高效、重复利用性好、成本低而备受关注。众所周知，要想高效吸附水体中的重金属离子，比表面积大的多孔材料是最佳选择；而静电纺纳米纤维膜就具有高比表面积和高孔隙率的突出优势，因而可以通过物理、化学吸附作用有效处理水体中的重金属离子。

科（Ki）等将蚕丝蛋白与羊毛角质蛋白进行静电纺丝，获得一种可吸附金属离子的复合纤维膜。该纤维膜对 Cu^{2+} 的吸附能力可达 2.88 mg/g，比普通的过滤材料高出十几倍，并且该纤维膜具有很好的可重复性，经多次吸附和解吸附，对 Cu^{2+} 的吸附效果仍能达 90% 以上。

3. 食品工业中的过滤

静电纺纳米纤维膜在食品工业中的一个主要应用是对果汁饮料进行过滤澄清。果汁饮料中有许多悬浮的固体物质和能引起果汁变质的细菌、果胶及粗蛋白。为了增加果汁的口感，延长储存时间，对果汁的澄清成为果汁生产的必需步骤。传统的澄清方法，如明胶单宁法、加热凝聚澄清法、冷冻法、板框过滤法及酶处理法，过程复杂，不易操作，而且得率低。静电纺纳米纤维膜应用于果汁过滤，可以在分离致浊组分的同时达到澄清的目的，由于其操作不受温度的影响，果汁不会发生相变，可以保存原有风味，同时这种过滤方法具有快速、经济等优点。

4. 蛋白质的分离与纯化

蛋白质的分离与纯化是指使用生物工程下游技术从混合物中分离纯化出所需要的蛋白质，它是当代生物产业中的核心技术。目前，主要的蛋白质分离技术有沉淀、层析、电泳、透析及超速离心，这些方法不仅有一定的技术难度，并且分离过程的成本高。静电纺纳米纤维膜不仅具有比表面积大和孔隙率高等优点，且制备过程简单，成本较低，在蛋白质的分离纯化方面得到广泛的应用。

（三）在个体防护领域的应用

在某些情况下，需要采用防护装备来避免或降低环境中有毒、有害物质对人体的侵害，防护材料的开发日益受到人们的关注和重视。针对不同的伤害途径，需采用不同的个人防护措施。一是阻隔有害物质与皮肤的直接接触，有效穿戴防护服；二是切断粉尘进入呼吸系统的途径，依据不同性质的粉尘，佩戴不同类型的防尘口罩和呼吸器，针对某些有毒粉尘，还应佩戴防毒面具。

1. 防护服

防护服是用来覆盖作业者身体，抵抗危险因子，用于保护人们避免或减少职业伤害的服装。目前普遍使用的防护服一般是由隔绝式材料和活性炭复合的透气织物制作的隔绝式防护服，虽然具有良好的防护性能，但穿着舒适感较差，穿着人员很快会达到热负荷强度极限。静电纺纳米纤维膜具有纤维直径小、比表面积大、孔径小及孔隙率高等优点，可以有效阻止有害化学试剂、放射性尘埃、病菌等以气溶胶的形式入侵，同时保持较高的透湿性。除此之外，静电纺纳米纤维膜还具有良好的可形变能力，断裂伸长率超过 200%，而且形变后可较好地回复，可满足作为服装面料的要求。相关研究结果表明，与传统织物相比，静电纺纳米纤维膜具有最小限度地阻抗湿蒸汽扩散和高效率地捕获悬浮颗粒的能力，是十分理想的防护服材料。

2. 口罩

"非典型性肺炎"、新型冠状病毒等依托呼吸系统传播的流行病爆发，使得人们对流感病毒的防护意识逐渐增强，防护用品特别是口罩的使用受到高度重视，尤其对于在特殊环境中工作的人员，口罩更是必不可少的防护工具。目前，市场上的口罩滤材主要使用纱布、棉布、含活性炭的材料及熔喷非织造布等,其中防护性能较好的是经过人工驻极处理的熔喷非织造布。但是,人工驻极处理的极性小,对热敏感,并且随着温度升高,驻极稳定性显著减弱,这会在很大程度上影响熔喷非织造布的过滤性能,缩短口罩的使用寿命。然而,静电纺纳米纤维膜对亚微米级颗粒具有极高的过滤效率,并且呼吸阻力很小,在口罩生产中有很大的应用价值。

三、静电纺纳米纤维在传感器领域的应用

随着科学的发展和社会的不断进步,整个人类社会信息的数量、传播速度、处理速度都呈几何级数增长,然而仅凭人类自身感官去感知并获取信息的能力已经远远跟不上时代发展的步伐,这就需要我们依靠更先进、更有效率的信息获取工具——传感器。

长期以来,人们一直致力于高灵敏传感材料的开发,并取得了一定的进展。进入 21 世纪以来,纳米材料作为材料科学的新兴领域,已成为多学科交叉研究的热点之一,科研人员也将具有高比表面积的纳米材料引入传感材料设计,以期提高传感器性能。静电纺纳米纤维膜具有三维立体结构、孔隙率高、比表面积大、结构可控性好等优点,是一种制备高性能传感元件的理想材料。近十年来,以"静电纺丝和传感器"为主题词的文献检索结果如图 13-37 所示。此图表明,静电纺纤维在传感器领域应用的相关研究越来越多,这是由于人们对高性能传感器的迫切需求及静电纺丝技术的高速发展而产生的。目前,已开发出基于不同传感原理的静电纺纳米纤维传感器,如振频式、电阻式、光电式、光学式、安培式等类型。

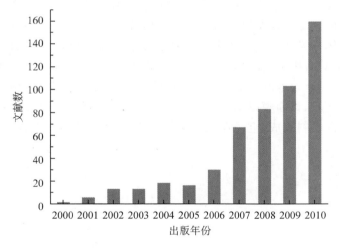

图 13-37　通过 SciFinder 检索主题为"静电纺丝和传感器"的文献发表情况

四、静电纺纳米纤维在催化领域的应用

当催化剂具有纳米结构时,会产生显著的表面效应和尺寸效应,即与一般粒度的催化剂相比,纳米催化剂具有巨大的比表面积,这使其表面的原子数量大大增加,并随着粒径的减小,粒子孔道变得极短,表面形成大量的棱角和台阶,处在表面棱角、台阶位置的原子和暴露的孔口比例将大大增加,使得催化剂具有更高的表面活性。静电纺纳米纤维具有较小的纤维直径、较好的柔韧性和易操作性,作为催化载体应用时,能够与催化剂产生较强的协同效应,增加催化效能。此外,一些由 Pt、Au 等贵金属制备的微纳米粒子催化剂,价格昂贵,会污染环境,所以

需要回收再利用。采用静电纺纳米纤维为模板的催化材料能够有效克服上述缺点。

五、静电纺纳米纤维在其他领域的应用

（一）在复合材料领域的应用

纳米复合材料被认为是继单组分材料、复合材料和梯度功能材料之后的第四代材料。纳米复合材料是指由两种或两种以上固相物质组成的复合材料，且其中至少有一相物质的一个维度在纳米级。鉴于纳米材料的尺寸效应、表面效应及超强的界面相互作用，纳米复合材料的光学、电学、磁学、热学及力学方面的性能与相同组分的常规复合材料相比，有很大的差异，显示出一些新颖、独特的理化特性。在众多可以用于复合增强的材料中，静电纺纳米纤维因具有长径比高、比表面积大等一系列优异特性，成为复合材料研究领域的热点之一。

（二）在食品领域的应用

纳米纤维可用作温和环境下食品包装原料的结构基质。随着利用食品级原料制备纳米纤维的研究不断深入，静电纺丝技术在食品包装中的应用将日渐显著。汪舒克（Wongsasulak）等利用静电纺丝制备了可食用的醋酸纤维素/鸡蛋蛋白复合纳米纤维，它还具有一定的机械稳定性，因此将其作为食品包装时，既能保证食品的安全，又能提高包装的质量。

（三）在化妆品领域的应用

美容面膜是大多数女性常用的护肤品，它是一种操作方便的外敷产品，其实质是与美容相关的一些活性成分的经皮给药系统。所谓经皮给药系统，就是药物以一定的速率通过皮肤经毛细血管吸收进入体内循环系统并产生药效的给药方式。由于纳米纤维膜具有极大的比表面积和多孔结构，所以具有极强的渗透力，极利于药物扩散和溶出，提高经皮吸收的能力。除此之外，纳米纤维膜还可有效地调节美容面膜上药物活性成分的负载量。顾等利用静电纺丝技术制备出一种美容面膜，该面膜以纳米纤维膜为使用形式，且纳米纤维由药物、美容活性成分、载体聚合物和相应的辅料组成，直径在几十至几百纳米，比传统面膜具有更高的有效成分负载率和更好的吸收效果。

参 考 文 献

［1］季柳炎. 从百年发展史看粘胶纤维之未来[J]. 纺织科学研究,2017(10):25-29.

［2］薛斌. 新型纤维发展现状及其在针织上的应用[J]. 针织工业,2017(2):4.

［3］李宁. 纺织纤维发展和新型纤维应用[J]. 探索科学,2019(4):2.

［4］闵雯,吴杏梅,张颖欣,等. 织物用新型纤维的研究现状及发展趋势[J]. 轻纺工业与技术,2019,48(8):3.

［5］王道兴. 关注新型纤维的应用与发展[J]. 纺织导报,2020(7):67-69.

［6］巩春红. 新型纤维材料及其在纺织品中的应用[J]. 魅力中国,2017,000(01):330.

［7］刘荣清. 纺织纤维发展和新型纤维应用[J]. 纺织器材,2018,45(2):7.

［8］吴双全. 装饰用纺织品新型纤维材料的开发与应用[J]. 针织工业,2023(2):4-7.

［9］Bhringer B, Carstensen A, Nguyen C M. Textile protective material of a new type and method for producing same[P]. US11141711B2. 2021-10-12.

［10］邢声远,董奎勇,杨萍. 新材料丛书:新型纺织纤维[M]. 北京:化学工业出版社,2013.

［11］纺织行业"十四五"发展纲要,中国纺织工业联合会,2021.

［12］于伟东. 纺织材料学[M]. 2版. 北京:中国纺织出版社,2018.

［13］姜展. 纱条中纤维排列的模拟及其对成纱质量的影响[D]. 上海:东华大学,2017.

［14］周琴,李杨,林昆杰. 热处理温度对对位芳纶纤维表面聚集态结构和性能影响[J]. 工程塑料应用,2021,49(2):117-122+135.

［15］姚穆. 纺织材料学[M]. 5版. 北京:中国纺织出版社,2020.

［16］贾国欣,任家智,冯清国. 基于纤维长度根数分布的精梳加工模拟及棉网质量预测[J]. 纺织学报,2017,38(6):23-27.

［17］Ahmad W, Farooq S H, Usman M. Effect of coconut fiber length and content on properties of high strength concrete[J]. Materials, 2020, 13(5): 1075.

［18］赵锁林. 轻量卷曲涤纶纤维的成型纺丝工艺影响的探讨[D]. 苏州:苏州大学,2021.

［19］Zhao Q, Zhang K, Zhu S. Review on the electrical resistance/conductivity of carbon fiber reinforced polymer[J]. Applied Sciences, 2019, 9(11): 2390.

［20］刘艳艳,张顺,尚红梅. 碳纤维拉伸性能影响因素分析[J]. 化工新型材料,2023,51(5):181-184+189.

［21］代文惠,李昊瑜,彭星. 玄武岩纤维隔热复合材料导热系数调控[J]. 装备环境工程,2022,19(3):72-78.

［22］张建明,唐湘涛,刘丽. 再生聚酯纤维的摩擦性能分析及工艺设计[J]. 天津纺织科技,2022(5):66-68.

［23］Wang X, Ho V, Segalman R A. Thermal conductivity of high-modulus polymer fibers

[J]. Macromolecules, 2013，46(12)：4937-4943.

[24] 任杰.生物基化学纤维生产及应用[M].北京：中国纺织出版社,2018.

[25] 李文瑞,李婷,迟克栋.Lyocell 纤维的凝聚态结构与原纤化研究进展[J].合成纤维，2022,51(2):7-10.

[26] Jiang X, Bai Y, Chen X. A review on raw materials, commercial production and properties of lyocell fiber[J]. Journal of Bioresources and Bioproducts, 2020，5(1)：16-25.

[27] 曹雨.离子液体中改性纤维素的制备及其染料吸附性能的研究[D].无锡：江南大学,2021.

[28] 林珊,李诗,汪东,等.再生竹纤维素中空纤维膜的制备及性能[J].中国造纸,2022,41(9):19-25.

[29] 圣麻纤维、莱麻纤维、麻赛尔纤维和丝麻纤维[J].纺织检测与标准,2018,4(5):32-33.

[30] 杨晨曦,王健,郭振,等.功能纤维素纳米纤维制备及其改性研究进展[J].化工新型材料，2022,50(9):37-41.

[31] He G, Wang L, Bao X. Synergistic flame retardant weft-knitted alginate/viscose fabrics with MXene coating for multifunctional wearable heaters[J]. Composites Part B：Engineering，2022，232.

[32] 潘跃山.新丽赛纤维性能与纺纱工艺研究[D].上海：东华大学,2022.

[33] 李勇强,谭艳君,刘姝瑞,等.莫代尔纤维的性能及应用[J].纺织科学与工程学报,2021,38(2):60-66.

[34] 原海波,李国利,刘光彬.Newdal 赛络纺针织纱的开发[J].棉纺织技术,2014,42(10):59-61.

[35] 张梅,盛爱军,张赛,等.莫代尔/天荼/薄荷纤维抗菌凉感混纺纱的开发[J].上海纺织科技,2022,50(2):35-37.

[36] 林昊,郭东毅,吕谦,等.玉米秸秆基木质素-醋酸纤维素紫外屏蔽膜的制备及其性能[J].复合材料学报,2023,3(8):1-13.

[37] Ardanuy M, Claramunt J, Toledo Filho R D. Cellulosic fiber reinforced cement-based composites：A review of recent research[J]. Construction and Building Materials, 2015,79：115-128.

[38] 乔曦冉,房宽峻,刘秀明,等.羟乙基甲基纤维素改性对棉和锦纶织物表面性质的差异性影响[J].纺织学报,2022,43(11):127-132.

[39] 王倩.基于壳聚糖和甲壳素的水下超疏油仿生涂层制备及其性能研究[D].吉林：吉林大学,2019.

[40] 彭超.纳米甲壳素/聚乙烯醇复合材料的构建及其应用研究[D].广州：华南理工大学,2019.

[41] 陈西广.甲壳素/壳聚糖结构形态与生物材料功效学研究[J].中国海洋大学学报（自然科学版）,2020,50(9):126-140

[42] 刘大庆,高嵩巍,马建伟,等.壳聚糖基医用补片的制备及其性能研究[J].产业用纺织品,2021,39(2):23-28.

[43] 陈小菊,孙玮,张佩华.柠檬酸催化壳聚糖/聚乙烯醇交联的纳米纤维膜性能研究[J].国

际纺织导报,2021,49(8):3-5.

[44] 马瑞佳,段梦,朱先昌,等. 纤维素基抗菌材料的研究进展[J]. 化工新型材料,2020,48(5):46-49.

[45] 胡兴文,马军强,王双成,等. 生物质石墨烯改性海藻纤维制备与性能[J]. 武汉纺织大学学报,2019,32(4):20-25.

[46] 张紫艳,沈兰萍. PET PBT 和 PTT 纤维的性能及应用概述[J]. 山东纺织科技,2018(3):54-56.

[47] 蒋禹旭,刘晓东. PET/PTT 双组分弹性纤维的结构及热性能研究[J]. 聚酯工业,2020,33(3):20-23.

[48] 董海良,杨新华. PTT/PET 并列复合卷曲纤维生产工艺探讨[J]. 合成纤维,2022,51(6):14-16+19.

[49] 李军令,何崎,柯福佑,等. PTMG-PBT/PBT 并列复合弹性纤维的制备工艺[J]. 合成纤维,2021,50(4):4-8.

[50] 韩春艳,贾君君,李娜,等. 常压易染阳离子聚酯纤维染色热力学性能研究[J]. 针织工业,2022(3):35-39.

[51] 何崎,范天翔,李军令,等. 热处理对 PTMG-PBT/PET 复合纤维性能的影响[J]. 合成纤维,2021,50(12):1-5.

[52] 陈相见. 弹性体增韧半芳香尼龙 PA12T 复合材料的制备与性能研究[D]. 郑州:郑州大学,2018.

[53] 李姜红. 聚酰胺弹性体基纳米复合材料的研究[D]. 镇江:江苏科技大学,2018.

[54] 刘冰肖. 半芳香族耐高温聚酰胺及其复合材料的制备与性能研究[D]. 太原:中北大学,2019.

[55] 黄槠,樊斌,马俊,等. 尼龙 11 晶型的共聚法调控及铁电效应[J]. 塑料工业,2020(10):160-164.

[56] 张积财. 热塑性聚氨酯弹性体的改性研究进展[J]. 纺织科学研究,2020(5):77-80.

[57] 闫东广,张远,周昱,等. 一步法制备聚酰胺聚醚弹性体及其在抗静电 ABS 材料中的应[J]. 高分子材料科学与工程,2020,36(2):155-160.

[58] 许冬峰,冯新星,张卫东,等. 长碳链聚酰胺 1012 弹性体的合成与表征[J]. 中国塑料,2019,33(3):17-21+27.

[59] 蒋波,蔡飞鹏,秦显忠,等. 生物基尼龙材料改性与应用进展[J]. 化工进展,2020,39(9):3469-3477.

[60] 王钰. 尼龙 6 的改性研究进展[J]. 纺织科学研究,2020,31(1):78-80.

[61] 易春旺. 尼龙 6 聚合技术和功能性产品进展[J]. 合成纤维工业,2021,44(4):59-65.

[62] 王佳臻,蒯平宇,刘会敏,等. 国内尼龙 6、尼龙 66 产业的发展现状[J]. 合成纤维,2021,50(3):8-11.

[63] 靳晓晴. 新型聚烯烃弹性纤维的性能研究及产品开发[D]. 青岛:青岛大学,2018.

[64] 闫东广,宋玮琦,李姜红,等. 聚酰胺聚醚弹性体/石墨烯纳米复合材料的制备与表征[J]. 高分子材料科学与工程,2019,35(4):161-165.

[65] Zheng W,Du D,He A,et al. Temperature rising elution fractionation and fraction

compositional analysis of polybutene-1/polypropylene in-reactor alloys[J]. Materials Today Communications，2020，23：100868-100892.

［66］张腾，沈安，曹育才. 聚烯烃弹性体和塑性体产品及应用现状[J]. 上海塑料，2021(2).

［67］宋艳萍，陈伟，陈慧敏，等. 中国聚烯烃高端化产品发展现状及前景分析[J]. 油气与新能源，2022(4).

［68］谌亚威. 聚烯烃纤维混凝土在无砟轨道中的应用研究[J]. 铁道建筑技术，2022(3)：181-186.

［69］历伟，孙婧元，黄正梁，等. 高性能聚乙烯产品设计[J]. 科学通报，2022(17).

［70］殷浩飞，朱宏伟，乔国华，等. 过滤和包装用生物可降解非织造材料应用进展[J]. 棉纺织技术，2022,50(S1):32-37.

［71］赵鹏，余燕平. 合成纤维织物的生物可降解性能研究[J]. 国际纺织导报，2022,50(7)：40-45.

［72］赵鹏. 生物可降解合成纤维及其织物降解性能研究[D]. 上海：东华大学，2023.

［73］王德诚. 美国 SIO 确认 Lenzing 纤维素纤维的生物降解性[J]. 合成纤维工业，2022,45(1):80.

［74］王华平，乌婧. 纤维科普：生物基化学纤维[J]. 纺织科学研究，2021(2):58-61.

［75］居盟. Dyntex：由生物合成纱与生物降解织物制成的功能性纺织品[J]. 国际纺织导报，2020,48(10):46.

［76］冯雪为. PHA/PLA 复合型生物质合成纤维在蚕丝面料中的应用研究[D]. 苏州：苏州大学，2018.

［77］刘红飞，王朝生，汤廉，等. 生物基合成纤维的展望[J]. 合成纤维工业，2014,37(6):47-51.

［78］王菲，吴存兰，宁翠娟. 生物基材料由广而深[J]. 纺织科学研究，2017(9):34-37.

［79］赵钰，王瑄，沈兰萍. 新型生物质合成纤维及研究概述[J]. 针织工业，2017(6):32-36.

［80］王红红，霍倩，周莹莹. 芳纶及其复合材料的制备技术及应用进展[J]. 合成纤维工业，2018,41(3):65-70.

［81］马福民，佘家全，梁劲松，等. 国内外对位芳纶产品结构及性能对比分析研究[J]. 塑料工业，2020,48(11):94-99.

［82］王怀颖，彭涛，王煦怡. 芳纶Ⅲ材料在防弹装备领域的应用[J]. 警察技术，2017(1):64-71.

［83］于达勤. 超高分子质量高强高模聚乙烯纤维的性能与应用研究[J]. 纺织报告，2021,40(2):10-12.

［84］王宁，夏兆鹏，王亮，等. PBO 纤维抗紫外老化改性研究进展[J]. 纺织导报，2021(5):54-58.

［85］卢姗姗，王艳红，胡桢，等. 聚对苯撑苯并双噁唑纤维改性技术的研究进展[J]. 合成纤维工业，2018,41(1):47-52.

［86］南润昇. 耐紫外线 PBO 纤维的结构设计与性能研究[D]. 哈尔滨：哈尔滨工业大学，2018.

［87］赵永旗，杨建忠，杨柳. 聚苯并咪唑纤维的性能及其在纺织上的应用[J]. 合成纤维，2014,43(10):29-31.

［88］刘俊华. 高性能热致液晶聚芳酯纤维的制备与性能研究[D]. 上海：东华大学，2019.

［89］杨帆，刘俊华，边昂挺，等. 热处理对热致液晶聚芳酯纤维结构与性能的影响[J]. 纺织学

报,2019,40(11):9-12.

[90] 董晗,郑森森,郭涛,等.高耐热聚酰亚胺纤维的制备及其性能[J].纺织学报,2022,43(0):19-23.

[91] 李是卓,卓航,韩恩林,等.高强高模聚酰亚胺纤维/改性氰酸酯树脂复合材料制备及性能[J].复合材料学报,2020,37(1):42-49.

[92] 申莹,李大伟,刘庆生,等.聚酰亚胺纳米纤维的制备及性能表征[J].高分子材料科学与工程,2020,36(1):44-49.

[93] 周琦.聚酰亚胺纤维研究进展及应用[J].纺织科技进展,2021(5):6-8.

[94] 余元豪.聚酰亚胺纳米复合材料的摩擦学性能研究[D].南京:南京航空航天大学,2020.

[95] 郑瑾,王冬爽,任东雪,等.酚醛纤维的湿法纺丝及其性能[J].上海纺织科技,2021,49(8):48-51.

[96] 于锐.聚醚醚酮阻燃体系及纤维材料的制备与性能研究[D].吉林:吉林大学,2020.

[97] 彭梓航,吴鹏飞,黄庆.聚苯硫醚纤维的制备及改性技术现状与展望[J].合成纤维工业,2021,44(3):71-77.

[98] 高路遥,王明稳,苏坤梅,等.聚苯硫醚砜纤维和聚芳砜纤维的制备及其性能研究[J].合成纤维工业,2019,42(5):7-11.

[99] 贾慧莹,马建伟,陈韶娟.聚四氟乙烯纤维的制备技术及其进展[J].产业用纺织品,2018,36(7):1-6.

[100] 王瑞柳,徐广标,何越超.聚四氟乙烯(PTFE)纤维结构、性能与应用研究进展[J].纺织科学与工程学报,2018,35(3):113-117+123.

[101] 李建武,江振林,李皓岩,等.石墨烯改性PET纤维的制备及其抗静电性能研究[J].合成纤维工业,2019,42(2):1-4.

[102] 崔淑玲,高技术纤维[M].北京:中国纺织出版社,2016.

[103] 周琦.防紫外线纺织品的研究现状[J].纺织科技进展,2019(10):6-8+43.

[104] 刘义鹤,江洪.国内外阻燃纤维研究及应用进展[J].新材料产业,2019(7):26-29.

[105] 王西贤,刘展,贾琳,等.PAN/TiO$_2$抗菌复合纳米纤维的制备及性能研究[J].丝绸,2020,57(7):19-24.

[106] 谢婷,钱娟,张佩华.凉感聚乙烯长丝的性能研究[J].国际纺织导报,2021,49(4):1-4+18.

[107] 项长龙,滕晓波,贾清秀.高能辐射防护纤维材料的研究进展[J].北京服装学院学报(自然科学版),2020,40(1):91-99.

[108] 施楣梧,周洪华.防辐射纤维及其纺织品研究[J].纺织导报,2013(5):90-93.

[109] 缪福昌,朱信寰.智能调温纤维及其在纺织品中的应用[J].山东纺织科技,2018,59(1):53-56.

[110] 李雅娟,张林星,黄璇,等.智能变色纤维的研究与应用进展[J].纺织导报,2021(11):44-48.

[111] 王铭予,刘守超,王聪.形状记忆纤维的研究进展[J].辽宁丝绸,2019(4):31-33.

[112] 刘静芳.柔性导电基材制备及其传感器应用[D].郑州:中原工学院,2022.

[113] Wang Y, Hao J, Huang Z, et al. Flexible electrically resistive-type strain sensors

based on reduced graphene oxide-decorated electrospun polymer fibrous mats for human motion monitoring[J]. Carbon，2018，126：360-371.

[114] 朱苗苗.纤维基柔性自供能电子皮肤的结构设计及其传感性能研究[D].上海:东华大学,2021.

[115] Jin T，Pan Y，Jeon G J，et al. Ultrathin nanofibrous membranes containing insulating microbeads for highly sensitive flexible pressure sensors[J]. ACS Applied Materials & Interfaces，2020，12(11)：13348-13359.

[116] Trung T Q，Le H S，Dang T M，et al. Freestanding，fiber-based，wearable temperature sensor with tunable thermal index for healthcare monitoring [J]. Advanced Healthcare Materials，2018，7(12).

[117] 马丽芸.基于皮芯结构复合纱的柔性传感器和纳米发电机的研究[D].上海:东华大学,2021.

[118] Wang L，Wang L Y，Zhang Y，et al. Weaving sensing fibers into electrochemical fabric for real-time health monitoring[J]. Advanced Functional Materials，2018，28(42)：1804456.

[119] 张轩豪,陈金伍,刘孙辰星,等.基于 MXene 的应变纤维传感器制备及其表征[J].电子器件,2022,45(1):117-122.

[120] 吕思佳,万军民,王秉.基于 MIL-88A 的柔性湿敏纤维制备及其性能表征[J].浙江理工大学学报(自然科学版),2021,45(3):302-308.

[121] 闫涛,潘志娟.轻薄型取向碳纳米纤维膜的应变传感性能[J].纺织学报,2021,42(7):62-68+75.

[122] Qi X，Liu H J，Zhong X R，et al. Permeable weldable elastic fiber conductors for wearable electronics[J]. ACS Applied Materials & Interfaces，2020，12(32)：36609-36619.

[123] Li X，Fan Y J，Li H Y，et al. Ultra-comfortable hierarchical nano-network for highly sensitive pressure sensor[J]. ACS Nano，2020，14(8)：9605-9612.

[124] 黄玉光,张荣,邹小英.航空非金属材性能测试技术——塑料与纺织材料[M].北京:化学工业出版社,2014.

[125] 郑玉婴.高分子材料配方设计及应用(二)[M].北京:科学出版社,2017.

[126] 曾汉民.功能纤维[M].北京:化学工业出版社,2005.

[127] 曲希明,王颖,邱志成,等.我国先进纤维材料产业发展战略研究[J].中国工程科学,2020,22(5):104-111.

[128] 宋金枝,李昊,杜民兴,等.胶原纤维制备多孔碳材料的研究进展[J].皮革科学与工程,2019,29(5):10-45.

[129] 姚庆达,梁永贤,袁琳琳,等.功能化聚乙二醇及其在制革涂饰中的应用研究进展[J].化学研究,2020,31(4):365-376.

[130] 梁永贤.硅烷偶联剂改性 TiO_2/聚丙烯酸复合材料的制备及其复鞣性能[J].皮革与化工,2021,35(2):1-9.

[131] 郝东艳,王学川,朱兴,等.两性聚合物在皮革中的应用研究进展[J].皮革科学与工程,2020,30(05):33-39.

[132] 霍文凯,周继博,廖学品,等.两步酯化法合成皮革加脂剂及其应用性能研究[J].皮革科学与工程,2020,3:7-14.

[133] 姚庆达,梁永贤,王小卓,等.羧基化石墨烯/壳聚糖复合皮革涂饰剂的制备与性能[J].皮革与化工,2021,35(3):5-13.

[134] 王成林.电磁辐射污染的危害及防护[J].工程建设与设计,2017(4):131-132.

[135] 姜姝.电磁辐射污染及环境保护研究[J].科技创新导报,2016(19):83-84.

[136] 李卫斌,赵晓明.防辐射纤维的研究进展[J].成都纺织高等专科学校学报,2016,33(3):187-191.

[137] 刘廷伟.浅谈导电高分子在电磁屏蔽材料中的运用[J].山东工业技术,2016(23):30.

[138] 唐瑜霏,刘茜,周颉天,等.电磁屏蔽服装材料的发展与应用[J].黑龙江纺织,2015(3):11-15.

[139] Souzandeh H, Wang Y, Netravali A N, et al. Towards sustainable and multifunctional air-filters: A review on biopolymer-based filtration materials[J]. Journal of Macromolecular Science, Part C, 2019, 59(4): 651-686.

[140] Li Y, Xia X, Yu J, et al. Electrospun nanofibers for high-performance air filtration[J]. Composites Communications, 2019, 15: 6-19.

[141] Deng N, He H, Yan J, et al. One-step melt-blowing of multi-scale micro/nano fabric membrane for advanced air-filtration[J]. Polymer, 2019, 165: 174-179.

[142] Souzandeh H, Wang Y, Netravali A N, et al. Towards sustainable and multifunctional air-filters: A review on biopolymer-based filtration materials[J]. Journal of Macromolecular Science, Part C, 2019, 59(4): 651-686.

[143] Li Y, Xia X, Yu J, et al. Electrospun nanofibers for high-performance air filtration[J]. Composites Communications, 2019, 15: 6-19.

[144] 陈西安,谢跃亭,纪琼特,等.石墨烯改性黏胶长丝的制备及性能研究[J].针织工业,2020(10):16-19.

[145] 邢善静,谢跃亭.热致变色再生纤维素纤维及织物的研制和性能[J].合成纤维,2019,48(7):9-14.

[146] 贠秋霞.探讨负离子粘胶纤维保健机理及应用[J].合成材料老化与应用,2015,000(006):102-104.

[147] 张凯军,李青山,洪伟,等.负离子功能纤维及其纺织品的研究进展[J].材料导报,2017,31:371-382.

[148] 罗益锋.功能纤维与智能纺织品最新进展[J].高科技纤维与应用,2019,389(1):01-17.

[149] 孙宾宾,杨博,王明远.光致变色功能纤维的制备方法及研发趋势[J].甘肃科技,2011,27(002):64-66.

[150] 卞雪艳,朱平,楚旭东,等.光致变色海藻纤维的制备及性能研究[J].合成纤维,2018,047(008):1-5.

[151] 蒋莹莹.光致变色化合物的制备及其在纺织品上的应用[D].青岛:青岛大学,2009.

[152] 晓荣,刘胜超,蔡金飞.光致变色尼龙纤维及其制备方法:CN104420002A[P].

[153] 邢善静,谢跃亭,曹俊友,等.光致变色再生纤维素纤维的研制及应用[J].针织工业,

2016(8):1-3.

[154] 张立科. 新型含氮螯合吸附纤维制备及性能研究[D]. 郑州:郑州大学,2019.

[155] 张中娟,肖长发,徐乃库,等. 甲基丙烯酸酯系共聚吸附功能纤维的制备与表征[J]. 高分子材料科学与工程,2011,27(008):134-136.

[156] 刘丹,尧珍玉,黄宪忠,等. 功能纤维对卷烟主流烟气的吸附研究[J]. 合成纤维工业,2013(1):42-45.

[157] Gok O, Alkan C, Konuklu Y. Developing a poly(ethylene glycol)/cellulose phase change reactive composite for cooling application[J]. Solar Energy Materials and Solar Cells, 2019,191:345-349.

[158] Ke G,Wang X, Pei J. Fabrication and properties of electro-spun PAN/LA-SA/TiO_2 composite phase change fiber[J]. Polymer-Plastics Technology and Engineering, 2017:03602559.

[159] Benmoussa D,Molnar K, Hannache H,et al. Novel thermo-regulating comfort textile based on poly(allyl ethylene diamine)/n-hexadecane microcapsules grafted onto cotton fabric[J]. Advances in Polymer Technology, 2016:01-10.

[160] Liu S,Tan L, Hu W,et al. Cellulose acetate nanofibers with photochromic property: Fabrication and characterization[J]. Materials Letters, 2010,64(22):2427-2430.

[161] Lee S J,Son Y A, Suh H J,et al. Preliminary exhaustion studies of spiroxazine dyes on polyamide fibers and their photochromic properties[J]. Dyes & Pigments, 2006, 69(2):18-21.

[162] Son Y A,Park Y M, Park S Y,et al. Exhaustion studies of spiroxazine dye having reactive anchor on polyamide fibers and its photochromic properties[J]. Dyes & Pigments, 2007,73(1):76-80.

[163] Feng Y,Xiao C F. Research on butyl methacrylate-lauryl methacrylate copolymeric fibers for oil absorbency[J]. Journal of Applied Polymer Science, 2010,10(13):1248-1251.

[164] Kiani G,Soltanzadeh M. High capacity removal of silver(Ⅰ) and lead(Ⅱ) ions by modified polyacrylonitrile from aqueous solutions[J]. Desalination & Water Treatment, 2014,52:16-18.

[165] 张晓山,王兵,吴楠,等. 高温隔热用维纳陶瓷纤维研究进展[J]. 无机材料学报,2021,36(3):245-256.

[166] 许星,张金才,王宝凤,等. 玄武岩纤维表面改性的研究进展[J]. 硅酸盐通报,2023,42(2):575-586.

[167] 高龙飞,万业强,路秋勉,等. 连续石英纤维增强二氧化硅复合材料研究概况[J]. 玻璃钢/复合材料,2019(12):114-117.

[168] 蔡蕾,张颖. 石墨烯纤维制备方法的国内专利研究进展[J]. 新材料产业,2019(11):20-24.

[169] 毛丽贺,尹春晖,焦亚男,等. 石英纤维柔性缝合隔热材料的制备及其隔热性能[J]. 天津工业大学学报,2021,40(5):37-41.

[170] 张丛,李志鹏,高晓菊,等. 耐超高温陶瓷纤维制备研究综述[J]. 陶瓷,2016(7):9-13.

[171] 秦刚,邹顺睿,蒋龙飞,等. 碳化硅纤维增韧碳化硅陶瓷基复合材料研究进展综述[J]. 陶瓷学报,2023,44(3):389-407.

[172] L. Daniel Maxim, Mark J. Utell. Review of refractory ceramic fiber (RCF) toxicity, epidemiology and occupational exposure[J]. Inhalation toxicology, 2018, 30(2): 49-71.

[173] Fang B, Chang D, Xu Z, et al. A review on graphene fibers: expectations, advances, and prospects[J]. Advanced Materials, 2020, 32(5): 1902664.

[174] Yin F, Hu J, Hong Z, et al. A review on strategies for the fabrication of graphene fibers with graphene oxide[J]. RSC advances, 2020, 10(10): 5722-5733.

[175] 张金才,王志英,程芳琴. 固废基无机纤维的研究进展[J]. 材料导报,2021,35(7):07019-07026.

[176] 邓伶俐,李阳,张辉. 静电纺丝食品级天然高分子研究进展[J]. 中国食品学报,2020,20(7):278-288.

[177] 宋欣. 基于聚丙烯腈的碳纳米纤维复合材料的制备与用[D]. 扬州:扬州大学,2018.

[178] 郝婧. 新型纳米杂化复合材料制备及其吸波和电磁屏性能研究[D]. 北京:北京化工大学,2019.

[179] 汤丰丞,李金潮,张伟,等. 静电纺丝聚丙烯腈改性乙烯锂电池隔膜的制备及性能研究[J]. 纺织科学与工学报,2022,39(1):68-71.

[180] 张旭,周方玲,张欣欣,等. 静电纺丝制备Co/碳纤维自支撑膜用于锌-空电池正极[J]. 黑龙江大学自然科学学报,2022,39(3):329-336.

[181] 商希礼,杜平,段永正. 静电纺丝制备绿色 $Bi_2O_2CO_3/g-C_3N_4$ 纳米复合纤维及光催化性能研究[J]. 化工新型料,2022,50(3):281-284.

[182] 张明高,盖广清. 静电纺丝制备 ZnO 纳米纤维及光·化性能的研究[J]. 轻工科技,2021,37(8):29-30.

[183] 李蒙蒙,朱瑛,仰大勇,等. 静电纺丝纳米纤维薄膜的应用进展[J]. 高分子通报,2010,9:42-51.

[184] 赖明河,陈向标,陈海宏. 天然高分子静电纺纳米纤维的研究进展[J]. 合成纤维,2013,1:30-34.

[185] Wang L, Ding C X, Zhang L C, et al. A novel carbonsilicon composite nanofiber prepared via electrospinning anode material for high energy-density lithium ion batteries[J]. Journal of Power Sources, 2010, 195(15): 5052-5056.

[186] Zhan S H, Zhu D D, Ren G Y, et al. Coaxialelectrospun magnetic core-shell Fe@TiSi nanofibers for the rapid purification of typical dye wastewater[J]. ACS Applied Materials & Interfaces, 2014, 6(19): 16841-16850.

[187] Yang S, Wang X, Ding B, et al. Controllable fabrication of soap-bubble-like structured polyacrylic acid nano-nets via electro netting[J]. Nanoscale, 2011, 3(2): 564-568.

[188] Kang H G, Zhu Y H, Jing Y J, et al. Fabrication and electrochemical property of Ag-doped SiO_2 nanostructured ribbons[J]. Colloids & Surfaces A Physicochemical & Engineering Aspects, 2010, 356(1-3): 120-125.

［189］Guo Y G，Wang X Y，Shen Y，et al. Research progress，models and simulation of electrospinning technology：A review［J］. Journal of Materials Science，2022，57(1)：58-104.

［190］Nie Y，Han X，Ao Z，et al. Self-organizing gelatin-polycaprplactone materials with good fluid transmission can promote full-thickness skin regeneration［J］. Materials Chemistry Frontiers，2021，5(18)：7022-7031.

［191］Liu X，Lin T，Gao Y，et al. Antimicrobial electrospun nanofibers of cellulose acetate and polyester urethane composite for wound dressing［J］. Journal of Biomedical Materials Research Part B Applied Biomaterials，2012，100B(6)：1556-1565.

［192］Ullah A，Ullah S，Khan M Q，et al. Manuka honey incorporated cellulose acetate nanofibrous mats：Fabrication and in vitro evaluation as a potential wound dressing ［J］. International Journal of Biological Macromolecules，2020，155：479-489.

［193］Milazzo M，Gallone G，Marcello E，et al. Biodegradable polymeric micro/nano-structures with intrinsic antifouling/antimicrobial properties：Relevance in damaged skin and other biomedical applications［J］. Journal of Functional Biomaterials，2020，11(3)：60.

［194］Naseri N，Algan C，Jacobs V，et al. Electrospun chitosan-based nanocomposite mats reinforced with chitin nanocrystals for wound dressing［J］. Carbohydrate Polymers，2014，109：7-15.

［195］Yang J，Wang K，Yu D G，et al. Electrospun Janus nanofibers loaded with a drug and inorganic nanoparticles as an effective antibacterial wound dressing［J］. Materials Science & Engineering，C. Materials for Biogical applications，2020，111.

［196］Ghomi E R，Khalili S，Khorasani S N，et al. Wound dressings：Current advances and future directions［J］. Journal of Applied Polymer Science，2019，136(27)：47738-47750.